现代食品科学技术著作丛书

DISEASE

IN HEALTH AND

PHOSPHOLIPASES

磷脂酶与疾病和健康

主编
[印]帕拉米杰特·S.塔皮亚
(Paramjit S. Tappia)
[印]纳兰杰·S.达拉
(Naranjan S. Dhalla)

主译 王万华 王永华 毛相朝
钟金峰 胡荣康

Springer

中国轻工业出版社

图书在版编目（CIP）数据

磷脂酶与疾病和健康 /（印）帕拉米杰特·S. 塔皮亚
（Paramjit S. Tappia），（印）纳兰杰·S. 达拉
（Naranjan S. Dhalla）主编；王方华等主译. —北京：
中国轻工业出版社，2024.1
现代食品科学技术著作丛书
ISBN 978-7-5184-4599-8

Ⅰ.①磷…　Ⅱ.①帕…　②纳…　③王…　Ⅲ.①磷脂酶—
关系—疾病—研究 ②磷脂酶—关系—健康—研究　Ⅳ.
①Q556 ②R441 ③R161

中国国家版本馆 CIP 数据核字（2023）第 208216 号

责任编辑：钟　雨　　责任终审：李建华　　整体设计：锋尚设计
策划编辑：钟　雨　　责任校对：吴大朋　　责任监印：张　可

出版发行：中国轻工业出版社（北京鲁谷东街 5 号，邮编：100040）
印　　刷：三河市万龙印装有限公司
经　　销：各地新华书店
版　　次：2024 年 1 月第 1 版第 1 次印刷
开　　本：787×1092　1/16　印张：21.75
字　　数：496 千字
书　　号：ISBN 978-7-5184-4599-8　定价：198.00 元
邮购电话：010-85119873
发行电话：010-85119832　010-85119912
网　　址：http://www.chlip.com.cn
Email：club@chlip.com.cn
如发现图书残缺请与我社邮购联系调换
220480K1X101ZYW

《磷脂酶与疾病和健康》翻译人员

主　译：

　　王方华（华南理工大学）

　　王永华（华南理工大学）

　　毛相朝（中国海洋大学）

　　钟金锋（西南大学）

　　胡荣康（安徽师范大学）

译　者：

　　前　言　王永华（华南理工大学）　邓富莉（华南理工大学）

　　目　录　邓富莉（华南理工大学）

　　第 1 章　毛雪静（华南理工大学）　洪淏民（华南理工大学）

　　　　　　张小媛（华南理工大学）　钟金锋（西南大学）

　　　　　　王方华（华南理工大学）

　　第 2 章　邓富莉（华南理工大学）　洪淏民（华南理工大学）

　　　　　　张小媛（华南理工大学）　钟金锋（西南大学）

　　　　　　王方华（华南理工大学）

　　第 3 章　邓富莉（华南理工大学）　洪淏民（华南理工大学）

　　　　　　任　蕾（华南理工大学）　钟金锋（西南大学）

　　　　　　王方华（华南理工大学）

　　第 4 章　邓富莉（华南理工大学）　洪淏民（华南理工大学）

　　　　　　任　蕾（华南理工大学）　钟金锋（西南大学）

　　　　　　王方华（华南理工大学）

　　第 5 章　陈品怡（华南理工大学）　刘思雨（华南理工大学）

　　　　　　邓富莉（华南理工大学）　钟金锋（西南大学）

　　　　　　钟金锋（西南大学）　　　王方华（华南理工大学）

第 6 章　陈品怡（华南理工大学）　刘思雨（华南理工大学）

　　　　邓富莉（华南理工大学）　钟金锋（西南大学）

　　　　王方华（华南理工大学）

第 7 章　陈品怡（华南理工大学）　刘思雨（华南理工大学）

　　　　李可妍（华南理工大学）　钟金锋（西南大学）

　　　　王方华（华南理工大学）

第 8 章　封陈浩（华南理工大学）　刘思雨（华南理工大学）

　　　　李可妍（华南理工大学）　钟金锋（西南大学）

　　　　王方华（华南理工大学）

第 9 章　封陈浩（华南理工大学）　刘思雨（华南理工大学）

　　　　周　娜（华南理工大学）　钟金锋（西南大学）

　　　　王方华（华南理工大学）

第 10 章　封陈浩（华南理工大学）　刘思雨（华南理工大学）

　　　　　周　娜（华南理工大学）　钟金锋（西南大学）

　　　　　王方华（华南理工大学）

第 11 章　封陈浩（华南理工大学）　刘思雨（华南理工大学）

　　　　　张小媛（华南理工大学）　周　娜（华南理工大学）

　　　　　钟金锋（西南大学）　王方华（华南理工大学）

第 12 章　苏　芮（华南理工大学）　闵雪珂（华南理工大学）

　　　　　张小媛（华南理工大学）　毛相朝（中国海洋大学）

　　　　　王方华（华南理工大学）

第 13 章　苏　芮（华南理工大学）　闵雪珂（华南理工大学）

　　　　　钟金锋（西南大学）　毛相朝（中国海洋大学）

　　　　　王方华（华南理工大学）

第 14 章　苏　芮（华南理工大学）　闵雪珂（华南理工大学）

　　　　　邓富莉（华南理工大学）　毛相朝（中国海洋大学）

　　　　　王方华（华南理工大学）

第 15 章　苏　芮（华南理工大学）　闵雪珂（华南理工大学）

邓富莉（华南理工大学）　毛相朝（中国海洋大学）

王方华（华南理工大学）

第 16 章　苏　芮（华南理工大学）　闵雪珂（华南理工大学）

任　蕾（华南理工大学）　毛相朝（中国海洋大学）

王方华（华南理工大学）

第 17 章　桑叶凌（华南理工大学）　闵雪珂（华南理工大学）

任　蕾（华南理工大学）　毛相朝（中国海洋大学）

王方华（华南理工大学）

第 18 章　桑叶凌（华南理工大学）　闵雪珂（华南理工大学）

李可妍（华南理工大学）　毛相朝（中国海洋大学）

王方华（华南理工大学）

第 19 章　桑叶凌（华南理工大学）　闵雪珂（华南理工大学）

李可妍（华南理工大学）　毛相朝（中国海洋大学）

王方华（华南理工大学）

第 20 章　桑叶凌（华南理工大学）　闵雪珂（华南理工大学）

李可妍（华南理工大学）　毛相朝（中国海洋大学）

王方华（华南理工大学）

第 21 章　缪元浩（华南理工大学）　周　娜（华南理工大学）

毛相朝（中国海洋大学）　胡荣康（安徽师范大学）

王方华（华南理工大学）

第 22 章　缪元浩（华南理工大学）　周　娜（华南理工大学）

毛相朝（中国海洋大学）　胡荣康（安徽师范大学）

王方华（华南理工大学）

第 23 章　缪元浩（华南理工大学）　周　娜（华南理工大学）

毛相朝（中国海洋大学）　胡荣康（安徽师范大学）

王方华（华南理工大学）

撰稿人名单

Md Nur Alam Department of Biochemistry and Biophysics, University of Kalyani, Kalyani, West Bengal, India

Syed Asrafuzzaman Department of Science & Technology (Govt. of India), Science & Engineering Research Board, New Delhi, India

Takashi Baba School of Life Sciences, Tokyo University of Pharmacy and Life Sciences, Hachioji, Tokyo, Japan

Sajal Chakraborti Department of Biochemistry and Biophysics, University of Kalyani, Kalyani, West Bengal, India

Tapati Chakraborti Department of Biochemistry and Biophysics, University of Kalyani, Kalyani, West Bengal, India

Animesh Chaudhury Department of Biochemistry and Biophysics, University of Kalyani, Kalyani, West Bengal, India

Rakesh Chaudhary Institute of Cardiovascular Sciences, St. Boniface Hospital Research, Winnipeg, MB, Canada

Eunhyun Choi Severance Integrative Research Institute for Cerebral and Cardiovascular Disease, Yonsei University Health System, Seodamun-gu, Seoul, Republic of Korea

Kevin Coward Nuffield Department of Obstetrics and Gynaecology, Level 3, Women's Centre, John Radcliffe Hospital, Headington, Oxford, UK

Subir K. Das College of Medicine & JNM Hospital, WBUHS, Kalyani, West Bengal, India

Samuel David Center for Research in Neuroscience, The Research Institute of the McGill University Health Center, Montreal, Quebec, Canada

Naranjan S. Dhalla Faculty of Medicine, Institute of Cardiovascular Sciences, Department of Physiology, University of Manitoba, Winnipeg, MB, Canada

Vernon W. Dolinsky Departments of Pharmacology and Therapeutics, University of Manitoba, Winnipeg, MB, Canada
Center for Research and Treatment of Atherosclerosis, DREAM Theme Manitoba Institute of Child Health, University of Manitoba, Winnipeg, MB, Canada

Kiyoko Fukami Laboratory of Genome and Biosignals, Tokyo University of Pharmacy and Life Science, Hachioji, Tokyo, Japan

Jaewang Ghim Department of Life Science and Division of Molecular and Life Sciences, Pohang University of Science and Technology, Pohang, Republic of Korea

Samarendra Nath Ghosh Bangur Institute of Neurology, Institute of Post graduate Medical Education, Kolkata, West Bengal, India

Dennis E. Hallahan Department of Radiation Oncology, Washington University in St. Louis, St. Louis, MO, USA

Mallinckrodt Institute of Radiology, Washington University in St. Louis, St. Louis, MO, USA

Siteman Cancer Center, Washington University in St. Louis, St. Louis, MO, USA

Hope Center, Washington University in St. Louis, St. Louis, MO, USA

Devin Hasanally Institute of Cardiovascular Sciences, St. Boniface Hospital Research, Winnipeg, MB, Canada

Grant M. Hatch Center for Research and Treatment of Atherosclerosis, DREAM Theme Manitoba Institute of Child Health, University of Manitoba, Winnipeg, MB, Canada

Biochemistry and Medical Genetics, University of Manitoba, Winnipeg, MB, Canada

Department of Pharmacology and Therapeutics, Manitoba Institute of Child Health, Winnipeg, MB, Canada

Tsunaki Hongu Faculty of Medicine and Graduate School of Comprehensive Human Sciences, Department of Physiological Chemistry, University of Tsukuba, Tsukuba, Japan

Bryan P. Hurley Department of Pediatrics, Harvard Medical School, Boston, MA, USA

Mucosal Immunology & Biology Research Center, Massachusetts General Hospital, Charlestown, MA, USA

Ki-Chul Hwang Severance Biomedical Science Institute, Yonsei University College of Medicine, Seongsanno, Seodamun-gu, Seoul, Republic of Korea

Ignatios Ikonomidis 2nd Cardiology Department, University of Athens, Attikon Hospital, Rimini 1 Haidari, Athens, Greece

Hiroki Inoue School of Life Sciences, Tokyo University of Pharmacy and Life Sciences, Hachioji, Tokyo, Japan

Hyun-Jun Jang School of Nano-Bioscience and Chemical Engineering, Ulsan National Institute of Science and Technology, Ulsan, Republic of Korea

Division of Molecular and Life Science, Pohang University of Science and Technology, Pohang, Kyungbuk, Republic of Korea

Jin-Hyeok Jang School of Interdisciplinary Bioscience and Bioengineering, Pohang University of Science and Technology, Pohang, Republic of Korea

Hyeona Jeon Division of Molecular and Life Sciences, Department of Life Science, Pohang University of Science and Technology, Pohang, Republic of Korea

Celine Jones Nuffield Department of Obstetrics and Gynaecology, Level 3, Women's Centre, John Radcliffe Hospital, Headington, Oxford, UK

Yasunori Kanaho Faculty of Medicine and Graduate School of Comprehensive Human Sciences, Department of Physiological Chemistry, University of Tsukuba, Tennodai, Tsukuba, Japan

Junaid Kashir Nuffield Department of Obstetrics and Gynaecology, Level 3, Women's Centre, John Radcliffe Hospital, Headington, Oxford, UK

F. Anthony Lai Cell Signalling Laboratory, Institute of Molecular and Experimental Medicine, WHRI, Cardiff University School of Medicine, Heath Park, Cardiff, UK

Andrei Laszlo Department of Radiation Oncology, Washington University in St. Louis, St. Louis, MO, USA

Siteman Cancer Center, Washington University in St. Louis, St. Louis, MO, USA

Chang Sup Lee Department of Life Science and Division of Molecular and Life Sciences, Pohang University of Science and Technology, Pohang, Republic of Korea

Department of Microbiology, Immunology, and Cancer Biology, University of Virginia, Charlottesville, VA, USA

Soyeon Lim Severance Integrative Research Institute for Cerebral and Cardiovascular Disease, Yonsei University Health System, Seodamun-gu, Seoul, Republic of Korea

Rubèn Lòpez-Vales Departament de Biologia Cellular, Fisiologia i Immunologia, Institut de Neurociències, CIBERNED, Universitat Autònoma de Barcelona, Bellaterra, Catalonia, Spain

John Marentette Department of Pathology, Saint Louis University School of Medicine, St. Louis, MO, USA

Jane McHowat Department of Pathology, Saint Louis University School of Medicine, St. Louis, MO, USA

Edgard M. Mejia Departments of Pharmacology and Therapeutics, University of Manitoba, Winnipeg, MB, Canada

Christos A. Michalakeas 2nd Cardiology Department, University of Athens, Attikon Hospital, Athens, Greece

Yoshikazu Nakamura Laboratory of Genome and Biosignals, Tokyo University of Pharmacy and Life Science, Hachioji, Tokyo, Japan

Michail Nomikos Cell Signalling Laboratory, Institute of Molecular and Experimental Medicine, WHRI, Cardiff University School of Medicine, Heath Park, Cardiff, UK

Asmita Pramanik Department of Biochemistry and Biophysics, University of Kalyani, Kalyani, West Bengal, India

Amir Ravandi Institute of Cardiovascular Sciences, St. Boniface Hospital Research, Winnipeg, MB, Canada

Section of Cardiology, Institute of Cardiovascular Sciences, St. Boniface Hospital, Winnipeg, MB, Canada

Sung Ho Ryu Division of Molecular and Life Sciences, Department of Life Science, Pohang University of Science and Technology, Pohang, Kyungbuk, Republic of Korea

School of Interdisciplinary Bioscience and Bioengineering, Pohang University of Science and Technology, Pohang, Republic of Korea

Division of Integrative Biosciences and Biotechnology, Pohang University of Science and Technology, Pohang, Republic of Korea

Jaganmay Sarkar Department of Biochemistry and Biophysics, University of Kalyani, Kalyani, West Bengal, India

Janhavi Sharma Department of Pathology, Saint Louis University School of Medicine, St. Louis, MO, USA

Pann-Ghill Suh School of Nano-Biotechnology and Chemical Engineering, Ulsan National Institute of Science and Technology, Ulsan, Republic of Korea

Katsuko Tani School of Life Sciences, Tokyo University of Pharmacy and Life Sciences, Hachioji, Tokyo, Japan

Paramjit S. Tappia Asper Clinical Research Institute, St. Boniface Hospital Research Centre, Winnipeg, MB, Canada

Maria Theodoridou Cell Signalling Laboratory, Institute of Molecular and Experimental Medicine, WHRI, Cardiff University School of Medicine, Heath Park, Cardiff, UK

Warren Thomas Molecular Medicine Laboratories, Royal College of Surgeons in Ireland Education and Research Centre, Beaumont Hospital, Dublin, Ireland

Dinesh Thotala Department of Radiation Oncology, Washington University in St. Louis, St. Louis, MO, USA

Siteman Cancer Center, Washington University in St. Louis, St. Louis, MO, USA

Vincenza Rita Lo Vasco Faculty of Medicine and Dentistry, Department of Sense Organs, Policlinico Umberto I, "Sapienza" University of Rome, Rome, Italy

Charlotte M. Vines Department of Biological Sciences, Border Biomedical Research Center, University of Texas at El Paso, El Paso, TX, USA

Elizabeth A. Woodcock Molecular Cardiology Laboratory, Baker IDI Heart and Diabetes Institute, Melbourne, VIC, Australia

Yong Ryoul Yang School of Nano-Bioscience and Chemical Engineering, Ulsan National Institute of Science and Technology, Ulsan, Republic of Korea

主编介绍

Dr. Paramjit S. Tappia 是加拿大温尼伯圣博尼法斯医院研究所 Asper 临床研究机构的临床研究科学家，主要研究方向为磷脂在不同心脏病理中的信号转导途径，近年来聚焦于心血管疾病、糖尿病、癌症和医疗器械领域的临床研究。在过去的 26 年里，他一直从事健康和疾病方面的教学和研究工作。

Dr. Naranjan S. Dhalla 是加拿大温尼伯马尼托巴大学特聘教授，具有丰富的健康或疾病过程中心脏功能的亚细胞和分子基础专业知识。40 多年来，他一直致力于缺血性心脏病和心力衰竭的多学科交叉研究，同时开展基础心脏病学教学和预防心脏病的专业培训工作。

译者序

随着现代医学及细胞生物学的发展，人们对磷脂的认识不断深入，已经从最初所认为的磷脂是维持细胞结构和功能完整性的主要质膜成分，发展到现在更多地被认为它是作为调节细胞功能的系列生物中介因子的重要分子来源。这些生物中介因子一部分充当细胞外脂质信号分子，另一部分充当调节效应酶的细胞内第二信使，在生物体内发挥重要的调控作用。磷脂酶是在生物体内广泛存在的可以水解甘油磷脂的一类酶，包括磷脂酶 A_1、磷脂酶 A_2、磷脂酶 B、磷脂酶 C 和磷脂酶 D。磷脂酶的激活是多种细胞内脂质信号分子生成和细胞内信号转导通路启动的首要步骤。神经递质、激素和生长因子可以通过激活磷脂酶引起细胞各种应答反应，与此同时，大多数生物中介因子伴随着多种不同形式的磷脂酶 A、磷脂酶 C 和磷脂酶 D 的激活而产生，因此磷脂酶被认为在细胞及机体健康方面扮演极其重要的角色。也正因如此，磷脂酶引起了细胞生物学及医学界的广泛关注。

本书的主编 Paramjit S. Tappia 和 Naranjan S. Dhalla 集结了全球磷脂酶研究领域的专家团队进行编写，本书在内容上涵盖了致力于人类健康和疾病研究的基础研究科学家、临床医生和研究学者感兴趣的主题，旨在呈现现阶段磷脂酶研究领域较为全面且最新的研究观点，以期激发读者对预防或治疗不同疾病新对策的思考。

本书共二十三章，每一章均由在该领域建树颇丰的科学家撰写，并由我国磷脂酶研究人员共同翻译成中文。由于译者水平有限，本书中若有不当之处，欢迎读者批评指正。

王方华

2023 年 9 月

前言

　　磷脂最初被认为是维持细胞结构和功能完整性的主要质膜成分，现在则更多地被认为是调节细胞功能的生物介质的重要分子来源。这些生物介质一部分充当细胞外脂质信号分子，另一部分充当调节效应酶的细胞内第二信使。磷脂酶的激活是多种细胞内脂质介质生成和细胞内信号转导通路启动的首个步骤。神经递质、激素和生长因子可以通过激活磷脂酶引起细胞内反应，与此同时，大多数的生物介质伴随着多种不同形式的磷脂酶 A、磷脂酶 C 和磷脂酶 D 的激活而产生。

　　不同的磷脂酶及其相关信号转导机制在不同的病理生理条件下是如何进行功能转换的这一科学问题尚未被完全阐述清楚。解决这一机制转换问题对于了解不同的疾病状况和判断磷脂信号通路的成分是否可以作为适当的治疗靶点来说至关重要。另外，不同的脂质分子和不同的磷脂酶之间的相互作用使得磷脂信号转导机制变得更加复杂。虽然磷脂酶也存在于细胞的细胞质中，但其必须迁移到生理底物所在的膜区室中发挥生理作用。而实际上，磷脂酶被认为主要定位于质膜上，同时也可定位于包括细胞骨架、内质网、高尔基体和细胞核在内的细胞内区室中。

　　本书的编写旨在呈现磷脂酶研究领域全面的观点。本书涵盖了致力于人类健康和疾病研究的基础研究科学家、临床医生和研究学者感兴趣的广泛主题。此外，这些章节旨在激发我们对预防或治疗不同疾病新对策的思考。本书共二十三章，分为四个部分。

　　第一部分（第一～四章）讨论了磷脂酶的一般性质。

　　第二～第四部分阐述了不同类别的磷脂酶最具特征性的形式。第二部分（第五～十一章）涵盖了磷脂酶 A 在不同病理生理条件下的作用和功能。磷脂酶 A 水解膜磷脂产生前列腺素、血栓素类、白三烯、花生四烯酸氧化代谢产物以及血小板活化因子等物质生物合成的所需底物这一现象一直是该领域研究的热点。另外，一些磷脂酶 A 的水解产物也可以作为激活细胞内信号转导通路的分子。

　　第三部分（第十二～二十章）重点介绍了磷脂酶 C，其被认为在跨膜信号转导中起着核心作用。第一个在信号转导通路中起关键作用的信号激活磷脂酶是磷脂酰肌醇特异性磷脂酶 C（PI-PLC）。PI-PLC 水解磷脂酰肌醇 -4,5- 二磷酸产生两个第二信使分子，即甘油二酯和肌醇 -1,4,5- 三磷酸，随后它们可通过激活各种形式的蛋白激酶 C 和动员细胞内储存的钙离子来调节一系列不同的细胞功能。

　　第四部分（第二十一～二十三章）介绍了存在于多种不同细胞的磷脂酶 D。磷脂酶 D 最初在植物体中被发现，而大约 30 年前 Kanfer 和他的同事们在哺乳动物细胞中发现了第一个 PLD，其可水解膜磷脂产生磷脂酸并释放游离的极性头基团。虽然磷脂酸是甘油脂代谢的中心，但其也被认为是一种参与多种细胞过程的重要脂质信号分子，其中包括囊泡运输、细胞骨架组织以及细胞生长、增殖和存活。这部分内容较短，但磷脂酶 D 的特殊性质也可通过阅读本书的第一部分进一步了解。

　　总之，这本书涵盖了广泛的主题，包括不同磷脂酶的一般特性以及它们在与人类健康和疾病有关的细胞功能中的作用。我们希望读者能够从本书了解到，膜磷脂是脂质信号分子的丰富来源，即在受体介导的磷脂酶激活下，膜磷脂被水解产生脂质信号分子并充当第二信使。此外，本书提供的一个潜在信息是，磷脂酶的激活对正常或疾病条件下细胞功能的信号转导通路至关重要。

　　我们想借此机会向各位作者的杰出贡献表示最诚挚的感谢。没有他们的专业知识就没有本书的出版。感谢加拿大马尼托巴大学圣博尼法斯综合医院心血管科学研究所的 Vijayan Elimban 博士和 Eva Little 女士为此所付出的时间和努力。另外，我们也衷心感谢 Rita Beck 女士和 Diana Ventimiglia 女士以及纽约施普林格出版社的工作人员在编写本书时给予的理解和帮助。

加拿大马尼托巴省温尼伯

Paramjit S. Tappia

Naranjan S. Dhalla

目录

6　磷脂酶 A 与乳腺癌

7　脂蛋白相关磷脂酶 A$_2$ 在病理生理学方面的研究进展

第三部分　磷脂酶 C 的生理功能

12　磷脂酶 C 同工酶在细胞内稳态中的作用

13　磷脂酶 C 亚型在免疫细胞中的作用

17　心脏病中磷脂酶 C 的信号传导

18　心肌肥大过程中磷脂酶 C 的活化

19　磷脂酶 C 对心肌缺血再灌注损伤的保护作用

23　磷脂酶 D 在心肌病发展过程中的变化

第一部分 磷脂酶：概述

1 磷脂酶与健康和疾病的关系

Yong Ryoul Yang，Hyun-Jun Jang，Sung Ho Ryu 和 Pann-Ghill Suh

摘要 磷脂是一类复合脂质，由两条脂肪酸链、一个甘油骨架、一个磷酸基团和一个极性分子组成。磷脂包括磷脂酰胆碱、磷脂酰乙醇胺、磷脂酰丝氨酸、磷脂酰甘油和磷脂酰肌醇，它们是构成细胞膜的主要成分。磷脂可以被各种脂解酶水解，典型的脂解酶如磷脂酶C、磷脂酶D和磷脂酶A。磷脂酶在对磷脂酶解的反应过程中可以将这些分子转化为能够调节多种生理和病理功能的脂质介质或第二信使。磷脂酶功能失调往往与多种人类疾病的发生密切相关，正因如此，磷脂酶也经常被当作预防和治疗疾病的靶点。

关键词 磷脂酶；磷脂；磷脂酶C；磷脂酶D；磷脂酶A；脑部疾病；癌症；免疫系统功能障碍；代谢性疾病；动脉粥样硬化；关节炎；肾功能障碍；血小板功能障碍

1.1 磷脂酶基本特性及在细胞信号传导中的功能

磷脂酰肌醇特异性磷脂酶C（PI–PLC）：在由配体介导的信号转导中，PI–PLC水解磷脂酰肌醇 –4,5– 二磷酸（PIP$_2$）产生第二信使肌醇 –1,4,5– 三磷酸（IP$_3$）和甘油二酯（DAG）（图 1.1）。DAG激活蛋白激酶C（PKC），IP$_3$与其受体结合，触发钙离子从细胞内储存器如内质网（ER）中释放。PLC介导的信号通路可调节多种生物功能。最初，Hokin等在1953年提出了能够证实PLC活性的实验证据，他们观察到在被胆碱刺激后的鸽子胰腺切片中发生了磷脂的特异性水解[1]。1983年，Sterb等报道了由PIP$_2$水解产生的IP$_3$可诱导胰腺腺泡细胞内钙离子的动员[2]。截至2014年已鉴定出13种哺乳动物的PLC同工酶，并将其分为6 个 亚 型：PLC–β（1,4）、PLC–γ（1,2）、PLC–δ（1,3,4）、PLC–ε、PLC–ζ 和 PLC–η（1,2）（图 1.2）。PLC同工酶通常具有高度保守的X和Y结构域，其主要负责对PIP$_2$进行水解。除此之外，每种PLC还常包含不同的调节结构域，例如，C2结构域、EF–hand结构域和pleckstrin同源结构域（PH结构域）。每种PLC亚型都有一个独特的结构域，且PLC同工酶在不同组织中进行差异化表达。这些独特的结构域和不同的表达模式决定了PLC同工酶的特异性调节机制和功能多样性[3]。

PLC–β亚型由G蛋白偶联受体（GPCR）通过多种机制激活。相反地，PLC–γ亚型由受体酪氨酸激酶（RTK）激活。在生长因子刺激下，PLC–γ通过SH2结构域–磷酸酪氨酸相互作用被募集到激活的生长因子受体周围，然后通过RTK进行磷酸化[3]。PLC–ε可以通过GPCR和RTK进行激活，但有不同的激活机制[4]。一些研究表明，在细胞内钙离子动员和细胞外钙离子进入的情况下，PLC的活性可被放大并持续发挥，相关的正反馈放大作用已经被观察到[5-8]。PLC–δ1和PLC–η1通过GPCR介导的钙离子动员进行激活，并参与到PLC的正反馈信号放大过程中[9, 10]。基于此，有人提出，PLC–β、PLC–γ和PLC–ε可能首先由细胞外界相关刺激进行激活，其次在细胞内钙离子动员下，激活的PLC–δ1和PLC–η1可进一步增强PLC活性。对PLC–ζ的激活机制仍有待进一步揭示。

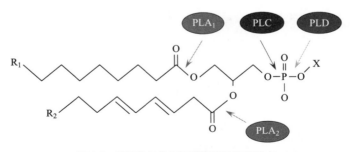

图 1.1　磷脂的结构以及磷脂酶的作用位点

磷脂由甘油 –3– 磷酸酯在 *sn*-1 和 *sn*-2 位与非极性脂肪酸（R$_1$ 和 R$_2$）酯化，在磷酰基酯位与极性头基X酯化而成。磷脂酶A$_1$和磷脂酶A$_2$分别在 *sn*-1 和 *sn*-2 断裂酰基酯键。磷脂酶C切割甘油磷酸键。磷脂酶D移除头基X

PLA—磷脂酶A　PLC—磷脂酶C　PLD—磷脂酶D

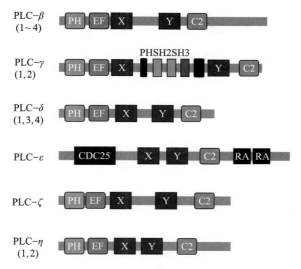

图 1.2　磷脂酶 C 同工酶的结构示意图

　　13 种哺乳动物 PLC 同工酶被细分为六组。所有 PLC 亚型都具有催化活性的 X 和 Y 结构域。一些亚型具有 pleckstrin 同源性（PH）和钙结合（C2）结构域，可调节 PLC 活性。EF-hand 结构域与 PH 结构域作用形成柔性链。PLC-ε 具有用于 RAP1A122Ras 鸟嘌呤核苷酸交换因子（GEF）结构域，RA2 结构域介导与 GTP 结合的 Ras 和 RAP1A 的相互作用。PLC-γ 具有 SRC 同源 2（SH2）和 SH3 结构域，它们与许多蛋白质会发生相互作用。

　　磷脂酰胆碱特异性磷脂酶 D（PC-PLD）：PC-PLD 水解甘油磷脂酰胆碱的磷酸二酯键，产生磷脂酸（PA）和游离胆碱（图 1.1）。1975 年，Hannahan 和 Chaikoff 首次对胡萝卜提取物中 PLD 的活性进行描述，同年，Saito 和 Kanfer 也在大鼠大脑中证实了 PLD 的活性[11]。在哺乳动物中，已鉴定出两种 PLD，分别是 PLD_1 和 PLD_2（图 1.3）。PLD 有几个保守区域，包括 PX 结构域和 PH 结构域，以及两个保守的催化结构域（HKD），两个 HKD 对酶催化活性的发挥至关重要。PLD_3、PLD_4 和线粒体 PLD 也有一个 HKD，但目前了解的信息还较少[12-14]。由 PLD 催化水解产生的磷酸（PA）可参与多种细胞功能。PLD 可在多种不同有丝分裂信号的响应下被激活，如表皮生长因子（EGF）、血小板衍生生长因子（PDGF）和成纤维细胞生长因子（FGF）[15-17]。PA 通过将 RAF 募集到质膜来激活 MAPK 信号，调节细胞增殖[18]。此外，它通过与 mTOR 复合物相互作用激活 mTOR，mTOR 是细胞生长、分化和代谢的关键因素[18]。此外，PA 还可作为生产具有生物活性的甘油二酯（DAG）或溶血磷脂酸（LPA）的中间体（图 1.4）[18, 19]。PA 的异常表达或激活与包括癌症、糖尿病、神经退行性疾病和心肌疾病等在内的多种疾病密切相关。

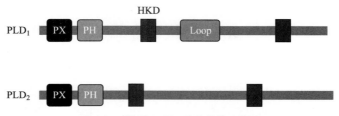

图 1.3　磷脂酶 D 同工酶的结构示意图

　　磷脂酶 D 有 PX、PH、HKD 基序和一个环状结构域。HKD 结构域介导分子内和分子间的相互作用，环状结构域可能参与酶活性的调节

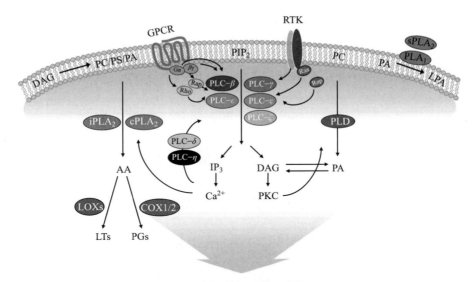

图 1.4 磷脂酶信号网络示意图

不同的胞外配体激活特异性受体，如 G 蛋白偶联受体（GPCR）和受体酪氨酸激酶（RTKs）。磷脂酶 C-β（PLC-β）由 Gα 或 Gβγ 亚单位激活，PLC-ε 由一个小的 GTP 酶（RAP2B 或 RHOA）激活。PLC-δ 和 PLC-η 被钙离子激活。在 RTK 信号中，RTK 直接募集和激活 PLC-γ。活化的 PLCs 水解磷脂酰肌醇 -4,5- 二磷酸（phosphatidylinositol-4,5-bisphosphate，PIP_2）生成甘油二酯（DAG）和肌醇 -1,4,5- 三磷酸（IP_3）两个第二信使。DAG 激活蛋白激酶 C（PKC），刺激 PLD 活性；IP_3 诱导钙离子从内质网释放。PLD 将磷脂酰胆碱（PC）水解成磷脂酸（PA），磷脂酸可以募集和激活各种下游分子。$cPLA_2$ 和 $iPLA_2$ 可将磷脂（PC）、磷脂酰丝氨酸（PS）和 PA 水解成花生四烯酸（AA），AA 进一步转化为前列腺素（PGs）和白三烯（LTs）。前列腺素和甲状腺素分别由环氧化酶（COX）途径和脂氧合酶（LOX）途径产生，并作为自分泌或旁分泌介质。膜相关 PA- 选择性 PLA_1（mPA-PLA_1）和分泌型 PLA_2（sPLA_2）将 PA 转化为溶血磷脂酸（LPA），LPA 作为 LPA 受体的配体

PLA：PLA_1 和 PLA_2 分别从磷脂结构中甘油部分的 sn-1 和 sn-2 位置切割酰基链，产生游离脂肪酸和 2- 酰基溶血磷脂或 1- 酰基溶血磷脂（图 1.1）。PLA_1 根据细胞定位不同可以分为两类：细胞内 PLA_1 和细胞外 PLA_1。已鉴定出哺乳动物细胞内磷脂酶 A_1 亚家族的三个成员：磷脂酸偏好型磷脂酶 A_1、p125 和 KIAA0725p。这些 PLA_1 通常含有脂肪酶的共有序列。目前报道有 10 种哺乳动物细胞外磷脂酶 A_1，包括磷脂酰丝氨酸选择性磷脂酶 A_1（PS-PLA_1）（图 1.5）、膜相关磷脂选择性磷脂酶 $A_1\alpha$（mPA-$PLA_1\alpha$）、mPA-$PLA_1\beta$、胰脂肪酶、脂蛋白脂肪酶、肝脂肪酶、内皮脂肪酶和胰脂肪酶相关蛋白 -1、胰脂肪酶相关蛋白 -2 和胰脂肪酶相关蛋白 -3。这些 PLA_1 共享多个保守基序，包括脂肪酶共有序列、催化丝氨酸 – 天冬氨酸 – 组氨酸三联体、半胱氨酸残基和脂质结合表面环[20]。这些 PLA_1 具有多种生物学功能，包括介导细胞增殖、凋亡、凝血和平滑肌收缩等。

在哺乳动物中已鉴定出 30 多种具有 PLA_2 或类似活性的酶（图 1.5）。第一个被鉴定的 PLA_2 是在蛇毒中发现的，后续在其他生物中陆续发现了其他酶。PLA_2 被分为几种主要类型：分泌型 PLA_2（sPLA_2）、胞质型 PLA_2（cPLA_2）、钙离子非依赖型 PLA_2（iPLA_2）、血小板活化因子乙酰水解酶（PAF-AHs）、溶酶体 PLA_2 和脂肪特异性 PLA_2。不同 PLA_2 在底物特异性、钙离子依赖和脂质修饰方面各不相同[21, 22]。cPLA_2 主要参与花生四烯酸的产生。iPLA_2 家族对细胞膜内稳态和能量代谢发挥重要作用。sPLA_2 家族成员主要参与调节细胞外磷脂环境（图 1.4）。

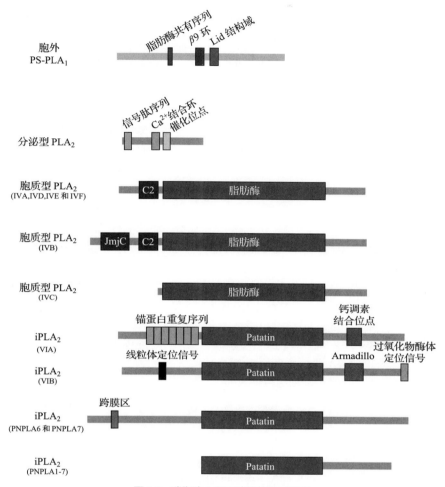

图 1.5　磷脂酶 A 同工酶的结构示意图

胞外 PLA_1 包含脂肪酶共有序列、$\beta 9$ 环和 LID 结构域。$\beta 9$ 环和 LID 结构域在底物选择性中起重要作用。PLA_2 的三种主要类型包括分泌型 PLA_2（$sPLA_2$）、胞质型 PLA_2（$cPLA_2$）和钙离子非依赖型 PLA_2（$iPLA_2$）。在哺乳动物中发现了 11 个 $sPLA_2$，6 个 $cPLA_2$ 和 9 个 $iPLA_2$。分泌型 PLA_2 具有信号肽序列、钙离子结合环和催化位点。$cPLA_2$-IVA、$cPLA_2$-IVD、$cPLA_2$-IVE 和 $cPLA_2$-IVF 有一个 C2 结构域和一个脂肪酶结构域。$cPLA_2$-IVB 额外包含一个 Jumonji C（JmjC）结构域。所有的 $iPLA_2$ 都含有一个马铃薯糖蛋白（Patatin）结构域，该结构域含有一个催化区域。$iPLA_2$-VIA 具有锚定蛋白重复结构域和钙调素结合位点。$iPLA_2$-VIB 有 Armadillo、线粒体和过氧化物酶体定位信号

1.2　PI-PLC 与健康和疾病的关系

每种 PLC 亚型都有一个独特的结构域，PLC 同工酶在不同组织中的分布也不同。PLC 同工酶在不同组织中的生理和病理生理作用反映了 PLC 同工酶的特异性。每种 PLC 同工酶都与各种人类疾病密切相关（表 1.1）。

表 1.1　PI-PLC 在健康和疾病中的作用概述

PLC 同工酶	疾病	分析方法	功能作用	参考文献
PLC-β1	寒冷性荨麻疹	基因敲除小鼠	调节蕈毒碱受体	[26]
	早发性癫痫性脑病	遗传性研究	乙酰胆碱受体信号传导	[29]
	精神分裂症		调节神经递质 /GPCR 信号传导	[30]
	双相情感障碍			[31]
	骨髓增生异常综合征		调节髓系细胞的增殖	[71]
PLC-β2	乳腺癌	患者样本的表达水平	PLC-β2 水平上升可能促进肿瘤发生	[46]
		人乳腺癌衍生细胞	促进有丝分裂和迁移	[47]
	急性早幼粒细胞白血病	患者样本的表达水平	对接受药物治疗的患者的正调节	[73]
PLC-β3	骨髓增殖性疾病（淋巴瘤）	基因敲除小鼠	通过调节 stat5 抑制途径发挥肿瘤抑制作用	[68]
	动脉粥样硬化	基因敲除小鼠	提升巨噬细胞存活率	[90]
PLC-β4	食管鳞状细胞癌	基因敲除小鼠	调节神经递质 / 小脑中的 GPCR 信号传导	[26]
	皮肤肿瘤	基因敲除小鼠	负向调节	[105]
PLC-γ1	癫痫	基因敲除小鼠	调节 TrkB 受体的信号传导	[38]
	亨廷顿病	R6/1 HD 模型小鼠	调节 BDNF/TrkB 受体的信号传导	[39–42]
	抑郁症	抗抑郁药物对培养的皮质细胞的作用		[43–45]
	乳腺癌	患者样本的表达水平	PLC-γ1 水平上调可能导致肿瘤发生	[48]
	结肠癌			[49]
	乳腺癌	小鼠代谢模型	通过 Rac1 激活控制细胞迁移	[51]
	自体免疫疾病	T 细胞特异性敲除小鼠	介导 T 细胞发育	[81]
		LAT^{Y136F} 敲除小鼠	调节 LAT 介导的 T 细胞信号传导	[80]
	代谢综合征	遗传性研究	促进代谢性疾病的发展	[95]
	多房性肾囊性变	嵌合基因敲除小鼠	调节肾脏功能及其发育	[101]
PLC-γ2	寒冷性荨麻疹	遗传性研究	组成型 PLC-γ2 免疫激活引起免疫系统调节功能紊乱	[88]
	关节炎	基因敲除小鼠	调节中性粒细胞活化和树突状细胞介导的 T 细胞启动	[91，92]

续表

PLC 同工酶	疾病	分析方法	功能作用	参考文献
PLC-ε1	皮肤肿瘤	基因敲除小鼠	激活 Ras 癌基因诱导的癌变	[63, 64]
	肠肿瘤	APC[min/+] 基因敲除小鼠	增强炎症和血管形成	[65]
	食管鳞状细胞癌	遗传性研究	促进肿瘤发生	[66]
	胃癌			[67]
	早发型肾病综合征	遗传性研究	对于肾小球发育至关重要	[104]
PLC-δ1	食管鳞状细胞癌	遗传性研究	作为肿瘤抑制因子发挥作用	[69]
	皮肤肿瘤	基因敲除小鼠	作为肿瘤抑制因子发挥作用	[70]
	肥胖		负向调节	[93]
			产热和正调控脂肪生成	

1.3　脑部疾病

在突触中，多种激素和神经递质通过 GPCR 和 RTK 激活 PLC 同工酶，表明 PLC 同工酶参与多种脑功能的发挥。每种 PLC 同工酶选择性地结合到大脑不同区域的特定神经递质受体，从而实现特定功能。许多研究表明基本的 PLCs 与脑部疾病有关。PLC-β1 在大脑区域（包括大脑皮层、海马体和杏仁核）中大量存在[22, 23]，并通过调节海马体毒蕈碱型乙酰胆碱受体信号来调节皮质发育和突触可塑性[24, 25]。与此相同，PLC-β1 敲除小鼠出现癫痫[26]和异常行为，这是由过度的神经发生和成年新生的神经元的异常迁移引起的[27, 28]。有趣的是，已经在人类患者中观察到 PLC-β1 基因突变，并且遗传学研究表明 PLC-β1 突变与早发型癫痫性脑病相关[29]。此外，精神分裂症和双相情感障碍患者的眶额叶皮质样本显示 PLC-β1 基因缺失[30, 31]。与 PLC-β1 不同，PLC-β4 在大脑皮层和和海马中表达较弱，而在小脑中大量表达[32]，并调节小脑浦肯野细胞的长期抑制[33]。此外，mGluR1 介导的信号需要小脑中的 PLC-β4 激活。mGluR1 敲除小鼠和 PLC-β4 敲除小鼠均表现出共济失调[26, 34]。

PLC-γ1 在脑部绝大部分区域进行高度表达，并调节各种神经元功能，如轴突生长、神经元细胞迁移和突触可塑性。神经营养因子通过 Trk 受体激活 PLC-γ1，Trk 受体参与多种神经元活动[35, 36]。PLC-γ1 与癫痫、亨廷顿病（HD）、抑郁症、阿尔茨海默病（AD）和双相情感障碍有关[37]。在匹罗卡品（piloca，又称毛果芸香碱）诱导的小鼠癫痫持续状态模型中，PLC-γ1 的酪氨酸磷酸化升高[38]。与此一致的是，在缺乏 PLC-γ1 结合点的小鼠中插入 trkB[PLC/PLC] 基因，癫痫会得到明显的抑制[38]。在 HD 模型小鼠中，PLC-γ1 的磷酸化水平降低[39]。与之相关的是，在患有 HD 的人类和小鼠中 BDNF 和 TrkB 的表达水平降低[40-42]。此外，PLC-γ1 介导的信号激活 CREB，提高了脑源性神经营养因子表达水平，从而在海马体中起到了长期的抗抑郁作用[43-45]。

1.3.1 癌症

多种细胞外配体可激活 PLC，如生长因子、激素、细胞因子和脂质，从而调节细胞生长、迁移、炎症、血管生成和肌动蛋白细胞骨架重构。如此一来，在癌细胞中，PLC 的激活与肿瘤发生和转移有关。因此，PLC 同工酶的异常表达和活性在多种人类癌症中都有观察到，并且与肿瘤进程有关。

PLC-β2 在乳腺肿瘤中异常增加并与不良的临床结果相关，表明其可以作为乳腺癌严重程度的标志物[46]。PLC-β2 对乳腺癌衍生细胞系的迁移和乳腺衍生肿瘤细胞的有丝分裂很重要[47]。除了 PLC-β2，癌症中 PLC-γ1 水平也异常升高[48, 49]。许多证据表明，在体外和体内，细胞迁移和肿瘤细胞的侵袭和转移都需要 PLC-γ1。事实上，整合素介导的细胞扩散和迁移需要 PLC-γ1[50]。相关地，在小鼠体内模型中，PLC-γ1 表达的下调阻断了 Rac1 的激活，并导致人乳腺癌细胞源性肺转移的抑制[51]。此外，已证明 PLC-γ1 介导与细胞能动性相关的生长因子包括血小板衍生生长因子[52]、表皮生长因子[53, 54]、胰岛素生长因子[55] 和肝细胞生长因子[56, 57] 等的调控。磷脂酰肌醇 3- 激酶（PI3K）介导的 PLC-γ1 激活对表皮生长因子诱导的乳腺癌细胞迁移是必需的[58, 59]。事实上，PLC-γ1 的 SH3 结构域和 Rac1 之间的相互作用对 HGF 诱导的 F- 肌动蛋白形成和细胞迁移很重要[60]。在小鼠模型中证实了 PLC-γ1 在转移中的关键作用。在小鼠模型中，显性负性（dominant-negative）的 PLC-γ1 的一个片段限制了癌基因诱导的乳腺癌和前列腺组织癌的转移潜能[61]。这一结果表明，PLC-γ1 是临床治疗肿瘤转移的潜在治疗靶点。类似地，有人认为 PLC-ε 参与了癌症的发展。PLC-ε 包含两个关联 Ras（RA）结构域（RA1 和 RA2），这两个结构域对 PLC-ε 的功能至关重要。RA 结构域与 Ras 和小的 GTP 酶结合，它们在肿瘤的发生和发展中起重要作用[62]。在 PLC-ε1 敲除小鼠中，12-O- 十四烷酰基山梨醇 -13- 醋酸酯（12-O-tetradecanoylphorbol-13-acetate，TPA）诱导的皮肤炎症和肿瘤的发生得到抑制，这表明 PLC-ε1 在 Ras 癌基因诱导的新生癌变中的关键作用[63, 64]。此外，缺乏 PLC-ε1 的 APC$^{Min/+}$ 小鼠肠道肿瘤生成减少[65]。此外，全基因组关联研究确定 PLC-ε1 是食管鳞状细胞癌（ESCC）和胃癌的易感位点[66, 67]。

PLC-β3 和 PLC-δ1 可能是肿瘤抑制因子。PLC-β3 敲除小鼠出现骨髓增生性疾病、淋巴瘤和其他肿瘤，这是由 Stat5 抑制机制受损引起的。此外，慢性淋巴细胞白血病患者的白细胞中 PLC-β3 下调[68]。PLC-δ1 位于 3p22 染色体区域，在包括 ESCC 在内的许多实体瘤中其位置经常会发生变化。有趣的是，我们经常在 ESCC 中观察到 PLC-δ1 的基因缺失。与此相一致的是，PLC-δ1 在 ESCC 细胞系中充当肿瘤抑制因子的角色[69]。此外，在 PLC-δ1 缺陷小鼠中检测到自发性皮肤肿瘤[70]。

1.3.2 白血病

PLC-β1 似乎会调节细胞核内的肌醇脂质信号。有研究表明，细胞核 PLC-β1 功能障碍与骨髓增生异常综合征（MDS）的发生有关，MDS 是一组导致进行性细胞减少的异质性骨髓疾病。在疾病迅速发展为急性髓系白血病（AML）的 MDS 患者中，观察到间质性 PLC-β1 单等位基因缺失[71]。有趣的是，抗癌药物（脱氧核糖核酸甲基转移酶抑制剂）阿 扎胞苷（Azacitidine）的靶点是 PLC-β1。这种药物可增加 PLC-β1 的表达，降低碱性磷酸酶 （AKT）活性，这在 MDS 细胞增殖中起重要作用[72]。从患者骨髓分离的原代急性早幼粒细 胞白血病（APL）细胞中发现除 PLC-β1 异常外，PLC-β2 的水平还会降低。APL 是 AML 的 一种亚型，而全反式维甲酸（ATRA）通过分化异常早幼粒细胞，极力地上调 PLC-β2 的表 达来治疗 APL[73]。As$_2$O$_3$ 是一种对 APL 患者安全有效的药物，也使 PLC-β2 表现出轻微的 增加。这些观察表明，PLC-β2 的表达与 APL 患者的药物反应性密切相关，是检测分化类药 物在治疗 APL 效果的特异性标志物[74]。

1.3.3　免疫系统功能障碍

有趣的是，两种 PLC-γ 同工酶在免疫细胞中表现出独特的表达模式。PLC-γ1 在 T 细胞 中含量丰富，而 PLC-γ2 在 B 细胞中含量高。鉴于其独特的表达模式，PLC-γ1 和 PLC-γ2 分别对 T 细胞和 B 细胞的发育和免疫反应至关重要。PLC-γ1 对 T 细胞受体介导的信号传 导至关重要，它介导 NF-κB、Ras-ERK 和 NFAT 信号传导的激活[75-77]。T 细胞激活连接器 （LAT）是一种支架衔接蛋白，调节 T 细胞的信号传导和发育[78]。Y136 位点（PLC-γ1 的结 合位点）的突变损害了 T 细胞的发育，伴有多克隆淋巴增生性疾病和自身免疫性疾病的发 生[79]。此外，在 LAT^{Y136F} 敲除小鼠中观察到胸腺细胞的阳性和阴性选择存在严重缺陷，这 表明异常的阴性选择可能由于 TCR 谱系的扭曲而导致自身反应性 T 细胞的增殖[80]。此外， T 细胞特异性 PLC-γ1 的缺失损害了 T 细胞的发育和功能，并在小鼠模型中发展成炎症 / 自身免疫性疾病[81]。PLC-γ2 在造血细胞中高度表达，在免疫反应中起着至关重要的作 用[82-84]。正如所料，PLC-γ2 敲除小鼠在 B 细胞功能和 Fc 受体介导的信号传导方面表现出 缺陷[85, 86]。重要的是，从一个患有显性遗传炎症疾病家族成员的全外显子序列测序结果中 我们确定其 PLC-γ2 SH2 结构域中的 Ser707Tyr 发生取代，而 Ser707Tyr 对 PLC-γ2 的激活 而言是必需的。与这些数据一致的是，在白细胞中过表达 p.Ser707Tyr 突变的 PLC-γ2，导 致其活性升高[87]。此外，遗传研究结果表明，在患有寒冷性荨麻疹和免疫失调的个体中， PLC-γ2 的框内缺失决定了 PLC-γ2 的基本构型[88]。

1.3.4　动脉粥样硬化

白细胞（尤其是单核细胞 / 巨噬细胞）在动脉病变时聚集导致动脉粥样硬化。因此，大 量白细胞异常与动脉粥样硬化密切相关[89]。PLC-β3 缺乏提高了巨噬细胞对体外凋亡诱导 的敏感性，并导致 ApoE 缺乏的动脉粥样硬化小鼠模型中的巨噬细胞数量减少[90]。这些结 果表明，PLC-β3 的激活促进动脉粥样硬化斑块中巨噬细胞的存活，说明 PLC-β3 是治疗动 脉粥样硬化的潜在靶点。

1.3.5　关节炎

在以滑膜组织增殖和相关关节破坏为特征的类风湿性关节炎中，许多免疫细胞参与了 自身免疫。PLC-γ2 在造血细胞中高度表达，并在如上所述的免疫反应中起着关键作用。在 血清转移关节炎模型和甲基化牛血清白蛋白诱导的关节炎模型中，PLC-γ2 敲除小鼠均受到保护。这些研究表明，中性粒细胞激活、树突状细胞（DCs）介导的 T 细胞启动和关节炎发展中的局部骨溶解都需要 PLC-γ2 的参与[91, 92]。

1.3.6　代谢性疾病

PLC 同工酶在代谢组织中表达，并对与代谢调节相关的细胞外信号做出响应。PLC-δ1 敲除小鼠证实 PLC-δ1 可负调节产热和正调节脂肪生成。由于耗氧量和产热量增加，PLC-δ1 敲除小鼠在高脂肪饮食下体重增量和脂肪滴的含量减少[93]。

代谢综合征是多种代谢表型的组合，包括高血压、肥胖、胆固醇水平和胰岛素抵抗[94]。一项基于现象学的策略发现，在欧裔和非裔美国人群中，PLC-γ1 错义突变与代谢综合征相关[95]。这一结果说明 PLC-γ1 可能参与了代谢综合征的发展。虽然 PLC-γ1 敲除小鼠的早期死亡限制了对其的体内研究，但采用条件基因敲除小鼠进行研究将增进我们对 PLC-γ1 在代谢疾病中功能的理解。

1.3.7　肾功能障碍

肾脏在调节动脉血压和液体/电解质稳态中起着重要作用。许多受体酪氨酸激酶（RTK）及其各自的配体都与控制后肾及其尿路的发育有关。许多基因小鼠模型已经证明了肾转移抑制因子在肾脏发育中的作用[96-99]。PLC-γ1 在 RTK 信号传导中的重要作用也获得了广泛研究[100]。由于严重的肾发育不良和肾小管扩张，嵌合 PLC-γ1 敲除小鼠出现多囊性肾病[101]。最近的研究表明，PLC-γ1 通过调节张力反应增强子结合蛋白（TonEBP）来促进对高渗应激的反应，ToneBP 是一种对肾髓质的功能和发育至关重要的转录因子[102, 103]。

PLC-ε1 在成熟肾小球足细胞中含量丰富，这与肾功能有关。通过定位克隆，在早发性肾病综合征（一种肾小球滤过器功能障碍）患者中发现了一种 PLC-ε1 突变。PLC-ε1 突变患者表现出肾小球发育缺陷。与此结果一致的现象是，斑马鱼中敲除 PLC-ε1 基因会导致其患肾病综合征[104, 105]。

1.4　PC-PLD 与疾病和健康的关系

PLD 及其产物 PA 参与多种细胞进程。PLD 在细胞信号传导、囊泡转运、胞吞、胞吐和细胞骨架重排中的功能已很确定，并证实它们与多种病理生理过程及疾病有关，如神经元、心脏和血管疾病，以及肿瘤发生和转移[106]（表 1.2）。

表 1.2　PC-PLD 在健康和疾病中的作用概述

PLD 同工酶	疾病	分析系统	功能作用	参考文献
PLD$_1$	脑缺血	缺血再灌注模型	阻止神经元凋亡	[113]
	阿尔茨海默病	患者样本的表达水平	PLD 的表达和活性增加	[118]
		囊胚来源的 wt 和 PS1$^{-/-}$/PS2$^{-/-}$ 细胞	破坏 γ-分泌酶组分的联系	[125]

续表

PLD 同工酶	疾病	分析系统	功能作用	参考文献
	出血障碍	基因敲除小鼠	调节整合素 aIIbβ3 的激活和聚集体的形成	[129]
		组胺诱导的 von Willebrand 因子分泌模型	调节 Weibel-Palade 小体的分泌	[130]
	乳腺癌	患者样本的表达水平	PLD$_1$ 的水平上调可能有促进肿瘤发生	[132, 133]
			过表达的 PLD$_1$ 与不良预后相关	[134]
PLD$_2$	黑色素瘤、肺癌、乳腺癌	基因敲除小鼠	在肿瘤环境中促进肿瘤生长和转移	[139]
	结肠直肠癌	遗传性研究	PLD$_2$ 基因多态性与结直肠癌相关	[135]
		患者样本的表达水平	PLD$_2$ 的水平上调可能有利于肿瘤变大和存活	[136]
	脑缺血	缺血再灌注损伤模型	避免神经元缺血	[117]
	阿尔茨海默病	转基因 AD 小鼠模型（SwAPP）	敲除 PLD$_2$ 可避免 SwAPP 小鼠的缺陷	[122]
	肾癌	遗传性研究	PLD$_2$ 水平的上调可能促进肿瘤的发生	[138]

1.4.1　大脑疾病

大脑有关的 PLD 活性首次报道于 1973 年。事实上，在发育中和出生后，PLD$_1$ 和 PLD$_2$ 都在整个大脑中表达。在大鼠中，PLD$_1$mRNA 水平和活性从胚胎第 19 天到出生后第 14 天增加，此后保持不变[107]，而 PLD$_2$ 的表达在出生后增加[108]。除了神经细胞，PLDs 还在室管膜细胞中、PLD$_1$ 在少突胶质细胞中及 PLD$_2$ 在星形胶质细胞中高表达[109]。PLDs 调节各种神经元活动。例如，PLD$_2$ 介导代谢型谷氨酸受体 mGluR1a 和 mGluR5a 的组成内化，以及阿片受体的传递[110, 111]。此外，PLD 通过 Src 和 Ras、Erk1/2 以及 CREB 信号通路来调节神经突起的生长，响应 NGF 和神经元细胞黏附分子 L1、溶血磷脂酰胆碱（LPC）和 bFGF[112]。PLDs 也与缺血时神经元细胞的继续生存有关。前脑缺血时 PLD$_1$ 的表达增加，并在大鼠的反应性星形胶质细胞中检测到 PLD 活性增加[113]。最近的研究表明，PLD$_2$ 的过表达保护暴露于凋亡条件下的神经元[114-117]。

1986 年，首次描述了 PLDs 与阿尔茨海默病的关系。与对照组相比，受阿尔茨海默病影响的大脑中 PLD 的活性降低了 63%。然而，在最近的研究中，阿尔茨海默病患者的蛋白质水平和血小板活性增加，β- 淀粉样蛋白（Aβ）增加了 PLDs 的活性[118-121]。此外，Aβ1-42 增加神经细胞、星形胶质细胞和小胶质细胞的 PLD 活性。与此一致的是，尽管有明显的 Aβ 负荷，PLD$_2$ 的缺失可以防止 Aβ1-42 诱导的毒性和突触功能障碍[122]。相反，PLD$_1$ 也参与 Aβ 的产生和分泌。PLD$_1$ 加速来自反式高尔基体网络的淀粉样前体蛋白（APP）囊泡的形成，以及 APP 和早老素 1（γ- 分泌酶复合物的催化成分）的细胞表面积累[123, 124]。与其在运输中的积极作用相反，PLD_1 还作为 $A\beta$ 生成的负调节因子。PLD_1 与早老素 1 的细胞环发生物理相互作用。这种相互作用将 PLD_1 募集到高尔基体中，并通过破坏 $\gamma-$ 分泌酶的结合来抑制 βCTF 切割成 $A\beta$[125]。

1.4.2　血液疾病

血小板中存在 PLD_1，PLD_1 在血小板活化时迅速定位于质膜[126-128]。Pld_1 敲除小鼠的血小板在体外高剪切流动条件下表现出整合素 $\alpha IIb\beta3$ 活性受损和异常聚集体形成[129]。此外，PLD_1 与组胺诱导的血管内皮细胞分泌的血管性血友病因子（vWF）有关[130]。vWF 是一种主要的凝血因子，它的缺乏导致了最常见的遗传性出血紊乱，即血管性血友病。敲除 PLD_1 显著减少组胺诱导的 vWF 分泌，而敲除 PLD_2 没有影响[131]。这些结果表明 PLD_1 可能是内皮细胞和血小板血栓形成的关键调节因子。

1.4.3　癌症

据报道，在各种癌症（乳腺癌、胃癌、肾癌和结直肠癌）中，都伴有 PLD 活性升高和 PLD 驱动因子的突变。在恶性乳腺癌中，PLD 活性增加，PLD_1 和 PLD_2 的表达也增加[132, 133]。PLD_1 倾向于在细胞角蛋白 5/17 高表达的肿瘤中过表达，这通常与预后不良有关[134]。据报道，PLD_2 中的多态性与结直肠癌的发生率显著相关[135]。此外，结直肠癌中 PLD_2 的表达水平也升高，并且上升比率与肿瘤大小和存活率成正比[136]。此外，胃癌中发现 PLD 活性增加[137]，肾癌中 PLD_2 蛋白质水平和活性增加[138]。此外，PLD_1 不仅在癌细胞本身中，而且在肿瘤微环境中也具有重要功能。PLD_1 缺失小鼠的实验结果表明，PLD_1 通过促进血管生成和减少肿瘤细胞 - 血小板相互作用来促进肿瘤生长和转移[139]。

尽管 PLD 促进癌症发生和发展的分子机制尚不清楚，但 PLD 促进致癌过程中的关键活动，包括生长信号传导、关键控制以及抑制凋亡和转移。PLD 参与了癌细胞信号的传递。致癌信号网络由 PLDs 和 Ras 之间的相互作用介导，并促进 MAPK 的激活[140, 141]。PLD 及其产物 PA 通过激活 mTOR 抑制癌细胞凋亡[18, 142, 143]。PLD 和 PA 也通过稳定 MDM2-p53 复合物来抑制 p53 的表达[144, 145]。据报道，结直肠癌细胞分泌的基质金属蛋白酶（MMP）-9 需要 PLD_1[146]，并且胶质瘤细胞分泌 MMP-2 也需要 PLD_1[147]。PLD_2 的激活增加了黏附斑激酶和 Akt 的磷酸化，这些增强了 EL4 淋巴瘤细胞的入侵活性，而无活性的 PLD 通过破坏肌动蛋白细胞骨架重组、细胞扩散和趋化性来抑制转移[148, 149]。

1.5　PLA 与疾病和健康的关系

PLA 分为两种亚型：1 型和 2 型。与其他磷脂酶相比，PLA_1 的生理功能在很大程度上仍然是未知[20]。PLA_2 的每个亚型都有不同的结构和调节机制、分布和细胞定位[21]。特别的是，$sPLA_2$ 是分泌型的磷脂酶，可在细胞内发挥功能，也在细胞外的区域起作用。通过这种多样性的存在，PLA_2 参与了各种生物学进程。PLA_2 的每个亚型都有其特定的作用，并与多种人类疾病有关（表 1.3）。

表 1.3 PLA 在健康和疾病中的作用概述

PLA 同工酶	疾病	分析系统	功能作用	参考文献
sPLA$_2$-ⅠB	肥胖	基因敲除小鼠	防止有益代谢的改变	[198, 199]
		遗传性研究	与肥胖易感性的一个位点相关	[120]
sPLA$_2$-ⅡA	结肠直肠癌	基因敲除小鼠	抑制结肠肿瘤发生	[216]
		转基因小鼠		[217]
		遗传性研究	抵抗致癌物质	[215, 218]
	前列腺癌	临床研究	促进前列腺癌的发展	[219, 221]
	皮肤癌	转基因小鼠	对两阶段化学致癌作用敏感	[220]
	胃癌	临床研究	与患者的生存和较少的代谢转移相关	[218]
	关节炎	基因敲除小鼠	参与关节炎症反应	[177]
		转基因小鼠		[178]
		临床研究	与类风湿关节炎的患病率相关	[176]
	动脉粥样硬化	临床研究	促进 LDL 的聚集和融合	[186]
		转基因小鼠		[187]
sPLA$_2$-Ⅲ	动脉粥样硬化	转基因小鼠	调节血浆脂蛋白修饰和巨噬细胞向泡沫细胞转变	[191]
	结肠直肠癌	遗传性研究	PLA2G3 基因多态性可能与癌症有关	[223]
sPLA$_2$-Ⅴ	动脉粥样硬化	临床研究	促进动脉粥样硬化的发展	[188]
		转基因小鼠	增加胶原沉积	[189]
	关节炎	基因敲除小鼠	抗炎作用和促进免疫复合物清除	[177]
		临床研究	与哮喘的患病率相关	[181]
	急性呼吸窘迫综合征	基因敲除小鼠	调节急性肺损伤和中性粒细胞炎症	[183]
	哮喘	基因敲除小鼠	免疫增敏过程中白细胞迁移的调控	[182]
sPLA$_2$-Ⅹ	哮喘	基因敲除小鼠	调节过敏原诱导的气道炎症	[185]
	动脉粥样硬化	基因敲除小鼠	调节巨噬细胞，增加动脉粥样硬化脂质积累	[190]

续表

PLA 同工酶	疾病	分析系统	功能作用	参考文献
cPLA$_2$-IVA	帕金森病	基因敲除小鼠	参与了 MPTP 诱导的多巴胺耗竭	[163]
	哮喘	基因敲除小鼠	导致哮喘的发展	[184]
	关节炎	基因敲除小鼠	导致胶原诱导的关节炎	[179]
	肠息肉	遗传学研究 / 基因敲除小鼠	调节息肉的扩张	[224, 225]
	结直肠癌	基因敲除小鼠	调节促凋亡信号	[226]
	血小板功能异常	遗传学研究	调节 TXA2 和 12- 羟基二十碳四烯酸的生成、血小板聚集	[196]
		基因敲除小鼠		[197]
iPLA$_2$-VIA	胰岛功能障碍	基因敲除小鼠	调节胰岛素分泌	[201, 202]
	糖尿病相关血管并发症	基因敲除小鼠	调节血管收缩	[222]
	结直肠癌		与结直肠癌的发生有关	[223]
	卵巢癌	基因敲除小鼠	调控肿瘤的发生和侵染	[227]
	婴儿神经轴索营养不良症（INAD）和神经变性伴脑铁沉积症（NBIA），相关的 Karak 综合征	遗传学研究	针对神经轴性营养不良进行防护	[166]
		基因敲除小鼠		[167, 168]
iPLA$_2$-VIB	肥胖	基因敲除小鼠	抵抗高脂饮食诱导的功能障碍	[204, 205]
	认知功能障碍	基因敲除小鼠	通过线粒体磷脂组成调节海马功能	[171]
PNPLA2	沙纳兰 – 多尔夫曼综合征	遗传学研究	调节中性脂质储存	[206]
	中性脂肪沉积病	遗传学研究		[207, 208]
PNPLA3	肥胖	基因敲除小鼠	参与胰岛素的分泌	[212]
	非酒精性脂肪肝病（NAFLD）	遗传学研究	调节甘油三酯的水解	[213]
PNPLA6	运动神经元病	基因敲除小鼠	影响感觉和运动神经元	[169]
		遗传学研究		[170]
PAF-AHVIIA	动脉粥样硬化	遗传学研究	产生促炎介质，LPC 和氧化非酯化脂肪酸	[194, 195]
AdPLA-XVI	肥胖	基因敲除小鼠	调节脂肪细胞的脂解	[214]

1.5.1　脑部疾病

sPLA$_2$-ⅡA 和 sPLA$_2$-ⅡC 在大鼠脑中广泛表达。sPLA$_2$-Ⅴ在海马体中高度表达。在各种 sPLA$_2$ 中，sPLA$_2$-ⅡE、sPLA$_2$-Ⅴ和 sPLA$_2$-Ⅹ在人脑中表达，sPLA$_2$-ⅡA 在炎症诱导下表达[150]。神经元细胞释放的 sPLA$_2$ 调节神经突起生长[151]和神经递质释放[152]。

cPLA$_2$ 在嗅皮层、海马体、杏仁核、丘脑、下丘脑和小脑等多个区域的灰质中均有表达，这种表达仅限于星形胶质细胞中[153, 154]。与 iPLA$_2$、sPLA$_2$-ⅡA 和 sPLA$_2$-Ⅴ相比，cPLA$_2$ 在大脑中的表达水平较低[155]。然而，cPLA$_2$ 号在大脑中有着至关重要的作用。cPLA$_2$ 裂解 sn-2 位的膜磷脂，优先释放花生四烯酸和二十二碳六烯酸。花生四烯酸和二十二碳六烯酸调节神经递质的释放、摄取和运输[156-158]。此外，将花生四烯酸和二十二碳六烯酸注入海马体可诱导突触传递的长时期的突触增强作用[159, 160]。阿尔茨海默病患者枕叶皮层和小脑中的 cPLA$_2$ 水平高于正常人[161]。大脑皮层 Aβ 聚集区星形胶质细胞 cPLA$_2$ 表达增强。cPLA$_2$ 的升高与 AD 中活跃的炎症反应有关。与在枕叶皮层中相反，在 AD 的大脑顶叶区，cPLA$_2$ 显著降低。此外，较低的 PLA$_2$ 活性与疾病的早期发作、较高的死亡率、较高的神经元纤维缠结数和老年斑显著相关[162]。

cPLA$_2$-ⅣA 的病理学相关性在帕金森病中被提出。神经毒素 1-甲基-4-苯基-1,2,3,6-四氢吡啶（MPTP）的给药导致 Pla2g4a 敲除小鼠的多巴胺耗竭和神经中毒低于与其同窝的正常小鼠[163]。MPTP 诱导的神经毒性降低是游离脂肪酸、溶血磷脂和活性氧代谢物减少而导致的兴奋性中毒和线粒体损伤下降的结果。这一证据表明 cPLA$_2$-ⅣA 在帕金森病的发展中起作用。

成年大鼠脑内胞质型 PLA$_2$ 活性主要由 iPLA$_2$-Ⅵ提供，且在海马体和纹状体中的活性最高[155, 164, 165]。已经在染色体 22q12-q13 上鉴定出 PLA2G6 基因的突变，该位点与婴儿神经轴索营养不良症、神经变性伴脑铁沉积症以及相关的 Karak 综合征有关[166]。与此相一致，Pla2g6 敲除小鼠表现出严重的运动功能障碍，伴随着大量的球体和空泡以及之后 1~2 年的轴突和突触的广泛退化[167, 168]。大脑特异性 Pnpla6 敲除小鼠在海马体、丘脑和小脑中也表现出进行性神经元变性[169]。PNPLA6 的缺失导致内质网受损，并诱导感觉和运动神经元轴突的变性和大量肿胀。此外，据报道，PNPLA6 突变是人类严重的运动神经元疾病的原因[170]。Pnpla8 敲除小鼠表现出认知功能障碍，伴有海马体线粒体增大和退化[171]。iPLA$_2$-ⅥB 的缺失可引起线粒体中长链心磷脂的升高和线粒体磷脂组成的改变。这些变化导致活性氧种类增加和神经元细胞死亡，并伴随着空间和记忆能力的缺陷。

1.5.2　关节炎

在炎症过程中，sPLA$_2$-Ⅱ在局部和全身的表达水平升高，sPLA$_2$-Ⅱ是炎症性疾病发病机制中的关键酶[172, 173]。部分近交系小鼠（199/SV；BALB/c）在 sPLA$_2$ 基因中有一个天然突变，比表达 sPLA$_2$-ⅡA 的小鼠表现出更高的关节炎易感性[174, 175]。此外，类风湿性关节炎患者关节中的滑膜细胞和软骨细胞的 sPLA$_2$-ⅡA 过表达[176]。与这些临床遗传学报告一致，与野生型 BALB/c 小鼠相比，在抗体诱导的关节炎中，sPLA$_2$-ⅡA 缺乏 BALB/c 小鼠的关节炎症反应明显减弱[177]。此外，过表达人 sPLA$_2$-ⅡA 的转基因小鼠出现关节炎恶化[178]。与对照组小鼠相比，Pla2g4a 敲除小鼠也表现出类风湿性关节炎的严重程度和发病率显著降低的情况[179]。这些结果有力地支持了 sPLA$_2$-ⅡA 和 cPLA$_2$-ⅣA 在炎症性关节炎中具有促炎症作用。然而，在炎症性关节炎中，sPLA$_2$-V 的作用与 sPLA$_2$-ⅡA 和 cPLA$_2$-ⅣA 相反。Pla2g5 敲除小鼠出现关节炎恶化。这种恶化是由 Pla2g5 敲除小鼠的巨噬细胞清除免疫复合物减弱引起的[177]。

1.5.3　哮喘

sPLA$_2$-V 和 sPLA$_2$-X 在呼吸道上皮细胞中广泛表达[180]。哮喘模型小鼠肺组织中 sPLA$_2$-V 和 sPLA$_2$-X 的表达明显升高。此外，在哮喘患者中也检测到 sPLA$_2$ 表达增加[181, 182]。与此一致，乙酰甲胆碱诱导的呼吸道高反应性在 Pla2g5 敲除小鼠中显著减弱[182]，并且脂多糖诱导的急性肺损伤在 Pla2g5 敲除小鼠中也被减弱[183]。sPLA$_2$-V 通过调节抗原处理、树突细胞成熟和 Th2 免疫反应参与呼吸道疾病进程，sPLA$_2$-V 促进呼吸道细胞中的肺部炎症后续传播[184]。在卵清蛋白诱导的哮喘模型中，Pla2g10 敲除小鼠的肺也表现出明显的衰弱。与野生型小鼠相比，sPLA$_2$-X 缺乏小鼠表现出较低的 CD^{4+} 和 CD^{8+} T 细胞和嗜酸性粒细胞渗透率。在 sPLA$_2$-X 缺乏小鼠中，杯状细胞和平滑肌细胞层增厚、上皮下纤维化以及 Th2 细胞因子和类花生酸的水平也降低[185]。与 sPLA$_2$ 一样，与野生型同窝鼠相比，在 cPLA$_2$-ⅣA 缺陷小鼠中，呼吸道过敏反应也显著降低[184]。这些结果表明 PLA$_2$ 与抗原诱导的支气管高反应性和哮喘有关。

1.5.4　动脉粥样硬化

PC 由 sPLA$_2$ 水解产生非酯化形式的脂肪酸和溶血性磷脂酰胆碱。这些产物会引发趋化性和血管活性炎症的发生，从而促进动脉粥样硬化。sPLA$_2$ 对低密度脂蛋白（LDL）的水解导致磷脂降解颗粒的改变并促进聚集。在人类动脉粥样硬化斑块中，sPLA$_2$-ⅡA 在富含巨噬细胞的区域表达显著增加[186]。与表达模式一致，PLA2G2A 转基因小鼠在高胆固醇饮食下动脉粥样硬化病变的发生率增加[187]。此外，sPLA$_2$-V 在人类动脉粥样硬化病变中含量也很丰富。最近的遗传学研究表明，sPLA$_2$-V 诱导泡沫细胞的形成，并调节动脉粥样硬化的发展[188, 189]。一项使用 Pla2g10 敲除小鼠的研究提供了证据，sPLA$_2$-X 可负调节巨噬细胞中胆固醇的外流，并有助于脂质积累[190]。此外，sPLA$_2$-Ⅲ 也与动脉粥样硬化有关。sPLA$_2$-Ⅲ 在人的动脉粥样硬化病变中积累。在摄入致动脉粥样硬化的饮食后，PLA2G 转基因小鼠的主动脉动脉粥样硬化病变比载脂蛋白 E（ApoE）敲除的对照组小鼠更严重[191]。

与其他 PLA$_2$ 不同，血浆型 PAF-AH 因为清除氧化低密度脂蛋白而成为防止动脉粥样硬化发展的保护因子[192]。然而，最近的研究数据表明，PAF-AH 促进动脉粥样硬化的发生和进展[193]。此外，流行病学研究表明，PAF-AH 的 A379V 多态性与冠状动脉疾病和心脏病的发作相关[194, 195]。PAF-AH 的积极作用可以解释为它能够从低密度脂蛋白中切割氧化磷脂来产生两种关键的促炎介质，氧化的非酯化脂肪酸和脂多糖。

1.5.5　血小板功能障碍

PLA2G4A 基因突变与人类血小板功能障碍有关[196]。PLA2G4A 杂合突变的患者血小板中血栓素（TX）B2 和 12-羟基二十碳四烯酸的生成明显减少，由二磷酸腺苷（ADP）或胶原蛋白诱导的血小板聚集和脱颗粒现象也减少。与发生在人类身上的情况一致，在 cPLA$_2$-ⅣA

缺失的小鼠中，由胶原刺激血小板产生的促血栓素 TXA2 减少；然而，cPLA$_2$-ⅣA 不影响 ADP 促进的 TXA2 的产生[197]。*Pla2g4a* 敲除小鼠的血小板聚集率略有下降。在小鼠中，由 cPLA$_2$-ⅣA 调节的血栓素 A2 可能主要用作血管收缩调节剂。总之，这些结果表明 cPLA$_2$-ⅣA 与血小板功能和止血有关。

1.5.6　代谢性疾病

Pla2g1b 敲除小鼠表现出对导致肥胖的高脂肪饮食的抵抗[198]，其血浆胰岛素和瘦素水平较低以及胰岛素抗性得到改善。由于缺乏 sPLA$_2$-ⅠB，导致小肠腔内 LPC 的产生和吸收减少。由于过氧化物酶体增殖物激活受体 CD36/Fat 和 UCP2 的表达增加，*Pla2g1b* 敲除小鼠也出现餐后肝脏中脂肪利用和能量消耗增加，与餐后血浆溶血磷脂水平降低的情况一致[199]。此外，最近的一项全基因组连锁扫描研究发现，人类 *PLA2G1B* 基因位于肥胖易感基因内[200]。这些数据表明 sPLA$_2$-ⅠB 及其产物溶血磷脂在饮食诱导的肥胖中抑制肝脏对脂肪的利用和其能量代谢。

在血糖水平影响方面，*Pla2g6* 基因敲除小鼠的胰岛出现胰岛素分泌模式异常[201]。在正常饮食下，*Pla2g6* 基因敲除小鼠的血糖浓度正常，但在高脂肪饮食下，它们表现出比野生型小鼠更严重的葡萄糖不耐受，对外源性胰岛素高度敏感。相反，iPLA$_2$-ⅥA 转基因小鼠血糖水平低，胰岛素水平高[202]。这意味着 iPLA$_2$-ⅥA 调节葡萄糖刺激的胰岛素分泌。iPLA$_2$-ⅥA 也与糖尿病相关的血管并发症有关联[203]。iPLA$_2$-ⅥA 在糖尿病动物中增加，iPLA$_2$-ⅥA 的缺乏降低了糖尿病相关的血管高收缩性。相比之下，缺乏 iPLA$_2$-ⅥB 的小鼠对肥胖及后续的并发症表现出抗性，在高脂肪喂养后其脂肪酸氧化和线粒体解偶联现象增加。*Pnpla8* 敲除小鼠的脂肪细胞似乎具有更高的氧化速率，它们骨骼肌脂肪酸的线粒体 β- 氧化受损，并伴随着肌肉和尿液中长链酰基肉碱的积累[204, 205]。这意味着 iPLA$_2$-ⅥB 是一个有效电子传递链耦合和能量生产的关键酶。

PNPLA2 基因的突变与 Chanarin-Doffman 综合征[206] 和中性脂质贮积疾病[207, 208] 的发病机制有关。PNPLA2 通过其 C 末端结构域调节脂滴结合[209, 210]。与此一致，*Pnpla2* 基因敲除小鼠在脂肪组织和具严重甘油三酯（TG）水解缺陷的非脂肪组织中的脂质沉积增加[211]。

PNPLA3 基因多态性与非酒精性脂肪肝和酒精性脂肪肝的根源相关的易染病性之间有很强的相关性，PNPLA3 还与胰岛素的分泌和肥胖有关[212]。*PNPLA3* 的 I148M 位点突变与非酒精性脂肪性肝病相关。该突变破坏了甘油三酯的水解活性[213]。腺病毒将 I148M 突变的 *PNPLA3* 转移到小鼠肝脏中，就像人的脂肪肝中一样导致了甘油三酯积累。此外，另一个促进死亡的 S47A 突变体也诱导 TG 的积累。总之，PNPLA3 和脂滴的关系表明它具有水解甘油三酯的作用。

Pla2g16 基因敲除小鼠的白色脂肪组织质量和甘油三酯含量明显减少，但脂肪的生成正常[214]。它们出现脂肪细胞的高耗能和脂肪酸氧化的增加。因为脂肪前列腺素 E2（PGE2）的量显著减少导致 cAMP 水平增加，*Pla2g16* 基因敲除小鼠也明显存在更高的脂解速率。此外，AdPLA 缺陷的 ob/ob 小鼠嗜食性强，但身材偏瘦，且能量消耗增加，同时出现甘油三酯异位储存和胰岛素抵抗。这意味着 AdPLA 是脂肪细胞脂肪分解的主要调节因子，对肥胖的发生至关重要。

1.5.7 癌症

sPLA$_2$-ⅡA 在结直肠癌中具有抗肿瘤作用。小鼠 sPLA$_2$-ⅡA 的表达水平与不同小鼠品系对致癌物氧化偶氮甲烷的抗性差异相关[215]，并且 sPLA$_2$-ⅡA 的过表达强烈可抑制 C57BL/6 小鼠中氧化偶氮甲烷诱导的结肠肿瘤发生[216]。与 Pla2g2a 转基因小鼠一致，Pla2g2a 敲除小鼠易患有结肠直肠肿瘤[217]。人胃癌中 sPLA$_2$-ⅡA 表达与患者生存率和癌症细胞低频率转移有关[218]。与结肠直肠癌和胃癌相比，sPLA$_2$-ⅡA 在前列腺癌和皮肤癌中具有促肿瘤发生的作用，增加了对化学致癌物的敏感性[219, 220]。sPLA$_2$-ⅡA 的表达与前列腺癌的发展和死亡率密切相关[221]。在数种类人类癌症中，在微血管内皮细胞和肿瘤细胞中检测到 SPlA$_2$-Ⅲ[222]。这些报告表明，sPLA$_2$-Ⅲ通过刺激肿瘤细胞生长和血管生成在癌症发展中起着至关重要的作用。在人类结直肠癌中，PLA2G3 的多态性与高癌症风险显著相关[223]。与这些报道一致，sPLA$_2$-Ⅲ转染的结直肠癌细胞在裸鼠移植模型中的生长通过 PGE2 依赖性途径得到促进。

cPLA$_2$-ⅣA 在急性胰腺炎小肠息肉中的表达显著升高，Pla2g4a 基因的突变缩小了息肉的大小，但数量上没有变化。这意味着 cPLA$_2$-ⅣA 在息肉的扩张中而不是在肠内的萌生中起着关键作用。然而，在氧化偶氮甲烷诱导的结肠肿瘤发生模型中，cPLA$_2$-ⅣA 型的缺失会使结直肠癌恶化[226]。这种恶化可能是因为 cPLA$_2$-ⅣA 缺乏导致结肠上皮细胞凋亡减弱。

iPLA$_2$-ⅥA 也参与肿瘤的发生。Pla2g6 单倍型与结直肠癌密切相关[223]。对于卵巢癌，Pla2g6 基因的遗传缺失及其 siRNA 介导的抑制减少了卵巢癌细胞的发生和入侵[227]。

参考文献

1. Hokin MR, Hokin LE (1953) Enzyme secretion and the incorporation of P32 into phospho-lipides of pancreas slices. J Biol Chem 203:967–977
2. Streb H, Irvine RF, Berridge MJ, Schulz I (1983) Release of Ca^{2+} from a nonmitochondrial intracellular store in pancreatic acinar cells by inositol-1,4,5-trisphosphate. Nature 306:67–69
3. Rhee SG (2001) Regulation of phosphoinositide-specific phospholipase C. Annu Rev Biochem 70:281–312
4. Smrcka AV, Brown JH, Holz GG (2012) Role of phospholipase Cepsilon in physiological phosphoinositide signaling networks. Cell Signal 24:1333–1343
5. Thore S, Dyachok O, Tengholm A (2004) Oscillations of phospholipase C activity triggered by depolarization and Ca^{2+} influx in insulin-secreting cells. J Biol Chem 279:19396–19400
6. Young KW, Nash MS, Challiss RA, Nahorski SR (2003) Role of Ca^{2+} feedback on single cell inositol 1,4,5-trisphosphate oscillations mediated by G-protein-coupled receptors. J Biol Chem 278:20753–20760
7. Thore S, Dyachok O, Gylfe E, Tengholm A (2005) Feedback activation of phospholipase C via intracellular mobilization and store-operated influx of Ca^{2+} in insulin-secreting beta-cells. J Cell Sci 118:4463–4471
8. Okubo Y, Kakizawa S, Hirose K, Iino M (2001) Visualization of IP3 dynamics reveals a novel AMPA receptor-triggered IP3 production pathway mediated by voltage-dependent Ca^{2+} influx in Purkinje cells. Neuron 32:113–122
9. Kim YH, Park TJ, Lee YH, Baek KJ, Suh PG, Ryu SH, Kim KT (1999) Phospholipase C-delta 1 is activated by capacitative calcium entry that follows phospholipase C-beta activation upon bradykinin stimulation. J Biol Chem 274:26127–26134

10. Kim JK, Choi JW, Lim S, Kwon O, Seo JK, Ryu SH, Suh PG (2011) Phospholipase C-eta 1 is activated by intracellular Ca^{2+} mobilization and enhances GPCRs/PLC/Ca^{2+} signaling. Cell Signal 23:1022–1029

11. Saito M, Kanfer J (1975) Phosphatidohydrolase activity in a solubilized preparation from rat brain particulate fraction. Arch Biochem Biophys 169:318–323

12. Pedersen KM, Finsen B, Celis JE, Jensen NA (1998) Expression of a novel murine phospholipase D homolog coincides with late neuronal development in the forebrain. J Biol Chem 273:31494–31504

13. Yoshikawa F, Banno Y, Otani Y, Yamaguchi Y, Nagakura-Takagi Y, Morita N, Sato Y, Saruta C, Nishibe H, Sadakata T, Shinoda Y, Hayashi K, Mishima Y, Baba H, Furuichi T (2010) Phospholipase D family member 4, a transmembrane glycoprotein with no phospholipase D activity, expression in spleen and early postnatal microglia. PLoS One 5:e13932

14. Choi SY, Huang P, Jenkins GM, Chan DC, Schiller J, Frohman MA (2006) A common lipid links Mfn-mediated mitochondrial fusion and SNARE-regulated exocytosis. Nat Cell Biol 8:1255–1262

15. Song J, Jiang YW, Foster DA (1994) Epidermal growth factor induces the production of biologically distinguishable diglyceride species from phosphatidylinositol and phosphatidylcholine via the independent activation of type C and type D phospholipases. Cell Growth Differ 5:79–85

16. Plevin R, Cook SJ, Palmer S, Wakelam MJ (1991) Multiple sources of sn-1,2-diacylglycerol in platelet-derived-growth-factor-stimulated Swiss 3T3 fibroblasts. Evidence for activation of phosphoinositidase C and phosphatidylcholine-specific phospholipase D. Biochem J 279(Pt 2):559–565

17. Motoike T, Bieger S, Wiegandt H, Unsicker K (1993) Induction of phosphatidic acid by fibroblast growth factor in cultured baby hamster kidney fibroblasts. FEBS Lett 332:164–168

18. Fang Y, Vilella-Bach M, Bachmann R, Flanigan A, Chen J (2001) Phosphatidic acid-mediated mitogenic activation of mTOR signaling. Science 294:1942–1945

19. Sciorra VA, Morris AJ (1999) Sequential actions of phospholipase D and phosphatidic acid phosphohydrolase 2b generate diglyceride in mammalian cells. Mol Biol Cell 10:3863–3876

20. Aoki J, Inoue A, Makide K, Saiki N, Arai H (2007) Structure and function of extracellular phospholipase A1 belonging to the pancreatic lipase gene family. Biochimie 89:197–204

21. Murakami M, Taketomi Y, Miki Y, Sato H, Hirabayashi T, Yamamoto K (2011) Recent progress in phospholipase A(2) research: from cells to animals to humans. Prog Lipid Res 50:152–192

22. Ross CA, MacCumber MW, Glatt CE, Snyder SH (1989) Brain phospholipase C isozymes: differential mRNA localizations by in situ hybridization. Proc Natl Acad Sci U S A 86:2923–2927

23. Takenawa T, Homma Y, Emori Y (1991) Properties of phospholipase C isozymes. Methods Enzymol 197:511–518

24. Hannan AJ, Kind PC, Blakemore C (1998) Phospholipase C-beta1 expression correlates with neuronal differentiation and synaptic plasticity in rat somatosensory cortex. Neuropharmacology 37:593–605

25. Spires TL, Molnar Z, Kind PC, Cordery PM, Upton AL, Blakemore C, Hannan AJ (2005) Activity-dependent regulation of synapse and dendritic spine morphology in developing barrel cortex requires phospholipase C-beta1 signalling. Cereb Cortex 15:385–393

26. Kim D, Jun KS, Lee SB, Kang NG, Min DS, Kim YH, Ryu SH, Suh PG, Shin HS (1997) Phospholipase C isozymes selectively couple to specific neurotransmitter receptors. Nature 389:290–293

27. Wallace MA, Claro E (1990) A novel role for dopamine: inhibition of muscarinic cholinergic-stimulated phosphoinositide hydrolysis in rat brain cortical membranes. Neurosci Lett 110:155–161

28. Choi WC, Gerfen CR, Suh PG, Rhee SG (1989) Immunohistochemical localization of a brain isozyme of phospholipase C (PLC III) in astroglia in rat brain. Brain Res 499:193–197

29. Kurian MA, Meyer E, Vassallo G, Morgan NV, Prakash N, Pasha S, Hai NA, Shuib S, Rahman F, Wassmer E, Cross JH, O'Callaghan FJ, Osborne JP, Scheffer IE, Gissen P, Maher ER (2010) Phospholipase C beta 1 deficiency is associated with early-onset epileptic encephalopathy. Brain 133:2964–2970

30. Lo Vasco VR, Cardinale G, Polonia P (2012) Deletion of PLCB1 gene in schizophrenia-affected patients. J Cell Mol Med 16:844–851

31. Lo Vasco VR, Longo L, Polonia P (2013) Phosphoinositide-specific Phospholipase C beta1

gene deletion in bipolar disorder affected patient. J Cell Commun Signal 7:25–29

32. Sugiyama T, Hirono M, Suzuki K, Nakamura Y, Aiba A, Nakamura K, Nakao K, Katsuki M, Yoshioka T (1999) Localization of phospholipase Cbeta isozymes in the mouse cerebellum. Biochem Biophys Res Commun 265:473–478

33. Hirono M, Sugiyama T, Kishimoto Y, Sakai I, Miyazawa T, Kishio M, Inoue H, Nakao K, Ikeda M, Kawahara S, Kirino Y, Katsuki M, Horie H, Ishikawa Y, Yoshioka T (2001) Phospholipase Cbeta4 and protein kinase Calpha and/or protein kinase CbetaI are involved in the induction of long term depression in cerebellar Purkinje cells. J Biol Chem 276:45236–45242

34. Aiba A, Kano M, Chen C, Stanton ME, Fox GD, Herrup K, Zwingman TA, Tonegawa S (1994) Deficient Cerebellar Long-Term Depression and Impaired Motor Learning in Mglur1 Mutant Mice. Cell 79:377–388

35. Minichiello L (2009) TrkB signalling pathways in LTP and learning. Nat Rev Neurosci 10:850–860

36. Park H, Poo MM (2013) Neurotrophin regulation of neural circuit development and function. Nat Rev Neurosci 14:7–23

37. Jang HJ, Yang YR, Kim JK, Choi JH, Seo YK, Lee YH, Lee JE, Ryu SH, Suh PG (2013) Phospholipase C-gamma1 involved in brain disorders. Adv Biol Regul 53:51–62

38. He XP, Pan E, Sciarretta C, Minichiello L, McNamara JO (2010) Disruption of TrkB-mediated phospholipase Cgamma signaling inhibits limbic epileptogenesis. J Neurosci 30: 6188–6196

39. Giralt A, Rodrigo T, Martin ED, Gonzalez JR, Mila M, Cena V, Dierssen M, Canals JM, Alberch J (2009) Brain-derived neurotrophic factor modulates the severity of cognitive alterations induced by mutant huntingtin: involvement of phospholipase Cgamma activity and glutamate receptor expression. Neuroscience 158:1234–1250

40. Ferrer I, Goutan E, Marin C, Rey MJ, Ribalta T (2000) Brain-derived neurotrophic factor in Huntington disease. Brain Res 866:257–261

41. Gines S, Bosch M, Marco S, Gavalda N, Diaz-Hernandez M, Lucas JJ, Canals JM, Alberch J (2006) Reduced expression of the TrkB receptor in Huntington's disease mouse models and in human brain. Eur J Neurosci 23:649–658

42. Zuccato C, Marullo M, Conforti P, MacDonald ME, Tartari M, Cattaneo E (2008) Systematic assessment of BDNF and its receptor levels in human cortices affected by Huntington's disease. Brain Pathol 18:225–238

43. Yagasaki Y, Numakawa T, Kumamaru E, Hayashi T, Su TP, Kunugi H (2006) Chronic antidepressants potentiate via sigma-1 receptors the brain-derived neurotrophic factor-induced signaling for glutamate release. J Biol Chem 281:12941–12949

44. Minichiello L, Calella AM, Medina DL, Bonhoeffer T, Klein R, Korte M (2002) Mechanism of TrkB-mediated hippocampal long-term potentiation. Neuron 36:121–137

45. Nestler EJ, Barrot M, DiLeone RJ, Eisch AJ, Gold SJ, Monteggia LM (2002) Neurobiology of depression. Neuron 34:13–25

46. Bertagnolo V, Benedusi M, Querzoli P, Pedriali M, Magri E, Brugnoli F, Capitani S (2006) PLC-beta2 is highly expressed in breast cancer and is associated with a poor outcome: a study on tissue microarrays. Int J Oncol 28:863–872

47. Bertagnolo V, Benedusi M, Brugnoli F, Lanuti P, Marchisio M, Querzoli P, Capitani S (2007) Phospholipase C-beta 2 promotes mitosis and migration of human breast cancer-derived cells. Carcinogenesis 28:1638–1645

48. Arteaga CL, Johnson MD, Todderud G, Coffey RJ, Carpenter G, Page DL (1991) Elevated content of the tyrosine kinase substrate phospholipase C-Gamma-1 in primary human breast carcinomas. Proc Natl Acad Sci U S A 88:10435–10439

49. Noh DY, Lee YH, Kim SS, Kim YI, Ryu SH, Suh PG, Park JG (1994) Elevated content of phospholipase C-gamma 1 in colorectal cancer tissues. Cancer 73:36–41

50. Jones NP, Peak J, Brader S, Eccles SA, Katan M (2005) PLC gamma 1 is essential for early events in integrin signalling required for cell motility. J Cell Sci 118:2695–2706

51. Falasca M, Sala G, Dituri F, Raimondi C, Previdi S, Maffucci T, Mazzoletti M, Rossi C, Iezzi M, Lattanzio R, Piantelli M, Iacobelli S, Broggini M (2008) Phospholipase C gamma 1 Is Required for Metastasis Development and Progression. Cancer Res 68:10187–10196

52. Kundra V, Escobedo JA, Kazlauskas A, Kim HK, Rhee SG, Williams LT, Zetter BR (1994) Regulation of chemotaxis by the platelet-derived growth factor receptor-beta. Nature 367:474–476

53. Chen P, Xie H, Sekar MC, Gupta K, Wells A (1994) Epidermal growth factor receptor-mediated cell motility: phospholipase C activity is required, but mitogen-activated protein

kinase activity is not sufficient for induced cell movement. J Cell Biol 127:847–857

54. Xie Z, Peng J, Pennypacker SD, Chen Y (2010) Critical role for the catalytic activity of phospholipase C-gamma1 in epidermal growth factor-induced cell migration. Biochem Biophys Res Commun 399:425–428

55. Bornfeldt KE, Raines EW, Nakano T, Graves LM, Krebs EG, Ross R (1994) Insulin-like growth factor-I and platelet-derived growth factor-BB induce directed migration of human arterial smooth muscle cells via signaling pathways that are distinct from those of proliferation. J Clin Invest 93:1266–1274

56. Derman MP, Chen JY, Spokes KC, Songyang Z, Cantley LG (1996) An 11-amino acid sequence from c-met initiates epithelial chemotaxis via phosphatidylinositol 3-kinase and phospholipase C. J Biol Chem 271:4251–4255

57. Martin TA, Davies G, Ye L, Lewis-Russell JA, Mason MD, Jiang WG (2008) Phospholipase-C gamma-1 (PLC gamma-1) is critical in hepatocyte growth factor induced in vitro invasion and migration without affecting the growth of prostate cancer cells. Urol Oncol 26:386–391

58. Piccolo E, Innominato PF, Mariggio MA, Maffucci T, Iacobelli S, Falasca M (2002) The mechanism involved in the regulation of phospholipase Cgamma1 activity in cell migration. Oncogene 21:6520–6529

59. Shien T, Doihara H, Hara H, Takahashi H, Yoshitomi S, Taira N, Ishibe Y, Teramoto J, Aoe M, Shimizu N (2004) PLC and PI3K pathways are important in the inhibition of EGF-induced cell migration by gefitinib ('Iressa', ZD1839). Breast Cancer 11:367–373

60. Li S, Wang Q, Wang Y, Chen X, Wang Z (2009) PLC-gamma1 and Rac1 coregulate EGF-induced cytoskeleton remodeling and cell migration. Mol Endocrinol 23:901–913

61. Shepard CR, Kassis J, Whaley DL, Kim HG, Wells A (2007) PLC gamma contributes to metastasis of in situ-occurring mammary and prostate tumors. Oncogene 26:3020–3026

62. Bunney TD, Harris R, Gandarillas NL, Josephs MB, Roe SM, Sorli SC, Paterson HF, Rodrigues-Lima F, Esposito D, Ponting CP, Gierschik P, Pearl LH, Driscoll PC, Katan M (2006) Structural and mechanistic insights into ras association domains of phospholipase C epsilon. Mol Cell 21:495–507

63. Bai Y, Edamatsu H, Maeda S, Saito H, Suzuki N, Satoh T, Kataoka T (2004) Crucial role of phospholipase Cepsilon in chemical carcinogen-induced skin tumor development. Cancer Res 64:8808–8810

64. Ikuta S, Edamatsu H, Li MZ, Hu LZ, Kataoka T (2008) Crucial role of phospholipase C epsilon in skin inflammation induced by tumor-promoting phorbol ester. Cancer Res 68:64–72

65. Li M, Edamatsu H, Kitazawa R, Kitazawa S, Kataoka T (2009) Phospholipase Cepsilon promotes intestinal tumorigenesis of Apc(Min/+) mice through augmentation of inflammation and angiogenesis. Carcinogenesis 30:1424–1432

66. Wang LD, Zhou FY, Li XM, Sun LD, Song X, Jin Y, Li JM, Kong GQ, Qi H, Cui J, Zhang LQ, Yang JZ, Li JL, Li XC, Ren JL, Liu ZC, Gao WJ, Yuan L, Wei W, Zhang YR, Wang WP, Sheyhidin I, Li F, Chen BP, Ren SW, Liu B, Li D, Ku JW, Fan ZM, Zhou SL, Guo ZG, Zhao XK, Liu N, Ai YH, Shen FF, Cui WY, Song S, Guo T, Huang J, Yuan C, Huang J, Wu Y, Yue WB, Feng CW, Li HL, Wang Y, Tian JY, Lu Y, Yuan Y, Zhu WL, Liu M, Fu WJ, Yang X, Wang HJ, Han SL, Chen J, Han M, Wang HY, Zhang P, Li XM, Dong JC, Xing GL, Wang R, Guo M, Chang ZW, Liu HL, Guo L, Yuan ZQ, Liu H, Lu Q, Yang LQ, Zhu FG, Yang XF, Feng XS, Wang Z, Li Y, Gao SG, Qige Q, Bai LT, Yang WJ, Lei GY, Shen ZY, Chen LQ, Li EM, Xu LY, Wu ZY, Cao WK, Wang JP, Bao ZQ, Chen JL, Ding GC, Zhuang X, Zhou YF, Zheng HF, Zhang Z, Zuo XB, Dong ZM, Fan DM, He X, Wang J et al (2010) Genome-wide association study of esophageal squamous cell carcinoma in Chinese subjects identifies susceptibility loci at PLCE1 and C20orf54. Nat Genet 42:759–763

67. Abnet CC, Freedman ND, Hu N, Wang ZM, Yu K, Shu XO, Yuan JM, Zheng W, Dawsey SM, Dong LM, Lee MP, Ding T, Qiao YL, Gao YT, Koh WP, Xiang YB, Tang ZZ, Fan JH, Wang CY, Wheeler W, Gail MH, Yeager M, Yuenger J, Hutchinson A, Jacobs KB, Giffen CA, Burdett L, Fraumeni JF, Tucker MA, Chow WH, Goldstein AM, Chanock SJ, Taylor PR (2010) A shared susceptibility locus in PLCE1 at 10q23 for gastric adenocarcinoma and esophageal squamous cell carcinoma. Nat Genet 42:764–767

68. Xiao W, Hong H, Kawakami Y, Kato Y, Wu D, Yasudo H, Kimura A, Kubagawa H, Bertoli LF, Davis RS, Chau LA, Madrenas J, Hsia CC, Xenocostas A, Kipps TJ, Hennighausen L, Iwama A, Nakauchi H, Kawakami T (2009) Tumor suppression by phospholipase C-beta3 via SHP-1-mediated dephosphorylation of Stat5. Cancer Cell 16:161–171

69. Fu L, Qin YR, Xie D, Flu L, Kwong DL, Srivastava G, Tsao SW, Guan XY (2007) Characterization of a novel tumor-suppressor gene PLC delta 1 at 3p22 in Esophageal squa-

mous cell carcinoma. Cancer Res 67:10720–10726

70. Nakamura Y, Fukami K, Yu HY, Takenaka K, Kataoka Y, Shirakata Y, Nishikawa SI, Hashimoto K, Yoshida N, Takenawa T (2003) Phospholipase C delta(1) is required for skin stem cell lineage commitment. EMBO J 22:2981–2991

71. Follo MY, Finelli C, Clissa C, Mongiorgi S, Bosi C, Martinelli G, Baccarani M, Manzoli L, Martelli AM, Cocco L (2009) Phosphoinositide-phospholipase C beta 1 mono-allelic deletion is associated with myelodysplastic syndromes evolution into acute myeloid leukemia. J Clin Oncol 27:782–790

72. Follo MY, Finelli C, Bosi C, Martinelli G, Mongiorgi S, Baccarani M, Manzoli L, Blalock WL, Martelli AM, Cocco L (2008) PI-PLCbeta-1 and activated Akt levels are linked to azacitidine responsiveness in high-risk myelodysplastic syndromes. Leukemia 22:198–200

73. Bertagnolo V, Marchisio M, Pierpaoli S, Colamussi ML, Brugnoli F, Visani G, Zauli G, Capitani S (2002) Selective up-regulation of phospholipase C-beta2 during granulocytic differentiation of normal and leukemic hematopoietic progenitors. J Leukoc Biol 71:957–965

74. Brugnoli F, Bovolenta M, Benedusi M, Miscia S, Capitani S, Bertagnolo V (2006) PLC-beta2 monitors the drug-induced release of differentiation blockade in tumoral myeloid precursors. J Cell Biochem 98:160–173

75. Ebinu JO, Stang SL, Teixeira C, Bottorff DA, Hooton J, Blumberg PM, Barry M, Bleakley RC, Ostergaard HL, Stone JC (2000) RasGRP links T-cell receptor signaling to Ras. Blood 95:3199–3203

76. Lin X, Wang D (2004) The roles of CARMA1, Bcl10, and MALT1 in antigen receptor signaling. Semin Immunol 16:429–435

77. Rao A, Luo C, Hogan PG (1997) Transcription factors of the NFAT family: regulation and function. Annu Rev Immunol 15:707–747

78. Wange RL (2000) LAT, the linker for activation of T cells: a bridge between T cell-specific and general signaling pathways. Sci STKE 2000:re1

79. Sommers CL (2002) A LAT mutation that inhibits T cell development yet induces lymphoproliferation. Science 298:364

80. Samelson LE, Sommers CL, Lee J, Steiner KL, Gurson JM, DePersis CL, El-Khoury D, Fuller CL, Shores EW, Love PE (2005) Mutation of the phospholipase C-gamma 1-binding site of LAT affects both positive and negative thymocyte selection. J Exp Med 201:1125–1134

81. Wen RR, Fu GP, Chen YH, Yu M, Podd A, Schuman J, He YH, Di L, Yassai M, Haribhai D, North PE, Gorski J, Williams CB, Wang DM (2010) Phospholipase C gamma 1 is essential for T cell development, activation, and tolerance. J Exp Med 207:309–318

82. Homma Y, Takenawa T, Emori Y, Sorimachi H, Suzuki K (1989) Tissue- and cell type-specific expression of mRNAs for four types of inositol phospholipid-specific phospholipase C. Biochem Biophys Res Commun 164:406–412

83. Kurosaki T, Maeda A, Ishiai M, Hashimoto A, Inabe K, Takata M (2000) Regulation of the phospholipase C-gamma2 pathway in B cells. Immunol Rev 176:19–29

84. Kurosaki T, Okada T (2001) Regulation of phospholipase C-gamma2 and phosphoinositide 3-kinase pathways by adaptor proteins in B lymphocytes. Int Rev Immunol 20:697–711

85. Ihle JN, Wang DM, Feng J, Wen RR, Marine JC, Sangster MY, Parganas E, Hoffmeyer A, Jackson CW, Cleveland JL, Murray PJ (2000) Phospholipase C gamma 2 is essential in the functions of B cell and several Fc receptors. Immunity 13:25–35

86. Hashimoto A, Takeda K, Inaba M, Sekimata M, Kaisho T, Ikehara S, Homma Y, Akira S, Kurosaki T (2000) Cutting edge: essential role of phospholipase C-gamma 2 in B cell development and function. J Immunol 165:1738–1742

87. Zhou Q, Lee GS, Brady J, Datta S, Katan M, Sheikh A, Martins MS, Bunney TD, Santich BH, Moir S, Kuhns DB, Long Priel DA, Ombrello A, Stone D, Ombrello MJ, Khan J, Milner JD, Kastner DL, Aksentijevich I (2012) A hypermorphic missense mutation in PLCG2, encoding phospholipase Cgamma2, causes a dominantly inherited autoinflammatory disease with immunodeficiency. Am J Hum Genet 91:713–720

88. Ombrello MJ, Remmers EF, Sun G, Freeman AF, Datta S, Torabi-Parizi P, Subramanian N, Bunney TD, Baxendale RW, Martins MS, Romberg N, Komarow H, Aksentijevich I, Kim HS, Ho J, Cruse G, Jung MY, Gilfillan AM, Metcalfe DD, Nelson C, O'Brien M, Wisch L, Stone K, Douek DC, Gandhi C, Wanderer AA, Lee H, Nelson SF, Shianna KV, Cirulli ET, Goldstein DB, Long EO, Moir S, Meffre E, Holland SM, Kastner DL, Katan M, Hoffman HM, Milner JD (2012) Cold urticaria, immunodeficiency, and autoimmunity related to PLCG2 deletions. N Engl J Med 366:330–338

89. Elneihoum AM, Falke P, Hedblad B, Lindgarde F, Ohlsson K (1997) Leukocyte activation in

atherosclerosis: correlation with risk factors. Atherosclerosis 131:79–84

90. Wang Z, Liu B, Wang P, Dong X, Fernandez-Hernando C, Li Z, Hla T, Claffey K, Smith JD, Wu D (2008) Phospholipase C beta3 deficiency leads to macrophage hypersensitivity to apoptotic induction and reduction of atherosclerosis in mice. J Clin Invest 118:195–204

91. Cremasco V, Benasciutti E, Cella M, Kisseleva M, Croke M, Faccio R (2010) Phospholipase C gamma 2 is critical for development of a murine model of inflammatory arthritis by affecting actin dynamics in dendritic cells. PLoS One 5

92. Cremasco V, Graham DB, Novack DV, Swat W, Faccio R (2008) Vav/Phospholipase Cgamma2-mediated control of a neutrophil-dependent murine model of rheumatoid arthritis. Arthritis Rheum 58:2712–2722

93. Hirata M, Suzuki M, Ishii R, Satow R, Uchida T, Kitazumi T, Sasaki T, Kitamura T, Yamaguchi H, Nakamura Y, Fukami K (2011) Genetic defect in phospholipase Cdelta1 protects mice from obesity by regulating thermogenesis and adipogenesis. Diabetes 60:1926–1937

94. Isomaa B, Almgren P, Tuomi T, Forsen B, Lahti K, Nissen M, Taskinen MR, Groop L (2001) Cardiovascular morbidity and mortality associated with the metabolic syndrome. Diabetes Care 24:683–689

95. Avery CL, He Q, North KE, Ambite JL, Boerwinkle E, Fornage M, Hindorff LA, Kooperberg C, Meigs JB, Pankow JS, Pendergrass SA, Psaty BM, Ritchie MD, Rotter JI, Taylor KD, Wilkens LR, Heiss G, Lin DY (2011) A phenomics-based strategy identifies loci on APOC1, BRAP, and PLCG1 associated with metabolic syndrome phenotype domains. PLoS Genet 7:e1002322

96. Schuchardt A, D'Agati V, Larsson-Blomberg L, Costantini F, Pachnis V (1994) Defects in the kidney and enteric nervous system of mice lacking the tyrosine kinase receptor Ret. Nature 367:380–383

97. Zhao H, Kegg H, Grady S, Truong HT, Robinson ML, Baum M, Bates CM (2004) Role of fibroblast growth factor receptors 1 and 2 in the ureteric bud. Dev Biol 276:403–415

98. Hains D, Sims-Lucas S, Kish K, Saha M, McHugh K, Bates CM (2008) Role of fibroblast growth factor receptor 2 in kidney mesenchyme. Pediatr Res 64:592–598

99. Zhang Z, Pascuet E, Hueber PA, Chu L, Bichet DG, Lee TC, Threadgill DW, Goodyer P (2010) Targeted inactivation of EGF receptor inhibits renal collecting duct development and function. J Am Soc Nephrol 21:573–578

100. Schlessinger J (2000) Cell signaling by receptor tyrosine kinases. Cell 103:211–225

101. Shirane M, Sawa H, Kobayashi Y, Nakano T, Kitajima K, Shinkai Y, Nagashima K, Negishi I (2001) Deficiency of phospholipase C-gamma1 impairs renal development and hematopoiesis. Development 128:5173–5180

102. Burg MB, Ferraris JD, Dmitrieva NI (2007) Cellular response to hyperosmotic stresses. Physiol Rev 87:1441–1474

103. Irarrazabal CE, Gallazzini M, Schnetz MP, Kunin M, Simons BL, Williams CK, Burg MB, Ferraris JD (2010) Phospholipase C-gamma1 is involved in signaling the activation by high NaCl of the osmoprotective transcription factor TonEBP/OREBP. Proc Natl Acad Sci U S A 107:906–911

104. Hinkes B, Wiggins RC, Gbadegesin R, Vlangos CN, Seelow D, Nürnberg G, Garg P, Verma R, Chaib H, Hoskins BE, Ashraf S, Becker C, Hennies HC, Goyal M, Wharram BL, Schachter AD, Mudumana S, Drummond I, Kerjaschki D, Waldherr R, Dietrich A, Ozaltin F, Bakkaloglu A, Cleper R, Basel-Vanagaite L, Pohl M, Griebel M, Tsygin AN, Soylu A, Müller D, Sorli CS, Bunney TD, Katan M, Liu J, Attanasio M, O'toole JF, Hasselbacher K, Mucha B, Otto EA, Airik R, Kispert A, Kelley GG, Smrcka AV, Gudermann T, Holzman LB, Nürnberg P, Hildebrandt F (2006) Positional cloning uncovers mutations in PLCE1 responsible for a nephrotic syndrome variant that may be reversible. Nat Genet 38:1397–1405

105. Jiang H, Lyubarsky A, Dodd R, Vardi N, Pugh E, Baylor D, Simon MI, Wu D (1996) Phospholipase C beta 4 is involved in modulating the visual response in mice. Proc Natl Acad Sci U S A 93:14598–14601

106. Huang P, Frohman MA (2007) The potential for phospholipase D as a new therapeutic target. Exp Opin Ther Targets 11:707–716

107. Zhao D, Berse B, Holler T, Cermak JM, Blusztajn JK (1998) Developmental changes in phospholipase D activity and mRNA levels in rat brain. Brain Res Dev Brain Res 109:121–127

108. Peng JF, Rhodes PG (2000) Developmental expression of phospholipase D2 mRNA in rat brain. Int J Dev Neurosci 18:585–589

109. Saito S, Sakagami H, Kondo H (2000) Localization of mRNAs for phospholipase D (PLD)

type 1 and 2 in the brain of developing and mature rat. Brain Res Dev Brain Res 120:41–47

110. Bhattacharya M, Babwah AV, Godin C, Anborgh PH, Dale LB, Poulter MO, Ferguson SS (2004) Ral and phospholipase D2-dependent pathway for constitutive metabotropic glutamate receptor endocytosis. J Neurosci 24:8752–8761

111. Koch T, Brandenburg LO, Schulz S, Liang Y, Klein J, Hollt V (2003) ADP-ribosylation factor-dependent phospholipase D2 activation is required for agonist-induced mu-opioid receptor endocytosis. J Biol Chem 278:9979–9985

112. Kanaho Y, Funakoshi Y, Hasegawa H (2009) Phospholipase D signalling and its involvement in neurite outgrowth. Biochim Biophys Acta 1791:898–904

113. Lee MY, Kim SY, Min DS, Choi YS, Shin SL, Chun MH, Lee SB, Kim MS, Jo YH (2000) Upregulation of phospholipase D in astrocytes in response to transient forebrain ischemia. Glia 30:311–317

114. Kim KO, Lee KH, Kim YH, Park SK, Han JS (2003) Anti-apoptotic role of phospholipase D isozymes in the glutamate-induced cell death. Exp Mol Med 35:38–45

115. Lee SD, Lee BD, Han JM, Kim JH, Kim Y, Suh PG, Ryu SH (2000) Phospholipase D2 activity suppresses hydrogen peroxide-induced apoptosis in PC12 cells. J Neurochem 75:1053–1059

116. Yamakawa H, Banno Y, Nakashima S, Sawada M, Yamada J, Yoshimura S, Nishimura Y, Nozawa Y, Sakai N (2000) Increased phospholipase D2 activity during hypoxia-induced death of PC12 cells: its possible anti-apoptotic role. Neuroreport 11:3647–3650

117. Min do S, Choi JS, Kim HY, Shin MK, Kim MK, Lee MY (2007) Ischemic preconditioning upregulates expression of phospholipase D2 in the rat hippocampus. Acta Neuropathol 114:157–162

118. Kanfer JN, Singh IN, Pettegrew JW, McCartney DG, Sorrentino G (1996) Phospholipid metabolism in Alzheimer's disease and in a human cholinergic cell. J Lipid Mediat Cell Signal 14:361–363

119. Lee MJ, Oh JY, Park HT, Uhlinger DJ, Kwak JY (2001) Enhancement of phospholipase D activity by overexpression of amyloid precursor protein in P19 mouse embryonic carcinoma cells. Neurosci Lett 315:159–163

120. Singh IN, McCartney DG, Kanfer JN (1995) Amyloid beta protein (25–35) stimulation of phospholipases A, C and D activities of LA-N-2 cells. FEBS Lett 365:125–128

121. Singh IN, Sato K, Takashima A, Kanfer JN (1997) Activation of LA-N-2 cell phospholipases by single alanine substitution analogs of amyloid beta peptide (25–35). FEBS Lett 405:65–67

122. Oliveira TG, Chan RB, Tian H, Laredo M, Shui G, Staniszewski A, Zhang H, Wang L, Kim TW, Duff KE, Wenk MR, Arancio O, Di Paolo G (2010) Phospholipase d2 ablation ameliorates Alzheimer's disease-linked synaptic dysfunction and cognitive deficits. J Neurosci 30:16419–16428

123. Cai D, Zhong M, Wang R, Netzer WJ, Shields D, Zheng H, Sisodia SS, Foster DA, Gorelick FS, Xu H, Greengard P (2006) Phospholipase D1 corrects impaired betaAPP trafficking and neurite outgrowth in familial Alzheimer's disease-linked presenilin-1 mutant neurons. Proc Natl Acad Sci U S A 103:1936–1940

124. Liu Y, Zhang YW, Wang X, Zhang H, You X, Liao FF, Xu H (2009) Intracellular trafficking of presenilin 1 is regulated by beta-amyloid precursor protein and phospholipase D1. J Biol Chem 284:12145–12152

125. Cai D, Netzer WJ, Zhong M, Lin Y, Du G, Frohman M, Foster DA, Sisodia SS, Xu H, Gorelick FS, Greengard P (2006) Presenilin-1 uses phospholipase D1 as a negative regulator of beta-amyloid formation. Proc Natl Acad Sci U S A 103:1941–1946

126. Chiang TM (1994) Activation of phospholipase D in human platelets by collagen and thrombin and its relationship to platelet aggregation. Biochim Biophys Acta 1224:147–155

127. Lee YH, Kim HS, Pai JK, Ryu SH, Suh PG (1994) Activation of phospholipase D induced by platelet-derived growth factor is dependent upon the level of phospholipase C-gamma 1. J Biol Chem 269:26842–26847

128. Vorland M, Holmsen H (2008) Phospholipase D in human platelets: presence of isoenzymes and participation of autocrine stimulation during thrombin activation. Platelets 19:211–224

129. Elvers M, Stegner D, Hagedorn I, Kleinschnitz C, Braun A, Kuijpers ME, Boesl M, Chen Q, Heemskerk JW, Stoll G, Frohman MA, Nieswandt B (2010) Impaired alpha(IIb)beta(3) integrin activation and shear-dependent thrombus formation in mice lacking phospholipase D1. Sci Signal 3:ra1

130. Disse J, Vitale N, Bader MF, Gerke V (2009) Phospholipase D1 is specifically required for regulated secretion of von Willebrand factor from endothelial cells. Blood 113:973–980

131. Sadler JE (1998) Biochemistry and genetics of von Willebrand factor. Annu Rev Biochem 67:395–424
132. Uchida N, Okamura S, Nagamachi Y, Yamashita S (1997) Increased phospholipase D activity in human breast cancer. J Cancer Res Clin Oncol 123:280–285
133. Noh DY, Ahn SJ, Lee RA, Park IA, Kim JH, Suh PG, Ryu SH, Lee KH, Han JS (2000) Overexpression of phospholipase D1 in human breast cancer tissues. Cancer Lett 161:207–214
134. Gozgit JM, Pentecost BT, Marconi SA, Ricketts-Loriaux RS, Otis CN, Arcaro KF (2007) PLD1 is overexpressed in an ER-negative MCF-7 cell line variant and a subset of phospho-Akt-negative breast carcinomas. Br J Cancer 97:809–817
135. Yamada Y, Hamajima N, Kato T, Iwata H, Yamamura Y, Shinoda M, Suyama M, Mitsudomi T, Tajima K, Kusakabe S, Yoshida H, Banno Y, Akao Y, Tanaka M, Nozawa Y (2003) Association of a polymorphism of the phospholipase D2 gene with the prevalence of colorectal cancer. J Mol Med 81:126–131
136. Saito M, Iwadate M, Higashimoto M, Ono K, Takebayashi Y, Takenoshita S (2007) Expression of phospholipase D2 in human colorectal carcinoma. Oncol Rep 18:1329–1334
137. Uchida N, Okamura S, Kuwano H (1999) Phospholipase D activity in human gastric carcinoma. Anticancer Res 19:671–675
138. Zhao Y, Ehara H, Akao Y, Shamoto M, Nakagawa Y, Banno Y, Deguchi T, Ohishi N, Yagi K, Nozawa Y (2000) Increased activity and intranuclear expression of phospholipase D2 in human renal cancer. Biochem Biophys Res Commun 278:140–143
139. Chen Q, Hongu T, Sato T, Zhang Y, Ali W, Cavallo JA, van der Velden A, Tian H, Di Paolo G, Nieswandt B, Kanaho Y, Frohman MA (2012) Key roles for the lipid signaling enzyme phospholipase d1 in the tumor microenvironment during tumor angiogenesis and metastasis. Sci Signal 5:ra79
140. Zhao C, Du G, Skowronek K, Frohman MA, Bar-Sagi D (2007) Phospholipase D2-generated phosphatidic acid couples EGFR stimulation to Ras activation by Sos. Nat Cell Biol 9:706–712
141. Foster DA, Xu L (2003) Phospholipase D in cell proliferation and cancer. Mol Cancer Res 1:789–800
142. Chen Y, Rodrik V, Foster DA (2005) Alternative phospholipase D/mTOR survival signal in human breast cancer cells. Oncogene 24:672–679
143. Toschi A, Lee E, Xu L, Garcia A, Gadir N, Foster DA (2009) Regulation of mTORC1 and mTORC2 complex assembly by phosphatidic acid: competition with rapamycin. Mol Cell Biol 29:1411–1420
144. Hui L, Abbas T, Pielak RM, Joseph T, Bargonetti J, Foster DA (2004) Phospholipase D elevates the level of MDM2 and suppresses DNA damage-induced increases in p53. Mol Cell Biol 24:5677–5686
145. Hui L, Zheng Y, Yan Y, Bargonetti J, Foster DA (2006) Mutant p53 in MDA-MB-231 breast cancer cells is stabilized by elevated phospholipase D activity and contributes to survival signals generated by phospholipase D. Oncogene 25:7305–7310
146. Kang DW, Park MH, Lee YJ, Kim HS, Kwon TK, Park WS, Min do S (2008) Phorbol ester up-regulates phospholipase D1 but not phospholipase D2 expression through a PKC/Ras/ERK/NFkappaB-dependent pathway and enhances matrix metalloproteinase-9 secretion in colon cancer cells. J Biol Chem 283:4094–4104
147. Park MH, Ahn BH, Hong YK, Min do S (2009) Overexpression of phospholipase D enhances matrix metalloproteinase-2 expression and glioma cell invasion via protein kinase C and protein kinase A/NF-kappaB/Sp1-mediated signaling pathways. Carcinogenesis 30:356–365
148. Knoepp SM, Chahal MS, Xie Y, Zhang Z, Brauner DJ, Hallman MA, Robinson SA, Han S, Imai M, Tomlinson S, Meier KE (2008) Effects of active and inactive phospholipase D2 on signal transduction, adhesion, migration, invasion, and metastasis in EL4 lymphoma cells. Mol Pharmacol 74:574–584
149. Su W, Yeku O, Olepu S, Genna A, Park JS, Ren H, Du G, Gelb MH, Morris AJ, Frohman MA (2009) 5-Fluoro-2-indolyl des-chlorohalopemide (FIPI), a phospholipase D pharmacological inhibitor that alters cell spreading and inhibits chemotaxis. Mol Pharmacol 75:437–446
150. Lauritzen I, Heurteaux C, Lazdunski M (1994) Expression of group II phospholipase A2 in rat brain after severe forebrain ischemia and in endotoxic shock. Brain Res 651:353–356
151. Nakashima S, Ikeno Y, Yokoyama T, Kuwana M, Bolchi A, Ottonello S, Kitamoto K, Arioka M (2003) Secretory phospholipases A2 induce neurite outgrowth in PC12 cells. Biochem J 376:655–666

152. Matsuzawa A, Murakami M, Atsumi G, Imai K, Prados P, Inoue K, Kudo I (1996) Release of secretory phospholipase A2 from rat neuronal cells and its possible function in the regulation of catecholamine secretion. Biochem J 318(Pt 2):701–709

153. Kishimoto K, Matsumura K, Kataoka Y, Morii H, Watanabe Y (1999) Localization of cytosolic phospholipase A2 messenger RNA mainly in neurons in the rat brain. Neuroscience 92:1061–1077

154. Lautens LL, Chiou XG, Sharp JD, Young WS 3rd, Sprague DL, Ross LS, Felder CC (1998) Cytosolic phospholipase A2 (cPLA2) distribution in murine brain and functional studies indicate that cPLA2 does not participate in muscarinic receptor-mediated signaling in neurons. Brain Res 809:18–30

155. Yang HC, Mosior M, Johnson CA, Chen Y, Dennis EA (1999) Group-specific assays that distinguish between the four major types of mammalian phospholipase A2. Anal Biochem 269:278–288

156. Berry CB, McBean GJ (2003) An investigation into the role of calcium in the modulation of rat synaptosomal D-[3H]aspartate transport by docosahexaenoic acid. Brain Res 973:107–114

157. Katsuki H, Okuda S (1995) Arachidonic acid as a neurotoxic and neurotrophic substance. Prog Neurobiol 46:607–636

158. Piomelli D (1994) Eicosanoids in synaptic transmission. Crit Rev Neurobiol 8:65–83

159. Drapeau C, Pellerin L, Wolfe LS, Avoli M (1990) Long-term changes of synaptic transmission induced by arachidonic acid in the CA1 subfield of the rat hippocampus. Neurosci Lett 115:286–292

160. Fujita S, Ikegaya Y, Nishikawa M, Nishiyama N, Matsuki N (2001) Docosahexaenoic acid improves long-term potentiation attenuated by phospholipase A(2) inhibitor in rat hippocampal slices. Br J Pharmacol 132:1417–1422

161. Stephenson DT, Lemere CA, Selkoe DJ, Clemens JA (1996) Cytosolic phospholipase A2 (cPLA2) immunoreactivity is elevated in Alzheimer's disease brain. Neurobiol Dis 3:51–63

162. Gattaz WF, Cairns NJ, Levy R, Forstl H, Braus DF, Maras A (1996) Decreased phospholipase A2 activity in the brain and in platelets of patients with Alzheimer's disease. Eur Arch Psychiatry Clin Neurosci 246:129–131

163. Klivenyi P, Beal MF, Ferrante RJ, Andreassen OA, Wermer M, Chin MR, Bonventre JV (1998) Mice deficient in group IV cytosolic phospholipase A2 are resistant to MPTP neurotoxicity. J Neurochem 71:2634–2637

164. Molloy GY, Rattray M, Williams RJ (1998) Genes encoding multiple forms of phospholipase A2 are expressed in rat brain. Neurosci Lett 258:139–142

165. Yang HC, Mosior M, Ni B, Dennis EA (1999) Regional distribution, ontogeny, purification, and characterization of the Ca^{2+}–independent phospholipase A2 from rat brain. J Neurochem 73:1278–1287

166. Morgan NV, Westaway SK, Morton JE, Gregory A, Gissen P, Sonek S, Cangul H, Coryell J, Canham N, Nardocci N, Zorzi G, Pasha S, Rodriguez D, Desguerre I, Mubaidin A, Bertini E, Trembath RC, Simonati A, Schanen C, Johnson CA, Levinson B, Woods CG, Wilmot B, Kramer P, Gitschier J, Maher ER, Hayflick SJ (2006) PLA2G6, encoding a phospholipase A2, is mutated in neurodegenerative disorders with high brain iron. Nat Genet 38:752–754

167. Shinzawa K, Sumi H, Ikawa M, Matsuoka Y, Okabe M, Sakoda S, Tsujimoto Y (2008) Neuroaxonal dystrophy caused by group VIA phospholipase A2 deficiency in mice: a model of human neurodegenerative disease. J Neurosci 28:2212–2220

168. Malik I, Turk J, Mancuso DJ, Montier L, Wohltmann M, Wozniak DF, Schmidt RE, Gross RW, Kotzbauer PT (2008) Disrupted membrane homeostasis and accumulation of ubiquitinated proteins in a mouse model of infantile neuroaxonal dystrophy caused by PLA2G6 mutations. Am J Pathol 172:406–416

169. Akassoglou K, Malester B, Xu J, Tessarollo L, Rosenbluth J, Chao MV (2004) Brain-specific deletion of neuropathy target esterase/swisscheese results in neurodegeneration. Proc Natl Acad Sci U S A 101:5075–5080

170. Rainier S, Bui M, Mark E, Thomas D, Tokarz D, Ming L, Delaney C, Richardson RJ, Albers JW, Matsunami N, Stevens J, Coon H, Leppert M, Fink JK (2008) Neuropathy target esterase gene mutations cause motor neuron disease. Am J Hum Genet 82:780–785

171. Mancuso DJ, Kotzbauer P, Wozniak DF, Sims HF, Jenkins CM, Guan S, Han X, Yang K, Sun G, Malik I, Conyers S, Green KG, Schmidt RE, Gross RW (2009) Genetic ablation of calcium-independent phospholipase A2{gamma} leads to alterations in hippocampal cardiolipin content and molecular species distribution, mitochondrial degeneration, autophagy, and cognitive dysfunction. J Biol Chem 284:35632–35644

172. Green JA, Smith GM, Buchta R, Lee R, Ho KY, Rajkovic IA, Scott KF (1991) Circulating phospholipase A2 activity associated with sepsis and septic shock is indistinguishable from that associated with rheumatoid arthritis. Inflammation 15:355–367

173. Pruzanski W, Keystone EC, Sternby B, Bombardier C, Snow KM, Vadas P (1988) Serum phospholipase A2 correlates with disease activity in rheumatoid arthritis. J Rheumatol 15:1351–1355

174. Brackertz D, Mitchell GF, Mackay IR (1977) Antigen-induced arthritis in mice. I. Induction of arthritis in various strains of mice. Arthritis Rheum 20:841–850

175. Wooley PH, Luthra HS, Griffiths MM, Stuart JM, Huse A, David CS (1985) Type II collagen-induced arthritis in mice. IV. Variations in immunogenetic regulation provide evidence for multiple arthritogenic epitopes on the collagen molecule. J Immunol 135:2443–2451

176. Jamal OS, Conaghan PG, Cunningham AM, Brooks PM, Munro VF, Scott KF (1998) Increased expression of human type IIa secretory phospholipase A2 antigen in arthritic synovium. Ann Rheum Dis 57:550–558

177. Boilard E, Lai Y, Larabee K, Balestrieri B, Ghomashchi F, Fujioka D, Gobezie R, Coblyn JS, Weinblatt ME, Massarotti EM, Thornhill TS, Divangahi M, Remold H, Lambeau G, Gelb MH, Arm JP, Lee DM (2010) A novel anti-inflammatory role for secretory phospholipase A2 in immune complex-mediated arthritis. EMBO Mol Med 2:172–187

178. Grass DS, Felkner RH, Chiang MY, Wallace RE, Nevalainen TJ, Bennett CF, Swanson ME (1996) Expression of human group II PLA2 in transgenic mice results in epidermal hyperplasia in the absence of inflammatory infiltrate. J Clin Invest 97:2233–2241

179. Hegen M, Sun L, Uozumi N, Kume K, Goad ME, Nickerson-Nutter CL, Shimizu T, Clark JD (2003) Cytosolic phospholipase A2alpha-deficient mice are resistant to collagen-induced arthritis. J Exp Med 197:1297–1302

180. Masuda S, Murakami M, Mitsuishi M, Komiyama K, Ishikawa Y, Ishii T, Kudo I (2005) Expression of secretory phospholipase A2 enzymes in lungs of humans with pneumonia and their potential prostaglandin-synthetic function in human lung-derived cells. Biochem J 387:27–38

181. Giannattasio G, Fujioka D, Xing W, Katz HR, Boyce JA, Balestrieri B (2010) Group V secretory phospholipase A2 reveals its role in house dust mite-induced allergic pulmonary inflammation by regulation of dendritic cell function. J Immunol 185:4430–4438

182. Munoz NM, Meliton AY, Arm JP, Bonventre JV, Cho W, Leff AR (2007) Deletion of secretory group V phospholipase A2 attenuates cell migration and airway hyperresponsiveness in immunosensitized mice. J Immunol 179:4800–4807

183. Munoz NM, Meliton AY, Meliton LN, Dudek SM, Leff AR (2009) Secretory group V phospholipase A2 regulates acute lung injury and neutrophilic inflammation caused by LPS in mice. Am J Physiol Lung Cell Mol Physiol 296:L879–L887

184. Uozumi N, Kume K, Nagase T, Nakatani N, Ishii S, Tashiro F, Komagata Y, Maki K, Ikuta K, Ouchi Y, Miyazaki J, Shimizu T (1997) Role of cytosolic phospholipase A2 in allergic response and parturition. Nature 390:618–622

185. Henderson WR Jr, Chi EY, Bollinger JG, Tien YT, Ye X, Castelli L, Rubtsov YP, Singer AG, Chiang GK, Nevalainen T, Rudensky AY, Gelb MH (2007) Importance of group X-secreted phospholipase A2 in allergen-induced airway inflammation and remodeling in a mouse asthma model. J Exp Med 204:865–877

186. Romano M, Romano E, Bjorkerud S, Hurt-Camejo E (1998) Ultrastructural localization of secretory type II phospholipase A2 in atherosclerotic and nonatherosclerotic regions of human arteries. Arterioscler Thromb Vasc Biol 18:519–525

187. Ivandic B, Castellani LW, Wang XP, Qiao JH, Mehrabian M, Navab M, Fogelman AM, Grass DS, Swanson ME, de Beer MC, de Beer F, Lusis AJ (1999) Role of group II secretory phospholipase A2 in atherosclerosis: 1. Increased atherogenesis and altered lipoproteins in transgenic mice expressing group IIa phospholipase A2. Arterioscler Thromb Vasc Biol 19:1284–1290

188. Wooton-Kee CR, Boyanovsky BB, Nasser MS, de Villiers WJ, Webb NR (2004) Group V sPLA2 hydrolysis of low-density lipoprotein results in spontaneous particle aggregation and promotes macrophage foam cell formation. Arterioscler Thromb Vasc Biol 24:762–767

189. Bostrom MA, Boyanovsky BB, Jordan CT, Wadsworth MP, Taatjes DJ, de Beer FC, Webb NR (2007) Group v secretory phospholipase A2 promotes atherosclerosis: evidence from genetically altered mice. Arterioscler Thromb Vasc Biol 27:600–606

190. Shridas P, Bailey WM, Gizard F, Oslund RC, Gelb MH, Bruemmer D, Webb NR (2010) Group X secretory phospholipase A2 negatively regulates ABCA1 and ABCG1 expression and cholesterol efflux in macrophages. Arterioscler Thromb Vasc Biol 30:2014–2021

191. Sato H, Kato R, Isogai Y, Saka G, Ohtsuki M, Taketomi Y, Yamamoto K, Tsutsumi K, Yamada J, Masuda S, Ishikawa Y, Ishii T, Kobayashi T, Ikeda K, Taguchi R, Hatakeyama S, Hara S, Kudo I, Itabe H, Murakami M (2008) Analyses of group III secreted phospholipase A2 transgenic mice reveal potential participation of this enzyme in plasma lipoprotein modification, macrophage foam cell formation, and atherosclerosis. J Biol Chem 283:33483–33497

192. Prescott SM, Zimmerman GA, Stafforini DM, McIntyre TM (2000) Platelet-activating factor and related lipid mediators. Annu Rev Biochem 69:419–445

193. Tsimikas S, Tsironis LD, Tselepis AD (2007) New insights into the role of lipoprotein(a)-associated lipoprotein-associated phospholipase A2 in atherosclerosis and cardiovascular disease. Arterioscler Thromb Vasc Biol 27:2094–2099

194. Abuzeid AM, Hawe E, Humphries SE, Talmud PJ, HIFMECH Study Group (2003) Association between the Ala379Val variant of the lipoprotein associated phospholipase A2 and risk of myocardial infarction in the north and south of Europe. Atherosclerosis 168:283–288

195. Ninio E, Tregouet D, Carrier JL, Stengel D, Bickel C, Perret C, Rupprecht HJ, Cambien F, Blankenberg S, Tiret L (2004) Platelet-activating factor-acetylhydrolase and PAF-receptor gene haplotypes in relation to future cardiovascular event in patients with coronary artery disease. Hum Mol Genet 13:1341–1351

196. Adler DH, Cogan JD, Phillips JA 3rd, Schnetz-Boutaud N, Milne GL, Iverson T, Stein JA, Brenner DA, Morrow JD, Boutaud O, Oates JA (2008) Inherited human cPLA(2alpha) deficiency is associated with impaired eicosanoid biosynthesis, small intestinal ulceration, and platelet dysfunction. J Clin Invest 118:2121–2131

197. Wong DA, Kita Y, Uozumi N, Shimizu T (2002) Discrete role for cytosolic phospholipase A(2)alpha in platelets: studies using single and double mutant mice of cytosolic and group IIA secretory phospholipase A(2). J Exp Med 196:349–357

198. Huggins KW, Boileau AC, Hui DY (2002) Protection against diet-induced obesity and obesity-related insulin resistance in Group 1B PLA2-deficient mice. Am J Physiol Endocrinol Metab 283:E994–E1001

199. Labonte ED, Pfluger PT, Cash JG, Kuhel DG, Roja JC, Magness DP, Jandacek RJ, Tschop MH, Hui DY (2010) Postprandial lysophospholipid suppresses hepatic fatty acid oxidation: the molecular link between group 1B phospholipase A2 and diet-induced obesity. FASEB J 24:2516–2524

200. Wilson SG, Adam G, Langdown M, Reneland R, Braun A, Andrew T, Surdulescu GL, Norberg M, Dudbridge F, Reed PW, Sambrook PN, Kleyn PW, Spector TD (2006) Linkage and potential association of obesity-related phenotypes with two genes on chromosome 12q24 in a female dizygous twin cohort. Eur J Hum Genet 14:340–348

201. Bao S, Song H, Wohltmann M, Ramanadham S, Jin W, Bohrer A, Turk J (2006) Insulin secretory responses and phospholipid composition of pancreatic islets from mice that do not express Group VIA phospholipase A2 and effects of metabolic stress on glucose homeostasis. J Biol Chem 281:20958–20973

202. Bao S, Jacobson DA, Wohltmann M, Bohrer A, Jin W, Philipson LH, Turk J (2008) Glucose homeostasis, insulin secretion, and islet phospholipids in mice that overexpress iPLA2beta in pancreatic beta-cells and in iPLA2beta-null mice. Am J Physiol Endocrinol Metab 294:E217–E229

203. Xie Z, Gong MC, Su W, Xie D, Turk J, Guo Z (2010) Role of calcium-independent phospholipase A2beta in high glucose-induced activation of RhoA, Rho kinase, and CPI-17 in cultured vascular smooth muscle cells and vascular smooth muscle hypercontractility in diabetic animals. J Biol Chem 285:8628–8638

204. Song H, Wohltmann M, Bao S, Ladenson JH, Semenkovich CF, Turk J (2010) Mice deficient in group VIB phospholipase A2 (iPLA2gamma) exhibit relative resistance to obesity and metabolic abnormalities induced by a Western diet. Am J Physiol Endocrinol Metab 298:E1097–E1114

205. Mancuso DJ, Sims HF, Yang K, Kiebish MA, Su X, Jenkins CM, Guan S, Moon SH, Pietka T, Nassir F, Schappe T, Moore K, Han X, Abumrad NA, Gross RW (2010) Genetic ablation of calcium-independent phospholipase A2gamma prevents obesity and insulin resistance during high fat feeding by mitochondrial uncoupling and increased adipocyte fatty acid oxidation. J Biol Chem 285:36495–36510

206. Lefevre C, Jobard F, Caux F, Bouadjar B, Karaduman A, Heilig R, Lakhdar H, Wollenberg A, Verret JL, Weissenbach J, Ozguc M, Lathrop M, Prud'homme JF, Fischer J (2001)

Mutations in CGI-58, the gene encoding a new protein of the esterase/lipase/thioesterase subfamily, in Chanarin-Dorfman syndrome. Am J Hum Genet 69:1002–1012

207. Fischer J, Lefevre C, Morava E, Mussini JM, Laforet P, Negre-Salvayre A, Lathrop M, Salvayre R (2007) The gene encoding adipose triglyceride lipase (PNPLA2) is mutated in neutral lipid storage disease with myopathy. Nat Genet 39:28–30

208. Schweiger M, Lass A, Zimmermann R, Eichmann TO, Zechner R (2009) Neutral lipid storage disease: genetic disorders caused by mutations in adipose triglyceride lipase/PNPLA2 or CGI-58/ABHD5. Am J Physiol Endocrinol Metab 297:E289–E296

209. Schoenborn V, Heid IM, Vollmert C, Lingenhel A, Adams TD, Hopkins PN, Illig T, Zimmermann R, Zechner R, Hunt SC, Kronenberg F (2006) The ATGL gene is associated with free fatty acids, triglycerides, and type 2 diabetes. Diabetes 55:1270–1275

210. Kobayashi K, Inoguchi T, Maeda Y, Nakashima N, Kuwano A, Eto E, Ueno N, Sasaki S, Sawada F, Fujii M, Matoba Y, Sumiyoshi S, Kawate H, Takayanagi R (2008) The lack of the C-terminal domain of adipose triglyceride lipase causes neutral lipid storage disease through impaired interactions with lipid droplets. J Clin Endocrinol Metab 93:2877–2884

211. Haemmerle G, Lass A, Zimmermann R, Gorkiewicz G, Meyer C, Rozman J, Heldmaier G, Maier R, Theussl C, Eder S, Kratky D, Wagner EF, Klingenspor M, Hoefler G, Zechner R (2006) Defective lipolysis and altered energy metabolism in mice lacking adipose triglyceride lipase. Science 312:734–737

212. Johansson LE, Lindblad U, Larsson CA, Rastam L, Ridderstrale M (2008) Polymorphisms in the adiponutrin gene are associated with increased insulin secretion and obesity. Eur J Endocrinol 159:577–583

213. He S, McPhaul C, Li JZ, Garuti R, Kinch L, Grishin NV, Cohen JC, Hobbs HH (2010) A sequence variation (I148M) in PNPLA3 associated with nonalcoholic fatty liver disease disrupts triglyceride hydrolysis. J Biol Chem 285:6706–6715

214. Jaworski K, Ahmadian M, Duncan RE, Sarkadi-Nagy E, Varady KA, Hellerstein MK, Lee HY, Samuel VT, Shulman GI, Kim KH, de Val S, Kang C, Sul HS (2009) AdPLA ablation increases lipolysis and prevents obesity induced by high-fat feeding or leptin deficiency. Nat Med 15:159–168

215. Papanikolaou A, Wang QS, Mulherkar R, Bolt A, Rosenberg DW (2000) Expression analysis of the group IIA secretory phospholipase A(2) in mice with differential susceptibility to azoxymethane-induced colon tumorigenesis. Carcinogenesis 21:133–138

216. Cormier RT, Hong KH, Halberg RB, Hawkins TL, Richardson P, Mulherkar R, Dove WF, Lander ES (1997) Secretory phospholipase Pla2g2a confers resistance to intestinal tumorigenesis. Nat Genet 17:88–91

217. MacPhee M, Chepenik KP, Liddell RA, Nelson KK, Siracusa LD, Buchberg AM (1995) The secretory phospholipase A2 gene is a candidate for the Mom1 locus, a major modifier of ApcMin-induced intestinal neoplasia. Cell 81:957–966

218. Leung SY, Chen X, Chu KM, Yuen ST, Mathy J, Ji J, Chan AS, Li R, Law S, Troyanskaya OG, Tu IP, Wong J, So S, Botstein D, Brown PO (2002) Phospholipase A2 group IIA expression in gastric adenocarcinoma is associated with prolonged survival and less frequent metastasis. Proc Natl Acad Sci U S A 99:16203–16208

219. Dong Q, Patel M, Scott KF, Graham GG, Russell PJ, Sved P (2006) Oncogenic action of phospholipase A2 in prostate cancer. Cancer Lett 240:9–16

220. Mulherkar R, Kirtane BM, Ramchandani A, Mansukhani NP, Kannan S, Naresh KN (2003) Expression of enhancing factor/phospholipase A2 in skin results in abnormal epidermis and increased sensitivity to chemical carcinogenesis. Oncogene 22:1936–1944

221. Mirtti T, Laine VJ, Hiekkanen H, Hurme S, Rowe O, Nevalainen TJ, Kallajoki M, Alanen K (2009) Group IIA phospholipase A as a prognostic marker in prostate cancer: relevance to clinicopathological variables and disease-specific mortality. Acta Pathol Microbiol Immunol Scand 117:151–161

222. Murakami M, Masuda S, Shimbara S, Ishikawa Y, Ishii T, Kudo I (2005) Cellular distribution, post-translational modification, and tumorigenic potential of human group III secreted phospholipase A(2). J Biol Chem 280:24987–24998

223. Hoeft B, Linseisen J, Beckmann L, Muller-Decker K, Canzian F, Husing A, Kaaks R, Vogel U, Jakobsen MU, Overvad K, Hansen RD, Knuppel S, Boeing H, Trichopoulou A, Koumantaki Y, Trichopoulos D, Berrino F, Palli D, Panico S, Tumino R, Bueno-de-Mesquita HB, van Duijnhoven FJ, van Gils CH, Peeters PH, Dumeaux V, Lund E, Huerta Castano JM, Munoz X, Rodriguez L, Barricarte A, Manjer J, Jirstrom K, Van Guelpen B, Hallmans G, Spencer EA, Crowe FL, Khaw KT, Wareham N, Morois S, Boutron-Ruault MC, Clavel-Chapelon F, Chajes V, Jenab M, Boffetta P, Vineis P, Mouw T, Norat T, Riboli E, Nieters A

(2010) Polymorphisms in fatty-acid-metabolism-related genes are associated with colorectal cancer risk. Carcinogenesis 31:466–472

224. Takaku K, Sonoshita M, Sasaki N, Uozumi N, Doi Y, Shimizu T, Taketo MM (2000) Suppression of intestinal polyposis in Apc(delta 716) knockout mice by an additional mutation in the cytosolic phospholipase A(2) gene. J Biol Chem 275:34013–34016

225. Hong KH, Bonventre JC, O'Leary E, Bonventre JV, Lander ES (2001) Deletion of cytosolic phospholipase A(2) suppresses Apc(Min)-induced tumorigenesis. Proc Natl Acad Sci U S A 98:3935–3939

226. Dong M, Guda K, Nambiar PR, Rezaie A, Belinsky GS, Lambeau G, Giardina C, Rosenberg DW (2003) Inverse association between phospholipase A2 and COX-2 expression during mouse colon tumorigenesis. Carcinogenesis 24:307–315

227. Li H, Zhao Z, Wei G, Yan L, Wang D, Zhang H, Sandusky GE, Turk J, Xu Y (2010) Group VIA phospholipase A2 in both host and tumor cells is involved in ovarian cancer development. FASEB J 24:4103–4116

2 磷脂酶在心脏和哺乳动物细胞心磷脂生物合成和重构中的调节作用

Edgard M. Mejia，Vernon W. Dolinsky 和 Grant M. Hatch

摘要 心磷脂是参与调节 ATP 生成的关键线粒体膜磷脂。心磷脂的合成和重塑过程在真核细胞中受到严格的调控。磷脂酶在调节心磷脂代谢中的作用越来越明确。心磷脂可被几类磷脂酶水解，包括钙离子非依赖型磷脂酶 A_2、分泌型磷脂酶 A_2、胞质型磷脂酶 A_2。线粒体钙离子非依赖型磷脂酶 $A_2-\gamma$ 不仅在心磷脂水解为单体溶血心磷脂的过程中起着重要的调节作用，而且在线粒体功能和能量产生的整体调控中也起着关键作用。本章的目的在于总结一些关于磷脂酶在心脏和哺乳动物组织中调节心磷脂代谢的作用的最新研究成果。此外，还简要讨论了细胞外源性磷脂酶处理对心磷脂代谢的影响。

关键词 心磷脂；钙离子非依赖型磷脂酶 $A_2-\gamma$；心脏；酰基转移酶；三功能蛋白；单溶血心磷脂；巴氏综合征；人类；哺乳动物

2.1　引言

　　磷脂是细胞膜的重要结构和功能成分，心脏内磷脂成分的改变与心肌电节律的改变有关[1, 2]。双–（1,2二酰基–*sn*–甘油–3–磷酸）–1–*sn*–甘油或心磷脂（CL）是心脏和哺乳动物组织中最主要的多聚甘油磷脂[3]。1942年，Mary Pangbor首次在牛的心脏中发现了CL。CL随后被证明占心脏磷脂磷总质量的15%~20%[3-6]。心脏富含线粒体，其CL含量是所有哺乳动物组织中最高的。CL存在于线粒体内膜、外膜及其接触位点[7-9]。含量适当的CL及其脂酰基分子组成对调节涉及ATP生成的线粒体酶活性至关重要[6, 10]。实际上，CL是维系线粒体呼吸复合体的"胶水"[11]。因此，维持线粒体中适宜的CL含量及其脂肪酸组成对哺乳动物实现细胞功能至关重要。

2.2　心磷脂在细胞凋亡、线粒体功能以及遗传疾病中的作用

　　CL参与了细胞凋亡的内在途径[12]，对线粒体外膜上的caspase-8切割促凋亡蛋白Bid必不可少[13]。Stomatin like protein-2（SLP-2）是一种广泛表达的此前功能未知的线粒体内膜蛋白，其在T淋巴细胞中表达导致CL含量增加，并对抗通过内在通路介导细胞凋亡[14]。CL含量的变化被证实会改变线粒体的耗氧量[15, 16]。在缺血再灌注大鼠心脏中，电子传递链活性的降低往往伴随着CL活性的降低[17]。当CL被磷脂酶从线粒体呼吸链蛋白中去除或降解时，就会导致变性发生和活性完全丧失[18]。抑制素（PHB-1和PHB-2）是在进化上保守且广泛表达的膜蛋白家族，在高等真核生物中对细胞增殖和发育是必不可少的[19, 20]。PHB复合物作为蛋白质与脂质的支架，可确保线粒体内膜的完整性与功能性，并与CL相关。CL对抑制素–m-AAA蛋白酶复合体、α–酮戊二酸脱氢酶复合物以及线粒体呼吸链超复合体的形成有着重要作用[21]。SLP-2与PHB-1和PHB-2相互作用，并与CL结合促进具有代谢活性的线粒体膜的形成[14]。在T淋巴细胞特异性SLP-2缺陷的小鼠中，线粒体膜中CL的分隔受损会导致线粒体呼吸链复合物I的蛋白质减少和活性降低[22]。因此，SLP-2的功能是将PHBs聚集到CL中，形成富集CL的微区域，电子传递复合体能在这些微区中以最佳方式被组装。此外，新生仔猪持续性肺动脉高压（PPHN）的右心室（RV）线粒体呼吸复合体蛋白表达的降低，为这些动物右心室心肌线粒体PHB复合体的破坏提供了证据[23]。

　　巴氏综合征（Barth syndrome，BTHS）是一种罕见的X连锁遗传性疾病，好发于年轻男性，以心肌病、周期性中性粒细胞减少症和3–甲基葡萄糖醛酸尿症三联征为特征[24-26]。在50%的病例中，还观察到轻度低胆固醇血症。根据临床记录在至少一例BTHS患者中观察到的低胆固醇血症可能是由于调节mRNA表达的能力降低以及羟甲基戊二酰辅酶A还原酶的（从头合成胆固醇的限速酶）酶活性下降所致[27]。BTHS是由位于染色体Xq28.12上的Tafazzin基因*TAZ*突变引起的。截至2014年已鉴定的*TAZ*基因有100多个突变。然而，

还没有发现基因型与疾病严重程度之间的相关性。利用单体溶血心磷脂（MLCL）重新合成 CL 能力的降低是导致 BTHS 的潜在分子机制[24, 25]。因此，BTHS 是迄今为止唯一一种以线粒体中 CL 含量减少及 MLCL 累积为特异性生化缺陷的遗传病。四个 *TAZ* mRNA 转录本被证明可在人类细胞中产生[28]。Tafazzin 基因敲除小鼠的心肌和骨骼肌中四亚油酰基心磷脂（L_4-CL）显著减少，MLCL 积累，线粒体中发生病变[29, 30]。此外，*TAZ* 的破坏改变了线粒体内膜中呼吸链超复合物的组装和稳定性[31]。有趣的是，*TAZ* 基因缺失的线粒体中 PHB 复合物水平的降低是由于 CL 含量的降低所致[21]。将 *TAZ* 引入 *TAZ* 缺失的酵母或 *TAZ* 基因敲除的斑马鱼或 *TAZ* 基因敲除果蝇中，可使得 CL 含量和线粒体功能恢复到接近正常水平[32-34]。

2.3　心磷脂的生物合成及重构

CL 在心脏中的从头合成途径是通过胞苷 -5′- 二磷酸 -1,2- 甘油二酯（cytidine-5′-diphosphate-1,2-diacylglycerol pathway，CDP-DG）通路[35]（图 2.1）。最初，磷脂酸（phosphatidic acid，PA）在 CDP-DG 合酶（CDS）的催化作用下转化为 CDP-DG。人类 CDS 已经被克隆，其中 CDS-2 是哺乳动物心脏中表达的主要亚型[36]。在 AMP 激活蛋白激酶 α2 缺失的小鼠中 CDS-2 mRNA 表达降低，导致这些动物心脏中 CL 降低[37]。小鼠心脏中氯贝丁酯介导的过氧化物酶体增殖物激活受体 α（peroxisome proliferator-activated receptor α，PPARα）的激活是通过增加 CDS 中 CDS-2 亚型的 mRNA 表达来刺激 CL 的生物合成，而这种激活在氯贝丁酯处理的 PPARα 基因敲除的小鼠中没有观察到[38]。该途径的第二步，CDP-DG 与 *sn*- 甘油 -3- 磷酸在磷脂酰甘油磷酸酶（PGP）合酶（PGPS）和 PGP 磷酸酶催化下缩合形成磷脂酰甘油（phosphatidylglycerol，PG）。G 蛋白 RhoGap 在转录水平上调控 PGPS 的激活和 CL 的合成起着关键作用[39]。此外，研究表明，线粒体融合蛋白在心力衰竭（heart failure，HF）患者心脏中的表达发生改变，线粒体融合蛋白 -2（mitofusion-2）的表达可能通过 PGPS 参与调控 CL 的生物合成[40, 41]。在该途径的第三步，PGP 被 PGP 磷酸酶迅速去磷酸化[3]。PGP 磷酸酶是最近在酵母和哺乳动物细胞中发现的一种定位于线粒体 -1（PTPMT-1）的蛋白酪氨酸磷酸酶，是蛋白质酪氨酸磷酸酶超家族的一员[20, 42]。PTPMT-1 缺陷小鼠的成纤维细胞积累 PGP，并表现出磷脂酰甘油（PG）和 CL 的减少[43]。该途径的最后一步，在心脏中心磷脂合酶（CLS）催化 PG 与 CDP-DG 缩合成 CL[35, 44]。CLS 仅定位于线粒体内膜[44, 45]，并从大鼠肝脏中进行了分离纯化[46]。编码人 CLS（hCLS1）和小鼠 CLS（mCLS1）的基因已被鉴定，且该酶在心脏中表达水平较高[47-79]。脂多糖（LPS）处理的小鼠组织中 CLS mRNA 的丢失并不会导致 CLS 活性的丧失，这表明哺乳动物细胞中 CLS 酶的催化转化效率可能比较慢[50]。

CL 在其生物合成之后被迅速重构，产生在线粒体膜内发现的 CL 分子类型[24]。在哺乳动物心脏中，亚油酸（18：2）占 CL 酰基链的 80%～90%[51]。在人心脏中的四酰基分子类型（约占全部的 80%）主要是（18：2-18：2）-（18：2-18：2）-CL 或 L_4-CL。重构可能通过协同脱酰化和随后的酰化反应（再合成）实现[52]。CL 可被多种不同的磷脂酶 A_2 水解[53]，

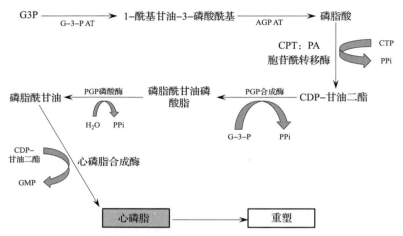

图 2.1　胞苷 -5′ 二磷酸 -1,2- 二酰基 -*sn*- 甘油途径（CDP-DAG）

心磷脂的从头合成途径始于 G-3-P 生成 PA，然后 PA 与 CTP 反应，最终生成 CDP- 甘油二酯。另一个 G-3-P 与 CDP- 甘油二酯相互作用生成磷脂酰甘油磷酸酯，随后再被水解生成磷脂酰甘油。从这一步开始，心磷脂的形成是由一种叫作心磷脂合成酶的酶催化的。在重塑酶（包括 Tafazzin、MLCL AT-1 和 / 或 ALCAT-1）的帮助下，新合成的心磷脂可以用特定的酰基快速重塑

G-3-P—甘油 -3- 磷酸　G-3-P AT—甘油 -3- 磷酸酰基转移酶　AGP-AT-1—酰基甘油 -3- 磷酸酰基转移酶　CTP—三磷酸胞苷　PA—磷脂酸　PPI—焦磷酸　CDP—胞苷二磷酸　PGP—磷脂酰甘油磷酸酯　CMP—胞苷单磷酸酯　MLCLAT-1—单溶血心磷脂酰基转移酶 -1　ALCAT-1 酰基 CoA—赖氨酸酰基转移酶 -1

包括钙离子非依赖型的 PLA_2（$iPLA_2$-ⅥA）[54-55]，分泌型 PLA_2[56]，以及胞质型 PLA_2[57]。从 MLCL 和亚油酸重构合成心脏 CL 以实现 18：2 的富集。MLCL 通过至少三种酶再合成 CL。已鉴定出一种线粒体相关的膜酰化心磷脂酰基转移酶 -1（ALCAT-1）对多种阴离子溶血磷脂底物具有特异性[58, 59]。氧化应激或饮食诱导肥胖使得小鼠 ALCAT-1 表达上调，导致线粒体功能障碍、活性氧产生和胰岛素抵抗[60]。ALCAT-1 基因缺失小鼠对饮食诱导肥胖具有抗性，这表明该酶可能是一种应激反应酶。在 AMP 激活的蛋白激酶缺陷小鼠中，ALCAT-1 mRNA 表达的降低与 CL 的减少有关[37]。然而，在 CL 降低的人心脏外植体和自发性高血压心力衰竭（SHHF）大鼠中，ALCAT-1 mRNA 的表达没有改变[51, 61]。在线粒体脱酰化 - 再酰化循环过程中，新合成的 CL 被迅速脱酰化成 MLCL，然后在亚油酰辅酶 A 作用下重新酰化成 CL[62]。目前已经鉴定了线粒体活性且从猪肝中纯化得到了该酶[63, 64]，并证明了它是一个以前未鉴定的人类蛋白质[65]。在大鼠肝脏的粗线粒体组分中被报道有一种重构 CL 的体外 CL 酰基转移活性的酶[66]。该 CL 酰基转移酶是 2.2 中所描述的 BTHS 基因产物 *TAZ*[66, 67]。最近还发现了一种新的线粒体蛋白 Them5，其具有长链酰基 -CoAs 的硫酯酶活性，并且对 C18 多不饱和脂肪酸有很强的底物选择性[68]。*Them5*[-/-] 小鼠中 MLCL 表达增加，这意味着硫酯酶活性参与了 CL 重构的调控。

尽管有证据表明 BTHS 基因产物 *TAZ* 能明显地和特异性地利用亚油酸重塑线粒体中的 CL，但认为 *TAZ* 单独决定 CL 的脂肪酸含量的观点与实验证据相矛盾。例如，在 AMP 激活的蛋白激酶缺失小鼠的心脏中，胞苷 - 二磷酸二酰基 -*sn*- 甘油合成酶 -2（一种从头合成 CL 反应的限速酶）和 ALCAT-1 mRNA 的表达相比于对照组减少，并且伴随着心脏线粒体内磷脂中 CL 和亚油酸水平的降低[37]。但在这些小鼠的心脏中，*TAZ* mRNA 的表达没有改变。此外，至少有两名患者表现出 BTHS 和 *TAZ* 外显子 5 突变，但 CL 水平正常，这更加表明

TAZ 不单独决定所有线粒体 CL 重塑（Michael Schlame，personal communication）。这些数据表明，除了 *TAZ*，仍存在其他酶在哺乳动物和人的线粒体 CL 重塑中发挥关键作用[69]。在 Epstein-Barr 病毒转化的人 BTHS 淋巴母细胞中，CL 水平降低了 60% ~ 80%，而用 CL 重构酶单溶血心磷脂酰基转移酶 -1（MLCLAT-1）或三功能蛋白的 α 亚基转染这些细胞后，使 CL 水平恢复到对照淋巴母细胞的水平[65, 70, 71]。

2.4　磷脂酶在心磷脂新陈代谢中的作用

多项研究证实，CL 重构水平升高是增加磷脂酶激活介导的 CL 水解的一种补偿机制。在各种刺激诱导的细胞凋亡模型中，PLA_2 活性均升高。在 H9c2 心脏成肌细胞中加入促凋亡因子 TNF-α，可促进线粒体 PLA_2 对线粒体磷脂的水解活性[72]。此外，MLCL 在 Fas（一种介导细胞凋亡的细胞因子）介导的细胞凋亡过程中作为线粒体 PLA_2 降解 CL 的副产物而得到积累[73]。此外，在诱导细胞凋亡的过程中，由 PLA_2 水解 CL 产生的 MLCL 增强了 t-Bid 与膜的结合[73-75]。2- 脱氧葡萄糖（2-deoxyglucose，2-DG）可通过刺激多种细胞系中细胞内活性氧的产生、CL 的氧化和线粒体细胞色素 C 的释放来诱导细胞凋亡。在暴露于 2-DG 的 H9c2 细胞存活群体中，我们研究了代谢缺氧介导的细胞凋亡对 PLA_2 活性和 CL 代谢的影响[76]。用 100 mmol/L 2-DG 处理 H9C2 细胞 16h 后，caspase-3 和 PARP 被激活，表明该细胞群体发生凋亡。线粒体 PLA_2 对线粒体磷脂的活性升高，这表明在这些细胞中 CL 的水解作用可能增强。然而，由于线粒体 MLCL AT 表达和活性的增加，CL 聚集的大小和作为 CL 合成前体的 $[1-^{14}C]$ 亚油酸的组成不变。这些结果表明，在经过 2-DG 处理的 H9c2 细胞存活群体中，MLCL 再合成 CL 的能力升高，这可能是线粒体 PLA_2 活性升高的一种补偿机制。有趣的是，在 2-DG 处理的细胞中，ALCAT-1 的活性以及利用 MLCL 和不饱和脂肪酸重新合成 CL 的线粒体相关膜蛋白能力的降低，可以说明 ALCAT-1 和 MLCLAT-1 是相互调节的[60]。如果 MLCL 的积累确实在线粒体介导的细胞凋亡中起作用，则需要从 MLCL 中快速合成 CL，以应对促凋亡介导的 CL 降解来恢复细胞内稳态，从而阻止凋亡级联反应。在星状孢菌素诱导细胞凋亡过程中，$iPLA_2-ⅥA$ 的表达已被证明在保护线粒体功能免受由线粒体内产生的活性氧引起的损伤中起作用[55]。在细胞中加入 2-DG 可导致活性氧的产生[77, 78]。暴露于 2-DG 下的 45%H9c2 存活细胞经台盼蓝拒染法评估存活率高于 95%，线粒体 MLCLAT 活性及其表达增加导致 CL 再合成增加，可能与线粒体 PLA_2 活性升高有协同作用，从而对 MLCL 介导的细胞凋亡起到保护作用[76]。

线粒体 PLA_2 对 CL 的活性也可能通过细胞内神经酰胺调节的过程调节，而与细胞杀伤无直接关系[39]。我们检测了对神经酰胺诱导的细胞凋亡具有抗性的中国仓鼠卵巢（CHO）新细胞系中线粒体 PLA_2 的活性。采用启动子陷阱诱变的方法分离了这株依托泊苷耐药的 CHO 细胞株，该细胞株被命名为 E91，对 *N*- 乙酰鞘氨醇表现出交叉耐药性。启动子陷阱逆转录病毒被发现可整合到 Dlc-2（Stard13）RhoGap 基因的内含子 1-2 中。与亲本细胞相比，E91 细胞显示三磷酸鸟苷（GTP）结合的 RhoA 水平升高，这表明逆转录病毒整合已使 Dlc-2RhoGap 等位基因之一失活。用 *N*- 乙酰鞘氨醇处理后，亲本细胞 PLA_2 活性升高。E91 细胞内神经酰胺信号的缺陷是由于结合的 RhoA 的活性 GTP 水平升高所致。这项研究是第一份通过 RhoGap 表达调控哺乳动物 PLA$_2$ 活性的报道[39]。

沙眼衣原体（*Chlamydia trachomatis*）是一种流行的性传播细菌性疾病，是发展中国家感染性失明的主要原因[79]。沙眼衣原体是一种细胞内寄生虫，从宿主细胞中获取磷脂。然而，在衣原体基因组中还未发现 PLA$_2$ 同源物。以往的研究表明，内源性宿主细胞来源的磷脂被运输到沙眼衣原体中，并且沙眼衣原体的磷脂组成与其寄生的真核宿主细胞的磷脂组成相似[18, 80-82]。在这些研究中，沙眼衣原体感染的每种哺乳动物细胞类型中，宿主细胞 PLA$_2$ 活性均增加，使宿主细胞磷脂（包括 CL）水解成其各自的溶血磷脂。随后，溶血磷脂被转运到细胞内衣原体包涵体，在包涵体中被细菌特异性支链脂肪酸迅速重构，形成衣原体特异性的亲代磷脂。宿主 Raf-MEK-ERK cPLA$_2$ 信号级联的激活是这种衣原体摄取宿主甘油磷脂所必需的[57]。在衣原体感染的细胞中，磷酸腺苷激酶途径（Ras/Raf/MEK/ERK）和钙离子依赖型胞质型磷脂酶 A$_2$（cPLA$_2$）均被激活。cPLA$_2$ 活性的抑制阻断了衣原体对宿主甘油磷脂的摄取，导致衣原体生长受损。此外，c-Raf-1 或 MEK1/2 活性的减弱阻止了衣原体 ERK1/2 的激活，从而抑制宿主 cPLA$_2$ 的衣原体激活以及从宿主细胞摄取甘油磷脂。

在体内和体外模型中研究了 PPARα 刺激的 PLA$_2$ 在心肌线粒体 CL 生物合成中的作用[38]。用氯贝丁酯（clofibrate）处理大鼠心脏 H9c2 细胞后可增加分子质量为 14ku 线粒体 PLA$_2$ 的表达和活性，但不影响 CL 聚集体的大小。氯贝丁酯处理通过 PGPS 活性的增加来刺激 CL 的从头合成，这是 CL 含量没有改变的原因。与对照组相比，饲喂氯贝丁酯 14d 的小鼠心脏 PLA$_2$、PGPS、CDS-2 活性和 CDS-2mRNA 水平均升高。在 PPARα 缺失小鼠中，氯贝丁酯喂养并未改变心肌 PLA$_2$、PGPS 活性或 CDS-2 活性和 mRNA 水平，表明这些酶受 PPARα 激活的调控。这项研究首次证明了 CL 的从头合成是通过 PLA$_2$ 的激活的 PPARα 激活来调节的。

真核细胞繁殖涉及细胞成分的复制，包括生物膜和 DNA 含量，导致数量加倍，随后分裂成两部分。在缺乏生长因子的情况下（例如，血清饥饿），细胞不会分裂，而是进入一种被称为 G$_0$ 的静止状态。在 G$_0$ 期，耗尽血清的细胞可能通过添加血清而被触发进入 S 期。由于 CL 在人类细胞周期所需的 ATP 的生成中起着重要的作用，因此，我们在静息 HeLa 细胞中研究了 PLA$_2$ 在 CL 代谢中的作用，并诱导其进入细胞周期的 S 期[70]。将 HeLa 细胞血清饥饿 24h，然后在无或有血清的条件下孵育 24h 以上。在培养了 16h 后，CL 质量增加了一倍，同时 CL 从头合成酶的表达和活性也急剧增加。此外，线粒体 PLA$_2$、MLCL AT-1 和 ALCAT-1 活性也明显升高。这表明 CL 重构酶 PLA$_2$、MLCLAT-1 和 ALCAT-1 活性的升高是支持人类细胞周期 S 期所需的新合成 CL 重塑所必需的。

在脑卒中模型中，cPLA$_2$ 的活性、mRNA 表达和免疫反应性以及分泌型 PLA$_2$（sPLA$_2$）的活性及其 mRNA 表达均升高，并可能参与 CL 的降解，导致线粒体功能障碍和随后的活性氧生成[56]。MLCL 是由存在于巨噬细胞溶酶体中的溶酶体钙离子非依赖型 PLA$_2$ 裂解分枝杆菌 CL 而产生的[83]。最后，ⅥA 组通过 iPLA$_2$β 定位并保护 β 细胞线粒体在星形孢菌素诱导的凋亡过程中免受氧化损伤[84]。在本研究中，iPLA$_2$-β 缺失小鼠分离的胰岛对星形孢菌素诱导的凋亡比野生型小鼠更敏感，iPLA$_2$-β 缺失小鼠每日腹腔注射星形孢菌素 2 周会损害动物的葡萄糖耐量和葡萄糖刺激的胰岛素分泌。iPLA$_2$-β 在有肥胖和糖尿病倾向的 db/db 小鼠的胰岛 β 细胞中仅低水平表达。因此，在 db/db 小鼠 β 细胞中观察到的低 iPLA$_2$-β 表达水平可能使其容易受到活性氧的伤害。

2.5 钙离子依赖型 PLA_2 在哺乳动物 CL 代谢中的作用

钙离子非依赖型 PLA_2（$iPLA_2$）的改变已被证明有助于心肌梗死导致的衰竭心脏的心功能衰退[85]。在正常大鼠和 SHHF 大鼠制备的心肌细胞中，发现 CL 重构是针对每个脂肪酰基部分单独进行的，CL 重构在心力衰竭（HF）中相对于非 HF 变弱，并且对 $iPLA_2$ 抑制部分敏感，这表明 CL 重构是以循序渐进的方式发生的，缺少 18∶2 组成导致衰竭大鼠心脏中的 L_4-CL 减少，并且线粒体 $iPLA_2$ 在心脏中 CL 酰基组成的重构中起作用[86]。$iPLA_2\gamma$ 基因切除可导致小鼠 L_4-CL 下降和线粒体功能异常，线粒体生物能表型缺陷，包括线粒体神经退行性疾病，特征为线粒体变性、自噬和小鼠认知功能障碍[54, 87]。在 $iPLA_2$ 缺失小鼠中，$iPLA_2\gamma$ 的受损导致线粒体功能障碍和氧化应激增加，这导致骨骼肌结构和功能的损失[88]。作者发现在 $iPLA_2\gamma$ 缺失的小鼠骨骼肌中 CL 和其他磷脂类物质的组成发生了改变，肌保护性前列腺素水平降低。因此，除了维持线粒体膜内 CL 的动态平衡外，$iPLA_2\gamma$ 可能有助于调节体内脂质介质的产生。

$iPLA_2\gamma$ 缺失的小鼠对高脂饮食诱导引起的体重增加、脂肪细胞肥大、高胰岛素血症和胰岛素耐受性也是完全抵抗的，这也同样发生在高脂喂养后的野生型小鼠中[89]。值得注意的是，$iPLA_2\gamma$ 缺失的小鼠很瘦，表现出腹部脂肪营养不良，尽管在高脂喂养后葡萄糖刺激的胰岛素分泌明显受损，但仍对胰岛素敏感。对 $iPLA_2\gamma$ 缺失小鼠骨骼肌线粒体的呼吸测量显示，在使用代谢与 ATP 产生不相关的多种底物情况下 3 型呼吸状态下的呼吸明显减少。骨骼肌的鸟枪脂质组学分析结果显示 CL 含量降低伴随分子种类组成发生改变，从而确定了 $iPLA_2\gamma$ 缺失小鼠线粒体解偶联的机制。总之，这些结果证实了 $iPLA_2$-γ 是一种必需的上游酶，它通过参与促进代谢综合征发展的细胞生物能学的改变，对有效的电子传递链偶联和能量产生是必需的。

在 SHHF 大鼠左心室（LV）肥厚和跟随的 HF 以及从 HF 患者的左心室分离出的人心脏外植体中，观察到 L_4-CL 的减少和 CL 生物合成和重塑过程中的改变[61]。PPHN 导致右心室（RV）肥大，继而是右心室衰竭和相关的线粒体功能障碍[90, 91]。与对照组相比，PPHN 仔猪左心室和右心室中 $iPLA_2\gamma$ 的表达均较低[23]。此外，在 PPHN 仔猪的左心室和右心室中的 MLCL 与 [1-^{14}C] 亚油酰基辅酶 A（[1-^{14}C] Linoleoyl-CoA）结合量的减少表明，PPHN 中的 $iPLA_2$-γ 可能减少。这是由这些 PPHN 动物的 LV 和 RV 中观察到的 $iPLA_2$-γ 的 mRNA 表达下降得以证实。上述数据清楚地支持 $iPLA_2$-γ 是 CL 重塑和代谢过程中的酶。

2.6 细胞的外源性磷脂酶处理对心磷脂代谢的影响

采用 *Naja Mocambique* PLA_2 控制和有限性处理 H9c2 心肌成肌细胞，PC 和 PE 池的大小减小，LPC 和 LPE 升高，CL 和其他磷脂池大小不变[92]。在脉冲放射性标记和脉冲追踪放射性标记实验中，用［1,3-^{3}H］甘油在无或有 PLA$_2$ 存在时孵育或预孵育细胞，导致 CL 的放射性减少，这表明 CL 的从头合成减弱。CL 减少的作用机制可能与磷脂酸活性的下降有关：胞苷 -5′- 三磷酸胞苷酰基转移酶（cytidine-5′-triphosphate cytidylyltransferase）是 H9c2 细胞中 CL 从头合成反应的限速酶，由细胞内升高的 LPC 水平介导。该结果表明，H9c2 细胞中 CL 的从头合成可能受细胞内 PLA$_2$ 水解产物 LPC 的调控。

　　用 PC- 特异性魏氏梭菌（PC-specific *Clostridium welchii*）磷脂酶 C（PLC）处理 H9c2 心脏成肌细胞后，可以在不改变细胞 CL 水平的情况下减小 PC 池的大小[93]。用［1,3-^{3}H］甘油进行的脉冲放射性标记和脉冲追逐标记实验表明，与对照组相比，PLC 处理的细胞内 CL 中的放射性随着时间的推移而减少，表明 CL 的从头合成减弱。在细胞中加入细胞通透性的 1,2- 二酰基 -*sn*- 甘油类似物（1,2-diacyl-*sn*-glycerol analog）1,2- 二辛酰基 -*sn*- 甘油（1,2-dioctanoyl-*sn*-glycerol），可模拟 PLC 对 CL 生物合成的抑制作用，表明 1,2- 二酰基 -*sn*- 甘油参与了 CL 的合成。在 PLC 处理的细胞中 CL 生物合成减少的机制很可能是 1,2- 二酰基 -*sn*- 甘油水平升高导致磷脂酸（胞苷 -5′- 三磷酸细胞转移酶和 PGPS）活性的降低。以上这些数据表明，H9c2 心脏成肌细胞中 CL 合成可能受 1,2- 二酰基 -*sn*- 甘油的调控，并可能与 PC 的生物合成相协调。

2.7　结论

　　显而易见，CL 能被几种不同类别的 PLA$_2$ 水解，包括 iPLA$_2$、sPLA$_2$ 和 cPLA$_2$。重要的问题仍然有待解决，包括 CL 的从头合成和由这些 PLA$_2$ 水解并随后在体内重新合成介导的 CL 重构之间是否确实存在协调，以及 CL 降解的副产物本身在细胞代谢中是否发挥作用。*TAZ* 基因敲除小鼠的产生可能会为 iPLA$_2$γ 在调节哺乳动物组织 CL 代谢中的作用提供更准确的数据。

参考文献

1. White DA (1973) Form and function of phospholipids. In: Ansell GB, Hawthorne JN, Dawson RM (eds) Phospholipids. Elsevier Biomedical, Amsterdam
2. Reig J, Domingo E, Segura R et al (1993) Rat myocardial tissue lipids and their effect on ventricular electrical activity: influence on dietary lipids. Cardiovasc Res 27:364–370
3. Hostetler KY (1982) Polyglycerophospholipids: phosphatidylglycerol, diphosphatidylglycerol and bis (monoacylglycero) phosphate. In: Hawthorne JN, Ansell GB (eds) Phospholipids. Elsevier, Amsterdam, p 215
4. Pangborn M (1942) Isolation and purification of a serologically active phospholipid from beef heart. J Biol Chem 143:247
5. Poorthuis BJ, Yazaki PJ, Hostetler KY (1976) An improved two dimensional thin-layer chromatography system for the separation of phosphatidylglycerol and its derivatives. J Lipid Res 17:433–437
6. Hatch GM (2004) Cell biology of cardiac mitochondrial phospholipids. Biochem Cell Biol 82:99–112

7. Hovius R, Lambrechts H, Nicolay K, de Kruijff B (1990) Improved methods to isolate and subfractionate rat liver mitochondria. Lipid composition of the inner and outer membrane. Biochim Biophys Acta 1021:217–226
8. Hovius R, Thijssen J, van der Linden P et al (1993) Phospholipid asymmetry of the outer membrane of rat liver mitochondria. Evidence for the presence of cardiolipin on the outside of the outer membrane. FEBS Lett 330:71–76
9. Stoffel W, Schiefer HG (1968) Biosynthesis and composition of phosphatides in outer and inner mitochondrial membranes. Hoppe Seylers Z Physiol Chem 349:1017–1026
10. Hoch FL (1992) Cardiolipins and biomembrane function. Biochim Biophys Acta 1113:71–133
11. Zhang M, Mileykovskaya E, Dowhan W (2002) Gluing the respiratory chain together. Cardiolipin is required for supercomplex formation in the inner mitochondrial membrane. J Biol Chem 277:43553–43556
12. Ascenzi P, Polticelli F, Marino M et al (2011) Cardiolipin drives cytochrome C proapoptotic and antiapoptotic actions. IUBMB Life 63:160–165
13. Gonzalvez F, Schug ZT, Houtkooper RH et al (2008) Cardiolipin provides an essential activating platform for caspase-8 on mitochondria. J Cell Biol 183:681–696
14. Christie DA, Lemke CD, Elias IM et al (2011) Stomatin-like protein 2 binds cardiolipin and regulates mitochondrial biogenesis and function. Mol Cell Biol 31:3845–3856
15. Yamaoka S, Urade R, Kito M (1990) Cardiolipin molecular species in rat heart mitochondria are sensitive to essential fatty acid-deficient dietary lipids. J Nutr 120:415–421
16. Ohtsuka T, Nishijima M, Suzuki K, Akamatsu Y (1993) Mitochondrial dysfunction of a cultured Chinese hamster ovary cell mutant deficient in cardiolipin. J Biol Chem 268:22914–22919
17. Petrosillo G, Ruggiero FM, Paradies G (2003) Role of reactive oxygen species and cardiolipin in the release of cytochrome C from mitochondria. FASEB J 17:2202–2208
18. Hatch GM (1998) Cardiolipin: biosynthesis, remodeling and trafficking in the heart and mammalian cells. Int J Mol Med 1:33–41
19. Osman C, Merkwirth C, Langer T (2009) Prohibitins and the functional compartmentalization of mitochondrial membranes. J Cell Sci 122:3823–3830
20. Osman C, Haag M, Wieland FT et al (2010) A mitochondrial phosphatase required for cardiolipin biosynthesis: the PGP phosphatase Gep4. EMBO J 29:1976–1987
21. van Gestel RA, Rijken PJ, Surinova S et al (2010) The influence of the acyl chain composition of cardiolipin on the stability of mitochondrial complexes; an unexpected effect of cardiolipin in α-ketoglutarate dehydrogenase and prohibitin complexes. J Proteomics 73:806–814
22. Christie DA, Kirchhof MG, Vardhana S et al (2012) Mitochondrial and plasma membrane pools of stomatin-like protein 2 coalesce at the immunological synapse during T cell activation. PLoS One 7:e37144
23. Saini-Chohan HK, Dakshinamurti S, Taylor WA et al (2011) Persistent pulmonary hypertension results in reduced tetralinoleoyl-cardiolipin and mitochondrial complex II + III during the development of right ventricular hypertrophy in the neonatal pig heart. Am J Physiol Heart Circ Physiol 301:H1415–H1424
24. Hauff KD, Hatch GM (2006) Cardiolipin metabolism and Barth syndrome. Prog Lipid Res 45:91–101
25. Schlame M (2008) Cardiolipin synthesis for the assembly of bacterial and mitochondrial membranes. J Lipid Res 49:1607–1620
26. Houtkooper RH, Vaz FM (2008) Cardiolipin, the heart of mitochondrial metabolism. Cell Mol Life Sci 65:2493–2506
27. Hauff KD, Hatch GM (2010) Reduction in cholesterol synthesis in response to serum starvation in lymphoblasts of a patient with Barth syndrome. Biochem Cell Biol 88:595–602
28. Lu B, Kelher MR, Lee DP et al (2004) Complex expression pattern of the Barth syndrome gene product tafazzin in human cell lines and murine tissues. Biochem Cell Biol 82:569–576
29. Acehan D, Vaz F, Houtkooper RH et al (2011) Cardiac and skeletal muscle defects in a mouse model of human Barth syndrome. J Biol Chem 286:899–908
30. Soustek MS, Falk DJ, Mah CS et al (2011) Characterization of a transgenic short hairpin RNA-induced murine model of Tafazzin deficiency. Hum Gene Ther 22:865–871
31. Brandner K, Mick DU, Frazier AE et al (2005) Taz1, an outer mitochondrial membrane protein, affects stability and assembly of inner membrane protein complexes: implications for Barth syndrome. Mol Biol Cell 16:5202–5214
32. Ma L, Vaz FM, Gu Z et al (2004) The human TAZ gene complements mitochondrial dysfunction in the yeast taz1Delta mutant. Implications for Barth syndrome. J Biol Chem

279:44394–44399

33. Khuchua Z, Yue Z, Batts L, Strauss AW (2006) A zebrafish model of human Barth syndrome reveals the essential role of tafazzin in cardiac development and function. Circ Res 99:201–208

34. Xu Y, Zhang S, Malhotra A et al (2009) Characterization of tafazzin splice variants from humans and fruit flies. J Biol Chem 284:29230–29239

35. Hatch GM (1994) Cardiolipin biosynthesis in the isolated heart. Biochem J 297:201–208

36. Heacock AM, Uhler MD, Agranoff BW (1996) Cloning of CDP-diacylglycerol synthase from a human neuronal cell line. J Neurochem 67:2200–2203

37. Athea Y, Viollet B, Mateo P et al (2007) AMP-activated protein kinase α2 deficiency affects cardiac cardiolipin homeostasis and mitochondrial function. Diabetes 56:786–794

38. Jiang YJ, Lu B, Xu FY et al (2004) Stimulation of cardiac cardiolipin biosynthesis by PPARα activation. J Lipid Res 45:244–252

39. Hatch GM, Gu Y, Xu FY et al (2008) StARD13(Dlc-2) RhoGap mediates ceramide activation of phosphatidylglycerolphosphate synthase and drug response in Chinese hamster ovary cells. Mol Biol Cell 19:1083–1092

40. Chen L, Gong Q, Stice JP, Knowlton AA (2009) Mitochondrial OPA1, apoptosis, and heart failure. Cardiovasc Res 84:91–99

41. Xu FY, McBride H, Acehan D et al (2010) The dynamics of cardiolipin synthesis post-mitochondrial fusion. Biochim Biophys Acta 1798:1577–1585

42. Xiao J, Engel JL, Zhang J et al (2011) Structural and functional analysis of PTPMT1, a phosphatase required for cardiolipin synthesis. Proc Natl Acad Sci USA 108:11860–11865

43. Zhang J, Guan Z, Murphy AN et al (2011) Mitochondrial phosphatase PTPMT1 is essential for cardiolipin biosynthesis. Cell Metab 13:690–700

44. Hostetler KY, Van den Bosch H, Van Deenen LL (1971) Biosynthesis of cardiolipin in liver mitochondria. Biochim Biophys Acta 239:113–119

45. Schlame M, Haldar D (1993) Cardiolipin is synthesized on the matrix side of the inner membrane in rat liver mitochondria. J Biol Chem 268:74–79

46. Schlame M, Hostetler KY (1991) Solubilization, purification, and characterization of cardiolipin synthase from rat liver mitochondria. Demonstration of its phospholipid requirement. J Biol Chem 266:22398–22403

47. Lu B, Xu FY, Jiang YJ et al (2006) Cloning and characterization of a cDNA encoding human cardiolipin synthase (hCLS1). J Lipid Res 47:1140–1145

48. Chen D, Zhang XY, Shi Y (2006) Identification and functional characterization of hCLS1, a human cardiolipin synthase localized in mitochondria. Biochem J 398:169–176

49. Houtkooper RH, Akbari H, van Lenthe H et al (2006) Identification and characterization of human cardiolipin synthase. FEBS Lett 580:3059–3064

50. Lu B, Xu FY, Taylor WA et al (2011) Cardiolipin synthase-1 mRNA expression does not correlate with endogenous cardiolipin synthase enzyme activity in vitro and in vivo in mammalian lipopolysaccharide models of inflammation. Inflammation 34:247–254

51. Sparagna GC, Chicco AJ, Murphy RC et al (2007) Loss of cardiac tetralinoleoyl cardiolipin in human and experimental heart failure. J Lipid Res 48:1559–1570

52. Lands WE (2000) Stories about acyl chains. Biochim Biophys Acta 1483:1–14

53. Buckland AG, Kinkaid AR, Wilton DC (1998) Cardiolipin hydrolysis by human phospholipases A₂. The multiple enzymatic activities of human cytosolic phospholipase A₂. Biochim Biophys Acta 1390:65–72

54. Mancuso DJ, Sims HF, Han X et al (2007) Genetic ablation of calcium-independent phospholipase A₂γ leads to alterations in mitochondrial lipid metabolism and function resulting in a deficient mitochondrial bioenergetic phenotype. J Biol Chem 282:34611–34622

55. Seleznev K, Zhao C, Zhang XH et al (2006) Calcium-independent phospholipase A₂ localizes in and protects mitochondria during apoptotic induction by staurosporine. J Biol Chem 281:22275–22288

56. Muralikrishna Adibhatla R, Hatcher JF (2006) Phospholipase A₂, reactive oxygen species, and lipid peroxidation in cerebral ischemia. Free Radic Biol Med 40:376–387

57. Su H, McClarty G, Dong F et al (2004) Activation of Raf/MEK/ERK/cPLA₂ signaling pathway is essential for chlamydial acquisition of host glycerophospholipids. J Biol Chem 279:9409–9416

58. Cao J, Liu Y, Lockwood J et al (2004) A novel cardiolipin-remodeling pathway revealed by a gene encoding an endoplasmic reticulum-associated acyl-CoA:lysocardiolipin acyltransferase (ALCAT-1) in mouse. J Biol Chem 279:31727–31734

59. Zhao Y, Chen YQ, Li S et al (2009) The microsomal cardiolipin remodeling enzyme acyl-CoA

lysocardiolipin acyltransferase is an acyltransferase of multiple anionic lysophospholipids. J Lipid Res 50:945–956

60. Li J, Romestaing C, Han X et al (2010) Cardiolipin remodeling by ALCAT-1 links oxidative stress and mitochondrial dysfunction to obesity. Cell Metab 12:154–165

61. Saini-Chohan HK, Hatch GM (2009) Biological actions and metabolism of currently used pharmacological agents for the treatment of congestive heart failure. Curr Drug Metab 10:206–219

62. Schlame M, Rustow B (1990) Lysocardiolipin formation and reacylation in isolated rat liver mitochondria. Biochem J 272:589–595

63. Ma BJ, Taylor WA, Dolinsky VW, Hatch GM (1999) Acylation of monolysocardiolipin in rat heart. J Lipid Res 40:1837–1845

64. Taylor WA, Hatch GM (2003) Purification and characterization of monolysocardiolipin acyltransferase from pig liver mitochondria. J Biol Chem 278:12716–12721

65. Taylor WA, Hatch GM (2009) Identification of the human mitochondrial linoleoyl-coenzyme A monolysocardiolipin acyltransferase (MLCL AT-1). J Biol Chem 284:30360–30371

66. Xu Y, Kelley RI, Blanck TJ, Schlame M (2003) Remodeling of cardiolipin by phospholipid transacylation. J Biol Chem 278:51380–51385

67. Xu Y, Malhotra A, Ren M, Schlame M (2006) The enzymatic function of tafazzin. J Biol Chem 281:39217–39224

68. Zhuravleva E, Gut H, Hynx D et al (2012) Acyl coenzyme A thioesterase Them5/Acot15 is involved in cardiolipin remodeling and fatty liver development. Mol Cell Biol 32:2685–2697

69. Zhang L, Bell RJ, Kiebish MA et al (2011) A mathematical model for the determination of steady-state cardiolipin remodeling mechanisms using lipidomic data. PLoS One 6:e21170

70. Hauff K, Linda D, Hatch GM (2009) Mechanism of the elevation in cardiolipin during HeLa cell entry into the S-phase of the human cell cycle. Biochem J 417:573–582

71. Taylor WA, Mejia EM, Mitchell RW et al (2012) Human trifunctional protein α links cardiolipin remodeling to β-oxidation. PLoS One 7:e48628

72. Xu FY, Kelly SL, Hatch GM (1999) N-Acetylsphingosine stimulates phosphatidylglycerol-phosphate synthase activity in H9c2 cardiac cells. Biochem J 337:483–490

73. Degli Esposti M (2003) The mitochondrial battlefield and membrane lipids during cell death signalling. Ital J Biochem 52:43–50

74. Sorice M, Circella A, Cristea IM et al (2004) Cardiolipin and its metabolites move from mitochondria to other cellular membranes during death receptor-mediated apoptosis. Cell Death Differ 11:1133–1145

75. Liu J, Durrant D, Yang HS et al (2005) The interaction between tBid and cardiolipin or monolysocardiolipin. Biochem Biophys Res Commun 330:865–870

76. Danos M, Taylor WA, Hatch GM (2008) Mitochondrial monolysocardiolipin acyltransferase is elevated in the surviving population of H9c2 cardiac myoblast cells exposed to 2-deoxyglucose-induced apoptosis. Biochem Cell Biol 86:11–20

77. Yasuda Y, Yoshinaga N, Murayama T, Nomura Y (1999) Inhibition of hydrogen peroxide-induced apoptosis but not arachidonic acid release in GH3 cell by EGF. Brain Res 850:197–206

78. Thang SH, Yasuda Y, Umezawa M et al (2000) Inhibition of phospholipase A₂ activity by S-nitroso-cysteine in a cyclic GMP-independent manner in PC12 cells. Eur J Pharmacol 395:183–191

79. Fraiz J, Jones RB (1988) Chlamydial infections. Annu Rev Med 39:357–370

80. Wylie JL, Hatch GM, McClarty G (1997) Host cell phospholipids are trafficked to and then modified by *Chlamydia trachomatis*. J Bacteriol 179:7233–7242

81. Hatch GM, McClarty G (1998) Phospholipid composition of purified *Chlamydia trachomatis* mimics that of the eucaryotic host cell. Infect Immun 66:3727–3735

82. Hatch GM, McClarty G (2004) *C. trachomatis*-infection accelerates metabolism of phosphatidylcholine derived from low density lipoprotein but does not affect phosphatidylcholine secretion from hepatocytes. BMC Microbiol 4:8

83. Fischer K, Chatterjee D, Torrelles J et al (2001) Mycobacterial lysocardiolipin is exported from phagosomes upon cleavage of cardiolipin by a macrophage-derived lysosomal phospholipase A₂. J Immunol 167:2187–2192

84. Zhao Z, Zhang X, Zhao C et al (2010) Protection of pancreatic beta-cells by group VIA phospholipase A₂-mediated repair of mitochondrial membrane peroxidation. Endocrinology 151:3038–3048

85. McHowat J, Tappia PS, Liu S et al (2001) Redistribution and abnormal activity of phospholipase A₂ isoenzymes in postinfarct congestive heart failure. Am J Physiol Cell Physiol

280:C573–C580

86. Zachman DK, Chicco AJ, McCune SA et al (2010) The role of calcium-independent phospholipase A_2 in cardiolipin remodeling in the spontaneously hypertensive heart failure rat heart. J Lipid Res 51:525–534

87. Mancuso DJ, Kotzbauer P, Wozniak DF et al (2009) Genetic ablation of calcium-independent phospholipase $A_2\gamma$ leads to alterations in hippocampal cardiolipin content and molecular species distribution, mitochondrial degeneration, autophagy, and cognitive dysfunction. J Biol Chem 284:35632–35644

88. Yoda E, Hachisu K, Taketomi Y et al (2010) Mitochondrial dysfunction and reduced prostaglandin synthesis in skeletal muscle of Group VIB Ca^{2+}-independent phospholipase $A_2\gamma$-deficient mice. J Lipid Res 51:3003–3015

89. Mancuso DJ, Sims HF, Yang K et al (2010) Genetic ablation of calcium-independent phospholipase $A_2\gamma$ prevents obesity and insulin resistance during high fat feeding by mitochondrial uncoupling and increased adipocyte fatty acid oxidation. J Biol Chem 285:36495–36510

90. Therese P (2006) Persistent pulmonary hypertension of the newborn. Paediatr Respir Rev 7(suppl 1):S175–S176

91. Vosatka RJ (2002) Persistent pulmonary hypertension of the newborn. N Engl J Med 346:864

92. Xu FY, Taylor WA, Hatch GM (1998) Lysophosphatidylcholine inhibits cardiolipin biosynthesis in H9c2 cardiac myoblast cells. Arch Biochem Biophys 349:341–348

93. Xu FY, Kelly SL, Taylor WA, Hatch GM (1998) On the mechanism of the phospholipase C-mediated attenuation of cardiolipin biosynthesis in H9c2 cardiac myoblast cells. Mol Cell Biochem 188:217–223

3　磷脂酶与氧化磷脂在炎症反应中所起的作用

Devin Hasanally，Rakesh Chaudhary 和 Amir Ravandi

摘要　一直以来，脂质分子都被认为是与病理及生理过程不相关的。但是，现在随着对脂质分子的认识不断深入，它已经成为调控细胞生理活性的重要生物活性介质。在酶促反应及非酶促反应中产生的氧化磷脂（OxPL），可通过受体介导的途径调节细胞进程，从而影响各种生命活动，其中包括细胞凋亡、单核细胞黏附、血小板聚集和免疫反应调节。氧化磷脂最初是作为血小板激活因子类似物被发现，目前已在生物组织中发现了近 50 种不同的 OxPL 分子。分析检测技术的不断成熟和进步，使得我们能够在越来越多的不同生物组织中准确识别和定量这些分子，从而能够清晰地表征正常和疾病状态下的氧化磷脂水平和状态。鉴于磷脂酶与 OxPL 的密切相关性，最初研究者主要通过细胞对磷脂酶修饰与降解 OxPL 所释放的产物的细胞应答反应来了解它们之间的相互作用关系。在本章中，我们将系统总结 OxPL 在不同病理状态中所发挥的作用，以及已被证明与 OxPL 有相互作用的特异性磷脂酶的相关信息。

关键词　氧化磷脂；磷脂酶；氧化应激；质谱；脂质组学

3.1　引言

长期以来，磷脂（PLs）被认为只是组成细胞结构性骨架的基本组分，几乎没有什么生理活性。由于 PLs 容易发生氧化反应，它们会在活性氧（ROS）的作用下被氧化修饰。氧化反应除了破坏其自身的结构功能外，还可赋予氧化磷脂（OxPL）全新的生物学活性，而这些活性是其氧化前体物质所没有的（图 3.1）。体内和体外实验观察到的 OxPL 作用结果都表明它们与多种不同的病理过程都具有潜在的相关性，这其中包括动脉粥样硬化、急性炎症、肺损伤和许多其他疾病[1, 2]。OxPL 具体发挥的作用取决于被氧化磷脂的种类。近年来研究发现，氧化磷脂酰胆碱（OxPC）不仅被认为是氧化损伤的产物，而且也是促进氧化损伤进展的中间介质。这些化合物通过多种途径发挥其生物活性，例如，它们被认为是血小板激活因子（PAF）受体、前列腺素受体和 PPARγ 受体的潜在刺激物，可分别导致血小板聚集、诱导凝血级联反应、细胞凋亡和细胞死亡[3, 4]。电喷雾质谱法等质子电离技术的最新进展，使得我们能够准确识别和定量生物组织中的 OxPL。同时，随着对 OxPL 结构的进一步了解，使我们更加明确磷脂酶在调节 OxPL 对细胞信号传导的影响中所起的特定作用。而当我们想要更深入地了解 OxPL 在病理学中的作用时，就需要我们详细了解氧化脂质体和特异性磷脂酶作为一种机体防御措施，保护细胞免受其有害影响的机制。

3.2　氧化磷脂的生成

磷脂分子的两亲性结构，使其成为脂质双分子层的主要组成成分。磷脂分子的极性头部基团朝向外界水相环境和内部细胞质，脂肪酸链则聚集形成双分子层膜的脂质核心部分，起到半透膜的作用。在疾病发生和发展过程中，不仅磷脂双分子层的结构完整性会受损，而且通过酶和非酶途径对其磷脂分子进行的化学修饰也会导致其功能改变。其中一个典型的疾病进程被称为炎症级联反应，这也是许多病理进程中的普遍致病机制。炎症反应的一个典型特征是 ROS 的生成增加，ROS 可以通过多个途径产生[5-7]，并进一步导致超氧自由基、$OONO \cdot$ 和 $O \cdot$ 的产生。目前这一反应过程已经非常清晰，例如，在心肌细胞缺血再灌注损伤期间，可通过 Na^+/H^+ 交换器，Na^+/HCO_3^- 协同转运蛋白[8]对酸中毒进行快速修复。乳酸的冲洗反向二次激活 Na^+/Ca^{2+} 交换器，加快细胞质中 Ca^{2+} 平衡[9]。缺血抑制的呼吸链突然重新暴露于氧气中，会形成线粒体膜电位，驱动 ATP 的合成，使得细胞内 Ca^{2+} 的快速负载，从而导致 Ca^{2+} 在基质中的积聚[10]。

此外，能量代谢的重新激活也会导致大量 ROS 的产生。这种局部的氧化爆发和局部炎症反应导致细胞蛋白质、DNA 和脂质的非酶促氧化反应，从而产生具有重要生物活性的氧化产物[11, 12]。机能失调和濒临死亡的细胞本身可以产生大量线粒体来源的 ROS[13]。ROS 的作用靶点包括关键蛋白质、酶、脂类、核酸和一氧化氮（NO）等。某些特定的细胞，如

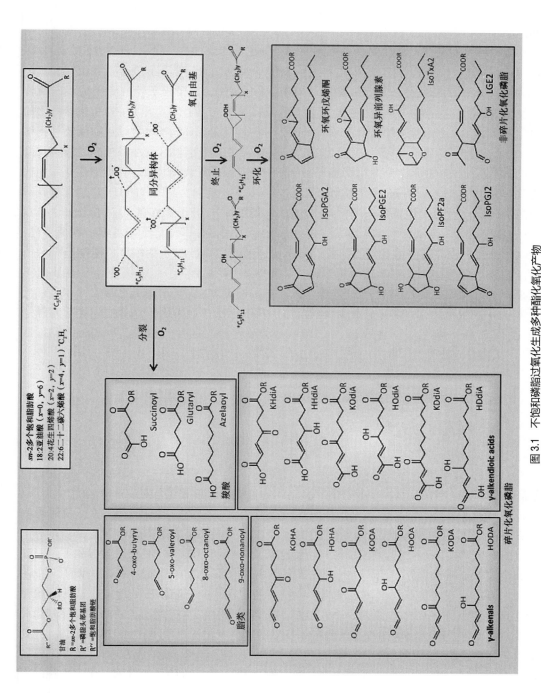

图 3.1 不饱和磷脂过氧化生成多种酯化产物

活性氧（ROS）的产生形成过氧基，可能导致不饱和磷脂脂肪酸发生进一步的裂解或环化。† 表示磷脂分子中更易于发生氧化的位置。氧化磷脂（OxPL）、多不饱和脂肪酸（PUFA）

活跃的中性粒细胞，可以通过烟酰胺腺嘌呤二核苷酸磷酸酯（NADPH）氧化酶和髓过氧化物酶系统释放大量酶促反应产生的超氧阴离子和次氯酸[14, 15]。许多磷脂分子含有多不饱和脂肪酸链，使其更容易受到氧化修饰。除了能将氢转移到相邻的碳分子形成稳定的中间体外，双键的位置和数量也决定了最终形成的氧化磷脂的结构。共轭二烯的初始氧化使得碳—碳键在脱氢后断裂，从而产生更短链的、质量更低的碎片化产物[16]。当共轭二烯变得稳定并保持完整时，可以进一步氧化产生更长链的、更高分子质量的非碎片化氧化产物。以 ROS 为基础的磷脂氧化形成了非均一的 OxPL 化合物库，其中被氧化的脂肪酸仍旧与甘油骨架以酯键相连（图 3.1）[17]。氧化磷脂可大致可分为两类：碎片化 OxPL 和非碎片化的 OxPL。碎片式 OxPL 通常末端带醛或羧酸基团。非碎片化的 OxPL 通过氢氧化物或过氧化物的添加并经过分子环化重排产生其他最终产物，如二十烷类化合物（花生酸类化合物）。

OxPL 代表一组在 sn-2 位置具有多个官能团的氧化脂质。特定 OxPL 的产生及其生理功能均具有组织特异性。例如，在大鼠肺氧化损伤环境下，其中含量最高的 OxPC 是含有异前列烷的 PC[18]，而在人动脉粥样硬化组织中，碎片式 OxPC 分子 POVPC（1– 棕榈酰 2–5′– 氧戊酰 –sn– 甘油 –3– 磷酸胆碱）含量是最丰富的[19]。OxPC 不仅是结构具有组织特异性，其生物学作用同样具有细胞和组织特异性。例如，POVPC 作为抗炎症因子，能抑制 LPS 诱导的细胞内信号通路和人脐静脉内皮细胞（HUVECs）中黏附分子的表达[20]。而在小鼠肺巨噬细胞中，POVPC 则诱导 IL–6 的产生，从而产生促炎效应[21]。OxPL 已被证明在多种疾病过程中发挥作用，其中氧化应激和炎症反应的机制已被了解清楚。这些疾病包括动脉粥样硬化[17]、糖尿病[22]、恶性肿瘤[23]、慢性心力衰竭[24]、囊性纤维化[25]和神经退行性疾病[26]，如帕金森病。

3.3   氧化磷脂的检测

在过去的 30 年里，人们对脂质及其生物活性的认识有了革命性的突破[27]。这主要归因于新的质谱学工具的出现，使我们能够鉴别和定量复杂的脂质混合物[28]。

使用较温和的电离方法，我们可以将鉴定到较为完整的磷脂分子结构，这使我们能够跟踪它们在病理进程中的化学修饰变化。

电喷雾电离（ESI）和基质辅助激光解吸电离（MALDI）质谱法使我们能够在不引起碎片化的情况下电离磷脂分子，从而在多种不同类型的样品中准确识别整个磷脂分子[27]。使用质谱的方法，我们可以用来测定细胞、组织和病理样品中不同脂质的含量。这些脂质组学分析通常遵循相同的工作流程，采用提取、分离和检测方法来鉴定脂质类型（图 3.2）。基于质谱法来分析磷脂组学中各个磷脂分子发生的氧化变化已经取得较大进展[29, 30]。这其中不仅包括含量最为丰富的 OxPC，而且也包含其他由磷脂酰丝氨酸（PS）、磷脂酰乙醇胺（PE）、心磷脂（CL）和磷脂酰肌醇（PI）产生的 OxPL。有了这些新的技术，无论是靶向性的方法还是广谱的方法，如鸟枪脂质组学分析法，我们都可以追溯疾病过程中特定磷脂类别发生的变化[27]。鉴于 PC 是哺乳动物细胞中含量最为丰富的磷脂种类，目前我们对磷脂氧化修饰的大多数结论都来自于对 OxPC 分子的研究。

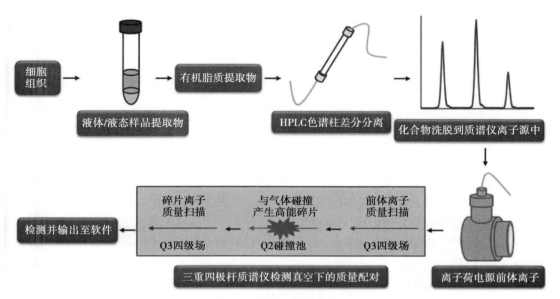

图 3.2　磷脂提取工作流程

建立了从待测样品中磷脂提取、分离和使用连接到电喷雾电离三重四极杆串联质谱仪的高效液相色谱柱进行检测到最终数据输出的整套流程[30]高效液相色谱（HPLC）

　　经过一项由美国国家糖尿病和消化及肾脏疾病研究所（the National Institute of Diabetes and Digestive and Kinney Diseases）、美国国家标准研究所（the National Institute of Standards）和脂质地图谱图协会（the LIPID MAPS Consortium）进行的联合研究，他们最终发布了一份包含所有主要脂质类别的人类血浆脂质组学的详细报告[31]。这项研究从一份混合的参考血浆样本中鉴定出 500 多种单独的脂质种类。最近的随访研究将性别、吸烟状况、体重指数（BMI）以及年龄与血浆中脂质水平进行了相关性分析，发现其中 BMI 和年龄因素对磷脂含量有较为显著的影响[32]。尽管磷脂占血浆脂质组总质量的 43%，但该报告没有说明 OxPL 在血浆中的基本特征。除此之外，脂质组学还在对诸如巨噬细胞等细胞特异性样本中磷脂含量测定方面也取得了突破性进展，众所周知，巨噬细胞已被证实在炎症级联反应中起着主要作用。通过 Toll 样受体 4（TLR-4）激动剂激活巨噬细胞，可导致在细胞和亚细胞水平上脂质含量发生变化[33, 34]。因此，PLs 对巨噬细胞激活前后的快速炎症反应起着非常重要的作用。

　　很少有研究关注组织中的氧化磷脂状况和水平，因为它们只占到总磷脂库的 1%。大多数关于 OxPL 作用的研究都与血管病理和动脉粥样硬化有关，特别是因为有更多的研究将氧化型低密度脂蛋白（OxLDL）与动脉粥样硬化斑块的发生和发展联系起来。不同发展阶段的动脉粥样硬化斑块的脂质组学研究结果显示，颈动脉内膜切除术的动脉斑块样本中既存在碎片化的 OxPC，也存在非碎片化的 OxPC[19]。在其中，PC 代表了动脉斑块中最大的一类磷脂，其中醛基化修饰的 PC 是 OxPC 中的最大组分。在动脉斑块发展的所有阶段都存在碎片化和非碎片化的 OxPC，表明伴随着动脉粥样硬化斑块形成过程，这些生物活性分子会有持续生成和代谢。

　　在其他炎症状态下，OxPC 已被证明在介导病理反应中也起作用。在心肌缺血再灌注的状态下，对心肌组织的氧化脂质组学分析表明，在体外缺血再灌注模型中心肌组织内的

OxPC 种类显著增加[35]。在该实验模型中，心肌缺血和再灌注时的心室功能和 OxPL 水平之间存在密切相关性。

3.4　氧化磷脂的生物活性

由于磷脂中的脂肪酸极易被氧化，因此，磷脂可以在 ROS 存在条件下被修饰。一旦磷脂分子被氧化，它就会生成大量不同的氧化产物，并且这些氧化产物仍然与磷脂分子母核以酯键形式相连。在氧化反应过程中，OxPL 获得了不同于其前体物质的生物活性。OxPL 能够诱导细胞信号通路并引起活跃的细胞反应。对人主动脉内皮细胞（HAECs）的研究表明，仅短暂暴露于体内所产生的少量 OxPC，就会影响到参与炎症、促凝集活性、氧化还原反应、固醇代谢、细胞周期、解折叠蛋白反应和血管生成的 1000 多个基因的转录[36]。同样的，在动脉粥样硬化斑块内的巨噬细胞群体中也观察并证实了细胞的表型变化[37]。第一个被鉴定的 OxPC 是碎片化的 PAF 样脂质，其可通过 G 蛋白介导的途径导致细胞激活[38]。自最初发现 OxPC 分子以来，已经有其他类型的磷脂被证明与胆碱磷脂一样同时进行着氧化修饰作用，从而形成各种不同的同源产物。尤其是磷脂酰丝氨酸（PS）氧化物，其在线粒体功能障碍、细胞凋亡和凋亡细胞的识别中具有独特而关键的作用[39]。另外，磷脂酰乙醇胺在血小板活化过程中被氧化，是前列腺素类化合物形成的场所[40]。

3.5　氧化磷脂的受体

由于 OxPLs 分子本身极性增加，使得其与膜蛋白相互作用过程中可以与多种炎症受体相结合[41-43]。OxPLs 可以刺激位于细胞表面或细胞核内的几种类型的信号转导受体，包括 G 蛋白偶联受体、受体酪氨酸激酶、Toll 样受体、与胞吞作用偶联的受体和核配体激活的转录因子，如 PPARs。OxPL 与受体结合的特异性主要源于 OxPL 与受体对应配体分子在化学结构上的相似性。含有酯化异前列腺素（PEIPC）的氧化磷脂酰胆碱，分别通过 EP2 和 DP 受体识别前列腺素 E2 和前列腺素 D2[20]。EP2 受体在所有与动脉粥样硬化相关的细胞类型中都有表达，包括内皮细胞（ECs）、单核细胞、巨噬细胞和血管平滑肌细胞（VSMCs）。ECs 上的 EP2 受体的激活导致 $\beta 1$ 整合素的激活，并增加单核细胞与 ECs 的结合，作用效果与 OxPC 的作用相似，相反地，EP2 受体拮抗剂则抑制 OxPC 的作用。

对 OxPL 的先天免疫反应是由巨噬细胞上的天然抗体（N-Ab）、C 反应蛋白（CRP）和巨噬细胞上的 CD36 介导的[44]。PAF 受体和 TLR 是研究比较多的 OxPL 信号传导的起始者，影响到诸如 PI3K、Akt、JAK、ERK1/2 和 MAPK 信号传导级联放大过程[44, 45]。还有许多其他受体可以介导 OxPL 的细胞活性，如 EP2、VEGFR2 和 SR-B1[46-48]。抗 OxPL 的 N-Ab 在胚胎系组织中被编码，并由 B 细胞以 IgM 免疫球蛋白的形式产生[49, 50]。作为天然体液免疫的一部分，它们能够结合代表病原体和应激诱导的自我抗原[51, 52]。在使用 T15/E06 N-Ab

来阻断 OxPL 对巨噬细胞吞噬氧化型低密度脂蛋白（OxLDL）研究中，发现 N-Ab 对 OxPL 具有较高的亲和力[53, 54]。补体系统对 OxPL 的反应是通过与防御分子 CRP 的相互作用来介导的。CRP 的高表达往往被用来鉴别活跃的炎症反应[45]。CRP 已被证实能够特异性结合 OxLDL 中的 OxPL[55]。在 CRP 与 OxLDL 结合形成复合物的过程中，OxPC 的裂解产物 LysoPC 可通过降低炎症转录因子 NF-κB 的激活来介导巨噬细胞炎症的抑制[56]。巨噬细胞活化是炎症反应的核心。OxPLs 通过 CD36 特异性的清道夫受体与巨噬细胞结合，CD36 是能够结合 OxLDL 的主要清道夫受体，并已被证明能与 OxPL 结合[57]。OxLDL 与 CD36 结合是"泡沫状细胞"发育过程中不可或缺的一部分。"泡沫状细胞"是含有大量的氧化低密度脂蛋白（OxLDL）沉积的巨噬细胞，细胞内有富含脂质的核心。这些泡沫状细胞被认为是形成动脉粥样硬化斑块起始步骤[58]。

OxPL 还通过两种特殊的受体，即组织因子通路抑制剂（TFPI）和 PAF 受体在血栓形成和凝血级联中发挥作用。斑块中 PAF 样（烷基 - 酰基）OxPL 和溶血磷脂（烷基 - 羟基）的累积导致血小板聚集[4, 59]。同时，OxPL 诱导 P- 选择素的表达增加，导致血小板形状的改变，从而促进血小板的凝集。与 ADP 和其他促血小板聚集的激动剂一起，二酰基 -OxPL 似乎在诱导显著的血小板聚集方面非常活跃，但其本身只是微弱的凝血因子诱导剂[60]。其他 OxPL 能够增加凝血的"主开关"（组织因子蛋白）的转录，并阻断抑制剂 TFPI，导致凝血信号被重新激活[44]。

3.6 氧化磷脂对细胞信号级联放大的影响

由 OxPL 引发的信号级联放大传递具有广泛的影响。当 OxPL 与细胞结合时，炎症反应、细胞周期和细胞死亡途径可能被上调或下调[61]。多种第二信使都因 OxPL 作用而表达上调，如 cAMP 和 Ca^{2+}。转录因子（如 NF-κB 和 STAT3）以及修饰酶（如激酶和磷酸酶），同样也可被 OxPL 激活。在上述因素共同作用下，从而影响到各种各样的组织和细胞的特异性反应[44]。已有研究表明，OxPL 通过 NADPH 氧化酶和内皮型一氧化氮合酶产生一氧化氮调节 PI3K/Akt 信号传导，从而介导炎症反应[62]。该研究还表明，在这一过程中，内皮细胞中促炎细胞因子 IL-8 的表达也会上调。在大鼠少突胶质细胞的氧化应激过程中，OxPC 可上调 Jun N 末端激酶通路，同时下调磷酸化 Akt 信号[63]。这些通路的改变主要是由 POVPC 专一性地诱导中性鞘磷脂酶的表达所致的。下游的凋亡信号上调了 caspase-3 和 caspase-8 的表达，而 caspase-3 和 caspase-8 对细胞凋亡的完成具有重要意义。炎症基因和蛋白质解折叠反应是 OxPL 激活转录途径的主要作用方式。激活转录因子 -6（ATF-6）和 X-box 结合蛋白 -1（XBP-1）是两种可被 OxPL 激活的靶向炎症基因的转录因子。ATF-6 诱导 XBP-1 mRNA 表达，而 mRNA 的剪接是由内质网膜蛋白肌醇 -1（IRE-1）介导的，并且可在细胞核中被调控[64]。另一种作用机制是由双链 RNA 依赖蛋白激酶（PKR）样 ER 激酶（PERK）催化的 $eIF2\alpha$ 磷酸化，导致作为转录因子的 ATF-4 出现[36]。XBP-1 和 ATF-4 与 IL-6 和 IL-8 炎症信号因子基因上游的启动子区域结合后使其表达上调。TLR 信号调节与先天免疫系统有关的炎症通路。OxPL 能够通过丝裂原活化蛋白激酶（MAPK）级联途径启动 TLR-4 信号传导到 NF-κB，并影响脂质代谢和炎症发生[65]。当 TLR-4 被激活时，线粒体中的 Bcl-2 家族蛋白 Bid、Bad、Bax 和核转录因子 NF-κB 关闭线粒体内的氧化磷酸化，并共同作用以增加促炎细胞因子的表达[66, 67]。这一过程通过 caspase-1 介导的机制诱导炎症通路，以增加细胞外间隙中活跃的 IL-1β 和 IL-18 的水平[66]。这种由 OxPL 催化的促炎症和促凋亡环境使细胞迅速进入细胞应激状态，如果不逆转这种状态，最终会导致炎症或细胞凋亡。暴露于修饰改性的低密度脂蛋白和氧化低密度脂蛋白的细胞，会诱导细胞中两种黏附分子 β1- 整合素[68] 和 P- 选择素[69] 的表达会上调，这两种黏附分子可以特异性地促进单核细胞与这些细胞的黏附。在肺损伤过程中，内皮细胞间黏附连接的破坏，也促进了巨噬细胞浸润渗透过相邻的内皮细胞。PGPC（1- 棕榈酰基 -2- 谷氨酸 - 甘油 -3-磷酸胆碱）是氧化应激过程中产生的一个短链碎片化 PC，它通过激活 Src 激酶来调节 VE-cadherin 的磷酸化，而 Src 激酶磷酸化的酪氨酸残基对黏附连接的稳定性维持发挥重要作用[70]。

趋化因子对调节炎症反应也发挥重要作用，OxPL 能够通过靶向几种趋化因子从而调节免疫系统。细胞趋化因子 MCP-1、MCP-3、MCP-5、MIP-1α、MIP-1β、MIP-2β、IL-6、IL-8 和 GROα[36, 44, 71, 72] 在接触 OxPL 时均受到影响。MCP 和 MIP 蛋白能够吸引和激活巨噬细胞，导致持续产生 IL-8，对 OxPL 诱导的炎症反应产生正反馈。IL-6$^{-/-}$ 敲除后小鼠表现出免疫应答受损，因此 IL-6 在急性炎症期尤为重要[73]。这些促炎症信号协同调节其他类型的细胞以应对这些应激反应。

3.7 细胞凋亡

不可逆转的细胞死亡主要是通过细胞凋亡信号调控的，这是一个程序性的细胞事件，可导致可控的细胞死亡[74]。细胞固有死亡途径的核心是线粒体通透性的增加，这是凋亡信号和 caspase-3 激活的结果[75]。caspase-3 是一种中枢性凋亡激活剂，可以触发导致细胞死亡的酶促级联反应[76]。最近，有研究表明，1- 棕榈酰 -2- 壬甘油二酯 -3- 磷酸胆碱（PAzPC）对早幼粒细胞 HL60 和 HUVECs 具有受体非依赖性的细胞毒性作用[77]。PAzPC 诱导的细胞形态变化是凋亡的典型特征，它诱发磷脂酰丝氨酸的外翻暴露于磷脂双分子层的外叶上，进而刺激线粒体细胞色素 C、凋亡诱导因子和激活的 caspase-3 的释放[67]。在 caspase-3 介导的信号通路中，截短的 OxPC 分子如 POVPC 可使得 VSMC 凋亡。在大鼠少突胶质细胞中，POVPC 通过激活 caspase-3 通路促进细胞凋亡[63]。当有 OxPL 存在时，也证实巨噬细胞、VMSC 和树突状细胞的凋亡信号增加[36, 63, 78, 79]。某些特定的 Bcl-2 家族蛋白，如线粒体促凋亡蛋白 Bax，其能够与 OxPL 相互作用，并且在氧化应激条件下激活线粒体中的线粒体促凋亡蛋白 Bax[80]。这是 OxPL 激活内源性细胞凋亡途径导致线粒体功能障碍和 caspase 激活的重要证据[67, 81]。

3.8 氧化型磷脂与磷脂酶

　　磷脂酶可通过水解氧化脂肪酸或磷脂头部的功能基团来影响 OxPL 的结构，从而产生溶血磷脂、磷脂酸和氧化脂肪酸（图 3.3）。越来越多的证据表明磷脂酶在 OxPL 活性的调节中起着重要作用。

　　氧化截短的磷脂，而不是生物合成的磷脂前体分子，是一类磷脂酶 A_2，即第Ⅶ类的 PAF 乙酰水解酶的水解底物。这些酶不仅选择性地识别 PAF 的 sn-2 乙酰基残基，还特异性地水解氧化脂肪酰基残基断裂后仍留在磷脂甘油骨架 sn-2 位置上残留的脂肪酰基片段[82]。这些磷脂酶对 OxPL 识别和切割具有高度特异性。这些酶被认为在其进化过程中保持了 100Ma 以上的保守性，同时保持其特殊功能，这也表明了在需氧生物中特异性去除磷脂氧化产物的重要性。

　　例如，与低密度脂蛋白（LDL）相关的脂蛋白相关磷脂酶 A_2（Lp-PLA$_2$），被发现与 E06 抗体识别的 OxPC 结合[83]。LDL 内的磷脂库的种类也受到 Lp-PLA$_2$ 的影响，正如在不可逆的 Lp-PLA$_2$ 抑制剂 SB222657 存在下，LDL 的氧化导致短链 OxPC 的积累但同时导致溶血性磷脂酰胆碱种类的减少。这也表明短链 OxPC 是 Lp-PLA$_2$ 的底物，各种饱和与单不饱和的 lysoPC 为其水解产物[84]。因为磷脂的氧化修饰发生在 sn-2 位置，在此我们将只讨论 PLA$_2$ 酶及其对 OxPL 分子的活性。

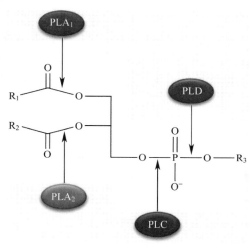

图 3.3　每一类磷脂酶在特定的位点裂解
磷脂骨架上的位置与磷脂酶被每类磷脂酶切割有关，从而产生不同的产物
PLA$_1$—磷脂酶 A$_1$　PLA$_2$—磷脂酶 A$_2$　PLC—磷脂酶 C　PLD—磷脂酶 D

3.9 磷脂酶 A_2 对氧化磷脂的亲和力

　　现今存在超过 20 种不同的磷脂酶 A_2，主要可分为三个类别，分别是钙离子依赖型胞浆型磷脂酶 A_2、分泌型磷脂酶 A_2 和钙离子非依赖型磷脂酶 A_2。磷脂酶 A_2 识别并结合磷脂及氧化磷脂并在 sn-2 位置进行裂解，释放出游离氧化脂肪酸和溶血磷脂。溶血磷脂可进一步分解为本身具有生物活性的溶血磷脂酸，并通过 G 蛋白偶联受体以腺苷酸环化酶、ERK 激酶、磷脂酶 C、磷脂酰肌醇 3- 激酶和 Rho GTPase 为靶点从而发挥其活性[85]。磷脂酶 A_2 被认为是膜内抵御磷脂氧化损伤的二级防御机制。然而，在膜过氧化的过程中，这类酶的广泛激活也会导致膜水解和膜完整性的丧失。磷脂氧化后导致磷脂酶 A_2 活性的增加和脂质双

分子层的紊乱似乎支持了这一假说。在许多 PLA_2 酶中都可以看到这种活性的上调，这些酶似乎对 sn-2 位含有氧化脂肪酸的 OxPL 分子具有较强的底物特异性[86]。伴随着 PL 氧化部位磷脂酶 A_2 活性升高，细胞内 Ca^{2+} 水平也同时发生升高。此外，磷脂双分子层的物理化学结构的改变导致氧化脂肪酸暴露给磷脂酶 A_2。这种特异性最初发现在含有氧化大豆 PC 的囊泡中，相比于含有非氧化 PC 分子的囊泡，氧化大豆 PC 囊泡中磷脂酶 A_2 活性显著增强。这种水解作用在钙离子浓度为 $10\mu mol/L$ 及以下时显著增强，表明在生理 Ca^{2+} 浓度下，磷脂酶 A_2 对 OxPC 分子具有更强的特异性。

在动脉粥样硬化组织中也有观察到磷脂酶 A_2 活性的增加。对动脉粥样硬化组织的脂质组学分析显示，随着斑块从脂肪条纹发展到坏死核心，其溶血磷脂水平也显著上调，并且溶血磷脂水平与 OxPL 水平成一定比例关系[19]。磷脂酶 A_2 也被证明在低密度脂蛋白氧化过程中调节氧化磷脂的生成。在有 PLA_2 抑制剂存在的情况下，低密度脂蛋白的氧化进程更快，产生更多的 OxPC，导致产生更多的动脉粥样硬化斑块[84]。Lp-PLA_2 是低密度脂蛋白中存在的主要磷脂酶，其对低密度脂蛋白氧化过程中产生的碎片式氧化磷脂具有较高的亲和力[84]。近来还发现其对氧化的磷脂酰丝氨酸（OxPS）也具有特殊的亲和力[87]。Lp-PLA_2 与不同的氧化和非氧化 PS 种类的相互作用是基于 OxPS 片段结构的选择性。His 和 Asp 残基是 PLA_2 中的催化二联体，LP-PLA_2 中还含有一个必需的 Ser273 残基可用来催化水解，His/Asp 二联体也存在于 GⅣA 和 GⅥA 这两种重要的细胞质磷脂酶 A_2 中[88]。在 Lp-PLA_2 中，Ser273 作为亲核试剂攻击活性中心内磷脂的 sn-2 酯键，该活性中心由涉及丝氨酸、组氨酸和天冬氨酸的催化三联体组成[89]。活性中心二联体或三联体催化位点的存在形式可能是不同的磷脂酶 A_2 对不同的 OxPL 具有不同亲和力的可能机制。尤其是，活性位点上 sn-2 酯键与 Ser273 残基的空间距离接近程度决定了 Lp-PLA_2 水解的特异性和水解效率。与其他氧化磷脂种类相比，似乎在优先被 Lp-PLA_2 水解的 OxPS 物种中，尤其是 9- 羟基或 9- 羟基过氧基脂肪链，sn-2 的酯键与 Ser273 的距离要小于 3Å（1Å=0.1nm）[87]。这也表明 Lp-PLA_2 更有可能水解氧基靠近 sn-2 酯键的种类，而不是远离 sn-2 酯键的种类。磷脂酶 A_2 可被 1- 棕榈酰基 -2-（9′- 氧代 - 壬酰基）-sn- 甘油 -3- 磷酸胆碱（PONPC）激活，PONPC 是一种末端醛位于 C9 位的磷脂种类[90]。由于 PONPC 和氧化脂肪酸的活性，PLA_2 可能与赖氨酸残基相互作用，赖氨酸残基对 PLA_2 与膜的相互作用非常重要；这种作为 Schiff 碱的变构修饰可能导致 PLA_2 酶的交联和永久激活[91]。$sPLA_2$-ⅡA 的抗炎作用被认为是通过使动脉粥样硬化组织中 OxLDL 水平升高从而导致 PLA_2 酶活性的显著增强。由于氧化型脂蛋白含有大量的 PC、OxPC、鞘磷脂（SM）和胆固醇，有关这些脂类与 $sPLA_2$-ⅡA 活性的相关性研究结果表明，天然 PC 和胆固醇对 $sPLA_2$-ⅡA 活性无酶促激活作用，而 OxPC 和 SM 则相反，它们分别发挥激活和抑制作用[90, 92, 93]。OxPC 和 SM 具有相似的 PC 头基，因此可以合理地推断，$sPLA_2$-ⅡA 结合位点可能会发生竞争性结合。在 LDL 中加入不同比例的 OxPC 和 SM 的实验证明，OxPC 可以胜过 SM，阻断 SM 对 $sPLA_2$-ⅡA 活性的抑制作用，同时 SM 可以以剂量依赖的方式消除 OxPC 的激活作用[94]。然而，OxPC 对 $sPLA_2$-ⅡA 活性的刺激作用要强得多，因为 1nmol 的 OxPC 可以克服 2nmol SM 的抑制作用，而 SM 需要 8nmol 才能抑制 1nmol 的 OxPC 的激活作用。这种对 $sPLA_2$-ⅡA 的有效激活恰恰表明了 OxPC 对炎症反应的巨大影响作用。PLA_2 被 OxPL 激活并不仅因为这种修饰作用。髓过氧化物酶产生的卤化 PL 和炎症过程中的次卤酸实际上对酶有抑制作用。高浓度的氯化和溴化 PC 分子使 $sPLA_2$-ⅡA 活性成倍降低[95]。在调节 sPLA$_2$-ⅡA 方面，激活分子和抑制分子的作用能力似乎存在差异。研究人员得出结论，在炎症反应的初始阶段，PLA$_2$ 酶的迅速激活对于清除 OxPL 是必不可少的，这意味着低浓度的激活剂应该是强烈的激活信号。当 OxPL 从组织中被充分去除后，在炎症过程的最后阶段，抑制剂的浓度就会增加。这些抑制剂和卤化 PL 一样，在动脉粥样硬化组织中的浓度很高，这很有可能就是在最终阶段 sPLA$_2$-ⅡA 活性显著降低的原因，OxPL 激活剂减少到了足以被 SM 或卤化 PL 所击败[95]。这种相互作用对其他疾病也很重要，因为其他 sPLA$_2$ 酶对包括肿瘤和神经退行性疾病在内的各种疾病进展也是十分重要的。在乳腺癌患者中，人类 X 组分泌型磷脂酶 A$_2$（HGX-sPLA$_2$）诱导乳腺癌细胞内脂滴（LD）的形成，使它们在血清剥夺期间有更长的生存时间[96]。HGX-sPLA$_2$ 对高侵袭性乳腺癌细胞有明显的代谢转化作用。这种酶通过提供游离脂肪酸来刺激 β- 氧化，游离脂肪酸可以产生能量来生成甘油三酯，从而导致胞内 LDs 的聚集，这可以作为细胞生存的能量来源。有趣的是，最近的研究表明，线粒体形成了与新生 LD 的接触位点，在其生物过程中参与磷脂和甘油三脂（TAG）的合成[30]，符合 β- 氧化和 LD 形成之间的可能联系。尤其是，LysoPC 与癌症有关，因为患恶性乳腺肿瘤的女性的循环血浆浓度似乎高于健康女性[97]。在阿尔茨海默病中，一种促炎性 sPLA$_2$ 活性由于响应 IL-1β 而被上调，并存在于人类的海马体和颞下回[98]。考虑到这一点，在考虑 PLA$_2$ 时仍然存在悖论。这些酶可能是可以防止高水平的 OxPL 造成损害的一种生理机制；然而，LysoPL 也是退行性疾病的一部分。此外，还在继续研究 OxPL 对 PLA$_2$ 的变构调节，以及当该酶与 OxPL 结合时，PLA$_2$ 在信息传递过程中的细胞信号传递能力。PLA$_2$ 类酶在疾病进展或预防中影响 OxPL 的机制仍在进一步研究中。

3.10　总结

有越来越多的证据支持 OxPL 在炎症中所发挥的作用。很明显，OxPL 不是旁观者，而是一类重要的生物活性分子。这些分子介导了一系列不同的信号通路，其净效应有助于炎症反应过程。随着实验技术的改进，我们更好地理解了这些分子的个体特征和作用。磷脂酶是消减 OxPL 病理效应的关键酶。通过更好地理解磷脂酶对 OxPL 分子的特异性、亲和性和相互作用，我们可以以此定制出中和 OxPL 的治疗方法。

参考文献

1. Chisolm G, Steinberg D (2000) The oxidative modification hypothesis of atherogenesis: an overview. Free Radic Biol Med 28:1815–1826
2. Fessel J, Porter NA, Moore KP et al (2002) Discovery of lipid peroxidation products formed in vivo with a substituted tetrahydrofuran ring (isofurans) that are favored by increased oxygen tension. Proc Natl Acad Sci U S A 99:16713–16718
3. Weinstein E, Li H, Lawson JA et al (2000) Prothrombinase acceleration by oxidatively damaged phospholipids. J Biol Chem 275:22925–22930

4. Marathe G et al (2002) Activation of vascular cells by PAF-like lipids in oxidized LDL. Vasc Pharmacol 38(4):193–200

5. Apel K, Hirt H (2004) Reactive oxygen species: metabolism, oxidative stress, and signal transduction. Annu Rev Plant Biol 55:373–399

6. Murphy M (2009) How mitochondria produce reactive oxygen species. Biochem J 417:1–13

7. Lenaz G (2001) The mitochondrial production of reactive oxygen species: mechanisms and implications in human pathology. IUBMB Life 52:159–164

8. Cour M, Gomez L, Mewton N et al (2011) Postconditioning: from the bench to bedside. J Cardiovasc Pharmacol Ther 16:17–130

9. Piper H, Meuter K, Schäfer C (2003) Cellular mechanisms of ischemia-reperfusion injury. Ann Thorac Surg 75:8

10. Crompton M (2000) Mitochondrial intermembrane junctional complexes and their role in cell death. J Physiol 529:11–21

11. Oskolkova O, Afonyushkin T, Preinerstorfer B et al (2010) Oxidized phospholipids are more potent antagonists of lipopolysaccharide than inducers of inflammation. J Immunol 185:7706–7712

12. Lambeth J (2002) Nox/Duox family of nicotinamide adenine dinucleotide (phosphate) oxidases. Curr Opin Hematol 9:11–17

13. Zweier J, Talukder M (2006) The role of oxidants and free radicals in reperfusion injury. Cardiovasc Res 70:181–190

14. Vinten-Johansen J (2004) Involvement of neutrophils in the pathogenesis of lethal myocardial reperfusion injury. Cardiovasc Res 61:481–497

15. Frangogiannis N, Smith C, Entman M (2002) The inflammatory response in myocardial infarction. Cardiovasc Res 53:31–47

16. Schneider C, Porter N, Brash A (2008) Routes to 4-hydroxynonenal: fundamental issues in the mechanisms of lipid peroxidation. J Biol Chem 283:15539–15543

17. Allen D, Hasanally D, Ravandi A (2013) Role of oxidized phospholipids in cardiovascular pathology. Clin Lipidol 8:205–215

18. Nonas S, Miller I, Kawkritinarong K et al (2006) Oxidized phospholipids reduce vascular leak and inflammation in rat model of acute lung injury. Am J Respir Crit Care Med 173:1130–1138

19. Ravandi A, Babaei S, Leung R et al (2004) Phospholipids and oxophospholipids in atherosclerotic plaques at different stages of plaque development. Lipids 39:97–109

20. Li R, Mouillesseaux KP, Montoya D et al (2006) Identification of prostaglandin E2 receptor subtype 2 as a receptor activated by OxPAPC. Circ Res 98:642–650

21. Birukova A, Fu P, Chatchavalvanich S et al (2007) Polar head groups are important for barrier-protective effects of oxidized phospholipids on pulmonary endothelium. Am J Physiol Lung Cell Mol Physiol 292:L924–L935

22. Furukawa M, Gohda T, Tanimoto M, Tomino Y (2013) Pathogenesis and novel treatment from the mouse model of type 2 diabetic nephropathy. Sci World J 2013:928197

23. Paschos A, Pandya R, Duivenvoorden WC, Pinthus JH (2013) Oxidative stress in prostate cancer: changing research concepts towards a novel paradigm for prevention and therapeutics. Prostate Cancer Prostatic Dis 16:217–225

24. Tsutsui H, Kinugawa S, Matsushima S (2011) Oxidative stress and heart failure. Am J Physiol Heart Circ Physiol 301:H2181–H2190

25. Hammond V, Morgan AH, Lauder S et al (2012) Novel keto-phospholipids are generated by monocytes and macrophages, detected in cystic fibrosis, and activate peroxisome proliferator-activated receptor-γ. J Biol Chem 287:41651–41666

26. Hernandes M, Britto L (2012) NADPH oxidase and neurodegeneration. Curr Neuropharmacol 10:321–327

27. Wenk M (2010) Lipidomics: new tools and applications. Cell 143:888–895

28. Han X, Gross R (1994) Electrospray ionization mass spectroscopic analysis of human erythrocyte plasma membrane phospholipids. Proc Natl Acad Sci U S A 91:10635–10639

29. Nakanishi H, Iida Y, Shimizu T, Taguchi R (2009) Analysis of oxidized phosphatidylcholines as markers for oxidative stress, using multiple reaction monitoring with theoretically expanded data sets with reversed-phase liquid chromatography/tandem mass spectrometry. J Chromatogr B Analyt Technol Biomed Life Sci 877:1366–1374

30. Gruber F, Bicker W, Oskolkova OV et al (2012) A simplified procedure for semi-targeted lipidomic analysis of oxidized phosphatidylcholines induced by UVA irradiation. J Lipid Res 53:1232–1242

31. Quehenberger O, Armando AM, Brown AH et al (2010) Lipidomics reveals a remarkable diversity of lipids in human plasma. J Lipid Res 51:3299–3305

32. Weir J, Wong G, Barlow CK et al (2013) Plasma lipid profiling in a large population-based

cohort. J Lipid Res 54:2898–2908

33. Andreyev A, Fahy E, Guan Z et al (2010) Subcellular organelle lipidomics in TLR-4-activated macrophages. J Lipid Res 51:2785–2797

34. Dennis E, Deems RA, Harkewicz R et al (2010) A mouse macrophage lipidome. J Biol Chem 285:39976–39985

35. White C, Ali A, Hasanally D et al (2013) A cardioprotective preservation strategy employing ex vivo heart perfusion facilitates successful transplant of donor hearts after cardiocirculatory death. J Heart Lung Transplant 32:734–743

36. Gargalovic P, Imura M, Zhang B et al (2006) Identification of inflammatory gene modules based on variations of human endothelial cell responses to oxidized lipids. Proc Natl Acad Sci U S A 103:12741–12746

37. Moore K, Sheedy F, Fisher E (2013) Macrophages in atherosclerosis: a dynamic balance. Nat Rev Immunol 13:709–721

38. Prescott SM, Zimmerman GA, Stafforini DM, McIntyre TM (2000) Platelet-activating factor and related lipid mediators. Annu Rev Biochem 69:419–445

39. Tyurina YY, Tyurin VA, Zhao Q et al (2004) Oxidation of phosphatidylserine: a mechanism for plasma membrane phospholipid scrambling during apoptosis? Biochem Biophys Res Commun 324:1059–1064

40. Thomas CP, Morgan LT, Maskrey BH et al (2010) Phospholipid-esterified eicosanoids are generated in agonist-activated human platelets and enhance tissue factor-dependent thrombin generation. J Biol Chem 285:6891–6903

41. Podrez E, Byzova TV, Febbraio M (2007) Platelet CD36 links hyperlipidemia, oxidant stress and a prothrombotic phenotype. Nat Med 13:1086–1095

42. Androulakis N, Durand H, Ninio E, Tsoukatos DC (2005) Molecular and mechanistic characterization of platelet-activating factor-like bioactivity produced upon LDL oxidation. J Lipid Res 46:1923–1932

43. Singleton PA, Chatchavalvanich S, Fu P et al (2009) Akt-mediated transactivation of the S1P1 receptor in caveolin-enriched microdomains regulates endothelial barrier enhancement by oxidized phospholipids. Circ Res 104:978–986

44. Bochkov V, Oskolkova OV, Birukov KG et al (2010) Generation and biological activities of oxidized phospholipids. Antioxid Redox Signal 12:1009–1059

45. Weismann D, Binder C (2012) The innate immune response to products of phospholipid peroxidation. Biochim Biophys Acta 1818:2465–2475

46. Bochkov V (2007) Inflammatory profile of oxidized phospholipids. Thromb Haemost 97:348–354

47. Zimman A, Mouillesseaux KP, Le T et al (2007) Vascular endothelial growth factor receptor 2 plays a role in the activation of aortic endothelial cells by oxidized phospholipids. Arterioscler Thromb Vasc Biol 27:332–338

48. Walton K, Hsieh X, Gharavi N et al (2003) Receptors involved in the oxidized 1-palmitoyl-2-arachidonoyl-sn-glycero-3-phosphorylcholine-mediated synthesis of interleukin-8. A role for Toll-like receptor 4 and a glycosylphosphatidylinositol-anchored protein. J Biol Chem 278:29661–29666

49. Tsiantoulas D, Gruber S, Binder C (2012) B-1 cell immunoglobulin directed against oxidation-specific epitopes. Front Immunol 3:1–6

50. Perry H, Bender T, McNamara C (2012) B cell subsets in atherosclerosis. Front Immunol 3:1–11

51. Binder CJ, Chou MY, Fogelstrand L et al (2008) Natural antibodies in murine atherosclerosis. Curr Drug Targets 9:190–195

52. Chou MY, Hartvigsen K, Hansen LF et al (2008) Oxidation-specific epitopes are important targets of innate immunity. J Intern Med 263:479–488

53. Shaw P, Hörkkö S, Chang MK et al (2000) Natural antibodies with the T15 idiotype may act in atherosclerosis, apoptotic clearance, and protective immunity. J Clin Invest 105:1731–1740

54. Hörkkö S, Bird DA, Miller E et al (1999) Monoclonal autoantibodies specific for oxidized phospholipids or oxidized phospholipid-protein adducts inhibit macrophage uptake of oxidized low-density lipoproteins. J Clin Invest 103:117–128

55. Chang MK, Binder CJ, Torzewski M et al (2002) C-reactive protein binds to both oxidized LDL and apoptotic cells through recognition of a common ligand: phosphorylcholine of oxidized phospholipids. Proc Natl Acad Sci U S A 99:13043–13048

56. Chang MK, Hartvigsen K, Ryu J et al (2012) The pro-atherogenic effects of macrophages are reduced upon formation of a complex between C-reactive protein and lysophosphatidylcho-

line. J Inflamm (London, England) 9:42

57. Boullier A, Friedman P, Harkewicz R et al (2005) Phosphocholine as a pattern recognition ligand for CD36. J Lipid Res 46:969–976

58. Febbraio M, Hajjar D, Silverstein R (2001) CD36: a class B scavenger receptor involved in angiogenesis, atherosclerosis, inflammation, and lipid metabolism. J Clin Invest 108:785–791

59. Haserück N, Erl W, Pandey D et al (2004) The plaque lipid lysophosphatidic acid stimulates platelet activation and platelet-monocyte aggregate formation in whole blood: involvement of P2Y1 and P2Y12 receptors. Blood 103:2585–2592

60. Göpfert MS, Siedler F, Siess W, Sellmayer A (2005) Structural identification of oxidized acyl-phosphatidylcholines that induce platelet activation. J Vasc Res 42:120–132

61. Berliner J, Leitinger N, Tsimikas S (2009) The role of oxidized phospholipids in atherosclerosis. J Lipid Res 50:S207–S212

62. Gharavi NM, Baker NA, Mouillesseaux KP et al (2006) Role of endothelial nitric oxide synthase in the regulation of SREBP activation by oxidized phospholipids. Circ Res 98:768–776

63. Qin J, Testai FD, Dawson S et al (2009) Oxidized phosphatidylcholine formation and action in oligodendrocytes. J Neurochem 110:1388–1399

64. Yoshida H, Matsui T, Yamamoto A et al (2001) XBP1 mRNA is induced by ATF6 and spliced by IRE1 in response to ER stress to produce a highly active transcription factor. Cell 107:881–891

65. Dinasarapu RA, Gupta S, Ram Maurya M et al (2013) A combined omics study on activated macrophages—enhanced role of STATs in apoptosis, immunity and lipid metabolism. Bioinformatics (Oxford, England) 2013:1–9

66. Lartigue L, Faustin B (2013) Mitochondria: metabolic regulators of innate immune responses to pathogens and cell stress. Int J Biochem Cell Biol 45:2052–2056

67. Chen R, Feldstein A, McIntyre T (2009) Suppression of mitochondrial function by oxidatively truncated phospholipids is reversible, aided by bid, and suppressed by Bcl-XL. J Biol Chem 284:26297–26308

68. Shih PT, Elices MJ, Fang ZT et al (1999) Minimally modified low-density lipoprotein induces monocyte adhesion to endothelial connecting segment-1 by activating beta1 integrin. J Clin Invest 103:613–625

69. Vora DK, Fang ZT, Liva SM et al (1997) Induction of P-selectin by oxidized lipoproteins. Separate effects on synthesis and surface expression. Circ Res 80:810–818

70. Birukova AA, Starosta V, Tian X et al (2013) Fragmented oxidation products define barrier disruptive endothelial cell response to OxPAPC. Transl Res 161:495–504

71. Kadl A, Galkina E, Leitinger N (2009) Induction of CCR2-dependent macrophage accumulation by oxidized phospholipids in the air-pouch model of inflammation. Arthritis Rheum 60:1362–1371

72. Furnkranz A, Schober A, Bochkov VN et al (2005) Oxidized phospholipids trigger atherogenic inflammation in murine arteries. Arterioscler Thromb Vasc Biol 25:633–638

73. Kopf M, Baumann H, Freer G et al (1994) Impaired immune and acute-phase responses in interleukin-6-deficient mice. Nature 368(6469):339–342

74. Gottlieb RA, Burleson KO, Kloner RA et al (1994) Reperfusion injury induces apoptosis in rabbit cardiomyocytes. J Clin Invest 94:1621–1628

75. Gustafsson A, Gottlieb R (2003) Mechanisms of apoptosis in the heart. J Clin Immunol 23:447–459

76. Halestrap A, Kerr PM, Javadov S, Woodfield KY (1998) Elucidating the molecular mechanism of the permeability transition pore and its role in reperfusion injury of the heart. Biochim Biophys Acta 1366:79–94

77. Chen R, Yang L, McIntyre T (2007) Cytotoxic phospholipid oxidation products. Cell death from mitochondrial damage and the intrinsic caspase cascade. J Biol Chem 282:24842–24850

78. Fruhwirth G, Moumtzi A, Loidl A et al (2006) The oxidized phospholipids POVPC and PGPC inhibit growth and induce apoptosis in vascular smooth muscle cells. Biochim Biophys Acta 1761:1060–1069

79. Stemmer U, Dunai ZA, Koller D et al (2012) Toxicity of oxidized phospholipids in cultured macrophages. Lipids Health Dis 11:110

80. Wallgren M, Lidman M, Pham QD et al (2012) The oxidized phospholipid PazePC modulates interactions between Bax and mitochondrial membranes. Biochim Biophys Acta 1818:2718–2724

81. Mughal W, Kirshenbaum L (2011) Cell death signalling mechanisms in heart failure. Exp Clin Cardiol 16:102–108

82. Stremler KE, Stafforini DM, Prescott SM, McIntyre TM (1991) Human plasma platelet-activating factor acetylhydrolase. Oxidatively fragmented phospholipids as substrates.

J Biol Chem 266:11095–11103

83. Bergmark C, Dewan A, Orsoni A et al (2008) A novel function of lipoprotein [a] as a preferential carrier of oxidized phospholipids in human plasma. J Lipid Res 49:2230–2239

84. Davis B, Koster G, Douet LJ et al (2008) Electrospray ionization mass spectrometry identifies substrates and products of lipoprotein-associated phospholipase A2 in oxidized human low density lipoprotein. J Biol Chem 283:6428–6437

85. Rivera R, Chun J (2006) Biological effects of lysophospholipids. Rev Physiol Biochem Pharmacol 160:25–46

86. Salgo MG, Corongiu FP, Sevanian A (1993) Enhanced interfacial catalysis and hydrolytic specificity of phospholipase A2 toward peroxidized phosphatidylcholine vesicles. Arch Biochem Biophys 304:123–132

87. Tyurin VA, Yanamala N, Tyurina YY et al (2012) Specificity of lipoprotein-associated phospholipase A(2) toward oxidized phosphatidylserines: liquid chromatography-electrospray ionization mass spectrometry characterization of products and computer modeling of interactions. Biochemistry 51:9736–9750

88. Kokotos G, Hsu YH, Burke JE et al (2010) Potent and selective fluoroketone inhibitors of group VIA calcium-independent phospholipase A2. J Med Chem 53:3602–3610

89. Dennis E, Cao J, Hsu YH et al (2011) Phospholipase A2 enzymes: physical structure, biological function, disease implication, chemical inhibition, and therapeutic intervention. Chem Rev 111:6130–6185

90. Code C, Mahalka AK, Bry K, Kinnunen PK (2010) Activation of phospholipase A2 by 1-palmitoyl-2-(9′-oxo-nonanoyl)-sn-glycero-3-phosphocholine in vitro. Biochim Biophys Acta 1798:1593–1600

91. Cordella-Miele E, Miele L, Mukherjee A (1990) A novel transglutaminase-mediated post-translational modification of phospholipase A2 dramatically increases its catalytic activity. J Biol Chem 265:17180–17188

92. Samoilova EV, Pirkova AA, Prokazova NV, Korotaeva AA (2010) Effects of LDL lipids on activity of group IIA secretory phospholipase A2. Bull Exp Biol Med 150:39–41

93. Koumanov K, Wolf C, Béreziat G (1997) Modulation of human type II secretory phospholipase A2 by sphingomyelin and annexin VI. Biochem J 326:227–233

94. Korotaeva AA, Samoilova EV, Piksina GF, Prokazova NV (2010) Oxidized phosphatidylcholine stimulates activity of secretory phospholipase A2 group IIA and abolishes sphingomyelin-induced inhibition of the enzyme. Prostaglandins Other Lipid Mediat 91:38–41

95. Korotaeva A, Samoilova E, Pavlunina T, Panasenko OM (2013) Halogenated phospholipids regulate secretory phospholipase A2 group IIA activity. Chem Phys Lipids 167–168:51–56

96. Pucer A, Brglez V, Payre C et al (2013) Group X secreted phospholipase A2 induces lipid droplet formation and prolongs breast cancer cell survival. Mol Cancer 12:111

97. Murph M, Tanaka T, Pang J et al (2007) Liquid chromatography mass spectrometry for quantifying plasma lysophospholipids: potential biomarkers for cancer diagnosis. Methods Enzymol 433:1–25

98. Moses G, Jensen MD, Lue LF et al (2006) Secretory PLA2-IIA: a new inflammatory factor for Alzheimer's disease. J Neuroinflammation 3:28

4 磷脂酶与心脑血管疾病

Ignatios Ikonomidis 和 Christos A. Michalakeas

摘要 心血管疾病是当今世界上的常见病和致死的原因之一。动脉粥样硬化是导致心血管疾病最常见的病理生理过程,涉及许多不同的途径,是一个非常复杂的过程,其中一些途径仍在研究中。已有研究表明,在普通人群中传统的风险因子并不足以预测心血管发病情况。对在动脉粥样硬化过程中起作用的物质的研究结果已经将磷脂酶与心血管疾病联系起来。分泌型磷脂酶 A_2 和脂蛋白相关磷脂酶 A_2(Lp–PLA$_2$)等磷脂酶被认为是血管炎症的标志物,并在心血管疾病中发挥重要作用。此外,药物抑制 Lp–PLA$_2$ 活性可对动脉粥样硬化过程起到有利作用,为此类患者的治疗提供了新的靶点。本章总结了关于各种磷脂酶及其在动脉粥样硬化形成中所发挥作用的研究进展。接下来将会对这些磷脂酶进行深入研究,以揭示其对心血管功能发挥作用的详细病理生理机制。此外,还将对影响磷脂酶活性的药理干预措施进行分析,为动脉粥样硬化的治疗提供一种新的药理学途径。

关键词 分泌型磷脂酶 A_2;脂蛋白相关磷脂酶 A_2;血小板活化因子乙酰水解酶;心血管疾病

4.1 引言

心血管疾病［CVDs：冠状动脉疾病（CAD）、中风、外周动脉疾病］是目前全球常见的死亡原因。动脉粥样硬化是心脑血管疾病常见的病理生理过程，根据涉及血管部位的不同会有不同的临床表现。动脉粥样硬化是一个复杂的过程，涉及许多不同的途径，其中有一些仍在研究中。弗雷明翰心脏研究已经表明，传统的风险因子不足以预测普通人群的心血管事件[1]。对在动脉粥样硬化过程中起作用物质的研究已经将磷脂酶与心血管疾病联系起来。分泌型磷脂酶 A_2（sPLA）和 Lp-PLA$_2$ 等磷脂酶被认为是血管炎症的标志物，在心血管疾病中起重要作用。此外，最近的研究表明，直接药物抑制 Lp-PLA$_2$ 活性在动脉粥样硬化过程中起着有利的作用。这些发现十分重要，因为它们可以为干预治疗提供新的靶点，促进心血管疾病的预防。

4.2 分泌型磷脂酶 A_2

磷脂酶 A_2（PLA$_2$）是一种催化磷脂 sn-2 位脂肪酰基酯键水解生成游离脂肪酸和溶血磷脂的酶。sPLA$_2$ 是其中的一类酶，它能水解细胞膜上的磷脂和脂蛋白，导致血管壁的促动脉粥样硬化作用[2]。sPLA$_2$ 与 Lp-PLA$_2$ 属于同一磷脂酶家族，这种酶是一种分子质量为 14ku 的钙依赖脂肪酶，由巨噬细胞和动脉壁平滑肌细胞产生。sPLA$_2$ 被认为是血管炎症的标志物。然而，与 Lp-PLA$_2$ 不同的是，sPLA$_2$ 的水平是由其他标志物如 IL-1、IL-6 和肿瘤坏死因子 $-\alpha$（TNF-α）的表达水平决定的。

分泌型非胰腺 II 型磷脂酶 A_2（sPLA$_2$-IIa）已被证明在各种炎症性疾病[3]以及各种形式癌症[4, 5]的发病机制中起重要作用。以往的研究表明，sPLA$_2$ 在冠状动脉疾病（CAD）中起着重要作用。临床观察发现 142 例冠心病患者血清 sPLA$_2$ 水平高于正常健康人群水平，且与 C 反应蛋白（CRP）水平呈正相关关系。此外，sPLA$_2$ 水平高的个体发生急性冠状动脉事件的可能性增加，这意味着这种生物标记物可以作为风险因子来提供风险预测信息[6]。同一组研究人员还表明，sPLA$_2$ 在冠状动脉痉挛中也起着重要作用，根据作者的说法，sPLA$_2$ 水平可以反映冠状动脉中的血管炎症水平，在这种炎症表现中，这种酶表现出较高的循环水平[7]。

4.3 脂蛋白相关磷脂酶 A_2

脂蛋白相关磷脂酶 A_2（Lp-PLA$_2$），又称血小板激活因子乙酰水解酶（PAF-AH），属于磷脂酶 A_2 超家族，由炎症细胞产生，主要是巨噬细胞[8]，其次是由参与动脉粥样硬化形成过程的单核细胞、T淋巴细胞和肥大细胞产生[10]。脂蛋白相关磷脂酶 A_2 是一种钙离子非依赖型的脂肪酶，这个分子质量为50ku的蛋白质主要存在于人体血浆中的低密度脂蛋白（LDL）上，约占80%。Lp-PLA$_2$ 已被证实在LDL氧化过程中发挥积极作用[11]。氧化过程将磷脂酰胆碱（PC）转化为可作为 Lp-PLA$_2$ 底物的氧化型PC。氧化修饰后的PC与Lp-PLA$_2$ 相互结合产生氧化脂肪酸（OxFA）和溶血磷脂酰胆碱（Lyso-PC）[12]。Lyso-PC 和 OxFA 具有多种促炎症作用（上调黏附分子、细胞因子和CD40配体的表达，促进内皮细胞功能障碍，刺激巨噬细胞增殖，趋化炎症细胞），从而导致动脉粥样硬化斑块的形成。Lp-PLA$_2$ 分子在晚期人类动脉粥样硬化的坏死核心内及其周围表达[13]，并且随着动脉粥样硬化斑块的生长，Lp-PLA$_2$ 的浓度随之增加[14]。

以往实验研究和对于 Lp-PLA$_2$ 缺陷者的研究都曾提出了 Lp-PLA$_2$ 的抗动脉粥样硬化特性[15]。然而，目前的数据表明，这种蛋白质反而具有致动脉粥样硬化的作用。Lp-PLA$_2$ 活性已被证明在动脉粥样硬化病变中上调，特别是在复杂斑块中[16]。此外，Lp-PLA$_2$ 浓度或活性与患心血管疾病风险的增加有关[17]。Lp-PLA$_2$ 作为血管炎症的标志物，可能参与了血管炎症过程的早期启动。Lp-PLA$_2$ 作为一种新兴的与动脉粥样硬化有关的炎症生物标志物[18]，开展对其检测不仅能满足目前欠缺的心血管风险预测的需要，还可能为未来的治疗提供新的靶点[19]。

4.4　磷脂酶在心脑血管疾病中的临床意义

磷脂酶超家族中的酶因其在动脉粥样硬化过程中所起的作用而被广泛研究。EPIC-Norfolk 前瞻性人群研究调查了目前显然处于健康状态的男性和女性血清Ⅱ型 sPLA$_2$ 水平与未来可能患有冠心病风险之间的前瞻性关系。这项研究是一项前瞻性嵌套病例对照研究，研究对象为3314名年龄在45~79岁、表面上健康的男性和女性。在随访期间发生致命性或非致命性冠心病的患者中，sPLA$_2$ 水平显著高于对照组（9.5ng/mL；四分位距[IQR]，6.4~14.8vs. 8.3ng/mL；IQR，5.8~12.6；$P<0.0001$）。在对体重指数、吸烟、糖尿病、收缩压、低密度脂蛋白胆固醇、高密度脂蛋白胆固醇和CRP水平进行校正后，研究人员发现，相比于体内 sPLA$_2$ 水平最低的人来说，sPLA$_2$ 水平最高的人未来患冠心病的风险是1.34（1.02~1.71；$P=0.02$）。

冠心病患者外周血浆中 sPLA$_2$-Ⅱa 水平的升高对患者有重要的预测价值。在最近的一项研究中，Xin 等探讨急性心肌梗死（AMI）后血清中 sPLA$_2$ 水平的预测价值。采用酶联免疫吸附试验（ELISA）检测964例急性心肌梗死（AMI）患者恢复期血清 sPLA$_2$-Ⅱa 的水平。患者中 sPLA$_2$-Ⅱa 水平升高（>360ng/dL）的具有明显更高的死亡率（18.3%[30/164] vs. 2.75%[22/800]，$P<0.001$）和心力衰竭再住院率（14%[23/164] vs.2.1%[17/800]，$P<0.0001$）。作者得出结论，急性心肌梗死患者出院后的恢复期血清中 sPLA$_2$-Ⅱa 水平为360ng/dL 可作为独立预测心力衰竭患者的长期死亡率和再入院概率的指标[21]。

在苏格兰西部地区开展的冠状动脉预防研究过程（WOSCOPS）中，招募了6595名年龄在45~65岁的患高脂血症男性，并进行了为期5年的随访。在随访期间检测他们体内的血浆纤维蛋白原、CRP、Lp-PLA$_2$等炎症标志物。Lp-PLA$_2$水平升高的参与者未来发生心血管事件的风险约为其他参与者的两倍（1次标准差增加的相对风险度=1.2，95% 置信区间［CI］：1.08～1.34，P=0.0008）[22]。Lp-PLA$_2$是不良后果的最强预测指标，独立于包括 CRP 在内的传统的和新兴的风险因子（1次标准差增加的相对风险=1.18，95%CI：1.05～1.33，P=0.005）[23]。

此外，研究者还开展了大约16000名中年男女参与的社区动脉粥样硬化风险（ARIC）的研究。多因素分析显示，Lp-PLA$_2$经校正与 LDL 的相互作用后成为了一种显著的风险预测因子。研究人员发现，与 Lp-PLA$_2$水平在第一档的患者相比，Lp-PLA$_2$水平处于第二档和第三档的患者发生冠心病（CHD）的风险比在统计学上有显著的增加。在校正了其他相关变量后，在低 LDL 水平（<130 mg/dL）的 ARIC 患者中，Lp-PLA$_2$水平在第二档和第三档的 ARIC 患者的风险比增加了一倍左右，差异有统计学意义。CRP 在第三类风险中也会导致冠心病事件发生的风险比在统计学上显著增加。此外，体内含有高水平的 Lp-PLA$_2$与 CRP 的个体比只有一个炎症标志物升高的个体患病风险更大。在低密度脂蛋白胆固醇（LDL-C）<130 mg/dL 的 ARIC 队列参与者中，高 CRP 和 Lp-PLA$_2$是增加发生首次冠心病事件风险的辅助预测因子[24]。

在 Rotterdam 的研究中，在7983名中年人群中，Lp-PLA$_2$活性被证明是冠心病和缺血性脑卒中风险的独立预测因子。与第一四分位数的 Lp-PLA$_2$活性相比，第二、三和第四个四分位数对冠心病的风险比分别为1.39（95%CI，0.92～2.10）、1.99（95%CI，1.32～3.00）和1.97（95%CI，1.28～3.02）（P=0.01），同时对缺血性卒中的风险分别为1.08（95%CI，0.55～2.11）、1.58（95%CI，0.82～3.04），和1.97（95%CI，1.03～3.79）（P=0.03）[25]。监测心血管疾病趋势和决定因素（MONICA）的研究招募了934名健康状况良好的中年男性。在控制了潜在的混杂因素后，Lp-PLA$_2$水平的升高与未来冠状动脉事件的风险增加相关（危险比1.23，95%CI：1.02～1.47）。然而，在多变量模型中加入 C 反应蛋白消除了 Lp-PLA$_2$的附加预测价值[26]。在 Bruneck 研究中，Lp-PLA$_2$的活性与脂质和炎症标志物相关，也与致命性和非致命性心血管疾病事件相关［年龄和性别调整的危险比（95%CI）2.9（1.6～5.5）；第三组与第一组；P<0.001］。然而，在这项研究中发现，非心血管死亡率与 Lp-PLA$_2$活性的增加无关[27]。

Ramcho Bernardo 的研究结果表明，在1077名明显健康的男性和女性中，Lp-PLA$_2$水平与年龄、体重指数、低密度脂蛋白、甘油三酯和 CRP 呈正相关，与高密度脂蛋白呈负相关。在调整 C 反应蛋白和其他冠心病风险因素后，第二、第三和第四分位数的 Lp-PLA$_2$水平与最低的四分位数（风险比分别为1.66、1.80和1.89，P=0.05）相比，预示着冠心病风险的增加[28]。

自从几项研究表明 Lp-PLA$_2$水平对传统动脉粥样硬化危险因子具有辅助的预测价值以来，人们一直在努力将 Lp-PLA$_2$测量纳入多标记物小组，以提高心血管事件的预测价值。在一项研究中，在急诊科出现的关于急性脑缺血发作的432名患者的研究显示，NT-Pro-BNP、全血胆碱（WBCHO）和 Lp-PLA$_2$是风险分级的最佳组合[29]。在将 Lp-PLA$_2$测量添加到一个包括传统危险因素、由胱抑素 C（cystatin C）评估的肾功能和由 NT-Pro-BNP 评估的血流动力学压力的模型中后，我们还检验了 Lp-PLA$_2$在心血管事件预测中的增量价值。这项研究在为期4年的随访中监测了1051名冠心病患者的包括死亡、非致命性心肌梗死、脑卒中在内的心血管事件数量。在基础模型中加入胱抑素 C 和 NT-Pro-BNP 的测定提高了模型的预测准确度［曲线下面积（AUC）：从 0.69 增加到 0.71］，当在 Cystatin C 和 NT-Pro-BNP 的基础上增加 Lp-PLA$_2$ 水平时，AUC 有小幅提高（从 0.71 增加到 0.73）。在多变量分析中，在调整了炎症、肾功能障碍和血流动力学压力的标记物后，Lp-PLA$_2$ 质量最高的两个三分位数的患者未来心血管事件的风险比下三分位数的患者高近两倍[30]。此外，在 PEACE 试验中，Lp-PLA$_2$ 和超敏 C 反应蛋白（hs-CRP）水平升高可以预测稳定性冠心病患者的急性冠状动脉综合征（$P<0.005$；$P<0.001$），而在 4.8 年的随访中，只有 Lp-PLA$_2$ 是冠状动脉血管再生的有效预测因子[31]。

对于这一领域的研究工作目前还在进行中，目前我们所能获得的信息正在迅速增长，这有助于理解动脉粥样硬化复杂的病理生理过程。最近的研究表明，Lp-PLA$_2$ 与某些脂蛋白的结合可以改变其特性。Rallidis 等研究记录了 477 例稳定型冠心病患者 34 个月随访期间所发生的心血管疾病事件。测定血浆总 Lp-PLA$_2$ 和高密度脂蛋白连接的 Lp-PLA$_2$ 的质量和活性。随访结束后，共记录了 123 例心血管事件。正如预期的那样，血浆中总 Lp-PLA$_2$ 质量和活性是机体心源性死亡的预测因素（风险比［HR］：1.013；95% 置信区间［CI］：1.005～1.021；$P=0.002$；HR：1.040；95%CI：1.005～1.076；$P=0.025$）。然而，在校正了心血管疾病的传统危险因素后，高密度脂蛋白 - 磷脂酶 A$_2$ 的质量和活性被证明可降低心源性死亡风险（HR：0.972；95%CI：0.952～0.993；$P=0.010$；HR：0.689；95%CI：0.496～0.957；$P=0.026$），这表明与低密度脂蛋白结合的 Lp-PLA$_2$ 相比，高密度脂蛋白结合的 Lp-PLA$_2$ 具有保护作用。

大量流行病学研究表明，测量所得的磷脂酶水平与心血管疾病之间存在关联。这些研究已经被纳入成人治疗小组Ⅲ（ATPⅢ）科学委员会的提案中。因此，对于有冠心病家族史且血脂水平相对正常的患者，或合并危险因素使其略低于当前指导治疗临界值的患者，可以考虑增加 Lp-PLA$_2$ 水平的检测。因此，在以上这类患者中，Lp-PLA$_2$ 升高表明需要更积极的治疗。然而，Lp-PLA$_2$ 目前并不被提倡作为常规筛查项目。

4.5 潜在的治疗意义

多种有效的心血管药物已被证明具有抗炎症作用，如他汀类药物。然而，目前还没有专门针对血管炎症设计的药物。在 Jupiter 研究中[33]，对于因为心肌梗死、脑卒中、动脉血管再生、不稳定心绞痛住院或因心血管原因死亡的患者，服用瑞舒伐他汀对 hsCRP 水平高、低密度脂蛋白水平低的患者有额外的治疗效果。此外，用于其他治疗目的（即自身免疫性疾病）的抗炎症药物也被发现对心血管疾病起到了有益的作用。Anakinra 是一种人类重组 IL-1 受体拮抗剂，已证实对冠状动脉血流、血管内皮细胞和心肌功能有有益作用[34]。专门针对血管炎症的药物，如 PLA$_2$ 抑制剂，在动脉粥样硬化指数方面显示出积极的效果。这些药物治疗的理想目标是在不影响宿主防御的情况下调节血管壁内的炎症过程，从而发挥最大的潜在血管治疗效果。

sPLA$_2$ 可作为血管炎症的标志物。Varespladib 是一种已经被开发出来的 sPLA$_2$ 抑制剂，最初用来测定对胰腺炎[35]、类风湿性关节炎[36]和脓毒症[37]的抗炎特性。由于$sPLA_2$与血管炎症和动脉粥样硬化的进展有关，因此该抑制剂也被测试其潜在的抗动脉粥样硬化特性。在动物研究中，Varespladib被证明可以减少IL-10、IL-12、GM-CSF等炎症标志物，以及胆固醇积聚和主动脉的动脉粥样硬化病变[38]。Vrespladib的Ⅱ期临床试验在类风湿性关节炎、哮喘和溃疡性结肠炎患者中没有显示出良好疗效，但在CAD患者中，Vrespladib methyl持续降低低密度脂蛋白-胆固醇水平[39]。Varespladib对急性冠脉综合征患者的Ⅲ期试验（Francis-ACS）正在进行中[40]，其结果将进一步加深我们对这种潜在药物的认识。

近年来的临床研究表明，药物干预可以降低$Lp-PLA_2$水平。他汀类药物用于治疗高脂血症时，已被证明能降低$Lp-PLA_2$水平。在WOSCOPS研究中，服用普伐他汀的受试者的$Lp-PLA_2$水平降低了17%[41]。根据这些实验，Tsimihodimos等研究表明，阿托伐他汀可使$Lp-PLA_2$活性降低28%~42%[42]。此外，苯氧酸类药物对$Lp-PLA_2$水平也有影响（对体内LDL颗粒小而致密的患者，非诺贝特治疗可使$Lp-PLA_2$水平降低22%~28%）[43]。然而，尽管$Lp-PLA_2$已被证明可以预测患冠心病的风险，但降低$Lp-PLA_2$水平是否对患者的预后有显著影响尚未得到证实。

Darapladib是一种新型脂蛋白-磷脂酶A_2（$Lp-PLA_2$）抑制剂药物。在给药后24h内可抑制$Lp-PLA_2$活性，血药浓度在24h内稳定，给药后约6h可达到最大浓度。它在肝脏中代谢（CYP3A4），对其他PLA_2同工酶产生最小的抑制作用，并且没有发现具有临床意义的药物-药物或药物-食品相互作用[44]。此外，该药物并不需要根据年龄、性别、种族和轻中度肾损害进行剂量调整。动物实验表明，Darapladib能显著抑制患有糖尿病和高胆固醇血症的猪血浆和病变部位$Lp-PLA_2$的活性，降低病变Lso-PC含量，并减缓晚期冠状动脉粥样硬化的发展[45]。

在人类中，冠心病患者在强化他汀类药物治疗的基础上加用Darapladib可降低$Lp-PLA_2$活性，并减少全身炎症（表现为CRP、IL-6水平的降低）。与安慰剂相比，Darapladib用量为40mg、80mg和160mg降低的$Lp-PLA_2$活性分别为43%、55%和66%。没有意外的临床或实验室不良反应的报道。然而，这项研究没有调查$Lp-PLA_2$活性降低对动脉粥样硬化斑块的临床影响[46]。开展综合生物标志物和成像研究-2（IBIS-2）旨在检测Darapladib治疗对血管壁的影响。血管造影实验将冠心病患者随机分成两组，患者每天服用一次160mg Darapladib或安慰剂。研究人员结合新的血管内超声技术（掌纹成像和虚拟组织学）来测量动脉粥样硬化斑块的组织特性和成分，结果显示，$Lp-PLA_2$抑制剂在治疗12个月后阻止了坏死核的扩张，这是斑块易损性的关键决定因素，安慰剂组的坏死核体积显著增加[（4.5 ± 17.9）mm^3；$P=0.009$]，而Darapladib则阻止了这种增加[（-0.5 ± 13.9）mm^3；$P=0.71$]。就像报道的那样，尽管斑块成分的改变，也并不总是转化为对心血管疾病的实际益处。但这项研究的结果表明，抑制$Lp-PLA_2$活性可能意味着一种新的治疗干预措施[47]。

降低$Lp-PLA_2$活性的药物干预可能会对动脉粥样硬化患者产生额外的抗炎作用，Darapladib的应用及其对降低高敏CRP和IL-6水平的影响就表明了这一点。已经设计了两项研究来测试Darapladib对于冠心病的疗效。通过启动Darapladib治疗来稳定动脉粥样硬化斑块（STABILITY）这项研究[48]的目标是纳入15500名慢性冠心病患者。它的目的是研究当患者接受增加到治疗标准的Darapladib治疗时，是否会降低发生主要不良心血管事件（即心血管死亡、非致命性心肌梗死或非致命性脑卒中）的首次发生率。使用Darapladib稳定斑块－心肌梗死溶栓治疗52试验（SOLID-TIMI52）[49]旨在研究Darapladib在急性冠状动脉事件（心肌梗死、不稳定型心绞痛）发生率上的作用。以上研究结果将回答在临床前领域的广泛研究是否会转化为冠心病患者更好治疗效果的问题。

4.6　总结

　　尽管目前的医学提供了心血管风险分级的工具，但在心血管疾病的检测、评估和治疗方面仍有大量需求未得到满足。当前，炎症在动脉粥样硬化中的作用已经确定，炎症标志物已经在日常临床实践中进行使用。磷脂酶超家族的酶因其在动脉粥样硬化过程中所发挥的作用而被广泛关注，并可作为血管炎症的新兴生物标志物。sPLA$_2$和Lp-PLA$_2$将可以满足目前尚缺的心血管潜在危险预测需求。

　　此外，尽管各种有效的心血管药物已被证明具有抗炎症作用，但没有专门针对血管炎症的药物。作为sPLA$_2$抑制剂的Varespladib和作为Lp-PLA$_2$抑制剂的新药Darapladib在动脉粥样硬化指标方面显示出极具前景的治疗效果。磷脂酶抑制剂可能成为心血管治疗的一个十分有前景的方向。目前，这些特殊血管炎症抑制剂的疗效已经在测试中，试验结果有望帮助我们理解心血管疾病的发病机制和治疗方法。目前的试验结果有望搞清楚抑制磷脂酶作用是否与发病率和死亡率有关。

参考文献

1. Castelli WP (1996) Lipids, risk factors and ischaemic heart disease. Atherosclerosis 124(Suppl):S1–S9
2. Rosenson RS, Gelb MH (2009) Secretory phospholipase A$_2$: a multifaceted family of proatherogenic enzymes. Curr Cardiol Rep 11:445–451
3. Pruzanski W, Vadas P (1991) Phospholipase A2—a mediator between proximal and distal effectors of inflammation. Immunol Today 12:143–146
4. Avoranta T, Sundstrom J, Korkeila E et al (2010) The expression and distribution of group IIA phospholipase A$_2$ in human colorectal tumours. Virchows Arch 457:659–667
5. Dong Z, Liu Y, Scott KF et al (2010) Secretory phospholipase A$_2$-IIa is involved in prostate cancer progression and may potentially serve as a biomarker for prostate cancer. Carcinogenesis 131:1948–1955
6. Kugiyama K, Ota Y, Takazoe K et al (1999) Circulating levels of secretory type II phospholipase A$_2$ predict coronary events in patients with coronary artery disease. Circulation 100:1280–1284
7. Kugiyama K, Ota Y, Kawano H et al (2000) Increase in plasma levels of secretory type II phospholipase A$_2$ in patients with coronary spastic angina. Cardiovasc Res 47:159–165
8. Asano K, Okamoto S, Fukunaga K et al (1999) Cellular source(s) of platelet-activating-factor acetylhydrolase activity in plasma. Biochem Biophys Res Commun 261:511–514
9. Nakajima K, Murakami M, Yanoshita R et al (1997) Activated mast cells release extracellular type platelet-activating factor acetylhydrolase that contributes to autocrine inactivation of platelet-activating factor. J Biol Chem 272:19708–19713
10. Laine P, Kaartinen M, Penttila A et al (1999) Association between myocardial infarction and the mast cells in the adventitia of the infarct-related coronary artery. Circulation 99:361–369
11. Macphee CH, Moores KE, Boyd HF et al (1999) Lipoprotein-associated phospholipase A$_2$,

platelet-activating factor acetyl hydrolase, generates two bioactive products during the oxidation of low-density lipoprotein: use of a novel inhibitor. Biochem J 338:479–487

12. Tselepis AD, Chapman MJ (2002) Inflammation, bioactive lipids and atherosclerosis: potential roles of a lipoprotein-associated phospholipase A_2, platelet-activating factor acetyl hydrolase. Atheroscler Suppl 3:57–68

13. Zalewski A, Macphee C (2005) Role of lipoprotein-associated phospholipase A_2 in atherosclerosis: biology, epidemiology, and possible therapeutic target. Arterioscler Thromb Vasc Biol 25:923–931

14. Kolodgie FD, Burke AP, Skorija KS et al (2006) Lipoprotein-associated phospholipase A_2 protein expression in the natural progression of human coronary atherosclerosis. Arterioscler Thromb Vasc Biol 26:2523–2529

15. Chen CH (2004) Platelet activating factor acetylhydrolase: is it good or bad for you? Curr Opin Lipidiol 15:337–341

16. Hakkinen T, Luoma JS, Hiltunen MO et al (1999) Lipoprotein-associated phospholipase A_2, platelet-activating factor acetylhydrolase, is expressed by macrophages in human and rabbit atherosclerotic lesions. Arterioscler Thromb Vasc Biol 19:2909–2917

17. Daniels LB, Laughlin GA, Sarno MJ et al (2008) Lipoprotein-associated phospholipase A_2 is an independent predictor of incident coronary heart disease in an apparently healthy older population: the Rancho Bernardo Study. J Am Coll Cardiol 51:913–919

18. Pillarisetti S, Alexander CW, Saxena U (2004) Atherosclerosis—new targets and therapeutics. Curr Med Chem Cardiovasc Hematol Agents 2:327–334

19. McCullough PA (2009) Darapladib and atherosclerotic plaque: should lipoprotein-associated phospholipase A_2 be a therapeutic target? Curr Atheroscler Rep 11:334–337

20. Boekholdt SM, Keller TT, Wareham NJ et al (2005) Serum levels of type II secretory phospholipase A_2 and the risk of future coronary artery disease in apparently healthy men and women: the EPIC-Norfolk Prospective Population Study. Arterioscler Thromb Vasc Biol 25:839–846

21. Xin H, Chen ZY, Lv XB et al (2013) Serum secretory phospholipase A_2-IIa (sPLA_2-IIA) levels in patients surviving acute myocardial infarction. Eur Rev Med Pharmacol Sci 17:999–1004

22. Shepherd J, Cobbe SM, Ford I et al (1995) Prevention of coronary heart disease with pravastatin in men with hypercholesterolemia. N Engl J Med 333:1301–1307

23. Packard CJ, O'reilly DS, Caslake MJ et al (2000) Lipoprotein-associated phospholipase A_2 as an independent predictor of coronary heart disease. N Engl J Med 343:1148–1155

24. Ballantyne C, Hoogeveen R, Bank H et al (2004) Lipoprotein-associated phospholipase A_2, high sensitive C-reactive protein and risk for incident coronary heart disease in middle-aged men and women in the Atherosclerosis Risk in Communities (ARIC) study. Circulation 109:837–842

25. Oei HH, van der Meer IM, Hofman A et al (2005) Lipoprotein-associated phospholipase A_2 activity is associated with risk of coronary heart disease and ischemic stroke: the Rotterdam Study. Circulation 111:570–575

26. Koenig W, Khuseyinova N, Lowel H, Trischler G, Meisinger C (2004) Lipoprotein-associated phospholipase A_2 adds to risk prediction of incident coronary events by C-reactive protein in apparently healthy middle-aged men from the general population: results from the 14-year follow-up of a large cohort from southern Germany. Circulation 110:1903–1908

27. Tsimikas S, Willeit J, Knoflach M et al (2009) Lipoprotein-associated phospholipase A2 activity, ferritin levels, metabolic syndrome, and 10-year cardiovascular and non-cardiovascular mortality: results from the Bruneck study. Eur Heart J 30:107–115

28. Daniels LB, Laughlin GA, Sarno MJ et al (2008) Lipoprotein-associated phospholipase A_2 is an independent predictor of incident coronary heart disease in an apparently healthy older population. The Rancho Bernardo Study. J Am Coll Cardiol 51:913–919

29. Mockel M, Danne O, Muller R et al (2008) Development of an optimized biomarker strategy for early risk assessment of patients with acute coronary syndromes. Clin Chim Acta 393:103–109

30. Koenig W, Twardella D, Brenner H, Rothenbacher D (2006) Lipoprotein-associated phospholipase A_2 predicts future cardiovascular events in patients with coronary heart disease independently of traditional risk factors, markers of inflammation, renal function, and hemodynamic stress. Arterioscler Thromb Vasc Biol 26:1586–1593

31. Sabatine MS, Morrow DA, O'Donoghue M et al (2007) Prognostic utility of lipoprotein-associated phospholipase A2 for cardiovascular outcomes in patients with stable coronary artery disease. Arterioscler Thromb Vasc Biol 27:2463–2469

32. Rallidis LS, Tellis CC, Lekakis J et al (2012) Lipoprotein-associated phospholipase A(2)

bound on high-density lipoprotein is associated with lower risk for cardiac death in stable coronary artery disease patients: a 3-year follow-up. J Am Coll Cardiol 60:2053–2060

33. Ridker PM, Danielson E, Fonseca F et al (2008) Rosuvastatin to prevent vascular events in men and women with elevated C-reactive protein. N Engl J Med 359:2195–2207

34. Ikonomidis I, Lekakis JP, Nikolaou M et al (2008) Inhibition of interleukin-1 by anakinra improves vascular and left ventricular function in patients with rheumatoid arthritis. Circulation 117:2662–2669

35. Tomita Y, Kuwabara K, Furue S et al (2004) Effect of a selective inhibitor of secretory phospholipase A_2, S-5920/LY315920Na, on experimental acute pancreatitis in rats. J Pharmacol Sci 96:144–1454

36. Bradley JD, Dmitrienko AA, Kivitz AJ et al (2005) A randomized, double-blinded, placebo-controlled clinical trial of LY333013, a selective inhibitor of group II secretory phospholipase A_2, in the treatment of rheumatoid arthritis. J Rheumatol 32:417–423

37. Zeiher BG, Steingrub J, Laterre PF et al (2005) PFLY315920NA/S-5920, a selective inhibitor of group IIA secretory phospholipase A_2, fails to improve clinical outcome for patients with severe sepsis. Crit Care Med 33:1741–1748

38. Leite JO, Vaishnav U, Puglisi M et al (2009) A-002 (Varespladib), a phospholipase A2 inhibitor, reduces atherosclerosis in guinea pigs. BMC Cardiovasc Disord 9:7

39. Karakas M, Koenig W (2009) Varespladib methyl, an oral phospholipase A_2 inhibitor for the potential treatment of coronary artery disease. IDrugs 12:585–592

40. Suckling KE (2009) Phospholipase A_2 inhibitors in the treatment of atherosclerosis: a new approach moves forward in the clinic. Expert Opin Investig Drugs 18:1425–1430

41. Caslake MJ, Packard CJ (2003) Lp-PLA2 and cardiovascular disease. Curr Opin Lipidol 14:347–352

42. Tsimihodimos V, Karabina SA, Tambaki AP et al (2002) Atorvastatin preferentially reduces LDL-associated platelet-activating factor acetyl hydrolase activity in dyslipidemias of type IIA and type IIB. Arterioscler Thromb Vasc Biol 22:306–311

43. Tsimihodimos V, Kakafika A, Tambaki AP et al (2003) Fenofibrate induces HDL-associated PAF-AH but attenuates enzyme activity associated with apoB-containing lipoproteins. J Lipid Res 44:927–934

44. Riley RF, Corson MA (2009) Darapladib, a reversible lipoprotein-associated phospholipase A_2 inhibitor, for the oral treatment of atherosclerosis and coronary artery disease. IDrugs 12:648–655

45. Wilensky RL, Shi Y, Mohler ER et al (2008) Inhibition of lipoprotein-associated phospholipase A2 reduces complex coronary atherosclerotic plaque development. Nat Med 14:1059–1066

46. Mohler ER, Ballantyne CM, Davidson MH et al (2008) The effect of darapladib on plasma lipoprotein-associated phospholipase A_2 activity and cardiovascular biomarkers in patients with stable coronary heart disease or coronary heart disease risk equivalent: the results of a multicenter, randomized, double-blind, placebo-controlled study. J Am Coll Cardiol 51:1632–1641

47. Serruys PW, García-García HM, Buszman P et al (2008) Effects of the direct lipoprotein-associated phospholipase A_2 inhibitor darapladib on human coronary atherosclerotic plaque. Circulation 118:1172–1182

48. White H, Held C, Stewart R et al (2010) Study design and rationale for the clinical outcomes of the STABILITY Trial (STabilization of Atherosclerotic plaque By Initiation of darapLadIb TherapY) comparing darapladib versus placebo in patients with coronary heart disease. Am Heart J 160:655–661

49. O'Donoghue ML, Braunwald E, White HD et al (2011) Study design and rationale for the Stabilization of pLaques usIng Darapladib-Thrombolysis in Myocardial Infarction (SOLID-TIMI 52) trial in patients after an acute coronary syndrome. Am Heart J 162:613–619

第二部分　磷脂酶 A 的生理功能

5　胞内磷脂酶 A₁ 家族蛋白的结构与功能

Katsuko Tani，Takashi Baba 和 Hiroki Inoue

摘要　磷脂酶 A₁ 是一类能够水解磷脂产生 2- 酰基溶血磷脂与脂肪酸的酶。其中胞内磷脂酶 A₁（iPLA₁）在细胞内发挥作用。除了一个短的脂肪酶活性中心保守序列（G–X–S–X–G）外，iPLA₁ 蛋白的整体一级结构与其他磷脂酶的一级结构存在较大差异。酵母、线虫、果蝇和拟南芥均只有一个 iPLA₁ 基因，而包括人类在内的哺乳动物有三个 iPLA₁ 基因［磷脂酸偏好性磷脂酶 A₁（PA–PLA₁）/DDHD1/iPLA₁–α，p125/Sec23IP/iPA₁–β 和 KIA0725p/DDHD2/iPLA₁–γ］。三种哺乳动物的 iPLA₁ 蛋白位于不同的亚细胞区室，提示它们可能会发挥不同的作用。除了脂肪酶保守序列之外，所有的 iPLA₁ 家族蛋白都含有一个 DDHD 的结构域，部分蛋白质还含有一个无意义 α 基序（SAM）。对三种哺乳动物来源的 iPLA₁ 蛋白的研究表明，脂肪酶共有序列和 DDHD 结构域均与其酶活性有关，串联的 SAM–DDHD 结构域对酶与胞内膜的结合至关重要。最近的研究揭示了 iPLA₁ 蛋白的生理功能。p125 在囊泡运输中发挥作用，且可能参与精子的形成。在人类疾病方面，PA–PLA₁ 和 KIAA0725p 基因突变与一种神经退行性疾病——遗传性痉挛性截瘫有关。在这一章中，我们重点介绍哺乳动物 iPLA₁ 蛋白，对其结构和功能进行概述，并简述了非哺乳动物 iPLA₁ 家族蛋白的生理功能。

关键词　胞内磷脂酶 A₁；磷脂酸；磷脂酰肌醇；遗传性痉挛性截瘫；跨膜运输

5.1　引言

　　磷脂酶参与多种细胞功能，如膜的合成与翻转、信号分子的产生、细胞器生物合成和囊泡运输等。磷脂酶 A_1（PLA_1）是一类水解磷脂产生 2- 酰基溶血磷脂和脂肪酸的酶，如图 5.1（1）所示，根据其在细胞中的位置，PLA_1 酶被分为两类：第一类为胞外酶，第二类为胞内酶[1, 2]。胞外酶属于胰脂肪酶基因家族，伴随着信号肽一起被合成，被分泌到细胞外发挥作用[3]。目前，已知的哺乳动物胞外 PLA_1 分子有六种，接下来将对其进行详细介绍[4]。

　　第二类酶是最近发现的胞内 PLA_1（$iPLA_1$）。20 世纪 90 年代中期，Glomset 等首次发现了一种 $iPLA_1$，并将其命名为磷脂酸偏好型磷脂酶 A_1（$PA-PLA_1$）[5]。到目前为止，包括人类在内的哺乳动物拥有三种 $iPLA_1$ 蛋白（$PA-PLA_1$/DDHD1/$iPLA_1\alpha$[6]、p125/Sec23IP/$iPLA_1-\beta$[7] 以及 KIAA0725p/DDHD2/$iPLA_1-\gamma$[8]），而酵母、线虫、拟南芥和果蝇中均只有一种 $iPLA_1$。图 5.1（2）为系统进化树。图 5.2 展示了 $iPLA_1$ 家族蛋白的结构域组成。所有 $iPLA_1$ 家族蛋白均有一个脂肪酶保守序列 G–X–S–X–G（或 S–X–S–X–G）。除了脂肪酶保守序列外，$iPLA_1$ 蛋白的一级结构与其他磷脂酶和脂肪酶的一级结构存在较大差异。该家族有一个保守特征序列，被称为 DDHD 结构域，全长约 180 个氨基酸，其中含有 4 个保守的氨基酸残基（三个 Asp 和一个 His，因此被命名为 "DDHD"）。DDHD 结构域首次在果蝇视网膜的一种起脂质转移作用的变性 B 蛋白中发现。虽然 DDHD 结构域的功能仍不明确，但它被认为可介导蛋白质的相互作用。p125 和 KIAA0725p 也有一个无意义 α 基序（SAM）。SAM 大约由 70 个氨基酸残基组成，是一种假定的蛋白质相互作用模块，存在于多种蛋白质中。最近的研究揭示了 $iPLA_1$ 家族蛋白的特征和生理作用。本章主要研究哺乳动物 $iPLA_1$ 家族蛋白，共分以下几点：① $iPLA_1$ 的酶活性；② $iPLA_1$ 的细胞内定位；③ $iPLA_1$ 的生理功能。并在 5.5 中简要介绍了其他物种中的 $iPLA_1$ 家族蛋白。

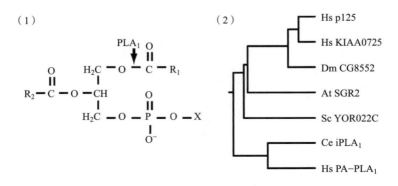

图 5.1　$iPLA_1$ 家族蛋白

（1）PLA_1 的水解位点　（2）$iPLA_1$ 家族蛋白的系统发育树

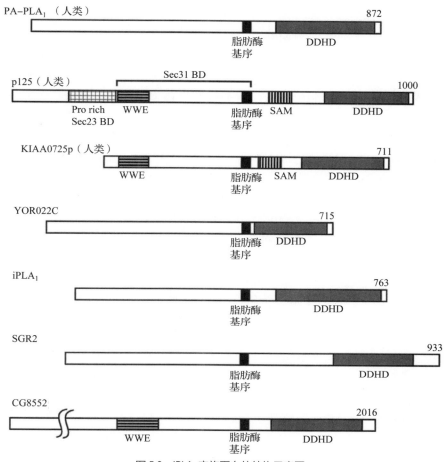

图 5.2　iPLA₁ 家族蛋白的结构示意图

右上角的数字表示对应蛋白质中氨基酸残基的数量

5.2　iPLA₁ 的酶活性

　　PA-PLA₁ 活性主要通过含有磷脂酸（PA）作为底物的 Triton X-100 混合胶束体系测定[5]。分析结果表明，PA-PLA₁ 能在体外的实验条件下能够分解多种磷脂[9-11]。胞外 PLA₁ 家族的 PS-PLA₁ 和 mPA-PLA₁-α 和 mPA-PLA₁-β 分别对磷脂酰丝氨酸（PS）和 PA 表现出较强的底物特异性[4]（注：尽管命名有些混乱，mPA-PLA₁ 是膜相关磷脂酸偏好型磷脂酶 A₁ 的简称，与 PA-PLA₁ 不同）。与上述胞外 PLA₁ 不同，iPLA₁ 的底物特异性明显较差。一些研究表明，磷脂酸（PA）和磷脂酰肌醇（PI）是 iPLA₁ 最有可能的水解底物。

　　多个研究团队已经对 PA-PLA₁ 水解 PA 进行报道[5, 6, 8, 9, 11, 12]。Glomset 等的研究结果表明，在 Triton X-100 混合胶束体系中，经纯化的 PA-PLA₁ 对 PA 的活性是对磷脂酰乙醇胺（PE）、磷脂酰胆碱（PC）、PS 和 PI 的 4～10 倍，而在未添加 Triton X-100 的体系中，PE

和 PA 同样也都是它的底物。Yamashita 等报道了异源表达 PA-PLA₁ 的在体外酶活测定体系中可水解 PI 和 PA[11]，并提出磷脂酶 D 产生的 PA 与 PA-PLA₁ 结合从而增强 PLA₁ 水解 PI 活性的假设。有趣的是，iPLA₁ 是秀丽线虫（C.elegans）中独有的 iPLA₁ 家族蛋白，与三种哺乳动物 iPLA₁ 中的 PA-PLA₁ 具有最高的同源性，如图 5.1（2）所示，且在体外只水解 PI 而不水解 PA[13]。Imae 等通过质谱分析了 ipla-1 突变体中的脂质，并证明 PI 是 ipla-1 在体内的底物。

同时，KIAA0725p 在酶活测定体系中存在 Triton X-100 时对 PA 表现出较高的酶解活性，而在无 Triton X-100 存在时对 PA 和 PE 均表现出高活性，对 PS 和 PC 表现出较低的水解活性[8]。KIAA0725p 的比活力远低于 PA-PLA₁[12]，而 p125 则没有检测到酶活[8]。因此，p125 是 iPLA₁ 家族蛋白中的一种独特的蛋白质，其详细信息将在下文进行描述。虽然在体外酶活测定体系中分析了哺乳动物 iPLA₁ 的所有酶活性，但目前体内底物分析尚未进行。此外，iPLA₁ 酶活性的调控机制仍不清楚。Han 等认为，磷酸化可能会调节 PA-PLA₁ 的酶活性[14]。

接下来举例说明酶活性和结构域特征之间的关系。最初的研究[6, 8] 已经表明了脂肪酶保守序列对酶活性的重要性。Higgs 将牛 PA-PLA₁ 中的丝氨酸 540 突变为丙氨酸，Nakajima 将人 KIAA0725p 中的丝氨酸 351 突变为丙氨酸。两者都是脂肪酶保守序列的中心丝氨酸残基。这两个丝氨酸突变使得 PLA₁ 完全丧失了对 PA 的催化活性。因此，脂肪酶保守序列中的中心丝氨酸残基对于酶活性是必不可少的。Inoue 等表明，DDHD 结构域对酶活性也很重要[12]。他们的研究表明，KIAA0725p 和 PA-PLA₁ 的 DDHD 结构域缺失，或结构域中保守天冬氨酸或组氨酸残基发生点突变，其磷脂酶活性会因此显著降低。综上所述，脂肪酶保守序列和 DDHD 结构域对酶活性发挥至关重要。

5.3　iPLA₁ 的细胞内定位

包括细胞培养在内的细胞生物学分析结果显示，三种哺乳动物 iPLA₁ 蛋白位于不同的亚细胞区室中（图 5.3）。PA-PLA₁ 定位于胞浆。除了胞浆外，p125 还定位于代表一个内质网亚区的内质网（ER）出口[15]。KIAA0725p 定位于顺式高尔基体，也可能定位于内质网高尔基体中间隔室（ERGIC）或胞浆中。因此，p125 或 KIAA0725p 的一部分与细胞内膜结构相关联。FRAP 分析结果表明，这两种蛋白质在膜结合池和胞浆池之间快速循环。p125 和 KIAA0725p 与膜的结合似乎与其和磷脂酰肌醇磷酸（PIP）的结合能力相关[12]。p125 和 KIAA0725p 能在体外与 PIPs 结合，但 PA-PLA₁ 却未检测到该结合能力。与 PIPs 的结合不依赖于磷脂酶的活性，丧失活性的突变体表现出与野生型蛋白相同的结合活性。PIPs 中的磷脂酰肌醇 4- 磷酸（PI4P）在高尔基体膜中含量较为丰富[16]。在高尔基体中，一种偏好 PI3P 和 PI4P 的磷脂酰肌醇磷酸酶 Sac1 的强制过表达导致 KIAA0725p 从高尔基体到细胞质呈现点状结构的大范围重新排布，这表明 PIPs 对 KIAA0725p 定位具有重要意义。PIP 结合位点已被映射到 KIAA0725p 的串联 SAM-DDHD 结构域。PA-PLA₁ 中缺少 SAM 结构域可能是它不能与细胞膜结合的原因（表 5.1）。

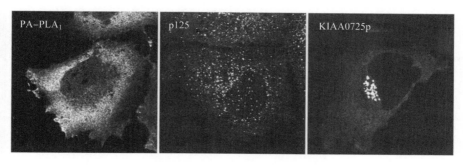

图 5.3　三种哺乳动物 iPLA₁ 蛋白的亚细胞定位
三种标志物标记的哺乳动物 iPLA₁ 蛋白（PA-PLA₁、p125 和 KIAA0725p）
在 HeLa 细胞中异源表达，随后通过免疫荧光显微镜对 HeLa 细胞进行分析

表 5.1　iPLA₁ 家族蛋白的功能

iPLA₁ 蛋白	细胞内定位	功能
PA-PLA₁（哺乳动物）	胞浆	线粒体形成 基因突变导致患 HSP
KIAA0725P（哺乳动物）	顺式高尔基体 内质网高尔基体中间隔室（ERGIC） 胞浆	高尔基体蛋白质的运输 基因突变导致患 HSP
p125（哺乳动物）	内质网出口 胞浆	ER 出口位点的形成 ER 蛋白质的运输 精子发生？
ipla-1（秀丽隐杆线虫）	胞浆？	PI 脂肪酸重塑 线虫外阴形成
SGR2（拟南芥）	液泡 胞浆	液泡形成 芽的向地性
YOR022C（酿酒酵母）	线粒体？ 胞浆？	液泡形成？ 线粒体形成？
CG8552（果蝇）	？	突触形成？

注：上表为已被报道的所有 iPLA₁ 蛋白功能。

以 KIAA0725p 为例，其膜结合能力不仅与 PIP 结合能力有关，还与其催化活性有关[17]。野生型 KIAA0725p 和无活性的 S351A 突变体均靶向对照细胞中的高尔基体样结构。在用 siRNA 去除内源 KIAA0725p 的细胞中，与野生型蛋白相比，突变体靶向高尔基体样结构的效率要低得多。这些结果表明，KIAA0725p 产生的溶血磷脂（LPs）支持 KIAA0725p 与细胞膜的结合。一项涉及酰基转移酶抑制剂 CI-976 的研究也支持了上述观点[18]。

磷脂酶切割脂肪酸侧链后在酰基转移酶的作用下，其脂肪酸侧链被重塑[19, 20]。一旦酰基转移反应被 CI-976 抑制，溶血磷脂很可能在细胞内积累。在 CI-976 处理的细胞中，发现 KIAA0725p 积聚在特定的膜结构中，这些膜结构没有与包括高尔基蛋白在内的典型细胞器标志物共定位[18]。这可能是因为 KIAA0725p 能够识别含有 LPs 的结构。尽管 p125 和 KIAA0725p 分子显示出高度同源性，如图 5.1（2），但 p125 定位于内质网出口，而 KIAA0725p 定位于高尔基体。对截短和嵌合蛋白的分析表明，p125 的 N 末端区域特异性调节其膜特异性，即其在内质网出口的定位[15]。

5.4　iPLA$_1$ 的生理功能

5.4.1　PA–PLA$_1$ 和 KIAA0725p

PA–PLA$_1$ 自首次被鉴定以来，基于它在大脑和睾丸中的高表达模式，一直被认为与精子发生及精子功能有关。此外，成熟睾丸显示出比新生小牛睾丸高 10 倍或以上的 PA–PLA$_1$ 活性[5]。然而，到目前为止，还没有直接的证据证明 PA–PLA$_1$ 参与精子发生。Yamashita 等提出信号脂质分子溶血磷脂酰肌醇的产生是 PA–PLA$_1$ 的一种生理功能[11]，并提出了一种假设，即 PA–PLA$_1$ 通过产生 G 蛋白偶联的假定大麻素受体 GPR55 的激活剂 2– 花生四烯酰 – 溶血磷脂酰肌醇对 GPR55 起到激活作用。

KIAA0725p 在不同器官中的表达水平基本一致。由于 KIAA0725p 定位于高尔基体，并与 p125 具有高度的结构同源性，因此，KIAA0725p 在跨膜运输中的功能已被广泛研究。在细胞培养实验中，KIAA0725p 的过表达导致高尔基体和 ERGIC 的分散，表明其参与了早期的分泌途径。Morikawa 等[21]根据一项敲除研究的结果，认为 KIAA0725p 参与了从高尔基体到内质网的逆向运输。随后 Sato 等提出，Morikawa 等的结果可能是由于一种离靶效应而产生的假象。Sato 等使用了几个 siRNA 证明了 KIAA0725p 的敲除不能抑制高尔基体的逆向运输，但会导致从高尔基体向质膜运输的能力部分缺失[17]。

有报道称 PA–PLA$_1$[22]和 KIAA0725p[23, 24]的突变与遗传性痉挛性截瘫（HSP）有关。HSPs 是一组遗传性神经退行性疾病，其中下肢无力和痉挛是主要症状[25, 26]，这些症状主要是皮质脊髓束变性的结果。HSP 在临床上分为"不复杂或纯的 HSP"（以下肢痉挛和无力以及轻微的下肢脊柱损伤为特征）和"复杂的 HSP"（以痉挛性截瘫伴有其他神经系统或全身异常如共济失调、智力迟钝和神经病变等为特征）。迄今已鉴定出与 HSP 相关的 50 多个不同的基因座和 20 多个基因产物。这些基因产物具有多种功能，其中包括参与轴突运输、跨膜运输、内质网形态、线粒体调节、髓鞘形成、脂质 / 固醇修饰和轴突导向的蛋白质。因此，神经元各种功能的退化和缺失导致了 HSP 的发生。HSP 可以通过 X 染色体隐性、常染色体显性或常染色体隐性遗传模式致病。PA–PLA$_1$ 被命名为痉挛性截瘫基因（SPG）28，而 KIAA0725p 被命名为 SPG54。这两个基因座均表现为常染色体隐性遗传。HSPs 的详细情况如下：

Bouslam 等[2]发现了一个常染色体隐性纯 HSP 摩洛哥血缘家系，并确定了 14q.11 的遗传位点，将其命名为 SPG28。Tesson 等[22]对 SPG28 的所有外显子进行了测序，从而验证了 PA–PLA$_1$ 的突变与 SPG28 有关。根据观察到的 PA–PLA$_1$ 突变 HSP 患者淋巴母细胞的表现，即细胞呼吸减少、ATP 含量降低以及 H_2O_2 积累增加，Tesson 等认为 PA–PLA$_1$ 的突变导致线粒体功能下降，这极可能是 HSP 发生的原因。

Schurs-Hoeijmakers 等报道了因 KIAA0725p 突变而在临床上表现出复杂 HSP 特征的 4 个家族[23]。这种 HSP 综合征的核心表型包括早发性痉挛性截瘫、智力残疾和脑成像的特殊脑部异常。所有已被鉴定的突变均会影响蛋白质的 DDHD 结构域。如上所述，DDHD 结构域的突变影响脂肪酶的活性。事实上，他们在脑核磁共振波谱上检测到一个异常的脂峰指向脂质积累，这表明 KIAA0725p 在中枢神经系统的脂质代谢中发挥作用。在 Schurs-Hoeijmakers 的报告发表后不久，Gonzalez 等报道了另外两个复杂 HSP 家族中 KIAA0725p 的两种有害突变[24]。他们的表型与 Schurs-Hoeijmakers 报道的十分相似。两个家族均提示细胞膜流动性和脂质代谢均与由 KIAA0725p 突变引起的 HSP 发病有关。

这些研究首次描述了哺乳动物 iPLA₁s 与人类疾病之间的关系。PA-PLA₁ 和 KIAA0725p 基因缺失可能会以类似的方式引起脂质代谢失调。如 5.2 所述，PA-PLA₁ 在大脑和睾丸中高表达。然而，KIAA0725p 以几乎相同的水平普遍表达。值得注意的是，两种 HSP 的症状并不完全相同（SPG28 为纯粹 HSP，SPG54 为复杂 HSP），提示两种蛋白质在人类神经系统中发挥不同作用的可能性仍然存在。两种蛋白质的突变是如何导致 HSP 的发生以及这一过程中涉及怎样的机制等问题仍有待解决。

5.4.2　p125

p125 并非以酶的形式而是以一种与内质网囊泡运输有关的成分被发现。从内质网输出新合成蛋白质的过程是由外壳蛋白复合物 Ⅱ（COPⅡ）包被的囊泡介导的，而该囊泡在被称为内质网出口位点的特殊内质网亚结构域中产生[28-30]。COPⅡ 由两种异二聚体复合物 Sec23-Sec24 和 Sec13-Sec31 以及低分子质量的 GTP 结合蛋白 Sar1 组成。Sec23-Sec24 和 Sec13-Sec31 分别构成 COPⅡ 被膜的内层和外层，而 Sar1-GTP 循环调控被膜的组装。

采用 GST 标记的小鼠 Sec23 偶联树脂亲和层析分离得到哺乳动物 Sec23 的互作蛋白——p125[7]。p125 包含一个与 Sec23 相互作用的富含脯氨酸的 N 末端区域，以及与 iPLA₁ 蛋白呈高度同源性的中心与 C 末端区域（图 5.2）。p125 定位于 ER 出口部位。过表达及敲除研究表明，p125 与内质网出口位点的结构有关[15]。随后，Ong 等[31] 表明 p125 可与 Sec31 和 Sec23 结合，p125 与 Sec31 相互作用结构域位于残基 260～600 内，与其和 Sec23 结合的区域不同，这表明 p125 通过不同的区域与两种蛋白质相互作用。Ong 等提出了 p125 桥接 COPⅡ 被膜内外层的模型。有趣的是，p125 具有脂肪酶保守序列、GHSLG 以及 DDHD 结构域，却未检测到磷脂酶活性[8]。将 p125 特异性 N 末端结构域截掉后仍没有检测到酶活性，表明该结构域与酶活性的调节无关。目前对于该酶活性的缺失仍未有明确的解释。p125 的磷脂酶活性可能在进化过程中丢失，与此同时可能获得了一些特定的功能，包括在内质网出口位点结构所起到的作用。与该猜想相符的是，p125 只存在于后生动物中，而 PA-PLA₁ 在从酵母到哺乳动物的真核生物中都是保守的。p125 可能是作为一种辅助蛋白调节 COPⅡ 组分的功能，而不是作为一种酶发挥作用。越来越多的证据表明 COPⅡ 辅助蛋白在运输调节中的重要性[28]。

一项基因靶向研究表明 p125 与精子发生有关[32]。雄性 p125-KO 小鼠不育。p125 基因缺失小鼠的大部分精子呈现圆形头部和异常的线粒体鞘，并且缺乏顶体。该表型与男性球形精子症（一种罕见的男性不育疾病）中的表型相似。顶体是一种负责受精的特殊分泌细胞器，位于哺乳动物精子的头部，内含有消化酶可溶解卵子的胶质外壳。在精母细胞后期，顶体的组成成分首先被表达。在精子细胞期，顶体是通过来自跨高尔基体网络的前顶体小泡融合形成的[33]。p125 存在于精母细胞和精子细胞中，成熟精子不表达 p125。在精母细胞中，一定数量的 p125 定位于内质网出口位点，促进对顶体形成至关重要的特定蛋白质的运输。

5.5　其他物种中的 iPLA$_1$ 家族蛋白

酿酒酵母（S.cerevisiae）、秀丽隐杆线虫（C.elegans）、拟南芥（A.thaliana）和果蝇各有一个 iPLA$_1$ 蛋白。具体哪一种哺乳动物 iPLA$_1$ 可与上述 iPLA$_1$ 对应，上述 iPLA$_1$ 的功能是否与三种哺乳动物 iPLA$_1$ 蛋白的功能重叠等问题均尚不清楚。下文概述了迄今为止所报告的非哺乳动物 iPLA$_1$ 的特征。

在酿酒酵母中，YOR022C 基因编码一个 iPLA$_1$ 蛋白。YOR022C 的无效突变保持了细胞的存活，但在通过呼吸作用相关的碳源利用上生长速率降低。此外，YOR022C 基因缺失的酵母显示异常的液泡形态。这个现象很有趣，因为拟南芥中的 iPLA$_1$ 蛋白 SGR2 参与液泡的形成。事实上，YOR022C 和 SGR2 在系统发育树上的位置非常接近。最近的一项全基因组相互作用研究表明，YOR022C 与几个与线粒体相关的基因有遗传上的相互作用[34]，包括内质网 – 线粒体相遇结构（ERMES）的组成成分 MMM1，参与线粒体膜融合中的外膜成分 UGO1，以及可在线粒体膜之间运送 PA 的脂质转移蛋白 UPS1。此外，也有报道称 YOR022C 蛋白定位于线粒体中[35]。

秀丽隐杆线虫有一个 iPLA$_1$ 家族蛋白，命名为 ipla-1，其与哺乳动物 iPLA$_1$ 蛋白中的 PA-PLA$_1$ 具有最高的同源性。Arai 团队提出 ipla-1 参与了 PI 中 sn-1 位置上的脂肪酸重塑[13]，并提出 PI 的 sn-1 脂肪酸类型由体内的 ipla-1 和三种酰基转移酶（acl-8，acl-9 和 acl-10）决定。ipla-1 等位基因突变导致的外阴缺陷是由侧线细胞（seam cell，一种类干细胞样表皮细胞）的末端不对称分裂紊乱引起的[36]。β-catenin[37] 是 Wnt/β-catenin 不对称分裂途径的一个组成部分，它决定了干细胞不对称分裂的极性。他们认为 ipla-1 的突变导致 PI 分子种类发生改变，而这使得膜流动性异常，进一步导致 β-catenin 定位错误。自此之后 iPLA$_1$ 家族蛋白与 PI 代谢之间的关系已在生物水平上被揭示，Arai 团队的研究具有重要意义。

高等植物拟南芥（A.thaliana）含有一种 iPLA$_1$ 蛋白，被命名为 Shoot Gravitropism 2（SGR2）。sgr2 突变体的嫩芽表现出异常的向地心性，对照的根部向地心性正常[38]。芽的内胚层细胞被认为是重力感应细胞。在内胚层细胞中，向心力方向沉积的淀粉体起着平衡石的作用[39]。sgr2 突变体中淀粉体沉积异常，芽内胚层细胞大多被一个大的中央液泡占据。SGR2 定位于液泡，其突变缺失导致液泡的解体，表明其功能与液泡的生物发生密切相关[40]。野生型 SGR2 蛋白的表达相较于缺失磷脂酶活性的突变体可以挽救表型，表明了磷脂酶活性的重要性。果蝇拥有一个 iPLA$_1$ 基因 CG8552。CG8552 基因的敲除减少了果蝇突触末端的活动区数量，表明其参与突触功能[23]，但在这些果蝇中均没有观察到明显的运动异常。

5.6　结论

三种哺乳动物 iPLA₁ 蛋白呈现不同的细胞内定位。因此，研究人员认为 iPLA₁ 蛋白可能参与不同细胞器的形成和膜的运输。事实上，细胞分析已经提供了实验数据，证明 p125 与 KIAA0725p 分别参与了内质网出口位点的形成与高尔基体的跨膜运输。此外，生物体水平的分析表明，PA–PLA₁ 与 SGR2 分别参与线粒体功能及液泡的形成过程。iPLA₁ 家族蛋白很可能在细胞内、跨膜运输和细胞器形成中起关键作用。总的来说，iPLA₁ 家族蛋白显示出较低的底物特异性，并定位于胞浆中。因此，iPLA₁ 家族蛋白可能影响面向胞浆的所有胞内膜。今后，我们的研究方向可以聚焦：① 细胞膜上 iPLA₁ 的特异性是如何确定的；② iPLA₁ 的体内底物是什么；③ 酶活力是如何调控的；④ 采用怎样的机制来调节膜流量和细胞器形成。为此，我们应该阐明 iPLA₁s 和其他脂质代谢酶之间的关系，如与产生 PA 的磷脂酶 D 或消耗 iPLA₁ 产物 LPs 的酰基转移酶之间的关系。如上所述，Arai 等展示了 ipla-1 和三种酰基转移酶之间的关系，并提出 ipla-1 在 PI 脂肪酸侧链的重塑中起作用。许多研究表明，磷脂酶 D 参与了跨膜运输以及高尔基体的形成[41, 42]。此外，线粒体含有能够裂解心磷脂产生 PA 的 MitoPLD[43]。阐明整体的脂质代谢途径，尤其是涉及 iPLA₁ 家族蛋白的途径，可帮助我们进一步理解细胞内膜系统。

同时，研究显示了 iPLA₁ 家族蛋白的各种生理功能。PA–PLA₁ 和 KIAA0725p 的突变与 HSP 有关。然而，HSP 的病因多种多样，因此这两种突变导致发病的机制均未知。了解这两种突变导致 HSP 发病的机制不仅可以提供 iPLA₁ 蛋白功能的信息，还可以发现人类神经系统的新特征。

参考文献

1. Inoue K, Arai H, Aoki J (2004) Phospholipase A₁-structures, physiological and pathophysiological roles in mammals. In: Muller G, Petry S (eds) Lipases and phospholipases in drug development: from biochemistry to molecular pharmacology. Wiley, Weinheim, pp 23–39
2. Richmond GS, Smith TK (2011) Phospholipases A₁. Int J Mol Sci 12:588–612
3. Carriere F, Withers-Martinez C, van Tilbeurgh H et al (1998) Structural basis for the substrate selectivity of pancreatic lipases and some related proteins. Biochim Biophys Acta 1376:417–432
4. Aoki J, Inoue A, Makide K et al (2007) Structure and function of extracellular phospholipase A₁ belonging to the pancreatic lipase gene family. Biochimie 89:197–204
5. Higgs HN, Glomset JA (1994) Identification of a phosphatidic acid-preferring phospholipase A₁ from bovine brain and testis. Proc Natl Acad Sci U S A 91:9574–9578
6. Higgs HN, Han MH, Johnson GE, Glomset JA (1998) Cloning of a phosphatidic acid-preferring phospholipase A₁ from bovine testis. J Biol Chem 273:5468–5477
7. Tani K, Mizoguchi T, Iwamatsu A et al (1999) p125 is a novel mammalian Sec23p-interacting protein with structural similarity to phospholipid-modifying proteins. J Biol Chem 274:20505–20512
8. Nakajima K, Sonoda H, Mizoguchi T et al (2002) A novel phospholipase A₁ with sequence

homology to a mammalian Sec23p-interacting protein, p125. J Biol Chem 277:11329–11335

9. Higgs HN, Glomset JA (1996) Purification and properties of a phosphatidic acid-preferring phospholipase A₁ from bovine testis. J Biol Chem 271:10874–10883

10. Uchiyama S, Miyazaki Y, Amakasu Y et al (1999) Characterization of heparin low-affinity phospholipase A1 present in brain and testicular tissue. J Biochem 125:1001–1010

11. Yamashita A, Kumazawa T, Koga H et al (2010) Generation of lysophosphatidylinositol by DDHD domain containing 1 (DDHD1): possible involvement of phospholipase D/phosphatidic acid in the activation of DDHD. Biochim Biophys Acta 1801:711–720

12. Inoue H, Baba T, Sato S et al (2012) Roles of SAM and DDHD domains in mammalian intracellular phospholipase A₁ KIAA0725p. Biochim Biophys Acta 1823:930–939

13. Imae R, Inoue T, Kimura M et al (2010) Intracellular phospholipase A₁ and acyl transferase, which are involved in Caenorhabditis elegans stem cell divisions, determine the sn-1 fatty acyl chain of phosphatidylinositol. Mol Biol Cell 21:3114–3124

14. Han MH, Han DK, Aebersold RH, Glomset JA (2001) Effects of protein kinase CK2, extracellular signal-regulated kinase 2, and protein phosphatase 2A on a phosphatidic acid-preferring phospholipase A₁. J Biol Chem 276:27698–27708

15. Shimoi W, Ezawa I, Nakamoto K et al (2005) p125 is localized in endoplasmic reticulum exit sites and involved in their organization. J Biol Chem 280:10141–10148

16. D'Angelo G, Vicinanza M, Di Campli A, De Matteis MA (2008) The multiple roles of PtdIns(4)P—not just the precursor of PtdIns(4,5)P2. J Cell Sci 121:1955–1963

17. Sato S, Inoue H, Kogure T et al (2010) Golgi-localized KIAA0725p regulates membrane trafficking from the Golgi apparatus to the plasma membrane in mammalian cells. FEBS Lett 584:4389–4395

18. Baba T, Yamamoto A, Tagaya M, Tani K (2013) A lysophospholipid acyltransferase antagonist, CI-976, creates novel membrane tubules marked by intracellular phospholipase A₁ KIAA0725p. Mol Cell Biochem 376:151–161

19. Shindou H, Hishikawa D, Harayama T et al (2013) Generation of membrane diversity by lysophospholipid acyltransferases. J Biochem 154:21–28

20. Ha KD, Clarke BA, Brown WJ (2012) Regulation of the Golgi complex by phospholipid remodeling enzymes. Biochim Biophys Acta 1821:1078–1088

21. Morikawa RK, Aoki J, Kano F et al (2009) Intracellular phospholipase A₁γ (iPLA₁γ) is a novel factor involved in coat protein complex I- and Rab6-independent retrograde transport between the endoplasmic reticulum and the Golgi complex. J Biol Chem 284:26620–26630

22. Tesson C, Nawara M, Salih MA et al (2012) Alteration of fatty-acid-metabolizing enzymes affects mitochondrial form and function in hereditary spastic paraplegia. Am J Hum Genet 91:1051–1064

23. Schuurs-Hoeijmakers JH, Geraghty MT, Kamsteeg EJ et al (2012) Mutations in DDHD2, encoding an intracellular phospholipase A₁, cause a recessive form of complex hereditary spastic paraplegia. Am J Hum Genet 91:1073–1081

24. Gonzalez M, Nampoothiri S, Kornblum C et al (2013) Mutations in phospholipase DDHD2 cause autosomal recessive hereditary spastic paraplegia (SPG54). Eur J Hum Genet 21:1214–1218

25. Blackstone C (2012) Cellular pathways of hereditary spastic paraplegia. Annu Rev Neurosci 35:25–47

26. Fink JM (2013) Hereditary spastic paraplegia: clinico-pathologic features and emerging molecular mechanisms. Acta Neuropathol 126:307–328

27. Bouslam N, Benomar A, Azzedine H (2005) Mapping of a new form of pure autosomal recessive spastic paraplegia (SPG28). Ann Neurol 57:567–571

28. Zanetti G, Pahuja KB, Studer S et al (2011) COPII and the regulation of protein sorting in mammals. Nat Cell Biol 14:20–28

29. Budnik A, Stephens DJ (2009) ER exit sites—localization and control of COPII vesicle formation. FEBS Lett 583:3796–3803

30. Gillon AD, Latham CF, Miller EA (2012) Vesicle-mediated ER export of proteins and lipids. Biochim Biophys Acta 1821:1040–1049

31. Ong YS, Tang BL, Loo LS, Hong W (2010) p125A exists as part of the mammalian Sec13/Sec31 COPII subcomplex to facilitate ER-Golgi transport. J Cell Biol 190:331–345

32. Arimitsu N, Kogure T, Baba T et al (2011) p125/Sec23-interacting protein (Sec23ip) is required for spermiogenesis. FEBS Lett 585:2171–2176

33. Cooke HJ, Saunders PT (2002) Mouse models of male infertility. Nat Rev Genet 3:790–801

34. Hoppins S, Collins SR, Cassidy-Stone A et al (2011) A mitochondrial-focused genetic interaction map reveals a scaffold-like complex required for inner membrane organization in

mitochondria. J Cell Biol 195:323–340

35. Huh WK, Falvo JV, Gerke LC et al (2003) Global analysis of protein localization in budding yeast. Nature 425:686–691

36. Kanamori T, Inoue T, Sakamoto T et al (2008) β-catenin asymmetry is regulated by PLA$_1$ and retrograde traffic in *C. elegans* stem cell divisions. EMBO J 27:1647–1657

37. Pellis-van Berkel W, Verheijen MH, Cuppen E et al (2005) Requirement of the Caenorhabditis elegans RapGEF pxf-1 and rap-1 for epithelial integrity. Mol Biol Cell 16:106–116

38. Morita MT, Kato T, Nagafusa K et al (2002) Involvement of the vacuoles of the endodermis in the early process of shoot gravitropism in Arabidopsis. Plant Cell 14:47–56

39. Morita MT, Tasaka M (2004) Gravity sensing and signaling. Curr Opin Plant Biol 7:712–718

40. Kato T, Morita MT, Fukaki H et al (2002) SGR2, a phospholipase-like protein, and ZIG/SGR4, a SNARE, are involved in the shoot gravitropism of Arabidopsis. Plant Cell 14:33–46

41. Roth MG (2008) Molecular mechanisms of PLD function in membrane traffic. Traffic 9:1233–1239

42. Yang JS, Gad H, Lee SY et al (2008) A role for phosphatidic acid in COPI vesicle fission yields insights into Golgi maintenance. Nat Cell Biol 10:1146–1153

43. Huang H, Gao Q, Peng X et al (2011) piRNA-associated germline nuage formation and spermatogenesis require MitoPLD profusogenic mitochondrial-surface lipid signaling. Dev Cell 20:376–387

6　磷脂酶 A 与乳腺癌

Warren Thomas

摘要　类花生酸信号通路失调已成为影响包括肿瘤形成在内的多种疾病发病进程的一个关键因素。乳腺癌是正常乳腺组织中多种细胞内信号通路被破坏所导致的结果，这些信号通路影响肿瘤细胞的分化、增殖和存活以及刺激血管生成。磷脂酶 A（PLA）作为启动膜磷脂释放花生四烯酸的酶，位于激素和生长因子调节信号级联放大的关键连接处。PLA 或催化下游类花生酸代谢的其他酶可能为乳腺癌的治疗提供新的治疗靶点。本章综述了 PLA 及其产物在乳腺癌发病进程的作用，类花生酸信号与雌激素 、表皮生长因子、信号转导子和转录激活子、哺乳动物中雷帕霉素的靶标以及肿瘤细胞代谢调节的其他级联反应的相互作用。

关键词　磷脂酶 A；乳腺癌；雌激素；类花生酸；环氧化酶；脂肪氧化酶

6.1 引言

乳腺癌是女性最常见的恶性肿瘤之一，全球女性一生中有 1/8 的风险患病。乳腺癌占女性所有恶性肿瘤的 23%，占所有女性癌症相关死亡人数的 15%[1]。2008 年，全球有 138 万名女性被确诊为乳腺癌。乳腺癌是发达国家妇女绝经后的主要死因，其死亡率大约是发展中国家妇女的 5 倍。发达国家的较高乳腺癌比率与其所选择的生活方式以及生殖行为有关，包括晚育或不孕、激素避孕药的使用以及影响体重的饮食变化。近年来，由于早期诊断技术以及规范治疗措施的不断进步，乳腺癌患者尤其是年轻患者的死亡率下降[2]。在英国，1971—2009 年，年龄标准化的 5 年生存率从 52% 上升到 85.1%。被诊断为 I 期乳腺癌的患者 5 年生存率比诊断为Ⅳ期的乳腺癌患者高 6 倍（88%∶15%）。在发达国家老龄人口中，乳腺癌的发病率日益增加，这导致研究该恶性肿瘤病因和干预治疗进展方面的投资持续增加。专注于针对个体患者所表现出的疾病特征进行个性化医学将有助于开发更有效的干预措施，尤其是对于预后较差的晚期恶性肿瘤以及随着时间推移对现有疗法产生耐药性的患者。

遗传和表观遗传变化使得正常细胞表型转变为恶性细胞表型。这些变化的分子基础特征和个体肿瘤的特征使我们意识到乳腺癌存在异质性，并已成为预测恶性肿瘤进展和针对性确定个体患者最有效治疗方法的重要临床工具[3-5]。例如，雌激素受体（ER）阳性肿瘤患者可以通过辅助内分泌治疗来抑制 ERα 的促生长作用。目前针对 ER 的药物干预主要有他莫昔芬及氟维司群[6]。人表皮生长因子受体 2（HER2）阳性肿瘤患者可以接受该受体的特异性拮抗剂如拉帕替尼及曲妥珠单抗（赫赛汀）的治疗[7]。大多数接受辅助性全身治疗的患者对治疗反应差或发展成获得性耐药，从而使治疗无效。肿瘤为 ER 阴性、孕酮受体（PR）阴性和 HER2 阴性（三阴性或基底样癌）的患者群体没有标准的辅助干预方案，只能采用常规化疗法进行治疗[8]。因此，迫切需要鉴定可用于治疗该亚型患者的治疗靶标，以及开发出对标准干预产生抗药性的治疗靶标。

磷脂酶 A_2（PLA_2）家族在包括循环激素和生长因子在内的各种刺激作用下，催化膜磷脂 sn-2 键水解释放花生四烯酸（AA）和溶血磷脂第二信使。PLA_2 主要有三个亚类：钙离子依赖型分泌型 PLA_2（$sPLA_2$）、细胞内钙离子非依赖型 PLA_2（$iPLA_2$），以及细胞内钙离子依赖型 PLA_2（$cPLA_2$）[9]。AA 可被代谢成促生长因子类花生酸，普遍表达的 $cPLA_2$-α 异构体对富含 AA 的膜磷脂具有高选择性。因此，有许多研究将 $cPLA_2$-α 活性与肿瘤形成联系起来[10]。无活性的 $cPLA_2$-α 分布在胞质中，一旦 $cPLA_2$-α 与 Ca^{2+} 结合且在 505 位上的丝氨酸残基被磷酸化时，其会被转移到胞内膜上[11]。$cPLA_2$-α 释放的 AA 是一种有效的细胞毒性化合物，若未被进一步代谢，其可通过刺激线粒体介导的凋亡和神经鞘磷脂磷酸二酯酶（SMase）- 神经酰胺途径诱导细胞死亡[10]。

6.2 类花生酸信号缺失和乳腺癌

乳腺细胞可利用游离脂肪酸作为能量来源并合成乳脂。过量的膳食脂肪酸摄入与乳腺癌的发生有关[12, 13]。AA 是由亚油酸合成的一种必需脂肪酸，可被代谢成各种类花生酸信号中间体。自研究人员发现乳腺癌细胞中的环氧化酶 –2（COX–2）上调后，类花生酸信号通路在乳腺癌发展中的作用一直是科学研究的热点[14, 15]。已经对干扰 COX 活性治疗其他癌症的优点进行了研究，多项结果显示在实验模型中被证明的功效并不总能在临床试验中得到重复[16, 17]。已发表的数据在将促进或抑制乳腺癌进展的作用归因于类花生酸信号通路中间体，或是在区分类花生酸生成途径的不同分支对致癌作用的贡献方面上产生分歧。最近的数据表明，乳腺癌细胞中的类花生酸信号通路和雌激素刺激信号通路之间在 PLA 和 COX 活性水平上均存在联系。

一般来说，肿瘤的发生是由于恶性细胞的生存能力和生长自主性的增强，使其朝不受正常可控的方向发展。稳态细胞信号通路和代谢途径的失调促进了这种向恶性肿瘤的过渡。类花生酸代谢的紊乱正在成为致癌的重要驱动力。AA 可以通过细胞色素 P450 单加氧酶、COX 异构体和脂氧合酶（LOXs）转化为各种具有生物活性的类花生酸介质（图 6.1），包括前列腺素（PGs）、羟基二十碳四烯酸（HETES）和环氧二十碳三烯酸（EETs）[18, 19]。PGE$_2$ 有助于调节细胞的增殖、代谢和分化等行为。因此，基于 AA 的类花生酸信号通路与包括乳腺在内的不同人类组织的癌症形成与进展有关[10, 20]。

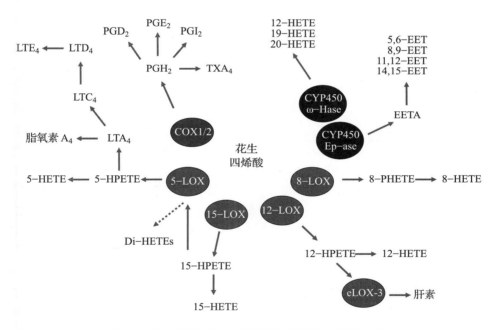

图 6.1　花生四烯酸（AA）可以代谢成多种信号中间体家族

环氧合酶（COX）催化前列腺素（PG）生物合成的第一步，将 AA 转化为 PGH$_2$，继而代谢生成其他前列腺素或血栓素 A$_4$。脂氧合酶（LOX）家族将 AA 转化为氢过氧二十碳四烯酸（HPETEs），HPETE 进一步代谢为羟基二十碳四烯酸（HETES）、肝素、白三烯（LTs）或脂氧素。细胞色素 P450（CYP450）家族酶可通过 ω– 水解酶（ω–Hase）催化 AA 形成其他 HETE，或通过环氧酶（Ep–ase）催化 AA 转化为环氧二十碳三烯酸（EETs）

PGs 通过激活特异性 G 蛋白偶联受体（GPCR）调节关键的生理过程[21]，从而产生次级信号中间产物来诱导细胞增殖、迁移、凋亡以及血管生成[22]。PGE$_2$ 丰度在多种恶性肿瘤中均升高，并与肿瘤发展相关。PGE$_2$ 促进了包括 c-fos（FOS）和血管内皮生长因子（VEGF）

在内的生长促进基因的表达[23]，并可刺激结直肠癌、乳腺癌和正常上皮细胞中 COX-2 基因的表达[23, 24]，从而对下游生长促进信号产生正反馈效应。PGE$_2$可通过自分泌和旁分泌的方式刺激乳腺癌和正常组织中芳香化酶的表达[25]，继而上调具有生物活性的雌激素 17-β- 雌二醇（E$_2$）的产生以及刺激增殖信号通路。恶性乳腺组织中 COX-2 表达上调与芳香化酶活性增加相关[26]。

多项科学研究发现，AA 及其代谢产物与乳腺癌的发生和进展有关。临床、流行病学和分子证据已将 COX-2 的表达 / 活性及 PGE$_2$ 的生成与乳腺癌的进展联系起来[27]。患者队列和病例对照临床研究发现，接受抑制 PG 生成的非甾体抗炎药治疗的女性患乳腺癌的风险降低[28-30]。此外，乳腺癌中 5-LOX 和 12-LOX 的表达升高[31]，并且在大鼠乳腺癌模型中 LOX 拮抗剂可以抑制由 N- 甲基 -N- 亚硝脲诱导的肿瘤形成[32]。AA 通过促进乳腺癌细胞的增殖而有助于肿瘤发展[33, 34]，并与炎症刺激[35]和血管生成[36]有关。15-LOX 是通过常出现在肿瘤中的缺氧状态诱导产生的，其可将 AA 催化转化为 15（S）-HETE。15-LOX 拮抗剂在体外抑制 MCF-7 乳腺癌细胞的球体形成，并降低其在异种移植模型中的转移能力。这些支持 15-LOX 及其产物在淋巴侵袭中作用的实验数据得到了免疫组化数据的支持[37]。12-LOX 已被确定为治疗乳腺癌的潜在靶点，一种肽拮抗剂已被评估并被证明在小鼠异种移植模型中有应用潜力[38]。

6.3　磷脂酶 A 与雌激素信号的偶联

以 *BRCA1* 和 *BRCA2* 基因突变为主的遗传因素，占所有乳腺癌病例中患病原因的 10%，占年轻女性乳腺癌病例中患病原因的 25% ~ 40%[39]。绝大多数病例属于偶发事件，其与人类或社会基础的各种风险因素相关，包括年龄、家族史、饮食习惯和生活环境等，同时内分泌因素以及特定生殖行为也通过影响一生中处于雌激素暴露的时间而与乳腺癌患病风险增加有关，包括月经初潮年龄过早和绝经年龄较晚。另外，不孕不育、初次怀孕年龄较晚和哺乳期较短也是导致乳腺上皮细胞依赖激素增殖的风险增加的原因。口服避孕药引起的雌激素水平药理性提升和激素替代疗法持续时间的延长也增加了乳腺癌的发病风险[40]。人们对哺乳动物暴露于环境中的人工雌激素模拟化合物（异种雌激素，如增塑剂双酚 A）时，其相关乳腺癌风险增加可能性的关注度越来越高。1896 年科学家们第一次将卵巢功能和乳腺癌进展联系起来[41]；在随后的几十年中，大量的流行病学和临床证据证实，持续雌激素暴露和患乳腺癌风险增加之间具有显著联系。雌激素对乳腺癌细胞的作用包括通过 ER 依赖的增殖信号中间体的上调来刺激细胞增殖，即在激素的影响下，细胞增殖速度加快导致基因突变的概率增加，基因突变在子细胞基因组中不断累积最终可能导致癌症的发生。雌激素导致恶性肿瘤的第二种机制，是在芳香化酶和细胞色素 P450 的代谢过程中产生并释放的反应中间体刺激下产生的直接且受体无关的遗传毒性。这些代谢中间体可增加基因突变的速率，因此，雌激素可以促进 ERα 基因敲除小鼠乳腺肿瘤的发展[42]。雌激素诱导致癌的第三种机制被认为是其抑制染色体修复系统所导致包括肿瘤发生所需的 9 号和 4 号染色体特异性基因座缺失等遗传病变的积累[43]。

雌激素可以在核内 ER 转录之前在细胞膜上启动快速信号作用（图 6.2）。雌激素对 cPLA$_2$-α 的快速激活有助于该激素在乳腺癌细胞中的促增殖作用[20, 44, 45]。雌激素通过 ERK1/2 丝裂原活化蛋白激酶（MAPK）在细胞膜中反馈激活 EGFR/HER2 异构体的信号诱导激活 cPLA$_2$-α[41]，其结果是刺激表达膜 ER（mER）GPR30/GPER 的 ER 阳性和 ER 阴性的乳腺癌细胞的增殖信号产生。已有文献报道 EGFR/HER2 偶联信号通路在促进不依赖雌激素的肿瘤生长以及对内分泌治疗产生耐药性中的作用[46]。组织学数据表明，分别在 50% 和 30% 的乳腺癌中检测到的 EGFR 和 HER2 过表达也与内分泌治疗的敏感性降低和患者预后较差有关。HER2 受体的过表达和相关信号级联的增强是 ER 表达特异性丧失，进展为 ER 阴性且更具侵袭性的表型以及对选择性 ER 调节剂（SERM）治疗产生耐药性的预测指标[48]。近几十年来，HER2 的表达已经成为乳腺癌重要的预后指标和干预靶点。EGFR/HER2 反馈激活在由雌激素诱导的乳腺癌细胞系中 cPLA$_2$-α 激活中的作用表明 cPLA$_2$-α 的活性和表达可能与肿瘤细胞中 HER2 的过表达有关。先前的研究发现，类花生酸信号通路中的中间产物，尤其是 COX-2 的表达，与乳腺癌中 HER2 的丰度之间存在相关性[49-52]。少数乳腺癌细胞系中 cPLA$_2$-α 的表达与 HER2 丰度之间存在相关性[41]。随后的乳腺癌 mRNA 表达谱研究发

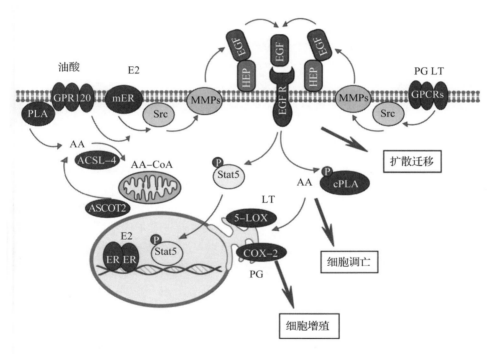

图 6.2　膳食脂肪酸可被乳腺癌细胞代谢形成花生四烯酸（AA）或
刺激磷脂酶 A$_2$（PLA$_2$）水解膜磷脂并释放 AA

其他脂质介质，如雌激素（E2）、前列腺素（PG）和白三烯（LT）通过特异性膜受体发挥作用，也可通过反馈激活位于基质金属蛋白酶级联下游的表皮生长因子（EGF）受体刺激 PLA$_2$ 的活性，将与肝素（HEP）结合的 EGF 从细胞表面释放。游离 AA 被酰基辅酶 A 合成酶（ACSL-4）捕捉并生成 AA-CoA 后储存在线粒体中或被代谢产生 PGs 或 LTs，以此维持 AA 在细胞内的低浓度。其中，PGs 或 LTs 不仅将信号传导至类花生酸的正反馈回路中，还参与刺激肿瘤促进其增殖、迁移以及血管生成。环氧合酶 -2（COX-2）是乳腺癌中的 E2 诱导型基因，促进生长刺激性前列腺素的产生，因此将 PLA$_2$ 产生 AA 的活性导向前列腺素的生物合成，同时 EGF 的反式激活有助于其他促进生长的转录因子的激活，例如 STAT5

现，cPLA$_2$-α 的表达与不良的预后指标相关，而这些指标也是 HER2 阳性和基底样亚型更具侵袭性肿瘤的特征[53]。cPLA$_2$-α 表达升高与管腔型乳腺癌患者的生存期缩短以及内分泌治疗的疗效降低有关。这项研究发现，cPLA$_2$-α 的表达是治疗后 5 年内对内分泌治疗反应不良的独立性预测标志物。

PLA$_2$ 还可以通过释放 AA 后产生溶血磷脂来介导癌变，溶血磷脂可以通过其代谢为溶血磷脂酸（LPA）来诱导细胞生长[54]。LPA 受体 LPA$_1$ 在 MDA-BO2 乳腺癌细胞系中的异源过表达增强了 LPA 对细胞的促有丝分裂作用[55]。在小鼠异种移植模型中，过表达 LPA$_1$ 的细胞促进了皮下生长，并显示出骨转移能力的增强。作者发现 LPA 并非由 MDA-BO2 细胞内源性合成，而是通过肿瘤细胞刺激循环血小板释放 LPA。这一观察结果强调了不同细胞类型之间的生化相互作用在影响恶性肿瘤进展中的重要性。血小板活化因子拮抗剂降低了肿瘤细胞的转移潜能，也抑制了卵巢肿瘤细胞系产生的溶骨性病变的进展。作者得出结论，在肿瘤细胞刺激下血小板所释放的 LPA 进一步促进了肿瘤生长，并增强了转移部位的细胞因子依赖性骨破坏。这一观察结果与其他研究者的数据一致，表明与正常乳腺上皮相比，PLA$_2$ 在乳腺癌细胞中表达不足[56]。此外，Boyan 等发现经 E$_2$ 处理后的 ER（-）和 ER（+）乳腺癌细胞系中并未观察到 PLA$_2$ 活化[57]。先前的研究表明，膜相关 PLA$_2$ 的表达是转移潜能[58]和乳腺癌存活率[51]的良好预测指标。AA 本身是凋亡信号的促进剂，已有研究表明在许多乳腺癌中检测到的 COX-2 丰度增加不仅增强了 PG 的释放，而且降低了细胞质中 AA 的丰度，这一结果被 COX-2 和 iPLA$_2$ 均与恶性肿瘤细胞的线粒体相关所证实[59]。

PLA$_2$ 活性高低是影响细胞膜释放 AA 的限速因子，其活性受到严格调控，以维持静息细胞细胞内 AA 的低丰度。PLA$_2$ 活性的失调和随后的代谢失衡也可能是在下游 AA 代谢酶如 COX-2 的诱导下引起的，进而导致高水平的促增殖类花生酸物质的产生，例如 PGE$_2$[10]。许多恶性肿瘤中 COX 的表达均升高，包括结肠癌、胰腺癌、前列腺癌、肺癌、皮肤癌、肝癌以及乳腺癌[22, 59, 60]。COX 拮抗剂抑制细胞生长，加剧化疗诱导的乳腺癌细胞凋亡[61]。总的来说，这些研究表明 COX 抑制剂在体内抑制肿瘤形成中发挥作用，非甾体类抗炎药（NSAIDs）的使用与乳腺癌生长抑制之间的相关性验证了上述结论[22]。非甾体抗炎药是最近被用作治疗不同类型恶性肿瘤的新型化疗药物[62]，然而它们的使用导致了严重的副作用。目前，高度特异性 COX-2 或 PGES 拮抗剂的开发成为了科学家们的研究热点[63]。

EGFR/HER1 在大约 50% 的乳腺癌病例中过表达[45]，其丰度的增加与激素治疗耐药性的发展相关[46, 64]。在这类肿瘤中，内质网和 EGFR/HER2 偶联途径之间存在串扰，导致细胞存活刺激信号的正反馈循环。在临床环境中，通过阻断两种信号级联来抑制这种串扰对抑制肿瘤细胞生长来说至关重要。将过表达 HER2 的人乳腺癌细胞异种移植到免疫受损的裸鼠中，研究结果表明 EGFR 抑制剂吉非替尼（Gefitinib, Irresa）和雌激素剥夺联合疗法在抑制 ER+ 乳腺癌生长方面比单独使用任何一种干预措施都更有效[65]。有研究已经证实了吉非替尼（Gefitinib）和曲妥珠单抗（Trastuzumab）两者在乳腺癌细胞中存在协同作用[66]，并且 EGFR 信号与 cPLA$_2$-α 的表达和活性的调节有关。EGFR 的活化还诱导人乳腺癌细胞中 COX-2 的表达[10]，同时 HER2 也对乳腺癌细胞中 COX-2 的表达具有调节作用[67]。Lanza-Jacoby 等发现 EGFR 和 COX-2 拮抗剂在乳腺癌细胞中具有协同作用，表明这两种信号通路之间存在潜在联系[68]。

6.4　花生四烯酸和信号通路

AA 可直接或通过其下游代谢物间接作用于信号通路，以调节肿瘤细胞和其他相互作用的细胞类型的行为。可通过激活 cPLA$_2$ 亚型来刺激 AA 的释放，而 AA 可以通过蛋白激酶 A 介导途径激活 TRPV4 Ca^{2+} 通道以此促进乳腺肿瘤内皮细胞中钙离子内流[69, 70]。一类内皮细胞蛋白的表达被证实与包括转移抑制基因 NM23A 在内的钙离子反应有关，NM23A 基因表达降低与淋巴结转移和远处转移有关。AA 诱导钙离子内流的拮抗作用导致该蛋白质的表达增加 1.8 倍[71]。AA 代谢在调节肿瘤细胞基因表达中的重要性也从 AA 促进 MCF10A 细胞上皮向间质转化中得到证实[72]。

哺乳动物的雷帕霉素的靶标（mTOR）是一种丝氨酸 / 苏氨酸蛋白激酶，参与磷脂酰肌醇 3- 激酶 /Akt 信号转导通路。这一级联反应对调节细胞生长、存活和新陈代谢方面的作用意味着它的活性对肿瘤细胞的生物学特征至关重要。在分子水平上，mTOR 形成了两个不同的信号复合物。mTOR 复合物 1（mTORC1）通过磷酸化 p70S6 激酶（S6K1）和 4E-BP1 参与翻译起始[73, 74]。mTORC2 招募不同的结合配体并参与了 Akt 的磷酸化。在乳腺癌肿瘤中，cPLA$_2$ 丰度、Akt 磷酸化和 VEGF 释放之间呈正相关关系[36]。AA 处理 MCF-7 细胞刺激了 mTORC1 和 mTORC2 信号复合物的信号强度。但只有 mTORC1 通路的激活影响血管生成。雷帕霉素和 LOX 抑制剂去甲二氢愈创木酸（NDGA）可抑制 AA 对 MCF-7 细胞增殖和鸡绒毛尿囊膜模型中血管生成的刺激作用，但 COX-2 抑制剂 NS389 却未发现有抑制效果。这项研究揭示了 LOX 代谢物在血管生成中的重要性。

6.5　花生四烯酸与乳腺癌细胞代谢

AA 的细胞毒性意味着它可以被 COX 和 LOX 等酶快速代谢而产生促生长的代谢物。最近的研究结果还表明 AA 可被酰基辅酶 A 合成酶 4（ACSL4）酯化生成花生四烯酰辅酶 A 滞留在恶性细胞的线粒体中，从而降低胞内 AA 的浓度。ACSL4 在分泌类固醇激素的组织中高表达，但在其他组织中低表达。然而，ACSL4 的丰度在包括乳腺癌在内的各种恶性肿瘤中增加[75]。这项研究还发现，ACSL4 与 COX-2 的表达和 PGE2 的产生有关，而 PGE2 的产生又与更具侵袭性的肿瘤细胞表型有关。ACSL4 可以通过 5-HETE 代谢物白三烯 B4 间接调节 COX-2 的表达，代表了 AA 代谢网络不同分支之间的功能整合[76]。

最近的一项研究发现，AA 和 PGE2 的产生在 ER 阴性乳腺癌中更活跃，并与亚油酸转化为 AA 的限速酶 δ-6 去饱和酶（D6D）表达上调有关[77]。亚油酸是一种从膳食中获得的 C18，n-6 多不饱和脂肪酸。与非肿瘤组织相比，肿瘤组织中的 AA 丰度升高，但亚油酸的丰度没有显示出明显的差异[78]。尽管亚油酸对发育至关重要，但摄入过量有可能导致活性 AA 代谢物的过量产生，并促进肿瘤生长。这一现象似乎在更具侵袭性的 ER 阴性乳腺癌中最为明显，但确实也为治疗他莫昔芬（Tamoxifen）耐药性疾病的治疗干预措施提供了新的思路。油酸是饮食中最丰富的单不饱和脂肪酸，也促进乳腺癌细胞的迁移、增殖和侵袭。这一促进作用一部分是通过激活信号转导和转录激活因子（STAT）家族的成员 Stat5 实现的[79]。STAT5 在妊娠期对乳腺的生长和分化起关键作用，但在乳腺癌中它的结构性激活促进了肿瘤细胞增殖[80]。油酸的这种作用依赖于其对 AA 的代谢，并以类似于 cPLA₂ 的雌激素激活的方式与 EGFR 反式激活耦合[41, 79]。

β-（1,4）-半乳糖基转移酶 -1（GalT-1）可以定位于细胞表面或反式高尔基体，并催化半乳糖从 UDP- 半乳糖转移到寡糖链上 N- 乙酰氨基葡萄糖末端残基上。除了其催化活性，细胞表面 GalT-1 还作为细胞外基质蛋白和细胞间相互作用的膜受体[81]。因此，GalT-1 参与了许多与增强恶性肿瘤相关的细胞过程，包括细胞生长和迁移。AA 诱导乳腺癌细胞 MDA-MB-231 中 GalT-1 的表达和表面暴露，提供了 PLA₂ 活性影响乳腺癌细胞侵袭能力的另一种机制[82]。

6.6　结论

COX-2 在乳腺癌中的高表达以及雌激素对其的诱导作用确定了类花生酸信号通路在乳腺癌进展中的作用。PLA₂ 在提供 COX-2 活性底物 AA 中的作用已经显而易见，而 PLA₂ 活性的过度刺激必须与 COX-2 或 LOX 活性的升高相结合，以拮抗 AA 的细胞毒性作用。平衡 PLA₂ 活性及其代谢产物的需求可能是已发表的关于 PLA₂ 促进还是抑制乳腺癌进展的数据结论不一致的原因。LOX 信号在增殖、转移侵袭和血管生成中的作用正在显现。在确定产生的 AA 代谢物的性质时，COX 和 LOX 活性之间的平衡不仅对确定它们在乳腺癌进展中各自的和相互作用来说很重要，对新的治疗干预措施的靶向性也很重要。

参考文献

1. Hortobagyi GN, de la Garza Salazar J, Pritchard K et al (2005) The global breast cancer burden: variations in epidemiology and survival. Clin Breast Cancer 6:391–401
2. Jemal A, Ward E, Thun MJ (2007) Recent trends in breast cancer incidence rates by age and tumor characteristics among U.S. women. Breast Cancer Res 9:R28
3. Hu Z, Fan C, Oh DS et al (2006) The molecular portraits of breast tumors are conserved across microarray platforms. BMC Genomics 7:96
4. Perou CM, Sorlie T, Eisen MB et al (2000) Molecular portraits of human breast tumours. Nature 406:747–752
5. Sorlie T, Perou CM, Tibshirani R et al (2001) Gene expression patterns of breast carcinomas distinguish tumor subclasses with clinical implications. Proc Natl Acad Sci U S A 98:10869–10874
6. Jordan VC (2007) Chemoprevention of breast cancer with selective oestrogen-receptor modulators. Nat Rev Cancer 7:46–53

7. Rabindran SK (2005) Antitumor activity of HER-2 inhibitors. Cancer Lett 227:9–23
8. Linn SC, Van't Veer LJ (2009) Clinical relevance of the triple-negative breast cancer concept: genetic basis and clinical utility of the concept. Eur J Cancer 45(suppl 1):11–26
9. Kudo I, Murakami M (2002) Phospholipase A2 enzymes. Prostaglandins Other Lipid Mediat 68–69:3–58
10. Nakanishi M, Rosenberg DW (2006) Roles of cPLA(2)α and arachidonic acid in cancer. Biochim Biophys Acta 1761:1335–1343
11. Hirabayashi T, Murayama T, Shimizu T (2004) Regulatory mechanism and physiological role of cytosolic phospholipase A2. Biol Pharm Bull 27:1168–1173
12. Holmes MD, Hunter DJ, Colditz GA et al (1999) Association of dietary intake of fat and fatty acids with risk of breast cancer. J Am Med Assoc 281:914–920
13. Thiebaut AC, Chajes V, Gerber M et al (2009) Dietary intakes of omega-6 and omega-3 polyunsaturated fatty acids and the risk of breast cancer. Int J Cancer 124:924–931
14. Kibbey WE, Bronn DG, Minton JP (1979) Prostaglandin synthetase and prostaglandin E2 levels in human breast carcinoma. Prostaglandins Med 2:133–139
15. Rolland PH, Martin PM, Jacquemier J et al (1980) Prostaglandin in human breast cancer: evidence suggesting that an elevated prostaglandin production is a marker of high metastatic potential for neoplastic cells. J Natl Cancer Inst 64:1061–1070
16. James ND, Sydes MR, Mason MD et al (2012) Celecoxib plus hormone therapy versus hormone therapy alone for hormone-sensitive prostate cancer: first results from the STAMPEDE multiarm, multistage, randomised controlled trial. Lancet Oncol 13:549–558
17. Steinbach G, Lynch PM, Phillips RK et al (2000) The effect of celecoxib, a cyclooxygenase-2 inhibitor, in familial adenomatous polyposis. N Engl J Med 342:1946–1952
18. Harizi H, Corcuff JB, Gualde N (2008) Arachidonic-acid-derived eicosanoids: roles in biology and immunopathology. Trends Mol Med 14:461–469
19. Leslie CC (1997) Properties and regulation of cytosolic phospholipase A2. J Biol Chem 272:16709–16712
20. Thomas W, Caiazza F, Harvey BJ (2008) Estrogen, phospholipase A and breast cancer. Front Biosci 13:2604–2613
21. Breyer MD, Breyer RM (2001) G protein-coupled prostanoid receptors and the kidney. Annu Rev Physiol 63:579–605
22. Cuendet M, Pezzuto JM (2000) The role of cyclooxygenase and lipoxygenase in cancer chemoprevention. Drug Metabol Drug Interact 17:109–157
23. Mauritz I, Westermayer S, Marian B et al (2006) Prostaglandin E(2) stimulates progression-related gene expression in early colorectal adenoma cells. Br J Cancer 94:1718–1725
24. Rosch S, Ramer R, Brune K, Hinz B (2005) Prostaglandin E2 induces cyclooxygenase-2 expression in human non-pigmented ciliary epithelial cells through activation of p38 and p42/44 mitogen-activated protein kinases. Biochem Biophys Res Commun 338:1171–1178
25. Richards JA, Petrel TA, Brueggemeier RW (2002) Signaling pathways regulating aromatase and cyclooxygenases in normal and malignant breast cells. J Steroid Biochem Mol Biol 80:203–212
26. Salhab M, Singh-Ranger G, Mokbel R et al (2007) Cyclooxygenase-2 mRNA expression correlates with aromatase expression in human breast cancer. J Surg Oncol 96:424–428
27. Howe LR (2007) Inflammation and breast cancer. Cyclooxygenase/prostaglandin signaling and breast cancer. Breast Cancer Res 9:210
28. Agrawal A, Fentiman IS (2008) NSAIDs and breast cancer: a possible prevention and treatment strategy. Int J Clin Pract 62:444–449
29. Singh-Ranger G, Salhab M, Mokbel K (2008) The role of cyclooxygenase-2 in breast cancer: review. Breast Cancer Res Treat 109:189–198
30. Ulrich CM, Bigler J, Potter JD (2006) Non-steroidal anti-inflammatory drugs for cancer prevention: promise, perils and pharmacogenetics. Nat Rev Cancer 6:130–140
31. Jiang WG, Douglas-Jones AG, Mansel RE (2006) Aberrant expression of 5-lipoxygenase-activating protein (5-LOXAP) has prognostic and survival significance in patients with breast cancer. Prostaglandins Leukot Essent Fatty Acids 74:125–134
32. McCormick DL, Spicer AM (1987) Nordihydroguaiaretic acid suppression of rat mammary carcinogenesis induced by N-methyl-N-nitrosourea. Cancer Lett 37:139–146
33. Kennett SB, Roberts JD, Olden K (2004) Requirement of protein kinase C micro activation and calpain-mediated proteolysis for arachidonic acid-stimulated adhesion of MDA-MB-435 human mammary carcinoma cells to collagen type IV. J Biol Chem 279:3300–3307
34. Navarro-Tito N, Robledo T, Salazar EP (2008) Arachidonic acid promotes FAK activation and migration in MDA-MB-231 breast cancer cells. Exp Cell Res 314:3340–3355

35. Foghsgaard L, Lademann U, Wissing D et al (2002) Cathepsin B mediates tumor necrosis factor-induced arachidonic acid release in tumor cells. J Biol Chem 277:39499–39506

36. Wen ZH, Su YC, Lai PL et al (2013) Critical role of arachidonic acid-activated mTOR signaling in breast carcinogenesis and angiogenesis. Oncogene 32:160–170

37. Kerjaschki D, Bago-Horvath Z, Rudas M et al (2011) Lipoxygenase mediates invasion of intrametastatic lymphatic vessels and propagates lymph node metastasis of human mammary carcinoma xenografts in mouse. J Clin Invest 121:2000–2012

38. Singh AK, Singh R, Naz F et al (2012) Structure based design and synthesis of peptide inhibitor of human LOX-12: in vitro and in vivo analysis of a novel therapeutic agent for breast cancer. PLoS One 7:e32521

39. Hilakivi-Clarke L (2000) Estrogens, BRCA1, and breast cancer. Cancer Res 60:4993–5001

40. McPherson K, Steel CM, Dixon JM (2000) ABC of breast diseases. Breast cancer-epidemiology, risk factors, and genetics. Br Med J 321:624–628

41. Beatson G (1896) On the treatment of inoperable cases of carcinoma of the mamma. Suggestions for a new method of treatment with illustrative cases. Lancet 2:104–107

42. Bocchinfuso WP, Korach KS (1997) Mammary gland development and tumorigenesis in oestrogen receptor knockout mice. J Mammary Gland Biol Neoplasia 2:323–334

43. Russo J, Russo IH (2006) The role of oestrogen in the initiation of breast cancer. J Steroid Biochem Mol Biol 102:89–96

44. Caiazza F, Harvey BJ, Thomas W (2010) Cytosolic phospholipase A2 activation correlates with HER2 overexpression and mediates estrogen-dependent breast cancer cell growth. Mol Endocrinol 24:953–968

45. Thomas W, Coen N, Faherty S et al (2006) Oestrogen induces phospholipase A(2) activation through ERK1/2 to mobilize intracellular calcium in MCF-7 cells. Steroids 71:256–265

46. Knowlden JM, Hutcheson IR, Jones HE et al (2003) Elevated levels of epidermal growth factor receptor/c-erbB2 heterodimers mediate an autocrine growth regulatory pathway in tamoxifen-resistant MCF-7 cells. Endocrinology 144:1032–1044

47. Pietras RJ (2003) Interactions between oestrogen and growth factor receptors in human breast cancers and the tumor-associated vasculature. Breast J 9:361–373

48. Lopez-Tarruella S, Schiff R (2007) The dynamics of oestrogen receptor status in breast cancer: re-shaping the paradigm. Clin Cancer Res 13:6921–6925

49. Ristimaki A, Sivula A, Lundin J et al (2002) Prognostic significance of elevated cyclooxygenase-2 expression in breast cancer. Cancer Res 62:632–635

50. Subbaramaiah K, Norton L, Gerald W, Dannenberg AJ (2002) Cyclooxygenase-2 is overexpressed in HER-2/neu-positive breast cancer: evidence for involvement of AP-1 and PEA3. J Biol Chem 277:18649–18657

51. Vadlamudi R, Mandal M, Adam L et al (1999) Regulation of cyclooxygenase-2 pathway by HER2 receptor. Oncogene 18:305–314

52. Yamashita S, Yamashita J, Ogawa M (1994) Overexpression of group II phospholipase A2 in human breast cancer tissues is closely associated with their malignant potency. Br J Cancer 69:1166–1170

53. Caiazza F, McCarthy NS, Young L et al (2011) Cytosolic phospholipase A2-alpha expression in breast cancer is associated with EGFR expression and correlates with an adverse prognosis in luminal tumours. Br J Cancer 104:338–344

54. Aoki J (2004) Mechanisms of lysophosphatidic acid production. Semin Cell Dev Biol 15:477–489

55. Boucharaba A, Serre CM, Gres S et al (2004) Platelet-derived lysophosphatidic acid supports the progression of osteolytic bone metastases in breast cancer. J Clin Invest 114:1714–1725

56. Glunde K, Jie C, Bhujwalla ZM (2004) Molecular causes of the aberrant choline phospholipid metabolism in breast cancer. Cancer Res 64:4270–4276

57. Boyan BD, Sylvia VL, Frambach T et al (2003) Estrogen-dependent rapid activation of protein kinase C in oestrogen receptor-positive MCF-7 breast cancer cells and oestrogen receptor-negative HCC38 cells is membrane-mediated and inhibited by tamoxifen. Endocrinology 144:1812–1824

58. Yamashita S, Yamashita J, Sakamoto K et al (1993) Increased expression of membrane-associated phospholipase A2 shows malignant potential of human breast cancer cells. Cancer 71:3058–3064

59. Liou JY, Aleksic N, Chen SF et al (2005) Mitochondrial localization of cyclooxygenase-2 and calcium-independent phospholipase A2 in human cancer cells: implication in apoptosis resistance. Exp Cell Res 306:75–84

60. Wang D, Dubois RN (2006) Prostaglandins and cancer. Gut 55:115–122

61. Suh YJ, Chada S, McKenzie T et al (2005) Synergistic tumoricidal effect between celecoxib and adenoviral-mediated delivery of mda-7 in human breast cancer cells. Surgery 138:422–430

62. Samoha S, Arber N (2005) Cyclooxygenase-2 inhibition prevents colorectal cancer: from the bench to the bed side. Oncology 69(suppl 1):33–37

63. Park JY, Pillinger MH, Abramson SB (2006) Prostaglandin E2 synthesis and secretion: the role of PGE2 synthases. Clin Immunol 119:229–240

64. Nicholson RI, Hutcheson IR, Harper ME et al (2001) Modulation of epidermal growth factor receptor in endocrine-resistant, oestrogen receptor-positive breast cancer. Endocr Relat Cancer 8:175–182

65. Arpino G, Gutierrez C, Weiss H et al (2007) Treatment of human epidermal growth factor receptor 2-overexpressing breast cancer xenografts with multiagent HER-targeted therapy. J Natl Cancer Inst 99:694–705

66. Normanno N, Campiglio M, De LA et al (2002) Cooperative inhibitory effect of ZD1839 (Iressa) in combination with trastuzumab (Herceptin) on human breast cancer cell growth. Ann Oncol 13:65–72

67. Wang SC, Lien HC, Xia W et al (2004) Binding at and transactivation of the COX-2 promoter by nuclear tyrosine kinase receptor ErbB-2. Cancer Cell 6:251–261

68. Lanza-Jacoby S, Burd R, Rosato FE Jr et al (2006) Effect of simultaneous inhibition of epidermal growth factor receptor and cyclooxygenase-2 in HER-2/neu-positive breast cancer. Clin Cancer Res 12:6161–6169

69. Fiorio Pla A, Genova T, Pupo E et al (2010) Multiple roles of protein kinase a in arachidonic acid-mediated Ca^{2+} entry and tumor-derived human endothelial cell migration. Mol Cancer Res 8:1466–1476

70. Fiorio Pla A, Ong HL, Cheng KT et al (2012) TRPV4 mediates tumor-derived endothelial cell migration via arachidonic acid-activated actin remodeling. Oncogene 31:200–212

71. Antoniotti S, Fattori P, Tomatis C et al (2009) Arachidonic acid and calcium signals in human breast tumor-derived endothelial cells: a proteomic study. J Recept Signal Transduct Res 29:257–265

72. Martinez-Orozco R, Navarro-Tito N, Soto-Guzman A et al (2010) Arachidonic acid promotes epithelial-to-mesenchymal-like transition in mammary epithelial cells MCF10A. Eur J Cell Biol 89:476–488

73. Foster KG, Fingar DC (2010) Mammalian target of rapamycin (mTOR): conducting the cellular signaling symphony. J Biol Chem 285:14071–14077

74. Zoncu R, Efeyan A, Sabatini DM (2011) mTOR: from growth signal integration to cancer, diabetes and ageing. Nat Rev Mol Cell Biol 12:21–35

75. Maloberti PM, Duarte AB, Orlando UD et al (2010) Functional interaction between acyl-CoA synthetase 4, lipooxygenases and cyclooxygenase-2 in the aggressive phenotype of breast cancer cells. PLoS One 5:e15540

76. Zhai B, Yang H, Mancini A et al (2010) Leukotriene B(4) BLT receptor signaling regulates the level and stability of cyclooxygenase-2 (COX-2) mRNA through restricted activation of Ras/Raf/ERK/p42 AUF1 pathway. J Biol Chem 285:23568–23580

77. Pender-Cudlip MC, Krag KJ, Martini D et al (2013) Delta-6-desaturase activity and arachidonic acid synthesis are increased in human breast cancer tissue. Cancer Sci 104:760–764

78. Azordegan N, Fraser V, Le K et al (2013) Carcinogenesis alters fatty acid profile in breast tissue. Mol Cell Biochem 374:223–232

79. Soto-Guzman A, Villegas-Comonfort S, Cortes-Reynosa P, Perez Salazar E (2013) Role of arachidonic acid metabolism in Stat5 activation induced by oleic acid in MDA-MB-231 breast cancer cells. Prostaglandins Leukot Essent Fatty Acids 88:243–249

80. Wagner KU, Rui H (2008) Jak2/Stat5 signaling in mammogenesis, breast cancer initiation and progression. J Mammary Gland Biol Neoplasia 13:93–103

81. Lopez LC, Maillet CM, Oleszkowicz K, Shur BD (1989) Cell surface and Golgi pools of beta-1,4-galactosyltransferase are differentially regulated during embryonal carcinoma cell differentiation. Mol Cell Biol 9:2370–2377

82. Villegas-Comonfort S, Serna-Marquez N, Galindo-Hernandez O et al (2012) Arachidonic acid induces an increase of beta-1,4-galactosyltransferase I expression in MDA-MB-231 breast cancer cells. J Cell Biochem 113:3330–3341

7 脂蛋白相关磷脂酶 A_2 在病理生理学方面的研究进展

Sajal Chakraborti，Md Nur Alam，Animesh Chaudhury，Jaganmay Sarkar，Asmita Pramanik，Syed Asrafuzzaman，Subir K.Das，Samarendra Nath Ghosh 和 Tapati Chakraborti

摘要 巨噬细胞可以产生大量的脂蛋白相关磷脂酶 A_2（Lp-PLA_2）。在人血浆中，Lp-PLA_2 在循环过程中与低密度脂蛋白（LDL）和高密度脂蛋白（HDL）有紧密关联，其中 LDL 相关的 Lp-PLA_2 与动脉粥样硬化病变相关。研究还表明，LDL 和 LDL 的各种化学修饰形式，如氧化型 LDL（oxLDL）和糖化型 LDL（gLDL），以及载脂蛋白 E（ApoE）亚型，也与 Lp-PLA_2 一起参与到血管病变的起始和进程中。此外，肺炎衣原体（*Chlamydia pneumoniae*）感染会增加动脉粥样硬化斑块中巨噬细胞内 Lp-PLA_2 的活性。在青少年中，Lp-PLA_2 的表达水平会随着肥胖发生而进行改变，并显示出与心血管疾病标志物有重要关联。有两种主要的药物干预手段可以降低 Lp-PLA_2 水平：即通过降低 LDL 来间接降低 Lp-PLA_2 水平，或直接通过抑制 Lp-PLA_2 活性来实现。值得注意的是，达普拉缔（Darapladib，葛兰素史克公司的产品）目前被认为是抑制 Lp-PLA_2 活性的重要治疗药物。然而，一些对其药代动力学以及安全性评价的相关研究仍在进行中。

关键词 磷脂酶 A_2；脂蛋白相关磷脂酶 A_2；氧化型 LDL；糖化型 LDL；冠状动脉疾病；糖尿病；颈动脉；达普拉缔

7.1　引言

根据核苷酸基因序列已鉴定出几种 PLA_2。PLA_2 主要分为四种类型：胞浆型 PLA_2、胞内型 PLA_2、分泌型 PLA_2 和脂蛋白相关 PLA_2（$Lp-PLA_2$，又称血小板活化因子乙酰水解酶，PAF-AH）[1-4]。

通过生化研究初步确定了血浆形式的脂蛋白相关磷脂酶 A_2（$Lp-PLA_2$）的来源，发现其由巨噬细胞大量产生[5-8]。$Lp-PLA_2$ 在循环过程中与低密度脂蛋白（LDL）和高密度脂蛋白（HDL）有紧密关联，其中约占 80% 的活力是以与 LDL 的复合体的形式进行发挥，剩余约 20% 的活性发挥则与 HDL 相关[9, 10]。

在对总计超过 10 万名参与者进行的大约 32 个试验的研究表明，血清中 $Lp-PLA_2$ 含量与心脏病和脑卒中的风险增加呈正相关[11-17]。在动脉粥样硬化病变中，$Lp-PLA_2$ 由巨噬细胞、肥大细胞和动脉粥样硬化斑块中的血小板等炎性细胞产生[13, 18, 19]。$Lp-PLA_2$ 的产物可以上调黏附分子的表达，从而激活白细胞并将巨噬细胞募集到炎症区域[13, 20-22]。

$Lp-PLA_2$ 能够催化甘油磷脂 sn-2 位置的水解，释放花生四烯酸。花生四烯酸经自由基过氧化会导致前列腺素 F2 异构体家族的形成，例如，8-epi-PGF2，这是一种非常敏感且独立的冠心病风险标志物，通过磷脂酶介导的途径释放到体液中，最终通过尿液排出[23, 24]。然而，$Lp-PLA_2$ 缺乏受试者的血浆样本中不会检出 F2- 异前列烷。鉴于上述情况，Kim 等[25]提出，在对照组和冠心病患者中，$Lp-PLA_2$ 活性与 8-epi-PGF2 尿排泄量呈正相关，进一步证实该酶可能受到氧化应激的调节这一推论存在的可能性。

7.2　动脉粥样硬化与 $Lp-PLA_2$

7.2.1　$Lp-PLA_2$ 与 LDL 和 HDL 的关联性

流行病学研究结果表明，氧化的磷脂质和脂蛋白 -a［Lp（a）］与心血管疾病发生密切相关，并且这种关联性可通过提高 $Lp-PLA_2$ 活性[26]进一步加强。$Lp-PLA_2$ 已被证实与含有 ApoB 的脂蛋白关联性更紧密[27, 28]。Blencowe 等[29]表明，$Lp-PLA_2$ 和 Lp（a）之间的关联并非是 $Lp-PLA_2$ 与 ApoA 的直接结合，但确实需要 ApoB 的参与，另外还可能涉及 ApoB100 的参与[30]。$Lp-PLA_2$ 与 HDL、LDL 的关联性具有重要的生理病理意义，在某些情况下，随着 Lp（a）的存在部位不同，$Lp-PLA_2$ 的分布也随之发生相应变化。

在动脉粥样硬化性心血管疾病（ASCVD）风险提示增加的家族性血脂异常受试者中，$Lp-PLA_2$ 被证明从含有载脂蛋白 B 的 HDL 和 LDL 之间进行比例重新分配[31]。血液循环中的 $Lp-PLA_2$ 主要与 LDL 结合，在 LDL 中发挥促动脉粥样硬化的作用[32]。然而，有一小部分 $Lp-PLA_2$ 与 HDL 相关联，并发挥抗动脉粥样硬化的潜力[27, 33, 34]。临床上，LDL 和 $Lp-PLA_2$ 比值的升高与冠状动脉疾病（CAD）的风险增加相关[27]。HDL 与 $Lp-PLA_2$ 的相互关联以及其作为潜在的抗动脉粥样硬化药物的作用机制目前尚不清楚，需要进一步的研究。

7.2.2　ApoE4 和 Lp-PLA$_2$

载脂蛋白 E（ApoE）被认为是一种与冠状动脉疾病相关的风险因子。ApoE 可能参与调节血管细胞和组织中的免疫反应和炎症特性[35]。ApoE 的亚型与血管炎症标志物 Lp-PLA$_2$ 相关。ApoE 基因位点的遗传变异被证明与心血管疾病（CVD）的风险相关[36]。ApoE 等位基因（$\varepsilon2$、$\varepsilon3$、$\varepsilon4$）编码 3 种常见的蛋白质亚型（E2、E3、E4），从而产生 6 种不同的基因型（E2/2、E3/2、E4/2、E3/3、E4/3、E4/4 和 E4/4）[36]。许多研究发现，Apoε4 等位基因的存在与高 LDL 胆固醇水平和 CVD 风险呈正相关，而 Apoε2 等位基因则表现出心血管保护特性[35, 37]。

Apoε 基因位点的遗传变异已被证实对 CVD 有很大的影响，并且 Apoε 等位基因的频率在不同的地理区域和种族中差异很大[38]。在非洲或北欧人群中观察到更高的 Apoε4 频率，这表明在 ApoE4 携带者中存在潜在的不良代谢和炎症因子，他们更容易患心血管病[35, 39]。

ApoE 基因型与 Lp-PLA$_2$ 指标之间存在关联，其中 ApoE4 携带者的 Lp-PLA$_2$ 指标较高[35]。Lp-PLA$_2$ 作为血管炎症标志物，其预测 CVD 的能力已在多项研究中得到证实。Lp-PLA$_2$ 由炎症细胞产生，与 LDL 和其他脂蛋白结合循环，位于脂质代谢的关键位置，引发炎症反应[40, 41]。

有趣的是，Murphy 等[42]认为，ApoE 在动脉粥样硬化进程中可以作为血脂风险和炎症风险之间的控制开关。研究发现，无论什么种族，ApoE4 携带者的 Lp-PLA$_2$ 指标（衡量 Lp-PLA$_2$ 含量和活性的指标）都更高[35, 43]。综上所述，这些发现进一步强调了评估 ApoE 的遗传易感性和随后的表型特征之间的关系的重要性，例如，使用炎症指标评估心血管风险。因此，ApoE4 作为促炎介质，通过调节 Lp-PLA$_2$ 活性来调节动脉粥样硬化。

7.3　炎症反应、动脉粥样硬化和 Lp-PLA$_2$

炎症反应和氧化应激是与心血管并发症（如动脉粥样硬化）病理生理学密切相关的关键因素[44]。一些流行病学研究揭示了炎症反应的关键作用，表明动脉粥样硬化斑块外周中存在炎症细胞，尤其是巨噬细胞[45, 46]。另外一些研究观察到了循环炎症标志物如 C 反应蛋白（CRP）和白细胞介素 -6 与动脉粥样硬化之间存在关联[14]。Kolodgie 等[45]证明巨噬细胞在纤维帽进展和坏死核心扩张中起关键作用，同时在此过程中也发现 Lp-PLA$_2$ 在纤维帽区域的表达，这表明 Lp-PLA$_2$ 参与到斑块破损过程，尤其是在薄帽纤维动脉粥样硬化形成到斑块破裂的过程中起重要作用。近年来，非传统的风险因子越来越受到生物医学研究者的关注，这些风险因子包括炎性标志物，如 CRP、肿瘤坏死因子 -α（TNF-α）、细胞黏附分子；氧化应激标志物，如氧化低密度脂蛋白（oxLDL）和 Lp-PLA$_2$[7, 47]。

Lp-PLA$_2$ 具有促动脉粥样硬化和抗动脉粥样硬化的双重特性。Lp-PLA$_2$ 发挥抗炎症特性与其水解炎症介质如 PAF 的能力有关[7, 48]。这一能力与 HDL 介导的效应一起，可以部分解释 Lp-PLA$_2$ 在减轻心肌缺血 - 再灌注损伤中的作用。另外，Lp-PLA$_2$ 可通过从游离脂肪酸中生成氧化非酯化脂肪酸和溶血磷脂酰胆碱，从而发挥促炎作用，如刺激巨噬细胞[19,48]的趋化反应和组织聚集[49]。此外，Lp-PLA$_2$还可能会对内皮细胞的存活力和功能产生负面影响（图 7.1），从而引发动脉粥样硬化的发展[34,50]。

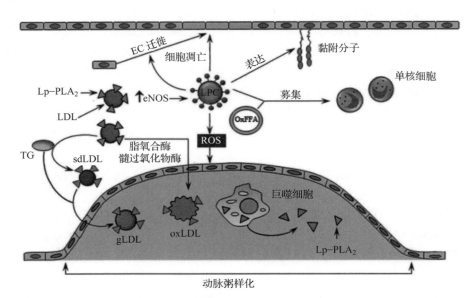

图 7.1　在血液循环中，脂蛋白相关磷脂酶 A$_2$（Lp-PLA$_2$）主要与 sdLDL 和 gLDL 结合，修饰形式的 LDL
被携带至血管壁，随后刺激 Lp-PLA$_2$ 产生溶血磷脂，例如溶血磷脂酰胆碱（lysoPC）和氧化脂肪酸
（oxFFA），导致内皮功能障碍。LPC 和 oxFFA 通过表达黏附分子和巨噬细胞的募集而在动脉粥样
硬化的进展中发挥作用，这反过来增加 Lp-PLA$_2$ 的活性
EC—内皮细胞　eNOS—内皮一氧化氮合酶　ROS—活性氧
oxLDL—氧化的 LDL　sdLDL—低密度 LDL　gLDL—糖化 LDL

7.4　不同种族中冠状动脉钙化（CAC）发病率与 Lp-PLA$_2$ 的关系

尽管日本人在许多传统风险因子的评分中较低，但日本人的冠状动脉钙化（CAC）的患病率明显低于美国人[51]。确定冠心病中 Lp-PLA$_2$ 与 CAC 相关性的种族差异可能有助于界定人群，以便通过抑制 Lp-PLA$_2$ 活性来减少未来的心血管事件。在日本人群中发现 Lp-PLA$_2$ 遗传缺陷与 CAD 和脑卒中相关[52]。对部分高加索人群的研究表明，Lp-PLA$_2$ 可能是冠心病和脑卒中的独立危险因素[53]。对比高加索人和日本人 CAC 与 Lp-PLA$_2$ 的关系发现，高加索人的 CAC 概率高于日本人的 CAC 概率[51]。考虑到日本人和美国人之间的基因差异，这些发现显然难以解释，因为居住在美国的日裔美国人患冠心病的比率远远高于居住在日本本土的日本人[54]。这表明，饮食、生活方式等环境因素对美国人及其他在美国生活并采用西方生活方式的族群的 CAC 形成具有重要影响。

7.5　稳定型和不稳定型心绞痛与 Lp-PLA$_2$ 的关系

　　Kolodgie 等[45]，Packard 等[16] 和 Dulaart 等[55] 的研究表明不稳定型心绞痛（UA）患者和稳定型心绞痛（SA）患者体内的 Lp-PLA$_2$ 浓度会显著增加，并且 UA 组患者的 Lp-PLA$_2$ 的浓度会更高。该观察结果表明，较高水平的 Lp-PLA$_2$ 与易损斑块相关的一些形态学参数有关，较大的动脉粥样硬化斑块负荷可能有助于识别高危患者[56]。血管内超声（IVUS）研究显示 UA 组患者的斑块面积、重构指数、偏心指数均大于 SA 组。此外，SA 患者的纤维薄帽比 UA 患者更厚[16, 55]。因此，UA 组的正向重构比 SA 组更频繁，且负向重构较少[55]。综上所述，这些观察结果表明，较高的 Lp-PLA$_2$ 浓度意味着更严重的冠状动脉粥样硬化，这可能导致 UA 患者的冠状动脉斑块易损。Kolodgie 等[45] 通过组织病理学研究支持上述观点，他们认为巨噬细胞中 Lp-PLA$_2$ 的表达在纤维薄帽区进行，随后导致斑块易损性产生。Virmani 等[57] 也观察到，由于动脉粥样硬化斑块的易损性，Lp-PLA$_2$ 在动脉粥样硬化过程中被释放到循环中。因此，不稳定斑块的易损性似乎是导致急性冠状动脉综合征病理表现的主要因素。大多数易损斑块的主要特征通常是薄的纤维帽、大的脂质池且伴有活跃的炎症反应。总之，这些发现验证了 Lp-PLA$_2$ 作为区分不稳定型心绞痛和稳定型心绞痛的特异性生物标志物的诊断价值。

7.6　内皮细胞和 Lp-PLA$_2$

　　冠状动脉或外周循环内皮功能障碍已被认为是心血管疾病的预测因子[50]。LDL 进入动脉内皮壁会对血管生物学功能产生负面影响[58]。Lp-PLA$_2$ 的活性与致动脉粥样硬化小而密 LDL（sdLDL）颗粒的存在相关，sdLDL 颗粒被认为比常规 LDL 颗粒更容易致动脉粥样硬化[14]。Lavi 等[50] 研究表明，冠心病患者循环系统中 PLA$_2$ 水平较高，且与冠脉内皮功能独立相关。在这些患者中，Lp-PLA$_2$ 的增加与动脉粥样硬化的程度直接相关[50]。通过动物研究已经发现了氧化应激和内皮功能障碍之间的联系，其中 Lp-PLA$_2$ 可以从酯化磷脂中释放 F2 异前列烷[24]。早期动脉粥样硬化患者在氧化应激过程中局部生成的溶血磷脂酰胆碱量更多，并与冠状动脉内皮功能直接相关[59, 60]。Lp-PLA$_2$ 在动脉粥样硬化进展中的作用得到了以下观察结果的支持：易损的冠状动脉斑块表现出 Lp-PLA$_2$ 的积累，尤其是在纤维薄帽中富含巨噬细胞的坏死核中。综上所述，这些观察结果表明炎症、氧化应激和动脉粥样硬化疾病进展之间存在有关联性。

7.7　颈动脉斑块和 Lp-PLA$_2$

　　动脉粥样硬化性心血管疾病（ASCVD）是一种血管管腔阻塞导致不同血管区域的慢性

和急性临床表现的过程，最终会导致冠心病的发生[61]。这一结论得到了临床观察结果的支持，大量即使只患有外周动脉疾病（PAD），如潜在不稳定的颈动脉斑块和不稳定型心绞痛的患者，最终也会导致高死亡率。基于这些以及其他的观察结果，ASCVD 患者斑块易损性的概念在过去的几年里被提出。颈动脉斑块表达 Lp-PLA$_2$ 可预测心脏疾病[61]。颈动脉斑块中 Lp-PLA$_2$ 的表达是心脏病长期预后的预测因子[62]。

在颈动脉斑块形成过程中，不仅传统生物标志物的含量升高，溶血性磷脂酰胆碱（lysoPC）的含量也会升高，这表明不仅 Lp-PLA$_2$ 的表达具有预后意义，其活性也具有预测价值[63, 64]。LysoPC 是由 Lp-PLA$_2$ 作用于氧化脂质（例如氧化 LDL）产生的，它有助于巨噬细胞的组织积累，而巨噬细胞是动脉粥样硬化斑块中 Lp-PLA$_2$ 的主要细胞来源。目前已知 Lp-PLA$_2$ 可引起组织炎症。值得注意的是，低浓度的 lysoPC 具有抗凋亡作用，但高浓度的 lysoPC 会诱导内皮细胞和血管平滑肌细胞凋亡[65, 66]。Lp-PLA$_2$ 和 lysoPC 的表达与 MMP-2 和 MMP-9 的表达相关[67]。这与 Herrmann 等[62] 的研究结论一致，他们认为 Lp-PLA$_2$ 与 lysoPC 诱导 MMP 的产生有关。心脏病患者颈动脉斑块中 lysoPC 含量也较高的研究结果表明，Lp-PLA$_2$ 的表达和活性都具有重要的病理生理意义[68]。因此，颈动脉斑块中 Lp-PLA$_2$ 的表达和活性被认为是未来心脏疾病发病的风险预测因子，且不受其他一些明确的风险预测因子，如吸烟和既往脑卒中病史的影响[62]。

7.8 IgE 介导的反应和 Lp-PLA$_2$

血小板活化因子（PAF）在 IgE 介导的过敏性炎症和过敏反应的发病机制中起着重要作用[69]。由于 PAF 的催化活性，抑制 Lp-PLA$_2$ 可能增加过敏性炎症或过敏反应的易感性[70]。尽管支持这一假说的直接证据有限，但据报道，低 PAF-AH/Lp-PLA$_2$ 和高血浆 PAF 与哮喘发生率以及严重程度[70] 和过敏反应[71] 之间存在临床关联。Jiang 等[69] 发现，在过敏原诱导的 IgE 介导的呼吸道炎症模型中，通过敲除基因使其血清中缺乏或使用药物抑制该酶活性的小鼠由于 PAF-AH/Lp-PLA$_2$ 表达不足，PAF 水解活性显著降低。

在一组日本人群中观察到编码 PAF-AH/Lp-PLA$_2$ 的基因中 val-279-phe 的单核苷酸多态性及其所带来的功能缺陷[72]。对日本人群的研究结果表明，与健康受试者相比，哮喘患者中 PAF-AH/Lp-PLA$_2$ 缺乏症的患病率显著升高，且 PAF-AH/Lp-PLA$_2$ 缺乏的受试者哮喘程度也更为严重[73]。外源性给予 PAF-AH/Lp-PLA$_2$ 可降低死亡率[74]，且该酶的过表达可减轻脓毒症小鼠模型中炎症反应的研究发现表明该酶可能能够改善 PAF 的炎症机制。Satoh 等[75] 在他们的临床研究中对这一假说提出了质疑。他们发现哮喘患者和健康对照组之间的等位基因频率没有差异，V279F 突变等位基因患病率没有改变[75]。在日本患者中进行的 PAF 支气管激发试验结果显示，无论是否存在 V279F 突变等位基因，呼吸道反应性均无明显改变[76]。其他关于重组 PAF-AH/Lp-PLA$_2$ 治疗人类受试者的研究结果表明，重组 PAF-AH/Lp-PLA$_2$ 对哮喘或脓毒症患者并没有明显效果[77]。PAF 吸入增强的 LPS 对野生型（WT）小鼠和 Lp-PLA$_2$$^{-/-}$ 小鼠气道炎症的影响程度相似[69]。野生型和 Lp-PLA$_2$$^{-/-}$ 小鼠经被动或主动过敏反应后产生相同的呼吸道炎症和高反应性，且无明显差异。此外，经过敏原致敏的 WT 和 Lp-PLA$_2$$^{-/-}$ 小鼠的总 IgE 水平没有差异[69]。因此，Lp-PLA$_2$ 缺乏不会增加局部细胞介导的

过敏性免疫反应或呼吸道对这些模型的高反应性。鉴于这些有争议的数据，需要进一步研究来确定低循环水平的 PAF-AH/Lp-PLA₂ 是否会诱导炎症反应和 IgE 介导的过敏性免疫反应。

7.9　肺炎衣原体与致动脉粥样硬化反应

肺炎衣原体（*Chlamydia pneumoniae*）是一种普遍存在的病原体，经常引起上呼吸道和下呼吸道感染[78]。这种微生物被认为会感染肺部巨噬细胞，随后这些巨噬细胞被运送并定位在动脉中，导致感染扩散[79]。小鼠和兔模型的研究结果表明，肺炎衣原体可靶向血管系统，诱导炎症反应，启动或促进动脉粥样硬化的发展[80, 81]。使用免疫组化（IHC）和斑块电镜等检测方法进行的多项研究表明，超过一半的动脉粥样硬化患者有被肺炎衣原体感染的迹象[82]。颈动脉斑块中的肺炎衣原体感染被确定与斑块白介素 IL-6、血清 IL-6 和 CRP 相关，这表明感染的斑块可能是一种脑卒中风险患者的全身炎症标志物[83]。斑块 Lp-PLA₂ 与斑块巨噬细胞和肺炎衣原体的显著关联性表明，在动脉粥样硬化的炎症进展中，细菌产生了相互作用[82, 84]。肺炎衣原体通过感染诱导巨噬细胞生成 Lp-PLA₂，进而刺激斑块中炎症介质的产生，从而在动脉粥样硬化过程中发挥作用[82, 85]。尽管如此，Lp-PLA₂ 作为一种重要的缺血性脑卒中风险因子，仍需要进一步的研究来确定其与肺炎衣原体相互作用在颈动脉斑块进展中的确切机制。

7.10　绝经前和绝经后女性中的 Lp-PLA₂

Paik 等[86]对绝经前和绝经后非肥胖女性的循环血液和外周血单核细胞（PBMCs）中 Lp-PLA₂ 与炎症和氧化应激标志物的相关性进行了研究。结果表明绝经后女性 PBMCs 中 oxLDL、IL-6、TNF-α、IL-1β 的循环水平高于绝经前女性。绝经前女性血浆 Lp-PLA₂ 活性与 PBMCs 中 IL-6、TNF-α 和 IL-1β 水平呈正相关[86]。绝经后女性血浆中 oxLDL 与 PBMCs 产生的细胞因子呈正相关，但是血浆中 Lp-PLA₂ 活性与 PBMCs 中 Lp-PLA₂ 活性缺乏相关性[86]，这表明绝经后女性存在 PBMCs 以外的循环 Lp-PLA₂ 活性来源。该研究还表明，根据绝经期状态不同，非肥胖女性的血液循环中 Lp-PLA₂ 和 PBMCs 分泌的 Lp-PLA₂ 与氧化应激和亚临床炎症标志物的相关性表现也不同[86]。

7.11　糖尿病与 Lp-PLA₂

7.11.1　2 型糖尿病

动脉粥样硬化相关疾病是 2 型糖尿病患者死亡和发病的主要原因之一。糖尿病患者的血脂水平（包括甘油三酯、低密度脂蛋白胆固醇、高密度脂蛋白胆固醇和载脂蛋白 B）经常出现异常，是导致心血管并发症高发的关键因素[87]。

Barzilay 等[88]证明了葡萄糖水平失调与冠心病患病率增加有关。Kuller 等[89]也发现，有糖尿病史者与在 CAD 基线上新诊断出糖尿病的患者相比发生心血管疾病的风险更高。Lp-PLA$_2$ 活性至少可以部分解释与 2 型糖尿病相关的 CAD 预后发生率更高的原因[90]。

高血糖和氧化应激增加是糖尿病的标志性特征，它们会影响血液循环中的低密度脂蛋白。糖尿病通过改变脂蛋白功能，促进了各种修饰形式的 LDL 形成，如糖基化 LDL（gLDL）、氧化 LDL（oxLDL）和电负性 LDL［LDL（-）］。在糖尿病患者中观察到的 oxLDL 和 gLDL 水平的升高可能归因于几种机制。sdLDL 的血浆清除率低，导致其在血液中的停留时间增加，并有利于对其作进一步的修饰。这可能是 sdLDL 颗粒展现出高氧化敏感性且随后发生非酶促糖基化的原因[91]。Younis 等[92]报道，sdLDL 水平是 LDL 糖基化水平的重要决定因素。这些修饰过的 LDL 具有高含量的炎症脂质代谢物（包括溶血磷脂），其浓度在糖尿病患者中升高[90]。以 sdLDL 和 gLDL 为主的 2 型糖尿病患者发生心血管疾病的风险较高，而拥有大量 LDL 颗粒的糖尿病患者发生冠心病的风险相对较低[90, 93]。

糖尿病已被证实改变了 HDL 的正常功能特征。糖尿病患者 HDL 的抗动脉粥样硬化特性，如其逆转胆固醇转运和抗氧化特性的作用均受到了干扰[94]。HDL 这些特性的改变是由与 HDL 相关的脂质和蛋白质的相对组成改变，以及与 HDL 相关的酶活性如对氧磷酶（PON-I）和 Lp-PLA$_2$ 变化而造成的。PON-I 主要与 HDL 结合，在使脂质过氧化物失活后，它通过改变过氧化物的活性而表现出抗氧化功能。与 PON-I 不同的是，Lp-PLA$_2$ 主要与 LDL 和 VLDL 相关，与 HDL 的相关性则较弱[94, 95]。

ApoA1 的降低会导致 HDL 抗氧化能力降低[93]。同样地，较高的脂质 / 蛋白质比也会导致 HDL 抗氧化性能受损，例如，HDL3 亚组分（脂质 / 蛋白质比较低）具有比 HDL2 亚组分（脂质 / 蛋白质比较高）更强的抗氧化能力[96]。2 型糖尿病患者 HDL-3 的减少也表明其促进胆固醇逆向运输的能力下降[93, 96]。在 2 型糖尿病患者中观察到了这些改变以及甘油三酯水平的升高。虽然 2 型糖尿病患者 oxLDL 和 gLDL 的浓度增加，但 LDL（-）的相对含量主要受到 sdLDL 成分的影响。因此，尽管氧化和糖基化可能部分参与了 LDL（-）的生成，非酯化脂肪酸（NEFA）的负载在 2 型糖尿病 LDL（-）水平的升高中也起着重要作用[93]。

重要的是，糖尿病患者体内存在高浓度的 oxLDL 和 gLDL 以及含有载脂蛋白 B 的脂蛋白中高含量的 Lp-PLA$_2$[97]。因此，2 型糖尿病患者 LDL 和 HDL 中相应 Lp-PLA$_2$ 特征的改变似乎是诱发心血管疾病发生的重要机制。

7.11.2　1 型糖尿病

越来越多的人类流行病学研究证据表明 Lp-PLA$_2$ 与冠心病风险独立地相关。1 型糖尿病（T1D）患者患心血管疾病的风险会增加。

1 型糖尿病主要的死亡原因是冠心病，这种疾病发生在糖尿病早期，并导致极高的高死亡率。1 型糖尿病的典型特点是其促炎状态。促炎细胞因子在 1 型糖尿病动物模型中表达[98]。在 1 型糖尿病中，炎症标志物（如 IL-6、TNF-α）与 CVD 之间有很强的相关性[99]。Kardys 等[100]观察到 1 型糖尿病患者冠状动脉钙化患病率增加。1 型糖尿病中与冠状动脉钙化相关的因素包括如 CRP 等炎症标志物以及 IL-6 和 TNF-α 等细胞因子。与非糖尿病患者相比，冠状动脉钙化的进展以及 Lp-PLA$_2$ 水平的升高已经被证实可以预测 1 型糖尿病患者的临床冠状动脉疾病发病[101, 102]。

结合球蛋白基因的多态性易导致糖尿病患者发生心血管疾病的风险增加[103]。一项由匹兹堡 1 型糖尿病并发症流行病学研究结果发现结合球蛋白的基因型可能与 CAD 相关。在该研究中，1 型糖尿病患者的蛋白尿，CRP 和 Lp-PLA$_2$ 水平升高与冠心病风险增加密切相关[102, 104]。单独的 Lp-PLA$_2$ 的活性评价可有助于对 1 型糖尿病患者 CAD 的预测，这些患者中的结合球蛋白基因表达较低且具有 CAD 遗传易感性[103]。

7.12 肾脏疾病和 Lp-PLA$_2$

通过开展心血管健康研究（CHS），已经确定了受试者中 Lp-PLA$_2$ 与肾功能下降的相关性。研究发现，在无慢性肾病（CKD）的老年人中，Lp-PLA$_2$ 水平与肾功能下降相关，且与 CRP 和 IL-6 无关[105]。

可用来解释 Lp-PLA$_2$ 与肾功能下降之间关联性的机制包括与血管损伤相关的炎症或氧化应激增加，但炎症标志物与肾功能的关联性并不明显[13, 31, 105]。Lp-PLA$_2$ 已被证实与 oxLDL 和 gLDL 引起的内皮功能障碍、炎症和动脉内膜破坏有关。Lp-PLA$_2$ 也被认为具有与导致肾功能障碍有关的，促进内皮功能障碍和增加动脉僵硬的作用；Lp-PLA$_2$ 可能与肾脏功能障碍相关[105, 106]。

7.13 肥胖和 Lp-PLA$_2$

目前，肥胖在各个年龄组的发展速度都非常快，尤其是儿童和青少年肥胖的增长速度要快得多[107]。肥胖的代谢失衡会导致炎症性胰岛素抵抗和 LDL 的氧化，这容易使患糖尿病和血脂异常[25]等疾病的青少年发生早期动脉粥样硬化。在青少年中，Lp-PLA$_2$ 根据肥胖发生相应变化，并显示出与心血管风险标志物的重要关联性，特别是与血糖水平、HDL/LDL 和 ApoB/ApoA 比值的相关性。这支持了 Lp-PLA$_2$ 是青少年心血管疾病风险预测的生物标志物的假设[25, 108]。研究发现，在肥胖人群中男性的 Lp-PLA$_2$ 活性水平高于女性，女性的 Lp-PLA$_2$ 活性水平较低可能是由于雌激素介导的酶下调所导致的[108, 109]。

Celik 等[110]提出，青少年肥胖的发生率可能是造成成人动脉粥样硬化后果的第一步。文献中对儿童和青少年 Lp-PLA$_2$ 的描述以及监测很少且没有定论。需要进一步的研究来确定肥胖是否与青少年 Lp-PLA$_2$ 的变化有关。

7.14　药物对 Lp-PLA$_2$ 的药理抑制作用

最近的研究表明，各种降血脂药物，如他汀类药物，非诺贝特和依泽替米由于降低 LDL-C 从而降低了血浆 Lp-PLA$_2$ 活性，但它们不会明显影响酶的表达[48, 50]。

可以通过两种主要的药物干预手段降低 Lp-PLA$_2$ 水平——间接地降低 LDL，或直接地抑制 Lp-PLA$_2$ 活性。与用于治疗心血管疾病的非降脂药物相比，在降低 LDL 水平的同时降低 Lp-PLA$_2$ 活性的手段目前受到了关注。在一项比较研究中，瑞舒伐他汀（Rosuvastatin）作用效果最好，而非诺贝特（Fenofibrate）仅适度增加 HDL-Lp-PLA$_2$ 活性，从而增强 HDL 的抗动脉粥样硬化作用[34]。单用他汀类药物治疗稳定型 CV 患者可使其体内 Lp-PLA$_2$ 活性降低约 20%[50, 111]。类似地，其他脂质修饰药物，如依折米特和非诺贝特（Ezetimide 和 Fenofibrate）也仅稍微降低了 Lp-PLA$_2$ 的活性[111]。尽管许多研究表明降脂药物和他汀类药物对心血管预后有良好的作用，但目前尚不清楚这些药物对 Lp-PLA$_2$ 发挥有益作用的潜在机制[34]。

靶向 Lp-PLA$_2$ 的药物正在开发中，其抑制剂目前正由不同的公司进行临床试验研究，如达普拉缔（Darapladib）（葛兰素史克公司生产）。目前正在评估这些抑制剂在改善冠心病患者心血管风险中的作用，以及评估其药代动力学、安全性和耐受性方面的作用[34, 112, 113]。

有研究表明，将 Lp-PLA$_2$ 抑制剂达普拉缔加入到强化阿托伐他汀治疗方案后，会显著降低 Lp-PLA$_2$ 活性（抑制率高达 66%）。这种效应在很大程度上与阿托伐他汀剂量无关[34, 112]。Wilensky 等[113] 评价了达普拉缔对糖尿病 / 高胆固醇血症（DM-HC）动脉粥样硬化病变面积、成分和基因表达的影响。使用链脲佐菌素静脉注射构建猪糖尿病模型。随后，与达普拉缔治疗组相比，对照组动脉粥样硬化病变明显，表现出高风险特征。达普拉缔治疗组的主要坏死核心区明显小于对照组[112]。Mohler 等[114] 的一项研究也证明了在接受阿托伐他汀联合治疗的情况下，达普拉缔能够持续抑制稳定 CAD 患者或具有相当 CAD 风险患者的血浆 Lp-PLA$_2$ 活性。

Lp-PLA$_2$ 是一种新兴的心血管风险生物标志物，它可以被药物修饰，例如达普拉缔。因此，Lp-PLA$_2$ 是一个可用于研究 CAD 相关机制的潜在的重要成分。长期服用达普拉缔可以减少慢性心脏病，也可以降低心脏病的风险。达普拉缔的作用与本底 LDL-C 和 HDL-C 的水平无关[23]。在安全性方面，尚没有观察到达普拉缔的不良反应，也没有任何研究发现其对血小板活性产生影响。

7.15　结论

Lp-PLA$_2$ 具有促动脉粥样硬化和抗动脉粥样硬化的双重作用。其抗炎症特性与 Lp-PLA$_2$ 水解炎症介质 PAF 的能力有关。这一作用以及与 HDL 相关的作用可能解释了 Lp-PLA$_2$ 对心

肌缺血 – 再灌注损伤的减弱作用。相反，Lp–PLA$_2$ 可以通过生成氧化的非酯化脂肪酸和由磷脂生成溶血磷脂来发挥促炎作用，其作用包括刺激巨噬细胞的趋化和组织聚集。此外，Lp–PLA$_2$ 可能会对内皮细胞的活力和功能产生负面影响，这可能对动脉粥样硬化形成的整体病理生理作用具有关键意义。

在易损斑块和破裂斑块中检测到高水平的 Lp–PLA$_2$，而通过血管内超声（IVUS）可以确定斑块破裂的动脉患者血浆中 Lp–PLA$_2$ 活性升高。冠脉斑块破裂产生的 Lp–PLA$_2$ 可能导致冠心病早期循环中 Lp–PLA$_2$ 水平升高。ApoE 基因型已被证明与 CAD 相关。ApoE4 携带者的 Lp–PLA$_2$ 水平也更高。然而，由于 Lp–PLA$_2$ 与 LDL 水平相关的遗传决定因素很少，尽管家族因素在一定程度上可以解释 Lp–PLA$_2$ 活性的差异，Lp–PLA$_2$ 的遗传控制尚需进一步研究。

斑块 Lp–PLA$_2$ 与斑块巨噬细胞和肺炎衣原体的相关性表明它们在加速动脉粥样硬化炎症反应中起着相互作用。肺炎衣原体在动脉粥样硬化过程中的一个可能机制可能涉及感染巨噬细胞，通过巨噬细胞诱导 Lp–PLA$_2$ 的产生，从而导致斑块组织中的炎症介质上调。需要进一步的研究来进一步了解肺炎衣原体和 Lp–PLA$_2$ 在动脉粥样硬化中的相互作用。

2 型糖尿病患者中 Lp–PLA$_2$ 活性升高的患者比未升高的患者更有可能患心血管病。然而，考虑到所有其他导致心血管疾病风险的因素，例如，糖尿病患者，Lp–PLA$_2$ 作为单一标志物可能不够敏感，需要进一步的研究来确定 Lp–PLA$_2$ 在不同人群中作为心血管疾病风险标志物的临床意义。

参考文献

1. Chakraborti S (2003) Phospholipase A$_2$ isoforms: a perspective. Cell Signal 15:637–665
2. Chakraborti S, Michael JR, Chakraborti T (2004) Role of an aprotinin-sensitive protease in protein kinase Calpha-mediated activation of cytosolic phospholipase A$_2$ by calcium ionophore (A23187) in pulmonary endothelium. Cell Signal 16:751–762
3. Chakraborti T, Das S, Chakraborti S (2005) Proteolytic activation of protein kinase C α by peroxynitrite in stimulating cytosolic phospholipase A$_2$ in pulmonary endothelium: involvement of a pertussis toxin sensitive protein. Biochemistry 44:5246–5257
4. Tjoelker LW, Stafforini DM (2000) Platelet-activating factor acetylhydrolases in health and disease. Biochim Biophys Acta 1488:102–123
5. Hansson GK (2005) Inflammation, atherosclerosis, and coronary artery disease. N Engl J Med 352:1685–1695
6. Sudhir K (2006) Lipoprotein-associated phospholipase A$_2$, vascular inflammation and cardiovascular risk prediction. Vasc Health Risk Manag 2:153–156
7. Burchardt P, Zurawski J, Zuchowski B et al (2013) Low-density lipoprotein, its susceptibility to oxidation and the role of lipoprotein-associated phospholipase A$_2$ and carboxyl ester lipase lipases in atherosclerotic plaque formation. Arch Med Sci 9:151–158
8. Ferguson JF, Hinkle CC, Mehta NN et al (2012) Translational studies of lipoprotein-associated phospholipase A$_2$ in inflammation and atherosclerosis. J Am Coll Cardiol 59:764–772
9. McCall MR, La Belle M, Forte TM et al (1999) Dissociable and nondissociable forms of platelet-activating factor acetylhydrolase in human plasma LDL: implications for LDL oxidative susceptibility. Biochim Biophys Acta 1437:23–36
10. Stafforini DM, McIntyre TM, Carter ME, Prescott SM (1987) Human plasma platelet-activating factor acetylhydrolase. Association with lipoprotein particles and role in the degradation of platelet-activating factor. J Biol Chem 262:4215–4222
11. Oei HH, van der Meer IM, Hofman A et al (2005) Lipoprotein-associated phospholipase A$_2$

activity is associated with risk of coronary heart disease and ischemic stroke: the Rotterdam Study. Circulation 111:570–575

12. Vasan RS, Sullivan LM, Roubenoff R et al (2003) Inflammatory markers and risk of heart failure in elderly subjects without prior myocardial infarction: the Framingham Heart Study. Circulation 107:1486–1491

13. Zalewski A, Macphee C (2005) Role of lipoprotein-associated phospholipase A$_2$ in atherosclerosis: biology, epidemiology and possible therapeutic target. Arterioscler Thromb Vasc Biol 25:923–931

14. Ballantyne CM, Hoogeveen RC, Bang H et al (2004) Lipoprotein-associated phospholipase A$_2$, high-sensitivity C-reactive protein, and risk for incident coronary heart disease in middle-aged men and women in the Atherosclerosis Risk in Communities (ARIC) study. Circulation 109:837–842

15. Koenig W, Khuseyinova N, Löwel H et al (2004) Lipoprotein-associated phospholipase A$_2$ adds to risk prediction of incident coronary events by C-reactive protein in apparently healthy middle-aged men from the general population: results from the 14-year follow-up of a large cohort from southern Germany. Circulation 110:1903–1908

16. Packard CJ, O'Reilly DS, Caslake MJ et al (2000) Lipoprotein-associated phospholipase A$_2$ as an independent predictor of coronary heart disease. West of Scotland Coronary Prevention Study Group. N Engl J Med 343:1148–1155

17. O'Donoghue M, Morrow DA, Sabatine MS et al (2006) Lipoprotein-associated phospholipase A$_2$ and its association with cardiovascular outcomes in patients with acute coronary syndromes in the PROVE IT-TIMI 22 (PRavastatin Or atorVastatin Evaluation and Infection Therapy-Thrombolysis In Myocardial Infarction) trial. Circulation 113:1745–1752

18. Maier W, Altwegg LA, Corti R et al (2005) Inflammatory markers at the site of ruptured plaque in acute myocardial infarction: locally increased interleukin-6 and serum amyloid A but decreased C-reactive protein. Circulation 111:1355–1361

19. Tsimikas S, Tsironis LD, Tselepis AD (2007) New insights into the role of lipoprotein(a)-associated lipoprotein-associated phospholipase A$_2$ in atherosclerosis and cardiovascular disease. Arterioscler Thromb Vasc Biol 27:2094–2099

20. Caslake MJ, Packard CJ (2003) Lipoprotein-associated phospholipase A$_2$ (platelet-activating factor acetylhydrolase) and cardiovascular disease. Curr Opin Lipidol 14:347–352

21. Arakawa H, Qian JY, Baatar D et al (2005) Local expression of platelet-activating factor-acetylhydrolase reduces accumulation of oxidized lipoproteins and inhibits inflammation, shear stress-induced thrombosis, and neointima formation in balloon-injured carotid arteries in nonhyperlipidemic rabbits. Circulation 111:3302–3309

22. Chakraborti T, Mandal A, Mandal M et al (2000) Complement activation in heart diseases. Role of oxidants. Cell Signal 12:607–617

23. Zalewski A, Nelson JJ, Hegg L, Macphee C (2006) Lp-PLA$_2$: a new kid on the block. Clin Chem 52:1645–1650

24. Stafforini DM, Sheller JR, Blackwell TS et al (2006) Release of free F2-isoprostanes from esterified phospholipids is catalyzed by intracellular and plasma platelet-activating factor acetylhydrolases. J Biol Chem 281:4616–4623

25. Kim JY, Hyun YJ, Jang Y et al (2008) Lipoprotein-associated phospholipase A$_2$ activity is associated with coronary artery disease and markers of oxidative stress: a case-control study. Am J Clin Nutr 88:630–637

26. Tselepis AD, Chapman JM (2002) Inflammation, bioactive lipids and atherosclerosis: potential roles of a lipoprotein-associated phospholipase A$_2$, platelet activating factor-acetylhydrolase. Atheroscler Suppl 3:57–68

27. Tellis CC, Tselepis AD (2009) The role of lipoprotein-associated phospholipase A$_2$ in atherosclerosis may depend on its lipoprotein carrier in plasma. Biochim Biophys Acta 1791:327–338

28. Stafforini DM (2009) Biology of platelet-activating factor acetylhydrolase (PAF-AH, lipoprotein associated phospholipase A$_2$). Cardiovasc Drugs Ther 23:73–83

29. Blencowe C, Hermetter A, Kostner GM, Deigner HP (1995) Enhanced association of platelet-activating factor acetylhydrolase with lipoprotein (a) in comparison with low density lipoprotein. J Biol Chem 270:31151–31157

30. Stafforini DM, Tjoelker LW, McCormick SP et al (1999) Molecular basis of the interaction between plasma platelet-activating factor acetylhydrolase and low density lipoprotein. J Biol Chem 274:7018–7024

31. Gazi I, Lourida ES, Filippatos T et al (2005) Lipoprotein-associated phospholipase A$_2$ activity is a marker of small, dense LDL particles in human plasma. Clin Chem 51:2264–2273

32. Carpentera KLH, Dennisa IF, Challisa IR et al (2001) Inhibition of lipoprotein-associated

phospholipase A$_2$ diminishes the death-inducing ejects of oxidised LDL on human monocyte-macrophages. FEBS Lett 505:357–363

33. Navab M, Berliner JA, Subbanagounder G, Hama S et al (2001) HDL and the inflammatory response induced by LDL-derived oxidized phospholipids. Arterioscler Thromb Vasc Biol 21:481–488
34. Lavi S, Herrmann J, Lavi R et al (2008) Role of lipoprotein-associated phospholipase A$_2$ in atherosclerosis. Curr Atheroscler Rep 10:230–235
35. Gungor Z, Anuurad E, Enkhmaa B et al (2012) Apo E4 and lipoprotein-associated phospholipase A$_2$ synergistically increase cardiovascular risk. Atherosclerosis 223:230–234
36. Mahley RW, Rall SC Jr (2000) Apolipoprotein E: far more than a lipid transport protein. Annu Rev Genomics Hum Genet 1:507–537
37. Eichner JE, Dunn ST, Perveen G et al (2002) Apolipoprotein E polymorphism and cardiovascular disease: a HuGE review. Am J Epidemiol 155:487–495
38. Gerdes LU, Gerdes C, Kervinen K et al (2000) The apolipoprotein epsilon4 allele determines prognosis and the effect on prognosis of simvastatin in survivors of myocardial infarction: a substudy of the Scandinavian simvastatin survival study. Circulation 101:1366–1371
39. Howard BV, Gidding SS, Liu K (1998) Association of apolipoprotein E phenotype with plasma lipoproteins in African-American and white young adults. The CARDIA Study. Coronary Artery Risk Development in Young Adults. Am J Epidemiol 148:859–868
40. Anuurad E, Rubin J, Lu G et al (2006) Protective effect of apolipoprotein E2 on coronary artery disease in African Americans is mediated through lipoprotein cholesterol. J Lipid Res 47:2475–2481
41. Epps KC, Wilensky RL (2011) Lp-PLA$_2$—a novel risk factor for high-risk coronary and carotid artery disease. J Intern Med 269:94–106
42. Murphy AJ, Akhtari M, Tolani S et al (2011) ApoE regulates hematopoietic stem cell proliferation, monocytosis, and monocyte accumulation in atherosclerotic lesions in mice. J Clin Invest 121:4138–4149
43. Enkhmaa B, Anuurad E, Zhang W et al (2010) Association of Lp-PLA(2) activity with allele-specific Lp(a) levels in a bi-ethnic population. Atherosclerosis 211:526–530
44. Libby P, Ridker PM, Maseri A (2002) Inflammation and atherosclerosis. Circulation 105:1135–1143
45. Kolodgie FD, Burke AP, Skorija KS et al (2006) Lipoprotein-associated phospholipase A$_2$ protein expression in the natural progression of human coronary atherosclerosis. Arterioscler Thromb Vasc Biol 26:2523–2529
46. Gerber Y, McConnell JP, Jaffe AS et al (2006) Lipoprotein-associated phospholipase A$_2$ and prognosis after myocardial infarction in the community. Arterioscler Thromb Vasc Biol 26:2517–2522
47. Rosenson RS (2008) Fenofibrate reduces lipoprotein associated phospholipase A$_2$ mass and oxidative lipids in hypertriglyceridemic subjects with the metabolic syndrome. Am Heart J 155:499
48. Macphee CH, Nelson JJ, Zalewski A (2005) Lipoprotein-associated phospholipase A$_2$ as a target of therapy. Curr Opin Lipidol 16:442–446
49. Aprahamian T, Rifkin I, Bonegio R et al (2004) Impaired clearance of apoptotic cells promotes synergy between atherogenesis and autoimmune disease. J Exp Med 199:1121–1131
50. Lavi S, Lavi R, McConnell JP et al (2007) Lipoprotein-associated phospholipase A$_2$: review of its role as a marker and a potential participant in coronary endothelial dysfunction. Mol Diagn Ther 11:219–226
51. El-Saed A, Sekikawa A, Zaky RW et al (2007) Association of lipoprotein-associated phospholipase A$_2$ with coronary calcification among American and Japanese men. J Epidemiol 17:179–185
52. Kruse S, Mao XQ, Heinzmann A et al (2000) The Ile198Thr and Ala379Val variants of plasmatic PAF-acetylhydrolase impair catalytical activities and are associated with atopy and asthma. Am J Hum Genet 66:1522–1530
53. Blake GJ, Dada N, Fox JC et al (2001) A prospective evaluation of lipoprotein-associated phospholipase A$_2$ levels and the risk of future cardiovascular events in women. J Am Coll Cardiol 38:1302–1306
54. Worth RM, Kato H, Rhoads GG et al (1975) Epidemiologic studies of coronary heart disease and stroke in Japanese men living in Japan, Hawaii and California: mortality. Am J Epidemiol 102:481–490
55. Liu YS, Hu XB, Li HZ et al (2011) Association of lipoprotein-associated phospholipase A$_2$ with characteristics of vulnerable coronary atherosclerotic plaques. Yonsei Med J 52:914–922

56. Rosenson RS (2010) Lp-PLA$_2$ and risk of atherosclerotic vascular disease. Lancet 375:1498–1500

57. Virmani R, Burke AP, Kolodgie FD, Farb A (2003) Pathology of the thin-cap fibroatheroma: a type of vulnerable plaque. J Interv Cardiol 16:267–272

58. Yang EH, McConnell JP, Lennon RJ et al (2006) Lipoprotein-associated phospholipase A$_2$ is an independent marker for coronary endothelial dysfunction in humans. Arterioscler Thromb Vasc Biol 26:106–111

59. Kougias P, Chai H, Lin PH et al (2006) Lysophosphatidylcholine and secretory phospholipase A$_2$ in vascular disease: mediators of endothelial dysfunction and atherosclerosis. Med Sci Monit 12:5–16

60. Liu SY, Lu X, Choy S et al (1994) Alteration of lysophosphatidylcholine content in low density lipoprotein after oxidative modification: relationship to endothelium dependent relaxation. Cardiovasc Res 28:1476–1481

61. Ouriel K (2001) Peripheral arterial disease. Lancet 358:1257–1264

62. Herrmann J, Mannheim D, Wohlert C et al (2009) Expression of lipoprotein-associated phospholipase A$_2$ in carotid artery plaques predicts long-term cardiac outcome. Eur Heart J 30:2930–2938

63. Quinn MT, Parthasarathy S, Steinberg D (1998) Lysophosphatidylcholine: a chemotactic factor for human monocytes and its potential role in atherogenesis. Proc Natl Acad Sci U S A 85:2805–2809

64. Häkkinen T, Luoma JS, Hiltunen MO et al (1999) Lipoprotein-associated phospholipase A$_2$, platelet-activating factor acetylhydrolase, is expressed by macrophages in human and rabbit atherosclerotic lesions. Arterioscler Thromb Vasc Biol 19:2909–2917

65. Chai YC, Howe PH, DiCorleto PE, Chisolm GM (1996) Oxidized low density lipoprotein and lysophosphatidylcholine stimulate cell cycle entry in vascular smooth muscle cells. Evidence for release of fibroblast growth factor-2. J Biol Chem 271:17791–17797

66. Takahashi M, Okazaki H, Ogata Y et al (2002) Lysophosphatidylcholine induces apoptosis in human endothelial cells through a p38-mitogen-activated protein kinase-dependent mechanism. Atherosclerosis 161:387–394

67. Inoue N, Takeshita S, Gao D et al (2001) Lysophosphatidylcholine increases the secretion of matrix metalloproteinase 2 through the activation of NADH/NADPH oxidase in cultured aortic endothelial cells. Atherosclerosis 155:45–52

68. Goessens BM, Visseren FL, Kappelle LJ et al (2007) Asymptomatic carotid artery stenosis and the risk of new vascular events in patients with manifest arterial disease: the SMART study. Stroke 38:1470–1475

69. Jiang Z, Fehrenbach ML, Ravaioli G et al (2012) The effect of lipoprotein-associated phospholipase A$_2$ deficiency on pulmonary allergic responses in Aspergillus fumigatus sensitized mice. Respir Res 13:100

70. Miwa M, Miyake T, Yamanaka T et al (1998) Characterization of serum platelet-activating factor (PAF) acetylhydrolase. Correlation between deficiency of serum PAF acetylhydrolase and respiratory symptoms in asthmatic children. J Clin Invest 82:1983–1991

71. Vadas P, Gold M, Perelman B et al (2008) Platelet-activating factor, PAF acetylhydrolase, and severe anaphylaxis. N Engl J Med 358:28–35

72. Satoh K (2008) Plasma platelet-activating factor acetylhydrolase (PAF-AH) deficiency as a risk factor for stroke. Brain Nerve 60:1319–1324

73. Stafforini DM, Numao T, Tsodikov A et al (1999) Deficiency of platelet-activating factor acetylhydrolase is a severity factor for asthma. J Clin Invest 103:989–997

74. Gomes RN, Bozza FA, Amâncio RT et al (2006) Exogenous platelet-activating factor acetylhydrolase reduces mortality in mice with systemic inflammatory response syndrome and sepsis. Shock 26:41–49

75. Satoh N, Asano K, Naoki K et al (1999) Plasma platelet-activating factor acetylhydrolase deficiency in Japanese patients with asthma. Am J Respir Crit Care Med 159:974–979

76. Naoki K, Asano K, Satoh N et al (2004) PAF responsiveness in Japanese subjects with plasma PAF acetylhydrolase deficiency. Biochem Biophys Res Commun 317:205–210

77. Opal S, Laterre PF, Abraham E et al (2004) Controlled Mortality Trial of Platelet-Activating Factor Acetylhydrolase in Severe Sepsis Investigators. Recombinant human platelet-activating factor acetylhydrolase for treatment of severe sepsis: results of a phase III, multicenter, randomized, double-blind, placebo-controlled, clinical trial. Crit Care Med 32:332–341

78. Grayston JT (2000) Background and current knowledge of Chlamydia pneumoniae and atherosclerosis. J Infect Dis 181:S402–S410

79. Sessa R, Nicoletti M, Di Pietro M et al (2009) Chlamydia pneumoniae and atherosclerosis:

current state and future prospectives. Int J Immunopathol Pharmacol 22:9–14

80. Laitinen K, Laurila A, Pyhala L et al (1997) Chlamydia pneumonia infection induces inflammatory changes in the aortas of rabbits. Infect Immun 65:4832–4835

81. de Kruif MD, van Gorp EC, Keller TT et al (2005) Chlamydia pneumoniae infections in mouse models: relevance for atherosclerosis research. Cardiovasc Res 65:317–327

82. Atik B, Johnston SC, Dean D (2010) Association of carotid plaque Lp-PLA$_2$ with macrophages and Chlamydia pneumoniae infection among patients at risk for stroke. PLoS One 5:e11026

83. Johnston SC, Messina LM, Browner WS et al (2001) C-reactive protein levels and viable Chlamydia pneumoniae in carotid artery atherosclerosis. Stroke 32:2748–2752

84. Jitsuiki K, Yamane K, Nakajima M et al (2006) Association of Chlamydia pneumoniae infection and carotid intima-media wall thickness in Japanese Americans. Circ J 70:815–819

85. Kalayoglu MV, Hoerneman B, LaVerda D et al (1999) Cellular oxidation of low-density lipoprotein by Chlamydia pneumoniae. J Infect Dis 180:780–790

86. Paik JK, Kim JY, Kim OY et al (2012) Circulating and PBMC Lp-PLA$_2$ associate differently with oxidative stress and subclinical inflammation in nonobese women (menopausal status). PLoS One 7:e29675

87. Jenny NS, Solomon C, Cushman M et al (2010) Lipoprotein-associated phospholipase A$_2$ (Lp-PLA$_2$) and risk of cardiovascular disease in older adults: results from the Cardiovascular Health Study. Atherosclerosis 209:528–532

88. Barzilay JI, Spiekerman CF, Kuller LH et al (2001) Prevalence of clinical and isolated subclinical cardiovascular disease in older adults with glucose disorders: the Cardiovascular Health Study. Diabetes Care 24:1233–1239

89. Kuller LH, Shemanski L, Psaty BM et al (1995) Subclinical disease as an independent risk factor for cardiovascular disease. Circulation 92:720–726

90. Nelson TL, Kamineni A, Psaty B et al (2011) Lipoprotein-associated phospholipase A$_2$ and future risk of subclinical disease and cardiovascular events in individuals with type 2 diabetes: the Cardiovascular Health Study. Diabetologia 54:329–333

91. Pollin TI, Isakova T, Jablonski KA et al (2012) Genetic modulation of lipid profiles following lifestyle modification or metformin treatment: the Diabetes Prevention Program. PLoS Genet 8:e1002895

92. Younis NN, Soran H, Sharma R et al (2010) Small-dense LDL and LDL glycation in metabolic syndrome and in statin-treated and non-statin-treated type 2 diabetes. Diab Vasc Dis Res 7:289–295

93. Sanchez-Quesada JL, Vinagre I, De Juan-Franco E et al (2013) Impact of the LDL subfraction phenotype on Lp-PLA$_2$ distribution, LDL modification and HDL composition in type 2 diabetes. Cardiovasc Diabetol 12:112

94. Kontush A, Chapman MJ (2010) Antiatherogenic function of HDL particle subpopulations: focus on antioxidative activities. Curr Opin Lipidol 21:312–318

95. Mackness MI, Durrington PN, Mackness B (2004) The role of paraoxonase 1 activity in cardiovascular disease: potential for therapeutic intervention. Am J Cardiovasc Drugs 4:211–217

96. Kontush A, Chantepie S, Chapman MJ (2003) Small, dense HDL particles exert potent protection of atherogenic LDL against oxidative stress. Arterioscler Thromb Vasc Biol 23:1881–1888

97. Sanchez-Quesada JL, Vinagre I, de Juan-Franco E et al (2012) Effect of improving glycemic control in patients with type 2 diabetes mellitus on low-density lipoprotein size, electronegative low-density lipoprotein and lipoprotein-associated phospholipase A$_2$ distribution. Am J Cardiol 110:67–71

98. Krolewski AS, Kosinski EJ, Warram JH et al (1987) Magnitude and determinants of coronary artery disease in juvenile-onset, insulin-dependent diabetes mellitus. Am J Cardiol 59:750–755

99. Schram MT, Chaturvedi N, Schalkwijk CG et al (2005) EURODIAB Prospective Complications Study Group. Markers of inflammation are cross-sectionally associated with microvascular complications and cardiovascular disease in type 1 diabetes–the EURODIAB Prospective Complications Study. Diabetologia 48:370–378

100. Kardys I, Oei HH, Hofman A et al (2007) Lipoprotein-associated phospholipase A$_2$ and coronary calcification. The Rotterdam Coronary Calcification Study. Atherosclerosis 191:377–383

101. Schurgin S, Rich S, Mazzone T (2001) Increased prevalence of significant coronary artery calcification in patients with diabetes. Diabetes Care 24:335–338

102. Kinney GL, Snell-Bergeon JK, Maahs DM et al (2011) Lipoprotein-associated phospholipase A_2 activity predicts progression of subclinical coronary atherosclerosis. Diabetes Technol Ther 13:381–387

103. Miller RG, Costacou T, Orchard TJ (2010) Lipoprotein-associated phospholipase A_2, C-reactive protein, and coronary artery disease in individuals with type1 diabetes and macro-albuminuria. Diab Vasc Dis Res 7:47–55

104. Pambianco G, Costacou T, Ellis D et al (2006) The 30-year natural history of type 1 diabetes complications: the Pittsburgh Epidemiology of Diabetes Complications Study experience. Diabetes 55:1463–1469

105. Peralta CA, Katz R, Shlipak M et al (2011) Kidney function decline in the elderly: impact of lipoprotein associated phospholipase A_2. Am J Nephrol 34:512–518

106. Peralta CA, Jacobs DR Jr, Katz R et al (2012) Association of ulse pressure, arterial elasticity, and endothelial function with kidney function decline among adults with estimated GFR >60 mL/min/1.73 m(2): the Multi-thnic Study of Atherosclerosis (MESA). Am J Kidney Dis 59:41–49

107. Persson M, Nilsson JA, Nelson JJ et al (2007) The epidemiology of Lp-PLA$_2$: distribution and correlation with cardiovascular risk factors in a population-based cohort. Atherosclerosis 190:388–396

108. Miyaura S, Maki N, Byrd W, Johnston JM (1991) The hormonal regulation of platelet-activating factor acetylhydrolase activity in plasma. Lipids 26:1015–1020

109. Hatoum IJ, Nelson JJ, Cook NR et al (2010) Dietary, lifestyle, and clinical predictors of lipoprotein-associated phospholipase A_2 activity in individuals without coronary artery disease. Am J Clin Nutr 91:786–793

110. Celik S, Tangi F, Kilicaslan E et al (2013) Increased acylation stimulating protein levels in young obese males is correlated with systemic markers of oxidative stress. Obesity (Silver Spring) 21:1613–1617

111. Saougos VG, Tambaki AP, Kalogirou M et al (2007) Differential effect of hypolipidemic drugs on lipoprotein-associated phospholipase A_2. Arterioscler Thromb Vasc Biol 27:2236–2243

112. Wilensky RL, Shi Y, Mohler ER III et al (2008) Inhibition of lipoprotein-associated phospholipase A_2 reduces complex coronary atherosclerotic plaque development. Nat Med 14:1059–1066

113. Wilensky RL, Shi Y, Zalewski A et al (2007) Darapladib, a selective inhibitor of Lp-PLA$_2$, reduces coronary atherosclerosis in diabetic, hypercholesterolemic swine. In: Novel Approaches to Plaque Rupture and Regression: Abstract 266. Circulation 116:II_33

114. Mohler ER III, Ballantyne CM, Davidson MH et al (2008) The effect of darapladib on plasma lipoprotein-associated phospholipase A_2 activity and cardiovascular biomarkers in patients with stable coronary heart disease or coronary heart disease risk equivalent: the results of a multi-center, randomized, double-blind, placebo-controlled study. J Am Coll Cardiol 51:1632–1641

8 具有入侵多种宿主细胞能力并在其内部发挥作用的细菌毒力蛋白展现出磷脂酶 A_2 活性

Bryan P.Hurley

摘要 磷脂酶 A_2（PLA_2）是与人类健康和疾病相关的一类关键酶。目前大约有30 种蛋白质亚型被报道具有 PLA_2 活性，这些蛋白质在各种细胞和组织中表达或分泌，并且展示出多方面的生理功能和意义。哺乳动物 PLA_2 是已知的在感染性疾病发生过程中宿主与病原体相互作用中的重要参与者。有趣的是，一些细菌病原体本身也会表达 PLA_2，这些酶结构中也具有 Patatin 结构域，并与胞浆和钙离子非依赖型的 PLA_2 序列相似。其中最突出的例子是由铜绿假单胞菌表达的ExoU，其只在真核宿主细胞中起作用。ExoU 是一种由临床分离的铜绿假单胞菌株表达的强效细胞毒素，并与严重急性肺炎和微生物角膜炎高度相关。ExoU 的PLA_2 活性是导致产生这种强毒性的原因，它还能够介导宿主产生类二十烷化合物，并刺激多种类型细胞产生细胞因子和趋化因子。目前相关的研究正在进行中，以便更好地理解和尝试中和这些强有力的微生物 PLA_2 毒力因子。

关键词 磷脂酶 A_2；ExoU；铜绿假单胞菌；类二十烷化合物

8.1　引言

哺乳动物细胞中表达的具有磷脂酶 A_2（PLA_2）活性的酶大约有 30 种[1, 2]。这些酶在各种不同的组织中参与了广泛的细胞过程，并表现出大量的冗余和非冗余功能[1, 2]。单个 PLA_2 可以根据它们是被细胞分泌到胞外还是在细胞内发挥作用等几个标准相互区分。哺乳动物 PLA_2 主要包括分泌型 PLA_2（$sPLA_2$）、胞浆型 PLA_2（$cPLA_2$）、钙离子非依赖型 PLA_2（$iPLA_2$）、溶酶体 PLA_2（$L-PLA_2$）和血小板激活因子乙酰水解酶（$PAF-AH$）[1, 2]。生物体内关键的生理过程有与 PLA_2 在细胞内和细胞外环境中的作用相关，从而促进包括心、肺和脑在内的多个器官的正常功能发挥[1, 2]。正因如此，PLA_2 的异常活性已在多种不同的疾病状态的多个器官系统中被广泛报道[1, 2]。

已知由各种微生物病原体感染引起的疾病也涉及 PLA_2[1, 2]。PLA_2 的每一类都有几种亚型被证明参与了宿主对感染的应答。$sPLA_2$ 组，特别是其中ⅡA 组的成员，凭借其裂解细菌膜磷脂的能力，具有对革兰阳性和革兰阴性细菌造成损害的抗菌活性[1-3]。细胞内 PLA_2，特别是 $cPLA_2-\alpha$，在巨噬细胞、成纤维细胞和上皮细胞觉察到有病原体入侵时，通过 MAP 激酶介导的磷酸化被激活，从而产生炎症调节类二十烷化合物[2, 4-7]。例如，已经证明铜绿假单胞菌能够刺激上皮细胞中的 $cPLA_2-\alpha$ 磷酸化并转位到细胞膜上，从而易于产生作为免疫调节因子的前列腺素 E_2（PGE_2）等类二十烷化合物[4, 5, 7]。因此，对 PLA_2 活性的干扰可能会对宿主的感染反应能力产生一系列影响，这取决于环境和所涉及的特定亚型。

除了这些参与感染过程的不同宿主 PLA_2 外，人们还认识到细菌病原体本身也具有显示 PLA_2 活性的酶[2, 8-10]。这些细菌酶能够对受感染宿主的各种细胞产生多种影响[2, 8-10]。本章将通过回顾被广泛研究的铜绿假单胞菌外毒素 ExoU 的已有知识来专门强调细菌来源 PLA_2 的这一作用[8, 9]。ExoU 是一种由临床分离的铜绿假单胞菌株亚群产生的强效毒素，其可以显著增强这种生物的感染毒力[8, 9]。ExoU 是一种功能性 PLA_2，这种酶的活性是其细胞相关毒性以及在动物模型和临床环境中增强毒力的基础[8, 9]。毒力的增强可能不仅是由于与细胞相关的毒性，还可能是由于 PLA_2 介导的不同类型细胞中其他有助于推动疾病进程的更微妙的活动[2, 8, 9]。因此，ExoU 代表了病原体来源的 PLA_2 的一个重要例子，它对传染病过程具有深远影响。

8.2　铜绿假单胞菌感染引起的疾病

铜绿假单胞菌被认为是一种机会性的病原体，其可以感染受伤或免疫受损宿主的一系列组织，导致高发病率和死亡率[11, 12]。铜绿假单胞菌是环境中的一种常见微生物，对多种抗生素具有耐药性，从而成为医院内感染的重要致病因素[13]。铜绿假单胞菌的主要感染部位是肺部。铜绿假单胞菌可以在免疫功能受损的个体中引发急性肺炎，也可以通过采用黏液表型来建立慢性感染，这种黏液表型促进了细胞间的联系，形成了一种复杂的、顽固的生物膜，并持续存在于囊性纤维化患者的肺部[11]。囊性纤维化是一种遗传性疾病，涉及上皮细胞顶端表面表达的被称为囊性纤维化跨膜传导调节器（CFTR）的有缺陷氯离子通道的遗传。呼吸道中表达缺陷 CFTR 的上皮细胞的特征是产生脱水黏液和功能失调的纤毛，无法清除微生物，特别是铜绿假单胞菌，这一特征会造成慢性感染、高水平炎症反应，最终导致器官衰竭[11]。

除了靶向肺部外，铜绿假单胞菌还会感染因受伤而暴露的脆弱部位[8, 12, 14]。严重创伤和烧伤的患者经常感染铜绿假单胞菌，导致受损组织遭到进一步损害[8]。铜绿假单胞菌是造成微生物性角膜炎的主要原因，由角膜损伤或配戴隐形眼镜并发症引起[12, 14]。微生物性角膜炎会对角膜造成严重损害，从而导致视力丧失[12, 14]。显然，更好地了解这种棘手但却无处不在的病原体，了解其驱动炎症和疾病的机制，将极大地帮助进行医学疾病治疗。

8.3　铜绿假单胞菌介导的毒力机制

铜绿假单胞菌是一种多功能的微生物，能够在各种生态环境中成长，并抵抗一系列潜在的有毒化合物[15]。铜绿假单胞菌基因组中近 10% 基因编码的是调节蛋白，这些蛋白质能够快速感知并对不断变化的环境条件做出反应，从而赋予铜绿假单胞菌异常强大的环境适应能力[16]。已经鉴定出铜绿假单胞菌表达的几种毒力因子，并确定了它们在感染过程中的作用[8, 15]。通过多种蛋白质的协同作用，铜绿假单胞菌形成了鞭毛，这有利于移动并有助于对易感宿主的定殖[17]。鞭毛蛋白也参与了病原体和宿主之间的相互作用[18, 19]。鞭毛中一种被称为鞭毛蛋白的关键结构蛋白通过与模式识别受体结合并触发趋化因子和细胞因子的产生来与宿主免疫系统建立联系[19]。铜绿假单胞菌的表面有菌毛，这也有助于细菌的运动并介导其附着到生物和非生物表面[18, 20]。菌毛的成分还可以刺激宿主的先天免疫反应[18, 20]。铜绿假单胞菌的其他表面成分包括胞外多糖，如脂多糖和海藻酸盐，它们可以保护铜绿假单胞菌免受如中性粒细胞等宿主免疫细胞引起的抗生素或抗菌物质的攻击[11, 21, 22]。这些胞外多糖帮助单个细菌形成复杂的保护性生物膜[23]。与鞭毛和菌毛类似，这些分子也能被宿主免疫系统察觉到[11, 18, 21, 22]。

尽管铜绿假单胞菌具有直接介导疾病的作用，但其菌毛、鞭毛、胞外多糖等特性在病原菌和非病原菌中都是共有的。铜绿假单胞菌还具有一种被认为是病原体独有的能够将毒素直接输送到宿主细胞的分泌系统[8]。这种多蛋白复合体被称为三型分泌系统（TTSS），多种革兰阴性病原体都具有这一系统[8]。TTSS 是一个横跨细菌和宿主细胞膜的针状结构，为细菌编码的毒素传递提供了一条通道，使其能够进入宿主细胞的胞浆，而不会暴露在细胞外环境中[8]（图 8.1）。在铜绿假单胞菌中，已经发现了四种利用 TTSS 直接进入宿主细胞胞浆的毒素，这些毒素包括 ExoS、ExoT、ExoY 和 ExoU[8]。ExoS 和 ExoT 是双功能酶，具有 N 末端 GTP 酶激活蛋白活性和 C 末端 ADP 核糖核酸酶活性，它们各自作用于宿主蛋白来改变宿主细胞的行为[8]。ExoY 显示出腺苷酸环化酶活性[8]。ExoU 最初被认为是一种能迅速杀死多种类型细胞的强效细胞毒素，随后被发现是一种在宿主细胞内部工作的 PLA_2，下文将详细描述[8]。

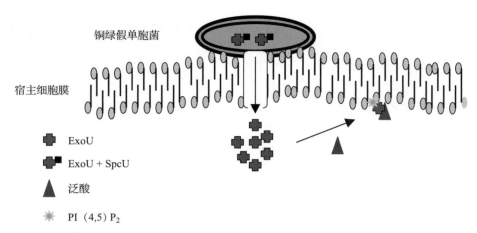

图 8.1　铜绿假单胞菌产生的 ExoU 利用三型分泌系统（TTSS）与其细菌编码的伴侣 SPCU 结合

ExoU 由 TTSS 直接从细菌胞浆输送到受感染宿主细胞的胞浆中。这是通过由跨越细菌和宿主膜的多个脂质双层的多个蛋白质所构建的针状附属物来实现的。一旦进入细胞，ExoU 就定位在质膜上，并与真核细胞编码的辅因子泛素和 PI（4,5）P_2 相互作用，使磷脂酶对膜脂质底物具有活性。目前尚不清楚 ExoU 在 PI（4,5）P_2 与膜结合之前是在胞浆中遇到泛素或泛素化蛋白，还是在结合膜后与泛素结合

8.4　强效细胞毒素 ExoU 的发现

以前人们便已认识到，相当多的铜绿假单胞菌分离株对哺乳动物宿主细胞具有快速的细胞毒性作用[24-26]。奇怪的是，这些急性细胞毒性的菌株中似乎没有先前鉴定的铜绿假单胞菌毒素 ExoS[24-26]。这种细胞毒性表型不能用另一种已知的铜绿假单胞菌毒素 ExoT 的存在来解释；然而，负责将各种外毒素注射到宿主细胞中的 TTSS 似乎对赋予这些菌株快速杀死受感染细胞的能力至关重要[24-26]。这种表型最终被确定是由一种名为 ExoU 的 70 ku TTSS 效应蛋白的作用产生的[24, 26]。ExoU 不仅对体外培养的细胞有极强的毒性，而且还能显著提高急性肺炎期间大鼠和小鼠的致死率，促进兔体内的细菌传播及败血症[27, 28]。这种毒素的 N 末端与 ExoS 和 ExoT 相似，能促进与 TTSS 的相互作用，从而使毒素注射到宿主细胞中[29]。最初 100 个氨基酸的下游序列随后被发现与细胞毒性表型有关[30]。一种名为 SPCU 的伴侣蛋白在与 ExoU 相同的操纵子内转录，促进 ExoU 的分泌（图 8.1）[31]。一旦通过 TTSS 注入细胞，ExoU 就具有迅速杀死多种哺乳动物细胞的能力，包括上皮细胞、内皮细胞、成纤维细胞、中性粒细胞和巨噬细胞[24, 32-36]（图 8.2）。除了靶向哺乳动物宿主细胞外，ExoU 还对单细胞变形虫（盘基网柄菌）和酵母（酿酒酵母）表现出细胞毒性作用，这显示出其具有广泛而多样的潜在易感目标细胞（图 8.2）[35, 37]。

大约三分之一的铜绿假单胞菌临床分离株中都有检测到 ExoU，它的存在往往与较差的临床结局相关[8, 10, 38, 39]。在严重疾病背景下被分析的铜绿假单胞菌群中，估计 90% 是 ExoU 阳性菌株[40]。有趣的是，ExoU 和 ExoS 的表达是互斥的，大约三分之二的临床分离株

为 ExoS 阳性 /ExoU 阴性[8]。因此，ExoU 被认为是急性感染（如院内肺炎、伤口感染和微生物性角膜炎）中高毒力菌株的标志物，但在慢性感染（如与囊性纤维化相关的感染）中似乎代表性不足[8, 11]。含有 ExoU 的临床分离株更容易促进细菌传播导致败血症[8, 9, 28]。采用体外和体内实验模型的研究以及对铜绿假单胞菌介导的人类疾病的研究都强烈地指出 ExoU 是一种高效力的细胞毒素，是疾病发病机制的主要原因之一，但目前还不清楚 ExoU 引起这种致命性和细胞死亡的具体机制。

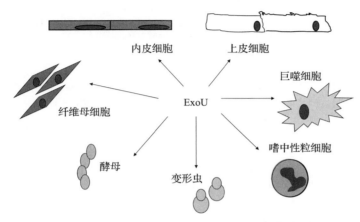

图 8.2　多种细胞类型对 ExoU 介导的杀伤活性非常敏感，包括成纤维细胞、上皮细胞、内皮细胞和哺乳动物组织的巨噬细胞，以及单细胞真核生物，如盘基网柄菌（变形虫）和酿酒酵母（酵母）

8.5　ExoU 最终被鉴定为磷脂酶 A₂

关于 ExoU 毒性背后的酶活性的早期线索是从氨基酸序列分析中观察到这种细菌毒素具有 Patatin 结构域[35]。具有 Patatin 结构域的酶表现出不同于经典脂肪酶催化三联体的催化二联体[1, 2]。Patatin 是一种含量丰富的马铃薯块茎蛋白，是被认为具有该结构域的祖先酶；然而，现在人们认识到，几种具有 PLA₂ 活性的哺乳动物酶都编码该关键结构域[1, 2]。这些哺乳动物酶包括上述的 cPLA₂-α 和 iPLA₂-β[1, 2]。cPL A₂-α 和 iPLA₂-β（催化丝氨酸）的抑制剂，而非 sPLA₂（催化组氨酸）的抑制剂，能够阻止 ExoU 介导的细胞毒性[40, 41]。ExoU 序列中 Patatin 结构域的主要特征包括富含甘氨酸的核苷酸结合基序 G–X–G–X–X–G/A，位于 Ser–142 的丝氨酸水解酶基序 G–X–S–X–G，以及位于 Asp–344 的保守活性位点天冬氨酸残基 D–X–G/A（图 8.3）[9, 41]。通过突变分析，得出结论：Ser–142 和 Asp–344 对 ExoU 引起上皮细胞损伤和急性肺损伤的能力至关重要[34]。此外，已确定这些残基赋予了 ExoU PLA₂ 活性，这种活性对于促进铜绿假单胞菌定殖和在角膜划痕小鼠感染模型中的角膜疾病相关病理也至关重要[12]。

ExoU 具有广泛的底物特异性，作用于磷脂和中性脂，与 cPLA₂ 和 iPLA₂ 亚型一样，也表现出溶血磷脂酶活性[42]。ExoU 不能在细胞外发挥细胞毒性，必须存在于细胞内，在那里它能够与胞浆辅助因子相互作用，并接触质膜胞浆表面的底物[9]。ExoU 与细胞膜脂质底物

铜绿假单胞菌　　　　　　　　　　　　　ExoU　　　　　　　　　　磷脂酶 A₂

```
MHIQSLGATASSLNQEPVETPSQAAHKSASLRQEPSGQGLGVALKSTPGILSGKLPESV
SDVRFSSPQGQGESRTLTDSAGPRQITLRQFENGVTELQLSRPPLTSLVLSGGGAKGAA
YPGAMLALEEKGMLDGIRSMSGSSAGGITAALLASGMSPAAFKTLSDKMDLISLLDSSN
KKLKLFQHISSEIGASLKKGLGNKIGGFSELLLNVLPRIDSRAEPLERLLRDETRKAVL
GQIATHPEVARQPTVAAIASRLQSGSGVTFGDLDRLSAYIPQIKTLNITGTAMFEGRPQ
LVVFNASHTPDLEVAQAAHISGSFPGVFQKVSLSDQPYQAGVEWTEFQDGGVMINVPVP
EMIDKNFDSGPLRRNDNLILEFEGEAGEVAPDRGTRGGALKGWVVGVPALQAREMLQLE
GLEELREQTVVVPLKSERGDFSGMLGGTLNFTMPDEIKAHLQERLQERVGEHLEKRLQA
SERHTFASLDEALLALDDSMLTSVAQQNPEITDGAVAFRQKARDAFTELTVAIVSANGL
AGRLKLDEAMRSALQRLDALADTPERLAWLAAELNHADNVDHQQLLDAMRGQTVQSPVL
AAALAEAQRRKVAVIAENIRKEVIFPSLYRPGQPDSNVALLRRAEEQLRHATSPAEINQ
ALNDIVDNYSARGFLRFGKPLSSTTVEMAKAWRNKEFT
```

Patatin结构域：活性位点ser-142 和 asp-344

泛素化位点：Lys-178

图 8.3　ExoU 的一级氨基酸序列用关键残基突出显示，包括 Patatin 结构域
（黑色突出显示部分）和泛素化位点（红色下划线部分）

的相互作用被认为会干扰脂质代谢，破坏细胞膜完整性，导致细胞死亡[9]。最初的证据表明超氧化物歧化酶 1（SOD1）是与 ExoU 相互作用的真核辅因子[43]。后来证实，SOD1 介导的 ExoU 活性增强是泛素化 SOD1 作用的结果，真正激活 ExoU 的是泛素和泛素化蛋白，它通过与 ExoU 结合并改变其构象，从而促进 ExoU 与质膜内底物的相互作用（图 8.1）[44, 45]。ExoU 的 C 末端区域在这方面似乎很重要[46, 47]。ExoU 还与 PIP_2 有关，PIP_2 是一种额外的辅助因子，与泛素一起作用来增强 ExoU 的活性（图 8.1）[48]。有趣的是，PIP_2 能够与哺乳动物的 $cPLA_2-\alpha$ 以及 ExoU 结合，在促进膜结合和酶活性方面起到类似的作用[49]。强效毒素（如 ExoU）需要真核辅因子如泛素、泛素化蛋白和 PIP_2 来发挥功能，这些辅因子可能会将 ExoU 的活性集中在预期的靶点上，并防止 ExoU 直接作用于产生它的细菌并对其造成伤害[9]。除了与作为促进活化的关键真核辅因子泛素结合外，ExoU 本身也可以在宿主环境中泛素化。由于膜定位，ExoU 可以在 Lys-178 上泛素化（图 8.3）[50]。由此可见，铜绿假单胞菌毒素 ExoU 明显与宿主细胞有着错综复杂的关系。这种关系可以通过 ExoU 所具有的 PLA_2 活性使宿主细胞快速死亡从而导致疾病。哺乳动物的 PLA_2 酶种类繁多，在各种类型细胞中含量丰富，这并不意味着对产生它们的细胞具有毒性[1, 2]。这些酶，包括 $cPLA_2-\alpha$，在细胞过程中发挥着不那么显著但非常重要的作用[1, 2]。有趣的是，一些研究人员观察到，在某些情况下，ExoU 也可以对宿主细胞产生更微妙的作用，这些作用会对疾病过程产生影响。

8.6　ExoU 在疾病中除细胞毒性之外的作用

由于 ExoU 是一种对许多细胞具有高度致命性的毒素，人们自然而然地认为这种酶表现出的磷脂酶活性主要是通过破坏细胞膜来促进细胞的破坏[27, 34, 35, 38, 40-42]。哺乳动物编码的 PLA_2 通过其产生花生四烯酸的能力参与广泛的细胞活动，花生四烯酸是一类被称为类二十烷酸的重要炎症和抗炎症脂质介质的底物[1, 2]。事实上，这些功能也被归因于 ExoU，这表明在某些情况下，生产 ExoU 的铜绿假单胞菌的致病途径是基于操纵宿主细胞过程而不

是直接攻击宿主细胞。感染携带 ExoU 的铜绿假单胞菌后，内皮细胞会产生类二十烷前列腺素 E_2（PGE_2）和前列环素（PGI_2）[36]。研究观察到增强类二十烷前体和 PLA_2 酶产物花生四烯酸的释放需要具有功能性 PLA_2 活性的 ExoU[36, 51]。此外，在急性铜绿假单胞菌肺炎感染期间，ExoU 的表达与小鼠肺泡内 PGE_2 释放增加有关[36, 51]。这些由 ExoU 的 PLA_2 活性产生的脂质介质可能导致感染过程中细菌扩散以及增加感染性休克风险[36, 51]。呼吸道上皮细胞内 ExoU 的存在也可能导致 PGE_2 的过度产生，这可能会影响感染过程中的炎症反应[52]。目前尚不清楚 ExoU 是否能够在宿主细胞中释放花生四烯酸，从而促进其他具有不同功能的类二十烷化合物（如白细胞三烯、脂氧素或羟基环氧素）的产生。ExoU 通过 PLA_2 介导的花生四烯酸释放指导产生脂质介质的能力可能与 ExoU 介导的膜破裂和细胞死亡相平衡。这种平衡可能取决于细胞内 ExoU 的定位、ExoU 中毒的水平和携带 ExoU 细胞的类型，以上每个方面都指导着铜绿假单胞菌的感染过程。

除了通过 PLA_2 介导的花生四烯酸释放直接影响类二十烷合成外，ExoU 还能够刺激产生参与炎症和细胞募集的细胞因子、趋化因子和黏附分子[10, 53]。ExoU 通过 c-Jun N 末端激酶通路和 NF-κB 通路介导呼吸道上皮细胞释放 IL-8[54]。该通路的激活依赖于 PLA_2 活性而不依赖于细胞死亡。研究观察到细胞内黏附分子 1（ICAM-1）通过特异性地减少膜结合形式并增加可溶性形式来对内皮细胞的调节作用是以依赖 ExoU 的方式进行的[53]。ExoU 也已被证明能够直接影响炎症反应[55]。缺乏 ExoU 的铜绿假单胞菌能够通过刺激 IPAF/NLRC4 炎症因子来杀死巨噬细胞，从而导致 caspase-1 激活和 IL-1β 释放。相反，表达 ExoU 的铜绿假单胞菌通过不依赖 caspase-1 的途径破坏巨噬细胞，由此 ExoU 以 PLA_2 活性依赖的方式抑制 caspase-1 的激活[55]。显然，ExoU 表现出的 PLA_2 活性能够以不仅是简单地破坏磷脂膜并导致宿主细胞死亡的方式来操纵宿主细胞。

8.7 其他与 ExoU 相似的微生物毒力因子

越来越多的证据表明，其他致病菌具有与 ExoU 相似的毒力因子[56, 57]。肺炎军团菌是一种革兰阴性肺部病原体，可引起一种通常被称为军团病的严重肺炎[57]。已鉴定出一种名为 VipD 的毒力因子，它由一种不同于Ⅲ型的分泌系统（称为Ⅳ型分泌系统）注射到宿主巨噬细胞中[57]。VipD 与 ExoU 有显著的序列相似性，包括保守的磷脂酶结构域。VipD 在酵母中表达时表现出轻微的毒性，当 PLA_2 活性位点丝氨酸和天冬氨酸被丙氨酸取代时，这种毒性被部分消除[57]。与 ExoU 一样，VipD 也表现出 PLA_2 活性，这种活性是观察到的轻微毒性产生的原因。最近的证据表明，VipD 以线粒体膜为靶标，导致磷脂酰乙醇胺（PE）和磷脂酰胆碱（PC）的水解[58]。由于 VipD 水解了膜中的 PE 和 PC，游离脂肪酸和 2- 溶血磷脂被释放出来。这些脂质介质有助于细胞色素 C 从线粒体膜解离，这很可能导致 caspase-3 的激活[58]。

在立克次体中也发现了 ExoU 同源物[56, 59]。立克次氏体，如普氏立克次体和斑疹伤寒立克次体是革兰阴性专性细胞内病原体，某些立克次氏体代表严重的人类病原体[56, 59]。多年来，立克次氏体中 PLA_2 活性的存在一直受到重视，并被认为有可能促进宿主细胞进入、宿主细胞液泡的裂解和 / 或宿主细胞的裂解[56, 59]。已鉴定出具有 PLA$_2$ 活性的基因，这些基因与 ExoU 有相当大的序列相似性，包括含有活性位点丝氨酸和天冬氨酸的 Patatin 结构域。由这些被称为 pat1 和 pat2 的基因编码的蛋白质被释放到宿主细胞的细胞质中，并可能在感染过程中发挥作用[56, 59]。

8.8　结论

显示 PLA$_2$ 活性的酶的种类繁多，含量丰富，且在无数细胞功能中发挥重要作用。基于此，PLA$_2$ 的损伤或行为改变是多种疾病的基础表现。因此，病原菌采取利用这种酶活性的策略以促进其在真核宿主细胞环境中的生存和传播也就不足为奇了。ExoU 就是这种现象的一个很好的例子，它通过其 PLA$_2$ 酶活性对多种疾病过程产生直接和独立的影响。随着新出现的具有 Patatin 结构域的细菌基因被发现，表明其他病原体似乎也进化出了这一策略。阐明铜绿假单胞菌定殖不同组织和细胞类型后 ExoU 在细胞中毒中的多方面作用，最终将提供有效对抗这些严重和棘手的人类感染所需的关键知识。

参考文献

1. Dennis EA, Cao J, Hsu YH, Magrioti V, Kokotos G (2011) Phospholipase A2 enzymes: physical structure, biological function, disease implication, chemical inhibition, and therapeutic intervention. Chem Rev 111:6130–6185
2. Hurley BP, McCormick BA (2008) Multiple roles of phospholipase A$_2$ during lung infection and inflammation. Infect Immun 76:2259–2272
3. Murakami M, Lambeau G (2013) Emerging roles of secreted phospholipase A$_2$ enzymes: an update. Biochimie 95:43–50
4. Hurley B, Siccardi D, Mrsny RJ, McCormick BA (2004) Polymorphonuclear cell transmigration induced by Pseudomonas aeruginosa requires the eicosanoid hepoxilin A3. J Immunol 173:5712–5720
5. Hurley BP, Williams NL, McCormick BA (2006) Involvement of phospholipase A2 in Pseudomonas aeruginosa-mediated PMN transepithelial migration. Am J Physiol Lung Cell Mol Physiol 290:L703–L709
6. Kandasamy P, Zarini S, Chan ED et al (2011) Pulmonary surfactant phosphatidylglycerol inhibits Mycoplasma pneumoniae-stimulated eicosanoid production from human and mouse macrophages. J Biol Chem 286:7841–7853
7. Kirschnek S, Gulbins E (2006) Phospholipase A$_2$ functions in Pseudomonas aeruginosa-induced apoptosis. Infect Immun 74:850–860
8. Engel J, Balachandran P (2009) Role of Pseudomonas aeruginosa type III effectors in disease. Curr Opin Microbiol 12:61–66
9. Sato H, Frank DW (2004) ExoU is a potent intracellular phospholipase. Mol Microbiol 53:1279–1290
10. Sitkiewicz I, Stockbauer KE, Musser JM (2007) Secreted bacterial phospholipase A$_2$ enzymes: better living through phospholipolysis. Trends Microbiol 15:63–69
11. Lyczak JB, Cannon CL, Pier GB (2002) Lung infections associated with cystic fibrosis. Clin Microbiol Rev 15:194–222
12. Tam C, Lewis SE, Li WY et al (2007) Mutation of the phospholipase catalytic domain of the

Pseudomonas aeruginosa cytotoxin ExoU abolishes colonization promoting activity and reduces corneal disease severity. Exp Eye Res 85:799–805

13. Siegel RE (2008) Emerging gram-negative antibiotic resistance: daunting challenges, declining sensitivities, and dire consequences. Respir Care 53:471–479

14. Ramirez JC, Fleiszig SM, Sullivan AB et al (2012) Traversal of multilayered corneal epithelia by cytotoxic Pseudomonas aeruginosa requires the phospholipase domain of exoU. Invest Ophthalmol Vis Sci 53:448–453

15. Frank DW (2012) Research topic on Pseudomonas aeruginosa, biology, genetics, and host-pathogen interactions. Front Microbiol 3:20

16. Goodman AL, Lory S (2004) Analysis of regulatory networks in Pseudomonas aeruginosa by genomewide transcriptional profiling. Curr Opin Microbiol 7:39–44

17. Feldman M, Bryan R, Rajan S et al (1998) Role of flagella in pathogenesis of Pseudomonas aeruginosa pulmonary infection. Infect Immun 66:43–51

18. DiMango E, Zar HJ, Bryan R, Prince A (1995) Diverse Pseudomonas aeruginosa gene products stimulate respiratory epithelial cells to produce interleukin-8. J Clin Invest 96:2204–2210

19. Prince A (2006) Flagellar activation of epithelial signaling. Am J Respir Cell Mol Biol 34:548–551

20. Hahn HP (1997) The type-4 pilus is the major virulence-associated adhesin of Pseudomonas aeruginosa—a review. Gene 192:99–108

21. Whitchurch CB, Alm RA, Mattick JS (1996) The alginate regulator AlgR and an associated sensor FimS are required for twitching motility in Pseudomonas aeruginosa. Proc Natl Acad Sci U S A 93:9839–9843

22. Lizewski SE, Lundberg DS, Schurr MJ (2002) The transcriptional regulator AlgR is essential for Pseudomonas aeruginosa pathogenesis. Infect Immun 70:6083–6093

23. Garcia-Medina R, Dunne WM, Singh PK, Brody SL (2005) Pseudomonas aeruginosa acquires biofilm-like properties within airway epithelial cells. Infect Immun 73:8298–8305

24. Finck-Barbancon V, Goranson J, Zhu L et al (1997) ExoU expression by Pseudomonas aeruginosa correlates with acute cytotoxicity and epithelial injury. Mol Microbiol 25:547–557

25. Fleiszig SM, Wiener-Kronish JP, Miyazaki H et al (1997) Pseudomonas aeruginosa-mediated cytotoxicity and invasion correlate with distinct genotypes at the loci encoding exoenzyme S. Infect Immun 65:579–586

26. Hauser AR, Kang PJ, Engel JN (1998) PepA, a secreted protein of Pseudomonas aeruginosa, is necessary for cytotoxicity and virulence. Mol Microbiol 27:807–818

27. Allewelt M, Coleman FT, Grout M, Priebe GP, Pier GB (2000) Acquisition of expression of the Pseudomonas aeruginosa ExoU cytotoxin leads to increased bacterial virulence in a murine model of acute pneumonia and systemic spread. Infect Immun 68:3998–4004

28. Kurahashi K, Kajikawa O, Sawa T et al (1999) Pathogenesis of septic shock in Pseudomonas aeruginosa pneumonia. J Clin Invest 104:743–750

29. Finck-Barbancon V, Frank DW (2001) Multiple domains are required for the toxic activity of Pseudomonas aeruginosa ExoU. J Bacteriol 183:4330–4344

30. Rabin SD, Veesenmeyer JL, Bieging KT, Hauser AR (2006) A C-terminal domain targets the Pseudomonas aeruginosa cytotoxin ExoU to the plasma membrane of host cells. Infect Immun 74:2552–2561

31. Finck-Barbancon V, Yahr TL, Frank DW (1998) Identification and characterization of SpcU, a chaperone required for efficient secretion of the ExoU cytotoxin. J Bacteriol 180:6224–6231

32. Diaz MH, Hauser AR (2010) Pseudomonas aeruginosa cytotoxin ExoU is injected into phago-cytic cells during acute pneumonia. Infect Immun 78:1447–1456

33. Hauser AR, Engel JN (1999) Pseudomonas aeruginosa induces type-III-secretion-mediated apoptosis of macrophages and epithelial cells. Infect Immun 67:5530–5537

34. Pankhaniya RR, Tamura M, Allmond LR et al (2004) Pseudomonas aeruginosa causes acute lung injury via the catalytic activity of the patatin-like phospholipase domain of ExoU. Crit Care Med 32:2293–2299

35. Rabin SD, Hauser AR (2003) Pseudomonas aeruginosa ExoU, a toxin transported by the type III secretion system, kills Saccharomyces cerevisiae. Infect Immun 71:4144–4150

36. Saliba AM, Nascimento DO, Silva MC et al (2005) Eicosanoid-mediated proinflammatory activity of Pseudomonas aeruginosa ExoU. Cell Microbiol 7:1811–1822

37. Pukatzki S, Kessin RH, Mekalanos JJ (2002) The human pathogen Pseudomonas aeruginosa utilizes conserved virulence pathways to infect the social amoeba Dictyostelium discoideum. Proc Natl Acad Sci U S A 99:3159–3164

38. McMorran B, Town L, Costelloe E et al (2003) Effector ExoU from the type III secretion system is an important modulator of gene expression in lung epithelial cells in response to Pseudomonas aeruginosa infection. Infect Immun 71:6035–6044
39. Shaver CM, Hauser AR (2004) Relative contributions of Pseudomonas aeruginosa ExoU, ExoS, and ExoT to virulence in the lung. Infect Immun 72:6969–6977
40. Phillips RM, Six DA, Dennis EA, Ghosh P (2003) In vivo phospholipase activity of the Pseudomonas aeruginosa cytotoxin ExoU and protection of mammalian cells with phospholipase A_2 inhibitors. J Biol Chem 278:41326–41332
41. Sato H, Frank DW, Hillard CJ et al (2003) The mechanism of action of the Pseudomonas aeruginosa-encoded type III cytotoxin, ExoU. EMBO J 22:2959–2969
42. Tamura M, Ajayi T, Allmond LR et al (2004) Lysophospholipase A activity of Pseudomonas aeruginosa type III secretory toxin ExoU. Biochem Biophys Res Commun 316:323–331
43. Sato H, Feix JB, Frank DW (2006) Identification of superoxide dismutase as a cofactor for the pseudomonas type III toxin, ExoU. Biochemistry 45:10368–10375
44. Anderson DM, Feix JB, Monroe AL et al (2013) Identification of the major ubiquitin-binding domain of the Pseudomonas aeruginosa ExoU A2 phospholipase. J Biol Chem 288:26741–26752
45. Anderson DM, Schmalzer KM, Sato H et al (2011) Ubiquitin and ubiquitin-modified proteins activate the Pseudomonas aeruginosa T3SS cytotoxin, ExoU. Mol Microbiol 82:1454–1467
46. Schmalzer KM, Benson MA, Frank DW (2010) Activation of ExoU phospholipase activity requires specific C-terminal regions. J Bacteriol 192:1801–1812
47. Veesenmeyer JL, Howell H, Halavaty AS et al (2010) Role of the membrane localization domain of the Pseudomonas aeruginosa effector protein ExoU in cytotoxicity. Infect Immun 78:3346–3357
48. Tyson GH, Hauser AR (2013) Phosphatidylinositol 4,5-bisphosphate is a novel coactivator of the Pseudomonas aeruginosa cytotoxin ExoU. Infect Immun 81:2873–2881
49. Six DA, Dennis EA (2003) Essential Ca^{2+}-independent role of the group IVA cytosolic phospholipase A_2 C2 domain for interfacial activity. J Biol Chem 278:23842–23850
50. Stirling FR, Cuzick A, Kelly SM, Oxley D, Evans TJ (2006) Eukaryotic localization, activation and ubiquitinylation of a bacterial type III secreted toxin. Cell Microbiol 8:1294–1309
51. Saliba AM, de Assis MC, Nishi R et al (2006) Implications of oxidative stress in the cytotoxicity of Pseudomonas aeruginosa ExoU. Microbes Infect 8:450–459
52. Plotkowski MC, Brandão BA, de Assis MC et al (2008) Lipid body mobilization in the ExoU-induced release of inflammatory mediators by airway epithelial cells. Microb Pathog 45:30–37
53. Lins RX, de Assis MC, Mallet de Lima CD et al (2010) ExoU modulates soluble and membrane-bound ICAM-1 in Pseudomonas aeruginosa-infected endothelial cells. Microbes Infect 12:154–161
54. Cuzick A, Stirling FR, Lindsay SL, Evans TJ (2006) The type III pseudomonal exotoxin U activates the c-Jun NH2-terminal kinase pathway and increases human epithelial interleukin-8 production. Infect Immun 74:4104–4113
55. Sutterwala FS, Mijares LA, Li L et al (2007) Immune recognition of Pseudomonas aeruginosa mediated by the IPAF/NLRC4 inflammasome. J Exp Med 204:3235–3245
56. Housley NA, Winkler HH, Audia JP (2011) The Rickettsia prowazekii ExoU homologue possesses phospholipase A1 (PLA1), PLA2, and lyso-PLA2 activities and can function in the absence of any eukaryotic cofactors in vitro. J Bacteriol 193:4634–4642
57. VanRheenen SM, Luo ZQ, O'Connor T, Isberg RR (2006) Members of a Legionella pneumophila family of proteins with ExoU (phospholipase A) active sites are translocated to target cells. Infect Immun 74:3597–3606
58. Zhu W, Hammad LA, Hsu F, Mao Y, Luo ZQ et al (2013) Induction of caspase 3 activation by multiple Legionella pneumophila Dot/Icm substrates. Cell Microbiol 15:1783–1795
59. Rahman MS, Gillespie JJ, Kaur SJ et al (2013) Rickettsia typhi possesses phospholipase A2 enzymes that are involved in infection of host cells. PLoS Pathog 9:e1003399

9 磷脂酶 A_2 在中枢神经系统损伤和疾病中的表达及作用

Samuel David 和 Rubèn Lòpez-Vales

摘要 磷脂酶 A_2（PLA_2）水解细胞膜上的磷脂生成游离脂肪酸和溶血磷脂。PLA_2 的水解产物可以产生大约 24 种不同的生物活性脂质介质，这些脂质介质与特异性受体结合，从而调节炎症的各种反应。这些脂质介质同时还在神经系统的正常生理功能中发挥作用，其中大部分仍有待深入阐明。PLA_2 位于代谢通路的上游，下游有大量的其他酶，这些酶可以产生更多的介质。因此，调节 PLA_2 的活性可以影响许多下游通路，并可能成为治疗的重点。哺乳动物中大约有 24 种 PLA_2，但到目前为止，只有一些种类被报道在神经系统中进行表达。在本章中，我们将回顾总结 PLA_2 在神经系统中表达和作用的各种实验证据，重点关注其在脊髓损伤和实验性自身免疫性脑脊髓炎这两种神经系统疾病中的研究进展。

关键词 磷脂酶 A_2；脊髓损伤；多发性硬化；实验性自身免疫性脑脊髓炎；中枢神经系统炎症；脱髓鞘

9.1 引言

尽管磷脂酶 A_2（PL A_2）在除神经组织以外的多种组织中的作用已有大量研究，但 PLA_2 在神经系统中的作用仍是一个新兴领域。鉴于 PLA_2 的数量之多，以及它们在调节多种细胞和组织反应中的不同功能，我们将会看到更多的证据表明它们参与了正常神经系统功能和神经系统疾病的发生过程中。在本章中，我们将关注 PLA_2 在两种截然不同的中枢神经系统（CNS）炎症模型中的作用——脊髓损伤（SCI）和实验性自身免疫性脑脊髓炎（EAE），一种广泛使用的多发性硬化症模型。

中枢神经系统的损伤会在几分钟内引发炎症反应。这种损伤诱导的 CNS 组织炎症在最初的 2 周内达到最大，并且持续数周[1]。尽管在任何组织损伤中，炎症反应都是为了恢复组织内稳态、预防感染和启动伤口愈合，但这种反应在某些方面可能会导致不必要的组织损伤和瘢痕形成，进而可能会导致中枢神经系统出现重大问题。与许多其他组织不同，中枢神经系统在组织再生、修复受损神经元和少突胶质细胞以及轴突再生方面的能力非常有限。这与周围神经形成鲜明对比，在周围神经中，损伤后的炎症反应在促进轴突再生方面起着重要作用[2, 3]。在这里，我们将重点放在对脊髓损伤的研究上，在这些研究中，炎症已经被证明介导了继发性组织损伤，包括神经元和髓鞘的丢失，以及组织完整性丧失进一步导致的轴突丧失[4, 5]。预防或减少脊髓损伤后感染性继发损伤可改善功能丧失、优化组织、修复稳态环境。脊髓损伤后的炎症主要是一种先天免疫反应，涉及巨噬细胞、小胶质细胞和中性粒细胞，随后也观察到适应性免疫反应的某些方面，包括 T 淋巴细胞、B 淋巴细胞和抗体的产生[6-8]。因此，脊髓损伤后的炎症涉及许多细胞类型，包括驻留的中枢神经系统细胞和外周免疫细胞，以及各种细胞外免疫介质和细胞内信号通路[5]。多种途径参与了这种炎症反应的不同方面。因此，免疫介体可能是理想的治疗靶点，因为免疫介体可通过多种途径出现并影响炎症反应的不同方面。PLA_2 超家族及其下游介质就是这样一个多功能系统，它调节炎症反应的各个方面，并与中枢神经系统损伤有关，因为这些酶的主要产物之一溶血磷脂酰胆碱（LPC）是一种有效的脱髓鞘物质。而完整轴突的脱髓鞘被认为是导致脊髓损伤后功能丧失的一个重要因素[9-11]。我们讨论的中枢神经系统的另一个情况是 PLA_2 在 EAE 中的作用。EAE 的神经病理学特征是脊髓内多个局灶性炎性病变，其中包含脱髓鞘区域和轴突丢失[12]。不同于脊髓损伤的主要先天免疫反应，EAE 是一种中枢神经系统自身免疫性疾病。它是通过用髓鞘抗原和佐剂免疫小鼠而产生的，可以触发 Th1、Th17、CD4 T 细胞的反应。这种适应性免疫反应还涉及 CD8 T 细胞、巨噬细胞和小胶质细胞的激活，以及一系列促炎性趋化因子和细胞因子[12]。免疫后，T 细胞在周围淋巴结中被激活，随后离开淋巴组织，通过循环进入中枢神经系统。一旦进入中枢神经系统，这些细胞就会重新激活，导致巨噬细胞从外周循环流入中枢神经系统。这些免疫细胞从外周进入也会触发包括小胶质细胞和星形胶质细胞在内的常驻胶质细胞的激活，从而建立一个炎症环境，导致髓鞘丢失和对少突胶质细胞以及轴突和神经元的损害。与脊髓损伤一样，多条途径参与了 EAE 免疫反应的触发。研究者发现 PLA_2 超家族参与了 EAE 的发病过程。更重要的是，PLA$_2$ 超家族的不同成员在脊髓损伤和 EAE 中的作用存在显著差异。在这一章中，我们将比较这些差异，并讨论其在发病机制和作为治疗靶点方面的潜在相关性。首先，简要介绍 PLA$_2$ 及其下游的一些产物，这些产物可以调节不同的促炎性和促解性反应。

9.2　磷脂酶 A$_2$

PLA$_2$ 水解细胞膜上磷脂中 sn-2 位的酰基键，释放游离脂肪酸，形成溶血磷脂[13, 14]。如果释放的脂肪酸是花生四烯酸（AA），则可以通过环氧合酶 1 和环氧合酶 2（COX-1，COX-2）产生前列腺素（PG）（如 PGE2，PGD2，15dPGJ2，PGI2）和血栓素，或通过脂氧合酶（LOX）产生白三烯（LT）（如 LTB4，LTC4，LTD4，LTE4）。这些二十烷类化合物在触发炎症方面都有不同的作用。与 AA（一种 ω-6 脂肪酸）不同，如果释放的脂肪酸是 ω-3 多不饱和脂肪酸（PUFAs），如二十二碳六烯酸（DHA）和二十碳五烯酸（EPA），它们可以通过 5-LOX 和 12/15-LOX 的作用产生促分解脂质介质。这些促分解的脂质介质称为 D 或 E 系列的消退素（resolvins）和 maresins，它们表现出活跃的活性并以此以关闭炎症反应[15]。此外，如果形成的溶血磷脂是 LPC，可以产生血小板激活因子和溶血磷脂酸。LPC 本身是一种有效的脱髓鞘剂，可以诱导成年哺乳动物中枢神经系统的快速脱髓鞘[16]。LPC 还可以诱导 CNS 中促炎趋化因子和细胞因子的表达，包括 MCP-1、MIP-1α、GM-CSF 和 TNF-α[17]。因此，PLA$_2$ 产生了多种生物活性脂质介质，这些脂质介质产生广泛的反应，促进炎症反应。PLA$_2$ 超家族由分泌型和细胞内型组成，包括约 21 种不同的哺乳动物形式——12 种分泌型 PLA$_2$（sPLA$_2$）（sPLA$_2$-GⅠB、sPLA$_2$-ⅡA、sPLA$_2$-ⅡC、sPLA$_2$-ⅡD、sPLA$_2$-ⅡE、sPLA$_2$-ⅡF、sPLA$_2$-Ⅲ、sPLA$_2$-Ⅴ、sPLA$_2$-Ⅶ、sPLA$_2$-Ⅹ、sPLA$_2$-ⅫA 和 sPLA$_2$-ⅫB），以及 9 种胞内型 PLA$_2$，其分为 6 种钙离子依赖型 PLA$_2$s（cPLA$_2$ GⅣA、cPLA$_2$-ⅣB、cPLA$_2$-ⅣC、cPLA$_2$-ⅣD、cPLA$_2$-ⅣE、cPLA$_2$-ⅣF）和 3 种非钙离子依赖型 PLA$_2$。据报道，其中只有一部分在神经系统中表达。sPLA$_2$、sPLA$_2$-ⅡA 和 sPLA$_2$-Ⅴ 在中枢神经系统的各种炎症反应中表达[18-22]。sPLA$_2$ 也被证明与疼痛有关[23]。有证据表明，sPLA$_2$-Ⅹ 由背根神经节中的神经元亚群表达，并在体外介导疼痛反应和轴突生长[24, 25]。sPLA$_2$-Ⅹ 也可由副交感神经元表达，并影响自主神经反应[25, 26]。cPLA$_2$ 已被证明与脑卒中、EAE、脊髓损伤和周围神经的沃勒变性有关[3, 19, 21, 27]，并且还被证明介导疼痛反应[28]。在婴儿神经轴索营养不良、伴有脑铁积聚的神经变性（NBIA）中发现了人类 iPLA$_2$-GⅥA（PLA2G6）突变[29, 30]。iPLA$_2$-GⅥA 缺失小鼠[31, 32]以及由 N-乙基-N-亚硝基脲诱发的 Pla2g6 突变小鼠也表现出类似的轴突变性病理[33]。阿尔茨海默病患者脑脊液中的 sPLA$_2$ 活性升高[34]，而胞内型 PLA$_2$（cPLA$_2$-GⅣ 和 iPLA$_2$-GⅥ）活性降低[35]。此处，我们将重点讨论 PLA$_2$ 超家族各成员在脊髓损伤和实验性自身免疫性脑脊髓炎中的表达和作用。

9.3 PLA₂ 在脊髓损伤中的作用

PLA₂ 酶及其下游产物在炎症反应的起始和消退阶段较为重要[36]。如前所述，PLA₂ 的作用产生的 AA 被 COX-1/2 和脂氧合酶代谢生成二十烷酸。COX-2 是产生前列腺素的限速酶，在脊髓损伤中表达上调。COX-2 在脊髓损伤后数小时内升高，并在随后数天内持续升高[37-39]，而 COX-1 在脊髓损伤后表达升高，并且在大鼠中持续数周，在人脑损伤中则持续数月[40, 41]，这表明在中枢神经系统损伤后可能会持续产生前列腺素，并持续长时间的炎症反应。在损伤 72h 内，脊髓中 PGE2 的水平显著升高[38]。然而，最近的数据显示，在损伤后 9 个月，脊髓损伤处的 PGE2 水平升高，但与损伤后 24h 相比其水平较低[42]。研究者已经报道，在损伤后的第一个 5d 内，脊髓损伤后没有诱导 PGD2 的合成，但在第 14d 时，PGD2 的合成增加了三倍[43]。目前尚不清楚它是否会在这个时间点之后继续升高。由 AA 通过 5-LOX 生成的白三烯也是炎症反应和血管变化的重要调节因子[36]。尽管 LOX 酶的表达尚未在 SCI 中得到表征，但 LTC4 和 LTB4 水平在损伤后迅速升高[44, 45]，并且在损伤后 9 个月，LTB4 在脊髓中仍保持较高水平[45]。

表 9.1　脊髓损伤和 EAE 中上调的三种 PL A₂ 蛋白的细胞定位及作用

类型	位置			作用	
	Naive	SCI	EAE	SCI	EAE
cPLA₂-GIVA	神经元	神经元	神经元	保护作用	有害
iPLA₂-GVIA	少突胶质细胞	少突胶质细胞	少突胶质细胞	有害	有害
sPLA₂-GIIA	少突胶质细胞未表达	少突胶质细胞 小胶质细胞 / 巨噬细胞 少突胶质细胞 星形胶质细胞神经元 小胶质细胞 / 巨噬细胞	巨噬细胞 T 细胞 少突胶质细胞 巨噬细胞 T 细胞	有害	未知

SCI 急性期二十烷类的产生似乎是继发性损伤的重要原因，因为 COX-2[38, 46, 47] 和 LOX[48] 的药理学抑制，以及 5-LOX[49] 的基因缺失，导致更大的运动恢复和神经保护作用。此外，在大鼠体内注射 AA 会引起更强的炎症反应，并导致更多的细胞死亡和功能缺陷[50]。然而，脊髓损伤慢性期产生的二十烷基类化合物不太可能导致继发性组织损伤，因为大部分组织变性发生在损伤后最初的几天和几周内。有趣的是，最近的一项研究表明，脊髓损伤后 8~9 个月期间给予利福酮（一种 COX/5-LOX 酶的双重抑制剂）可以降低大鼠的机械性超敏反应[42]，这表明在 SCI 发生的慢性阶段，二十烷类药物参与了神经性疼痛的发展。有研究提供了直接的证据，表明 PLA₂ 的几种下游产物，即 AA 衍生的脂质介质，在 SCI 的炎症、继发性损伤和神经性疼痛中起作用。最近的几项研究也评估了 PLA2 在脊髓损伤中的作用[20-22, 51]。

各种形式的哺乳动物 PLA_2，包括 $sPLA_2$-ⅠB、$sPLA_2$-ⅡC 和 $sPLA_2$-Ⅴ、$cPLA_2$-GⅣA 和 $iPLA_2$-GⅥA 在大鼠和小鼠脊髓中都有组成性表达[20-22]。在迄今为止研究的 14 种哺乳动物 PLA_2 中，已有报道表明，只有 $cPLA_2$-GⅣA、$iPLA_2$-GⅥA 和 $sPLA_2$-GⅡA 在 SCI 后 mRNA 和蛋白质水平显著上调（表 9.1）[21]。早期实验表明，向正常无损伤脊髓内注射蜂毒 $sPLA_2$-Ⅲ 组可诱导局灶性脱髓鞘和功能缺损[20, 52]。用花生四烯基三氟甲基酮（AACOCF3）治疗脊髓损伤大鼠的实验，首次提供了哺乳动物形式的 PLA_2 在脊髓损伤后继发性损伤中作用的直接证据。AACOCF3 是一种非选择性抑制剂，可以阻断细胞内 PLA_2（$cPLA_2$ 和 $iPLA_2$）的所有成员[51, 53]。用 AACOCF3 治疗的动物在压迫损伤后 7d（评估的最大时间点）显示神经元和少突胶质细胞的存活率更高，并且运动能力的增强程度很小，但是有显著性差异[51]。有研究者更详细地研究了 PLA_2 超家族的 22 个成员在小鼠脊髓损伤中的表达，并用一组小分子抑制剂分析了不同的 PLA_2 在脊髓损伤中的作用，包括 $cPLA_2$ 和 $iPLA_2$[21]。

研究者发现，在小鼠脊髓损伤后 3～28d，活性（磷酸化）形式的 $cPLA_2$-GⅣA 的蛋白质水平上调[21]，并且其在未损伤和损伤脊髓的神经元和少突胶质细胞中表达[20, 21]。有趣的是，尽管先前的研究显示，$cPLA_2$-GⅣA 对其他实验性神经疾病模型（如 EAE 和脑缺血）有不利影响，但使用 $cPLA_2$ 选择性抑制剂治疗的小鼠，以及 $cPLA_2$-GⅣA 基因缺失的小鼠，在脊髓损伤后出现更多的运动障碍，以及更多的神经元和髓磷脂损失[21]。这表明 $cPLA_2$-GⅣA 在脊髓损伤中具有保护作用[21]。本研究中使用的 $cPLA_2$ 抑制剂和 $cPLA_2$ 缺失小鼠也用于治疗 EAE[19] 和脑缺血[54]，突显了 $cPLA_2$ 在脊髓损伤中的作用与其他中枢神经系统疾病的显著不同。关于 $cPLA_2$ 在脊髓损伤中潜在保护作用的意外发现，可能与其在运动神经元和少突胶质细胞中正常生理功能的丧失有关，也可能与膜翻转或其他一些功能有关。

$iPLA_2$-GⅥA 在脊髓损伤后也有上调，并且在损伤后第 14 天达到峰值。$iPLA_2$-GⅥA 在少突胶质细胞中有低水平的组成性表达，但在脊髓损伤后其在该细胞类型中的表达增加[21]。在星形胶质细胞和极小比例的神经元和小胶质/巨噬细胞中也有诱导作用[21]。$iPLA_2$ 似乎有助于脊髓损伤后的一些继发性损伤，因为使用选择性和有效的 $iPLA_2$ 抑制剂（FKGK11）治疗会导致一些组织和髓鞘保留，运动功能的早期恢复非常轻微[21]。因此，同时阻断 $iPLA_2$-GⅥA 和 $cPLA_2$-GⅣA 可能只会产生很有限的效果，正如早先用 AACOCF3 抑制剂观察到的那样[51]。

与 $cPLA_2$-GⅣA 和 $iPLA_2$-GⅥA 不同，$sPLA_2$-GⅡ 在未损伤的脊髓中并非组成性表达[21]。然而，$sPLA_2$-GⅡA 蛋白水平在损伤后 3～7d 内升高[21]。少突胶质细胞和星形胶质细胞是脊髓挫伤后表达 $sPLA_2$-GⅡA 的主要细胞类型，但也有一小部分神经元和小胶质细胞/巨噬细胞表达这种酶[21]。脊髓损伤小鼠经 $sPLA_2$ 选择性小分子抑制剂（GK115）治疗后，运动恢复得到改善，髓磷脂丢失得到显著预防[21]。$sPLA_2$-GⅡA 对少突胶质细胞的有害作用与先前的体外研究一致，该研究表明重组人 $sPLA_2$-GⅡA 在分化的成年少突胶质中引起剂量依赖性细胞毒性，但在原代星形胶质细胞或施万细胞中没有影响[22]。此外，$sPLA_2$ 抑制剂（S3319）在体外可以保护少突胶质细胞免受过氧化氢或 IL-1β 和 TNF-α 介导的细胞凋亡[22]。

总之，这些结果表明，$cPLA_2$-GⅣA 在脊髓损伤中介导了有益的作用，而 $sPLA_2$-GⅡA 和 $iPLA_2$-GⅥA 则产生了有害的影响（表 9.1）。然而，脊髓损伤后使用 PLA_2 抑制剂（AX115）实现了功能和组织的最大改善，该抑制剂阻断了所有 PLA_2 约 50% 的活性[21]，这

表明需要保留 PLA_2 的一些正常生理功能才能达到最佳恢复效果。有趣的是，研究者发现 AX115 还能诱导 $cPLA_2$-GIVA 及其下游通路 COX-2、mPGES-1 和 EP1 受体的表达增加。用 EP1 拮抗剂治疗能够消除 AX115 的影响，表明该通路在脊髓损伤后的恢复过程中起着重要作用[21]。

　　不同的 PLA_2 在脊髓损伤中发挥不同作用可能是由于它们偏好产生不同的脂肪酸和溶血磷脂所导致的。例如，$cPLA_2$-GIVA 对 sn-2 位的 AA 表现出更强的偏好，从而促进了二十烷类化合物的形成[14]。虽然二十烷基类化合物通常被认为是炎症和组织退化的有害介质，但有研究表明，来自 AA 的一些生物活性脂质具有抗炎作用。15dPGJ2 是一种通过一系列非酶脱水步骤从 PGD2 中产生的抗炎前列腺素，可促进运动恢复，减少脊髓损伤后运动神经元丢失、小胶质/巨噬细胞激活以及趋化因子/细胞因子的表达[55]。同样，给药伊洛前列素（PGI2 的合成类似物）可以减少脊髓损伤中的炎症和功能缺陷[56]，这表明 PGI2 在脊髓损伤中具有保护作用。另一种由 AA 通过脂氧合作用产生的脂质代谢物，称为脂氧素 A4（LXA4），具有强大的抗炎特性，并触发炎症分解程序的激活[57]。尽管 LXA4 在脊髓损伤中的作用尚未得到评估，但其在创伤后可能有助于抑制炎症反应的激活。除了 AA，PLA_2 酶还产生 ω-3 多不饱和脂肪酸 DHA 和 EPA。这些多不饱和脂肪酸在脂氧合酶的作用下产生的代谢物，称为分解素、保护素和松脂，具有强大的抗炎和促进分解的特性[57, 58]。此外，ω-3 脂肪酸还具有抗氧化功能[59, 60]。脊髓损伤后应用 DHA 和 EPA 可减少炎症反应，提高功能和病理组织改变，表明了 ω-3 脂肪酸在脊髓损伤中的有益作用[50, 51]。给予芬维甲素（fenretinide，一种维甲酸的半合成类似物）也观察到了类似的保护作用，它可以增加受损脊髓中的 DHA 并降低 AA 水平[61]。

9.4　PLA_2 在实验性自身免疫性脑脊髓炎中的作用

　　正如在脊髓损伤中所观察到的，在所检测的 14 个 PLA_2 中，只有 4 个在 EAE 中 mRNA 表达水平上调。这些基因包括 $sPLA_2$-GIIA、$sPLA_2$-GV、$cPLA_2$-GIVA 和 $iPLA_2$-GVIA，它们在 EAE 不同阶段的脊髓中的 mRNA 表达存在差异。$cPLA_2$GIVA 的表达主要在发病时上调，$iPLA_2$-GVIA 的表达主要在发病初期和发病高峰时上调。相反，$sPLA_2$-GIIA mRNA 在疾病高峰期升高，而 $sPLA_2$-GV 在疾病高峰期和缓解期升高。有趣的是，在脾脏中，$cPLA_2$-GIVA 的表达在发病时表达量最高（4 倍），$iPLA_2$-GVIA 在疾病高峰时表达最高（3 倍），$sPLA_2$-GIIA 在疾病高峰和缓解期表达最高（2 倍）。这些发现表明这些 PLA_2 可能在脊髓和脾脏疾病的不同阶段发挥不同的作用。荧光激活细胞分选（FACS）分析免疫细胞群中蛋白质表达的结果显示，EAE 脊髓中约 40% 的巨噬细胞在发病时表达 $cPLA_2$-GIVA、$iPLA_2$-GVIA 和 $sPLA_2$-GIIA。在疾病高峰期，脊髓中 10%~20% 的 $CD4^+T$ 细胞表达水平次之。脊髓组织切片免疫荧光染色显示，在疾病高峰和缓解期，星形胶质细胞和少突胶质细胞均表达 $sPLA_2$-GIIA 和 $sPLA_2$-GV，而在 EAE 高峰时，$cPLA_2$-GIVA 在星形胶质细胞中表达，$iPLA_2$-GVIA 仅见于浸润免疫细胞。这些 PLA_2 在 EAE 和 SCI 中的表达模式在时间上也表现出非常有意思的差异：虽然 $cPLA_2$-GIVA 主要在 EAE 发病时表达，但在脊髓损伤中，它在损伤后的早期、中期、晚期（3～28d）均有表达；iPLA$_2$-GVIA 在 EAE 发病和高峰期表达，在 SCI 中在损伤后中晚期（7～28d）表达增加；而 sPLA$_2$-GIIA 在 EAE 高峰期和缓解期表达，但仅在 SCI 后急性期（3～7d）表达。

　　早期对髓鞘少突胶质细胞糖蛋白（MOG）免疫 C57BL/6 小鼠诱导的 EAE 的研究中，研究者测试了 AACOCF3 的作用，AACOCF3 阻断了两种细胞内形式的 PLA$_2$（cPLA$_2$ 和 iPLA$_2$）[53]。这些实验表明，用 AACOCF3 阻断了 cPLA$_2$ 和 iPLA$_2$，从免疫之日起至第 24d，可完全预防疾病[62]。此外，在疾病高峰期（7～20d）后进行 7d 的短暂治疗可防止随后的复发，并显著降低慢性残疾评分[62]。在后续的研究中，通过免疫蛋白脂蛋白（PLP）在 SJL/J 小鼠中产生 EAE，研究者使用高选择性的有效抑制剂（分别为 AX059 和 FKGK11）[19]，分析了 cPLA$_2$ 和 iPLA$_2$ 在 EAE 中的作用[19]，同时也用于 SCI。与脊髓损伤中 iPLA$_2$ 抑制剂（FKGK11）的效果甚微不同，在 EAE 中，无论是在 EAE 发病之前还是之后的治疗，iPLA$_2$ 抑制剂（FKGK11）都非常有效[19]。接受治疗的小鼠只表现出轻微的疾病症状（尾巴无力）[19]。然而，当 EAE 疾病在急性发作期进行治疗时，AX059 能有效阻断 cPLA$_2$[19]，且仅在治疗持续期间内才有效。一旦停止治疗，症状（偏瘫）就会出现[19]。这一数据表明，需要在整个病程中保持对 cPLA$_2$ 的抑制，才能使其有效。用缺乏 cPLA$_2$-GIVA 的小鼠（cPLA$_2$ 缺失小鼠）研究 EAE 证实了这一点，其中 cPLA$_2$ 缺失的小鼠对 EAE 具有抵抗力[63]。cPLA$_2$-GIVA 在 EAE 的 Th1 和 Th17 T 细胞分化中也发挥作用[63, 64]。其他相关数据结论也有力地表明，AACOCF3 在减轻 EAE 的发病和进展方面的显著作用可能是由于其阻断 iPLA$_2$ 的作用[19]。这些发现揭示了 iPLA$_2$ 在 SCI 和 EAE 中作用的显著差异。此外，与脊髓损伤实验不同的是，弱的 pan-PLA$_2$ 抑制剂 AX115 将三种 PLA$_2$ 阻断至约 50% 的水平是最有效的，当在免疫当天开始治疗时，AX115 对 EAE 没有影响，而当在高峰至缓解期（即 sPLA$_2$-GIIA 表达最大的时期）进行治疗时，AX115 反而会使病情恶化[19]。

　　EAE 的研究表明，cPLA$_2$-GIVA 和 iPLA$_2$-GVIA 都是有害的，而 sPLA$_2$ 的确切作用仍不清楚（表 9.1）。在两种胞内型 PLA$_2$ 中，即使在停止治疗后，阻断 iPLA$_2$ 对抑制 EAE 的进展似乎也有深远的影响。此外，研究工作还指出，cPLA$_2$ 在 SCI 和 EAE 中的作用似乎截然不同（表 9.1）。

9.5　结论

　　有趣的是，在 PLA$_2$ 超家族的所有成员中，只有三个似乎表达上调，并在两种神经疾病中发挥了作用，其中包括 cPLA$_2$-GIVA、iPLA$_2$-GVIA 和 sPLA$_2$-GIIA（表 9.1）。此外，sPLA$_2$-GV 在 EAE 中的表达也明显增加。由于被测试的抑制剂阻断了这两种形式的 sPLA$_2$，因此，目前还不能区分这些 sPLA$_2$ 的作用。从其他几个小组的研究中有证据表明，sPLA$_2$ 和 cPLA$_2$ 在脊髓损伤、EAE 和脑缺血中起作用。此外，iPLA$_2$ 在中枢神经系统中的作用的一个值得关注的结果是，在小鼠和人类中，中枢神经系统中缺乏这种酶将导致轴突发育和神经元退化。因此，需要更多的工作来探索其他形式的 PLA$_2$ 在神经系统中的正常生理作用及其对炎症和其他神经系统疾病的贡献。

参考文献

1. Donnelly DJ, Popovich PG (2008) Inflammation and its role in neuroprotection, axonal regeneration and functional recovery after spinal cord injury. Exp Neurol 209:378–388
2. Boivin A, Pineau I, Barrette B et al (2007) Toll-like receptor signaling is critical for Wallerian degeneration and functional recovery after peripheral nerve injury. J Neurosci 27: 12565–12576
3. Lopez-Vales R, Navarro X, Shimizu T et al (2008) Intracellular phospholipase A_2 group IVA and group VIA play important roles in Wallerian degeneration and axon regeneration after peripheral nerve injury. Brain 131:2620–2631
4. David S, Lopez-Vales R, Wee Yong V (2012) Harmful and beneficial effects of inflammation after spinal cord injury: potential therapeutic implications. Handb Clin Neurol 109:485–502
5. David S, Zarruk JG, Ghasemlou N (2012) Inflammatory pathways in spinal cord injury. Int Rev Neurobiol 106:127–152
6. Ankeny DP, Guan Z, Popovich PG (2009) B cells produce pathogenic antibodies and impair recovery after spinal cord injury in mice. J Clin Invest 119:2990–2999
7. Ankeny DP, Lucin KM, Sanders VM et al (2006) Spinal cord injury triggers systemic autoimmunity: evidence for chronic B lymphocyte activation and lupus-like autoantibody synthesis. J Neurochem 99:1073–1087
8. Wu B, Matic D, Djogo N et al (2012) Improved regeneration after spinal cord injury in mice lacking functional T- and B-lymphocytes. Exp Neurol 237:274–285
9. Karimi-Abdolrezaee S, Eftekharpour E, Wang J et al (2006) Delayed transplantation of adult neural precursor cells promotes remyelination and functional neurological recovery after spinal cord injury. J Neurosci 26:3377–3389
10. Keirstead HS, Nistor G, Bernal G et al (2005) Human embryonic stem cell-derived oligodendrocyte progenitor cell transplants remyelinate and restore locomotion after spinal cord injury. J Neurosci 25:4694–4705
11. Totoiu MO, Keirstead HS (2005) Spinal cord injury is accompanied by chronic progressive demyelination. J Comp Neurol 486:373–383
12. Berard JL, Wolak K, Fournier S, David S (2010) Characterization of relapsing-remitting and chronic forms of experimental autoimmune encephalomyelitis in C57BL/6 mice. Glia 58:434–445
13. Dennis EA (1994) Diversity of group types, regulation, and function of phospholipase A_2. J Biol Chem 269:13057–13060
14. Murakami M, Nakatani Y, Atsumi G et al (1997) Regulatory functions of phospholipase A_2. Crit Rev Immunol 17:225–283
15. Serhan CN, Yacoubian S, Yang R (2008) Anti-inflammatory and proresolving lipid mediators. Annu Rev Pathol 3:279–312
16. Ousman SS, David S (2000) Lysophosphatidylcholine induces rapid recruitment and activation of macrophages in the adult mouse spinal cord. Glia 30:92–104
17. Ousman SS, David S (2001) MIP-1α, MCP-1, GM-CSF, and TNF-α control the immune cell response that mediates rapid phagocytosis of myelin from the adult mouse spinal cord. J Neurosci 21:4649–4656
18. Cunningham TJ, Yao L, Oetinger M et al (2006) Secreted phospholipase A_2 activity in experimental autoimmune encephalomyelitis and multiple sclerosis. J Neuroinflamm 3:26
19. Kalyvas A, Baskakis C, Magrioti V et al (2009) Differing roles for members of the phospholipase A_2 superfamily in experimental autoimmune encephalomyelitis. Brain 132:1221–1235
20. Liu NK, Zhang YP, Titsworth WL et al (2006) A novel role of phospholipase A_2 in mediating spinal cord secondary injury. Ann Neurol 59:606–619
21. Lopez-Vales R, Ghasemlou N, Redensek A et al (2011) Phospholipase A_2 superfamily members play divergent roles after spinal cord injury. FASEB J 25:4240–4252
22. Titsworth WL, Cheng X, Ke Y et al (2009) Differential expression of sPLA₂ following spinal cord injury and a functional role for sPLA₂-IIA in mediating oligodendrocyte death. Glia 57:1521–1537
23. Svensson CI, Lucas KK, Hua XY et al (2005) Spinal phospholipase A_2 in inflammatory hyperalgesia: role of the small, secretory phospholipase A_2. Neuroscience 133:543–553

24. Masuda S, Murakami M, Takanezawa Y et al (2005) Neuronal expression and neuritogenic action of group X secreted phospholipase A$_2$. J Biol Chem 280:23203–23214

25. Sato H, Isogai Y, Masuda S et al (2011) Physiological roles of group X-secreted phospholipase A$_2$ in reproduction, gastrointestinal phospholipid digestion, and neuronal function. J Biol Chem 286:11632–11648

26. Surrel F, Jemel I, Boilard E et al (2009) Group X phospholipase A$_2$ stimulates the proliferation of colon cancer cells by producing various lipid mediators. Mol Pharmacol 76:778–790

27. Bonventre JV, Huang Z, Taheri MR et al (1997) Reduced fertility and postischaemic brain injury in mice deficient in cytosolic phospholipase A$_2$. Nature 390(6660):622–625

28. Lucas KK, Svensson CI, Hua XY et al (2005) Spinal phospholipase A$_2$ in inflammatory hyperalgesia: role of group IVA cPLA$_2$. Br J Pharmacol 144:940–952

29. Morgan NV, Westaway SK, Morton JE et al (2006) PLA$_2$G6, encoding a phospholipase A$_2$, is mutated in neurodegenerative disorders with high brain iron. Nat Genet 38:752–754

30. Khateeb S, Flusser H, Ofir R et al (2006) PLA$_2$G6 mutation underlies infantile neuroaxonal dystrophy. Am J Hum Genet 79:942–948

31. Shinzawa K, Sumi H, Ikawa M et al (2008) Neuroaxonal dystrophy caused by group VIA phospholipase A$_2$ deficiency in mice: a model of human neurodegenerative disease. J Neurosci 28:2212–2220

32. Beck G, Sugiura Y, Shinzawa K et al (2011) Neuroaxonal dystrophy in calcium-independent phospholipase A$_2$β deficiency results from insufficient remodeling and degeneration of mitochondrial and presynaptic membranes. J Neurosci 31:11411–11420

33. Wada H, Yasuda T, Miura I et al (2009) Establishment of an improved mouse model for infantile neuroaxonal dystrophy that shows early disease onset and bears a point mutation in Pla2g6. Am J Pathol 175:2257–2263

34. Chalbot S, Zetterberg H, Blennow K et al (2009) Cerebrospinal fluid secretory Ca^{2+}-dependent phospholipase A$_2$ activity is increased in Alzheimer disease. Clin Chem 55:2171–2179

35. Smesny S, Stein S, Willhardt I et al (2008) Decreased phospholipase A$_2$ activity in cerebrospinal fluid of patients with dementia. J Neural Transm 115:1173–1179

36. David S, Greenhalgh AD, Lopez-Vales R (2012) Role of phospholipase A$_2$s and lipid mediators in secondary damage after spinal cord injury. Cell Tissue Res 349:249–267

37. Adachi K, Yimin Y, Satake K et al (2005) Localization of cyclooxygenase-2 induced following traumatic spinal cord injury. Neurosci Res 51:73–80

38. Resnick DK, Graham SH, Dixon CE, Marion DW (1998) Role of cyclooxygenase 2 in acute spinal cord injury. J Neurotrauma 15:1005–1013

39. Bao F, Chen Y, Dekaban GA, Weaver LC et al (2004) An anti-CD11d integrin antibody reduces cyclooxygenase-2 expression and protein and DNA oxidation after spinal cord injury in rats. J Neurochem 90:1194–1204

40. Schwab JM, Beschorner R, Meyermann R et al (2002) Persistent accumulation of cyclooxygenase-1-expressing microglial cells and macrophages and transient upregulation by endothelium in human brain injury. J Neurosurg 96:892–899

41. Schwab JM, Brechtel K, Nguyen TD, Schluesener HJ et al (2000) Persistent accumulation of cyclooxygenase-1 (COX-1) expressing microglia/macrophages and upregulation by endothelium following spinal cord injury. J Neuroimmunol 111:122–130

42. Dulin JN, Karoly ED, Wang Y et al (2013) Licofelone modulates neuroinflammation and attenuates mechanical hypersensitivity in the chronic phase of spinal cord injury. J Neurosci 33:652–664

43. Redensek A, Rathore KI, Berard JL et al (2011) Expression and detrimental role of hematopoietic prostaglandin D synthase in spinal cord contusion injury. Glia 59:603–614

44. Mitsuhashi T, Ikata T, Morimoto K et al (1994) Increased production of eicosanoids, TXA2, PGI2 and LTC4 in experimental spinal cord injuries. Paraplegia 32:524–530

45. Moreland DB, Soloniuk DS, Feldman MJ (1989) Leukotrienes in experimental spinal cord injury. Surg Neurol 31:277–280

46. Lopez-Vales R, García-Alías G, Guzmán-Lenis MS et al (2006) Effects of COX-2 and iNOS inhibitors alone or in combination with olfactory ensheathing cell grafts after spinal cord injury. Spine 31:1100–1106

47. Resnick DK, Nguyen P, Cechvala CF (2001) Selective cyclooxygenase 2 inhibition lowers spinal cord prostaglandin concentrations after injury. Spine J 1:437–441

48. Genovese T, Rossi A, Mazzon E et al (2008) Effects of zileuton and montelukast in mouse experimental spinal cord injury. Br J Pharmacol 153:568–582

49. Genovese T, Mazzon E, Rossi A et al (2005) Involvement of 5-lipoxygenase in spinal cord

injury. J Neuroimmunol 166:55–64

50. King VR, Huang WL, Dyall SC et al (2006) Omega-3 fatty acids improve recovery, whereas omega-6 fatty acids worsen outcome, after spinal cord injury in the adult rat. J Neurosci 26:4672–4680

51. Huang W, Bhavsar A, Ward RE et al (2009) Arachidonyl trifluoromethyl ketone is neuroprotective after spinal cord injury. J Neurotrauma 26:1429–1434

52. Titsworth WL, Onifer SM, Liu NK, Xu XM (2007) Focal phospholipases A_2 group III injections induce cervical white matter injury and functional deficits with delayed recovery concomitant with Schwann cell remyelination. Exp Neurol 207:150–162

53. Ghomashchi F, Loo R, Balsinde J et al (1999) Trifluoromethyl ketones and methyl fluorophosphonates as inhibitors of group IV and VI phospholipases A_2: structure-function studies with vesicle, micelle, and membrane assays. Biochim Biophys Acta 1420:45–56

54. Tabuchi S, Uozumi N, Ishii S et al (2003) Mice deficient in cytosolic phospholipase A_2 are less susceptible to cerebral ischemia/reperfusion injury. Acta Neurochir Suppl 86:169–172

55. Kerr BJ, Girolami EI, Ghasemlou N et al (2008) The protective effects of 15-deoxy-delta-(12,14)-prostaglandin J2 in spinal cord injury. Glia 56:436–448

56. Harada N, Taoka Y, Okajima K (2006) Role of prostacyclin in the development of compression trauma-induced spinal cord injury in rats. J Neurotrauma 23:1739–1749

57. Serhan CN, Chiang N, Van Dyke TE (2008) Resolving inflammation: dual anti-inflammatory and pro-resolution lipid mediators. Nat Rev Immunol 8:349–361

58. Schwab JM, Serhan CN (2006) Lipoxins and new lipid mediators in the resolution of inflammation. Curr Opin Pharmacol 6:414–420

59. Endres S, von Schacky C (1996) n-3 polyunsaturated fatty acids and human cytokine synthesis. Curr Opin Lipidol 7:48–52

60. Sarsilmaz M, Songur A, Ozyurt H et al (2003) Potential role of dietary omega-3 essential fatty acids on some oxidant/antioxidant parameters in rats' corpus striatum. Prostaglandins Leukot Essent Fatty Acids 69:253–259

61. Lopez-Vales R, Redensek A, Skinner TA et al (2010) Fenretinide promotes functional recovery and tissue protection after spinal cord contusion injury in mice. J Neurosci 30:3220–3226

62. Kalyvas A, David S (2004) Cytosolic phospholipase A_2 plays a key role in the pathogenesis of multiple sclerosis-like disease. Neuron 41:323–335

63. Marusic S, Leach MW, Pelker JW et al (2005) Cytosolic phospholipase A_2 α-deficient mice are resistant to experimental autoimmune encephalomyelitis. J Exp Med 202:841–851

64. Marusic S, Thakker P, Pelker JW et al (2008) Blockade of cytosolic phospholipase A_2 α prevents experimental autoimmune encephalomyelitis and diminishes development of Th1 and Th17 responses. J Neuroimmunol 204:29–37

10 胞质型磷脂酶 A_2 和自体趋化蛋白的抑制剂将可作为潜在的放射性增敏剂

Dinesh Thotala，Andrei Laszlo 和 Dennis E.Hallahan

摘要　几类脂质介质最初是通过磷脂 A_2（PLA_2）对磷脂水解作用产生的，在此过程中释放出脂肪酸和溶血磷脂。脂肪酸和溶血磷脂都具有与癌症进程相关的生物学功能。其中，脂肪酸通过环氧合酶代谢为前列腺素，通过脂氧合酶代谢成白三烯；而溶血磷脂则通过自体趋化蛋白（ATX）代谢为溶血磷脂酸（LPA）。这些代谢物调节细胞分化、增殖、凋亡和衰老，从而促进组织生长、重塑和血管形成等系列内稳态的维持。而肿瘤细胞会破坏这些细胞功能，使其在局部生长，并转移到远处。各种癌症中环氧合酶和脂氧合酶的失调支持了这两种途径在肿瘤发生中的异常作用。在人类身上的药理学研究已经证实通过干预二十烷类化合物途径对控制癌症发病进程的有益效果。肿瘤微环境（TME）在肿瘤发生和治疗反应方面的重要性日益突出。一些研究专注于表征 PLA_2 产生的溶血磷脂分子，如溶血磷脂酰胆碱（LPC）及 LPA 等进一步的代谢物在血管组织应对电离辐射反应中的作用。在正常内皮细胞中，电离辐射迅速激发 $cPLA_2$ 的活性，导致 Akt 和 ERK 等促生存信号通路的激活。抑制 $cPLA_2$ 则会导致放射增敏和内皮细胞特异性功能的抑制，如细胞迁移、细胞侵袭和血小板形成。放疗和 $cPLA_2$ 抑制剂联合治疗可延缓肿瘤生长。抑制通过 LPC 产生 LPA 的胞外酶 ATX 的活性也会抑制血管内皮细胞的特异性功能，从而导致肿瘤细胞的放射性增敏作用。最后，用 $cPLA_2$ 基因敲除小鼠进行的实验结果表明，宿主成分中的 $cPLA_2$ 缺陷导致肿瘤生长延迟和肿瘤血管生成受损。来自正常 TME 产生的 $cPLA_2$ 是肿瘤发生发展的重要介质。辐射诱导的 TME 修饰导致血管生成增加，是抑制肿瘤促生存途径的新靶点。同时抑制正常组织中的炎症反应将会带来更好的治疗效果。

关键词　肿瘤微环境；磷脂酶 A_2；自体趋化蛋白；放射增敏；肿瘤血管；放射治疗

10.1 引言

用于治疗癌症的主要医疗手段包括手术、化学治疗（化疗）和放射治疗（放疗）。限制性放疗（RT）是一种广泛使用的治疗方式，据估计，多达 50% 的癌症患者接受了某种形式的放疗[2]。放疗的结果取决于肿瘤区域和所涉及的淋巴结的准确区域划定[3]。否则将导致局部复发和 / 或导致正常组织损伤增加。三维造影、多叶准直器的使用、四维 CT 扫描、强度调整型放射治疗（IMRT）和图像引导放射治疗（IGRT）等新技术显著提高了肿瘤体积的靶向性[4, 5]。此外，新的辐射剂输送技术已显著增加肿瘤病灶区的有效剂量，而正常组织中的浓度不会同时增加[4, 5]。尽管治疗方案有了这些改进，但一些恶性肿瘤的局部复发，包括肺癌和胶质母细胞瘤，仍然是一个长期存在的问题[3]。这些类型的肿瘤具有高度的血管生成能力和对辐射的抵抗力。尽管进行了积极的治疗，但大多数无法切除的胶质母细胞瘤患者的中位生存期约为 1 年，而无法切除的非小细胞肺癌（NSCLC）患者的预后也同样较差，中位生存期约为 18 个月[3]。因此，迫切需要开发新的方法来治疗这些难以用 RT 治愈的癌症。

10.2 辐射诱导的信号通路

电离辐射（IR）被证实除了诱导细胞核中的 DNA 损伤外，还可以诱发复杂的细胞内信号通路网络的激活[6, 7]。该信号网络包括短暂激活的促生存通路，其中涉及受体酪氨酸激酶（RTK）通路，如表皮生长因子受体（EGFR）通路和下游 Ras 和磷脂酰肌醇 3- 激酶 / 非典型激酶（PI3K/Akt）信号通路。辐射还能激活一些转录因子，并上调了多种细胞因子的表达水平[8]。辐射诱导的多层面信号网络共同调控辐射后细胞的存活反应[9]。传统认为的肿瘤固有的放射敏感性观点认为，它反映了辐射诱导的 DNA 损伤和细胞修复之间的平衡[10]。然而，辐射诱导的胞质信号通路的级联放大也在肿瘤放射敏感性中起着至关重要的作用[11]。

在细胞核中，IR 引起 DNA 损伤反应（DDR），它可调控 DNA 修复、细胞周期检查点和细胞死亡途径[12]。DDR 涉及感知 DNA 损伤的分子，引发了几种媒介的参与，如 ATM 信号通路，ATM 信号通路反过来招募了一支蛋白质大军，这些蛋白质在关键的细胞过程中发挥着关键作用，如上所述。

在细胞质中，辐射导致水分子电离所诱导产生的活性氧（ROS）在线粒体中以 Ca^{2+} 依赖的方式被放大，导致大量 ROS 和活性氮类化合物（RNS）的产生[13]。由此产生的氧化还原失衡导致蛋白酪氨酸磷酸酶（PTPase）活性受到抑制[14]，而 PTPase 对其活性部位的关键半胱氨酸残基的氧化或亚硝化很敏感，从而导致多种蛋白质的酪氨酸磷酸化增加[15]，进而导致 RTK 和非 RTK 的激活以及下游信号转导通路的激活。

高强度（大于 10Gy）辐射可激活酸性鞘磷脂酶，增加神经酰胺的生成。暴露于 15～20 Gy 辐射后，内皮细胞在几分钟内会产生神经酰胺，随后导致细胞凋亡[16]。然而，低强度辐射（2～5Gy）并不影响内皮细胞的活性，这表明在此过程中有促存活的磷脂酰肌醇 3- 激酶（PI3K）/Akt 信号通路的激活[17, 18]。辐射诱导产生的神经酰胺已被证实通过促进脂筏中受体的聚集来促进膜相关受体的激活[19, 20]。辐射还可通过诱导胞内磷脂酶 A_2（$cPLA_2$）的活性上调，诱导二十烷类的炎症途径，导致花生四烯酸水平的增加，花生四烯酸进一步通过环氧合酶 –2（COX–2）代谢，形成各种形式的前列腺素。[21]

10.3　肿瘤微环境

肿瘤微环境（TME）概念的重要性日益为人们所接受主要是基于：癌细胞并不是肿瘤的唯一参与者，它们还不断招募和腐化正常类型的细胞，使其成为形成肿瘤微环境的贡献成员[22]。这个由各种不同细胞类型的组成群体被称为 TME。虽然人们早就认识到间质肿瘤血管生成和细胞外基质（ECM）重塑的作用[23-25]，但 TME 对肿瘤生长和进展的重大影响直到最近才得以阐明。肿瘤间质的不同细胞成分对癌症表型有不同的功能贡献，这既是癌症的核心特征，也是癌症的突出特征[26, 27]。此外，免疫系统浸润的细胞越来越多地被认为是肿瘤的组成部分[27]。

因此，肿瘤越来越多地被认为是一种复杂程度接近，甚至超过正常健康组织的器官。肿瘤内的大部分细胞异质性存在于其基质间隔区。肿瘤细胞和其支持基质之间的协同作用结合成慢性增殖的器官样结构，这是大多数人类癌症的典型形式，以肿瘤、局部侵袭和转移的形式出现。在大多数人类癌症中，产生慢性增殖信号的致癌基因突变仍然发挥着重要作用。另一方面，在某些情况下，大多数间质细胞也具有支持癌细胞过度增殖的能力。在肿瘤发生和发展的任何阶段，基质细胞提供的增殖信号都可能在不同肿瘤类型中发挥不同的生物学作用，包括从启动异常增殖到针对驱动致癌信号的治疗产生耐药性等[22]。

肿瘤相关血管系统的细胞在基质成分中分布较多。动脉、静脉和毛细血管的内皮细胞的发育、分化和动态平衡可能是与 TME 相关的最重要的过程。静脉内皮细胞的激活导致一个程序的启动，该程序通过相互连接的信号通路网络引导它们构建新的血管[28-31]。

10.4　辐射诱导的细胞膜信号转导

相比于激酶网络和细胞因子，辐射诱导细胞膜上启动直接信号转导的研究尚少。生物活性脂质和蛋白质，如磷脂酶、脂激酶和磷酸酶，可以通过调节脂质第二信使的产生，启动促生存信号转导[19]。TME 对辐射的反应对 RT 的临床效果非常重要。一些研究表明，RT 的有效性受到肿瘤血管内皮细胞响应的影响[32, 33]。酪氨酸激酶抑制剂已被证实可以减弱血管内皮细胞对辐射的反应[18]。由于这种反应的快速性，最近人们对确定辐射诱导的膜改变在辐射后存活中的作用产生了兴趣。血管内皮细胞对低剂量电离辐射的反应能力的增强是由于促生存信号通路的激活[17, 34]。通过对受辐射细胞膜中分离出的脂类进行表征的结果发现其丰度因受辐射而发生了变化。Hallahan 等发现溶血磷脂（溶血磷脂酰胆碱，LPC）水平在辐射后迅速升高，表明 PLA_2 活性增加。这也会导致花生四烯酸水平升高，而花生四烯酸通过环氧合酶 –2 代谢成各种形式的前列腺素[21]。

PLA_2 是催化 sn-2 位的膜磷脂水解以释放脂质第二信使的酶，在癌症中起着至关重要的作用[35]。电离辐射触发胞质磷脂酶 A_2（$cPLA_2$）的激活，该酶能裂解磷脂酰胆碱（PC）生成 LPC（图 10.1）。

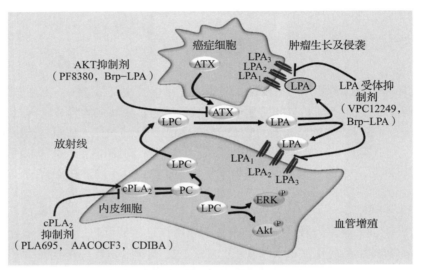

图 10.1　磷脂酶 A 对电离辐射的信号响应

电离辐射可激活胞质磷脂酶 A_2（$cPLA_2$），该酶可裂解磷脂酰胆碱（PC），生成溶血磷脂酰胆碱（LPC）。具有溶血磷脂酶 D（lyosphospholipase D，lysoPLD）活性的自体趋化蛋白通过裂解 LPC 的头部形成溶血磷脂酸（LPA）来催化反应。随后，LPA 可以与溶血磷脂酸受体（LPA1–3）相结合。LPA1–3 属于内皮分化基因（EDG）家族

$cPLA_2–\alpha$（$cPLA_2$ 最常见的亚型）是一种 85ku 的单体蛋白，由 749 个氨基酸组成，在进化上高度保守，在人和小鼠之间具有 95% 的同源性。$cPLA_2–\alpha$ 具有一个 N 末端 C2 结构域和一个 C 末端催化结构域，它们中间由一个短且灵活的肽结构域相连接[36]。钙通过 Asp 和 Asn 残基与 C2 结构域结合，促进疏水性残基与细胞膜磷脂酰胆碱的结合，导致酶渗入膜双分子层。钙结合区的氨基酸序列的改变将直接导致膜靶向特异性的改变。蛋白质与膜双层的结合激活了 $cPLA_2–\alpha$ 的酶活性。$cPLA_2–\alpha$ 保守的活性位点为二聚体，由丝氨酸（Ser–228）和天冬氨酸（Asp–549）组成。$cPLA_2–\alpha$ 的丝氨酸 / 天冬氨酸活性位点位于一个由疏水残基排列成的较深的漏斗状结构中。其他 $cPLA_2$ 的漏斗状结构中氨基酸残基的变化被认为是造成 AA 特异性降低和对不同的 $cPLA_2$ 抑制剂敏感性不同的原因[37, 38]。$cPLA_2–\alpha$ 的磷酸化也调节其酶促活性。$cPLA_2–\alpha$ 在 Ser–505 处被磷酸化，并被 p42–MAP 激酶和 PKC 激活[39, 40]。MAP 激酶对 Ser–505 磷酸化的增强与 $cPLA_2–\alpha$ 在各种细胞刺激下的激活有关[39, 41–43]

虽然 $cPLA_2–\alpha$ 基因的丢失不会导致小鼠不育，但它确实会损害胚胎着床和分娩期间黄

体溶解[44]。cPLA₂-α 缺陷小鼠能抵抗缺血再灌注损伤、过敏反应、急性呼吸窘迫综合征、化学性肺部炎症和胶原诱导的自身免疫性关节炎。这些结果支持了 cPLA₂-α 作为炎症介质的确切作用。cPLA₂-α 也与癌症的发生有关[45]。cPLA₂-α 在促炎细胞因子和生长因子作用下表达增加，在糖皮质激素作用下表达受到抑制[46]。最近发现，同源结构域相互作用蛋白激酶 -2（HIPK2）也是同源结构域转录因子的辅阻遏子，它通过与组蛋白脱乙酰酶 -1 相互作用来抑制 cPLA₂-α 基因的表达[47]。

人脐静脉内皮细胞（HUVECs）经 3Gy 射线照射后，PLA₂ 活性迅速升高，在照射后 3min 达到最大值，随后逐渐衰减，至照射后 30min 恢复到基线水平[34]［图 10.2（1）］。对促存活激酶如 Akt 和细胞外信号调节激酶（ERK）活性的分析显示，辐射后它们的磷酸化水平（指示其激活）迅速增加，动力学结果反映了 PLA₂ 活性的激活。用各种形式的 PLA₂ 特异性抑制剂对辐射激活的 PLA₂ 家族亚型进行筛选，结果表明，PLA₂ 的胞质异构体 cPLA₂ 是低剂量电离辐射激活的主要 PLA₂ 亚型。cPLA₂ 的抑制剂，而非 sPLA₂ 或 iPLA₂ 的抑制剂，可显著降低辐射诱导的 Akt 和 ERK1/2 的激活，表明辐射诱导的 cPLA₂ 活性参与了辐射诱导的促生存激酶的激活。

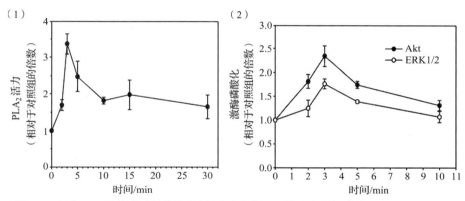

图 10.2 （1）3Gy 照射可使人脐静脉内皮细胞磷脂酶 A₂ 活性迅速升高。（2）3Gy 照射可诱导与人脐静脉内皮细胞作用动力学类似的细胞外信号调节激酶（ERK）1/2 和 Akt 的磷酸化

通过特异性 siRNA 或敲除 cPLA₂-α 基因对 cPLA₂ 活性进行抑制均能显著降低 Akt 和 ERK 信号通路的活性，该结果为辐射诱导的 cPLA₂ 参与这一事件提供了直接证据。外源加入 LPC 还可导致 ERK 和 Akt 的快速磷酸化。抑制 cPLA₂ 可显著抑制血管内皮细胞的功能，包括细胞迁移和内皮细胞小管形成。用 cPLA₂ 特异性抑制剂预处理可引起放射增敏。这种放射增敏作用是由于 cPLA₂ 依赖的促生存信号被抑制而引起的有丝分裂障碍。有丝分裂障碍通过细胞凋亡演变为细胞死亡；在用 cPLA₂ 特异性抑制剂预先孵育后照射的细胞中发现了这种情况。当血管内皮细胞对 cPLA₂ 抑制剂具有放射增敏作用时，小鼠和人非小细胞肺癌（NSCLC）均不具有放射增敏作用[48]。然而，与单纯放疗相比，联合应用 cPLA₂ 抑制剂和放射治疗异位小鼠和人 NSCLC 肿瘤模型可导致明显更大的肿瘤生长延迟。肿瘤生长延迟与细胞凋亡增加、Akt 磷酸化降低、肿瘤血管破坏增加有关。肿瘤血流量和肿瘤血管指数在联合应用 cPLA₂ 抑制剂和放射治疗的肿瘤中最低（图 10.3）。这些观察结果表明，抑制 cPLA₂ 破坏了肿瘤血管的生物学功能，增强了肿瘤血管的破坏程度（图 10.4），抑制肿瘤生长，因此，它是小鼠肺癌模型的有效放射增敏剂。

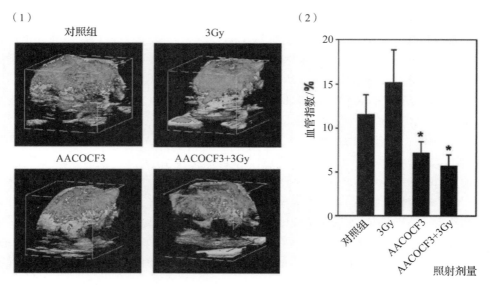

图 10.3 用 cPLA$_2$ 抑制剂 AACOCF3 治疗可减少受照射肿瘤的血管生成

C57BL/6 小鼠 LLC 瘤腹腔注射。3Gy 照射前 30min 注射赋形剂或 AACOCF3 10mg/kg。连续 5d 重复治疗。
（1）治疗后 24h，用三维能量多普勒超声。（2）对肿瘤血流进行分析，计算血管指数

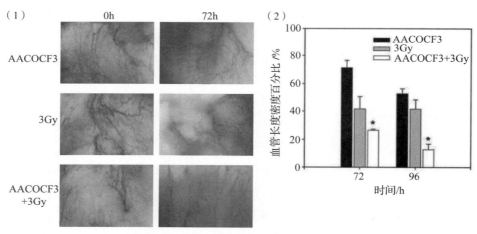

图 10.4 肿瘤血管窗口模型及血管长度密度分析

将小鼠 Lewis 肺癌细胞接种于 C57BL/6 小鼠背侧皮褶窗口。（1）治疗后 0h 和 72h 的 LLC 肿瘤血管
窗口模型的代表性显微照片。（2）将血管数量随时间的变化与 0h 观察到的变化进行比较。
所示为植入性肿瘤治疗后 72h 和 96h 的血管长度密度百分比柱状图

上述研究使用的是 cPLA$_2$ 抑制剂，由于其毒性，不适合用于临床[32, 34, 37]。因此，研究者对已进行临床试验的 cPLA$_2$ 抑制剂 PLA-695 的作用进行了研究。与安慰剂和萘普生相比，评估 PLA-695 安全性第一临床试验阶段的研究（NCT00366262）已经完成。随后的 II 期临床试验（NCT00396955）比较了四种剂量的 PLA-695、萘普生和安慰剂在膝骨性关节炎患者中的疗效。

用 PLA-695 处理鼠和人非小细胞肺癌细胞可减弱辐射诱导内皮细胞 ERK 和 Akt 磷酸化的增加[49]。PLA-695 预处理对内皮细胞有放射增敏作用，但对非小细胞肺癌细胞无影响。

另外，与内皮细胞共培养的 NSCLC 细胞经 PLA-695 预处理后变得对辐射敏感，这表明 TME 在这类实验结果中的重要性。PLA-695 与辐射的组合显著减少内皮细胞的迁移和增殖，诱导细胞死亡并减弱肿瘤细胞的侵袭（图 10.5）。在异位肿瘤模型中，PLA-695 联合放射治疗延缓了 Lewis 肺癌（LLC）和 A549 肿瘤的生长。联合应用 PLA-695 和放射线治疗的肿瘤显示肿瘤血管减少。在 LLC 肿瘤背部皮褶模型中，辐射联合 PLA-695 可导致肿瘤血管破坏增强。PLA-695（一种口服和临床试验测试的 $cPLA_2$ 抑制剂）的抗血管生成作用，以及它在非小细胞肺癌小鼠模型中的放疗效果增强，都表明其改善放射治疗效果的能力值得进行临床试验。

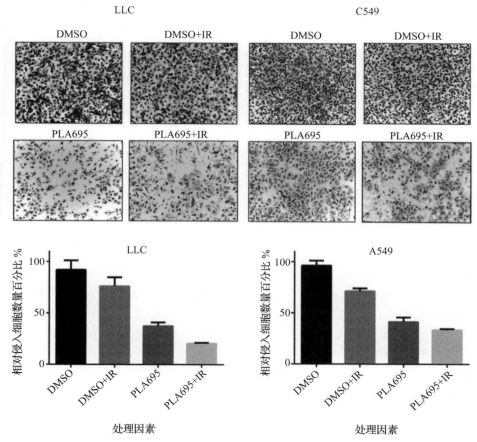

图 10.5　用 PLA-695 治疗可减少放射后肿瘤细胞的侵袭

LLC 和 A549 细胞加入简化的 Boyden 小室，在 3Gy 射线照射前用 300nmol/L 的 PLA-695 或 DMSO 处理 45min。让细胞从顶部小室通过被覆的滤孔侵入 / 迁移到插入物底部的完整培养液中 48h，然后对细胞进行染色，并通过计算每个 HPF 的细胞数来定量计算通过膜侵袭的细胞数量。图中显示的是具有代表性的显微照片和条形图，它们代表了侵袭性细胞的数量

通过将肺肿瘤细胞或胶质母细胞瘤细胞皮下注射到 $cPLA_2\text{-}\alpha^{+/+}$ 或 $cPLA_2\text{-}\alpha^{-/-}$ 小鼠后肢，进一步检测 $cPLA_2$ 在血管生成和肿瘤进展中的作用[50]。尽管两组小鼠肿瘤的初始摄取率均为 100%，肿瘤体积在 $100\sim200mm^3$，但在注射肿瘤细胞 14d 后，50% 的 $cPLA_2\text{-}\alpha^{-/-}$ 小鼠观察到完全自发的 LLC（肺）肿瘤消退，但在 $cPLA_2\text{-}\alpha^{+/+}$ 小鼠中却一例都没有发现。此外，从第 16 天开始的肿瘤体积测量显示，与 $cPLA_2\text{-}\alpha^{+/+}$ 小鼠的肿瘤相比，$cPLA_2\text{-}\alpha^{-/-}$ 小

鼠其余肿瘤的平均肿瘤体积有统计学意义上的显著减少。在胶质母细胞瘤（GL261）模型中，$cPLA_2$ 缺失对肿瘤生长的影响更为明显。$cPLA_2-\alpha^{+/+}$ 小鼠肿瘤生长缓慢（肿瘤成瘤率为 100%），而 $cPLA_2-\alpha^{-/-}$ 小鼠在注射肿瘤细胞 1 个月后仍未检测到 GL261 肿瘤形成（图 10.6）。

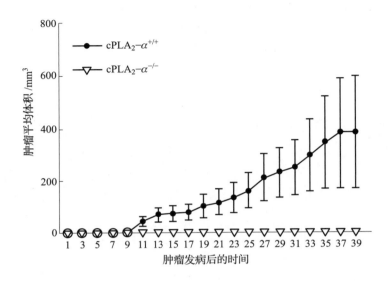

图 10.6　$cPLA_2-\alpha$ 缺陷小鼠肿瘤生长的实验研究
将 GL261 细胞接种于 $cPLA_2-\alpha^{+/+}$ 或 $cPLA_2-\alpha^{-/-}$ C57BL/6 小鼠后肢皮下。每隔 48h 使用能量
多普勒超声测量肿瘤体积，从注射后 1 周开始，直到肿瘤体积达到 700mm³ 时结束。

通过对血管内皮细胞标志物血管性血友病因子（vWF）的免疫组织化学染色，确定 $cPLA_2$ 缺失对肿瘤血管的影响[50]。$cPLA_2-\alpha^{-/-}$ 小鼠的肿瘤与野生型小鼠的肿瘤相比，每只 HpF 的血管数显著减少。肿瘤切片苏木精-伊红染色结果显示，$cPLA_2-\alpha^{-/-}$ 小鼠肿瘤中有多个坏死区，而 $cPLA_2-\alpha^{+/+}$ 小鼠肿瘤中仅有少量坏死，表明 $cPLA_2-\alpha$ 是肿瘤形成、生长和维持的重要因素（图 10.7）。

$cPLA_2-\alpha$ 在肿瘤血管成熟中的作用是通过肿瘤切片与 vWF 和平滑肌肌动蛋白（α-SMA）或基间线蛋白抗体共染色来确定的，这些抗体均由周皮细胞（围绕小血管的细胞）表达[51]。在 $cPLA_2-\alpha^{+/+}$ 小鼠 LLC 肿瘤中发现大量周皮细胞覆盖肿瘤血管，而在 $cPLA_2-\alpha^{-/-}$ 小鼠肿瘤中未检测到环绕血管的周皮细胞，用基间线蛋白抗体染色也得到了类似的结果。

这些结果有力地支持了 $cPLA_2-\alpha$ 和溶血磷脂在血管内皮细胞侵袭性迁移、增殖和毛细血管样管形成中起关键作用的观点。此外，在小鼠肿瘤模型中，宿主成分中 $cPLA_2-\alpha$ 的缺失导致肿瘤生长延迟，肿瘤血管生成受损。因此，$cPLA_2-\alpha$ 是肿瘤血管生成的重要因子，$cPLA_2-\alpha$ 可能成为抗血管生成肿瘤治疗的一个新的分子靶点。

由于实验系统使用的是 $cPLA_2-\alpha$ 缺陷的小鼠，其肿瘤来源于 $cPLA_2-\alpha$ 缺陷的肿瘤细胞系，结果表明正常 TME 中的 $cPLA_2-\alpha$ 是肿瘤发生和发展的重要介质。因此，辐射诱导肿瘤微环境的改变，导致血管生成增加，是抑制肿瘤中促进生存的途径的可能靶点，同时也抑制正常组织的免疫反应，从而获得显著的治疗效果。

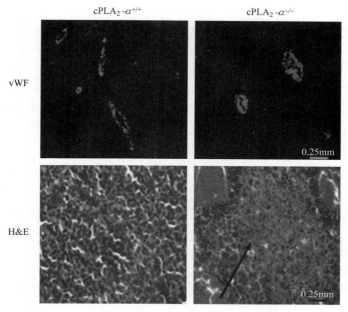

图 10.7 cPLA₂-α⁺/⁺ 或 cPLA₂-α⁻/⁻ 小鼠肿瘤的血管和坏死

Lewis 肺癌（LLC）肿瘤用血管内皮细胞标记物 von Willebrand 因子（vWF）抗体或苏木精伊红染色。黑色箭头表示坏死区

10.5 自分泌毒素

溶血磷脂酰胆碱（LPC）是血浆中含量最丰富的磷脂，在人体内的浓度约为 200μmol/L[52]。自体趋化蛋白（ATX）通过其溶血磷脂酶 D 活性（LysoPLD）将胞外 LPC 转化为溶血磷脂酸（LPA）（图 10.1）。LPA 是许多脂质信号通路中的第二信使，通过调节细胞因子的合成、内皮生长因子的表达和趋化作用来刺激内皮细胞的存活和增殖[53]。ATX 是一个 120 ku 的蛋白质，属于外核苷酸焦磷酸/磷酸二酯酶（ENPP）家族，由 ENPP2 基因编码[54]。ATX 有三种剪接体，即 α、β 和 γ。其主要形式为 ATXβ，含 863 个氨基酸，与血浆溶血磷脂酶 D 同源。ATX 几乎在所有组织中都有广泛的表达，在大脑中的表达量最高。ATX 是唯一具有溶血磷脂酶 D 活性的 ENPP 家族成员。脂质磷酸酶（LPP）使 LPA 去磷酸化并迅速降解。LPA 在血液中的半衰期约为 3min，然后迅速脱磷[55]。LPA 的细胞效应是通过六种不同的 G 蛋白偶联受体（GPCR）介导的[56]。血管内皮细胞分化基因家族编码的三个 GPCR 分别为 LPA₁、LPA₂ 和 LPA₃。另外三个属于嘌呤家族，分别称为 LPA₄、LPA₅ 和 LPA₆。有报道指出 LPA 受体在肿瘤转移[57] 和增殖[58] 中的作用。这些受体调节癌症的各个方面，包括增殖、迁移和转移[59, 60]。ATX 不仅是一种溶血型 PLD 酶，而且还是一种脂质载体蛋白，可以有效地将 LPA 转运到各自的同源 GPCR[61]。受体的表达具有细胞特异性，它允许细胞对 LPA 做出独特的反应，这取决于它与 GPCR 结合的类型。GPCR 介导细胞效应，如癌症中的迁移和增殖[58]。有迹象表明，ATX 与淋巴细胞上的整合素受体结合，表明它可能在淋巴细胞的运输

中发挥作用[62]。ATX 最初被认为是一种肿瘤运动蛋白，并在各种已知与肿瘤侵袭性有关的人类癌症中过表达[63]。ATX 参与内皮细胞的小管形成，表明它可能在肿瘤血管生成中发挥作用[64, 65]。在转基因小鼠实验中有直接证据表明 ATX 和 LPA 与乳腺癌的侵袭和转移有关[66]。ATX 基因敲除的小鼠由于血管生成缺陷而无法存活并在子宫中死亡。与野生型小鼠相比，ATX 杂合子小鼠的 LPA 水平降低[67]。转基因小鼠乳腺上皮 ATX 及其受体 LPA$_1$、LPA$_2$ 和 LPA$_3$ 表达增加，可诱发雌激素阳性乳腺癌[66]。ATX 已被证明可以通过增强血管内皮生长因子（VEGF）的表达[68]或通过刺激内皮细胞运动来刺激血管生成[64]。已有研究表明，在霍奇金淋巴瘤中，细胞的运动依赖于 ATX 的表达和 LPA 受体的表达[69]。

　　ATX 的小分子抑制剂是研究 ATX 包括癌症的疾病进展在内各种生理过程中作用的有力的工具。有各种研究结果表明 ATX 抑制剂可能用于抗癌治疗[65]。目前所描述的最有效的缓释剂是 PF-8380，其 IC$_{50}$ 为 1.7nmol/L。最近的研究表明，PF-8380 抑制 ATX 可以降低胶质瘤细胞的侵袭力，增强其放射增敏作用。该化合物可抑制 ATX 对 Akt 的辐射激活作用。此外，PF-8380 抑制 ATX 导致肿瘤血管减少并延缓肿瘤生长[70]（图 10.8）。ATX 特异性抑制剂 PF-8380 可降低 TME 中的 LPA 水平，并阻断 LPA 信号转导[71]。另一种有效的 ATX 抑制剂是硼酸衍生的 HA155，其 IC$_{50}$ 为 5.7nmol/L。PF-8380 和 HA155 是体内仅有的两种降低 LPA 水平的抑制剂[72]。晶体结构表明，HA155 以 ATX 活性中心为靶点[73]。BRP–LPA 是 LPA$_{1-4}$ 受体的拮抗剂，也是 ATX 溶解 PLD 活性的抑制剂，它被证明能抑制肺癌细胞[74]和胶质母细胞瘤细胞[65]的细胞迁移和侵袭。在三维肺癌异种移植模型中，ATX 和 LPA 受体抑制增强了辐射诱导的内皮细胞死亡，扰乱了内皮细胞的生物学功能，降低了胶质瘤细胞的存活和迁移[65]，BRP–LPA 抑制了肿瘤生长，减少了肿瘤的血管生成[74]。BRP–LPA 抑制 ATX 和 LPA 受体可减弱辐射诱导的促生存激酶 Akt 的激活。BRP–LPA 治疗还增强了辐射诱导的内皮细胞的杀伤力，扰乱了内皮细胞的生物学功能，降低了胶质瘤细胞的存活率和迁移能力[65]。ATX 抑制剂的其他抑制剂在最近的综述中进行了描述[72]。综上所述，这些结果表明 ATX 是一种新的潜在的分子靶点，可用于提高放射治疗的疗效。

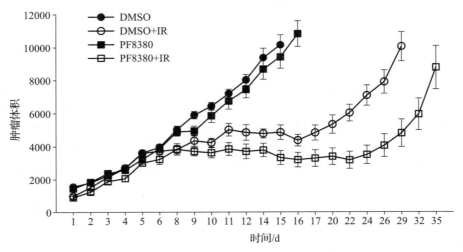

图 10.8　ATX 对辐射 GL261 小鼠模型肿瘤生长的抑制作用

将 GL261 细胞接种于裸鼠后肢。肿瘤放疗剂量 3Gy，连续处理 5d，共 15Gy。

照射前 45min 给小鼠注射 1mg/kg 的 PF-8380

10.6　结论

　　总体而言，之前的研究结果将 cPLA$_2$-α 与肿瘤血管生成的调节联系起来 。cPLA$_2$-α 缺陷内皮细胞（经 cPLA$_2$-α 抑制剂处理的内皮细胞或来自 cPLA$_2$-α 缺陷小鼠的肺微血管内皮细胞）在细胞外基质的复制、迁移和侵袭方面存在缺陷，并在小鼠体内形成坚固的肿瘤血管床。值得注意的是，cPLA$_2$-α 缺陷小鼠的肿瘤血管似乎缺乏周皮细胞覆盖。周皮细胞在维持血管完整性方面起着至关重要的作用，因此，在缺乏周皮细胞覆盖的情况下，肿瘤血管的功能将受到损害。这种损伤会导致肿瘤生长的减弱[75]。cPLA$_2$-α 在调节周皮细胞覆盖和／或周皮细胞功能中的作用尚不清楚。还有研究表明，周皮细胞与大多数肿瘤的新生血管有关[51, 76]。最近，机制研究表明，周皮细胞覆盖对维持功能性肿瘤新生细胞非常重要[27]。

　　cPLA$_2$ 在花生四烯酸途径中的作用以及抑制多种信息介质的潜在重要性作为治疗干预的靶点引起了人们的极大兴趣[77]。研究表明，cPLA$_2$ 抑制剂可能是潜在的抗血管生成药物，可能同时针对内皮细胞和周皮细胞，该策略将优于单独针对内皮细胞的方法[78]。

　　ATX 在将电离辐射激活 cPLA$_2$ 转化为胶质母细胞瘤和血管内皮细胞的反应中起重要作用。ATX 的抑制导致 LPA 产量的减少和下游靶点的破坏。LPA 介导的肿瘤生长和细胞存活信号使 ATX 成为胶质母细胞瘤放射增敏和破坏肿瘤血管网络的有效分子靶点。

　　随着进一步明确 TME 在肿瘤进展中的作用，可能会开发出针对肿瘤细胞及其 TME 的新的治疗方法。已有的研究工作证实 cPLA$_2$ 和 ATX 是在正常细胞中表达的、促进小鼠肿瘤生长的分子，因此，cPLA$_2$ 和 ATX 抑制剂可能是潜在的抗癌药物，可提高 RT 的效率。在确定任何临床疗效之前，还需要对这些药物进行临床试验。

参考文献

1. Siegel R, Naishadham D, Jemal A (2013) Cancer statistics, 2013. CA Cancer J Clin 63:11–30
2. Ringborg U, Bergqvist D, Brorsson B et al (2003) The Swedish Council on Technology Assessment in Health Care (SBU) systematic overview of radiotherapy for cancer including a prospective survey of radiotherapy practice in Sweden 2001—summary and conclusions. Acta Oncol 42:357–365
3. Halperin EC, Perez CA, Brady LW (2008) Perez and Brady's principles and practice of radiation oncology, 5th edn. Wolters Kluwer Health/Lippincott Williams & Wilkins, Philadelphia
4. Haasbeek CJ, Slotman BJ, Senan S (2009) Radiotherapy for lung cancer: clinical impact of recent technical advances. Lung Cancer 64:1–8
5. Thariat J, Hannoun-Levi JM, Sun Myint A et al (2013) Past, present, and future of radiotherapy for the benefit of patients. Nat Rev Clin Oncol 10:52–60
6. Valerie K, Yacoub A, Hagan MP et al (2007) Radiation-induced cell signaling: inside-out and outside-in. Mol Cancer Ther 6:789–801
7. Dent P, Yacoub A, Contessa J et al (2003) Stress and radiation-induced activation of multiple intracellular signaling pathways. Radiat Res 159:283–300

8. Deorukhkar A, Krishnan S (2010) Targeting inflammatory pathways for tumor radiosensitization. Biochem Pharmacol 80:1904–1914

9. Andarawewa KL, Paupert J, Pal A, Barcellos-Hoff MH (2007) New rationales for using TGFbeta inhibitors in radiotherapy. Int J Radiat Biol 83:803–811

10. Hall EJ, Giaccia AJ (2012) Radiobiology for the radiologist, 7th edn. Wolters Kluwer Health/Lippincott Williams & Wilkins, Philadelphia

11. Szumiel I (2008) Intrinsic radiation sensitivity: cellular signaling is the key. Radiat Res 169:249–258

12. Ciccia A, Elledge SJ (2010) The DNA damage response: making it safe to play with knives. Mol Cell 40:179–204

13. Mikkelsen RB, Wardman P (2003) Biological chemistry of reactive oxygen and nitrogen and radiation-induced signal transduction mechanisms. Oncogene 22:5734–5754

14. Leach JK, Van Tuyle G, Lin PS et al (2001) Ionizing radiation-induced, mitochondria-dependent generation of reactive oxygen/nitrogen. Cancer Res 61:3894–3901

15. Tonks NK (1996) Protein tyrosine phosphatases and the control of cellular signaling responses. Adv Pharmacol 36:91–119

16. Kolesnick R, Fuks Z (2003) Radiation and ceramide-induced apoptosis. Oncogene 22:5897–5906

17. Edwards E, Geng L, Tan J et al (2002) Phosphatidylinositol 3-kinase/Akt signaling in the response of vascular endothelium to ionizing radiation. Cancer Res 62:4671–4677

18. Lu B, Shinohara ET, Edwards E et al (2005) The use of tyrosine kinase inhibitors in modifying the response of tumor microvasculature to radiotherapy. Technol Cancer Res Treat 4:691–698

19. Corre I, Niaudet C, Paris F (2010) Plasma membrane signaling induced by ionizing radiation. Mutat Res 704:61–67

20. Gulbins E, Kolesnick R (2003) Raft ceramide in molecular medicine. Oncogene 22:7070–7077

21. Choy H, Milas L (2003) Enhancing radiotherapy with cyclooxygenase-2 enzyme inhibitors: a rational advance? J Natl Cancer Inst 95:1440–1452

22. Hanahan D, Coussens LM (2012) Accessories to the crime: functions of cells recruited to the tumor microenvironment. Cancer Cell 21:309–322

23. Bissell MJ, Hall HG, Parry G (1982) How does the extracellular matrix direct gene expression? J Theor Biol 99:31–68

24. Dvorak HF (1986) Tumors: wounds that do not heal. Similarities between tumor stroma generation and wound healing. New Engl J Med 315:1650–1659

25. Folkman J (1974) Tumor angiogenesis: role in the regulation of tumor growth. Symp Soc Dev Biol 30(0):43–52

26. Hanahan D, Weinberg RA (2000) The hallmarks of cancer. Cell 100:57–70

27. Hanahan D, Weinberg RA (2011) Hallmarks of cancer: the next generation. Cell 144:646–674

28. Ahmed Z, Bicknell R (2009) Angiogenic signalling pathways. Methods Mol Biol 467:3–24

29. Carmeliet P, Jain RK (2000) Angiogenesis in cancer and other diseases. Nature 407:249–257

30. Dejana E, Orsenigo F, Molendini C et al (2009) Organization and signaling of endothelial cell-to-cell junctions in various regions of the blood and lymphatic vascular trees. Cell Tissue Res 335:17–25

31. Pasquale EB (2010) Eph receptors and ephrins in cancer: bidirectional signalling and beyond. Nat Rev Cancer 10:165–180

32. Linkous A, Yazlovitskaya E (2010) Cytosolic phospholipase A2 as a mediator of disease pathogenesis. Cell Microbiol 12:1369–1377

33. Linkous AG, Yazlovitskaya EM (2012) Novel therapeutic approaches for targeting tumor angiogenesis. Anticancer Res 32:1–12

34. Yazlovitskaya EM, Linkous AG, Thotala DK et al (2008) Cytosolic phospholipase A2 regulates viability of irradiated vascular endothelium. Cell Death Differ 15:1641–1653

35. Chakraborti S (2003) Phospholipase A(2) isoforms: a perspective. Cell Signal 15:637–665

36. Niknami M, Patel M, Witting PK, Dong Q (2009) Molecules in focus: cytosolic phospholipase A2-alpha. Int J Biochem Cell Biol 41:994–997

37. Dennis EA, Cao J, Hsu YH et al (2011) Phospholipase A2 enzymes: physical structure, biological function, disease implication, chemical inhibition, and therapeutic intervention. Chem Rev 111:6130–6185

38. Dessen A, Tang J, Schmidt H et al (1999) Crystal structure of human cytosolic phospholipase A2 reveals a novel topology and catalytic mechanism. Cell 97:349–360

39. Lin LL, Wartmann M, Lin AY et al (1993) cPLA2 is phosphorylated and activated by MAP

kinase. Cell 72:269–278

40. Nemenoff RA, Winitz S, Qian NX et al (1993) Phosphorylation and activation of a high molecular weight form of phospholipase A2 by p42 microtubule-associated protein 2 kinase and protein kinase C. J Biol Chem 268:1960–1964

41. de Carvalho MG, McCormack AL, Olson E et al (1996) Identification of phosphorylation sites of human 85-kDa cytosolic phospholipase A2 expressed in insect cells and present in human monocytes. J Biol Chem 271:6987–6997

42. Gijon MA, Spencer DM, Kaiser AL, Leslie CC (1999) Role of phosphorylation sites and the C2 domain in regulation of cytosolic phospholipase A2. J Cell Biol 145:1219–1232

43. Tucker DE, Ghosh M, Ghomashchi F et al (2009) Role of phosphorylation and basic residues in the catalytic domain of cytosolic phospholipase A2alpha in regulating interfacial kinetics and binding and cellular function. J Biol Chem 284:9596–9611

44. Kita Y, Ohto T, Uozumi N, Shimizu T (2006) Biochemical properties and pathophysiological roles of cytosolic phospholipase A2s. Biochim Biophys Acta 1761:1317–1322

45. Hong KH, Bonventre JC, O'Leary E et al (2001) Deletion of cytosolic phospholipase A(2) suppresses Apc(Min)-induced tumorigenesis. Proc Natl Acad Sci U S A 98:3935–3939

46. Ghosh M, Loper R, Gelb MH, Leslie CC (2006) Identification of the expressed form of human cytosolic phospholipase A2β (cPLA2β): cPLA2β3 is a novel variant localized to mitochondria and early endosomes. J Biol Chem 281:16615–16624

47. D'Orazi G, Sciulli MG, Di Stefano V et al (2006) Homeodomain-interacting protein kinase-2 restrains cytosolic phospholipase A2-dependent prostaglandin E2 generation in human colorectal cancer cells. Clin Cancer Res 12:735–741

48. Linkous A, Geng L, Lyshchik A et al (2009) Cytosolic phospholipase A2: targeting cancer through the tumor vasculature. Clin Cancer Res 15:1635–1644

49. Thotala D, Craft JM, Ferraro DJ et al (2013) Cytosolic phospholipaseA2 inhibition with PLA-695 radiosensitizes tumors in lung cancer animal models. PLoS One 8:e69688

50. Linkous AG, Yazlovitskaya EM, Hallahan DE (2010) Cytosolic phospholipase A2 and lysophospholipids in tumor angiogenesis. J Natl Cancer Inst 102:1398–1412

51. Bergers G, Song S (2005) The role of pericytes in blood-vessel formation and maintenance. Neuro-oncology 7:452–464

52. Moolenaar WH, van Meeteren LA, Giepmans BN (2004) The ins and outs of lysophosphatidic acid signaling. Bioessays 26:870–881

53. Prokazova NV, Zvezdina ND, Korotaeva AA (1998) Effect of lysophosphatidylcholine on transmembrane signal transduction. Biochemistry (Mosc) 63:31–37

54. Lee HY, Murata J, Clair T et al (1996) Cloning, chromosomal localization, and tissue expression of autotaxin from human teratocarcinoma cells. Biochem Biophys Res Commun 218:714–719

55. Albers HM, Dong A, van Meeteren LA et al (2010) Boronic acid-based inhibitor of autotaxin reveals rapid turnover of LPA in the circulation. Proc Natl Acad Sci U S A 107:7257–7262

56. Choi JW, Herr DR, Noguchi K et al (2010) LPA receptors: subtypes and biological actions. Annu Rev Pharmacol Toxicol 50:157–186

57. Horak CE, Mendoza A, Vega-Valle E et al (2007) Nm23-H1 suppresses metastasis by inhibiting expression of the lysophosphatidic acid receptor EDG2. Cancer Res 67:11751–11759

58. van Meeteren LA, Moolenaar WH (2007) Regulation and biological activities of the autotaxin-LPA axis. Prog Lipid Res 46:145–160

59. Chen M, Towers LN, O'Connor KL (2007) LPA2 (EDG4) mediates Rho-dependent chemotaxis with lower efficacy than LPA1 (EDG2) in breast carcinoma cells. Am J Physiol Cell Physiol 292:C1927–C1933

60. Shida D, Fang X, Kordula T et al (2008) Cross-talk between LPA1 and epidermal growth factor receptors mediates up-regulation of sphingosine kinase 1 to promote gastric cancer cell motility and invasion. Cancer Res 68:6569–6577

61. Nishimasu H, Okudaira S, Hama K et al (2011) Crystal structure of autotaxin and insight into GPCR activation by lipid mediators. Nat Struct Mol Biol 18:205–212

62. Kanda H, Newton R, Klein R et al (2008) Autotaxin, an ectoenzyme that produces lysophosphatidic acid, promotes the entry of lymphocytes into secondary lymphoid organs. Nat Immunol 9:415–423

63. Kishi Y, Okudaira S, Tanaka M et al (2006) Autotaxin is overexpressed in glioblastoma multiforme and contributes to cell motility of glioblastoma by converting lysophosphatidylcholine to lysophosphatidic acid. J Biol Chem 281:17492–17500

64. Nam SW, Clair T, Kim YS et al (2001) Autotaxin (NPP-2), a metastasis-enhancing motogen, is an angiogenic factor. Cancer Res 61:6938–6944

65. Schleicher SM, Thotala DK, Linkous AG et al (2011) Autotaxin and LPA receptors represent potential molecular targets for the radiosensitization of murine glioma through effects on tumor vasculature. PLoS One 6:e22182

66. Liu S, Umezu-Goto M, Murph M et al (2009) Expression of autotaxin and lysophosphatidic acid receptors increases mammary tumorigenesis, invasion, and metastases. Cancer Cell 15:539–550

67. Tanaka M, Okudaira S, Kishi Y et al (2006) Autotaxin stabilizes blood vessels and is required for embryonic vasculature by producing lysophosphatidic acid. J Biol Chem 281:25822–25830

68. So J, Wang FQ, Navari J et al (2005) LPA-induced epithelial ovarian cancer (EOC) in vitro invasion and migration are mediated by VEGF receptor-2 (VEGF-R2). Gynecol Oncol 97:870–878

69. Baumforth KR, Flavell JR, Reynolds GM et al (2005) Induction of autotaxin by the Epstein-Barr virus promotes the growth and survival of Hodgkin lymphoma cells. Blood 106:2138–2146

70. Bhave SR, Dadey DY, Karvas RM et al (2013) Autotaxin inhibition with PF-8380 enhances the radiosensitivity of human and murine glioblastoma cell lines. Front Oncol 3:236

71. Gierse J, Thorarensen A, Beltey K et al (2010) A novel autotaxin inhibitor reduces lysophosphatidic acid levels in plasma and the site of inflammation. J Pharmacol Exp Ther 334:310–317

72. Albers HM, Ovaa H (2012) Chemical evolution of autotaxin inhibitors. Chem Rev 112:2593–2603

73. Hausmann J, Kamtekar S, Christodoulou E et al (2011) Structural basis of substrate discrimination and integrin binding by autotaxin. Nat Struct Mol Biol 18:198–204

74. Xu X, Prestwich GD (2010) Inhibition of tumor growth and angiogenesis by a lysophosphatidic acid antagonist in an engineered three-dimensional lung cancer xenograft model. Cancer 116:1739–1750

75. Armulik A, Abramsson A, Betsholtz C (2005) Endothelial/pericyte interactions. Circ Res 97:512–523

76. Raza A, Franklin MJ, Dudek AZ (2010) Pericytes and vessel maturation during tumor angiogenesis and metastasis. Am J Hematol 85:593–598

77. McKew JC, Foley MA, Thakker P et al (2006) Inhibition of cytosolic phospholipase A2alpha: hit to lead optimization. J Med Chem 49:135–158

78. Bergers G, Song S, Meyer-Morse N et al (2003) Benefits of targeting both pericytes and endothelial cells in the tumor vasculature with kinase inhibitors. J Clin Invest 111:1287–1295

11 磷脂酶 A_2：潜在的疾病治疗靶点

Janhavi Sharma，John Marentette 和 Jane McHowat

摘要 血管内皮细胞通过将循环细胞募集到下层组织的方式来控制血管张力，并积极参与炎症过程。内皮细胞磷脂酶 A_2（PLA_2）的激活导致膜磷脂水解增强，产生游离脂肪酸和溶血磷脂。花生四烯酸进一步代谢成二十烷酸，溶血磷脂被乙酰化形成血小板激活因子（PAF）。内皮细胞可以根据所涉及的刺激不同释放出血管扩张剂或收缩前列腺素，从而调节血管张力和局部血流。炎症细胞的募集是由内皮细胞产生 PAF 介导的。研究已经确定内皮细胞纤溶酶原激活物的产生依赖于 $iPLA_2-\beta$ 介导的磷脂水解，普遍认为选择性抑制该酶对未来炎症性疾病有潜在的治疗价值。本文对 PLA_2 酶的激活和抑制进行了讨论，并进一步重点介绍内皮细胞 $iPLA_2-\beta$ 的激活及其对炎症性疾病治疗的意义。

关键词 血小板活化因子；银杏；炎症反应；新陈代谢

11.1　引言

内皮细胞膜由磷脂双分子层组成，内含完整的膜蛋白，调节主动和被动运输以及细胞对外界刺激的响应。膜的完整性对于维持体内平衡至关重要，而膜的破坏可以极大地改变细胞的功能特性[1, 2]。除了维持细胞的动态平衡外，膜磷脂还可以作为多种活性代谢物的底物，在生理和病理中发挥作用[1, 2]。这些代谢物主要是磷脂酶作用于膜磷脂后形成的。

磷脂酶 A_2（PLA_2）是一类可催化膜磷脂 *sn*-2 位脂肪酸水解，产生游离脂肪酸和溶血磷脂的酶（图 11.1）[3, 4]。这两种代谢物都可以直接改变细胞膜的性质和 / 或作为生物活性代谢物的前体。特别是 PLA_2 催化的花生四烯酸化磷脂水解产生的游离花生四烯酸，它是合成二十烷类化合物的前体（图 11.1）。与此同时，溶血磷脂可以在 *sn*-2 位乙酰化，导致血小板激活因子（PAF）的产生（图 11.1）。

磷脂酶 A_2 主要分为三类：分泌型、胞质型和钙依赖型[5]。每一类中的 PLA_2 酶可进一步根据它们的氨基酸序列被分为组和亚组[6]。这三种类型的 PLA_2 在哺乳动物细胞中共存，并可能相互作用[7]。下面我们将对每一类 PLA_2 进行简要概述，并讨论目前可用的抑制剂类型。

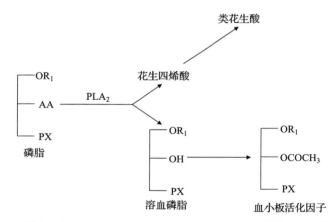

图 11.1　膜磷脂在 *sn*-2 位被磷脂酶 A_2（PLA_2）水解，产生游离脂肪酸和溶血磷脂花生四烯酸（AA）可以被氧化形成二十烷酸，溶血磷脂可以被乙酰化形成血小板激活因子

11.2　分泌型磷脂酶 A_2

到目前为止，已经对几种分泌型 PLA_2（$sPLA_2$）酶的特性进行了表征。它们的分子质量都普遍较低（14～18ku），包含来自 $sPLA_2$-Ⅰ、$sPLA_2$-Ⅱ、$sPLA_2$-Ⅲ、$sPLA_2$-Ⅴ、 sPLA₂-IX、sPLA₂-X、sPLA₂-XI、sPLA₂-XII、sPLA₂-XIII 和 sPLA₂-XIV [4, 6] 族的成员。它们均具有一个高度保守的钙结合环（XCGXGG），多达 8 个二硫键和一个通用的催化位点（DXCCXXHD）[8]。这些酶需要钙离子（mmol/L）才能发挥催化作用，因此，主要在细胞外发挥作用。值得注意的是，sPLA₂ 酶不能水解膜磷脂，除非被额外的细胞过程修饰，如膜不对称性的丧失或磷脂过氧化和分泌[9]。然而，在激活后，大多数 sPLA₂ 酶在脂质聚集体存在的情况下表现出更高的活性[10]。钙离子是水解所必需的，并与 49 位保守的天冬氨酸结合[11]。sPLA₂ 酶对膜磷脂 sn-2 位脂肪酸的选择性很低。大多数 sPLA₂ 酶优先水解阴离子型底物[12]，但对于 sPLA₂-I、sPLA₂-A、sPLA₂-V 和 sPLA₂-X 族酶来说，由于其酶分子在界面结合表面存在芳香族残基，导致其也可以水解两性底物。

在药代动力学方面，最有潜力的 sPLA₂ 抑制剂是取代的吲哚类和吲哚嗪类。3-（3-乙酰胺 -1- 苄基 -2- 乙基 - 吲哚 -5- 氧基）丙烷膦酸（LY311727）[13] 是一种用途广泛、性能最好的 sPLA₂ 抑制剂。它同时抑制第 IIA 组和第 V 组 sPLA₂，并滞留在疏水通道中，导致其结构变化，使其与活性部位直接接触。LY315920 是 LY311727 的类似物，与 I 组 B sPLA₂ 相比，LY315920 对 IIA 组非胰腺 sPLA₂（IC₅₀=9nmol/L）的选择性提高了 40 倍，显示出将其开发成为高选择性 sPLA₂ 抑制剂的潜力[14]。

PGBx 化合物如 PX-18 和 PX-52 是至少含有两个脂肪酸部分和一个不饱和双键的前列腺素多聚物。这些化合物选择性地抑制 sPLA₂ 并阻断中性粒细胞释放花生四烯酸[15, 16]。本课题组的研究表明，PX-18 在 IC₅₀<1μmol/L 时抑制人 sPLA₂，但不抑制重组 cPLA₂ 和内皮细胞 cPLA₂ 或 iPLA₂[17]。

最近，已有研究表明，可扩散生存抗原肽（DSEP）的小肽片段 ChEC-9 可能是 sPLA₂ 的"非竞争性"抑制剂，它可能与酶 - 底物复合体结合，其作用依赖于反应介质中酶和底物的水平。皮下注射 CHEC-9 通过阻断炎性级联反应，促进大脑皮层损伤的抗炎性反应和神经元存活[18]。

11.3　胞质磷脂酶 A₂

胞质磷脂酶 A₂（cPLA₂）在大多数人体组织中都有组成性表达，是一种大分子质量的蛋白质（61~114ku），包含第 IV 类 PLA₂[6]。到目前为止，已经克隆了四种人胞质 PLA₂，分别是 cPLA₂-α，cPLA₂-β，cPLA₂-γ 和 cPLA₂-δ[19]。cPLA₂ 酶表现出对 sn-2 位花生四烯酸化的胆碱磷脂的偏好[20]。cPLA₂ 亚型含有 A 和 B 两个催化区，以及位于催化结构域 A 中的脂肪酶共有序列 GXSGS，它们利用催化中心的丝氨酸残基裂解膜磷脂[21]。在 Asp-549 活化催化中心过程中，亲核的 Ser-228 以 sn-2 酯连接的脂肪酸为靶标进行亲和攻击。Ser-228 和 Asp-549 催化二聚体被位于由疏水残基排列成的活性中心通道的底部[22]。细胞内钙的增加诱导 cPLA₂ 移位到细胞内的磷脂双分子层[23]，这是由酶上赖氨酸基团的阳离子簇调节的[24]。磷脂底物分子结合到活性部位的狭窄缝隙上，使 sn-2 酯键更接近 Ser-228[23]。磷酸头基被 Arg-200 稳定，导致酶 - 底物复合体的形成。Asp-549 通过对 sn-2 酯的亲核攻击来去除质子。当质子转移到溶质磷脂上时，就形成了丝氨酰基中间体。酰基中间体的水解要么导致酶从膜界面解离，要么与另一个磷脂分子结合，从而重复这个循环。这一连续的反应可以更有针对性地将 PLA_2 酶结合的花生四烯酸输送到类二十烷酸生成所需的其他下游元件上，从而提高代谢效率[25]。

最早的 $cPLA_2$ 抑制剂包括花生四烯基三氟甲基酮（AACOCF3）[26] 和花生四烯基氟磷酸甲酯（MAFP）[27]。这些化合物与内源性磷脂分子竞争活性催化位点。经过严格的测试，这些最初被设计为 $cPLA_2$ 抑制剂的化合物随后被发现在相似浓度下对 $iPLA_2$ 也有抑制作用[28]，因为 $iPLA_2$ 和 $cPLA_2$ 的催化位点结构相似。这两种抑制物都有一个与丝氨酸反应基团偶联的花生四烯基尾巴，从而与丝氨酸反应基团耦合。AACOCF3 是一种紧密结合、可逆的抑制剂，它与 $cPLA_2$ 和 $iPLA_2$ 酶的活性部位丝氨酸残基形成稳定的半缩醛。MAFP 通过磷酸化活性部位的丝氨酸残基，不可逆地结合抑制 $cPLA_2$ 和 $iPLA_2$。这两种抑制剂都没有显示出对 $sPLA_2$ 活性的任何影响。此外，研究者还证明，MAFP 预处理内皮细胞后，基体和凝血酶刺激的 PAF 生成增加，这是 PAF 乙酰水解酶（PAF-AH）活性抑制的直接结果[29, 30]。

另一类人 $cPLA_2$-α 和 $iPLA_2$-β 的抑制剂是 2- 氧代酰胺类化合物[31]。这些都被设计成磷脂底物类似物。2- 草酰胺部分可以作为亲核活性部位丝氨酸的亲电靶标。在炎症和疼痛的动物模型中，特异性 $cPLA_2$-α 2- 羟胺类抑制剂的效力为抗炎疗法的发展提供了可能性[32]。

开发 $cPLA_2$ 药物抑制剂的主要障碍是口服生物利用度不高、体内亲和力和效价低、同工酶选择性不够。2- 氨基 -2-［2-（4- 辛基苯基）乙基］丙烷 -1,3- 二醇（FTY720）可能是一种克服这些障碍的药物，因为它口服后非常有效，在体外抑制 $cPLA_2$ 的活性而不影响 $sPLA_2$ 或 $iPLA_2$，也抑制肥大细胞产生花生四烯酸衍生的二十烷酸类化合物[33]。FTY720 是一种有效的免疫调节剂药物，通过将淋巴细胞隔离到次生淋巴样组织中，防止它们进入移植物组织，从而防止移植排斥反应[34]。它与重组 $cPLA_2$-α 按化学计量相互作用，实现对其酶活性的完全抑制。FTY720 在人体内的清除半衰期接近 8d，FTY720（nmol/L）可在很短的时间内抑制肥大细胞和巨噬细胞释放二十烷类化合物。这些数据表明，FTY720 可能代表了一种可行的 $cPLA_2$ 抑制剂，可用于二十烷基类抗炎药所致的炎症障碍。

11.4   钙离子非依赖型磷脂酶 A_2

钙离子非依赖型磷脂酶 A_2（$iPLA_2$）广泛存在于多种细胞和组织中，其独特之处在于它可以优先分布于膜部分。第Ⅵ组 A $iPLA_2$（$iPLA_2$-β）是一个 85ku 的蛋白质，含有 8 个 N 末端的锚定蛋白重复序列。经典的第Ⅵ组 A $iPLA_2$ 基因位于染色体 22q13.1 上[35]，有 16 个外显子，导致形成几种剪接体。$iPLA_2$ 催化结构域具有保守的脂肪酶基序 GXSXG，催化中心存在 Ser-465。另一个富含甘氨酸的核苷酸结合基序（GXGXXG）恰好出现在催化位点之前[36]。钙调蛋白结合区位于 C 末端附近[37]。钙的存在导致钙调蛋白 -$iPLA_2$ 复合体的形成，随后使酶失活[37]。N 末端序列包含 8 个参与蛋白质间相互作用的锚定蛋白重复序列，并含有几个丝氨酸和苏氨酸残基[38]。丝氨酸用于催化，与胞质 PLA_2 的水解作用类似，$iPLA_2$ 参与了两个连续的亲核置换反应，导致酰基酶中间体和溶血磷脂的形成。

第Ⅵ组 B $iPLA_2$（$iPLA_2$-γ）是在筛选人类基因组中的 ATP 结合基序和活性位点基序过

程中发现的[39]。在哺乳动物细胞中，iPLA₂ 的活性主要由 iPLA₂-β 和 iPLA₂-γ 组成，但这两种酶之间的序列同源性很低。第Ⅵ组 B iPLA₂ 含有一个 C 末端的过氧化物酶体定位序列和一个 N 末端的线粒体输入序列，因此这个亚型主要是以膜结合的形式存在[40]。

第Ⅵ C 组（cPLA₂-γ，神经病变靶向性酯酶 –NTE）在神经细胞中表达，其酯酶结构域缓慢水解磷脂酰胆碱的 sn-2 位脂肪酸，在膜稳态中发挥作用[41, 42]。其他三种Ⅵ族酶（D–F）在 sn-2 位水解花生四烯酸[43]。此外，它们还具有很高的甘油三酯脂肪酶和酰甘油转酰基酶活性[43]。

iPLA₂ 活性的限速步骤是酰基酶中间体的水解，导致脂肪酸阴离子和质子的产生，这两个离子都通过水分子的溶剂化作用而变得稳定[44, 45]。随着该反应逐渐完成，伴随着大量化学自由能的释放。因此，通过可逆的蛋白质 – 蛋白质相互作用稳定的酰基酶中间体的靶向传递，将为花生四烯酸水解产物的可控定量释放提供一种更有效的细胞内转运机制[46, 47]。

到目前为止，溴烯醇内酯（BEL）是最具组别特异性的抑制剂。结果表明，与 cPLA₂ 和 sPLA₂ 亚型相比，其对 iPLA₂ 的选择性提高了 100 倍[48, 49]。此外，研究者报道了将（S）–BEL 拆分成 R 和 S 对映体，发现（S）–BEL 对 iPLA₂-β 的选择性相比于（R）–BEL 对 iPLA₂-γ 的选择性是要高出 10 倍[50]。这表明手性药物可以用来增强抑制剂的效力，并用来解释在细胞对不同刺激剂的反应中发挥不同作用的 iPLA₂ 亚型的原因。然而，BEL 对于 iPLA₂ 的选择性并不是绝对的，因为它还被证明可抑制镁依赖的磷脂酸磷酸水解酶，这是一种将磷脂酸转化为二酰甘油的酶（$IC_{50}=8\mu mol/L$）[51]。

11.5　内皮细胞磷脂酶 A₂ 与膜磷脂水解

内皮细胞 PLA₂ 的激活可能与炎性代谢物的产生，炎性细胞募集、运动、信号和血管生成有关。一些研究已经检测到从不同血管床分离的内皮细胞中存在所有三种类型的 PLA₂ 同工酶[52-60]，然而每种同工酶对炎症介质的产生的贡献在很大程度上仍不清楚，可能取决于所研究的血管床、内皮状态和刺激的类别。关于血管内皮细胞 PLA₂ 的综述[61]描述了在几种血管床内皮细胞中检测到多种 PLA₂ 亚型。此外，直接测量 PLA₂ 活性的研究相对较少，目前主要依赖 PLA₂ 抑制剂的使用来揭示其功能。

已经开发出了相应的检测系统来测量特定亚型/类别酶的活性，该方法同时将其他 PLA₂ 类型的敏感性降到最低。这其中包括使用多种磷脂底物，改变钙浓度，加入特定的抑制剂，不同的孵育时间和温度，以及一系列磷脂底物浓度等[62]。一些研究使用几种公开发表的测定方法测量了内皮细胞 PLA₂ 活性，并确定来自几个血管床的细胞中的大多数内皮细胞 PLA₂ 活性是钙离子依赖和膜相关的[62]。此外，内皮细胞 iPLA₂ 选择性地水解花生四烯酸化的血浆蛋白原磷脂，加速了花生四烯酸的释放。

激活后的内皮细胞 PLA₂ 释放花生四烯酸，以及环氧合酶（COX）介导的花生四烯酸水解为前列腺素 H₂（PGH₂），是前列腺素生物合成途径的限速步骤。目前认为，不同的 PLA₂/COX 酶参与了前列腺素的即时和延迟产生[63-67]。细胞内 PLA₂ 亚型的催化机制使得酰基酶中间体的形成，这将进一步支持细胞内 PLA₂ 直接参与前列腺素合成的理论。长寿命的酶－酰基中间体的存在，允许有针对性地将酶结合的花生四烯酸输送到由二十烷基类化合物生成的下游酶。虽然细胞内 PLA_2 亚型可能与细胞内的 COX 直接相关，但一些研究表明，$cPLA_2$ 和 $sPLA_2$ 都参与了二十烷类化合物的产生，其中 $cPLA_2$ 是反应的激活剂，而 $sPLA_2$ 提供了花生四烯酸的大量释放[7, 68-70]。有证据表明，$cPLA_2$ 也参与了二十烷类化合物的后期产生，尽管它可能是间接参与的，因为细胞内钙浓度很低[68, 71, 72]。有观点认为，一旦 $cPLA_2$ 被激活，$sPLA_2$ 和 COX-2 的表达就会在前列腺素滞后产生的过程中上调。尽管在一些研究中，$cPLA_2$/$sPLA_2$/COX 的结合被证明与前列腺素的即时和滞后产生有关，但这些研究主要是在单核细胞和巨噬细胞样细胞系中进行的。这种情况是否适用于所有类型的细胞，是否在所有条件下都适用，还有待阐明。多项研究表明，$cPLA_2$ 的激活可能是由于 $sPLA_2$ 或 COX-2 活性升高所致，目前，$cPLA_2$/$sPLA_2$/COX 激活的方向性或顺序问题尚未完全解决[73-75]。

研究者测量了几种不同血管床刺激内皮细胞中花生四烯酸释放的增加，并确定这是 $iPLA_2$ 激活的直接结果[57, 76-82]。在人冠状动脉内皮细胞（HCAEC）上，研究证实用 BEL 抑制 $iPLA_2$ 活性可完全抑制凝血酶或类胰蛋白酶刺激的花生四烯酸和前列腺素（PGI_2 和 PGE_2）的释放[17]。这些反应也被 PX-18 预处理部分抑制（抑制 $sPLA_2$，如上所述），表明 $iPLA_2$ 和 $sPLA_2$ 酶之间可能在内皮细胞迅速释放前列腺素过程中存在相互作用[17]。从野生型和 $iPLA_2$-β 或 $iPLA_2$-γ 基因敲除小鼠分离的心肌内皮细胞在无钙条件下表现出最高的 PLA_2 活性，在未刺激的细胞中 PLA_2 的活性大部分归因于 $iPLA_2$-β[77]。当凝血酶或类胰蛋白酶刺激内皮细胞时，$iPLA_2$-β 或 $iPLA_2$-γ 基因敲除小鼠分离的细胞中花生四烯酸和 PGI_2 的释放均较野生型减少，表明这两种异构体可能促进二十烷类化合物的生成[77]。然而，内皮细胞 PAF 的产生依赖于 $iPLA_2$-β 而不是 $iPLA_2$-γ 活性[77, 78]。

11.6   内皮细胞磷脂酶 A_2 在血小板激活因子产生中的作用

PAF 是一种由内皮细胞、巨噬细胞、多形核白细胞、嗜酸性粒细胞、嗜碱性粒细胞和血小板产生的磷脂代谢产物[83]。血管内皮细胞中 PAF 的合成通过重构途径进行，在炎症和超敏反应过程中被激活[84]。在凝血酶刺激的血管内皮细胞中，发现重构途径始于 $iPLA_2$ 的激活和血浆乙醇胺的加速水解（PlsEtn，图 11.2）。溶血性乙醇胺（LysoplsEtn）与胞浆中胆碱（PakCho）发生转酰化反应生成溶血性 PAF（LysoPAF），再经溶血性 PAF 乙酰转移酶催化生成具有生物活性的 PAF（图 11.2）[29]。PAF-乙酰水解酶（PAF-AH）可以迅速终止 PAF 的生物活性，PAF-AH 是一个独特的 $iPLA_2$ 酶家族，它能水解 PAF 的 sn-2 位的乙酰基，生成生物活性不强的 lyso-PAF 和醋酸酯（图 11.2）[85]，这为预防、控制或终止 PAF 引起的丙泊酚炎症效应提供了一种直接的机制。因此，这一机制的失调将导致 PAF 的积累。因此，维持适当的 PAF-AH 活性对于抑制 PAF 在活性炎症中的作用至关重要。

PAF 一旦形成，就可以与其受体结合发挥炎症作用[86, 87]。PAF 可调节几种重要的内皮细胞功能，包括屏障功能受损，以及循环炎症细胞在迁移前与内皮单分子层的黏附[84]。

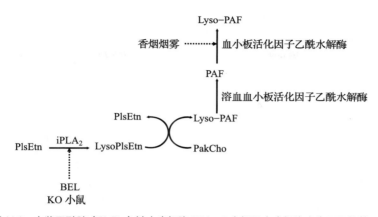

图 11.2　血浆乙醇胺（PlsEtn）被内皮细胞 iPLA₂-β 水解是内皮细胞产生 PAF 的第一步
LysoPlsEtn 与胞浆胆碱（PakCho）转酰化为 Lyso PAF，再乙酰化为 PAF。用溴烯醇内酯或在基因敲除（KO）小鼠中抑制 iPLA₂ 可抑制 PAF 的产生，而抑制 PAF 乙酰水解酶则导致 PAF 积聚

PAF 还刺激平滑肌收缩和细胞骨架的改变，导致细胞收缩以及细胞间隙的形成[88-90]。内皮细胞形状的改变与钙依赖钾通道的激活和细胞膜的超极化有关[91, 92]。PAF 对血管内皮细胞的刺激还可诱导前列环素和血栓素 A₂ 的剂量依赖性合成，或者释放纤溶酶原激活剂，将纤溶酶原裂解为纤溶酶以分解血栓[93]。

在白细胞黏附内皮细胞的过程中，PAF 作为细胞间空间调节的旁分泌信号，促进黏附，并特异性地作用于内皮细胞和循环白细胞之间的界面[94]。新合成的 PAF 仍然与内皮细胞单层细胞相关，可以直接激活驻留的白细胞[95, 96]。在白细胞中，PAF 促进聚集、趋化、颗粒分泌、氧自由基生成以及与内皮的黏附。PAF 还能诱导 CD11a/β 复合体等 CD11a/CD18- 整合素作用于激活的中性粒细胞，并与内皮细胞表面的细胞间黏附分子结合[97, 98]。此外，PAF 激活白细胞可改变白细胞表面 P- 选择素糖蛋白配体 -1（PSGL-1）的分布和功能，可能导致 PSGL-1 与 P- 选择素之间受体 - 配体结合的终止，使其发生运动和迁移[99]。研究表明，PAF 受体拮抗剂能够阻止中性粒细胞在细胞因子预处理的内皮细胞单层间的迁移[100]。

11.7　iPLA₂ 与心血管疾病

心肌梗死和血栓性冠状动脉闭塞的发生与丝氨酸蛋白酶、凝血酶和类胰蛋白酶的存在有关，这两种酶都能激活内皮细胞和心肌细胞中的 iPLA₂[30, 81, 101, 102]。心肌 iPLA₂ 的激活导致溶血性胞浆磷脂酰胆碱和花生四烯酸的产生，这两种物质都可以改变心肌的电生理特性[103-105]。格罗斯等也有证据表明，心肌缺血可激活第Ⅵ组 A iPLA₂，第Ⅵ组 A iPLA₂ 介导的膜磷脂水解可在急性心肌缺血时诱发致死性恶性室性心律失常[106]。

凝血酶刺激 HCAEC 导致 iPLA₂ 活性升高。除了可促进炎症反应的 PAF 和花生四烯酸的增加外，溶血性磷脂酰胆碱和溶血性胞浆磷脂酰胆碱的释放也可直接作用于心肌[1, 5]。这两种代谢物都有可能结合到心肌细胞的肌膜上，引起心肌细胞电生理特性的改变[1]。在缺氧条件下，溶血性胞浆胆碱的积累可引起动作电位紊乱，导致心律失常[104]。溶血性磷脂酰胆碱可以增加心肌细胞内的钙离子，改变细胞形状，增加肌酸激酶的释放[107, 108]。血管损伤或血栓形成部位凝血酶激活的内皮 iPLA$_2$，可导致由溶血性磷脂酰胆碱生成增加引起的心脏功能障碍。

　　除了信号转导外，iPLA$_2$ 还参与膜磷脂重塑[7, 109]，特别是当不饱和脂肪酸被氧化并积聚在磷脂双层中时[110-113]。多不饱和脂肪酸优先被氧化，几乎只存在于膜磷脂的 sn-2 位[113]。cPLA$_2$ 和 sPLA$_2$ 均没有表现出对氧化磷脂底物的偏好，这表明 iPLA$_2$ 或 PAF–AH 酶参与了膜的修复。膜磷脂释放过氧化脂肪酸是谷胱甘肽过氧化物酶减少和解毒膜内脂肪酸氢过氧化物的必要条件，说明 iPLA$_2$ 在氧化膜磷脂解毒和保护细胞损伤和死亡中具有重要作用[114]。因此，抑制 iPLA$_2$ 可能会增加氧化剂诱导的细胞损伤，研究已经证明，心肌 iPLA$_2$ 活性随着临床浓度的增加而显著抑制，阿霉素是一种与心脏毒性相关的抗癌药物，其机制可能是通过增加氧自由基的形成和磷脂过氧化来实现的[26, 115-118]。此外，BEL 对 iPLA$_2$ 活性的抑制增强了阿霉素诱导的细胞死亡，提示 iPLA$_2$ 可能通过氧化应激反应中的膜重塑发挥保护作用。

　　心肌炎与进行性心肌梗死和心肌损伤相关[119]，因此，提示炎性细胞募集的管理在这种疾病中可能是有益的。然而，必须首先确定心肌炎的根本原因。查加斯病是一种由克氏毛滴虫引起的感染，是全世界心肌炎的主要原因[120-122]，是中南美洲的主要健康问题，也是美国和西欧的紧急医疗问题。尽管到目前为止还没有公开的研究直接说明内皮细胞 iPLA$_2$-β 在心肌炎中的作用，但研究者认为，调节 iPLA$_2$-β 活性被证明可能是一种可行的治疗方法，以管理炎症细胞募集和急性感染期间的心肌损伤。研究者已经证明，克氏锥虫感染 HCAECs 后，PAF 的产生随时间的增加而增加，因此可能在炎症细胞的募集中发挥作用（图 11.3）。早期的研究表明，PAF 是针对克氏锥虫产生的，并介导对感染的抵抗力[123]。综上研究结果表明，iPLA$_2$-β 抑制导致 PAF 的产生受到抑制，可能导致寄生虫血症的加重和死亡。这表明抑制 iPLA$_2$ 治疗心血管疾病可能是一种可行的治疗方法，但必须极其谨慎地进行评估。

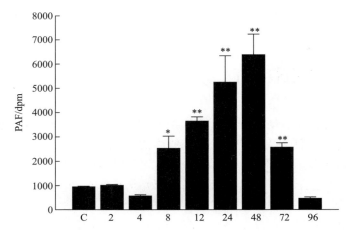

图 11.3　克氏锥虫感染人冠状动脉内皮细胞产生 PAF（巴西株，MOI0.2）

*$P<0.05$，**$P<0.01$，与未感染对照组相比。$n=6$

注：dmp 是放射性同位素剂量单位，表示每分钟发生一次衰变。国际标准单位是贝可（Bq），1Bq=60dmp。

11.8　内皮细胞 iPLA$_2$-β 与肿瘤转移

二十烷基类化合物和 PAF 在原发肿瘤微环境中作为炎症、肿瘤生长分化和血管生成的介体已被广泛研究，但它们在转移中的作用尚未得到很好的研究。大多数癌症患者死亡归因于转移瘤的生长，而不是原发肿瘤[124]，因此控制转移过程对于治疗癌症患者至关重要。肿瘤细胞从原发部位扩散到远端器官需要跨内皮细胞在循环中来回迁移。跨内皮细胞迁移至少部分依赖于内皮细胞表面的 PAF 表达和肿瘤细胞上 PAF 受体之间的相互作用，其方式与循环炎症细胞相似[125, 126]。

PAF 受体拮抗剂已被证明干扰黑色素瘤细胞与内皮的黏附[127]，每天注射 PAF 受体阻断剂可减少裸小鼠体内注射人黑色素瘤后的肺转移[126]。在最近的一项研究中，在野生型和 iPLA$_2$-β 基因敲除小鼠的乳房垫内注射 EO771 乳腺癌细胞后，确定了 iPLA$_2$-β 在肺转移发展中的作用，并观察到 iPLA$_2$-β 基因敲除小鼠肺中的乳腺癌细胞数量比野生型减少了 11 倍[128]。研究人员还确定了 EO771 细胞具有 PAF 受体，并且它们黏附于经凝血酶或 TNF-α 刺激的小鼠肺内皮细胞。从 iPLA$_2$-β 基因敲除小鼠分离的肺内皮细胞没有黏附，这表明肺转移的减少至少部分是由于内皮细胞不产生 PAF 和减少了肿瘤细胞的内皮迁移。研究已经证明，TNF-α 刺激人肺微血管内皮细胞可增强 MDA-MB-231 细胞（一种高度侵袭性、雌激素非依赖性乳腺癌细胞系）的黏附，并且通过用（S）-BEL 预处理内皮细胞以抑制 iPLA$_2$-β 活性，或用银杏内酯 B 处理可抑制这种黏附性以致阻断 PAF 受体（图 11.4）。这些数据强调了 PAF-PAF 受体相互作用在肿瘤细胞与血管内皮细胞黏附中的重要性，并确定了在癌症治疗中使用营养药物的前景。银杏的种子和叶子在传统医学中被用于治疗呼吸系统疾病、心血管疾病、记忆丧失、性功能障碍和听力丧失[129]。在体外，银杏叶提取物表现出抗感染、化学预防、抗癌和细胞毒作用[130-132]。银杏叶可降低患卵巢癌的风险[133]，缩小胃癌的肿瘤面积[132]，并增加晚期结直肠癌的 5- 氟尿嘧啶治疗效果[134]。基于一些体外数据，研究人员认为银杏叶在降低转移风险方面也可能是有益的，这是一个新的和令人兴奋的消息。

最近发表的另一项使用基因敲除小鼠的研究表明，肿瘤和宿主细胞中的 iPLA$_2$$\beta$ 都参与了上皮性卵巢癌的发生发展，缺乏这种酶可以减少卵巢癌细胞诱导的肿瘤发生、转移和腹水形成。这些研究表明，抑制 iPLA$_2$-β 对多种癌症患者有相当大的治疗价值。

如前所述，抑制 PAF-AH 活性会导致 PAF 的积聚和炎症效应的扩散。香烟烟雾已被证明抑制循环 PAF-AH[136, 137]，并导致吸烟者血浆 PAF 浓度升高。在最近的一项研究中[76]，研究者发现香烟烟雾提取物抑制肺内皮细胞 PAF-AH 活性，如图 11.5 所示，导致 PAF 生成增加，以及多形核白细胞黏附增加。这些研究表明，仅抑制内皮细胞 PAF-AH 活性就足以增加 PAF 的产生，并突出了吸烟者可能的治疗靶点。用（S）-BEL 抑制人肺内皮细胞 iPLA$_2$-β（图 11.4），或从 iPLA$_2$-β- 敲除小鼠分离的内皮细胞中该酶的缺乏，可抑制香烟诱导的 PAF 产生的增加，突出表明该酶在内皮细胞 PAF 产生及其调节作用中的重要性。这些数据对吸烟者的炎症性疾病，包括癌症转移有着重要的意义。

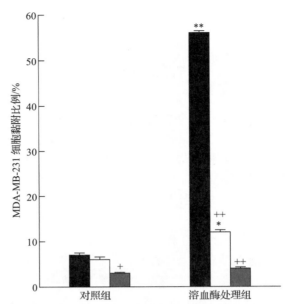

图 11.4　凝血酶（1IU/mL，1h）刺激的人肺微血管内皮细胞与 MDA-MB-231 细胞的黏附
用（S）-BEL（2μmol/L，30min）孵育内皮细胞，或用银杏内酯 B（10μmol/L，30min）孵育肿瘤细胞。
*$P<0.05$，**$P<0.01$，与未受刺激的细胞相比。用药前后比较，+$P<0.05$，++$P<0.01$。$n=8$

■ 无预处理　□（S）-BEL 孵育　■ 银杏内酯 B 孵育

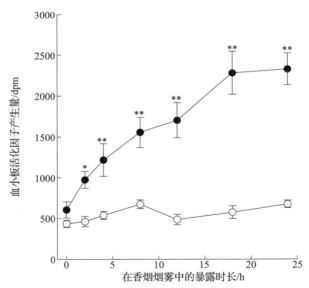

图 11.5　香烟烟雾提取物（S）- 溴烯醇内酯 [（S）-BEL，2μmol/L，提前 30min）
对人肺内皮细胞 PAF 产生的影响（S）-BEL+（S）-BEL]。*$P<0.05$，**$P<0.01$。$n=6$
—●—　无预处理　—○—（S）- 溴烯醇内酯处理

　　在少数研究中，吸烟与癌症（包括乳腺癌）继发的肺转移有关[138-144]。2001 年，Murin 和 Inciardi 证明了吸烟与乳腺癌患者肺转移疾病之间的关系[139]。随后，Murin 等证明，与不吸烟对照相比，在暴露于香烟烟雾的小鼠中，静脉注射乳腺癌细胞后，肺转移增加[138]。这些研究表明，吸烟与肺转移之间存在因果关系，但到目前为止还没有阐明这方面的机制。

研究人员认为吸烟增加转移瘤的发生可能是由于 PAF 在血管内皮细胞积聚增加，导致细胞从原发肿瘤向循环系统转移增加，从循环系统向继发部位转移增加，或两者兼有。因此，调控内皮细胞 iPLA$_2$-β 活性可能是未来控制肿瘤转移的一个令人兴奋的发展方向。

11.9　结论

正如前面所讨论的，由于几种 PLA$_2$ 酶利用酶上的同一催化位点来水解膜磷脂，因此，针对单个 PLA$_2$ 亚型开发选择性药物抑制剂已被证明是非常困难的。开发可行的 PLA$_2$ 抑制剂的主要问题之一是生理特性和病理特性的分离。在正常和疾病状态下，PLA$_2$ 催化的膜磷脂水解在许多必要和有益的过程中都是重要的。PLA$_2$ 对磷脂的水解是多种细胞信号和生化反应的限速步骤，是膜磷脂重塑和修复所必需的。然而，特异性 PLA$_2$ 抑制剂的开发仍有可能单独或共同消除或限制几种炎症介质的产生。

例如，与 COX 或脂氧合酶抑制剂相比，PLA$_2$ 抑制剂的理论优势包括通过减少花生四烯酸前体来限制二十烷类化合物的产生，以及抑制 PAF 的产生，从而最大限度地减少炎症细胞的募集。另外，限制炎症性二十烷类化合物的产生和保留保护性二十烷类化合物是获得有效 PLA$_2$ 抑制剂的关键。显然，开发一种治疗抑制剂的关键是以最小的副作用优化最大的疗效。目前尚不清楚是否可以有效地对已知的疾病状态实现特异性的 PLA$_2$ 抑制，但随着更多关于 PLA$_2$ 催化的膜磷脂水解数据的出现，我们希望对这一复杂过程的理解可能会带来新的治疗途径。抑制剂的未来发展可能更多地是由药学方面而不是药理学方面推动，即针对特定组织或细胞的靶向抑制剂，或者使用局部给药而不是全身给药。

参考文献

1. McHowat J, Yamada KA, Wu J et al (1993) Recent insights pertaining to sarcolemmal phospholipid alterations underlying arrhythmogenesis in the ischemic heart. J Cardiovasc Electrophysiol 4:288–310
2. Shimizu T (2009) Lipid mediators in health and disease: enzymes and receptors as therapeutic targets for the regulation of immunity and inflammation. Annu Rev Pharmacol Toxicol 49:123–150 J.Sharma et al.
3. Dennis EA, Cao J, Hsu YH et al (2011) Phospholipase A$_2$ enzymes: physical structure, biological function, disease implication, chemical inhibition, and therapeutic intervention. Chem Rev 111:6130–6185
4. Burke JE, Dennis EA (2009) Phospholipase A$_2$ biochemistry. Cardiovasc Drugs Ther 23:49–59
5. Meyer MC, Rastogi P, Beckett CS, McHowat J (2005) Phospholipase A$_2$ inhibitors as potential anti-inflammatory agents. Curr Pharm Des 11:1301–1312
6. Six DA, Dennis EA (2000) The expanding superfamily of phospholipase A$_2$ enzymes: classification and characterization. Biochim Biophys Acta 1488:1–19
7. Balsinde J, Dennis EA (1996) Distinct roles in signal transduction for each of the phospholipase A$_2$ enzymes present in P388D1 macrophages. J Biol Chem 271:6758–6765
8. Singer AG, Ghomashchi F, Le Calvez C et al (2002) Interfacial kinetic and binding properties

of the complete set of human and mouse groups I, II, V, X, and XII secreted phospholipases A$_2$. J Biol Chem 277:48535–48549

9. Dan P, Nitzan DW, Dagan A et al (1996) H$_2$O$_2$ renders cells accessible to lysis by exogenous phospholipase A$_2$: a novel mechanism for cell damage in inflammatory processes. FEBS Lett 383:75–78

10. Verheij HM, Egmond MR, de Haas GH (1981) Chemical modification of the alpha-amino group in snake venom phospholipases A$_2$. A comparison of the interaction of pancreatic and venom phospholipases with lipid–water interfaces. Biochemistry 20:94–99

11. Fleer EA, Verheij HM, de Haas GH (1981) Modification of carboxylate groups in bovine pancreatic phospholipase A$_2$. Identification of aspartate-49 as Ca^{2+}-binding ligand. Eur J Biochem 113:283–288

12. Lambeau G, Gelb MH (2008) Biochemistry and physiology of mammalian secreted phospholipases A$_2$. Annu Rev Biochem 77:495–520

13. Schevitz RW, Bach NJ, Carlson DG et al (1995) Structure-based design of the first potent and selective inhibitor of human non-pancreatic secretory phospholipase A$_2$. Nat Struct Biol 2:458–465

14. Snyder DW, Bach NJ, Dillard RD et al (1999) Pharmacology of LY315920/S-5920, [[3-(aminooxoacetyl)-2-ethyl-1-(phenylmethyl)-1H-indol-4-yl]oxy] acetate, a potent and selective secretory phospholipase A$_2$ inhibitor: a new class of anti-inflammatory drugs. J Pharmacol Exp Ther 288:1117–1124

15. Rosenthal MD, Franso RC (1989) Oligomers of prostaglandin B1 inhibit arachidonic acid mobilization in human neutrophils and endothelial cells. Biochim Biophys Acta 1006:278–286

16. Franson RC, Rosenthal MD (1989) Oligomers of prostaglandin B$_1$ inhibit *in vitro* phospholipase A$_2$ activity. Biochim Biophys Acta 1006:272–277

17. Rastogi P, Beckett CS, McHowat J (2007) Prostaglandin production in human coronary artery endothelial cells is modulated differentially by selective phospholipase A$_2$ inhibitors. Prostaglandins Leukot Essent Fatty Acids 76:205–212

18. Cunningham TJ, Souayah N, Jameson B et al (2004) Systemic treatment of cerebral cortex lesions in rats with a new secreted phospholipase A$_2$ inhibitor. J Neurotrauma 21:1683–1691

19. Song C, Chang XJ, Bean KM et al (1999) Molecular characterization of cytosolic phospholipase A$_2$-beta. J Biol Chem 274:17063–17067

20. Hanel AM, Schuttel S, Gelb MH (1993) Processive interfacial catalysis by mammalian 85-kilodalton phospholipase A$_2$ enzymes on product-containing vesicles: application to the determination of substrate preferences. Biochemistry 32:5949–5958

21. Clark JD, Lin LL, Kriz RW et al (1991) A novel arachidonic acid-selective cytosolic PLA$_2$ contains a Ca^{2+}-dependent translocation domain with homology to PKC and GAP. Cell 65:1043–1051

22. Denson DD, Wang X, Worrell RT et al (2001) Cytosolic phospholipase A$_2$ is required for optimal ATP activation of BK channels in GH(3) cells. J Biol Chem 276:7136–7142

23. Ghosh M, Tucker DE, Burchett SA, Leslie CC (2006) Properties of the group IV phospholipase A$_2$ family. Prog Lipid Res 45:487–510

24. Casas J, Valdearcos M, Pindado J et al (2010) The cationic cluster of group IVA phospholipase A$_2$ (Lys488/Lys541/Lys543/Lys544) is involved in translocation of the enzyme to phagosomes in human macrophages. J Lipid Res 51:388–399

25. Evans JH, Spencer DM, Zweifach A, Leslie CC (2001) Intracellular calcium signals regulating cytosolic phospholipase A$_2$ translocation to internal membranes. J Biol Chem 276:30150–30160

26. Swift L, McHowat J, Sarvazyan N (2007) Anthracycline-induced phospholipase A$_2$ inhibition. Cardiovasc Toxicol 7:86–91

27. Lio YC, Reynolds LJ, Balsinde J, Dennis EA (1996) Irreversible inhibition of Ca^{2+}-independent phospholipase A$_2$ by methyl arachidonyl fluorophosphonate. Biochim Biophys Acta 1302:55–60

28. Ackermann EJ, Conde-Frieboes K, Dennis EA (1995) Inhibition of macrophage Ca^{2+}-independent phospholipase A$_2$ by bromoenol lactone and trifluoromethyl ketones. J Biol Chem 270:445–450

29. Kell PJ, Creer MH, Crown KN et al (2003) Inhibition of platelet-activating factor (PAF) acetyl-hydrolase by methyl arachidonyl fluorophosphonate potentiates PAF synthesis in thrombin-stimulated human coronary artery endothelial cells. J Pharmacol Exp Ther 307:1163–1170

30. Vinson SM, Rickard A, Ryerse JS, McHowat J (2005) Neutrophil adherence to bladder

microvascular endothelial cells following platelet-activating factor acetylhydrolase inhibition. J Pharmacol Exp Ther 314:1241–1247

31. Kokotos G, Six DA, Loukas V et al (2004) Inhibition of group IVA cytosolic phospholipase A_2 by novel 2-oxoamides in vitro, in cells, and in vivo. J Med Chem 47:3615–3628

32. Six DA, Barbayianni E, Loukas V et al (2007) Structure–activity relationship of 2-oxoamide inhibition of group IVA cytosolic phospholipase A_2 and group V secreted phospholipase A_2. J Med Chem 50:4222–4235

33. Payne SG, Oskeritzian CA, Griffiths R et al (2007) The immunosuppressant drug FTY720 inhibits cytosolic phospholipase A_2 independently of sphingosine-1-phosphate receptors. Blood 109:1077–1085

34. Tedesco-Silva H, Mourad G, Kahan BD et al (2005) FTY720, a novel immunomodulator: efficacy and safety results from the first phase 2A study in de novo renal transplantation. Transplantation 79:1553–1560

35. Ma Z, Wang X, Nowatzke W et al (1999) Human pancreatic islets express mRNA species encoding two distinct catalytically active isoforms of group VI phospholipase A_2 (iPLA$_2$) that arise from an exon-skipping mechanism of alternative splicing of the transcript from the iPLA$_2$ gene on chromosome 22q13.1. J Biol Chem 274:9607–9616

36. Hazen SL, Gross RW (1991) Human myocardial cytosolic Ca^{2+}-independent phospholipase A_2 is modulated by ATP. Concordant ATP-induced alterations in enzyme kinetics and mechanism-based inhibition. Biochem J 280:581–587

37. Jenkins CM, Wolf MJ, Mancuso DJ, Gross RW (2001) Identification of the calmodulin-binding domain of recombinant calcium-independent phospholipase $A_2\beta$. Implications for structure and function. J Biol Chem 276:7129–7135

38. Hsu YH, Burke JE, Li S et al (2009) Localizing the membrane binding region of Group VIA Ca^{2+}-independent phospholipase A_2 using peptide amide hydrogen/deuterium exchange mass spectrometry. J Biol Chem 284:23652–23661

39. Mancuso DJ, Jenkins CM, Gross RW (2000) The genomic organization, complete mRNA sequence, cloning, and expression of a novel human intracellular membrane-associated calcium-independent phospholipase A_2. J Biol Chem 275:9937–9945

40. Mancuso DJ, Jenkins CM, Sims HF et al (2004) Complex transcriptional and translational regulation of iPLAgamma resulting in multiple gene products containing dual competing sites for mitochondrial or peroxisomal localization. Eur J Biochem 271:4709–4724

41. van Tienhoven M, Atkins J, Li Y, Glynn P (2002) Human neuropathy target esterase catalyzes hydrolysis of membrane lipids. J Biol Chem 277:20942–20948

42. Jenkins CM, Han X, Yang J et al (2003) Purification of recombinant human cPLA$_2$ gamma and identification of C-terminal farnesylation, proteolytic processing, and carboxymethylation by MALDI-TOF-TOF analysis. Biochemistry 42:11798–11807

43. Jenkins CM, Mancuso DJ, Yan W et al (2004) Identification, cloning, expression, and purification of three novel human calcium-independent phospholipase A_2 family members possessing triacylglycerol lipase and acylglycerol transacylase activities. J Biol Chem 279:48968–48975

44. Winstead MV, Balsinde J, Dennis EA (2000) Calcium-independent phospholipase A_2: structure and function. Biochim Biophys Acta 1488:28–39

45. Balsinde J, Dennis EA (1997) Function and inhibition of intracellular calcium-independent phospholipase A_2. J Biol Chem 272:16069–16072

46. Zupan LA, Steffens DL, Berry CA et al (1992) Cloning and expression of a human 14-3-3 protein mediating phospholipolysis. Identification of an arachidonoyl-enzyme intermediate during catalysis. J Biol Chem 267:8707–8710

47. McHowat J, Creer MH (2004) Catalytic features, regulation and function of myocardial phospholipase A2. Curr Med Chem Cardiovasc Hematol Agents 2:209–218

48. Zupan LA, Weiss RH, Hazen SL et al (1993) Structural determinants of haloenol lactone-mediated suicide inhibition of canine myocardial calcium-independent phospholipase A_2. J Med Chem 36:95–100

49. Hazen SL, Zupan LA, Weiss RH et al (1991) Suicide inhibition of canine myocardial cytosolic calcium-independent phospholipase A_2. Mechanism-based discrimination between calcium-dependent and -independent phospholipases A_2. J Biol Chem 266:7227–7232

50. Jenkins CM, Han X, Mancuso DJ, Gross RW (2002) Identification of calcium-independent phospholipase A_2 (iPLA$_2$) β, and not iPLA$_2\gamma$, as the mediator of arginine vasopressin-induced arachidonic acid release in A-10 smooth muscle cells. Enantioselective mechanism-based discrimination of mammalian iPLA$_2$s. J Biol Chem 277:32807–32814

51. Balsinde J, Dennis EA (1996) Bromoenol lactone inhibits magnesium-dependent phospha-

tidate phosphohydrolase and blocks triacylglycerol biosynthesis in mouse P388D1 macrophages. J Biol Chem 271:31937–31941

52. Murakami M, Kudo I (1993) Molecular nature of phospholipases A$_2$ involved in prostaglandin I$_2$ synthesis in human umbilical vein endothelial cells. Possible participation of cytosolic and extracellular type II phospholipases A$_2$. J Biol Chem 268:839–844

53. Pearce MJ, McIntyre TM, Prescott SM et al (1996) Shear stress activates cytosolic phospholipase A$_2$ (cPLA$_2$) and MAP kinase in human endothelial cells. Biochem Biophys Res Commun 218:500–504

54. Bernatchez PN, Winstead MV, Dennis EA, Sirois MG (2001) VEGF stimulation of endothelial cell PAF synthesis is mediated by group V 14 kDa secretory phospholipase A$_2$. Br J Pharmacol 134:197–205

55. Das A, Asatryan L, Reddy MA et al (2001) Differential role of cytosolic phospholipase A$_2$ in the invasion of brain microvascular endothelial cells by Escherichia coli and Listeria monocytogenes. J Infect Dis 184:732–737

56. Wu D, Liu L, Meydani M, Meydani SN (2005) Vitamin E increases production of vasodilator prostanoids in human aortic endothelial cells through opposing effects on cyclooxygenase-2 and phospholipase A$_2$. J Nutr 135:1847–1853

57. Portell C, Rickard A, Vinson S, McHowat J (2006) Prostacyclin production in tryptase and thrombin stimulated human bladder endothelial cells: effect of pretreatment with phospholipase A$_2$ and cyclooxygenase inhibitors. J Urol 176:1661–1665

58. Lupo G, Nicotra A, Giurdanella G et al (2005) Activation of phospholipase A$_2$ and MAP kinases by oxidized low-density lipoproteins in immortalized GP8.39 endothelial cells. Biochim Biophys Acta 1735:135–150

59. Steinhour E, Sherwani SI, Mazerik JN et al (2008) Redox-active antioxidant modulation of lipid signaling in vascular endothelial cells: vitamin C induces activation of phospholipase D through phospholipase A$_2$, lipoxygenase, and cyclooxygenase. Mol Cell Biochem 315:97–112

60. Gracia-Sancho J, Lavina B, Rodriguez-Vilarrupla A et al (2007) Enhanced vasoconstrictor prostanoid production by sinusoidal endothelial cells increases portal perfusion pressure in cirrhotic rat livers. J Hepatol 47:220–227

61. Alberghina M (2010) Phospholipase A$_2$: new lessons from endothelial cells. Microvasc Res 80:280–285

62. McHowat J, Kell PJ, O'Neill HB, Creer MH (2001) Endothelial cell PAF synthesis following thrombin stimulation utilizes Ca^{2+}-independent phospholipase A$_2$. Biochemistry 40:14921–14931

63. Murakami M, Matsumoto R, Austen KF, Arm JP (1994) Prostaglandin endoperoxide synthase-1 and -2 couple to different transmembrane stimuli to generate prostaglandin D$_2$ in mouse bone marrow-derived mast cells. J Biol Chem 269:22269–22275

64. Bingham CO III, Murakami M, Fujishima H et al (1996) A heparin-sensitive phospholipase A$_2$ and prostaglandin endoperoxide synthase-2 are functionally linked in the delayed phase of prostaglandin D$_2$ generation in mouse bone marrow-derived mast cells. J Biol Chem 271:25936–25944

65. Reddy ST, Herschman HR (1997) Prostaglandin synthase-1 and prostaglandin synthase-2 are coupled to distinct phospholipases for the generation of prostaglandin D$_2$ in activated mast cells. J Biol Chem 272:3231–3237

66. Kuwata H, Nakatani Y, Murakami M, Kudo I (1998) Cytosolic phospholipase A$_2$ is required for cytokine-induced expression of type IIA secretory phospholipase A$_2$ that mediates optimal cyclooxygenase-2-dependent delayed prostaglandin E$_2$ generation in rat 3Y1 fibroblasts. J Biol Chem 273:1733–1740

67. Naraba H, Murakami M, Matsumoto H et al (1998) Segregated coupling of phospholipases A$_2$, cyclooxygenases, and terminal prostanoid synthases in different phases of prostanoid biosynthesis in rat peritoneal macrophages. J Immunol 160:2974–2982

68. Roshak A, Sathe G, Marshall LA (1994) Suppression of monocyte 85-kDa phospholipase A$_2$ by antisense and effects on endotoxin-induced prostaglandin biosynthesis. J Biol Chem 269:25999–26005

69. Gargalovic P, Dory L (2001) Caveolin-1 and caveolin-2 expression in mouse macrophages. High density lipoprotein 3-stimulated secretion and a lack of significant subcellular co-localization. J Biol Chem 276:26164–26170

70. Parolini I, Sargiacomo M, Galbiati F et al (1999) Expression of caveolin-1 is required for the transport of caveolin-2 to the plasma membrane. Retention of caveolin-2 at the level of the golgi complex. J Biol Chem 274:25718–25725

71. Murakami M, Kuwata H, Amakasu Y et al (1997) Prostaglandin E$_2$ amplifies cytosolic phos-

pholipase A$_2$- and cyclooxygenase-2-dependent delayed prostaglandin E$_2$ generation in mouse osteoblastic cells. Enhancement by secretory phospholipase A$_2$. J Biol Chem 272:19891–19897

72. Murakami M, Shimbara S, Kambe T et al (1998) The functions of five distinct mammalian phospholipase A$_2$S in regulating arachidonic acid release. Type IIa and type V secretory phospholipase A$_2$S are functionally redundant and act in concert with cytosolic phospholipase A$_2$. J Biol Chem 273:14411–14423

73. Hernandez M, Burillo SL, Crespo MS, Nieto ML (1998) Secretory phospholipase A$_2$ activates the cascade of mitogen-activated protein kinases and cytosolic phospholipase A$_2$ in the human astrocytoma cell line 1321N1. J Biol Chem 273:606–612

74. Kim YJ, Kim KP, Han SK et al (2002) Group V phospholipase A$_2$ induces leukotriene biosynthesis in human neutrophils through the activation of group IVA phospholipase A$_2$. J Biol Chem 277:36479–36488

75. Murakami M, Kambe T, Shimbara S, Kudo I (1999) Functional coupling between various phospholipase A$_2$s and cyclooxygenases in immediate and delayed prostanoid biosynthetic pathways. J Biol Chem 274:3103–3115

76. Sharma J, Young DM, Marentette JO et al (2012) Lung endothelial cell platelet-activating factor production and inflammatory cell adherence are increased in response to cigarette smoke component exposure. Am J Physiol Lung Cell Mol Physiol 302:L47–L55

77. Sharma J, Turk J, Mancuso DJ et al (2011) Activation of group VI phospholipase A$_2$ isoforms in cardiac endothelial cells. Am J Physiol Cell Physiol 300:C872–C879

78. Sharma J, Turk J, McHowat J (2010) Endothelial cell prostaglandin I$_2$ and platelet-activating factor production are markedly attenuated in the calcium-independent phospholipase A$_2$β knockout mouse. Biochemistry 49:5473–5481

79. Rastogi P, McHowat J (2009) Inhibition of calcium-independent phospholipase A$_2$ prevents inflammatory mediator production in pulmonary microvascular endothelium. Respir Physiol Neurobiol 165:167–174

80. Rastogi P, White MC, Rickard A, McHowat J (2008) Potential mechanism for recruitment and migration of CD133 positive cells to areas of vascular inflammation. Thromb Res 123:258–266

81. White MC, McHowat J (2007) Protease activation of calcium-independent phospholipase A$_2$ leads to neutrophil recruitment to coronary artery endothelial cells. Thromb Res 120:597–605

82. Meyer MC, McHowat J (2007) Calcium-independent phospholipase A$_2$-catalyzed plasmalogen hydrolysis in hypoxic human coronary artery endothelial cells. Am J Physiol Cell Physiol 292:C251–C258

83. Triggiani M, Schleimer RP, Warner JA, Chilton FH (1991) Differential synthesis of 1-acyl-2-acetyl-sn-glycero-3-phosphocholine and platelet-activating factor by human inflammatory cells. J Immunol 147:660–666

84. Stafforini DM, McIntyre TM, Zimmerman GA, Prescott SM (2003) Platelet-activating factor, a pleiotrophic mediator of physiological and pathological processes. Crit Rev Clin Lab Sci 40:643–672

85. Stafforini DM, McIntyre TM, Zimmerman GA, Prescott SM (1997) Platelet-activating factor acetylhydrolases. J Biol Chem 272:17895–17898

86. Nakamura M, Honda Z, Izumi T et al (1991) Molecular cloning and expression of platelet-activating factor receptor from human leukocytes. J Biol Chem 266:20400–20405

87. Honda Z, Nakamura M, Miki I et al (1991) Cloning by functional expression of platelet-activating factor receptor from guinea-pig lung. Nature 349:342–346

88. Montrucchio G, Lupia E, Battaglia E et al (2000) Platelet-activating factor enhances vascular endothelial growth factor-induced endothelial cell motility and neoangiogenesis in a murine matrigel model. Arterioscler Thromb Vasc Biol 20:80–88

89. Montrucchio G, Alloatti G, Camussi G (2000) Role of platelet-activating factor in cardiovascular pathophysiology. Physiol Rev 80:1669–1699

90. Bussolino F, Camussi G, Aglietta M et al (1987) Human endothelial cells are target for platelet-activating factor. I. Platelet-activating factor induces changes in cytoskeleton structures. J Immunol 139:2439–2446

91. Bkaily G, Wang S, Bui M et al (1996) Modulation of cardiac cell Ca^{2+} currents by PAF. Blood Press Suppl 3:59–62

92. Brock TA, Gimbrone MA Jr (1986) Platelet activating factors alter calcium homeostasis in cultured vascular endothelial cells. Am J Physiol 250:H1086–H1092

93. Emeis JJ, Kluft C (1985) PAF-acether-induced release of tissue-type plasminogen activator

from vessel walls. Blood 66:86–91

94. Prescott SM, Zimmerman GA, Stafforini DM, McIntyre TM (2000) Platelet-activating factor and related lipid mediators. Annu Rev Biochem 69:419–445

95. Prescott SM, Zimmerman GA, McIntyre TM (1984) Human endothelial cells in culture produce platelet-activating factor (1-alkyl-2-acetyl-sn-glycero-3-phosphocholine) when stimulated with thrombin. Proc Natl Acad Sci U S A 81:3534–3538

96. McIntyre TM, Zimmerman GA, Prescott SM (1986) Leukotrienes C4 and D4 stimulate human endothelial cells to synthesize platelet-activating factor and bind neutrophils. Proc Natl Acad Sci U S A 83:2204–2208

97. Zimmerman GA, McIntyre TM, Prescott SM, Otsuka K (1990) Brief review: molecular mechanisms of neutrophil binding to endothelium involving platelet-activating factor and cytokines. J Lipid Mediat 2(suppl):S31–S43

98. Hynes RO, Lander AD (1992) Contact and adhesive specificities in the associations, migrations, and targeting of cells and axons. Cell 68:303–322

99. Lorant DE, McEver RP, McIntyre TM et al (1995) Activation of polymorphonuclear leukocytes reduces their adhesion to P-selectin and causes redistribution of ligands for P-selectin on their surfaces. J Clin Invest 96:171–182

100. Kuijpers TW, Hakkert BC, Hart MH, Roos D (1992) Neutrophil migration across monolayers of cytokine-prestimulated endothelial cells: a role for platelet-activating factor and IL-8. J Cell Biol 117:565–572

101. Meyer MC, Creer MH, McHowat J (2005) Potential role for mast cell tryptase in recruitment of inflammatory cells to endothelium. Am J Physiol Cell Physiol 289:C1485–C1491

102. Rickard A, Portell C, Kell PJ et al (2005) Protease-activated receptor stimulation activates a Ca^{2+}-independent phospholipase A_2 in bladder microvascular endothelial cells. Am J Physiol Renal Physiol 288:F714–F721

103. McHowat J, Creer MH (1998) Calcium-independent phospholipase A_2 in isolated rabbit ventricular myocytes. Lipids 33:1203–1212

104. McHowat J, Liu S, Creer MH (1998) Selective hydrolysis of plasmalogen phospholipids by Ca^{2+}-independent PLA_2 in hypoxic ventricular myocytes. Am J Physiol Cell Physiol 274:C1727–C1737

105. McHowat J, Creer MH (1998) Thrombin activates a membrane-associated calcium-independent PLA_2 in ventricular myocytes. Am J Physiol Cell Physiol 274:C447–C454

106. Mancuso DJ, Abendschein DR, Jenkins CM et al (2003) Cardiac ischemia activates calcium-independent phospholipase A_2beta, precipitating ventricular tachyarrhythmias in transgenic mice: rescue of the lethal electrophysiologic phenotype by mechanism-based inhibition. J Biol Chem 278:22231–22236

107. Sedlis SP, Sequeira JM, el Ahumada GG, Sherif N (1988) Effects of lysophosphatidylcholine on cultured heart cells: correlation of rate of uptake and extent of accumulation with cell injury. J Lab Clin Med 112:745–754

108. Zheng M, Wang Y, Kang L et al (2010) Intracellular Ca^{2+}- and PKC-dependent upregulation of T-type Ca^{2+} channels in LPC-stimulated cardiomyocytes. J Mol Cell Cardiol 48:131–139

109. Ong WY, Farooqui T, Farooqui AA (2010) Involvement of cytosolic phospholipase A_2, calcium independent phospholipase A_2 and plasmalogen selective phospholipase A_2 in neurodegenerative and neuropsychiatric conditions. Curr Med Chem 17:2746–2763

110. Kinsey GR, Blum JL, Covington MD et al (2008) Decreased $iPLA_2\gamma$ expression induces lipid peroxidation and cell death and sensitizes cells to oxidant-induced apoptosis. J Lipid Res 49:1477–1487

111. Kinsey GR, McHowat J, Beckett CS, Schnellmann RG (2007) Identification of calcium-independent phospholipase A_2gamma in mitochondria and its role in mitochondrial oxidative stress. Am J Physiol Renal Physiol 292:F853–F860

112. Balboa MA, Balsinde J (2002) Involvement of calcium-independent phospholipase A_2 in hydrogen peroxide-induced accumulation of free fatty acids in human U937 cells. J Biol Chem 277:40384–40389

113. Nigam S, Schewe T (2000) Phospholipase A_2s and lipid peroxidation. Biochim Biophys Acta 1488:167–181

114. Sindelar PJ, Guan Z, Dallner G, Ernster L (1999) The protective role of plasmalogens in iron-induced lipid peroxidation. Free Radic Biol Med 26:318–324

115. McHowat J, Swift LM, Crown KN, Sarvazyan NA (2001) Changes in phospholipid content and myocardial calcium-independent phospholipase A_2 activity during chronic anthracycline administration. J Pharmacol Exp Ther 311:736–741

116. Swift L, McHowat J, Sarvazyan N (2003) Inhibition of membrane-associated calcium-independent phospholipase A$_2$ as a potential culprit of anthracycline cardiotoxicity. Cancer Res 63:5992–5998
117. McHowat J, Swift LM, Sarvazyan N (2001) Oxidant-induced inhibition of myocardial calcium-independent phospholipase A$_2$. Cardiovasc Toxicol 1:309–316
118. McHowat J, Swift LM, Arutunyan A, Sarvazyan N (2001) Clinical concentrations of doxorubicin inhibit activity of myocardial membrane-associated, calcium-independent phospholipase A$_2$. Cancer Res 61:4024–4029
119. Castellano G, Affuso F, Di Conza P, Fazio S (2008) Myocarditis and dilated cardiomyopathy: possible connections and treatments. J Cardiovasc Med 9:666–671
120. Dias E, Laranja FS, Miranda A, Nobrega G (1956) Chagas' disease; a clinical, epidemiologic, and pathologic study. Circulation 14:1035–1060
121. Carod-Artal FJ (2007) Stroke: a neglected complication of American trypanosomiasis (Chagas' disease). Trans R Soc Trop Med Hyg 101:1075–1080
122. Barrett MP, Burchmore RJ, Stich A et al (2003) The trypanosomiases. Lancet 362:1469–1480
123. Aliberti JC, Machado FS, Gazzinelli RT et al (1999) Platelet-activating factor induces nitric oxide synthesis in *Trypanosoma cruzi*-infected macrophages and mediates resistance to parasite infection in mice. Infect Immun 67:2810–2814
124. Heyder C, Gloria-Maercker E, Hatzmann W et al (2005) Role of the beta1-integrin subunit in the adhesion, extravasation, and migration of T24 human bladder carcinoma cells. Clin Exp Metastasis 22:99–106
125. Dittmar T, Heyder C, Gloria-Maercker E et al (2008) Adhesion molecules and chemokines: the navigation system for circulating tumor (stem) cells to metastasize in an organ-specific manner. Clin Exp Metastasis 25:11–32
126. Melnikova V, Bar-Eli M (2007) Inflammation and melanoma growth and metastasis: the role of platelet-activating factor (PAF) and its receptor. Cancer Metastasis Rev 26:359–371
127. Im SY, Ko HM, Kim JW et al (1996) Augmentation of tumor metastasis by platelet-activating factor. Cancer Res 56:2662–2665
128. McHowat J, Gullickson G, Hoover RG et al (2011) Platelet-activating factor and metastasis: calcium-independent phospholipase A$_2\beta$ deficiency protects against breast cancer metastasis to the lung. Am J Physiol Cell Physiol 300:C825–C832
129. Braquet P, Esanu A, Buisine E et al (1991) Recent progress in ginkgolide research. Med Res Rev 11:295–355
130. Suzuki R, Kohno H, Sugie S et al (2004) Preventive effects of extract of leaves of ginkgo (Ginkgo biloba) and its component bilobalide on azoxymethane-induced colonic aberrant crypt foci in rats. Cancer Lett 210:159–169
131. Pretner E, Amri H, Li W et al (2006) Cancer-related overexpression of the peripheral-type benzodiazepine receptor and cytostatic anticancer effects of Ginkgo biloba extract (EGb 761). Anticancer Res 26:9–22
132. Xu AH, Chen HS, Sun BC et al (2003) Therapeutic mechanism of ginkgo biloba exocarp polysaccharides on gastric cancer. World J Gastroenterol 9:2424–2427
133. Ye B, Aponte M, Dai Y et al (2007) Ginkgo biloba and ovarian cancer prevention: epidemiological and biological evidence. Cancer Lett 251:43–52
134. Hauns B, Haring B, Kohler S et al (2001) Phase II study of combined 5-fluorouracil/Ginkgo biloba extract (GBE 761 ONC) therapy in 5-fluorouracil pretreated patients with advanced colorectal cancer. Phytother Res 15:34–38
135. Li H, Zhao Z, Wei G et al (2010) Group VIA phospholipase A$_2$ in both host and tumor cells is involved in ovarian cancer development. FASEB J 24:4103–4116
136. Miyaura S, Eguchi H, Johnston JM (1992) Effect of a cigarette smoke extract on the metabolism of the proinflammatory autacoid, platelet-activating factor. Circ Res 70:341–347
137. Bielicki JK, Knoff LJ, Tribble DL, Forte TM (2001) Relative sensitivies of plasma lecithin: cholesterol acyltransferase, platelet-activating factor acetylhydrolase, and paraoxonase to in vitro gas-phase cigarette smoke exposure. Atherosclerosis 155:71–78
138. Murin S, Pinkerton KE, Hubbard NE, Erickson K (2004) The effect of cigarette smoke exposure on pulmonary metastatic disease in a murine model of metastatic breast cancer. Chest 125:1467–1471
139. Murin S, Inciardi J (2001) Cigarette smoking and the risk of pulmonary metastasis from breast cancer. Chest 119:1635–1640
140. Kayser K, Hoeft D, Hufnagi P et al (2003) Combined analysis of tumor growth pattern and expression of endogenous lectins as a prognostic tool in primary testicular cancer and its lung

metastases. Histol Histopathol 18:771–779

141. Taylor JL, Quinones Maymi DM, Sporn TA et al (2003) Multiple lung nodules in a woman with a history of melanoma. Respiration 70:544–548

142. Schwarz RE, Chu PG, Grannis FW Jr (2004) Pancreatic tumors in patients with lung malignancies: a spectrum of clinicopathologic considerations. South Med J 97:811–815

143. Lu LM, Zavitz CC, Chen B et al (2007) Cigarette smoke impairs NK cell-dependent tumor immune surveillance. J Immunol 178:936–943

144. Abrams JA, Lee PC, Port JL et al (2008) Cigarette smoking and risk of lung metastasis from esophageal cancer. Cancer Epidemiol Biomarkers Prev 17:2707–2713

第三部分 磷脂酶 C 的生理功能

12 磷脂酶 C 同工酶在细胞内稳态中的作用

Kiyoko Fukami 和 Yoshikazu Nakamura

摘要 磷脂酰肌醇代谢影响多种生理功能，如细胞增殖和分化、受精、神经元功能以及细胞运动。磷脂酶 C（PLC）催化磷脂酰肌醇 –4,5– 二磷酸［phosphatidylinositol 4,5–bisphosphate，PIP_2］水解生成两个第二信使，肌醇 –1,4,5– 三磷酸［inositol–1,4,5–trisphosphate，IP_3］和甘油二酯（diacylglycerol，DAG）。IP_3 释放细胞内储存的钙，DAG 激活蛋白激酶 C（protein kinase C，PKC）。PIP_2 还直接参与调节多种细胞功能，包括细胞的骨架重塑、胞吞、胞吐和通道活性。这些磷脂酰肌醇的失衡导致了人类各种疾病的发生。因此，通过 PLC 或其他相互转化酶精确调节 PIP_2 的水平对于正常的细胞功能是不可或缺的。已建立了几种具有 PLC 同工酶遗传缺陷的小鼠模型，并对其进行分析揭示了每种同工酶的具体功能。结合基因组信息，我们发现特异性同工酶在维持细胞内稳态中起着关键作用。由于 PLC 是一种细胞内钙离子调节酶，PLC 基因敲除小鼠经常表现出钙稳态的紊乱。本章就 PLC 同工酶在受精和神经元功能中对钙稳态的调节作用进行综述。PLC 基因敲除小鼠的细胞增殖、分化、凋亡和发育出现异常，这表明 PLC 同工酶有助于决定细胞命运。这些生理调节与多种细胞功能有关，特别是在具有较高新陈代谢速率的组织中起着重要作用，如皮肤、结肠、造血细胞和发育中的胚胎。因此，本章节重点对 PLC 同工酶在这些细胞中的生理功能和由 PLC 同工酶失调及后续的钙损失和细胞稳态破坏引起的疾病进行总结。

关键词 磷脂酶 C；内稳态；钙；皮肤；肿瘤发生；细胞生长；分化

12.1　引言

我们已在哺乳动物中鉴定出十三种磷脂酶 C（PLC）同工酶，并根据其结构和调节机制将其分为六大类，β（1~4）型、γ（1,2）型、δ（1,3,4）型、ε 型、η（1,2）型和 ζ 型[1]。每种同工酶由亚型特异性结构域和保守结构域组成。特异性结构域有助于酶锚定到质膜上，使其激活并增强其活性。β 型和 γ 型 PLC 的调节机制已得到较为深入的研究。Gq 家族中异源三聚体 G 蛋白的结合促进 β 型和 γ 型 PLC 同工酶的活性，并且它主要受到受体和胞质酪氨酸激酶的调节。δ、η 和 ζ 型 PLC 同工酶（即 PLA-δ、PLA-η、PLA-ζ）对钙敏感，可能受低浓度钙的调节。PLC-ε 是 Ras 蛋白的效应蛋白，并以 GTP 依赖的方式受 Ras 的调节[1]。

对同工酶进行基因工程破坏的小鼠进行的分析和基因组信息进一步揭示了单个同工酶的具体功能。我们发现同工酶在维持细胞内稳态方面有着重要且独特的作用。在本章中，我们重点介绍 PLC 同工酶的生理功能和内稳态失调引起的疾病。本章旨在强调 PLC 对钙稳态和细胞增殖 / 分化的调节，尤其是 PLC-δ 同工酶。

12.2　PLC 调节钙稳态

在高等动物中，钙作为一种信号转导系统是一把双刃剑。高浓度钙对细胞存在毒性，并导致细胞凋亡或坏死。然而，钙水平最适程度地增加是各种生理功能的积极信号。现已明确磷脂酰肌醇代谢在细胞内钙动员中起着重要作用。钙水平的增加对神经元和心肌功能以及受精尤为重要。因此，我们首先总结 PLC 同工酶在特定细胞或器官中调节钙水平，从而影响受精或神经元的功能。

12.3　PLC-ζ 和 PLC-$\delta 4$ 在受精初期的作用

受精时，在卵子中可观察到钙水平的短暂或振荡性增加，这种钙水平的增加对最初卵子的激活至关重要[2]。这种钙水平的增加由 IP$_3$ 水平的增加所介导，使卵细胞中储存的钙释放出来。将精子提取物微量注射到卵细胞中会引发钙水平的变化，这和在哺乳动物卵细胞受精过程中观察到的情况类似，在该过程中，一种不明确的"精子因子"被预测会导致钙水平的连续升高。赖等在这些研究中取得了重大突破，他们报道，精子来源的 PLC-ζ 是在受精过程中引起这些钙振荡的关键分子[3, 4]（图 12.1）。此外，其他研究也报道了重组 PLC-ζ 蛋白可以在哺乳动物卵细胞受精过程中诱导类似钙振荡的模式[5]。这些研究表明

PLC-ζ 是一种精子因子，在受精时诱导卵细胞中的钙振荡表现。

此外，钙在精子顶体反应的进行中也起着主要作用[6]。在哺乳动物精子中，顶体反应在体内通过精子与透明带（ZP）的结合而启动，只有完成这一过程的精子才能穿过 ZP 并与卵质膜融合。PLC-δ4 基因敲除的雄性小鼠体内受精能力下降[7]。体外受精研究表明，采用 PLC-δ4 基因敲除的精子授精使得明显更少的卵子被激活，并且导致与受精相关的钙水平的瞬时变化不存在或延迟。此外，在经 ZP 处理的单个精子中的钙反应在 PLC-δ4 基因敲除的精子中没有发生[8]，这导致 PLC-δ4 基因敲除精子的顶体反应不能启动。这些结果表明 PLC-δ4 对与 ZP 相关的顶体反应中的钙反应具有重要作用（图 12.1）。

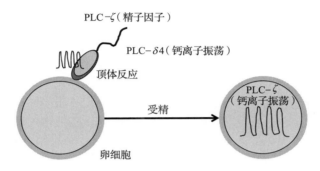

图 12.1　PLC-ζ 和 PLC-δ4 在受精中的作用

PLC-ζ 作为精子因子，在受精时诱导卵细胞内钙水平振荡性变化。PLC-δ4 也参与精子中的钙振荡以诱发 ZP 诱导的顶体反应

12.4　不同的 PLC 同工酶对神经元功能的影响

钙在神经元中的重要性已获得广泛报道。钙在轴突伸缩调节、生长锥导向、突触形成以及对各种神经递质的反应中起着重要作用。值得注意的是，除了 PLC-γ2 和 PLC-ζ 之外，大多数 PLC 同工酶大量存在于神经元中，这说明 PLC 通过调节钙动员参与神经元功能活动。此外，有趣的是，大多数 PLC 同工酶在视网膜中高度表达[1]，该研究反映了视觉反应与这些酶的相关性。

采用基因敲除的 PLC 小鼠的多重功能分析表明，PLC-β 型酶对神经元功能起着重要作用。PLC-β1 基因敲除的小鼠出现癫痫，而 PLC-β4 基因敲除的小鼠出现共济失调[9]。PLC-β3 与 μ- 阿片类物质介导的反应以及甜味和苦味的接收有关[10]。除了 PLC-β 之外，PLC-η 仅在大脑中表达[11, 12]。有趣的是，PLC-η2 在松果体核中特异表达[13]，起到调节情绪和社会行为，如性行为、昼夜节律、精神分裂症和药物依赖的作用[14]。最近，有报道称 PLC-η2 与精神发育迟滞有关。具有一个较小区域 1p36.3 结构先天性缺失的患者具有许多特征，包括精神发育迟滞。由于 PLC-η2 位于 1p36.32 区域，因此 PLC-η2 可能是这些观察患者神经发育延迟的假定候选基因[15]。

据报道，PLC-γ1 是神经网络的重要组成部分，调节各种大脑功能，如记忆和情绪的相关行为[16-18]。此外，人类 PLC-γ1 基因的多态性与双相情感障碍的发病有关[19]。由于 PLC-γ1 基因在胚胎阶段的影响是致命的，因此条件性基因敲除小鼠的出现将揭示 PLC-γ1 在脑功能中的作用。

12.5 PLC 决定细胞命运

细胞命运的确定，如细胞生长、分化和细胞死亡，对每一个哺乳动物细胞的内环境稳定至关重要。越来越多的数据表明，PLC 与细胞命运的决策过程之间存在潜在联系。这里我们重点关注那些与皮肤和胚胎发育过程中的现象相关的 PLC 同工酶。

12.6 PLC 与皮肤稳态的关系

皮肤是身体内部和外部之间的机械和免疫屏障。皮肤由表皮、真皮、皮下组织和许多微型结构组成，如毛囊和皮脂腺。其中，表皮主要是由角质细胞组成的复层上皮，具有增殖角质形成细胞的单层基底层和多个重叠的分化层。由于 PLC 的下游信号，如钙水平升高和 PKC 激活已知可调节角质细胞分化[20]，因此 PLC 可能调节角质细胞分化。虽然 PLC-γ1、PLC-δ1 和 PLC-ε 共同存在于角质形成细胞中，但 PLC-δ1 基因的缺失导致表皮中 PLC 活性损失 90%，这表明 PLC-δ1 可能是表皮中占主导地位的 PLC 同工酶[21]。PLC-γ1 和 PLC-δ1 在角质形成细胞分化过程中水平上调，似乎参与调节钙动员[22, 23]。

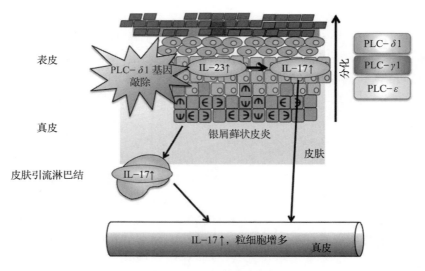

图 12.2　PLC 调节皮肤稳态

PLC-γ1、PLC-δ1 和 PLC-ε 在角质形成细胞中大量表达。表皮中 PLC-δ1 的缺失导致小鼠表皮过度增生，产生过量的白细胞介素 IL-23 和 IL-17，这与银屑病的表现型相似。皮肤来源的 IL-17 导致以粒细胞增多为特征的全身炎症

由 PLC 基因缺陷引起的钙稳态和皮肤稳态失调与多种皮肤疾病有关。尽管尚未对 PLC-γ1 在表皮中的功能进行体内研究，但其体外研究表明反义 PLC-γ1 可阻止细胞外钙诱导的角质形成细胞的分化，并抑制外皮蛋白和转谷氨酰胺酶的表达[24]。类似地，PLC-δ1 基因敲除的小鼠出现表皮细胞异常分化和过度增殖[23]。此外，角质细胞 PLC-δ1 基因的特异性敲除导致炎症反应和炎症细胞因子如白细胞介素 IL-23 和 IL-17 的过度生成，而 IL-23 和 IL-17 是银屑病发病的关键细胞因子。有趣的是，人类银屑病患者表皮中的 PLC-δ1 蛋白减少[21]。这些观察结果表明，角质形成细胞中 PLC-δ1 的表达不足和活性低下解释了人类银屑病的发病机制。此外，角质形成细胞特异性敲除 PLC-δ1 不仅导致皮肤炎症，还导致全身炎症。皮肤来源的 IL-17 导致血清 IL-17 水平升高、粒细胞增多和体温升高[21]（图 12.2）。

PLC-δ1 基因敲除的小鼠也表现出明显的毛发脱落[23]。与由转录因子 Foxn1 的基因突变引起的裸鼠的分析报告相似，Foxn1 在毛干形成过程中作为 PLCδ1 表达的上游调节因子[25]。据最近报道，PLC-δ1 是与隐性自发突变秃毛症（olt）小鼠的毛发缺少有关的基因[26]。这些研究表明 PLC-δ1 在正常毛干的形成中起着重要作用。PLC-ε 在皮肤炎症和肿瘤发生中的作用将放在后面讨论。

12.7　PLC 同工酶在胚胎发育中的作用

胚胎发育是一个有序的过程，其增殖、分化和凋亡均受到精确的调控。对基因敲除小鼠模型的分析表明，PLC-γ1 和 PLC-δ1/PLC-δ3 参与了这些过程。

小鼠 PLC-γ1 基因的同源破坏导致胚胎大约在第 9 天（E9）发生死亡[27]。同时在 PLC-γ1 基因敲除的胚胎中，红细胞生成和血管生成明显受损，这表明正常分化功能缺陷可能是 PLC-γ1 基因敲除小鼠胚胎致死的原因。

此外，由于胎盘发育的分化功能缺陷，PLC-δ1/PLC-δ3 双基因敲除的（DKO）小鼠在 E11.5-E13.5 也出现胚胎死亡[28]。PLC-δ1/PLC-δ3D 基因敲除的小鼠胎盘迷路层血管数量减少，细胞凋亡增加。此外，通过四倍体聚集方法将正常胎盘提供给 PLC-δ1/PLC-δ3D 基因敲除的胚胎，胚胎存活超过 E14.5，这表明胚胎死亡是由胎盘缺陷导致的。这些结果表明 PLC-δ1 和 PLC-δ3 对胎盘发育至关重要，并介导调节胚胎细胞凋亡和存活。

12.8　由细胞稳态破坏引起的疾病

如前所述，PLCs 在维持细胞稳态方面具有重要作用。即使是细胞生长、分化、细胞死亡和 / 或钙稳态之间平衡的细微变化也会导致严重的疾病，如肿瘤发生。

12.9　PLC 同工酶在肿瘤发生中的促进和抑制作用

最近的研究提出了 PLC 同工酶在肿瘤发生中的不同作用：一些促进肿瘤的形成，另一些起着抑癌基因的作用[27, 29, 30]。众所周知，PLC-γ1 在有丝分裂信号传导中起着关键作用[27, 29, 30]。PLC-γ1 通过其受体的磷酸酪氨酸残基和 PLC-γ1 的 SH2 结构域之间的相互作用从而与 EGFR 和 PDGFR 结合[31]。PLC-γ1 的 SH3 结构域也与 Ras 交换因子 SOS1 结合，导致 Ras 活性增强。这意味着 PLC-γ1 可能与肿瘤发生有关（图 12.3）。事实上，PLC-γ1 的表达在许多人类癌症如人类乳腺癌、家族性腺瘤性息肉病和结肠直肠癌中有增强[29]（图 12.3）。

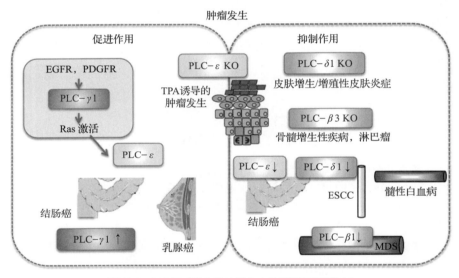

图 12.3　PLC 同工酶在肿瘤发生中的促进和抑制作用

PLC-γ1 与 EGFR 和 PDGFR 结合，还与 Ras 交换因子 SOS1 结合，导致 Ras 激活作用增强。PLC-γ1 在人乳腺癌、结直肠癌等中的表达增强。PLC-ε 是 Ras 的效应器。PLC-ε 基因敲除小鼠表现出对肿瘤形成和 TPA 诱导的皮肤化学致癌作用的抗性。PLC-δ1 被鉴定为人类抑癌基因蛋白质。PLC-δ1 KO 小鼠皮肤增生且增殖增强。PLC-δ1 基因在结肠癌、食管鳞状细胞癌（ESCC）中经常缺失，或者在髓性白血病中减少。在发展为急性髓系白血病的骨髓增生异常综合征（MDS）中也检测到 PLC-β1 基因缺失

另外，Kataoka 团队用 PLC-ε 基因敲除的小鼠分析了 PLC-ε 对皮肤炎症和肿瘤发生的影响。他们确定 PLC-ε 是 Ras 的效应物，并表示 PLC-ε 基因敲除的小鼠在两阶段皮肤化学致癌作用中表现出对肿瘤形成的抗性[32]（图 12.3）。在该模型中，PLC-ε 通过刺激 12-O-十四烷酰佛波醇 -13- 乙酸酯（TPA）诱导的皮肤炎症如水肿、粒细胞浸润和促炎细胞因子白细胞介素 -1α（IL-1α）的表达来促进肿瘤生长[33]。最近也有报道称 PLC-ε 与神经炎症有关[34]。同时，紫外线（UV）B 诱导的皮肤肿瘤的生长在 PLC-ε 基因敲除的小鼠中加快。在这种情况下，皮肤细胞的死亡在 PLC-ε 基因敲除的小鼠中被显著抑制，这表明 PLC-ε 在调节 UVB 诱导的细胞死亡中具有新的作用[35]。

相比之下，PLC-δ1 确定为人类的一种抑癌基因蛋白质（图 12.3）。由于 3p22 在食管鳞状细胞癌中经常性缺失，有研究者筛选了该区域的基因，发现 PLC-δ1 是肿瘤抑制基因强候选基因[36]。原发性 ESCCs 和 ESCC 细胞系中未检测到 PLC-δ1 蛋白的表达，且 PLC-δ1 蛋白的下调与 ESCC 转移紧密相关。此外，PLC-δ1 表达降低的情况与急性或慢性髓系白血病患者的临床结果一致[37]。而且，转录组分析结果表明 PLC-δ1 基因受到抑制与结肠直肠癌的 KRAS 突变有关[38]。结合 PLC-δ1 敲除小鼠表皮增生和细胞增殖增强的情况[21, 23]，研究共同表明 PLC-δ1 可能在某些癌症的发生与发展中起重要的抑制作用。另外，Yuan 等分离出一个新基因 DLC-1，该基因在肝癌中经常缺失。人 DLC-1 与大鼠 p122RhoGAP（一种 PLC-δ1 结合蛋白）有很高的同源性[39]。DLC-1 抑制人癌细胞生长和裸鼠体内的肿瘤发生，因此 p122 也可能通过与 PLC-δ1 发生协同相互作用以及参与 Rho 介导的肌动蛋白细胞骨架的调节而发挥抑癌基因的作用。

同样，PLC-β 是一种抑癌基因。PLC-β1 参与造血分化表明其对恶性血液病起作用，如发展为急性髓系细胞白血病的骨髓增生异常综合征（MDS）[40]。荧光原位杂交（FISH）分析显示，与具有两个等位基因的患者相比，PLC-β1 单等位基因缺失患者的临床表现更糟糕。这些结果表明 PLC-β1 调节 MDS 细胞的存活和增殖。此外，PLC-β3 基因敲除的小鼠出现骨髓增生性疾病、淋巴瘤和其他肿瘤，这表明 PLC-β3 是一种潜在的肿瘤抑制因子[41]。

12.10　结论

本章节主要介绍 PLC 同工酶在维持细胞内稳态中的作用以及细胞稳态被破坏引起的相关疾病。尽管许多 PLC 同工酶在特定的细胞或组织中可能有不同的作用，但仅根据它们在组织中的分布差异、不同的激活机制以及它们对钙水平增加的调节很难对它们的功能作用进行分类。通过进一步分析相关的信号机制，我们可以了解由单个 PLC 异常引起的疾病的病理生理学，从而有助于我们对这些疾病进行预防和治疗。

参考文献

1. Suh PG, Park JI, Manzoli L et al (2008) Multiple roles of phosphoinositide-specific phospholipase C isozymes. BMB Rep 41:415–434
2. Wassarman PM, Jovine L, Litscher ES (2001) A profile of fertilization in mammals. Nat Cell Biol 3:E59–E64
3. Saunders CM, Larman MG, Parrington J et al (2002) PLC zeta: a sperm-specific trigger of Ca^{2+} oscillations in eggs and embryo development. Development 129:3533–3544
4. Swann K, Lai FA (2013) PLCζ and the initiation of Ca^{2+} oscillations in fertilizing mammalian eggs. Cell Calcium 53:55–62
5. Kouchi Z, Fukami K, Shikano T et al (2004) Recombinant phospholipase Czeta has high Ca^{2+} sensitivity and induces Ca^{2+} oscillations in mouse eggs. J Biol Chem 279:10408–10412
6. Breitbart H (2002) Intracellular calcium regulation in sperm capacitation and acrosomal

reaction. Mol Cell Endocrinol 187:139–144

7. Fukami K, Nakao K, Inoue T et al (2001) Requirement of phospholipase Cdelta4 for the zona pellucida-induced acrosome reaction. Science 292:920–923

8. Fukami K, Yoshida M, Inoue T et al (2003) Phospholipase Cδ4 is required for Ca²⁺ mobilization essential for acrosome reaction in sperm. J Cell Biol 161:79–88

9. Kim D, Jun KS, Lee SB et al (1997) Phospholipase C isozymes selectively couple to specific neurotransmitter receptors. Nature 389:290–293

10. Xie W, Gary M, McLaughlin JP et al (1999) Genetic alteration of phospholipase C β3 expression modulates behavioral and cellular responses to μ opioids. Proc Natl Acad Sci U S A 96:10385–10390

11. Hwang JI, Oh YS, Shin KJ et al (2005) Molecular cloning and characterization of a novel phospholipase C, PLC-eta. Biochem J 389:181–186

12. Nakahara M, Shimozawa M, Nakamura Y et al (2005) A novel phospholipase C, PLCη2, is a neuron-specific isozyme. J Biol Chem 280:29128–29134

13. Kanemaru K, Nakahara M, Nakamura Y et al (2010) Phospholipase C-η2 is highly expressed in the habenula and retina. Gene Expr Patterns 10:119–126

14. Hikosaka O, Sesack SR, Lecourtier L, Shepard PD (2008) Habenula: crossroad between the basal ganglia and the limbic system. J Neurosci 28:11825–11829

15. Lo Vasco VR (2011) Role of phosphoinositide-specific phospholipase C η2 in isolated and syndromic mental retardation. Eur Neurol 65:264–269

16. Blum S, Dash PK (2004) A cell-permeable phospholipase Cgamma1-binding peptide transduces neurons and impairs long-term spatial memory. Learn Mem 11:239–243

17. Bolanos CA, Perrotti LI, Edwards S et al (2003) Phospholipase Cγ in distinct regions of the ventral tegmental area differentially modulates mood-related behaviors. J Neurosci 23:7569–7576

18. Jang HJ, Yang YR, Kim JK et al (2013) Phospholipase C-γ1 involved in brain disorders. Adv Biol Regul 53:51–62

19. Turecki G, Grof P, Cavazzoni P et al (1998) Evidence for a role of phospholipase C-γ1 in the pathogenesis of bipolar disorder. Mol Psychiatry 3:534–538

20. Breitkreutz D, Braiman WL, Daum N et al (2007) Protein kinase C family: on the crossroads of cell signaling in skin and tumor epithelium. J Cancer Res Clin Oncol 133:793–808

21. Kanemaru K, Nakamura Y, Sato K et al (2012) Epidermal phospholipase Cδ1 regulates granulocyte counts and systemic interleukin-17 levels in mice. Nat Commun 3:963

22. Xie Z, Bikle DD (1999) Phospholipase C-γ1 is required for calcium-induced keratinocyte differentiation. J Biol Chem 274:20421–20424

23. Nakamura Y, Fukami K, Yu H et al (2003) Phospholipase Cδ1 is required for skin stem cell lineage commitment. EMBO J 22:2981–2991

24. Bikle DD, Ng D, Tu CL, Oda Y et al (2001) Calcium- and vitamin D-regulated keratinocyte differentiation. Mol Cell Endocrinol 77:161–171

25. Nakamura Y, Ichinohe M, Hirata M et al (2008) Phospholipase C-δ1 is an essential molecule downstream of Foxn1, the gene responsible for the nude mutation, in normal hair development. FASEB J 22:841–849

26. Runkel F, Aubin I, Simon CD et al (2008) Alopecia and male infertility in oligotriche mutant mice are caused by a deletion on distal chromosome 9. Mamm Genome 19:691–702

27. Ji QS, Winnier GE, Niswender KD et al (2003) Essential role of the tyrosine kinase substrate phospholipase C-γ1 in mammalian growth and development. Proc Natl Acad Sci U S A 94:2999–3003

28. Nakamura Y, Hamada Y, Fujiwara T et al (2005) Phospholipase C-δ1 and -δ3 are essential in the trophoblast for placental development. Mol Cell Biol 25:10979–10988

29. Wells A, Grandis JR (2003) Phospholipase C-gamma1 in tumor progression. Clin Exp Metastasis 20:285–290

30. Park JB, Lee CS, Jang JH et al (2012) Phospholipase signalling networks in cancer. Nat Rev Cancer 12:782–792

31. Kim MJ, Kim E, Ryu SH, Suh PG (2000) The mechanism of phospholipase C-gamma1 regulation. Exp Mol Med 32:101–109

32. Bai Y, Edamatsu H, Maeda S et al (2004) Crucial role of phospholipase Cε in chemical carcinogen-induced skin tumor development. Cancer Res 64:8808–8810

33. Ikuta S, Edamatsu H, Li M et al (2008) Crucial role of phospholipase C epsilon in skin inflammation induced by tumor-promoting phorbol ester. Cancer Res 68:64–72

34. Dusaban SS, Purcell NH, Rockenstein E et al (2013) Phospholipase C ε links G protein-coupled receptor activation to inflammatory astrocytic responses. Proc Natl Acad Sci U S A

110:3609–3614

35. Oka M, Edamatsu H, Kunisada M et al (2010) Enhancement of ultraviolet β-induced skin tumor development in phospholipase Cε-knockout mice is associated with decreased cell death. Carcinogenesis 10:1897–1902

36. Li F, Yan RQ, Dan X et al (2007) Characterization of a novel tumor-suppressor gene PLCδ1 at 3p22 in esophageal squamous cell carcinoma. Cancer Res 67:10720–10726

37. Song JJ, Liu Q, Li Y et al (2012) Epigenetic inactivation of PLCD1 in chronic myeloid leukemia. Int J Mol Med 30:179–184

38. Danielsen SA, Cekaite L, Ågesen TH et al (2011) Phospholipase C isozymes are deregulated in colorectal cancer—insights gained from gene set enrichment analysis of the transcriptome. PLoS One 6:e24419

39. Yuan BZ, Miller MJ, Keck CL et al (1998) Cloning, characterization, and chromosomal localization of a gene frequently deleted in human liver cancer (DLC-1) homologous to rat RhoGAP. Cancer Res 58:2196–2199

40. Lo Vasco VR, Calabrese G, Manzoli L et al (2004) Inositide-specific phospholipase Cβ1 gene deletion in the progression of myelodysplastic syndrome to acute myeloid leukemia. Leukemia 18:1122–1126

41. Xiao W, Hong H, Kawakami Y et al (2009) Tumor suppression by phospholipase C-β3 via SHP-1-mediated dephosphorylation of Stat5. Cancer Cell 16:161–171

13 磷脂酶 C 亚型在免疫细胞中的作用

Charlotte M.Vines

摘要 磷脂酶 C（PLC）家族成员在炎症反应中对免疫细胞功能的调节起着重要作用。本章讨论了不同的 PLC 家族成员如何被 G 蛋白偶联受体、T 细胞受体、B 细胞受体和其他酪氨酸激酶受体激活，以及讨论许多信号传导途径，这些信号传导是通过不同 PLC 家族成员介导的细胞内信号活动实现的。通过了解这些信号活动和免疫机制，我们将能够更好地确定炎症和自身免疫性疾病的药物干预靶点。

关键词 免疫细胞；磷脂酶 C；信号传导；受体

13.1 引言

磷脂酶 C（PLC）家族成员是一组在多种细胞类型中表达的酶，包括在免疫细胞中，其功能是水解脂质，产生信号中间体。相应地，PLC 响应受体聚集从而被激活，产生多蛋白质复合物来促进细胞内信号转导通路的激活。这些复合物中蛋白质之间的联系是通过结合以及亲和结构域来维持的。在这些信号复合物中，Src 同源 2 结构域（SH2）与磷酸化酪氨酸结合，而 Src 同源 3 结构域（SH3）与富含脯氨酸和精氨酸 / 赖氨酸的序列相互作用[1-4]。这些位点之间的协同结合作用促进了受体蛋白聚集，从而促进了信号传导[5]。

截至 2014 年，已鉴定出 6 种不同的 PLC（PLC-β、PLC-γ、PLC-δ、PLC-ε、PLC-ζ 和 PLC-η），它们由 13 个 PLC 家族成员组成（图 1.2）。PLC-β 有四种亚型（PLC-β1～4），PLCγ 有两种亚型（PLC-γ1 和 PLC-γ2），PLCδ 有三种亚型（PLC-δ1，PLC-δ3，PLC-δ4），PLC-η 有两种亚型（PLC-η1 和 PLC-η2），PLC-ε 和 PLC-ζ 各有一种亚型[6]。PLC-β1、PLC-β3、PLC-γ1 和 PLC-γ2 在多种组织中表达，而 PLC-β2 仅在造血细胞中表达，PLC-β4 仅在神经元细胞中表达。在造血细胞中不表达的 PLC-ζ 和 PLC-η 在本章中不再进一步讨论；不过在本章中可以找到更多关于每种亚型的信息[7, 8]。

在 PLC-γ 的催化结构域内发现的 X/Y 连接具有促进自动抑制的作用[9]。与 PLC-γ1 相似，PLC-γ2 自动抑制的解除是通过 RTKs 使串联 SH2 结构域磷酸化而实现的[10]。PLC-γ2 中的丝氨酸 707 位点存在于三个众所周知的磷酸化位点：Tyr733、Tyr753 和 Tyr759 的 100 个氨基酸中。因此，在抗体缺乏和免疫调节异常中观察到了 S707Y 突变[114]。Tyr 位点可能影响该蛋白质的自动抑制。PLC 家族成员可以通过多种作用机制促进信号传导，包括作为衔接蛋白和水解酶类起作用。在水解过程中，这些酶将磷脂酰肌醇 -4,5- 二磷酸（PIP$_2$）水解成第二信使肌醇 -1,4,5- 三磷酸（IP$_3$）和甘油二酯（DAG）[6]。IP$_3$ 与内质网上的受体结合，可溶性 IP$_3$ 促进钙释放，从而激活蛋白激酶 C（PKC）并激活质膜中的 Orai1 通道。持续性的钙离子介导的信号传导引起基因转录的发生[11]。此外，DAG 通过激活 PKC 家族成员来增强信号传导。细胞发生迁移、增殖、分化和感觉信号输入等都会对这些信号活动作出响应。

13.2 PLC 家族成员在不同免疫细胞中的作用

13.2.1 PLC-β

PLC-β 是在免疫细胞中表达的最具特征的 PLC 家族成员[12]。在特定条件下，PLC-β 可以促进或抑制信号传导从而控制细胞对免疫环境作出反应。PLC-β 的亚型促进细胞分化、增殖和迁移，以控制固有和适应性免疫应答。树突细胞（DC）和巨噬细胞是专职的抗原呈递细胞，其主要功能是在适应性免疫应答开始时协调 T 细胞的激活。这些细胞广泛分布在宿主体内，充当检测、摄取和呈递抗原的守卫者。当探测到细胞外环境中的抗原时，未成熟的树突细胞不断地卷褶它们细胞的膜。这种细胞膜的卷褶是由于细胞质膜上存在高浓度的磷脂酸导致的[13]。据观察，磷脂酸是由 PLC-β1 和 PLC-β3 水解产物 DAG 磷酸化产生的[13]。这是意想不到的，因为磷脂酶 D 已被认为是可以调节非吞噬细胞中的磷脂酸水平的[14, 15]，因此这标志着 PLC-β 在吞噬细胞中有着新作用。

在单核细胞来源的树突状细胞中，PLC-β1 还通过 Toll 样受体和前列腺素 E2 受体传导信号，从而调节炎症反应的进程[16]。此外，PLC-β 介导的信号传导也通过 Ca^{2+} 信号传导促进树突状细胞的成熟。在这些研究中，许多不同的激动剂，包括脂多糖（LPS）、霍乱毒素、二丁酰环腺苷酸、前列腺素 E2 和钙离子载体 A23187，都促进细胞内钙离子的释放，导致 IP_2 的产生，并通过 PLC 促使树突细胞的成熟。100μmol/L 浓度下的 PLC 抑制剂 D609 可以阻碍树突细胞的成熟[17]。作者提出，参与其中的 PLC 家族成员是 PLC-β，因为在多杀性巴氏杆菌毒素（*Pasteurella multocida* toxin）的存在下通过刺激未成熟树突细胞进行模拟实验，发现会促进 PLC-β1 的活化和细胞的成熟。这种成熟的标志是激活标记 CD80、CD83、CD86 和 HLA-DR 的水平上调。虽然树突状细胞的成熟可以由其他刺激如 LPS 诱导，但这些观察结果有助于我们了解免疫细胞促成熟的机制。

PLC-β 家族成员也在利用 G 蛋白偶联受体（GPCR）调节中性粒细胞信号传导过程中发挥重要作用。在与配体结合后，GPCR 诱导 GDP 与 GTP 发生交换，导致 GPCR 释放其相关的 Gα 和 G$\beta\gamma$ 亚基以诱导信号传递——不同的 Gα 亚基与不同的 GPCRs 相关联。虽然所有 PLC-β 亚型都可以被 Gα 亚基的 Gq 一类激活，但只有 PLC-β2 和 PLC-β3 可以被 Gαi/o 和 G$\beta\gamma$ 亚单位激活[12]。此外，这两种 PLC-β 亚型可以被小的 GTP 结合蛋白 Rac 和 Cdc42 激活[12]。PLC-β2 和 PLC-β3 在介导中性粒细胞信号传导中也起重要作用。中性粒细胞是来源于髓系家系的短寿命细胞，是血液循环中含量最丰富的白细胞。中性粒细胞的 GPCRs 表达广泛，包括甲酰肽受体、白三烯受体、血小板活化因子受体、C5a 受体和某些趋化因子受体（CXCR1、CXCR2、CCR1、CCR2、CCR5 和 CCR7），它们控制宿主免疫并触发炎症[18-32]。在与配体结合后，GPCR 催化 GDP 与 GPCR 细胞质表面相关的异源三聚体 G 蛋白的 Gα 亚基上 GTP 的交换。通过这些 GPCR 向 PLC 发出信号，这种信号传导只有在应答 GPCR 的 Gαq 亚基释放时才被激活，随后发现它也被 Gβ 或 Gγ 亚基激活[33-37]。中性粒细胞中的这种信号传递以双相性的 Ca^{2+} 信号传递为标志[38]。由于 PLC-β2 和 PLC-β3 的纯合性缺失完全阻碍了 IP_3 的产生、Ca^{2+} 的释放以及伴随的超氧化物的脱粒，因此初始阶段被认为是由 PLC-β 介导的，PLC-β 促进了 Ca^{2+} 从内质网中的释放[39]。由于 Ca^{2+} 介导细胞迁移，因此 PLC-β2$^{-/-}$ 和 PLC-β3$^{-/-}$ 突变体在甲酰肽受体或 CCR1 的刺激下能够正常迁移是意料之外的事情。这些观察可能反映了信号通路的冗余，因为 PLC-γ 已被证明能调节免疫细胞响应趋化因子受体 GPCR 而发生迁移。

肥大细胞通过激活高亲和力 IgE 受体（FcϵRI）来介导过敏反应[40]。用 PLC-β3$^{-/-}$ 小鼠表明，PLCβ3 对白细胞介素 6（IL-6）、肿瘤坏死因子 α（TNFα）和 IL-13 的晚期细胞因子的产生是必需的。此外，在缺乏 PLC-β3 的情况下，致敏的肥大细胞的迁移减少。与野生型小鼠相比，PLC-β 的丢失不影响早期的反应，因为 Ca^{2+} 动员、Fyn 激活和组胺脱颗粒均没有发生改变。相反，这项研究证明了 PLC-β3 在 Lyn 激活的调节中具有调节 SHIP-1 的作用，而它是由 PLC 家族成员的适配器功能介导的，因为 PLC 催化活性的丧失不影响经过 FcϵRI 的信号传递。

13.2.2　PLC-γ

PLC-γ 有两种形式（PLC-γ1 和 PLC-γ2），它们与造血细胞中的信号传导有关。迄今为止，在树突细胞、中性粒细胞、肥大细胞、自然杀伤细胞和 B 细胞中都观察到了这两种 PLC-γ 亚型[41-46]。我们将讨论 PLC-γ 亚型在这些细胞类型中的作用，对每种 PLCγ 亚型进行了纯合缺失突变体的研究。PLC-γ1 纯合缺失对造血功能的影响的研究存在困难，因为小鼠在胚胎发育的第 8.5 天发生死亡。相比之下，PLC-γ2 基因纯合缺失的小鼠成熟 B 细胞数量显著减少，缺少 IgM 受体诱导的 Ca^{2+} 动员，这似乎是由于通过布鲁顿酪氨酸激酶（BTK）和 B 细胞连接蛋白（BLNK）的信号传导丢失[47]。然而，这些小鼠的 T 细胞分化没有受到影响。这些小鼠能够以较低的水平表达 IgM、IgG2a 和 IgG3。此外，尽管血小板计数正常，但这些小鼠在胶原诱导性的血小板聚集方面存在缺陷，这会导致胃肠出血[47]。从这些研究中可以确定，尽管 PLC-γ 亚型具有相似的结构，但它们的功能并不存在冗余。

中性粒细胞在其表面表达选择素和整合素黏附受体，在先天免疫反应中控制这些细胞的定位和靶向，并且它通过 PLC-γ 发出信号[48]。选择素都是单链跨膜糖蛋白，整合素是异二聚体黏附蛋白，两者均促进白细胞的短暂附着，如中性粒细胞对发炎的血管内皮的附着[49-52]。特异性黏附蛋白，包括细胞表面的 P- 选择素糖蛋白配体 -1（PSGL-1）以及 β1 和 β2 整合素，在调节中性粒细胞黏附中起重要作用。PLC-γ2 介导通过 PSGL-1 和 β2 整合素黏附蛋白的信号传导[48]。

巨噬细胞和树突状细胞表达模式识别受体，如 Toll 样受体（TLRs），使这些细胞对微生物产物产生反应并激活免疫反应[53]，从而释放促炎细胞因子，如 TNF-α 和 IL-6。在对这些吞噬细胞的 CpG 刺激的应答中，TNFα 的分泌是由脾脏酪氨酸激酶（Syk）介导的[53]。在 PLC-γ2 下游，Syk 的一种底物被磷酸化以促进 TNF-α 的分泌。在缺乏 Syk/PLC-γ2 信号的情况下，IL-6 的分泌不受影响。这种通过 Syk 到 PLC-γ2 的专一信号允许细胞产生针对每种目标病原体的反应。

在嗜碱性粒细胞和肥大细胞中，通过高亲和力传递信号，IgE 的受体 FcεRI 通过 PLCγ1 和 PLC-γ2 介导[47, 54-57]。FcεRI 包含一个 α 亚基，一个跨膜 β 亚基和两个 γ 亚基，其中 α 亚基有两个胞外 IgE 结合结构域[58]。免疫酪氨酸激活序列（ITAMs）存在于 β 和 γ 亚基中，促进信号放大和传导[59-61]。最初，FcεRI 聚集介导 Src 家族激酶 Lyn 的聚集[62-64]。Lyn 磷酸化 FcεRI 的 β 和 γ 亚基上的 ITAMS。这些磷酸化的 ITAMs 聚集 Syk[65]，Syk 被 Lyn 磷酸化以介导 T 细胞活化连接蛋白（LAT）的聚集。LAT 的 Syk 磷酸化介导 PLC-γ1 和 PLC-γ2 的聚集和激活[66, 67]。在 PIP_2 分解成 IP_3 和 DAG 后，释放的钙促进脱粒。FcεRI 信号传导的这一阶段是早期反应的一部分。

PLC-γ1 在 T 细胞的适应性免疫反应中也起着关键作用。T 细胞通过 C-C 趋化因子受体 7（CCR7）传递信号到淋巴结[68]。研究已经证实，T 细胞借助于 β1 整合素的迁移受到 PLCγ1 的调节[69]。在这些研究中，原发性 T 细胞中 PLC-γ1 的 shRNA 缺失表明 PLC-γ1 的激活介导了 T 细胞响应 CCR7/CCL21 而发生的迁移。虽然 CCR7 有两个配体，但经由第二个配体的迁移似乎是由不同的信号通路介导的，这表明 PLC 家族成员通过单一趋化因子受体对不同的信号调节起作用。由于 PLC-γ1 介导免疫细胞经过 CCR7 受体向 CCL21 的迁移的[69]，因此，其他 PLC 家族成员也可能在中性粒细胞中被激活以促进趋化迁移。事实上，通过 CXCR4- 基质细胞衍生因子 1-α（SDF1α）受体刺激的 T 细胞迁移也是由 PLC-γ1 而不是 PLC-β3 调节的[70]（图 13.1），这也支持了我们的观察结果。

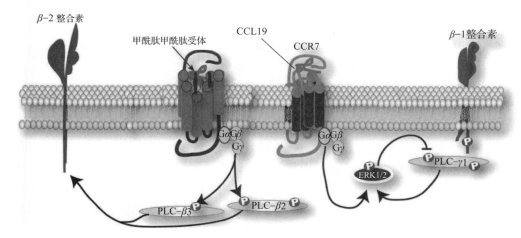

图 13.1　磷脂酶 Cγ1 在 T 细胞受体激活后促进信号传导

在 T 淋巴细胞表面发现的 T 细胞受体（TCR）由配体结合亚基（TCR-α/TCR-β）或（TCR-γ/TCRδ）以及 CD3γ、CD3δ、CD3ε 和 CD3ζ 组成[116-118]。CD3 亚基在配体结合后通过 TCR 促进信号传导，该传导经由这些亚基的胞质尾区的免疫受体酪氨酸基激活序列（ITAMs）的磷酸化进行[119]

　　T 细胞通过一种称为免疫突触（IS）的结构与抗原呈递细胞结合而被激活[71, 72]。T 细胞激活是一个复杂的过程，在此过程中，许多信号蛋白共同定位以促进下游信号活动发生。在免疫突触（IS）结构中，微簇形成以及 TCR 的 ζ 链被 Src 家族激酶成员 Lck 磷酸化[73-77]（图 13.3）。反过来，70ku 的 ζ 链关联蛋白（ZAP-70）通过其与磷酸化的 ζ 链的结合而被激活。ZAP-70 使 LAT，一种 36 ~ 38ku 的连接蛋白[78]以及 76ku 的含 SH2 结构域的白细胞蛋白（SLP-76）[79-81]磷酸化。PLC-γ1 通过其 N 末端 SH2 结构域聚集到 LAT 中的酪氨酸 132[61, 82-84]，在该处它被磷酸化并通过肌醇 -1,4,5- 三磷酸的分解传导信号[78, 85]。然后 PLC-γ 与 SLP-76 结合（图 13.2）。随着钙离子从内质网中释放出来，质膜中的 Orai1 通道打开以维持钙离子信号传导，特异性基因开始转录[11]。

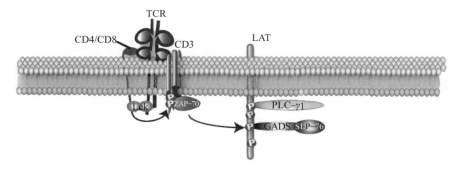

图 13.2　在 T 细胞借助于 CCL21 被激活后，通过 PLC-γ1 的信号传导促进其迁移

在通过免疫突触传导信号的过程中，F-肌动蛋白的代谢转换促进了 PLC-γ1 的磷酸化，而 PLC-γ1 在 T 细胞激活过程中维持信号传导，因为在茉莉酸内酯（一种干扰肌动蛋白代谢转换的 F-肌动蛋白稳定剂[86]）的存在下，PLC-γ1 酪氨酸 783 的磷酸化不会发生[87]。促进肌动蛋白代谢转换的微管末端结合蛋白 1 直接结合 TCR 复合物，以促进囊泡向免疫突触（IS）的聚集。这些囊泡将 PLC-γ1/LAT 复合物传递到 IS，促进 T 细胞信号传导。

在自然杀伤（NK）细胞中，通过 γδT 细胞受体（TCRγδ）的信号传导促进了 Vav1 介导的 PLC-γ1 信号通路，且 NK 细胞中的溶解颗粒被释放来促进杀伤[88]。自然杀伤细胞 2 族成员 D（NKG2D），同型二聚体跨膜 C 型凝集素通常由 NK 细胞、CD8+αβT 细胞以及 CD4+γδT 细胞表达[89-91]。NKG2D 配体由 MHC I 类相关分子和 MHC I 类相关蛋白 A 和 B（MICA/B）以及 6 种 UL 结合蛋白组成。与 γδT 细胞受体（TCRγδ）结合，NKG2D 激活的信号传导通过 Src 家族激酶进行响应，从而激活 Vav1-PLC-γ1 和 PLC-γ2 信号通路[92-94]。虽然 PLC-γ 的两种亚型都与 NK 细胞中的激活受体偶联，但它们的作用不是冗余的，因为某些形式的 NKG2D 优先结合 PLC-γ2[94, 95]。这些途径是 jun 激酶 1（JNK1）激活的上游部分，需要 JNK1 使突触上的微管组织中心和细胞溶解颗粒与靶细胞极化[96]。IFN-γ 得以产生从而响应经由 PLC-γ 的信号传导[97, 98]。作为另一种调节机制，PLC 通过水解 GPI 锚定蛋白促进糖基磷脂酰肌醇连接的 NKG2D 亚型从细胞表面脱落[88]。

13.2.3　PLC-δ

尽管有很少的证据可以表明 PLC-δ1、PLC-δ2 或 PLC-δ3 与造血功能有关，但用 PLC-δ1 转染的中国仓鼠卵巢细胞可以被凝血酶刺激产生磷酸盐，这意味着 PLC-δ1 在 GPCR 信号通路中有潜在作用[99]。添加到血清中的炎症介质，如缓激肽、溶血磷脂酸和钙离子载体，也可以刺激 PLC-δ4 启动子的表达，并可能涉及该 PLC 家族成员对炎症反应中细胞活动的调节[100]。然而，PLC-δ 家族成员的其他功能似乎与免疫细胞功能无关[101]。

13.2.4　PLC-ε

PLC-ε 是一种表达水平低的 PLC 亚型，但它对所表达细胞的免疫状态有显著影响，即使其他 PLC 家族成员有更高的表达水平。这种在胸腺内表达的 PLC 亚型似乎有助于炎症进程。在 ApcMin/+ 结肠癌小鼠模型中炎症介导了肠道肿瘤的发展，与 PLC-ε+/+ 小鼠相比，PLC-ε-/- 小鼠中自发肿瘤的数量显著减少[102]。在该研究中发现，与 PLC-ε+/+、ApcMin/+ 小鼠相比，PLC-ε-/-、ApcMin/+ 小鼠的中性粒细胞和巨噬细胞的趋化因子 CXCL1 和 CXCL2 的水平受到抑制。此外，与 PLC-ε+/+、APCMin/+ 小鼠的环氧化酶 2（COX-2）水平升高相比，PLC-ε-/-、ApcMin/+ 小鼠被抑制。髓系细胞趋化因子和促炎介质的减少导致 PLC-ε-/-；ApcMin/+ 小鼠中肿瘤的数量和等级显著降低。重要的是，这些结果表明可以通过 PLC-ε 来调节致使炎症细胞因子产生的信号传导。PLC-ε 也与接触性皮炎有关。在这些研究中，过表达 PLC-ε 的转基因小鼠自发地出现银色鳞屑黏附、角质形成细胞过度生长以及生产 IL-22 的 T 细胞异常浸润的病变。通过注射由 T 细胞响应 IL-22 或 FK506 时产生的抗 IL-23 抗体抑制皮炎，抗 IL-23 抗体是通过与免疫 FK506 结合蛋白（FKBP）12 形成复合物而产生对钙调磷酸酶（一种由 PLC-ε 下游的钙释放激活的信号中间体，由 PLC-ε 下游的钙释放激活）产生抑制作用[103, 104]。与 PLC-δ 类似，PLCε 可以通过溶血磷脂酸、凝血酶、1-磷酸鞘氨醇、异丙肾上腺素和艾塞那肽的 GPCR 结合而被激活[105]。像 PLC-γ 亚型一样，PLC-ε 也可以在成员受体酪氨酸激酶（如表皮生长因子受体和血小板衍生生长因子）的刺激下被激活。总之，这些研究突出了 PLC-ε 在调节免疫细胞介质状态中的作用。

13.3 免疫疾病相关突变

13.3.1 PLC-β3

PLC-β3 的纯合缺失导致 50% 的小鼠在 16 个月内死亡，而野生型小鼠的存活率为 100%[106]。PLC-β3 的纯合缺失动物的脾脏肿大，其中包含髓系细胞和细胞的病灶，红系细胞似乎是髓外造血的部位。具体来说，与同龄的小鼠相比，这些小鼠脾脏含有大量 c-Kit$^+$Sca-1$^+$ 系细胞、粒细胞 – 巨噬细胞祖细胞和巨核细胞 – 红系祖细胞。通过测量突变小鼠中磷酸化 -Stat5 水平发现，这些缺陷似乎是由于 Stat5 的激活增加而导致的。显而易见，这些小鼠的骨髓含有异常高数量的 CD11b$^+$Gr-1$^+$ 成熟粒细胞。由于这些动物没有细菌感染，并且抗生素治疗不会影响粒细胞的数量，因此得出结论，这些动物患有骨髓增生性疾病。因此，当第二组小鼠出现类似人类慢性髓细胞白血病的爆发时，这并不出人意料[107]。对 128 只小鼠的检查显示它们患有 T 细胞标记的淋巴瘤、皮肤癌和肺癌[106]。通过小鼠 Ba/F3 细胞在体外和 KSL 细胞在体内过表达 PLC-β3，作者发现 PLC-β3 降低了 Stat5 的磷酸化水平，并且这种抑制活性局限于 PLC 蛋白的 C 末端。作者指出，这些缺失突变体展示了 PLC-β2 和 PLC-β3 的非重叠功能，因为 PLC-β2$^{-/-}$ 小鼠不会患有肿瘤或过早死亡。此外，PLC-β3 被认为是骨髓细胞中的肿瘤抑制因子。

13.3.2 PLC-γ2

PLC-γ2 基因缺失导致破骨细胞分化功能的丧失。此外，在体外和体内都存在骨吸收的损耗。PLC-γ2 在炎症性关节炎中对先天免疫的调节起重要作用。在假体植入、牙周病、骨关节炎和类风湿性关节炎患者中观察到的骨质流失是因为破骨细胞的数量和 / 或其骨吸收功能增加。通常情况下，PLC-γ2 的催化结构域和连接结构域促进破骨细胞的分化和功能行使。为了确定 SH2 结构域在 PLC-γ2 中的作用，将包含两个串联 SH2 结构域的突变体 {PLC-γ2 [SH2（N+C）]} 进行表达。表达该突变体的骨髓来源的巨噬细胞不能在体外形成吸收骨质的成熟破骨细胞。这似乎是由于 NF-κB（RANK）信号的受体激活剂（破骨细胞发育的关键调节因子）的活化作用丧失，因为在体外，破骨细胞在 RANK 配体（RANKL）和巨噬细胞集落刺激因子（M-CSF）[108] 的存在下，通过 p38 和 IK-Bα 的激活作用由骨髓前体细胞分化而来。在骨髓中，通过 p38、IK-Bα 表达 PLC-γ2 [SH2（N+C）] 下游信号的前体也发生丢失，这确定了 PLC-γ2 在促进破骨细胞生成的下游信号传导中的催化和连接作用。

在小鼠和患有寒冷性荨麻疹的人类患者的回顾性研究中，已经报道了 PLC-γ2 与功能突变之间的联系[109-111]。PLC-γ2 突变和 PLC-γ1 中相应的突变可能影响其蛋白质的自动抑制区[112]。基于 PLC-γ 相互作用结构域的预测结构[113]，我们认为 PLC-γ 在这些患者中是错误折叠的。因此有理由假设，是在 PLC-γ2 的 C 末端 SH2 结构域（S707Y）内发现的点突变导致了该蛋白质的错误折叠，并且在所有受试者中可观察到由此导致的寒冷性荨麻疹。

在一个家族中，PLC-γ2 中丝氨酸 707 突变为酪氨酸与伴随免疫缺陷的自身炎症疾病有关。在这种情况下，通常在对 PLC-γ2 调节至关重要的自抑制 SH2 结构域中发现丝氨酸突变为酪氨酸。含有一个突变的 PLC-γ2 过表达，将 Ser707 转化为 Tyr（pSer707Tyr），导致 PLC-γ2 活性增强。这种突变发现于 PLC-γ2 的高度保守区域，并且发现于主要的自抑制区域 PLC-γ2 的高度保守区域似乎对 PLC-γ2 的激活至关重要，因为它抑制 PLC-γ2 活性[10]。当在 16 个不同物种之间比较这个结构域时，发现该位点高度保守。在一名患者中，出现了小的角膜水泡，最终发展为角膜糜烂、溃疡和白内障[114]。此外，这些患者几乎没有类型转换的记忆 B 细胞（CD20$^+$CD27IgM$^-$IgA$^+$ 或 IgG$^+$），这可能阐明他们发生细菌感染的历史。尽管这些细胞确实引起了胞外信号调节激酶（ERK）的显著增加，但初始和记忆 T 细胞以及自然杀伤细胞的数量是正常的。pSer707Tyr 突变体在人胚胎肾（HEK）293T 细胞或 COS7 细胞中的过表达导致细胞表现细胞内 IP$_3$ 的高水平，这导致在表皮生长因子刺激后的细胞内储存的钙离子释放增加。很明显，这个区域在调节免疫细胞的激活程度中起着关键作用。

13.3.3   PLC-ε

PLC-ε 导致接触性超敏反应，这是一种在长期接触化学半抗原后发生的 T 细胞介导的免疫炎症反应[115]。在使用 PLC-ε$^{+/+}$ 和 PLC-ε$^{-/-}$ 小鼠的研究中，发现 PLC-ε 显著地促进了由于 2，4- 二硝基氟苯的致敏和激发而引起的炎症。具体来说，与 PLC-ε$^{+/+}$ 小鼠相比，PLC-ε$^{-/-}$ 小鼠的免疫炎症反应水平显著降低，这通过测量它们耳肿胀程度的降低来确定，耳肿胀程度与中性粒细胞浸润的减少和促炎细胞因子如白细胞介素 -4（IL-4）、IL-17、干扰素 -γ（IFN-γ）和肿瘤坏死因子 -α 的产生相关。通过将 CD4$^+$T 细胞从 PLC-ε$^{+/+}$ 或 PLC-ε$^{-/-}$ 过继传输到不存在 CD4$^+$T 细胞的 PLC-ε$^{+/+}$ 或 PLC-ε$^{-/-}$，发现 PLC-ε 以非 T 细胞依赖的方式诱导接触性超敏反应。此外，真皮成纤维细胞和表皮角质形成细胞似乎在上调控制免疫反应程度的细胞因子的水平上发挥了作用。

13.4   结论

对 PLC 家族成员功能的研究揭示了特定的靶点，这些靶点可能有助于治疗由免疫细胞功能失调引起的人类疾病。未来对 PLC 家族成员功能的更详细了解将有助于定义可用于缓解疾病的特异性抑制剂。由于 GPCRs 可以被可内化的亲和力非常高的配体激活，这些类型的受体可以潜在地用作针对具体的细胞类型的靶向 PLC 抑制剂，参与不同疾病的发展进程。

参考文献

1. Gilliland LK, Schieven GL, Norris NA et al (1992) Lymphocyte lineage-restricted tyrosine-phosphorylated proteins that bind PLC γ1 SH2 domains. J Biol Chem 267:13610–13616
2. Kanner SB, Reynolds AB, Wang HC et al (1991) The SH2 and SH3 domains of pp60src direct stable association with tyrosine phosphorylated proteins p130 and p110. EMBO J 10:1689–1698
3. Mohammadi M, Honegger AM, Rotin D et al (1991) A tyrosine-phosphorylated carboxy-terminal peptide of the fibroblast growth factor receptor (Flg) is a binding site for the SH2 domain of phospholipase C γ1. Mol Cell Biol 11:5068–5078
4. Waksman G, Kominos D, Robertson SC et al (1992) Crystal structure of the phosphotyrosine recognition domain SH2 of v-src complexed with tyrosine phosphorylated peptides. Nature 358:646–653
5. Houtman JC, Higashimoto Y, Dimasi N et al (2004) Binding specificity of multi protein signaling complexes is determined by both cooperative interactions and affinity preferences. Biochemistry 43:4170–4178
6. Vines CM (2012) Phospholipase C. Adv Exp Med Biol 740:235–254
7. Nakahara M, Shimozawa M, Nakamura Y et al (2005) A novel phospholipase C, PLCη2, is a neuron-specific isozyme. J Biol Chem 280:29128–29134
8. Zhou Y, Wing MR, Sondek J, Harden TK (2005) Molecular cloning and characterization of PLC-η2. Biochem J 391:667–676
9. Hajicek N, Charpentier TH, Rush JR et al (2013) Auto inhibition and phosphorylation-induced activation of phospholipase C-γ isozymes. Biochemistry 2013
10. Gresset A, Hicks SN, Harden TK, Sondek J (2010) Mechanism of phosphorylation-induced activation of phospholipase C-γ isozymes. J Biol Chem 285:35836–35847
11. Zhang J, Shehabeldin A, da Cruz LA et al (1999) Antigen receptor-induced activation and cytoskeletal rearrangement are impaired in Wiskott-Aldrich syndrome protein deficient lymphocytes. J Exp Med 190:329–1342
12. Kawakami T, Xiao W (2013) Phospholipase C-β in immune cells. Adv Biol Regul 53:249–257
13. Bohdanowicz M, Schlam D, Hermansson M et al (2013) Phosphatidic acid is required for the constitutive ruffling and macropinocytosis of phagocytes. Mol Biol Cell 24:1700–1712
14. Shen Y, Xu L, Foster DA (2001) Role for phospholipase D in receptor-mediated endocytosis. Mol Cell Biol 21:595–602
15. Su W, Yeku O, Olepu S et al (2009) 5-Fluoro-2-indolyl des-chlorohalopemide (FIPI), a phospholipase D pharmacological inhibitor that alters cell spreading and inhibits chemotaxis. Mol Pharmacol 75:437–446
16. Bagley KC, Abdelwahab SF, Tuskan RG, Lewis GK (2004) Calcium signaling through phospholipase C activates dendritic cells to mature and is necessary for the activation and maturation of dendritic cells induced by diverse agonists. Clin Diagn Lab Immunol 11:77–82
17. Muller-Decker K (1989) Interruption of TPA-induced signals by an antiviral and anti tumoral xanthate compound: inhibition of a phospholipase C-type reaction. Biochem Biophys Res Commun 162:198–205
18. Marasco WA, Fantone JC, Freer RJ, Ward PA (1983) Characterization of the rat neutrophil formyl peptide chemotaxis receptor. Am J Pathol 111:273–281
19. Marasco WA, Showell HJ, Freer RJ, Becker EL (1982) Anti-f Met-Leu-Phe: similarities in fine specificity with the formyl peptide chemotaxis receptor of the neutrophil. J Immunol 128:956–962
20. Fretland DJ, Widomski DL, Zemaitis JM et al (1989) Effect of a leukotriene B4 receptor antagonist on leukotriene B4-induced neutrophil chemotaxis in cavine dermis. Inflammation 13:601–605
21. Schultz RM, Marder P, Spaethe SM et al (1991) Effects of two leukotriene B4 (LTB4) receptor antagonists (LY255283 and SC-41930) on LTB4-induced human neutrophil adhesion and superoxide production. Prostaglandins, Leukotrienes, and Essential Fatty Acids 43:267–271
22. Lawrence RH, Sorrell TC (1994) Eicosapentaenoic acid modulates neutrophil leukotriene B4

receptor expression in cystic fibrosis. Clin Exp Immunol 98:12–16

23. Lotner GZ, Lynch JM, Betz SJ, Henson PM (1980) Human neutrophil-derived platelet activating factor. J Immunol 124:676–684

24. O'Donnell MC, Siegel JN, Fiedel BA (1981) Platelet activating factor: an inhibitor of neutrophil activation? Clin Exp Immunol 43:135–142

25. Chenoweth DE, Hugli TE (1980) Human C5a and C5a analogs as probes of the neutrophil C5a receptor. Mol Immunol 17:151–161

26. Godaly G, Hang L, Frendeus B, Svanborg C (2000) Transepithelial neutrophil migration is CXCR1 dependent in vitro and is defective in IL-8 receptor knockout mice. J Immunol 165:5287–5294

27. Li F, Gordon JR (2001) Il-8((3–73))K11R is a high affinity agonist of the neutrophil CXCR1 and CXCR2. Biochem Biophys Res Commun 286:595–600

28. Gordon JR, Li F, Zhang X et al (2005) The combined CXCR1/CXCR2 antagonist CXCL8(3–74)K11R/G31P blocks neutrophil infiltration, pyrexia, and pulmonary vascular pathology in endotoxemic animals. J Leukoc Biol 78:1265–1272

29. Ramos CD, Canetti C, Souto JT et al (2005) MIP-1 α [CCL3] acting on the CCR1 receptor mediates neutrophil migration in immune inflammation via sequential release of TNF-α and LTB4. J Leukoc Biol 78:167–177

30. Reichel CA, Khandoga A, Anders HJ et al (2006) Chemokine receptors Ccr1, Ccr2, and Ccr5 mediate neutrophil migration to postischemic tissue. J Leukoc Biol 79:114–122

31. Rose JJ, Foley JF, Murphy PM, Venkatesan S (2004) On the mechanism and significance of ligand-induced internalization of human neutrophil chemokine receptors CXCR1 and CXCR2. J Biol Chem 279:24372–24386

32. Beauvillain C, Cunin P, Doni A et al (2011) CCR7 is involved in the migration of neutrophils to lymph nodes. Blood 117:1196–1204

33. Boyer JL, Waldo GL, Harden TK (1992) βγ-subunit activation of G-protein-regulated phospholipase C. J Biol Chem 267:25451–25456

34. Camps M, Carozzi A, Schnabel P et al (1992) Isozyme-selective stimulation of phospholipase C-β2 by G protein βγ-subunits. Nature 360:684–686

35. Camps M, Hou C, Sidiropoulos D et al (1992) Stimulation of phospholipase C by guanine-nucleotide-binding protein βγ subunits. Eur J Biochem 206:821–831

36. Schnabel P, Camps M, Carozzi A et al (1993) Mutational analysis of phospholipase C-β2. Identification of regions required for membrane association and stimulation by guanine-nucleotide-binding protein beta gamma subunits. Eur J Biochem 217:1109–1115

37. Smrcka AV, Sternweis PC (1993) Regulation of purified subtypes of phosphatidylinositol specific phospholipase C β by G protein α and βγ subunits. J Biol Chem 268:9667–9674

38. Futosi K, Fodor S, Mocsai A (2013) Neutrophil cell surface receptors and their intracellular signal transduction pathways. Int Immunopharmacol 17:638–650

39. Li Z, Jiang H, Xie W et al (2000) Roles of PLC-β2 and -β3 and PI3Kgamma in chemoattractant-mediated signal transduction. Science 287:1046–1049

40. Xiao W, Kashiwakura J, Hong H et al (2011) Phospholipase C-β3 regulates Fcvar epsilonRI-mediated mast cell activation by recruiting the protein phosphatase SHP-1. Immunity 34:893–904

41. Cremasco V, Benasciutti E, Cella M et al (2010) Phospholipase C γ2 is critical for development of a murine model of inflammatory arthritis by affecting actin dynamics in dendritic cells. PLoS One 5:e8909

42. Cremasco V, Graham DB, Novack DV et al (2008) Vav/Phospholipase Cγ2-mediated control of a neutrophil-dependent murine model of rheumatoid arthritis. Arthritis Rheum 58:2712–2722

43. Fredholm B, Hogberg B, Uvnas B (1960) Role of phospholipase A and C in mast cell degranulation induced by non-purified Clostridium welchii toxin. Biochem Pharmacol 5:39–45

44. Ting AT, Einspahr KJ, Abraham RT, Leibson PJ (1991) Fc γ receptor signal transduction in natural killer cells. Coupling to phospholipase C via a G protein-independent, but tyrosine kinase-dependent pathway. J Immunol 147:3122–3127

45. Ting AT, Karnitz LM, Schoon RA et al (1992) Fc γ receptor activation induces the tyrosine phosphorylation of both phospholipase C (PLC)-γ1 and PLC-γ2 in natural killer cells. J Exp Med 176:1751–1755

46. Whalen MM, Doshi RN, Homma Y, Bankhurst AD (1993) Phospholipase C activation in the cytotoxic response of human natural killer cells requires protein-tyrosine kinase activity. Immunology 79:542–547

47. Wang D, Feng J, Wen R et al (2000) Phospholipase C γ2 is essential in the functions of B cell and several Fc receptors. Immunity 13:25–35

48. Mueller H, Stadtmann A, Van Aken H et al (2010) Tyrosine kinase Btk regulates E-selectin-mediated integrin activation and neutrophil recruitment by controlling phospholipase C (PLC) γ2 and PI3Kgamma pathways. Blood 115:3118–3127

49. Brady HR, Spertini O, Jimenez W et al (1992) Neutrophils, monocytes, and lymphocytes bind to cytokine-activated kidney glomerular endothelial cells through L-selectin (LAM-1) in vitro. J Immunol 149:2437–2444

50. Erlandsen SL, Hasslen SR, Nelson RD (1993) Detection and spatial distribution of the beta 2 integrin (Mac-1) and L-selectin (LECAM-1) adherence receptors on human neutrophils by high resolution field emission SEM. J Histochem Cytochem 41:327–333

51. Furie MB, Burns MJ, Tancinco MC et al (1992) E-selectin (endothelial leukocyte adhesion molecule-1) is not required for the migration of neutrophils across IL-1-stimulated endothelium in vitro. J Immunol 148:2395–2404

52. Torok C, Lundahl J, Hed J, Lagercrantz H (1993) Diversity in regulation of adhesion molecules (Mac-1 and L-selectin) in monocytes and neutrophils from neonates and adults. Arch Dis Child 68:561–565

53. Takeda K, Kaisho T, Akira S (2003) Toll-like receptors. Annu Rev Immunol 21:335–376

54. Zhang J, Berenstein EH, Evans RL, Siraganian RP (1996) Transfection of Syk protein tyrosine kinase reconstitutes high affinity IgE receptor-mediated degranulation in a Syk-negative variant of rat basophilic leukemia RBL-2H3 cells. J Exp Med 184:71–79

55. Bach MK, Bloch KJ, Austen KF (1971) IgE and IgGa antibody-mediated release of histamine from rat peritoneal cells. I. Optimum conditions for in vitro preparation of target cells with antibody and challenge with antigen. J Exp Med 133:752–771

56. Bach MK, Block KJ, Austen KF (1971) IgE and IgGa antibody-mediated release of histamine from rat peritoneal cells. II. Interaction of IgGa and IgE at the target cell. J Exp Med 133:772–784

57. Orange RP, Stechschulte DJ, Austen KF (1970) Immunochemical and biologic properties of rat IgE. II. Capacity to mediate the immunologic release of histamine and slow-reacting substance of anaphylaxis (SRS-A). J Immunol 105:1087–1095

58. Blank U, Ra C, Miller L et al (2000) Complete structure and expression in transfected cells of high affinity IgE receptor. Nature 337:187–189

59. Donnadieu E, Jouvin MH, Kinet JP (2000) A second amplifier function for the allergy associated Fc(ε)RI-β subunit. Immunity 12:515–523

60. Kuster H, Thompson H, Kinet JP (1990) Characterization and expression of the gene for the human Fc receptor γ subunit. Definition of a new gene family. J Biol Chem 265:6448–6452

61. Lin J, Weiss A (2001) Identification of the minimal tyrosine residues required for linker for activation of T cell function. J Biol Chem 276:29588–29595

62. Ortega E, Lara M, Lee I et al (1999) Lyn dissociation from phosphorylated Fc ε RI subunits: a new regulatory step in the Fc ε RI signaling cascade revealed by studies of Fc ε RI dimer signaling activity. J Immunol 162:176–185

63. Vonakis BM, Gibbons SP Jr, Rotte MJ et al (2005) Regulation of rat basophilic leukemia-2H3 mast cell secretion by a constitutive Lyn kinase interaction with the high affinity IgE receptor (Fc epsilon RI). J Immunol 175:4543–4554

64. Wang AV, Scholl PR, Geha RS (1994) Physical and functional association of the high affinity immunoglobulin G receptor (Fc γ RI) with the kinases Hck and Lyn. J Exp Med 180:1165–1170

65. Scharenberg AM, Lin S, Cuenod B et al (1995) Reconstitution of interactions between tyrosine kinases and the high affinity IgE receptor which are controlled by receptor clustering. EMBO J 14:3385–3394

66. Wilson BS, Pfeiffer JR, Surviladze Z et al (2001) High resolution mapping of mast cell membranes reveals primary and secondary domains of Fc(ε)RI and LAT. J Cell Biol 154:645–658

67. Zhang J, Berenstein E, Siraganian RP (2002) Phosphorylation of Tyr342 in the linker region of Syk is critical for Fc ε RI signaling in mast cells. Mol Cell Biol 22:8144–8154

68. Forster R, Schubel A, Breitfeld D et al (1999) CCR7 coordinates the primary immune response by establishing functional microenvironments in secondary lymphoid organs. Cell 99:23–33

69. Shannon LA, Calloway PA, Welch TP, Vines CM (2010) CCR7/CCL21 migration on fibronectin is mediated by phospholipase C γ1 and ERK1/2 in primary T lymphocytes. J Biol Chem 285:38781–38787

70. Kremer KN, Clift IC, Miamen AG et al (2011) Stromal cell-derived factor-1 signaling via the

CXCR4-TCR heterodimer requires phospholipase C-β3 and phospholipase C-γ1 for distinct cellular responses. J Immunol 187:1440–1447

71. Dustin ML, Cooper JA (2000) The immunological synapse and the actin cytoskeleton: molecular hardware for T cell signaling. Nat Immunol 1:23–29

72. Grakoui A, Bromley SK, Sumen C et al (1999) The immunological synapse: a molecular machine controlling T cell activation. Science 285:221–227

73. DeFord-Watts LM, Dougall DS, Belkaya S et al (2011) The CD3 ζ subunit contains a phosphoinositide binding motif that is required for the stable accumulation of TCR-CD3 complex at the immunological synapse. J Immunol 186:6839–6847

74. Gharbi SI, Rincon E, Avila-Flores A et al (2011) Diacylglycerol kinase ζ controls diacylglycerol metabolism at the immunological synapse. Mol Biol Cell 22:4406–4414

75. Holdorf AD, Lee KH, Burack WR et al (2002) Regulation of Lck activity by CD4 and CD28 in the immunological synapse. Nat Immunol 3:259–264

76. Li QJ, Dinner AR, Qi S et al (2004) CD4 enhances T cell sensitivity to antigen by coordinating Lck accumulation at the immunological synapse. Nat Immunol 5:791–799

77. Tavano R, Gri G, Molon B et al (2004) CD28 and lipid rafts coordinate recruitment of Lck to the immunological synapse of human T lymphocytes. J Immunol 173:5392–5397

78. Zhang W, Sloan-Lancaster J, Kitchen J et al (1998) LAT: the ZAP-70 tyrosine kinase substrate that links T cell receptor to cellular activation. Cell 92:83–92

79. Bubeck Wardenburg J, Fu C, Jackman JK et al (1996) Phosphorylation of SLP-76 by the ZAP-70 protein tyrosine kinase is required for T-cell receptor function. J Biol Chem 271:19641–19644

80. da Silva AJ, Raab M, Li Z, Rudd CE (1997) TcR zeta/CD3 signal transduction in T-cells: downstream signalling via ZAP-70, SLP-76 and FYB. Biochem Soc Trans 25:361–366

81. Raab M, da Silva AJ, Findell PR, Rudd CE (1997) Regulation of Vav-SLP-76 binding by ZAP-70 and its relevance to TCR zeta/CD3 induction of interleukin-2. Immunity 6:155–164

82. Paz PE, Wang S, Clarke H et al (2001) Mapping the Zap-70 phosphorylation sites on LAT (linker for activation of T cells) required for recruitment and activation of signalling proteins in T cells. Biochem J 356:461–471

83. Stoica B, DeBell KE, Graham L et al (1998) The amino-terminal Src homology 2 domain of phospholipase C γ1 is essential for TCR induced tyrosine phosphorylation of phospholipase C γ1. J Immunol 160:1059–1066

84. Zhang W, Trible RP, Zhu M et al (2000) Association of Grb2, Gads, and phospholipase C-gamma 1 with phosphorylated LAT tyrosine residues. Effect of LAT tyrosine mutations on T cell antigen receptor-mediated signaling. J Biol Chem 275:23355–23361

85. June CH, Fletcher MC, Ledbetter JA, Samelson LE (1990) Increases in tyrosine phosphorylation are detectable before phospholipase C activation after T cell receptor stimulation. J Immunol 144:1591–1599

86. Bubb MR, Senderowicz AM, Sausville EA et al (1994) Jasplakinolide, a cytotoxic natural product, induces actin polymerization and competitively inhibits the binding of phalloidin to F-actin. J Biol Chem 269:14869–14871

87. Babich A, Li S, O'Connor RS et al (2012) F-actin polymerization and retrograde flow drive sustained PLCgamma1 signaling during T cell activation. J Cell Biol 197:775–787

88. Chitadze G, Bhat J, Lettau M et al (2013) Generation of soluble NKG2D ligands: proteolytic cleavage, exosome secretion and functional implications. Scand J Immunol 78:120–129

89. Zafirova B, Wensveen FM, Gulin M, Polic B (2011) Regulation of immune cell function and differentiation by the NKG2D receptor. Cell Mol Life Sci 68:3519–3529

90. Diefenbach A, Hsia JK, Hsiung MY, Raulet DH (2003) A novel ligand for the NKG2D receptor activates NK cells and macrophages and induces tumor immunity. Eur J Immunol 33:381–391

91. Raulet DH (2003) Roles of the NKG2D immunoreceptor and its ligands. Nat Rev Immunol 3:781–790

92. Yin S, Zhang J, Mao Y et al (2013) Vav1-phospholipase C-γ1 (Vav1-PLC-gamma1) pathway initiated by T cell antigen receptor (TCR gamma delta) activation is required to overcome inhibition by ubiquitin ligase Cbl-b during γδ T cell cytotoxicity. J Biol Chem 288:26448–26462

93. Kim HS, Das A, Gross CC et al (2010) Synergistic signals for natural cytotoxicity are required to overcome inhibition by c-Cbl ubiquitin ligase. Immunity 32:175–186

94. Upshaw JL, Schoon RA, Dick CJ et al (2005) The isoforms of phospholipase C-γ are differentially used by distinct human NK activating receptors. J Immunol 175:213–218

95. Caraux A, Kim N, Bell SE et al (2006) Phospholipase C-γ2 is essential for NK cell cytotoxicity

and innate immunity to malignant and virally infected cells. Blood 107:994–1002

96. Chen X, Trivedi PP, Ge B et al (2007) Many NK cell receptors activate ERK2 and JNK1 to trigger microtubule organizing center and granule polarization and cytotoxicity. Proc Natl Acad Sci U S A 104:6329–6334

97. Conejo-Garcia JR, Benencia F, Courreges MC et al (2003) A tumor-associated NKG2D immunoreceptor ligand, induces activation and expansion of effector immune cells. Cancer Biol Ther 2:446–451

98. Hidano S, Sasanuma H, Ohshima K et al (2008) Distinct regulatory functions of SLP-76 and MIST in NK cell cytotoxicity and IFN-γ production. Int Immunol 20:345–352

99. Banno Y, Okano Y, Nozawa Y (1994) Thrombin-mediated phosphoinositide hydrolysis in Chinese hamster ovary cells overexpressing phospholipase C-δ1. J Biol Chem 269:15846–15852

100. Fukami K, Takenaka K, Nagano K, Takenawa T (2000) Growth factor-induced promoter activation of murine phospholipase C δ4 gene. Eur J Biochem 267:28–36

101. Ochocka AM, Pawelczyk T (2003) Isozymes δ of phosphoinositide-specific phospholipase C and their role in signal transduction in the cell. Acta Biochim Pol 50:1097–1110

102. Li M, Edamatsu H, Kitazawa R et al (2009) Phospholipase C ε promotes intestinal tumori-genesis of Apc(Min/+) mice through augmentation of inflammation and angiogenesis. Carcinogenesis 30:1424–1432

103. Matsuda S, Shibasaki F, Takehana K et al (2000) Two distinct action mechanisms of immunophilin-ligand complexes for the blockade of T-cell activation. EMBO Rep 1:428–434

104. Powell JD, Zheng Y (2006) Dissecting the mechanism of T-cell allergy with immunophilin ligands. Curr Opin Investig Drugs 7:1002–1007

105. Citro S, Malik S, Oestreich EA et al (2007) Phospholipase C ε is a nexus for Rho and Rap-mediated G protein-coupled receptor induced astrocyte proliferation. Proc Natl Acad Sci U S A 104:15543–15548

106. Xiao W, Hong H, Kawakami Y et al (2009) Tumor suppression by phospholipase C-β3 via SHP-1-mediated dephosphorylation of Stat5. Cancer Cell 16:161–171

107. Sawyers CL (1999) Chronic myeloid leukemia. N Engl J Med 340:1330–1340

108. Teitelbaum SL, Ross FP (2003) Genetic regulation of osteoclast development and function. Nat Rev Genet 4:638–649

109. Abe K, Fuchs H, Boersma A et al (2011) A novel N-ethyl-N-nitrosourea-induced mutation in phospholipase C γ2 causes inflammatory arthritis, metabolic defects, and male infertility in vitro in a murine model. Arthritis Rheum 63:1301–1311

110. Yu P, Constien R, Dear N et al (2005) Autoimmunity and inflammation due to a gain-of-function mutation in phospholipase C γ2 that specifically increases external Ca^{2+} entry. Immunity 22:451–465

111. Ombrello MJ, Remmers EF, Sun G et al (2012) Cold urticaria, immunodeficiency, and auto-immunity related to PLCG2 deletions. N Engl J Med 366:330–338

112. Everett KL, Bunney TD, Yoon Y et al (2009) Characterization of phospholipase C γ enzymes with gain-of-function mutations. J Biol Chem 284:23083–23093

113. Bunney TD, Esposito D, Mas-Droux C et al (2012) Structural and functional integration of the PLC gamma interaction domains critical for regulatory mechanisms and signaling deregula-tion. Structure 20:2062–2075

114. Zhou Q, Lee GS, Brady J et al (2012) A hypermorphic missense mutation in PLCG2, encod-ing phospholipase C γ2, causes a dominantly inherited autoinflammatory disease with immunodeficiency. Am J Hum Genet 91:713–720

115. Hu L, Edamatsu H, Takenaka N et al (2010) Crucial role of phospholipase C epsilon in induc-tion of local skin inflammatory reactions in the elicitation stage of allergic contact hypersen-sitivity. J Immunol 184:993–1002

116. Borst J, van de Griend RJ, van Oostveen JW et al (1987) A T-cell receptor γ/CD3 complex found on cloned functional lymphocytes. Nature 325:683–688

117. Oettgen HC, Kappler J, Tax WJ, Terhorst C (1984) Characterization of the two heavy chains of the T3 complex on the surface of human T lymphocytes. J Biol Chem 259:12039–12048

118. Love PE, Shores EW, Johnson MD et al (1993) T cell development in mice that lack the zeta chain of the T cell antigen receptor complex. Science 261:918–921

119. Weissman AM, Baniyash M, Hou D et al (1988) Molecular cloning of the ζ chain of the T cell antigen receptor. Science 239:1018–1021

14 磷脂酰肌醇特异性磷脂酶 C 与认知功能发展与衰退的关系

Vincenza Rita Lo Vasco

摘要 哺乳动物神经系统的发育是一个受到严格调控的复杂过程，它涉及许多信号转导通路，在时间和空间上控制一系列事件的发生。神经系统活动的结构和功能基础的复杂改变也发生在衰老过程中经常观察到的认知衰退中。磷脂酰肌醇（PI）信号转导通路，通过转换酶如磷脂酰肌醇特异性磷脂酶 C 家族来调节细胞内的钙离子水平，与许多不同的分子和（或）通路发生不同层次的相互作用，包括参与神经发育、神经形成以及突触可塑性的维护等。PI 通路被认为参与了记忆的复杂机制，与学习能力密切相关。基于大量证据表明 PLC 亚型参与影响神经系统的疾病，尤其是与认知功能障碍相关的疾病，即 PLC 亚型具有特殊作用。PLC 参与认知发展和衰退的性质、意义和发展阶段仍不清楚，还需要进一步的研究。

关键词 磷脂酰肌醇、PLC、认知发展、衰老、智力迟钝、神经退行性疾病、情绪障碍

14.1　引言

哺乳动物神经系统的发育是一个复杂的过程。在产前和产后的生活中，它涉及到许多信号转导通路，这些通路在空间上和时间上严格地调控着这一过程。常在衰老过程以及一些其他疾病中观察到的认知衰退也包括了神经活动的结构和功能基础的复杂改变[1]。

钙是一种普遍存在的第二信使，参与生命体内所有组织的各种细胞活动，包括细胞增殖、生存、分化、黏附和细胞骨架动力学[2]。在神经系统中，钙则在更重要的事件中发挥作用，如树突形态形成、轴突引导[3]和轴突形态形成[4]。此外，树突棘的动力学依赖于肌动蛋白细胞骨架以及相关的调控蛋白，其中一些调控蛋白对钙浓度变化敏感[5-8]。钙离子可能驱动神经细胞的运动，调节细胞骨架动力学以及突触区囊泡的位置[9]。磷脂酰肌醇（PI）信号转导通路通过多种转换酶，如磷脂酰肌醇特异性磷脂酶 C 家族酶[5]，调节许多细胞中的钙水平[10]。PI 信号转导通路系统的作用在神经细胞中得到了很好的描述。例如，PI 信号转导通路似乎参与了神经嵴细胞（NCC）表现出的自发性钙瞬变[11]。发生钙瞬变的 NCC 可能可以生成神经元，而钙瞬变活性的阻断阻止了神经元的生成。自发性钙瞬变活性似乎受到 PLC 的调控[12]。

神经系统的发展是基于神经干细胞（NSC）自我更新和分化之间的平衡，其特征是能够分化为多种神经细胞类型。在啮齿类动物中，NSC 存在于发育中的大脑和成年大脑中，因为其在从早期胚胎直至衰老的特殊区域中均有被检测到，如，脑室下区（SVZ）、海马体和嗅球[13]。Wnt 信号转导通路参与包括神经发生在内的多个发育过程[14]，至少分为四个分支，其中 Wnt/Ca^{2+} 通路涉及 PLC 和蛋白激酶 C（PKC）的激活[15]。此外，在 NSC 中，成纤维细胞生长因子（FGF）可显著诱导胞外信号调节蛋白激酶 1/2（Erk1/2）和 PLC-γ1 的活化，介导 FGF 的增殖和抗神经元分化作用。

14.2　神经系统中与 PLC 活性相关的信号转导通路

有证据表明，PI 信号转导通路可通过 PLC 酶在不同的控制层次上与许多不同的分子和（或）参与神经发育、神经发生和突触可塑性维持的通路相互作用。相互作用的元素包括细胞黏附分子[16-17]、轴突生长相关分子 Neurin-1[18]、细胞外基质糖蛋白 Tenascin（对轴突生长具有刺激和抑制作用）[19-21]，以及 cAMP 响应元件结合蛋白 / 促分裂原活化蛋白激酶（CREB/MAPK）系统[22-23]。钙渗透性通道 TRPC 也作为细胞传感器与 PLC 相互作用。TRPC 在神经发育中发挥重要作用，包括促进增殖、小脑颗粒细胞存活、轴突通路定位、神经元形态形成和突触形成。钙离子通过 TRPC3 和 TRPC6 激活钙 / 钙调蛋白依赖型蛋白激酶（CaMK）和 MAPK 来磷酸化 CREB[7]，从而导致神经元存活。CREB 实际上被认为是包括

PI 通路在内的不同信号转导系统的汇聚点[24]。

Neurotrimin（Ntm）是与 PLC 系统相关联的信号分子，它可能在丘脑 - 皮质和脑桥小脑映射的发育过程中发挥作用[25-26]，脑下垂体腺苷酸环化酶激活多肽（PACAP）（一种有助于神经发生和胶质细胞再生的多效神经肽）[27-28]，罂粟碱（磷酸二酯酶（PDE）10A 抑制剂，发挥神经保护和神经营养功能）[29]和同型半胱氨酸，可通过不同的细胞信号机制诱发神经毒性，包括 N- 甲基 -D- 天冬氨酸（NMDA）受体以及电压依赖性通道[30]。

此外，还应高度重视 PLC 酶与神经系统中广泛存在的其他信号转导系统的相互作用，如参与颅面形态发生的血清素途径[31-36]、生长因子途径[37]（特别是与 PLC-γ 亚型活性相关的）和甲状腺激素途径[38-39]。此外，脑源性神经营养因子（BDNF）经由多巴胺 D1-D2 受体异聚体，通过一系列事件激活连接多巴胺信号和神经元生长的信号转导途径，这些事件主要包括通过 Gq、PLC 和 PLC 活性的下游产物肌醇 -1,4,5- 三磷酸（IP$_3$）动员细胞内钙[40-43]。PLC 酶还与其他受体相互作用，如人胎儿大脑中的毒蕈碱受体[44]以及介导与中枢神经系统中主要兴奋性神经递质谷氨酸相互作用[49-51]的代谢型受体（mGluRs）。

14.3 PLC 在记忆和学习中的作用

最近，科学家们认为 PI 途径参与了记忆的复杂机制，与学习能力密切相关。PLC 的活性直接受阿片类药物调节。PLC-β3 亚型可能同时与小鼠吗啡给药引起的镇痛和遗忘效应有关[52]。这表明药物诱导镇痛和记忆损失具有相同的分子机制[52]。

PKC 参与突触重塑、蛋白质合成诱导等多种过程。PKC 活化与 PI 系统的活性密切相关，因为其依赖于 PLC 活性的另一种下游产物——甘油二酯（DAG）[7]。神经元 PKC 的激活可能与学习的所有阶段有关，包括习得、巩固和再巩固[53]。PKC 与连接胰岛素的通路相互作用，胰岛素通路可通过 PLC-γ、Erk1/2、MAPK 和 Src 刺激激活 PKC 通路。分化神经系统中 PKC/ 胰岛素的相互作用诱导突触形成，增强记忆，降低阿尔茨海默病（AD）的风险，并刺激修复[53]。作者认为，PKC/ 胰岛素的相互作用可能与诱发 AD 的机制相反[53]。ERK 调节多种细胞功能，包括增殖、分化和可塑性。ERK2 和 PLC 亚家族 PLC-β 和 PLC-γ 在大鼠海马体中相互作用，在学习和记忆以及其他各种神经元功能中发挥关键作用[54]。

BDNF 已经被认为是突触传递的重要调节因子，也参与海马体和其他大脑区域的长期电位增强（LTP）。BDNF 在特定形式的记忆形成中起作用。BDNF 效应由原肌球蛋白相关激酶 B（TrkB）受体介导，并与 Ras/ERK、磷脂酰肌醇 3- 激酶 /Akt 和 PLC-γ 的激活偶联[55]。BDNF 通过调节蛋白质合成的起始和延伸阶段，并通过作用于特定的 miRNA 来调节 miRNA 沿树突到突触的转运[55]。此外，BDNF 对转录的调节作用可能进一步促进突触蛋白质组的长期变化。因此，BDNF 可能会通过 PI/PLC 途径影响学习和记忆的形成[55]。

14.4　临床病例中表现为神经症状的 PLC 基因异常

精神发育迟滞（MR）影响了 2%～3% 的人口，但 40% 病例的病因仍未得到解释。细微的端粒重排是造成 1%MR 病例的原因[56]。许多遗传异常与孤立和综合征的 MR 相关。最近研究者还提出了 PLC 亚型的特殊作用，依据是其组织特异性表达以及其参与影响神经系统疾病的证据。

PLCβ1 是一种在大脑皮层和海马体高表达的亚型[57]，由 G 蛋白偶联受体（GPCR）通过 Gq/11 信号激活。PLC-β1 介导活性依赖性皮质发育和突触可塑性[47, 58]。PLC-β1 基因敲除的小鼠出现癫痫、海马轻微异常[59]和位置识别方面的行为缺陷，可能是由于过度的神经新生和成年神经元的异常迁移[60, 61]。在发育中的桶型皮层中，神经突触和树突棘形态的活性依赖性调节需要 PLC-β1 的参与[58]。

最近的一份报告描述了一名患有癫痫性脑病的男童，该病与编码 PLC-β1 的基因功能缺失突变有关（PLCB1，OMIM*607120）[62]。在 rs6118078（8,048,714bp）和 rs6086520（8,507,651bp）之间鉴定出一个位于 20 号染色体纯合性延伸区域内的 0.5Mb 区域。随后的分析在 20 号染色体上检测到了纯合缺失；该缺失仅涉及 PLC-β1 而外显子 1、2 和 3 似乎完全缺失[62]。患者是同系父母健康的第一个男孩。在妊娠晚期出现轻度宫内生长迟缓[62]，而从第 10 周开始，局灶性癫痫发作并成功地进行了药物治疗。临床检查显示轻度轴性低眼压和小头畸形（0.4 百分位数）。神经系统检查正常，神经发育评估符合年龄要求。直到 6 个月大时，复发被成功控制 2 个月之后，出现了进一步的癫痫发作。随后患者出现了韦斯特（West）综合征的临床症状和脑电图（EEG）特征[62]。在 10 个月后以及接下来的 2 年里，患者出现了反复强直性和全身强直阵挛性癫痫发作。13 个月时，脑电图表现为以全身性减慢为特征的脑病过程。尽管使用了多种抗癫痫药物，癫痫发作仍未得到控制。治疗过程中对患者的进行性发育退行性变化进行了记录。两次核磁共振脑部扫描（年龄分别为 5 个月和 13 个月时）正常。在 2.9 岁时，患者出现致命的呼吸道感染[62]。

在另一名恶性迁移性部分性癫痫发作（MMPEI）的患者中，也发现了 PLCB1 的异常[63]。MMPEI 是一种罕见的癫痫形式，其特征是早期发作多种癫痫类型、耐药性癫痫发作以及总体预后不良[64]。患者的染色体微阵列分析鉴定出三种拷贝数变异（CNV）：20p12.3 号染色体 476kb 纯合子缺失，7p21.3 染色体杂合和 12q24.12 染色体杂合。父母双方，初代堂亲均为 20p12.3 染色体杂合缺失。20p12.3 染色体的缺失包括了 PLCB1 的外显子 1、2 和 3[63]。患者是一名男婴，在其母无并发症妊娠后足月出生；出生后发育迟缓但仍在发展。6 个月时开始癫痫发作[63]。神经系统检查显示出现了明显的躯干和阑尾张力减退。脑电图显示有多灶性发作间期棘波和大量癫痫发作独立出现在左右颞叶，有时在癫痫发作中从脑的一个半球迁移到另一个半球。发作期间尝试了多种抗癫痫药物进行治疗均无效[63]。6、7、8 月以及 9 个月时的磁共振成像显示轻度突出的脑脊液间隙。9 个月时进行的磁共振波谱检查正常。对先天性代谢缺陷、神经递质紊乱和其他基因突变的实验室研究并未发现任何问题[63]。

在自闭症患者中也发现了 PLCB1 异常。最近的一项研究调查了与自闭症和智力残疾有关的 CNV。这些变异范围很大，影响了许多基因，但与发育迟缓的表型相比，缺乏明确的自闭症特异性[65]。该分析在包括 PLCB1 在内的选定基因中发现了反复发生的基因干扰事件[65]。

最近，编码 PLCη2 的基因 PLCH2（OMIM*612836）被认为与综合性和独立性精神发育迟缓有关[66]。1 号染色体短臂末端区域的缺失（1p36）分布广泛，在肿瘤的体细胞异常[67] 以及先天性综合征中均有表现。连续基因的缺失被认为是 1p36 结构缺失导致患可识别的综合征模式（1p36 缺失综合征，OMIM#607872）的原因。该综合征具有许多特征，包括不同程度的 MR[68, 69]。1p36 单倍体的发生率为 1/10000 ~ 1/5，未发现存在性别和种族差异[69, 70]。1p36 区的缺失可能是由不同大小的间隙和末端缺失以及不同的断点位置造成的[71]。缺失大小从 1.5Mb 到 10Mb 不等，常见的断点位于 1p36.13 ~ 1p36.33[72]，但表型的严重程度仅与缺失的程度部分相关[71, 72]。该区域大量的基因定位使候选基因的识别变得复杂。人 1p36 染色体区域包含许多基因，包括原癌基因 V-Ski 禽肉瘤病毒癌基因同源物（SKI；OMIM*164780）[73]，基质金属蛋白酶 23A（MMP23A；OMIM*603320），基质金属蛋白酶 23B（MMP23B；OMIM*603321）[73]，电压门控型钾通道相关亚家族 β 成员 2 基因（KCNAB2；OMIM*601142）[74]，以及人 γ- 氨基丁酸 A 受体 δ- 亚单位基因（GABRD；OMIM*137163）[75]。一名患者存在复杂的重排，包括不涉及 GABRD 位点的 1p36.32 缺失，表明神经学特征可能与其他基因的异常表达相关[76]。该患者为一名 9 岁的女性，表现为畸形特征、学习障碍、耳部问题以及视力减退。产前扫描发现颈部水肿和脑室扩大。发育迟缓，如坐立能力迟缓、言语延迟以及行走迟缓均被报道。分子细胞遗传学分析检测到长度为 1.4 ~ 2Mb 且不涉及 GABRD 基因座的 1p36.32 缺失[76]。进一步分析发现了位于 1p36.32 上的 PLCH2 的缺失[76]。

出生后在大脑中表达的 PLC-η2 酶在钙动员和神经元信号转导系统中起关键作用[77]。在神经系统中，PLC-η2 在有助于记忆回路的海马锥体细胞和嗅球中大量表达[78]。同时，PLC-η2 也在参与记忆、思考和理解语言过程的大脑皮层区域表达[78]。因此，PLC-η2 可能参与了这些功能的行使过程。在有助于调节昼夜节律的小鼠缰核和视网膜中也发现了大量的 PLC-η2[79]。由于 PLC-η2 参与神经元网络和记忆回路的形成和维持，其缺失可能意味着这些功能的损害以及随后的神经元和智力发育异常。

此外，PI 模式的紊乱被发现和 / 或假设存在于许多呈现 MR 症状的疾病中，例如，科斯特罗综合征（OMIM#218040）、洛氏综合征（OMIM309000）、CHIME 综合征（OMIM#280000）、Zellweger 综合征（OMIM#214100）和高磷血症精神发育迟滞综合征（OMIM#614207）。虽然可能涉及 PLC 的 MR 表现综合征的可能不完整，但进一步研究所选患者组中 PI/PLC 信号转导系统可能有助于更好地了解复杂综合征中 MR 的发病机制。

14.5 PLC 与神经系统衰老

许多证据证明，在海马体中由 mGluRs 介导的 PI 信号转导存在与年龄相关且与受体表达无关的缺陷[80]。神经递质受体表达没有下调与海马体中不发生神经元损伤的结果一致，即使在出现认知障碍的实验动物中也是如此[81, 82]。PI 信号转导途径中的缺陷主要表现为 PLC-β1 活性的降低。根据衰老过程中海马体功能异常的发现[83-89]，PI/PLC 信号转导系统中与年龄相关的变化可能在很大程度上导致认知能力下降[80]。在以空间学习能力为行为特征的 Morris 水迷宫中，年轻和老年的 Long-Evan 大鼠的海马区内由 1 型 mGluR 受体介导的最大化的 PI 代谢速率导致老年大鼠群体迟钝[80]。PI 代谢速率的下降与年龄相关的空间记忆下降显著相关。然而，在老年大鼠的海马体中观察到 PLC-β1 的免疫反应性显著降低。PLC-β1 的水平仅在年轻及老年的大鼠组中与空间学习能力显著相关。海马中由 mGluR 介导的信号转导的减少可能是伴随着 PLC-β1 表达的减少而与衰老过程中的认知障碍有关。因此，与年龄相关的 PI 信号转导系统的改变可能为认知能力下降提供了独立于神经元损伤的功能基础[80]。

此外，在大脑老化或阿尔茨海默病（AD）发病期间，β- 淀粉样蛋白（Aβ）和促炎细胞因子的水平在主要退行性改变之前便在组织中积累。这一事件可能会影响对神经元健康至关重要的相关信号转导途径。神经营养素信号转导系统与突触可塑性、学习、记忆和神经元健康密切相关。暴露于低水平的 Aβ 会损害 BDNF/TrkB 信号转导，抑制 Ras/ERK 和 PI3K/Akt 途径，但却并不会影响 PLC-γ 途径[90]。最终，基因表达的下游调控系统和神经元活性受损。有结果表明，衰老过程中大脑 β- 淀粉样蛋白（Aβ）和促炎细胞因子的积累产生了一种"神经营养素抵抗"，这可能会导致大脑对认知下降和痴呆症的易感[90]。

14.6　PLC 酶与神经退行性疾病的认知障碍

PI 信号转导途径被认为与最常见的神经退行性疾病有关。有趣的是，在以认知障碍为表型的神经退行性疾病中也报道了 PLC 通路的作用。

PLC-β3 存在于神经组织中[7]，并鉴定出一种人类锥体光感受器神经元的特特殊亚型[91]。编码 PLC-β3（PLCB3；OMIM *600230）的人类基因映射到与神经退行性疾病相关的基因组区域，涉及的疾病例如一种同样表现为 MR 的 Bardet-Biedl 综合征（OMIM #209900）和 Best 卵黄状营养不良（OMIM #153700）。此外，许多证据表明，选定的 PLC 酶在神经退行性疾病尤其是表现为认知障碍的神经退行性疾病的发生/发展中起作用。

结果表明，唐氏综合征（DS；OMIM #190685）或阿尔茨海默病（AD；OMIM #104300）成年患者大脑皮层和小脑中 G 蛋白相关信号转导过程存在持续紊乱。事实上，早衰和 AD 的神经病理学特征在 DS 中很常见。DS 或 AD 患者的衰老大脑中 PLC 通路受到严重干扰，然而在 DS 中所观察到的变化通常更严重，并在一定程度上不同于在 AD 中的变化[92]。DS 是 MR 最常见的遗传形式，由 21 号染色体细胞遗传学异常引起，新生儿发生率为 1/1000 ~ 1/700[93]。DS 的一个特征即为过早衰老。许多患病个体在生命的第四个十年发展成类似 AD 的神经病理。这些神经退行性改变的特征是老年斑和神经纤维缠结的进行性积聚，且发生的区域分布与在 AD 中观察到的相似[94]。在阿尔茨海默病患者的大脑中，由于受体后信号转导中断，神经传递受到损害，特别是由 G 蛋白调节的腺苷酸环化酶（AC）和 PI 水解介导的与 PLC 通路相连的过程[95-98]。在 DS 实验模型 Ts65Dn 小鼠中进行的研究表明，

PLC 活性降低，尤其是 PLC-β4 亚型呈现低表达[99]。与对照组相比，大脑皮层对 GTPγS、血清素能和胆碱能激动剂刺激的反应以及小脑对卡巴胆碱的反应也显著降低。

另外，AD 患者对卡巴胆碱的反应明显减少。在 AD 患者大脑中获得的结果证实了以前关于激动剂刺激 PI 水解的研究[92, 97]。在 DS 和 AD 患者的脑中，PIP$_2$ 对卡巴胆碱的低水解性导致 DAG 产生减少以及后续的 PKC 激活。这一事件可能会干扰分泌酶介导的淀粉样前体蛋白（APP）的切割，有利于 Aβ 的产生以及后续的细胞凋亡，上述为 DS 和 AD 一致的大脑特征。PLC 系统中的紊乱会影响细胞凋亡现象，既增加 Aβ 相关的凋亡又降低了其对神经的保护作用[92]。在 DS 患者大脑中发现其对胆碱能和血清素能刺激的反应性同时降低，反映了 PLC 通路活性的损伤。此外，突触前和突触后传递胆碱能和血清素能信息的能力异常可能解释了与 DS 衰老相关的一些认知和行为特征，如言语、记忆下降和行为抑郁。成人 DS 或 AD 患者大脑皮层和小脑 G 蛋白相关信号转导异常可能在认知功能损害中起重要作用。由于 PLC 酶被认为有助于神经元信息储存，卡巴胆碱水解 PIP$_2$ 的结果表明 PI 系统的紊乱可能助推了 DS 或 AD 患者的认知障碍。

路易体痴呆（DLB）是老年人的一种主要神经退行性疾病，与帕金森病（PD）和 AD 具有相同的特征。DLB 患者表现为意识障碍、反复出现的视觉幻觉、睡眠障碍和认知衰退至痴呆[100-107]。DLB 的临床特征包括存在所谓的路易体，即由异常磷酸化的神经纤维蛋白、泛素以及 α- 突触核蛋白聚集组成的神经包涵物。路易体也是 PD 的标志。DLB 患者中也报道了 AD 的特征性变化，包括老年斑和神经纤维缠结[108-110]。有趣的是，在 DLB 病患者的大脑皮层中观察到了受损的 mGluR 功能与 α- 突触核蛋白 /PLC-β1 之间的异常相互作用[111, 112]。

PD 是一种多系统神经退行性疾病，影响延髓、脑桥、嗅球和嗅束、肠神经节丛、黑质（致密部）、杏仁核、Meynert 基底核和大脑皮层[113]。主要的神经病理标志是存在路易体和充满异常蛋白质聚集体的异常神经突起。其中，异常蛋白质聚集体最重要的成分为 α- 突触核蛋白。α- 突触核蛋白的异常磷酸化、硝化和氧化显示出可改变的溶解性、聚集性和纤毛形成便利性[114]。典型的 PD 表现为一种复杂的运动障碍，其致病原因是黑质向纹状体的多巴胺能输入减少以及运动控制的基底神经节调节改变[115]。大多数晚期 PD 患者出现认知障碍。由于 PD 患者中皮质功能障碍非常常见，对临床诊断来说，最重要的是在个体出现行为症状前就能够检测到皮质功能的改变[116]。临床观察表明，皮质功能的改变与大脑皮质中路易体和异常神经突起的存在无关[117]。因此，科学家们进一步研究了可能导致皮质功能异常的其他因素[118]，如包括 PI 系统的轻度改变在内的所选代谢途径的功能受损[118-123]。

亨廷顿氏病（HD；OMIM#143100）是一种在成年时出现的遗传性神经退行性疾病，其特征是进行性和致死性的认知功能退化。该疾病是由于亨廷顿蛋白基因（HTT；OMIM * 613004）外显子 1 中 CAG 密码子的异常扩增[124]导致的认知、心理和运动障碍[125]。神经退化的主要部位是纹状体和大脑皮层[126]，尽管包括海马体在内的其他认知结构在疾病早期也会受到影响[127]。认知障碍首先出现，紧接着出现运动障碍症状[128, 129]。上述症状通常在神经元损伤之前出现[126]，表明神经症状可能是由于潜在的神经元功能障碍所致，而不是神经元死亡。观察到 BDNF 表达的降低与 HD 进展过程中的学习障碍有关后，科学家们研究了其相互作用的信号通路[130-132]。观察结果表明，在选定的实验基因型中，学习障碍可能正是由于观察到的 BDNF 水平下降所致[130-135]。PLC-γ 与 TrkB 对接位点的靶向突变足以损害海马体的 LTP[134, 135]。同一受体的过表达诱导 PLC-γ 活性的增加以及学习能力的提高[136]。BDNF 在不同的学习和记忆任务中调节认知功能。在患者和实验 HD 模型中都出现了学习障碍[131-133]。突变后的亨廷顿蛋白改变了 BDNF 的活性和功能。事实上，BDNF 水平下降从而影响了 BDNF-TrkB-PLC-γ 信号转导通路的完整性，这一观点被认为与在 HD 进展过程中所观察到的学习障碍有关[130]。

14.7 PLC 在精神疾病中的应用

情绪障碍是常见的精神健康问题，困扰着全世界 1.54 亿人[137]。它们以多种形式存在，包括单相抑郁症、双相抑郁症、精神分裂症 / 分裂情感性障碍、躁狂症、混合综合征和亚综合征。这些症状可能与其他精神和身体疾病同时发生[138]。情绪障碍是一个公共卫生问题，与疾病、自杀、身体共病、高经济成本和生活质量差的巨大负担有关。例如，重度抑郁症目前是全球第三大致残原因[139, 140]。大约 30%~40% 的重度抑郁症患者对可用药物和心理治疗干预措施的治疗效果不佳。因此，由于发病率、临床结果和存在问题的治疗方法，情绪障碍可认为是一种主要的医疗需求[137]。信号转导异常被认为在情绪障碍的发病机制中起作用。cAMP、PI、MAPK 和糖原合酶激酶级联在发病机制中起关键作用[141-143]。提示着 PLC 酶在情绪障碍的发病机制和 / 或进展中可能起作用。近年来，研究者对 PLC 在双相情感障碍[144]、重性抑郁症[145] 和精神分裂症[146, 147] 中的表达进行了研究。

精神分裂症是一种不断恶化的精神疾病，影响着人类更高层次的认知功能，如注意力、动机、执行力和情感。尽管经过几十年的研究努力，其确切的病理机制仍不清楚[148]。尸脑的神经病理学数据表明，精神分裂症患者的前额叶皮质、海马体和丘脑等几个脑区神经元减少[149-151]。功能性神经影像学研究表明，脑室的进行性灰质缺失以及脑室扩大是该疾病的早期特征[152-156]。凋亡过程的特征是层特异性神经元减少、树突缺失和脑体积减少[157]。由于精神分裂症具有高度的遗传易感性，被认为是一种源于发育或遗传的神经疾病。然而，大量非遗传性精神分裂症患者的存在可能表明神经递质系统功能的异常在疾病病因中也起着重要作用[158, 159]。许多研究致力于在选定的信号转导途径中确定在精神分裂症发病机制中可能起关键作用的途径，包括 PI 系统中 PLC 酶的代谢途径。2011 年，由特异性激动剂 SKF83959 激活的 D1 和 D2 受体异寡聚体被证明可刺激大脑中与 PLC 相关的细胞内钙释放[157]。此外，高浓度多巴胺和 SKF83959 对钙相关途径的过度刺激通过钙离子紊乱诱导皮质神经元凋亡。皮质神经元中多巴胺和 SKF83959 的长期刺激可以减少早期树突的延伸[157]。此外，它还可以通过 PLC- 钙相关途径诱导神经元凋亡，这可能是精神分裂症发病机制的一种重要的凋亡机制[157, 160-162]。

2012 年，在 15 例精神分裂症患者中有 4 例在眼眶 - 额叶皮质石蜡包埋样本中发现 PLC-β1 基因缺失[146]，在 15 例双相情感障碍患者中有 1 例发现 PLC-β1 基因缺失[144]。在 15 名重度抑郁症患者和 15 名正常对照中均未发现细胞遗传学上可检测的基因缺失[145]。进一步的研究表明，在短期精神分裂症中，PLC-β1 剪接变异体 a 和 b 的 mRNAs 减少（分别为 33% 和 50%）[147]。相比之下，在长期精神分裂症患者中，只有变异体 a 基因表达下调[147]。由于作者没有检测到 mRNA 水平转化为蛋白质水平的变化，因此他们认为蛋白质的表达可能并不受到 mRNA 的调节[147]。这种与精神分裂症相关的 mRNA 变化是否有功能上的后果仍有待确定。此外，在情绪障碍患者中观察到包括明显的神经胶质异常在内的结构和细胞变化，尤其是星形胶质细胞的异常细胞变化[163]。研究进一步确定了特定的细胞结构异常，特别是细胞数量和密度的减少[164]。星形胶质细胞是最丰富的胶质细胞形式，通常根据其在灰质或白质中的存在情况进一步分为原生质型和纤维型。2012 年的研究表明，星形胶质细胞的异质性比其他胶质细胞要高得多[165]。神经影像学研究表明，在家族性重度抑郁症和双相情感障碍中，Brodman24 区亚属部分的体积减小。重度抑郁症和双相情感障碍患者的胶质细胞数量均减少[166-168]。许多抑郁动物模型的研究证实了星形胶质细胞病理与情绪障碍相关的假设[169-171]。基于在情绪障碍患者中观察到的星形胶质细胞病理学以及情绪障碍受试者谷氨酸能神经递质系统异常的最新研究结果，提出星形胶质细胞可能在介导氨基酸神经递质的清除和代谢中起中心调控作用的假设。[163, 172, 173]。有趣的是，以前在大鼠中进行的研究表明，PLC 亚型在激活的星形胶质细胞中的表达与对应的静止星形胶质细胞不同[174-177]，这也是开发针对星形胶质细胞的新治疗策略的一个有意思的出发点。

14.8 结论

为了描绘作用于中枢神经系统的代谢途径，科学家们进行了大量的研究工作。然而，需要进一步研究信号分子在神经元代谢中的复杂相互作用，以阐明胚胎期、发育期、衰老期间以及一些病理条件下认知过程的改变。多项研究表明，PI 信号转导通路参与了神经发育。最近的研究表明，PLC 酶通过复杂的网络在不同的事件中起作用，在控制神经发育的几个水平上影响许多分子的活性。许多观察报告表明，PLC 酶可能参与了神经传递改变过程。PLC 参与认知发展和衰退的性质、意义和发展时期仍不清楚，还需要进一步研究。除了背景知识的增加，描绘神经系统中招募的信号通路的相互作用很可能还有助于更多神经疾病的发病机制和临床症状的阐述，并将有助于定义临床上往往较难定义的诊断以及预后。这一有研究前景的领域也可能为开辟新的分子治疗策略提供有用的见解。

参考文献

1. Mostany R, Anstey JE, Crump KL et al (2013) Altered synaptic dynamics during normal brain aging. J Neurosci 33:4094–4104
2. Annunziato L, Amoroso S, Pannaccione A et al (2003) Apoptosis induced in neuronal cells by oxidative stress: role played by caspases and intracellular calcium ions. Toxicol Lett 139:125–133
3. Kiryushko D, Novitskaya V, Soroka V et al (2006) Molecular mechanisms of Ca^{2+} signalling

in neurons induced by the S100A4 protein. Mol Cell Biol 26:3625–3638

4. Frebel K, Wiese S (2006) Signalling molecules essential for neuronal survival and differentiation. Biochem Soc Trans 34:1287–1290

5. Berridge MJ, Irvine RF (1984) Inositol triphosphate, a novel second messenger in cellular signal transduction. Nature 312:315–321

6. Berridge MJ (1993) Inositol trisphosphate and calcium signalling. Nature 361:315–325

7. Suh PG, Park J, Manzoli L et al (2008) Multiple roles of phosphoinositide-specific phospholipase C isozymes. BMB Rep 41:415–434

8. Schmid RS, Pruitt WM, Maness PF (2000) A MAP kinase-signalling pathway mediates neurite outgrowth on L1 and requires Src-dependent endocytosis. J Neurosci 20:4177–4188

9. Wada A (2009) Lithium and neuropsychiatric therapeutics: neuroplasticity via glycogen synthase kinase-3β, β-catenin, and neurotrophin cascades. J Pharmacol Sci 110:14–28

10. Ledeen RW, Wu G (2004) Nuclear lipids: key signaling effectors in the nervous system and other tissues. J Lipid Res 45:1–8

11. Carey MB, Matsumoto SG (1996) Spontaneous calcium transients are required for neuronal differentiation of murine neural crest. Dev Biol 215:298–313

12. Bai Y, Meng Z, Cui M et al (2009) An Ang1-Tie2-PI3K axis in neural progenitor cells initiates survival responses against oxygen and glucose deprivation. Neuroscience 160:371–381

13. Nakamura Y, Fukami K (2009) Roles of phospholipase C isozymes in organogenesis and embryonic development. Physiology 24:332–341

14. Poncet C, Frances V, Gristina R et al (1996) CD24, a glycosylphosphatidylinositol-anchored molecules is transiently expressed during the development of human central nervous system and is a marker of human neural cell lineage tumors. Acta Neuropathol 91:400–408

15. Jung H, Kim HJ, Lee SK et al (2009) Negative feedback regulation of Wnt signalling by Gβγ-mediated reduction of Dishevelled. Exp Mol Med 41:695–706

16. Jessen U, Novitskaya V, Pedersen N et al (2001) The transcription factors CREB and c-Fos play key roles in NCAM-mediated neuritogenesis in PC12-E2 cells. J Neurochem 79:1149–1160

17. Krog L, Bock E (1992) Glycosylation of neural cell adhesion molecules of the immunoglobulin superfamily. APMIS Suppl 27:53–70

18. Asou H, Ono K, Uemura I et al (1996) Axonal growth-related cell surface molecule, neurin-1, involved in neuron-glia interaction. J Neurosci Res 45:571–587

19. Zisch AH, D'Alessandri L, Ranscht B et al (1992) Neuronal cell adhesion molecule contactin/FII binds to tenascin via its immunoglobulin-like domains. J Cell Biol 119:203–213

20. Jones SM, Hofmann AD, Lieber JL, Ribera AB (1995) Overexpression of potassium channel RNA: in vivo development rescues neurons from suppression of morphological differentiation in vitro. J Neurosci 15:2867–2874

21. Rigato F, Garwood J, Calco V et al (2002) Tenascin-C promotes neurite outgrowth of embryonic hippocampal neurons through the alternatively spliced fibronectin type III BD domains via activation of the cell adhesion molecule F3/contactin. J Neurosci 22:6596–6609

22. Belcheva MM, Clark AL, Haas PD et al (2005) μ and κ opioid receptors activate ERK/MAPK via different protein kinase C isoforms and secondary messengers in astrocytes. J Biol Chem 280:27662–27669

23. Bilecki W, Zapart G, Ligęza A et al (2005) Regulation of the extracellular signal-regulated kinases following acute and chronic opioid treatment. Cell Mol Life Sci 62:2369–2375

24. Venkatachalam K, Zheng F, Gill DL (2003) Regulation of canonical transient receptor potential (TRPC) channel function by diacylglycerol and protein kinase C. J Biol Chem 278:29031–29040

25. Struyk AF, Canoll PD, Wolfgang MJ et al (1995) Cloning of neurotrimin defines a new subfamily of differentially expressed neural cell adhesion molecules. J Neurosci 15:2141–2156

26. Gil OD, Zanazzi G, Struyk AF, Salzer JL (1998) Neurotrimin mediates bifunctional effects on neurite outgrowth via homophilic and heterophilic interactions. J Neurosci 18:9312–9325

27. Nicot A, DiCicco-Bloom E (2001) Regulation of neuroblast mitosis is determined by PACAP receptor isoform expression. Proc Natl Acad Sci U S A 8:4758–4763

28. Dejda A, Jozwiak-Bebenista M, Nowak JZ (2006) PACAP, VIP, and PHI: effects on AC-, PLC-, and PLD-driven signalling systems in the primary glial cell cultures. Ann N Y Acad Sci 1070:220–225

29. Itoh K, Ishima T, Kehler J, Hashimoto K (2011) Potentiation of NGF-induced neurite outgrowth in PC12 cells by papaverine: role played by PLC-γ, IP3 receptors. Brain Res 1377:32–40

30. Oliveira Loureiro S, Heimfarth L, de Lima Pelaez P et al (2008) Homocysteine activates calcium-mediated cell signalling mechanisms targeting the cytoskeleton in rat hippocampus.

Int J Dev Neurosci 26:447–455

31. Wang KH, Brose K, Arnott D et al (1999) Biochemical purification of a mammalian slit protein as a positive regulator of sensory axon elongation and branching. Cell 19:771–784

32. Salles J, Wallace MA, Fain JN (1993) Modulation of the phospholipase C activity in rat brain cortical membranes by simultaneous activation of distinct monoaminergic and cholinergic muscarinic receptors. Brain Res Mol Brain Res 20:111–117

33. Katan M (2005) New insights into the families of PLC enzymes: looking back and going forward. Biochem J 391:e7–e9

34. Zhang Y, Lin HY, Bell E, Woolf CJ (2004) DRAGON: a member of the repulsive guidance molecule-related family of neuronal- and muscle-expressed membrane proteins is regulated by DRG11 and has neuronal adhesive properties. J Neurosci 24:2027–2036

35. Wallace MA, Claro E (1990) A novel role for dopamine: inhibition of muscarinic cholinergic-stimulated phosphoinositide hydrolysis in rat brain cortical membranes. Neurosci Lett 110:155–161

36. Sekar MC, Hokin LE (1986) Phosphoinositide metabolism and cGMP levels are not coupled to the muscarinic-cholinergic receptor in human erythrocyte. Life Sci 39:1257–1262

37. Chun J (1999) Lysophospholipid receptors: implications for neural signaling. Crit Rev Neurobiol 13:151–168

38. Smallridge RC, Kiang JG, Gist ID et al (1992) U-73122, an aminosteroid phospholipase C antagonist, non-competitively inhibits thyrotropin-releasing hormone effects in GH3 rat pituitary cells. Endocrinology 131:1883–1888

39. Farias RN, Fiore AM, Pedersen JZ, Incerpi S (2006) Nongenomic actions of thyroid hormones: focus on membrane transport systems. Immun Endoc Metab Agents Med Chem 6:241–254

40. Hasbi A, Fan T, Alijaniaram M et al (2009) Calcium signalling cascade links dopamine D1-D2 receptor heteromer to striatal BDNF production and neuronal growth. Proc Natl Acad Sci U S A 106:21377–21382

41. Jope RS, Song L, Powers R (1994) ^{3}H PtdIns hydrolysis in postmortem human brain membranes is mediated by the G-protein Gq/11 and phospholipase C-β. Biochemistry 304:655–659

42. Jose PA, Yu PY, Yamaguchi I et al (1995) Dopamine D1 receptor regulation of phospholipase C. Hypertens Res 18(suppl 1):S39–S42

43. Li YC, Liu G, Hu JL et al (2010) Dopamine D1 receptor-mediated enhancement of NMDA receptor trafficking requires rapid PKC-dependent synaptic insertion in the prefrontal neurons. J Neurochem 114:62–73

44. Melliti K, Meza U, Fisher R, Adams B (1999) Regulators of G protein signalling attenuate the G protein-mediated inhibition of N-type Ca channels. J Gen Physiol 113:97–109

45. Chuang SC, Bianchi R, Wong RKS (2000) Group I mGluR activation turns on a voltage-dependent inward current in hippocampal pyramidal cells. J Neurophysiol 83:2844–2853

46. Floyd CL, Rzigalinski BA, Sitterding HA et al (2004) Antagonism of group I metabotropic glutamate receptors and PLC attenuates increases in inositol trisphosphate and reduces reactive gliosis in strain-injured astrocytes. J Neurotrauma 21:205–216

47. Hannan AJ, Blakemore C, Katsnelson A et al (2001) PLC-β1, activated via mGluRs, mediates activity dependent differentiation in cerebral cortex. Nat Neurosci 4:282–288

48. Rao TS, Lariosa-Willingham KD, Lin F et al (2004) Growth factor pre-treatment differentially regulates phosphoinositide turnover downstream of lysophospholipid receptor and metabotropic glutamate receptors in cultured rat cerebrocortical astrocytes. Int J Dev Neurosci 22:131–135

49. Bordi F, Ugolini A (1999) Group I metabotropic glutamate receptors: implications for brain diseases. Prog Neurobiol 59:55–79

50. Conn PJ, Pin JP (1997) Pharmacology and functions of metabotropic glutamate receptors. Annu Rev Pharmacol Toxicol 37:205–237

51. Pin JP, Duvoisin R (1995) The metabotropic glutamate receptors: structure and functions. Neuropharmacology 3:1–26

52. Bianchi E, Lehmann D, Vivoli E et al (2010) Involvement of PLC-β3 in the effect of morphine on memory retrieval in passive avoidance task. J Psychopharmacol 24:891–896

53. Nelson TJ, Sun MK, Hongpaisan J, Alkon DL (2008) Insulin, PKC signaling pathways and synaptic remodeling during memory storage and neuronal repair. Eur J Pharmacol 585:76–87

54. Buckley CT, Caldwell KK (2004) Fear conditioning is associated with altered integration of PLC and ERK signaling in the hippocampus. Pharmacol Biochem Behav 79:633–640

55. Leal G, Comprido D, Duarte CB (2013) BDNF-induced local protein synthesis and synaptic

plasticity. Neuropharmacology. doi:pii: S0028-3908(13)00142-1. 10.1016/j.neuropharm. 2013.04.005

56. Knight SJ, Horsley SW, Regan R et al (1997) Development and clinical application of an innovative fluorescence in situ hybridization technique which detects submicroscopic rearrangements involving telomeres. Eur J Hum Genet 5:1–8

57. Ross CA, Margolis RL, Reading SA et al (2006) Neurobiology of schizophrenia. Neuron 52:139–153

58. Spires TL, Molnar Z, Kind PC et al (2005) Activity-dependent regulation of synapse and dendritic spine morphology in developing barrel cortex requires phospholipase C-β1 signalling. Cereb Cortex 15:385–393

59. Kim D, Jun KS, Lee SB et al (1997) Phospholipase C isozymes selectively couple to specific neurotransmitter receptors. Nature 389:290–293

60. Wallace MA, Claro E (1993) Transmembrane signaling through phospholipase C in human cortical membranes. Neurochem Res 18:139–145

61. Choi WC, Gerfen CR, Suh PG, Rhee SG (1989) Immunohistochemical localization of a brain isozyme of phospholipase C (PLC III) in astroglia in rat brain. Brain Res 499:193–197

62. Kurian MA, Meyer E, Vassallo G et al (2010) Phospholipase C β1 deficiency is associated with early-onset epileptic encephalopathy. Brain 133:2964–2970

63. Poduri A, Chopra SS, Neilan EG et al (2012) Homozygous PLCB1 deletion associated with malignant migrating partial seizures in infancy. Epilepsia 53:e146–e150

64. Vendrame M, Poduri A, Loddenkemper T et al (2011) Treatment of malignant migrating partial epilepsy of infancy with rufinamide: report of five cases. Epileptic Disord 13:18–21

65. Girirajan S, Dennis MY, Baker C et al (2013) Refinement and discovery of new hotspots of copy-number variation associated with autism spectrum disorder. Am J Hum Genet 92:221–237

66. Lo Vasco VR (2011) Role of phosphoinositide-specific phospholipase C η2 in isolated and syndromic mental retardation. Eur Neurol 65:264–269

67. Lo Vasco VR (2011) 1p36.32 rearrangements and the role of PI-PLC η2 in nervous tumours. J Neurooncol 103:409–416

68. Slavotinek A, Rosenberg M, Knight S et al (1999) Screening for submicroscopic chromosome rearrangements in children with idiopathic mental retardation using microsatellite markers for the chromosome telomeres. J Med Genet 36:405–411

69. Gajecka M, Mackay KL, Shaffer LG (2007) Monosomy 1p36 deletion syndrome. Am J Med Genet C Semin Med Genet 145:346–356

70. Shapira SK, McCaskill C, Northrup H et al (1997) Chromosome 1p36 deletions: the clinical phenotype and molecular characterization of a common newly delineated syndrome. Am J Hum Genet 61:642–650

71. Heilstedt HA, Ballif BC, Howard LA et al (2003) Population data suggest that deletions of 1p36 are a relatively common chromosome abnormality. Clin Genet 64:310–316

72. Wu YQ, Heilstedt HA, Bedell JA et al (1999) Molecular refinement of the 1p36 deletion syndrome reveals size diversity and a preponderance of maternally derived deletions. Hum Mol Genet 8:313–321

73. Gajecka M, Yu W, Ballif BC et al (2005) Delineation of mechanisms and regions of dosage imbalance in complex rearrangements of 1p36 leads to a putative gene for regulation of cranial suture closure. Eur J Hum Genet 13:139–149

74. Schultz D, Litt M, Smith L et al (1996) Localization of two potassium channel beta subunit genes, KCNA1B and KCNA2B. Genomics 31:389–391

75. Emberger W, Windpassinger C, Petek E et al (2000) Assignment of the human GABAA receptor δ-subunit gene (GABRD) to chromosome band 1p36.3 distal to marker NIB1364 by radiation hybrid mapping. Cytogenet Cell Genet 89:281–282

76. Fitzgibbon GJ, Clayton-Smith J, Banka S et al (2008) Array comparative genomic hybridisation-based identification of two imbalances of chromosome 1p in a 9-year-old girl with a monosomy 1p36 related phenotype and a family history of learning difficulties: a case report. J Med Case Reports 2:355

77. Stewart AJ, Mukherjee J, Roberts SJ et al (2005) Identification of a novel class of mammalian phosphoinositol-specific phospholipase C enzymes. Int J Mol Med 15:117–121

78. Nakahara M, Shimozawa M, Nakamura Y et al (2005) A novel phospholipase C, PLC η2, is a neuron-specific isozyme. J Biol Chem 280:29128–29134

79. Kanemaru K, Nakahara M, Nakamura Y et al (2010) Phospholipase C-η2 is highly expressed in the habenula and retina. Gene Expr Patterns 10:119–126

80. Nicolle MM, Colombo PJ, Gallagher M, McKinney M (1999) Metabotropic glutamate

receptor-mediated hippocampal phosphoinositide turnover is blunted in spatial learning-impaired aged rats. J Neurosci 19:9604–9610

81. Rapp PR, Gallagher M (1996) Preserved neuron number in the hippocampus of aged rats with spatial learning deficits. Proc Natl Acad Sci U S A 93:9926–9930

82. Rasmussen T, Schliemann T, Sorensen JC et al (1996) Memory impaired aged rats: no loss of principle hippocampal and subicular neurons. Neurobiol Aging 17:143–147

83. Shen J, Barnes CA (1996) Age-related decrease in cholinergic synaptic transmission in three hippocampal subfields. Neurobiol Aging 17:439–451

84. Sugaya K, Chouinard M, Greene R et al (1996) Molecular indices of neuronal and glial plasticity in the hippocampal formation in a rodent model of age-induced spatial learning impairment. J Neurosci 16:3427–3443

85. Colombo PJ, Wetsel WC, Gallagher M (1997) Spatial memory is related to hippocampal subcellular concentrations of calcium-dependent protein kinase C isoforms in young and aged rats. Proc Natl Acad Sci U S A 94:14195–14199

86. Shen J, Barnes CA, McNaughton BL et al (1997) The effect of aging on experience-dependent plasticity of hippocampal place cells. J Neurosci 17:6769–6782

87. Tanila H, Shapiro M, Gallagher M, Eichenbaum H (1997) Brain aging: changes in the nature of information coding by the hippocampus. J Neurosci 17:5155–5166

88. Tanila H, Sipila P, Shapiro M, Eichenbaum H (1997) Brain aging: impaired coding of novel environmental cues. J Neurosci 17:5167–5174

89. Nicolle MM, Gallagher M, McKinney M (1999) No loss of synaptic proteins in the hippocampus of aged, behaviourally-impaired rats. Neurobiol Aging 20(3):343–348

90. Cotman CW (2005) The role of neurotrophins in brain aging: a perspective in honor of Regino Perez-Polo. Neurochem Res 30:877–881

91. Ferreire PA, Pak WL (1994) Bovine phospholipase C highly homologous to the norpA protein of Drosophila is expressed specifically in cones. J Biol Chem 269:3129–3131

92. Lumbreras M, Baamonde C, Martínez-Cué C et al (2006) Brain G protein-dependent signaling pathways in Down syndrome and Alzheimer's disease. Amino Acids 31:449–456

93. Skotko BG, Capone GT, Kishnani PS (2009) Down Syndrome Diagnosis Study Group. Postnatal diagnosis of Down syndrome: synthesis of the evidence on how best to deliver the news. Pediatrics 124:e751–e758

94. Cork LC (1990) Neuropathology of Down syndrome and Alzheimer disease. Am J Med Genet Suppl 7:282–286

95. Cowburn RF, O'Neill C, Bonkale WL et al (2001) Receptor-G-protein signaling in Alzheimer's disease. Biochem Soc Symp 67:163–175

96. Fernhall B, Otterstetter M (2003) Attenuated responses to sympathoexcitation in individuals with Down syndrome. J Appl Physiol 94:2158–2165

97. Crews FT, Kurian P, Freund G (1994) Cholinergic and serotonergic stimulation of phosphoinositide hydrolysis is decreased in Alzheimer's disease. Life Sci 55:1993–2002

98. Jope RS, Song L, Powers RE (1997) Cholinergic activation of phosphoinositide signaling is impaired in Alzheimer's disease brain. Neurobiol Aging 18:111–120

99. Ruiz de Azua I, Lumbreras MA, Zaldueguì A et al (2001) Reduced phospholipase C-β activity and isoform expression in the cerebellum of Ts65Dn mouse: a model of Down syndrome. J Neurosci Res 66:540–550

100. Piggott MA, Marshall EF, Thomas N et al (1999) Striatal dopaminergic markers in dementia with Lewy bodies, Alzheimer's and Parkinson's diseases: rostrocaudal distribution. Brain 122:1449–1468

101. Baba M, Nakajo S, Tu PH et al (1998) Aggregation of a-synuclein in Lewy bodies of sporadic Parkinson's disease and dementia with Lewy bodies. Am J Pathol 152:879–884

102. Campbell BC, Li QX, Culvenor JG et al (2000) Accumulation of insoluble a-synuclein in dementia with Lewy bodies. Neurobiol Dis 7:192–200

103. Hashimoto M, Masliah E (1999) α-synuclein in Lewy body disease and Alzheimer's disease. Brain Pathol 9:707–720

104. Ince PG, Perry EK, Morris CM (1998) Dementia with Lewy bodies. A distinct non-Alzheimer dementia syndrome. Brain Pathol 8:299–324

105. McKeith IG (2002) Dementia with Lewy bodies. Br J Psychiatry 180:144–147

106. McKeith IG, Galasko D, Kosaka K (1996) Consensus guidelines for the clinical and pathologic diagnosis of dementia with Lewy bodies (DLB): report of the consortium on DLB International workshop. Neurology 47:1113–1124

107. Ince PG, McKeith IG (2003) Dementia with Lewy bodies. In: Dickson D (ed) Neurodegeneration: the molecular pathology of dementia and movement disorders. ISN

Neuropath Press, Basel, pp 188–197

108. Hansen LA, Samuel W (1997) Criteria for Alzheimer's disease and the nosology of dementia with Lewy bodies. Neurology 48:126–132

109. Kosaka K (1993) Dementia and neuropathology in Lewy body disease. Adv Neurol 60:456–463

110. Kosaka K, Iseki E (1996) Diffuse Lewy body disease within the spectrum of Lewy body disease. In: Perry RH, McKeith IG, Perry EK (eds) Dementia with Lewy bodies. Cambridge University Press, Cambridge, pp 238–247

111. Dalfò E, Albasanz JL, Martın M, Ferrer I (2004) Abnormal metabotropic glutamate receptor expression and signaling in the cerebral cortex in diffuse Lewy body disease is associated with irregular a-synuclein/phospholipase C (PLCh1) interactions. Brain Pathol 14:388–398

112. Albasanz JL, Dalfó E, Ferrer I, Martín M (2005) Impaired metabotropic glutamate receptor/phospholipase C signaling pathway in the cerebral cortex in Alzheimer's disease and dementia with Lewy bodies correlates with stage of Alzheimer's-disease-related changes. Neurobiol Dis 20:685–693

113. Fabelo N, Martín V, Santpere G et al (2011) Severe alterations in lipid composition of frontal cortex lipid rafts from Parkinson's disease and incidental Parkinson's disease. Mol Med 17:1107–1118

114. Iwatsubo T (2003) Aggregation of alpha-synuclein in the pathogenesis of Parkinson's disease. J Neurol 250(suppl 3):III11–III14

115. Braak H, Del Tredici K (2008) A new look at the corticostriatal-thalamocortical circuit in sporadic Parkinson's disease. Nervenarzt 79:1440–1445

116. Metzler-Baddeley C (2007) A review of cognitive impairments in dementia with Lewy bodies relative to Alzheimer's disease and Parkinson's disease with dementia. Cortex 43:583–600

117. Parkkinen L, Kauppinen T, Pirttila T et al (2005) α-synuclein pathology does not predict extrapyramidal symptoms or dementia. Ann Neurol 57:82–91

118. Ferrer I (2009) Early involvement of the cerebral cortex in Parkinson's disease: convergence of multiple metabolic defects. Prog Neurobiol 88:89–103

119. Navarro A, Boveris A, Bández MJ et al (2009) Human brain cortex: mitochondrial oxidative damage and adaptive response in Parkinson's disease and in dementia with Lewy bodies. Free Radic Biol Med 46:1574–1580

120. Christie WW, Han X (2003) Lipid analysis, 3rd edn. Oily Press, Bridgewater, UK

121. Sanchez-Ramos JR, Overvik E, Ames BN (1994) A marker of oxyradical-mediated DNA damage (8-hydroxy-2'-deoxyguanosine) is increased in nigrostriatum of Parkinson's disease brain. Neurodegeneration 3:197–204

122. Dalfó E, Portero-Otín M, Ayala V et al (2005) Evidence of oxidative stress in the neocortex in incidental Lewy body disease. J Neuropathol Exp Neurol 64:816–830

123. Gómez A, Ferrer I (2009) Increased oxidation of certain glycolysis and energy metabolism enzymes in the frontal cortex in Lewy body diseases. J Neurosci Res 87:1002–1013

124. Huntington Disease Collaborative Research Group (1993) A novel gene containing a trinucleotide repeat that is expanded and unstable on Huntington's disease chromosomes. The Huntington's Disease Collaborative Research Group. Cell 72:971–983

125. Vonsattel JP, DiFiglia M (1998) Huntington disease. J Neuropathol Exp Neurol 57:369–384

126. Vonsattel JP, Myers RH, Stevens TJ et al (1985) Neuropathological classification of Huntington's disease. J Neuropathol Exp Neurol 44:559–577

127. Rosas HD, Koroshetz WJ, Chen YI et al (2003) Evidence for more widespread cerebral pathology in early HD: an MRI-based morphometric analysis. Neurology 60:1615–1620

128. Foroud T, Siemers E, Kleindorfer D et al (1995) Cognitive scores in carriers of Huntington's disease gene compared to noncarriers. Ann Neurol 37:657–664

129. Lawrence AD, Hodges JR, Rosser AE et al (1998) Evidence for specific cognitive deficits in preclinical Huntington's disease. Brain 121:1329–1341

130. Giralt A, Rodrigo T, Martín ED et al (2009) Brain-derived neurotrophic factor modulates the severity of cognitive alterations induced by mutant huntingtin: involvement of phospholipase Cgamma activity and glutamate receptor expression. Neuroscience 158:1234–1250

131. Lione LA, Carter RJ, Hunt MJ et al (1999) Selective discrimination learning impairments in mice expressing the human Huntington's disease mutation. J Neurosci 19:10428–10437

132. Mazarakis NK, Cybulska-Klosowicz A, Grote H et al (2005) Deficits in experience dependent cortical plasticity and sensory-discrimination learning in presymptomatic Huntington's disease mice. J Neurosci 25:3059–3066

133. Van Raamsdonk JM, Pearson J, Slow EJ et al (2005) Cognitive dysfunction precedes neuro-

pathology and motor abnormalities in the YAC128 mouse model of Huntington's disease. J Neurosci 25:4169–4180

134. Minichiello L, Calella AM, Medina DL et al (2002) Mechanism of TrkB-mediated hippocampal long-term potentiation. Neuron 36:121–137

135. Gruart A, Sciarretta C, Valenzuela-Harrington M et al (2007) Mutation at the TrkB PLC-γ-docking site affects hippocampal LTP and associative learning in conscious mice. Learn Mem 14:54–62

136. Koponen E, Voikar V, Riekki R et al (2004) Transgenic mice overexpressing the full-length neurotrophin receptor trkB exhibit increased activation of the trkB-PLCγ pathway, reduced anxiety, and facilitated learning. Mol Cell Neurosci 26:166–181

137. World Health Organization (2004) World Mental Health Survey Consortium: prevalence, severity and unmet need for treatment of mental disorders in WHO world mental health surveys. J Am Med Assoc 291:2581–2590

138. Lauterbach E, Rumpf HJ, Ahrens B et al (2005) Assessing dimensional and categorical aspects of depression: validation of the AMDP Depression Scale. Eur Arch Psychiatry Clin Neurosci 255:15–19

139. Bromet E, Andrade LH, Hwang I et al (2011) Cross-national epidemiology of DSM-IV major depressive episode. BMC Med 9:90

140. Kessler RC (2012) The costs of depression. Psychiatr Clin North Am 35:1–14

141. Jope RS, Song L, Li PP et al (1996) The phosphoinositide signal transduction system is impaired in bipolar affective disorder brain. J Neurochem 66:2402–2409

142. Ebstein RP, Lerer B, Bennett ER et al (1988) Lithium modulation of second messenger signal amplification in man: inhibition of phosphatidylinositol-specific phospholipase C and adenylate cyclase activity. Psychiatry Res 24:45–52

143. Pacheco MA, Jope RS (1996) Phosphoinositide signaling in human brain. Prog Neurobiol 50:255–273

144. Lo Vasco VR, Longo L, Polonia P (2013) Phosphoinositide-specific phospholipase C β1 gene deletion in bipolar disorder affected patient. J Cell Commun Signal 7:25–29

145. Lo Vasco VR, Polonia P (2012) Molecular cytogenetic interphase analysis of phosphoinositide-specific phospholipase C β1 gene in paraffin-embedded brain samples of major depression patients. J Affect Disord 136:177–180

146. Lo Vasco VR, Cardinale G, Polonia P (2012) Deletion of PLCB1 gene in schizophrenia affected patients. J Cell Mol Med 16:844–851

147. Udawela M, Scarr E, Hannan AJ et al (2011) Phospholipase C beta 1 expression in the dorsolateral prefrontal cortex from patients with schizophrenia at different stages of illness. Aust N Z J Psychiatry 45:140–147

148. Ross CA, MacCumber MW, Glatt CE, Snyder SH (1989) Brain phospholipase C isozymes: differential mRNA localizations by in situ hybridization. Proc Natl Acad Sci U S A 86:2923–2927

149. Benes FM, Davidson J, Bird ED (1986) Quantitative cytoarchitectural studies of the cerebral cortex of schizophrenics. Arch Gen Psychiatry 43:31–35

150. Selemon LD, Rajkowska G, Goldman-Rakic PS (1995) Abnormally high neuronal density in the schizophrenic cortex: amorphometric analysis of prefrontal area 9 and occipital area 17. Arch Gen Psychiatry 52:805–818

151. Perez-Neri I, Ramírez-Bermúdez J, Montes S, Ríos C (2006) Possible mechanisms of neurodegeneration in schizophrenia. Neurochem Res 31:1279–1294

152. Lawrie SM, Abukmeil SS (1998) Brain abnormality in schizophrenia. A systematic and quantitative review of volumetric magnetic resonance imaging studies. Br J Psychiatry 172:11–120

153. Zipursky RB, Lambe EK, Kapur S, Mikulis DJ (1998) Cerebral gray matter volume deficits in first episode psychosis. Arch Gen Psychiatry 55:540–546

154. Hulshoff Pol HE, Kahn RS (2008) What happens after the first episode? A review of progressive brain changes in chronically ill patients with schizophrenia. Schizophr Bull 34:354–366

155. Cahn W, Rais M, Stigter FP et al (2009) Psychosis and brain volume changes during the first five years of schizophrenia. Eur Neuropsychopharmacol 19:147–151

156. Crespo-Facorro B, Roiz-Santianez R, Perez-Iglesias R et al (2010) White matter integrity and cognitive impairment in first-episode psychosis. Am J Psychiatry 167:451–458

157. Zhang L, Yang H, Zhao H, Zhao C (2011) Calcium-related signaling pathways contributed to dopamine-induced cortical neuron apoptosis. Neurochem Int 58:281–294

158. Grace AA (1991) Phasic versus tonic dopamine release and the modulation of dopamine system responsivity: a hypothesis for the etiology of schizophrenia. Neuroscience 41:1–24

159. Carlsson A, Waters N, Holm-Waters S et al (2001) Interactions between monoamines, gluta-mate and GABA in schizophrenia: new evidence. Annu Rev Pharmacol Toxicol 41:237–260

160. George SR, O'Dowd BF (2007) A novel dopamine receptor signaling unit in brain: het-erooligomers of D1 And D2 dopamine receptors: mini-review. ScientificWorldJournal 7:58–63

161. Ming Y, Zhang H, Long L et al (2006) Modulation of Ca^{2+} signals by phosphatidylinositol-linked novel D1 dopamine receptor in hippocampal neurons. J Neurochem 98:1316–1323

162. Rashid AJ, So CH, Kong MM et al (2007) D1–D2 dopamine receptor heterooligomers with unique pharmacology are coupled to rapid activation of Gq/11 in the striatum. Proc Natl Acad Sci U S A 104:654–659

163. Sanacora G, Banasr M (2013) From pathophysiology to novel antidepressant drugs: glial contributions to the pathology and treatment of mood disorders. Biol Psychiatry 73:1172–1179

164. Miguel-Hidalgo JJ, Rajkowska G (2002) Morphological brain changes in depression: can antidepressants reverse them? CNS Drugs 16:361–372

165. Oberheim NA, Goldman SA, Nedergaard M (2012) Heterogeneity of astrocytic form and function. Methods Mol Biol 814:23–45

166. Ongur D, Drevets WC, Price JL (1998) Glial reduction in the subgenual prefrontal cortex in mood disorders. Proc Natl Acad Sci U S A 95:13290–13295

167. Cotter D, Mackay D, Landau S et al (2001) Reduced glial cell density and neuronal size in the anterior cingulate cortex in major depressive disorder. Arch Gen Psychiatry 58:545–553

168. Gittins RA, Harrison PJ (2011) A morphometric study of glia and neurons in the anterior cingulate cortex in mood disorder. J Affect Disord 133:328–332

169. Cotter D, Mackay D, Chana G et al (2002) Everall reduced neuronal size and glial cell density in area 9 of the dorsolateral prefrontal cortex in subjects with major depressive disorder. Cereb Cortex 12:386–394

170. Czeh B, Simon M, Schmelting B et al (2006) Astroglial plasticity in the hippocampus is affected by chronic psychosocial stress and concomitant fluoxetine treatment. Neuropsychopharmacology 3:1616–1626

171. Gong Y, Sun XL, Wu FL et al (2012) Female early adult depression results in detrimental impacts on the behavioral performance and brain development in offspring. CNS Neurosci Ther 18:461–470

172. Ye Y, Wang G, Wang H, Wang X (2011) Brain-derived neurotrophic factor (BDNF) infusion restored astrocytic plasticity in the hippocampus of a rat model of depression. Neurosci Lett 503:15–19

173. Ransom BR, Ransom CB (2012) Astrocytes: multitalented stars of the central nervous system. Methods Mol Biol 814:3–7

174. Lo Vasco VR, Fabrizi C, Artico M et al (2007) Expression of phosphoinositide-specific phospholipase C isoenzymes in cultured astrocytes. J Cell Biochem 100:952–959

175. Lo Vasco VR, Fabrizi C, Panetta B et al (2010) Expression pattern and subcellular distribu-tion of phosphoinositide specific phospholipase C enzymes after treatment with U-73122 in rat astrocytoma cells. J Cell Biochem 110:1005–1012

176. Lo Vasco VR, Fabrizi C, Fumagalli L, Cocco L (2010) Expression of phosphoinositide specific phospholipase C isoenzymes in cultured astrocytes activated after stimulation with lipopolysaccharide. J Cell Biochem 109:1006–1012

177. Lo Vasco VR (2012) The phosphoinositide pathway and the signal transduction network in neural development. Neurosci Bull 28:789–800

15 生命从哪里开始：精子 PLC-ζ 激活哺乳动物卵母细胞及其在男性不育中的意义

Michail Nomikos，Maria Theodoridou 和 F. Anthony Lai

摘要 哺乳动物受精后胚胎发育的第一步为卵子激活，由一系列特征性的细胞质钙瞬变（Ca^{2+} 振荡）触发。有研究认为，在哺乳动物精卵融合后，正是受精的精子将精子特异性蛋白因子引入卵子细胞质而引起的 Ca^{2+} 振荡。越来越多的科学和临床证据表明这种蛋白质是精子特异性磷脂酶 C（PLC），即 PLC-ζ。PLC-ζ 已被证明能在多种哺乳动物的卵母细胞质中触发与正常受精时胚胎发育早期相同的 Ca^{2+} 振荡模式。精子释放的 PLC-ζ 负责催化受精卵内磷酯酰肌醇 -4,5- 二磷酸（PIP_2）水解，刺激肌醇 -1,4,5- 三磷酸（IP_3）信号通路，从而诱导 Ca^{2+} 振荡产生。PLC-ζ 是所有哺乳动物 PLC 亚型中最小、最基本的结构域，表现出典型的 PLC 结构域。重要的是，有一些临床报告将人类 PLC-ζ 的缺陷与导致男性不育的卵子激活缺陷病例联系起来，强调了 PLC-ζ 在哺乳动物受精中的作用。在这里，我们描述了 PLC-ζ 在受精过程中起作用的实例，总结了我们对这种酶的生化和生理特性的最新进展，该酶对成功受精和胚胎发育至关重要。我们还描述了 PLC-ζ 如何与卵子激活缺陷病例相关联，并假定了这种酶在临床环境中的治疗和诊断作用。

关键词 精子、磷脂酶 C、PLC-ζ、肌醇 -1,4,5- 三磷酸、钙振荡、卵激活、发育、胚胎发育、受精、不育

15.1　引言

"卵子激活"一词[用]于描述哺乳动物卵子（或卵母细胞在精子和卵质膜融合后，为卵母细胞的发育做准备所经历的过程）。卵子激活是哺乳动物受精后胚胎发育的最早阶段，由细胞内钙离子浓度水平的增加触发[1-2]。这种显著的钙离子信号现象对于卵子激活的所有事件都是必要且充分的，如皮质颗粒胞吐（CGE）防止多精受精、减数分裂的恢复和完成以及原核的形成[3]。Ca^{2+} 的重要性远远不只在于哺乳动物，因为卵子的激活伴随着非哺乳动物物种（如海胆和青蛙）细胞内 Ca^{2+} 浓度水平的增加。在这些物种中，Ca^{2+} 以单一上升的形式增加，而哺乳动物和海鞘卵中则在精子 – 卵子融合后出现数小时的持续且反复的 Ca^{2+} 尖峰，即 Ca^{2+} 振荡（图 15.1）[2-4]。Ca^{2+} 振荡的频率和持续时间因物种而异，一些卵子每 2min 显示一次 Ca^{2+} 瞬变，而有的卵子每 1h 显示一次[3, 5-6]。

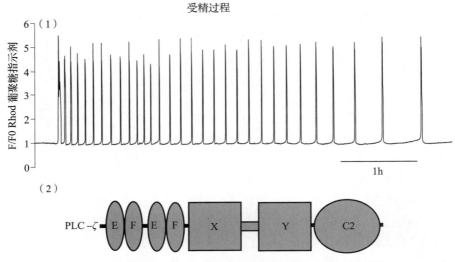

图 15.1　精子介导的小鼠卵子内 Ca^{2+} 振荡和 PLC-ζ 结构域示意图

（1）小鼠卵子体外受精后，用钙指示剂 Rhod 葡聚糖记录了小鼠精子诱导的细胞质钙振荡的代表性痕迹。

（2）PLCζ 主要结构域的线性示意图；串联的预测的钙结合基序（EF）、中央催化结构域（X 与 Y）和脂质结合域（C2）。所有这些结构域均为其他磷脂酶 C（PLC）亚型（PLC-β，PLC-γ，PLC-δ，PLC-ε 和 PLC-η）所共有的。注意 PLC-ζ 序列中没有 PH 结构域。本图参考并修改自 [3]

迄今为止，在所有研究的物种中都已证实了受精相关的 Ca^{2+} 振荡与磷脂酰肌醇（PI）信号通路的激活有关[7]。卵子中 PI 途径的激活通过磷脂酰肌醇特异性磷脂酶 C 亚型催化 PIP_2 水解生成 Ca^{2+} 动员信使，IP_3 和甘油二酯（DAG）[8]。哺乳动物 PLC 是一个普遍存在的细胞质酶家族，在激活细胞内信号转导通路中发挥核心作用。PLC 催化 PIP_2 水解并释放 IP_3 和 DAG，这两种产物均参与 Ca^{2+} 反应的形成。IP_3 通过结合以及门控其完整的 I 型 IP_3 膜蛋白受体（IP_3R1，一种位于内质网膜上的四聚体配体门控的 Ca^{2+} 通道蛋白）直接参与介导细胞质 Ca^{2+} 的释放。IP_3 与 IP_3R1 结合导致构象变化，从而打开固有的 IP_3R1 通道，导致细胞

内 Ca^{2+} 快速释放。DAG 的产生可能通过激活蛋白激酶 C（PKC）间接参与 Ca^{2+} 的释放[8]。研究表明，注射 IP_3R 功能阻断单克隆抗体或下调 IP_3R 表达可以抑制受精过程的 Ca^{2+} 振荡，表明 IP_3R 和 IP_3 参与了受精过程[9-11]。此外，持续注射 IP_3 或微量注射 IP_3 腺苷类似物也可导致卵细胞中发生一系列的 Ca^{2+} 振荡[12, 13]。

科学家们已经提出了四个不同的假说来解释哺乳动物卵子受精时 Ca^{2+} 振荡的激活机制。① "Ca^{2+} 炸弹" 假说；② "导管" 假说；③ "接触" 假说；④ "精子因子" 假说（关于解释受精时 Ca^{2+} 振荡的假说细节，请参阅参考文献［3］）。目前有几项研究证明 "精子因子" 假说是卵子激活最合适的模型[2-4, 14, 15]。"精子因子" 假说提出，精子内包含一种可溶性因子，当精子与卵母细胞融合后，该因子扩散到卵母细胞胞浆中，刺激 IP_3 途径和随后受精的卵细胞中 Ca^{2+} 振荡的产生[4]。在哺乳动物中，这一假说的证据来自于一项研究发现，即在多种哺乳动物的卵母细胞中微量注射基于蛋白质的精子提取物会引发类似于受精时所见的 Ca^2 振荡[4, 16]。通过常用的体外受精（IVF）以及胞浆内单精子注射（ICSI）临床技术将整个精子显微注射到哺乳动物卵母细胞中，可避免卵母细胞和精子之间的任何表面接触，该操作同样引发了一系列类似的 Ca^{2+} 振荡[15, 17]。另外，由于其他组织的提取物注入卵母细胞并不会引起 Ca^{2+} 浓度的增加，促进 Ca^{2+} 释放的精子因子显然是一种精子特异性蛋白[4, 18]。然而，这种可溶性精子因子机制并不存在物种特异性，因为仓鼠、人、猪、牛、青蛙和鸡的精子提取物均能引发小鼠卵子的 Ca^{2+} 振荡[18, 19]。

15.2   精子特异性 PLC-ζ 的发现

最初研究人员认为一系列小分子如 IP_3[20]、NO[21] 或 NAADP 是精子因子的候选者[22]。尽管这些分子在非哺乳动物中具有释放细胞内储存 Ca^{2+} 的能力，但没有一个能完全模拟哺乳动物卵子体外受精时的反应[12]。此外，各种分离研究表明精子因子是一种分子质量为 30～100ku 的蛋白质[23, 24]。随后各种不同的蛋白质被假设为精子因子，其中包括一种分子质量为 33ku[25] 的截短形式的 kit 受体（tr-kit）[26]，以及一种称为 PAWP 的顶体后 WW 结构域结合蛋白[27]。然而，这些蛋白质都未能产生哺乳动物卵子受精过程中所观察到的 Ca^{2+} 振荡的特征模式[3]。使用哺乳动物精子提取物进行体外 PLC 分析实验表明，这些提取物具有至少 100 倍于其他已知表达几种 PLC 亚型的组织中的 PLC 酶活性[23]。此外，即使在哺乳动物卵子受精时的基础细胞质 Ca^{2+} 水平（约 0.1μmol/L）下，精子提取物的 PLC 活性仍然很高。这些观察结果支持了精子因子可能本身就是 PLC 亚型的观点。几种已知的 PLC 亚型也在哺乳动物的精子中表达[28]。然而，微注射与在精子中表达的大多数已知 PLC 亚型相对应的重组蛋白，未能在小鼠卵子中引发 Ca^{2+} 振荡或仅在非生理浓度下引发[2, 3, 29]。此外，精子提取物的色谱分离结果表明，在具有有效的 Ca^{2+} 振荡诱导活性的蛋白质组分中没有发现已知的 PLC 亚型[24]。所有这些观察表明，如果精子因子是一种 PLC，那么它很可能是一种新的亚型。

在搜索小鼠表达序列标签（EST）数据库后，首次获得了一种新的 PLC 亚型的实验证据，该数据库揭示了来自睾丸的潜在新的 PLC 序列[30]。因此，研究人员从小鼠睾丸中分离出一种新的 PLC，命名为 PLC-ζ。PLC-ζ 非常特别，因为它似乎是一种配子特异性蛋白，精子发生过程中仅在精子细胞中表达。PLC-ζ 蛋白的分子质量约 70ku，与其他已知的体细胞 PLC 亚型相比，它的分子质量最小[30, 31]。现在有许多研究支持 PLC-ζ 是负责哺乳动物卵母细胞激活的唯一生理因子这一观点。最初，将编码小鼠、人和食蟹猴 PLC-ζ 的互补 RNA（cRNA）微注射到小鼠卵子中，引发了在受精过程时观察到的特征性 Ca^{2+} 振荡[30, 31]。此外，微注射对应于 PLC-ζ 的 cRNA 至人和猪的卵子中触发了 Ca^{2+} 振荡以及随后的卵激活[32, 33]。从天然精子提取物中提取的 PLC-ζ 被一种特异性的 PLC-ζ 抗体免疫拮抗，消除了它们在小鼠卵子中诱导 Ca^{2+} 振荡的能力[30]。

与 PLC-ζ cRNA 显微注射实验一致，重组小鼠和人类 PLC-ζ 蛋白能够在小鼠和人类卵子中触发 Ca^{2+} 振荡[34, 35]。此外，这些 PLC-ζ 注射也并不影响小鼠卵子由早期胚胎阶段发育至胚泡阶段。此外，从 PLC-ζ 表达显著降低的转基因小鼠中获得的精子在体外受精后表现出 Ca^{2+} 振荡的提前终止[36]。免疫荧光定位实验表明，PLC-ζ 定位于精子头部的顶体后区域，这与精子因子应定位于能在精卵融合后几分钟内快速进入卵母细胞胞质以启动 Ca^{2+} 振荡的猜测一致[35]。

越来越多的临床证据表明 PLC-ζ 的异常形式或功能异常与收录的人类男性不育病例直接相关，进一步强调了 PLC-ζ 在哺乳动物受精中的重要性[37-40]。结果表明，与具有生育能力的男性精子相比，不育男性的精子以体外受精（IVF）和卵细胞胞浆内单精子注射（ICSI）等临床程序注射到小鼠卵中通常不产生 Ca^{2+} 振荡，或者产生在频率和振幅上均显著降低的 Ca^{2+} 振荡[37]。此外，免疫荧光和免疫印迹分析显示，ICSI 受精失败以及不能诱导 Ca^{2+} 振荡的不育患者精子头部的 PLC-ζ 表达水平降低或缺失[37]。因此，上述所有数据表明，精子特异性 PLC-ζ 是启动新生命所需的唯一精子因子。

15.3 PLC-ζ 的独特性质和结构

PLC-ζ 是一种配子特异性蛋白，仅在精子细胞中表达。PLC-ζ 是迄今鉴定的所有哺乳动物 PLC 亚型中最小、最基本的结构域[2, 30]。到目前为止，所研究的所有物种的精子 PLC-ζ 酶的大小相似，为 70~75ku，但它们的等电点（pI）差异很大，从大鼠的 5.29 到人的 9.14 不等[41]。预测的 pI 为什么会有如此大的物种差异的原因尚不清楚。与其他 PLC 亚型类似，PLC-ζ 展示了一种典型的 PLC 结构域结构，在 N 末端有四个串联的钙离子结合 EF 手型结构域，随后是在所有 PLC 亚型中形成活性位点的特征性 X 和 Y 催化结构域，以及在 C 末端的单一 C2 结构域（图 15.1）[2, 30]。X 和 Y 结构域之间存在一个与其他 PLC 同工酶有很大不同的由中间片段形成的大环，即 XY- 接头序列。PLC-ζ 在结构域结构和一级序列上最接近 δ 类 PLC 亚型。序列比对结果表明，PLC-ζ 与 PLC-δ1 的同源性最大（相似度 47%，一致度 33%）[30]。然而，PLCζ 与 PLCδ1 以及其他所有体细胞 PLC 亚型的主要结构差异是其缺乏一个在所有其他体细胞 PLC 亚型中存在的典型 Pleckstrin Homology（PH）结构域[2]。PH 结构域是由大约 120 个氨基酸残基组成的结构模块，介导体细胞 PLC 亚型的膜结合。这一结构差异表明，PLCζ 可能必须采用一种新的机制靶向生物膜。与体细胞 PLC 亚型相比，PLC 的另一个独特特

征是其高 Ca^{2+} 敏感性。PLC-ζ 对 Ca^{2+} 的敏感性是 PLC-$\delta1$ 的 100 倍以上，EC_{50} 为 80nmol/L[42]。这在报道的哺乳动物卵中静止 Ca^{2+} 浓度范围内，表明在受精过程中配子融合时，PLC-ζ 从精子胞浆进入卵子胞浆后可能立即变得具有酶活性。值得注意的是，每个单独的 PLC-ζ 结构域似乎都对这种配子特异性 PLC 同工酶的生化特性和独特的调节方式中有着重要作用。

15.4　EF 手型结构域

PLC-ζ 在其 N 末端含有两对 EF 手型结构域。EF 手型结构域由分成两个成对叶的四个螺旋 – 环 – 螺旋基序组成。基于一个环有助于稳定另一个环的原理，EF 手型基序一般成对出现。在 PLC-$\delta1$ 中，这些结构域在 XY 催化结构域和 PH 结构域之间形成可伸缩的连接，且具有钙离子结合残基的作用，这些残基也存在于钙调蛋白和肌钙蛋白等各种其他钙结合蛋白中[3, 41]。实验证据表明，EF 手型结构域在卵子 PLC-ζ 产生 IP_3 的方式中起着重要作用。PLC-ζ 的一对或两对 EF 手型结构域的缺失完全消除了其在小鼠卵子中的 Ca^{2+} 振荡诱导活性[42]。相对于其他 PLC 亚型，尤其是与 PLC-$\delta1$ 相比，PLC-ζ EF 手型结构域在高 Ca^{2+} 敏感性中起重要作用。值得一提的是，两个 EF 手型结构域的缺失使 PLC-ζ 的 $Ca^{2+}EC_{50}$ 值从 80nmol/L 急剧下降到 $30\mu mol/L$，希尔系数从 4 降低到 1[42]。第一个 EF 手型结构域的缺失使得 Ca^{2+} 的 EC_{50} 提高了约 9 倍。这表明 EF 手型结构域的截短将降低酶在基础 Ca^{2+} 浓度约为 100nmol/L 的完整细胞中产生 IP_3 的能力[42]。另一项研究表明，用 PLC-$\delta1$ 相应的 EF 手型结构域替换 PLC-ζ 的 EF 手型结构域将导致 PLC-ζ 的 Ca^{2+} 敏感性增加约 10 倍，且其体内 Ca^{2+} 振荡诱导活性降低，但不影响其对底物 PIP_2 的体外亲和力[43]。

有趣的是，实验结果表明 EF 手型结构域内的点突变破坏了核转位过程后，研究人员报道了 EF 手型结构域在小鼠 PLC-ζ 的核转位中的意料之外的作用[44]。这与关于小鼠 PLC-ζ 中的 XY 接头区域包含核定位信号的报道形成对比[2, 45]；然而，EF 手型结构域可能通过参与该过程所需的特定有效分子折叠以促进小鼠 PLC-ζ 的核转位能力[44]。

15.5　X 和 Y 催化结构域

XY 催化结构域负责 PLC-ζ 的酶活性，其由两个不同的结构域 X 和 Y 组成。X 和 Y 结构域之间有一个由中间片段形成的大环，即 XY 接头序列，该序列在 PLC 同工酶间存在很大差异[2, 3]。与其他调节结构域相比，XY 催化结构域是 PLC 最保守的区域。所有 PLC 亚型之间的 XY 序列相似性约为 60%，在同一个类别内的相似性更高。PLC-ζ 与 PLC-$\delta1$ 的催化结构域相似性约为 64%[30]。根据 PLC-ζ 与 PLC-$\delta1$ 的同源性，预测 PLC-ζ XY 结构域将以重复的 β-折叠 /α- 螺旋序列形成扭曲的桶状结构。PLC-$\delta1$ 催化结构域内的五个必需活性位点（His311、Glu341、Asp343、His356 和 Glu390）在 PLC-ζ 中同样保守，表明 PLC-ζ 和 PLC-$\delta1$ 的催化激活机制相似。PLC-ζ 催化结构域中的 Asp210（D210R）点突变对应于 PLC-$\delta1$ 的必需活性位点 Asp343 残基，其突变将导致小鼠卵子中 PLC-ζ 依赖性 Ca^{2+} 振荡诱导活性的完全丧失[3, 30]。尽管 PLC-ζ 和 PLC-δ1 的 XY 结构域之间具有高度的序列相似性，但最近的研究表明，PLC-ζ 中的 XY 催化结构域被 PLC-δ1 相应的催化结构域替代后，其在小鼠卵子中触发 Ca^{2+} 振荡的能力完全丧失，显著影响了其体外酶活性以及 PLC-ζ 与 PIP$_2$ 的相互作用[43]。

15.6　XY 连接区

PLC-ζ 的另一个调节酶活性和底物靶向的重要区域是连接 X 和 Y 催化结构域的片段，称为 XY 连接区。值得注意的是，XY 连接区是 PLC-δ1 结构中唯一没有被 X 射线结晶学解析的部分。与 PLC-δ1 相对应区域相比，PLC-ζ 的这一区域更为延伸，并且包含更多的碱性残基[2, 3]。PLC-ζ 的 XY 连接区也是物种间最不保守的区域，人类 PLC-ζ 序列相对于猴 PLC-ζ 蛋白缺少了一个外显子而长度最短[31]。XY 连接区多样性的意义尚不清楚，但可能与不同的 PIP$_2$ 水解速率和在不同物种 PLC-ζ 之间的诱导 Ca^{2+} 振荡的相对效力不同有关[3]。

结构和生物化学结果表明，PLC-β、PLC-γ、PLC-δ 和 PLC-η 的 XY 连接区分别介导了自身酶活性的有效自动抑制。这一自动抑制现象与这些 PLC 亚型带负电荷的 XY 连接区一致，可能赋予了静电排斥和空间位阻作用，从而阻断 PIP$_2$ 与活性部位接触[46, 47]。与体细胞 PLCs 相比，最近的研究表明 PLC-ζ 以一种新的酶促机制起作用，因为 PLC-ζ XY 连接区的缺失显著降低了其体外 PIP$_2$ 水解和体内 Ca^{2+} 振荡诱导活性[48]。有人提出，带正电荷的 XY 接头区域可能促进了 PLC-ζ 通过静电相互作用靶向其膜上带负电荷的 PIP$_2$，同时提高局部 PIP$_2$ 浓度[49, 50]。这也与最近的一项研究结果一致，该研究表明，用 PLC-δ1 的相应区域替换 PLC-ζ XY 连接区域完全消除了 PLC-ζ 在小鼠卵子中诱导释放 Ca^{2+} 的能力，并显著影响了其在体外水解 PIP$_2$ 的活性及其与底物 PIP$_2$ 的相互作用[43]。有趣的是，一项蛋白质水解研究表明，猪 PLC-ζ 在 XY 连接区发生裂解后仍保持功能活性，这表明酶是否完整对 PIP$_2$ 水解活性不是必需的[51]。如前所述，也有证据表明小鼠 PLC-ζ 的 XY 连接区域的碱性残基包含核定位序列（NLS），这将在后面更详细地讨论。

15.7　C2 结构域

C2 结构域是存在于多种蛋白质的大小约为 120 个氨基酸残基的结构基序，已知大多数 C2 结构域均能与 Ca^{2+} 结合，并且这一特性是决定相关酶活性的关键因素。然而，它们中的一些不能结合 Ca^{2+}，如与磷脂结合的亲和力和特异性相对较低 Ap Ⅲ PKC 和 PI3K-C2β 的 C2 结构域[3]。C2 结构域在 PLC-ζ 功能中起着至关重要的作用，因为截去 PLC-ζ C2 结构域或用 PLC-δ1 相对应的 C2 结构域替换后，在酶活性保持不变且其对 Ca^{2+} 的敏感性不受影响的情况下使完整卵子中的 Ca^{2+} 振荡诱导活性完全丧失[42, 43]。也有生物化学证据表明，PLC-ζ C2 结构域与含有磷脂酰肌醇 3- 磷酸 PI3P 和磷脂酰肌醇 5- 磷酸 PI5P 的膜磷脂结合力较低[50, 52]。已有研究表明，PI（3）P 的存在减少了 PLCζ 在体外对 PIP$_2$ 的水解，即 C2 结构域与 PI（3）P 的结合可能参与了 PLC-ζ 的靶向定位或活性调节作用（图 15.2）[52]。

15.8 PLC-ζ 靶向哺乳动物卵细胞内的 PIP$_2$ 存储

研究者们利用钒或 YFP 标记的 PLC-ζ 融合蛋白对 PLC-ζ 在卵子中的亚细胞定位进行了广泛研究。两种带标记的 PLC-ζ 融合蛋白都不定位在质膜上，而是均匀分布在卵子细胞胞质中[53, 54]。免疫细胞化学检测卵子中 PLC-ζ 的分布表明 PLC-ζ 定位于卵子细胞质中的小囊泡中（<1μmol/L）。利用特异性抗 PIP$_2$ 抗体，研究者观察到细胞内小囊泡中有 PIP$_2$ 储存[54]。通过将肌醇磷酸酶靶向到小鼠卵子的不同亚细胞区室的实验研究了细胞内 PIP$_2$ 的意义。肌醇磷酸酶是一种催化去除 PIP$_2$ 的磷酸基团的酶，以前曾被成功地用于降低细胞中 PIP$_2$ 的水平。但结果表明将肌醇磷酸酶靶向质膜并不能阻断 PLC-ζ 诱发的 Ca^{2+} 振荡。然而，通过将这种磷酸酶与一种非活性形式的 PLC-ζ 融合并靶向胞质小泡后，由精子提取物或 PLC-ζ 诱导的 Ca^{2+} 振荡被显著抑制[54]。PIP$_2$ 的胞内囊泡来源的观点得到了研究的支持，这些研究表明，在受精的海鞘卵母细胞中，Ca^{2+} 振荡可能是由类似于 PLC-ζ 的 Ca^{2+} 依赖型 PLC 的活性驱动的，只有存在一致的 PIP$_2$ 细胞质来源及一致的细胞质 PLC 活性情况下，才可能出现类似受精过程的 Ca^{2+} 释放谱（图 15.2）[55]。然而，PLC-ζ 这种特殊的囊泡/细胞器定位的确切机制仍不清楚，需要进一步研究阐明。

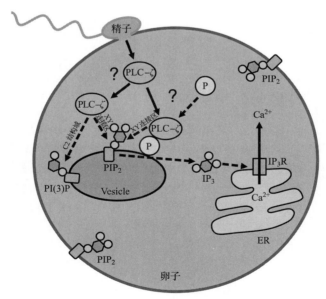

图 15.2 精卵融合后 PLC-ζ 功能的潜在机制

PLC-ζ 从精子头部扩散到卵子胞浆中，靶向细胞内含有 PIP$_2$ 的囊泡膜。PLC-ζ 与其特异性膜的靶向结合可能是通过 C2 结构域与 PI3P 或未知的卵膜靶标蛋白相互作用而实现的。XY 连接区的正电荷氨基酸可能通过与带负电荷的 PIP$_2$ 静电相互作用，提高催化结构域附近的局部 PIP$_2$ 浓度，从而进一步协助 PLC-ζ 锚定到膜上。一旦 PLC-ζ 与膜 PIP$_2$ 结合，催化 X/Y 桶结合并水解其底物[2]。图参考参考文献 [2] 并修改

15.9 哺乳动物卵中 PLC-ζ 活性的调节

哺乳动物卵中 PLC-ζ 调控的完整机制尚不清楚。然而，在小鼠卵中，Ca^{2+} 振荡的停止与 PLC-ζ 移位至新形成的原核中同步发生。PLC-ζ 在其 XY 连接区包含一个预测的核定位信号（NLS）序列，该序列通过其与带负电荷 PIP_2 的静电相互作用成为 PLC-ζ 与膜结合所必需的。用酸性残基取代小鼠 PLC-ζ NLS 中的碱性残基，在不影响其体内 Ca^{2+} 振荡诱导活性下使得小鼠 PLC-ζ 核转位能力丧失，使 Ca^{2+} 振荡在原核形成后继续进行[45]。然而，尽管牛、大鼠和人的 PLC-ζ 确实包含一个预测的 NLS 序列，但其似乎并不经历核移位，因此尚不清楚 Ca^{2+} 振荡是如何在其他物种的卵子中停止的[56]。有趣的是，尽管大鼠和小鼠的 PLC-ζ NLS 序列具有 87% 的序列同一性，但大鼠的 PLC-ζ 并不移位至大鼠受精卵的原核，但小鼠的 PLC-ζ 却移位至原核[56]。因此，尽管核螯合可能在小鼠胚胎间期 Ca^{2+} 振荡的终止中起关键作用，但在其他生物体中可能涉及不同的机制。

另一种解释是，PLC-ζ 可能需要与特定的卵子因子结合才能达到激活状态，该因子的解离可能导致 PLC-ζ 失活，从而终止 Ca^{2+} 振荡。这一假说在 CHO 细胞研究中得到证实，在 CHO 细胞中 PLC-ζ 的表达水平是卵子中激活水平的 1000 倍，即使在 ATP 诱导 Ca^{2+} 释放之后仍然没有引起任何明显的 Ca^{2+} 变化，表明此时 PLC-ζ 是无活性的[57]。令人惊讶的是，将这种 PLC-ζ 转染的 CHO 细胞或从这些细胞中提取的细胞提取物显微注射到小鼠卵子中成功诱导了 Ca^{2+} 振荡[57]。因此，"卵子因子"假说可以潜在地解释为什么精子中的 PLC-ζ 浓度明显高于卵子但却无 PLC-ζ 活性。

15.10 PLC-ζ 缺陷与人类不育

我们对卵母细胞激活和 PLC-ζ 机制以及受精这一重要过程的调节的理解进展将为辅助生殖技术（ART）带来巨大的帮助。ART 是一种旨在对抗影响约 1/7 夫妇的人类不孕症的临床实验室技术[2]。虽然 ART 已成功使一些发展中国家的总出生率接近 7%，但严重的男性不育（19% ~ 57% 的不育病例）等几种疾病仍然无法治愈。卵胞浆内单精子注射（ICSI）是体外受精技术的一种强大改进，可以通过该技术将单个精子直接注射到单个卵子中。然而，仍有高达 5% 的 ICSI 周期失败，其仅在英国每年就影响超过 1000 对夫妇。目前卵母细胞激活不足被认为是造成 ICSI 失败的主要原因[2]。

许多临床报告已经将人类 PLC-ζ 蛋白的缺失与卵子激活不足病例联系起来。一份报告指出，一些患者的配子在 ICSI 后反复受精失败与卵子激活不足有关，这些患者的精子不足以触发卵子激活所需的 Ca^{2+} 振荡，作者提供了重要证据，证明这种不足与这些患者精子中 PLC-ζ 的表达水平降低或缺失有关[37]。此外，两项临床研究报告了一例 ICSI 失败的杂合子患者的两种新的 PLC-ζ 突变[38, 39]。这些点突变位于人类 PLC-ζ 的 X 或 Y 催化结构域

（H233L 和 H398P），并且观察到它们显著降低了重组 PLC-ζ 体外水解 PIP$_2$ 的活性及其在小鼠卵子中产生正常模式的反复 Ca^{2+} 释放的能力[35, 40]。有趣的是，这两种突变被证明是遗传性的，一种来自父亲，另一种来自母亲，这表明男性不育症可以通过母系遗传。此外，两种突变的鉴定结果表明，PLC-ζ 可能不仅会导致男性不育，还会导致男性生育能力低[2, 58]。

15.11　PLC-ζ 可作为男性不育症的潜在治疗药物

据报道，在 ICSI 后卵子激活失败的一些案例中，可以在 ICSI 过程中通过应用 Ca^{2+} 载体成功治疗卵子，尽管这并不能诱发 Ca^{2+} 振荡[2, 3]。然而，离子载体治疗是否代表着克服卵激活失败的最安全或最有效的方法仍有待确定。这是因为 Ca^{2+} 离子载体处理可能会对卵子和胚胎产生细胞毒性、诱变和致畸作用，因此可能会对胚胎未来的健康造成影响[2, 59]。目前用于治疗卵子激活失败的离子载体方案可能并不适用于所有出现卵子激活相关问题的患者。此外，诱发的异常 Ca^{2+} 信号（通常表现为单一的 Ca^{2+} 瞬变）是对后期发育阶段的潜在威胁，同时对表观遗传过程具有潜在影响[60]。因此，迫切需要一种更内源性的治疗方式来替代目前的合成方法，因此重组 PLC-ζ 可能更适合作为潜在的生理治疗剂来治疗此类 ICSI 后受精失败的病例。

近年来，生产具有活性的高纯度重组人 PLC-ζ 蛋白一直是一个关键目标，而这一目标似乎在最近的一项关键研究中实现了。最近有报道利用细菌表达系统稳定地产生了重组人 PLC-ζ 蛋白。以这种方式制备的重组人 PLC-ζ 蛋白能够在小鼠和人卵子中产生生理范围内的 Ca^{2+} 振荡[35]。同一项研究还表明，纯化的重组 PLC-ζ 蛋白可以有效地克服 PLC-ζ 突变体的有害作用，从而促使囊胚的高效形成（图 15.3）[35]。然而，尽管这项工作非常振奋人心，但建议在该技术广泛应用至生育诊所之前，先从实验室模型外推至临床环境。此外，重组人 PLC-ζ 蛋白可能通过孤雌生殖胚胎和囊胚的产生促进干细胞的衍生和分化而用于再生医学技术[35]。

15.12　PLC-ζ 作为男性生育能力的诊断标志物

考虑到 PLC-ζ 对成功受精和胚胎发生的重要性，PLC-ζ 可能是检测精子功能的强有力的生物标记。最近一项利用 PLC-ζ 作为生物标志物的研究表明，在应用改良版本的卵胞浆内单精子注射（IMSI）之前，依靠对人类精子进行高倍率放大分析的运动精子细胞器形态学评估（MSOME）方法，可以选择具有较高总 PLC-ζ 水平的精子，以及选择显示 PLC-ζ 存在较高比例的精子[61]。因此，PLC-ζ 的一个重要应用可能是作为精子卵母细胞激活能力和生育能力的预测指标。一种基于人类精子显微注射到小鼠卵母细胞中的诊断试验（称为小鼠卵母细胞激活试验；MOAT）此前已被开发为评估人类精子激活能力的异源模型[62]。然而，考虑到人类 PLC-ζ 的活性比小鼠 PLC-ζ 更强，应用 MOAT 技术可能只能检测到 PLC-ζ 在精子中完全缺失这类 PLC-ζ 缺乏的极端情况，但检测不了微量的 PLC-ζ 减少。

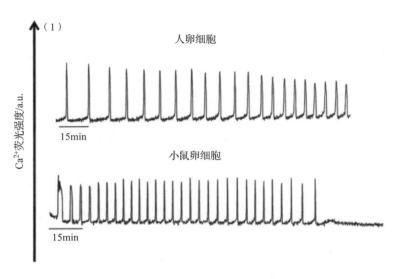

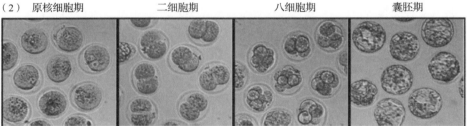

图 15.3　微量注射重组人 PLC-ζ 蛋白可诱导人和小鼠卵细胞内的 Ca²⁺ 振荡，促进早期胚胎发育
（1）代表性荧光（a.u. 代表任意单位）记录了微量注射重组人 PLC-ζ 蛋白后人类卵母细胞和小鼠卵子内 Ca²⁺ 浓度的变化。（2）显示了在卵子微量注射约 80fg 纯化的人 PLC-ζ 重组蛋白后小鼠胚胎在不同早期发育阶段（原核形成期、二细胞期和八细胞期以及囊胚期）的显微照片。修改自参考文献［35］

　　因此，一个更有前景的选择是直接检查精子 PLC-ζ。先前的人类精子免疫荧光研究表明，PLC-ζ 在精子头部的定位模式与正常可育的精子一致，而在 ICSI 失败的精子中的模式则存在明显异常[38, 63]。与常规临床精液参数相比，PLC-ζ 分析还可以识别男性亚生育能力病例，表明 PLC-ζ 状态的分析可能有益于更广泛的男性群体，而不仅是 ICSI 失败的病例。

15.13　结论

　　2002 年，精子 PLC-ζ 的发现是受精领域的一个重大突破，并引发了对哺乳动物和其他动物受精过程的思考转变。PLC-ζ 参与了一个已知存在于体内所有类型细胞中的标准生化途径（磷脂酰肌醇信号传导），但独特的是，PLC-ζ 似乎只在卵细胞中工作。同时 PLC-ζ 似乎也与卵子内的小膜泡相互作用，这与其他类型的 PLC 蛋白通过与细胞表面膜的内叶相互作用的方式非常不同。不同物种的卵子 PLC-ζ 的活性存在较大差异这一现象目前还较难解释清楚。此外，虽然我们知道 PLC-ζ 蛋白的每一部分对其正常工作都很重要，但我们并没

有完全理解所有这些部分是如何协同工作的。下一步的工作将是全长 PLC-ζ 高分辨率结构的确定，这将有助于揭示蛋白质中所有的关键离子和脂质 / 蛋白质的结合位点，为理解该酶复杂的调控机制提供有用的信息。具有活性的高纯度人 PLC-ζ 重组蛋白的可获得性代表了一种高度实用和最具生理功能的治疗手段，可用于克服由精子 PLC-ζ 异常引起的 ICSI 失败病例，而这一潜在的治疗方法需要从实验室模型推广至实际的生育诊所。对 PLC-ζ 的进一步研究将有助于充分阐明新生命开始所需的早期事件的基本机制。

参考文献

1. Swann K, Yu Y (2008) The dynamics of calcium oscillations that activate mammalian eggs. Int J Dev Biol 52:585–594
2. Nomikos M, Kashir J, Swann K, Lai FA (2013) Sperm PLCζ: from structure to Ca²⁺ oscillations, egg activation and therapeutic potential. FEBS Lett 587:3609–3616
3. Nomikos M, Swann K, Lai FA (2012) Starting a new life: sperm PLC-zeta mobilizes the Ca²⁺ signal that induces egg activation and embryo development: an essential phospholipase C with implications for male infertility. Bioessays 34:126–134
4. Swann K (1990) A cytosolic sperm factor stimulates repetitive calcium increases and mimics fertilization in hamster eggs. Development 110:1295–1302
5. Kline D, Kline JT (1992) Repetitive calcium transients and the role of calcium in exocytosis and cell cycle activation in the mouse egg. Dev Biol 149:80–89
6. Fissore RA, Dobrinsky JR, Balise JJ et al (1992) Patterns of intracellular Ca²⁺ concentrations in fertilized bovine eggs. Biol Reprod 47:960–969
7. Miyazaki S, Shirakawa H, Nakada K, Honda Y (1993) Essential role of the inositol 1,4,5-trisphosphate receptor/Ca²⁺ release channel in Ca²⁺ waves and Ca²⁺ oscillations at fertilization of mammalian eggs. Dev Biol 158:62–78
8. Suh PG, Park JI, Manzoli L et al (2008) Multiple roles of phosphoinositide-specific phospholipase C isozymes. BMB Rep 41:415–434
9. Miyazaki S, Yuzaki M, Nakada K et al (1992) Block of Ca²⁺ wave and Ca²⁺ oscillation by antibody to the inositol 1,4,5-trisphosphate receptor in fertilized hamster eggs. Science 257:251–255
10. Brind S, Swann K, Carroll J (2000) Inositol 1,4,5-trisphosphate receptors are downregulated in mouse oocytes in response to sperm or adenophostin A but not to increases in intracellular Ca²⁺ or egg activation. Dev Biol 223:251–265
11. Jellerette T, He CL, Wu H et al (2000) Down-regulation of the inositol 1,4,5-trisphosphate receptor in mouse eggs following fertilization or parthenogenetic activation. Dev Biol 223:238–250
12. Swann K (1994) Ca²⁺ oscillations and sensitization of Ca²⁺ release in unfertilized mouse eggs injected with a sperm factor. Cell Calcium 15:331–339
13. Jones KT, Nixon VL (2000) Sperm-induced Ca²⁺ oscillations in mouse oocytes and eggs can be mimicked by photolysis of caged inositol 1,4,5-trisphosphate: evidence to support a continuous low level production of inositol 1,4,5-trisphosphate during mammalian fertilization. Dev Biol 225:1–12
14. Palermo G, Joris H, Devroey P, Van Steirteghem AC (1992) Pregnancies after intracytoplasmic injection of single spermatozoon into an oocyte. Lancet 340:17–18
15. Tesarik J, Sousa M, Testart J (1994) Human oocyte activation after intracytoplasmic sperm injection. Hum Reprod 9:511–518
16. Stricker SA (1997) Intracellular injections of a soluble sperm factor trigger calcium oscillations and meiotic maturation in unfertilized oocytes of a marine worm. Dev Biol 186:185–201
17. Nakano Y, Shirakawa H, Mitsuhashi N et al (1997) Spatiotemporal dynamics of intracellular calcium in the mouse egg injected with a spermatozoon. Mol Hum Reprod 3:1087–1093
18. Wu H, He CL, Jehn B et al (1998) Partial characterization of the calcium-releasing activity of porcine sperm cytosolic extracts. Dev Biol 203:369–381
19. Homa ST, Swann K (1994) A cytosolic sperm factor triggers calcium oscillations and membrane

hyperpolarizations in human oocytes. Hum Reprod 9:2356–2361

20. Tosti E, Palumbo A, Dale B (1993) Inositol tri-phosphate inhuman and ascidian spermatozoa. Mol Reprod Dev 35:52–56

21. Kuo RC, Baxter GT, Thompson SH et al (2000) NO is necessary and sufficient for egg activation at fertilization. Nature 406:633–636

22. Lim D, Kyozuka K, Gragnaniello G et al (2001) NAADP⁺ initiates the Ca^{2+} response during fertilization of starfish oocytes. FASEB J 15:2257–2267

23. Rice A, Parrington J, Jones KT, Swann K (2000) Mammalian sperm contain a Ca^{2+}-sensitive phospholipase C activity that can generate InsP₃ from PIP₂ associated with intracellular organelles. Dev Biol 228:125–135

24. Parrington J, Jones ML, Tunwell R et al (2002) Phospholipase C isoforms in mammalian spermatozoa: potential components of the sperm factor that causes Ca^{2+} release in eggs. Reproduction 123:31–39

25. Parrington J, Swann K, Shevchenko VI et al (1996) Calcium oscillations in mammalian eggs triggered by a soluble sperm protein. Nature 379:364–368

26. Sette C, Bevilacqua A, Bianchini A et al (1997) Parthenogenetic activation of mouse eggs by microinjection of a truncated c-kit tyrosine kinase present in spermatozoa. Development 124:2267–2274

27. Wu AT, Sutovsky P, Manandhar G et al (2007) PAWP, a sperm-specific WW domain-binding protein, promotes meiotic resumption and pronuclear development during fertilization. J Biol Chem 282:12164–12175

28. Fukami K (2002) Structure, regulation, and function of phospholipase C isozymes. J Biochem 131:293–299

29. Mehlmann LM, Chattopadhyay A, Carpenter G, Jaffe LA (2001) Evidence that phospholipase C from the sperm is not responsible for initiating Ca^{2+} release at fertilization in mouse eggs. Dev Biol 236:492–501

30. Saunders CM, Larman MG, Parrington J et al (2002) PLCζ: a sperm-specific trigger of Ca^{2+} oscillations in eggs and embryo development. Development 129:3533–3544

31. Cox LJ, Larman MG, Saunders CM et al (2002) Sperm phospholipase Cζ from humans and cynomolgus monkeys triggers Ca^{2+} oscillations, activation and development of mouse oocytes. Reproduction 124:611–623

32. Rogers NT, Hobson E, Pickering S et al (2004) Phospholipase Cζ causes Ca^{2+} oscillations and parthenogenetic activation of human oocytes. Reproduction 128:697–702

33. Yoneda A, Kashima M, Yoshida S et al (2006) Molecular cloning, testicular postnatal expression, and oocyte-activating potential of porcine phospholipase Czeta. Reproduction 132:393–401

34. Kouchi Z, Fukami K, Shikano T et al (2004) Recombinant phospholipase Czeta has high Ca^{2+} sensitivity and induces Ca^{2+} oscillations in mouse eggs. J Biol Chem 279:10408–10412

35. Nomikos M, Yu Y, Elgmati K et al (2013) Phospholipase Cζ rescues failed oocyte activation in a prototype of male factor infertility. Fertil Steril 99:76–85

36. Knott JG, Kurokawa M, Fissore RA et al (2005) Transgenic RNA interference reveals role for mouse sperm phospholipase Czeta in triggering Ca^{2+} oscillations during fertilization. Biol Reprod 72:992–996

37. Yoon SY, Jellerette T, Salicioni AM et al (2008) Human sperm devoid of PLCzeta 1 fail to induce Ca^{2+} release and are unable to initiate the first step of embryo development. J Clin Invest 118:3671–3681

38. Heytens E, Parrington J, Coward K et al (2009) Reduced amounts and abnormal forms of phospholipase C zeta (PLCzeta) in spermatozoa from infertile men. Hum Reprod 24:2417–2428

39. Kashir J, Konstantinidis M, Jones C et al (2012) A maternally inherited autosomal point mutation in human phospholipase C zeta (PLCzeta) leads to male infertility. Hum Reprod 27:222–231

40. Nomikos M, Elgmati K, Theodoridou M et al (2011) Male infertility-linked point mutation disrupts the Ca^{2+} oscillation-inducing and PIP₂ hydrolysis activity of sperm PLCζ. Biochem J 434:211–217

41. Swann K, Saunders CM, Rogers NT, Lai FA (2006) PLCzeta(zeta): a sperm protein that triggers Ca2+ oscillations and egg activation in mammals. Semin Cell Dev Biol 17:264–273

42. Nomikos M, Blayney LM, Larman MG et al (2005) Role of phospholipase C-zeta domains in Ca^{2+}-dependent phosphatidylinositol 4,5-bisphosphate hydrolysis and cytoplasmic Ca^{2+} oscillations. J Biol Chem 280:31011–31018

43. Theodoridou M, Nomikos M, Parthimos D et al (2013) Chimeras of sperm PLCζ reveal disparate protein domain functions in the generation of intracellular Ca^{2+} oscillations in mammalian eggs at fertilization. Mol Hum Reprod 19(12):852–864

44. Kuroda K, Ito M, Shikano T et al (2006) The role of X/Y linker region and N-terminal EF-hand domain in nuclear translocation and Ca^{2+} oscillation-inducing activities of phospholipase Czeta, a mammalian egg-activating factor. J Biol Chem 281:27794–27805

45. Larman MG, Saunders CM, Carroll J et al (2004) Cell cycle-dependent Ca^{2+} oscillations in mouse embryos are regulated by nuclear targeting of PLCzeta. J Cell Sci 117:2513–2521

46. Hicks SN, Jezyk MR, Gershburg S et al (2008) General and versatile autoinhibition of PLC isozymes. Mol Cell 31:383–394

47. Gresset A, Hicks SN, Harden TK, Sondek J (2010) Mechanism of phosphorylation-induced activation of phospholipase C-gamma isozymes. J Biol Chem 285:35836–35847

48. Nomikos M, Elgmati K, Theodoridou M et al (2011) Novel regulation of PLCζ activity via its XY-linker. Biochem J 438:427–432

49. Nomikos M, Mulgrew-Nesbitt A, Pallavi P et al (2007) Binding of phosphoinositide-specific phospholipase C-zeta (PLC-zeta) to phospholipid membranes: potential role of an unstructured cluster of basic residues. J Biol Chem 282:16644–16653

50. Nomikos M, Elgmati K, Theodoridou M et al (2011) Phospholipase Cζ binding to PtdIns(4,5)P_2 requires the XY-linker region. J Cell Sci 124:2582–2590

51. Kurokawa M, Yoon SY, Alfandari D et al (2007) Proteolytic processing of phospholipase Czeta and $[Ca^{2+}]_i$ oscillations during mammalian fertilization. Dev Biol 312:407–418

52. Kouchi Z, Shikano T, Nakamura Y et al (2005) The role of EF-hand domains and C2 domain in regulation of enzymatic activity of phospholipase Cζ. J Biol Chem 280:21015–21021

53. Yoda A, Oda S, Shikano T et al (2004) Ca^{2+} oscillation-inducing phospholipase C zeta expressed in mouse eggs is accumulated to the pronucleus during egg activation. Dev Biol 268:245–257

54. Yu Y, Nomikos M, Theodoridou M et al (2012) PLCζ causes Ca^{2+} oscillations in mouse eggs by targeting intracellular and not plasma membrane PI(4,5)P_2. Mol Biol Cell 23:371–380

55. Swann K, Lai FA (2013) PLCζ and the initiation of Ca^{2+} oscillations in fertilizing mammalian eggs. Cell Calcium 53:55–62

56. Ito M, Shikano T, Oda S et al (2008) Difference in Ca^{2+} oscillation-inducing activity and nuclear translocation ability of PLCZ1, an egg-activating sperm factor candidate, between mouse, rat, human, and medaka fish. Biol Reprod 78:1081–1090

57. Phillips SV, Yu Y, Rossbach A et al (2011) Divergent effect of mammalian PLCzeta in generating Ca^{2+} oscillations in somatic cells compared with eggs. Biochem J 438:545–553

58. Kashir J, Jones C, Coward K (2012) Calcium oscillations, oocyte activation, and phospholipase C zeta. Adv Exp Med Biol 740:1095–1121

59. Nasr-Esfahani MH, Deemeh MR, Tavalaee M (2010) Artificial oocyte activation and intracytoplasmic sperm injection. Fertil Steril 94:520–526

60. Ciapa B, Arnoult C (2011) Could modifications of signalling pathways activated after ICSI induce a potential risk of epigenetic defects? Int J Dev Biol 55:143–152

61. Kashir J, Sermondade N, Sifer C et al (2012) Motile sperm organelle morphology evaluation-selected globozoospermic human sperm with an acrosomal bud exhibits novel patterns and higher levels of phospholipase C zeta. Hum Reprod 27:3150–3160

62. Heindryckx B, Van der Elst J, De Sutter P, Dhont M (2005) Treatment option for sperm- or oocyte-related fertilization failure: assisted oocyte activation following diagnostic heterologous ICSI. Hum Reprod 20:2237–2241

63. Grasa P, Coward K, Young C, Parrington J (2008) The pattern of localization of the putative oocyte activation factor, phospholipase Czeta, in uncapacitated, capacitated, and ionophore-treated human spermatozoa. Hum Reprod 23:2513–2522

16 卵母细胞激活和磷脂酶C-ζ：男性不育及治疗干预的意义

Junaid Kashir，Celine Jones 和 Kevin Coward

摘要 据估计，目前有 1/6 的人患有不孕症。在大约 40% 的病例中，不孕的主要原因在于与各种结构、生理和分子缺陷相关的男性衍生因素。在这种情况下，精子成功受精和激活卵母细胞的能力受到损害。虽然辅助生殖技术可以通过人工卵母细胞激活剂的应用成功地规避这些问题，但是关于是否应该用内源性替代物来替代这些化学试剂仍有很大的争议。PLC-ζ 是精子特异性蛋白，负责在配子融合后激活静息状态下的卵母细胞。PLC-ζ 在许多哺乳动物和非哺乳动物生物中被发现，通过肌醇 -1,4,5- 三磷酸（IP_3）介导的信号级联诱导卵质中钙的受控释放，它在卵母细胞激活过程中起着重要作用。越来越多的证据表明，PLC-ζ 结构、表达、定位和功能的异常与人类男性不育的特征性状态之间存在明显的联系。因此，PLC-ζ 作为一种内源性治疗靶点，治疗与 PLC-ζ 有关的卵母细胞激活缺陷相关的不孕状态，以及作为卵母细胞活化能力的诊断标志物，在全球范围内引起了人们极大的兴趣。在这里，我们将讨论 PLC-ζ 的研究现状，并展望其未来在临床上的应用。

关键词 PLC-ζ；卵母细胞激活；男性不育；精子疗法；诊断；辅助生殖技术

16.1 引言

不孕（不能自然受孕）现在影响大约 10% 的夫妇。这一令人担忧的统计数据导致了近年来辅助生殖技术（ART）的迅猛发展。虽然辅助生殖技术已经在全球范围内使得超过 500 万婴儿出生[1]，但妊娠率和活产率仍然很低，很少超过 40%[2]。通过常规辅助生殖技术如体外受精（IVF，精子和卵母细胞在培养基中共同孵育）或胞质内精子注射（ICSI，选定的单个精子被直接显微注射到卵质中）的成功率分别只有 22.4% 和 23.3%[2]。因此，很明显需要提高辅助生殖技术的成功率，以便为待孕夫妇提供最好的受孕机会。

一种被称为反复性胞质内精子注射失败的现象引起了极大的关注，这种现象涉及卵母细胞无法受精的情况，甚至在胞质内精子注射后也是如此[3-5]。平均而言，胞质内精子注射的受精率约为 70%[4, 5]。然而，在所有胞质内精子注射周期中，仍有 1%~5% 的概率发生完全或几乎完全受精失败[3, 5-7]。这种情况的根本原因是授精精子的各种生理、生化或遗传缺陷[5]，越来越多的证据表明，卵母细胞激活因子磷脂酶 C-ζ（PLC-ζ）的缺陷在其中起着关键作用。

在这一章中，我们将讨论目前对 PLC 家族在受精中以及在卵母细胞激活现象中所起的潜在作用的理解，特别关注精子来源的卵母细胞激活因子 PLC-ζ。我们展示将 PLC-ζ 与不孕症的特征状态联系起来的最新发现，并讨论我们学科的最新进展如何有助于未来的临床诊断和治疗选择。

16.2 卵母细胞激活和钙振荡

卵母细胞激活的特征是第二极体，即雄性和雌性原核的形成，以及随后胚胎发生的启动[8]。总的来说，这一基本过程涉及皮质颗粒胞吐、细胞周期进程、母体 mRNA 的募集和受精卵母细胞减数分裂阻滞的缓解[8-12]。在哺乳动物中，卵母细胞在第一个极体排除后停滞于减数分裂的第二个中期（MⅡ）[13, 14]。现在公认的是，卵母细胞激活的启动依赖于卵母细胞内钙离子（Ca^{2+}）的释放，这种释放既可以发生在从卵母细胞一侧到另一侧的单一瞬时波中，如在海胆中所见，也可以发生在人类中所见的一系列重复振荡中[15, 16]。激活卵母细胞中 Ca^{2+} 振荡的时间模式在振幅、持续时间和随时间变化的频率方面很大程度上是具有物种特异性的[17-20]，人们认为这些特异性特征在与激活相关的分子过程中起着微妙的作用。

卵母细胞对每一波振荡都表现出相当大的敏感性，早期皮质颗粒胞吐需要的振荡比后期活动（如缓解 MⅡ停滞）要少[21, 22]。早期小鼠胚胎中的蛋白质表达受 Ca^{2+} 振荡频率和振幅的影响[19]，这也能影响兔子的胚胎发育[8, 10]。钙离子振荡的频率和振幅直接影响细胞周期的进程，并能诱导细胞周期进程速率的变化[19, 20]。考虑到人类卵母细胞向 2- 细胞阶段和 4- 细胞阶段的发育进展速度被认为是正常胚胎形成的指标[23]，因此，受精时 Ca^{2+} 振荡的频率和幅度对胚胎形成也很重要，而不仅是最初认为的卵母细胞激活时。

众所周知，钙离子振荡对卵母细胞的激活至关重要，但融合过程中各配子发挥的相对作用一直受到严格的审查，目前有三种假设模型来解释哺乳动物授精精子如何引发这些振荡：① 钙离子导管模型[24-27]；② 膜受体模型[28-31]；③ 可溶性精子因子模型[31-33]。

虽然最初围绕哪个模型才是正确而产生的争论存在争议，但一系列研究为卵母细胞激活的精子因子理论提供了压倒性的支持[5, 16]。这个模型提出卵母细胞的激活是通过在配子融合期间或之后立即将精子释放的可溶性因子引入卵母细胞来触发的。事实上，已经证实将精子提取物注射到各种物种的卵子和卵母细胞中，包括海生蠕虫和海鞘，能成功引发 Ca^{2+} 释放和卵母细胞的激活[15, 34, 35]。此外，青蛙、鸡和罗非鱼的精子提取物在注射到小鼠卵母细胞中时也会引发 Ca^{2+} 振荡[36-38]，这表明在许多物种中存在类似的基于精子的机制。

最初的数据表明，哺乳动物的精子因子可能是一种精子特异性的 PLC，因为与其他已知的 PLC 相比，它似乎具有不同的酶学性质[18, 39]。这一观察与假设相吻合，即卵母细胞激活涉及 IP_3 介导的方式产生的 Ca^{2+} 振荡，这反过来支持了可溶性精子因子可能是介导 PIP_2 水解为 IP_3 的 PLC 的猜想[12, 17, 40]。人们普遍一致认为，调节卵母细胞内 Ca^{2+} 释放的因子一定是精子特异性的，因为在将其他组织的提取物注射卵母细胞时不会引起 Ca^{2+} 诱导释放[34, 41]。

16.3 受精和卵母细胞激活时的 PLC

磷脂酰肌醇代谢是一个重要的细胞内信号系统，涉及多种细胞功能，如激素分泌、神经递质传递、生长因子信号传导、膜运输和细胞骨架调节，还与受精和胚胎形成有关[42-46]。PLC 和 IP_3 信号机制也被证明与精子趋热性有关，其中升高的 Ca^{2+} 水平可能改变精子鞭毛的弯曲度及其运动路径[47-50]。

目前已经根据其结构和调节激活机制对 13 种哺乳动物的 PLC 同工酶进行了分类。这些包括 PLC-$\delta1$、PLC-$\delta3$ 和 PLC-$\delta4$，PLC-$\beta1 \sim 4$，PLC-$\gamma1$ 和 PLC-$\gamma2$，PLC-ε，PLC-ζ，PLC-$\eta1$ 和 PLC-$\eta2$[46, 51-54]。PLC 同工酶通常包含 X 和 Y 催化结构域，以及调控结构域，如 C2 结构域、EF 手型结构域和 pleckstrin 同源域。根据特定的同工酶，这些结构域以不同的构象存在。一些同工酶也可能显示亚型特异性结构域，这被认为赋予了特异性调节特性，例如在 PLC-γ 中观察到的 Src 同源性（SH）结构域[51] 和在 PLC-ε 中发现的 Ras- 缔合和 Ras-GTPase 交换因子样结构域[55, 56]。

对 PLC-$\delta4$ 基因敲除的（KO）小鼠精子的研究表明，体外受精后，这些精子激活的卵母细胞较少，并且未能引起 Ca^{2+} 振荡，这表明精子携带的 PLC-$\delta4$ 在卵母细胞激活中起着重要作用[57]。此外，研究表明，溶解的小鼠透明带（ZP）能够在正常小鼠的精子中诱导顶体反应（受精的必要步骤），但对于 PLC-$\delta4$ 基因敲除的精子则没有作用。这里，Ca^{2+} 水平的升高被认为起着重要的作用[58, 59]。用 ZP 处理过的正常小鼠的精子 Ca^{2+} 浓度持续升高，而用 PLC-δ4 基因敲除的精子孵育 ZP，只诱导 Ca^{2+} 的少量增加。这表明 PLC-δ4 在 ZP 诱导的顶体反应中起着重要作用[45, 46, 60]。

数据表明，当受酪氨酸磷酸化调节时，小鼠精子中的 PLC-γ1 可能被激活[61-63]。免疫染色研究表明 PLC-γ1 分布在精子头部附近，而精子获能会诱导这种定位模式的变化[61]。ZP治疗能够提高 PLC-γ1 的活性，然而顶体胞吐能够抑制 ZP 诱导进而减弱其提升效果[63, 64]。虽然没有直接的证据支持 PLC-β 在精子中的作用，但是 PLC-β1 和 β3 以及 Gαq/11 都在小鼠精子的顶体区域被鉴定出来[57, 65]。PLC-β 被体细胞中对百日咳毒素不敏感的 GTP 结合蛋白 Gq 和 G11 所激活，再加上观察到孕酮刺激的 DAG 形成未被百日咳毒素阻断，表明PLC-β 在顶体胞吐中起作用[63, 66]。事实上，PLC-β1 基因敲除的小鼠的精子显示出比正常小鼠更低的顶体反应率[67]。然而，需要进一步深入的研究来确定这些 PLC 同工酶在受精过程中的具体作用[63]。

在卵母细胞激活过程中，内源性卵母细胞 PLC 也可能起着关键作用[40]，迄今为止，这一领域很少受到关注。卵母细胞含有显著水平的 PLC 亚型，包括 PLC-β、PLC-γ 和PLC-δ，它们可能受受精时发生的 Ca^{2+} 振荡的调节[68]。卵母细胞 PLC-β1 水平的降低，降低了卵母细胞激活时 Ca^{2+} 振荡的幅度，但不调节其持续时间或频率。受精前卵母细胞中PLC-β1 的过表达不会导致自发的 Ca^{2+} 振荡，而是改变了受精后的 Ca^{2+} 振荡过程，这表明卵母细胞来源的 PLC 在哺乳动物精子诱导的卵母细胞激活中起作用[68]。PLC-β1 也与小鼠卵母细胞减数分裂恢复后的核移位有关，显然是向染色质周围和染色质间颗粒转移，随后转移到核质[69, 70]。

在海星卵中，与激活相关的 Ca^{2+} 升高需要卵细胞 Src 家族激酶（SFK）的存在，该激酶通过涉及内质网（ER）[71, 72]的 SH2 结构域介导的机制激活 PLC-γ，尽管棘皮动物卵中PLC-δ、PLC-ε 或 PLC-ζ 亚型的作用和浓度尚不清楚。研究表明，PLC-β 可能被异源三聚体 G 蛋白偶联受体激活，而 PLCγ 可能被受体和非受体蛋白酪氨酸激酶（PTK）激活，或通过易位到质膜激活[72, 73]。然而，围绕 G 蛋白-PLC-β 或 PTK-PLC-γ 在其他无脊椎动物卵子激活过程中是否起作用，或者这些途径是否协同作用，存在相当大的争议[73]。

科沃德等[74]在海胆配子中发现了一种新的 PLC-δ 亚型，称为 PLC-δsu，但是这种PLC 在受精和早期胚胎生成中的确切作用目前尚不清楚。然而随着受精时浓度的增加，观察到绿色荧光蛋白标记的 PLC-δsu PHA 结构域定位于卵的质膜，但当注射到小鼠卵母细胞和海胆卵中时，重组 PLC-δsu 蛋白未能引发受精特有的 Ca^{2+} 信号。这些观察表明，PLC-δsu可能不直接参与卵细胞的激活，但可能在其他下游细胞外信号过程中发挥作用。有趣的是，在小鼠卵母细胞或海胆卵中，PLC-δsu cRNA 的体内表达并未导致 Ca^{2+} 瞬变。这一观察结果与重组 PLC-β1、PLC-γ1、PLC-γ2、PLC-δ1、PLC-δ3 和 PLC-δ4 蛋白和 cRNA 的行为一致，这些蛋白质和 cRNA 都不会引起小鼠卵母细胞中 Ca^{2+} 的释放。

在哺乳动物中负责卵母细胞激活的特异性 PLC 同工酶一直未被发现，直到桑德斯等[40]利用小鼠表达序列标签（EST）数据库，鉴定出一种新的睾丸特异性 PLC，命名为 PLC-ζ，这是一种被证明在卵母细胞激活中起关键作用的约 74ku 的蛋白质。随后的研究进一步在人类、仓鼠、猴子和马精子中发现了 PLC-ζ 哺乳动物直系同源物[40, 75-80]。

16.4　哺乳动物卵母细胞激活因子

PLC-ζ 呈现典型的 PLC 结构域结构[40]，具有特征性的 X 和 Y 催化结构域[81-83]，单个 C2 结构域和四个串联的 EF 手型结构域。虽然其他 PLC 中存在 PH（pleckstrin homology）结构域和 SH（Src homology）结构域，但这些结构域在 PLC-ζ 中是不存在的，这使其成为已知的哺乳动物体内最小的 PLC，它在人类中分子质量约为 70ku，在小鼠中分子质量约为 74ku[40]。PLC-ζ 具有保守的 X 和 Y 催化结构域，对 Ca^{2+} 也高度敏感[84]，并且在活性位点残基突变后完全丧失 Ca^{2+} 振荡能力[32, 85-89]。

除了存在带正电荷的氨基酸外，XY 连接区在 PLC-ζ 亚型中保守性也很差，这一结论促使人们推测该区域的不同基序可能描述了哺乳动物中 Ca^{2+} 振荡的物种特异性模式[32, 33, 90]。Nomikos 等[86, 87] 提出带电氨基酸可能在 PLC-ζ 与 PIP2 的相互作用中起重要作用[86, 91, 92]。Yu 等[93] 进一步证明，虽然 PLC-δ 在卵母细胞表面靶向 PIP2，但 PLC-ζ 似乎靶向小鼠卵母细胞皮层内不同囊泡结构上的胞内膜 PIP2。这些研究表明卵质内的特定因子可能是 PLC-ζ 介导的 Ca^{2+} 释放所必需的，同时也为 PLC-ζ 的 Ca^{2+} 释放靶点提供了证据[16, 94]。然而，这些因子的具体组成成分仍然需要探索。

一些研究试图确定在精子的形成过程中何时首次表达 PLC-ζ。桑德斯等[40] 首次在小鼠精子细胞中检测到 PLC-ζ 基因，而在猪的精子形成过程中，更系统的研究能够识别在延伸精子细胞中 PLC-ζ mRNA 的翻译[76]。新生仓鼠睾丸的 Northern blot 分析表明，早在第 17 天就存在 PLC-ζ 的 mRNA[78]。目前还不可能研究人类睾丸中 PLC-ζ 基因的表达水平，这主要是由于伦理和供应方面的问题。然而，现有的数据清楚地表明 PLCζ 是一种精子特异性蛋白，并提供了令人信服的证据支持 PLC-ζ 作为卵母细胞激活因子。例如，重组 PLC-ζ RNA 可以在小鼠中启动 Ca^{2+} 振荡和使胚胎发育至胚泡阶段[40, 95]。当将处理过的精子提取物注射到小鼠卵母细胞中时，PLC-ζ 的免疫耗竭抑制了 Ca^{2+} 的释放[40]。精子分级研究清楚地将精子中 PLC-ζ 的存在与其诱导 Ca^{2+} 振荡的能力相关联[96, 97]。此外，通过 RNA 干扰（RNAi）实验，已经有转基因小鼠在睾丸中表现出 PLC-ζ 表达中断的现象。这些小鼠精子诱导 Ca^{2+} 振荡过早结束，产仔数明显减少[98]。进一步的数据强有力的表明了 PLC-ζ 可能是脊椎动物卵母细胞激活的普遍特征。例如，来自一个物种的精子提取物和 PLC-ζ cRNA 在显微注射到另一个物种的卵母细胞时很容易引起钙离子的释放[75, 99]。此外，已在鸡[38]、青鳉鱼[100] 和鹌鹑[101] 中鉴定出非哺乳动物睾丸特异性的 PLC-ζ 同源物。

越来越多的证据表明，在某些男性因素导致的不育症中，PLC-ζ 起着重要作用。来自于体外受精和胞质内精子注射总是失败的不育男性的精子在注射到小鼠卵母细胞后，同样不能成功诱导 Ca^{2+} 振荡，或者与可育男性相比，引起 Ca^{2+} 释放的异常模式。来自这些患者的精子也显示出 PLC-ζ 的水平或定位模式的异常[85, 102]。Heytens 等[85] 首次报道了 PLC-ζ 和男性不育之间的遗传联系，他们在一名被诊断为卵母细胞激活缺陷的不育男性的基因中发现了一个替代突变（OAD）。这种情况发生在蛋白质催化位点的 Y 结构域内，在 PLC-ζ 开放阅读框（PLC-ζ^H398P）的 398 位的组氨酸被脯氨酸取代。将具有这种突变的精子以及

PLC-ζ^{H398P}cRNA 显微注射到小鼠卵母细胞中未能诱导 Ca^{2+} 振荡，或者导致非常不典型的 Ca^{2+} 释放模式[85]。小鼠 PLC-ζ^{H435P} 中的等效突变也导致 PLC-ζ 蛋白的主要结构变化，使其功能失活[87]。

Kashir 等[88]从首次发现 H398P 突变的同一名患者身上发现了第二个新的点突变。这第二个突变发生在 PLC-ζ 开放阅读框（PLC-ζ^{H233L}）233 位的催化 X 结构域中组氨酸被亮氨酸取代。虽然显微注射 PLC-ζ^{H233L}cRNA 导致 Ca^{2+} 释放异常，无法激活卵母细胞，但这种突变对钙释放功能的损害程度低于 H398P 突变。另一个有趣的现象是，PLC-ζ^{H398P} 和 PLC-ζ^{H233L} 突变本质上是杂合的，起源于不同的亲本来源：PLC-ζ^{H398P} 是父系来源，而 PLC-ζ^{H233L} 是母系来源。这些发现首次描述了一种常染色体点突变，这种突变通过母体血统影响男性生育能力[88]。PLC-ζ 的突变可能是隐性的，需要双亲等位基因突变才能导致完全不育[88,89]。人们也可以推断为 PLC-ζ 的杂合突变可能导致低生育力的情况。事实上，Kashir 等[103]报道了 HEK293T 细胞过表达荧光标记的 PLC-ζ^{H398P}，与过表达荧光标记的 PLC-ζ WT 的 HEK293T 细胞相比，表现出较低水平的荧光，这可能暗示了 H233L 和 H398P 影响患者精子中 PLC-ζ 水平的方式。

16.5　卵母细胞激活和 PLC-ζ 的临床前景

在英国[16,104]和发达国家[105]，应用辅助生殖技术出生的新生儿分别占所有新生儿的 1.5% 和 7%。虽然传统的体外受精方法为许多不孕夫妇提供了有效的治疗，但一些疾病，如严重的男性不育（占病例的 19%～57%）仍然无法治疗[106]。在这种情况下，实施 ICSI 已被证明是一种非常有效的方法[5,16,107]。然而，估计有 1%～5% 的胞质内单精子显微注射（ICSI）仍然失效[7,105]，仅在英国每年就影响约 1000 对夫妇[16]。

卵母细胞激活机制的缺陷目前被认为是胞质内精子注射后受精失败的主要原因，估计占失败病例的 40%[3,5,108,109]。配子融合后的一系列活动对成功受精至关重要[110]，并可能归因于决定卵母细胞内在质量的一些因素[16]。因此，加深我们对精子和卵母细胞以及卵母细胞激活效率相关机制的理解，可能会发现和建立新的临床治疗和诊断方法，以进一步提高辅助生殖技术的成功率，并为诊断为特发性（未知）不孕症的患者提供希望。

考虑到精子中 PLC-ζ 水平的缺失/降低与男性不育有关，在不育的男性中，这种精子时常不能激活卵母细胞[85,102,111]，因此，PLC-ζ 缺失或严重降低的情况可能是由于 PLC-ζ 高度保守区突变引起的不稳定效应。然而，重要的是，未来的研究要查验睾丸生殖细胞中突变 PLC-ζ 的作用，以研究这种趋势是否可再现，并以类似于以前使用的体细胞模型的方式，确定这种活性丧失突变是否对 PLC-ζ 蛋白的整体折叠有潜在的破坏性。

卵母细胞激活失败的患者目前可以通过将受精的卵母细胞暴露于化学物质中来治疗，化学物质通过称为辅助卵母细胞激活（AOA）的方法专门诱导 Ca^{2+} 的释放。目前，Ca^{2+} 载体或氯化锶是最受欢迎的人工试剂[7,111-113]。泰勒等[111]证实了在实行卵胞浆内单精子显微注射后，使用 Ca^{2+} 载体人工激活卵母细胞，使 PLC-ζ 缺乏患者的受精率和妊娠成功率提高。

然而，由于对卵母细胞和胚胎存在潜在细胞毒性、致突变性和致畸作用，这些化学物质对胚胎生存能力和未来健康的危害是非常令人担忧的[105]。因此，迫切需要一种更内源性的治疗剂来替代目前的人工试剂[5, 16, 107]。事实上，最近的证据表明，目前的 AOA 方案可能并不适用于临床不孕症中所有出现卵母细胞激活相关问题的患者，因为它们只是提高了完全受精病例的受精率，而并不适用于低受精率病例[114]。

罗杰斯等[115] 首次表明，在人类卵母细胞中注射 PLC-ζ cRNA 后，通过孤雌生殖产生胚泡是可能的。在随后的研究中，Yoon 等[102] 证明了在与小鼠 PLC-ζ 基因共注射时，表现出异常 PLC-ζ 定位或水平的精子激活卵母细胞的失败可以得到挽救。总之，这两项研究为临床使用 PLC-ζ 作为治疗药物提供了重要的支持和理论证明。然而，由于不可控转录的问题和卵母细胞内逆转录的可能性，PLC-ζ cRNA 的治疗应用不太可能具备可行性[19, 115-117]。因此，合成一种高纯度且具有活性的重组 PLC-ζ 是近年来的一个关键目标，这一目标似乎在最近三项研究内容[107, 118, 119] 发表后最终实现了。然而，尽管令人鼓舞（图 16.1），但在生育诊断机构开始广泛使用之前，迫切需要将这些发现从实验室模型外推至临床环境。

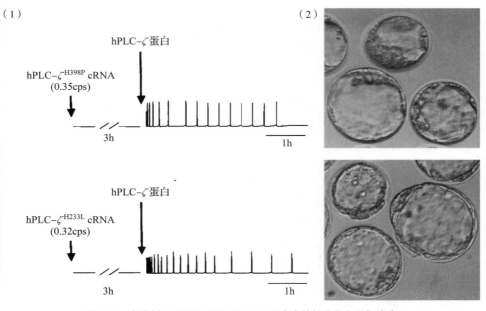

图 16.1　在注射了 H398P 和 H223L PLC-ζ 突变体的小鼠卵母细胞中使用野生型重组 PLC-ζ 来重新激活卵母细胞

（1）痕迹代表未受精的小鼠卵母细胞中的钙离子水平，在 0h 注射突变型 cRNA，然后在 3h 后注射野生型重组 PLC-ζ。（2）描绘了注射野生型重组蛋白质后 96h 观察到的代表性胚泡。经许可转载自 Nomikos 及其同事[93]

PLC-ζ 的另一个重要的临床应用可能是作为评估精子 - 卵母细胞激活能力和生育能力的一个新的预后指标[5, 120]。事实上，以前利用免疫荧光测定所完成的工作已经证明了精子头部的 PLC-ζ 定位模式与可育精子一致[77, 85]，在胞质内精子注射失败的精子中明显存在异常模式[85, 102, 103]，暗示了 PLC-ζ 的异常定位模式和功能异常或不育之间的相关性（图 16.2）。

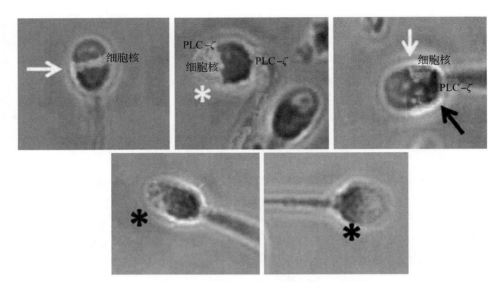

图 16.2　人类精子中 PLC-ζ 免疫荧光的代表性共聚焦图像，显示特征性定位模式

图像代表细胞核、PLC-ζ 和 DIC 图像的叠加。白色箭头表示赤道定位；白色星号表示顶体定位；黑色箭头表示顶体后定位；黑色星号表示减少 / 缺失的 PLC-ζ 水平和精子头部的异常定位。经许可复制并改编自 Kashir 等［103］

　　然而，在受精过程中，输送到卵母细胞中的 PLC-ζ 浓度和活性似乎存在显著的物种特异性差异［79］。PLC-ζ 已在许多物种的精子中被检测到，并定位于精子头部的不同区域，表明 PLC-ζ 在每个群体的功能作用不同［5, 16, 77, 78, 103, 107］。在人类精子头部已鉴定出三个不同的群体——顶体、赤道和顶体后［77, 85, 102, 103, 120, 121］，而在小鼠和牛精子中，已鉴定出两个群体——顶体和顶体后［78, 96, 122］。在马精子中，据报道 PLC-ζ 定位于顶体、赤道段和头部中段，以及鞭毛的主要部分［80］。在猪中，在顶体后区和尾部发现了 PLC-ζ［123］。这些不同的群体是否有功能性分支还有待确定。

　　然而，Kashir 等［121］提出了一个特殊的难题，他们没有观察到可育男性或胞质内精子注射失败男性精子中 PLC-ζ 的定位模式和总水平的一致基序。虽然尚不清楚是否需要特定的定位模式，或者是否需要不同群体的组合来获得功能作用，但赤道和顶体后群体确实可以在精子 - 卵母细胞融合后快速进入卵质［5, 16, 124-126］。然而，在证实精子中存在多种 PLC-ζ 亚型以及这些亚型是否具有激活卵母细胞以外的功能的假设之前，迫切需要更进一步的证据［16, 107］。Kashir 等［121］的发现表明，与不育精子相比，来自可育男性的精子始终表现出更高比例的 PLC-ζ 免疫荧光，这表明 PLC-ζ 的比例分析可以作为一种更有用的诊断测试，而不是简单地比较平均荧光（图 16.3）。

　　此外，初步的数据表明，与常规临床实践中使用的常规临床精液参数相比，PLC-ζ 的比例分析还可以指示男性低生育能力的情况，这可能表明这种分析可以惠及更广泛的男性人群，而不仅是胞质内精子注射失败的病患［121］。虽然还需要进一步的详细研究，但很明显，PLC-ζ 可能是临床上研究精子健康的一个强有力的标志性物质。此外，鉴于 PLC-ζ 之间明显的物种特异性差异（配子和体细胞模型中的表达），这种酶也可能是研究不同物种之间酶的趋同生化进化以及它们如何适应其特定作用的重要指标。

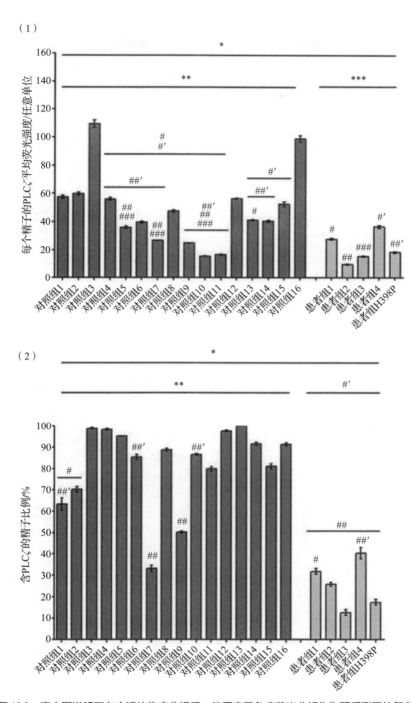

图 16.3　直方图说明了在广泛的临床分析后，使用定量免疫荧光分析作为预后测量的复杂性

直方图显示了平均相对总 PLC-ʒ 荧光水平（1）和显示 PLC-ʒ 免疫荧光的精子的平均比例（2），所述精子由来自个体对照和卵母细胞活化缺陷（OAD）患者的精子显示。荧光强度用 ImageJ 软件以任意单位量化。星号（*、**、**、*）表示差异有统计学意义（$P \leqslant 0.05$），而散列标记（#、#、#、#、#'、##）表示差异无统计学意义。标记的组合表示不同组之间的比较（例如 # 表示与一组的比较，## 表示与另一组的比较）。数据显示为平均值 ±SEM。图经许可转载并改编自 Kashir 等[121]

　　基于大量令人信服的证据支持 PLC-ζ 在卵母细胞激活过程中发挥关键作用，因此，PLC-ζ 可能代表一种强有力的生物标志物，用于检查精子的功能[127]。事实上，Kashir 等[120] 利用 PLC-ζ 作为生物标志物来检查常规临床冷冻保存对可育男性精子的影响。这些研究表明冷冻保存会导致 PLC-ζ 总水平的降低。在另一项研究中，运动精子细胞器形态学评估（MSOME）是一种新的精子选择技术，它依赖于在进行 ICSI 之前对人类精子进行高倍放大的分析（IMSI；胞质内形态学选择的精子注射），被证明可以从圆头精子症患者中选择出 PLC-ζ 总水平高的精子，以及可以选择较高比例的含有 PLC-ζ 的精子[128]（图 16.4）。此类实验表明了 PLC-ζ 在帮助进一步增强当前辅助生殖技术以改善在当前临床治疗方案方面有潜在应用。

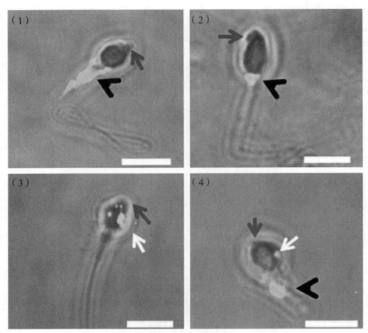

图 16.4　在运动精子细胞器形态学评估（MSOME）
中 PLC-ζ 免疫荧光的代表性共聚焦图像 – 选择显示顶体芽的球形精子
（灰色箭头）。PLC-ζ 位于中间部分 [黑色箭头，（1），（2）]，或精子头部的
点状图案 [白色箭头，（3），或组合（4）]。图像是以 ×63 光学放大倍数拍摄的，代表
PLC-ζ（黑色）、细胞核（灰色）和 DIC 的叠加。白色标尺代表 5μm。MSOME 程序选择了更高比例的表现
出 PLC-ζ 免疫荧光的球形精子，以及选择了具有更高 PLC-ζ 总水平的精子。经许可从卡希尔等 [128] 转载和改编

　　事实上，Kashir 等[120] 指出，与新鲜精子相比，冷冻保存（一种用于在接受生育治疗以及放疗或化疗及手术的患者中保持生育能力的常用技术[129]）对 PLC-ζ 水平具有显著的不利影响。这项特殊研究的进一步发现是密度梯度洗脱（DGW；一种基于运动参数分离最佳质量精子的离心方法）会导致在可育男性供体中显示 PLC-ζ 免疫荧光的精子比例显著增加[120]，从而增加了成功激活卵母细胞的可能性。此外，Nakai 等[123] 表明，与未经处理的精子相比，经过预处理的猪精子通过显著降低 PLC-ζ 水平而降低卵母细胞激活能力。鉴于精子中低浓度的 PLC-ζ 与不孕有关，这些研究进一步支持了 PLC-ζ 是辅助生殖技术的一种非常有益的生物标志物的观点[16, 107]。

16.6　结论

总的来说，很明显，PLC-ζ 对哺乳动物的生殖能力有显著影响。虽然关于精子因子的身份仍有争议（详细评论见参考文献［5，16，107］），但很明显，PLC-ζ 不仅在决定男性生育力方面起着关键作用，而且通过影响卵母细胞激活和之后 Ca²⁺ 振荡的效果，潜在地影响胚胎形成的效率。因此，它代表了一个用于临床不孕症的非常强大的治疗和预后工具。鉴于 PLC-ζ 在卵母细胞激活中发挥的基本作用，这也表明这种蛋白质可能是一种潜在的男性避孕靶点。虽然其作用机制是非激素性的，但抗 PLC-ζ 避孕药将代表一种非屏障避孕方法，这可能会限制其对制药公司和最终用户的吸引力。未来对 PLC-ζ 三维结构的阐明将允许我们去选择潜在的抑制剂，但当然必须小心确保这些抑制剂仅作用于 PLC-ζ，并且不会通过干扰与其他代谢过程相关的细胞信号传递过程而引起有害的副作用。从分子和临床的角度来看，尽管在过去的几年，取得了许多令人振奋的进展，但在实现这一基础性蛋白质的临床应用之前，仍有大量的工作要做。

参考文献

1. HFEA: latest UK IVF figures—2009 and 2010. http://www.hfea.gov.uk/ivf-figures-2006.html
2. Nygren KG, Sullivan E, Zegers-Hochschild F et al (2012) International Committee for Monitoring Assisted Reproductive Technology (ICMART) world report: assisted reproductive technology 2003. Fertil Steril 95:2209–2222
3. Mahutte NG, Arici A (2003) Failed fertilization: is it predictable? Curr Opin Obstet Gynecol 15:211–218
4. Heindryckx B, Van der Elst J, De Sutter P, Dhont M (2005) Treatment option for sperm- or oocyte-related fertilization failure: assisted oocyte activation following diagnostic heterologous ICSI. Hum Reprod 20:2237–2241
5. Kashir J, Heindryckx B, Jones C et al (2010) Oocyte activation, phospholipase C zeta and human infertility. Hum Reprod Update 16:690–703
6. Flaherty SP, Payne D, Matthews CD (1998) Fertilization failures and abnormal fertilization after intracytoplasmic sperm injection. Hum Reprod 13(suppl 1):155–164
7. Yanagida K, Fujikura Y, Katayose H (2008) The present status of artificial oocyte activation in assisted reproductive technology. Reprod Med Biol 7:133–142
8. Miyazaki S, Ito M (2006) Calcium signals for egg activation in mammals. J Pharmacol Sci 100:545–552
9. Kline D, Kline JT (1992) Repetitive calcium transients and the role of calcium in exocytosis and cell cycle activation in the mouse egg. Dev Biol 149:80–89
10. Swann K, Ozil JP (1994) Dynamics of the calcium signal that triggers mammalian egg activation. Int Rev Cytol 152:183–222
11. Publicover S, Harper CV, Barratt C (2007) [Ca²⁺]ᵢ signalling in sperm—making the most of what you've got. Nat Cell Biol 9:235–242
12. Swann K, Yu Y (2008) The dynamics of calcium oscillations that activate mammalian eggs. Int J Dev Biol 52:585–594
13. Jones KT (2005) Mammalian egg activation: from Ca²⁺ spiking to cell cycle progression. Reproduction 130:813–823
14. Jones KT (2007) Intracellular calcium in the fertilization and development of mammalian

eggs. Clin Exp Pharmacol Physiol 34:1084–1089

15. Stricker SA (1999) Comparative biology of calcium signalling during fertilisation and egg activation in mammals. Dev Biol 211:157–176

16. Ramadan WM, Kashir J, Jones C, Coward K (2012) Oocyte activation and phospholipase C zeta (PLCζ): diagnostic and therapeutic implications for assisted reproductive technology. Cell Commun Signal 10:12

17. Miyazaki S, Shirakawa H, Nakada K, Honda Y (1993) Essential role of the inositol 1,4,5-trisphosphate receptor/Ca2+ release channel in Ca^{2+} waves and Ca^{2+} oscillations at fertilization of mammalian eggs. Dev Biol 158:62–78

18. Jones KT, Soeller C, Cannell MB (1998) The passage of Ca^{2+} and fluorescent markers between the sperm and egg after fusion in the mouse. Development 125:4627–4635

19. Ducibella T, Huneau D, Angelichio E et al (2002) Egg-to-embryo transition is driven by differential responses to Ca(2+) oscillation number. Dev Biol 250:280–291

20. Ducibella T, Schultz RM, Ozil JP (2006) Role of calcium signals in early development. Semin Cell Dev Biol 17:324–332

21. Malcuit C, Kurokawa M, Fissore RA (2006) Calcium oscillations and mammalian egg activation. J Cell Physiol 206:565–573

22. Stitzel ML, Seydoux G (2007) Regulation of the oocyte-to-zygote transition. Science 316:407–408

23. Wong CC, Loewke KE, Bossert NL et al (2010) Non-invasive imaging of human embryos before embryonic genome activation predicts development to the blastocyst stage. Nat Biotechnol 28:1115–1121

24. Jaffe LF (1983) Sources of calcium in egg activation: a review and hypothesis. Dev Biol 99:265–276

25. Jaffe LF (1991) The path of calcium in cytosolic calcium oscillations: a unifying hypothesis. Proc Natl Acad Sci U S A 88:9883–9887

26. Créton R, Jaffe LF (1995) Role of calcium influx during the latent period in sea urchin fertilization. Dev Growth Differ 37:703–709

27. Créton R, Jaffe LF (2001) Chemiluminescence microscopy as a tool in biomedical research. Biotechniques 31:1098–1100

28. Jaffe LA (1990) First messengers at fertilization. J Reprod Fertil Suppl 42:107–116

29. Schultz RM, Kopf GS (1995) Molecular basis of mammalian egg activation. Curr Top Dev Biol 30:21–62

30. Evans JP, Kopf GS (1998) Molecular mechanisms of sperm-egg interactions and egg activation. Andrologia 30:297–307

31. Parrington J, Davis LC, Galione A, Wessel G (2007) Flipping the switch: how a sperm activates the egg at fertilization. Dev Dyn 236:2027–2038

32. Swann K, Saunders CM, Rogers NT, Lai FA (2006) PLCzeta (zeta): a sperm protein that triggers Ca2+ oscillations and egg activation in mammals. Semin Cell Dev Biol 17:264–273

33. Saunders CM, Swann K, Lai FA (2007) PLC zeta, a sperm-specific PLC and its potential role in fertilization. Biochem Soc Symp 74:23–36

34. Swann K (1990) A cytosolic sperm factor stimulates repetitive calcium increases and mimics fertilization in hamster eggs. Development 110:1295–1302

35. Kyozuka K, Deguchi R, Mohri T, Miyazaki S (1998) Injection of sperm extract mimics spatiotemporal dynamics of Ca2+ responses and progression of meiosis at fertilization of ascidian oocytes. Development 125:4099–4105

36. Dong JB, Tang TS, Sun FZ (2000) Xenopus and chicken sperm contain a cytosolic soluble protein factor which can trigger calcium oscillations in mouse eggs. Biochem Biophys Res Commun 268:947–951

37. Coward K, Campos-Mendoza A, Larman M et al (2003) Teleost fish spermatozoa contain a cytosolic protein factor that induces calcium release in sea urchin egg homogenates and triggers calcium oscillations when injected into mouse oocytes. Biochem Biophys Res Commun 305:299–304

38. Coward K, Ponting CP, Chang HY et al (2005) Phospholipase Czeta, the trigger of egg activation in mammals, is present in a non-mammalian species. Reproduction 130:157–163

39. Jones KT, Matsuda M, Parrington J, Katan M, Swann K (2000) Different Ca^{2+}-releasing abilities of sperm extracts compared with tissue extracts and phospholipase C isoforms in sea urchin egg homogenate and mouse eggs. Biochem J 346(pt 3):743–749

40. Saunders CM, Larman MG, Parrington J et al (2002) PLC zeta: a sperm-specific trigger of Ca^{2+} oscillations in eggs and embryo development. Development 129:3533–3544

41. Wu H, He CL, Fissore RA (1997) Injection of a porcine sperm factor triggers calcium oscillations in mouse oocytes and bovine eggs. Mol Reprod Dev 46:176–189
42. Singal T, Dhalla NS, Tappia PS (2004) Phospholipase C may be involved in norepinephrine-induced cardiac hypertrophy. Biochem Biophys Res Commun 320:1015–1019
43. Janetopoulos C, Devreotes P (2006) Phosphoinositide signaling plays a key role in cytokinesis. J Cell Biol 174:485–490
44. Cockcroft S, Carvou N (2007) Biochemical and biological functions of class I phosphatidylinositol transfer proteins. Biochim Biophys Acta 1771:677–691
45. Nakamura Y, Fukami K (2009) Roles of phospholipase C isozymes in organogenesis and embryonic development. Physiology 24:332–341
46. Fukami K, Inanobe S, Kanemaru K, Nakamura Y (2010) Phospholipase C is a key enzyme regulating intracellular calcium and modulating the phosphoinositide balance. Prog Lipid Res 49:429–437
47. Hofmann SL, Majerus PW (1982) Modulation of phosphatidylinositol-specific phospholipase C activity by phospholipid interactions, diglycerides, and calcium ions. J Biol Chem 257:14359–14364
48. Bahat A, Eisenbach M (2006) Sperm thermotaxis. Mol Cell Endocrinol 252:115–119
49. Eisenbach M, Giojalas LC (2006) Sperm guidance in mammals—an unpaved road to the egg. Nat Rev Mol Cell Biol 7:276–285
50. Bahat A, Eisenbach M (2010) Human sperm thermotaxis is mediated by phospholipase C and inositol trisphosphate receptor Ca^{2+} channel. Biol Reprod 82:606–616
51. Rhee SG (2001) Regulation of phosphoinositide-specific phospholipase C. Annu Rev Biochem 70:281–312
52. Hwang JI, Oh YS, Shin KJ et al (2005) Molecular cloning and characterization of a novel phospholipase C, PLC-eta. Biochem J 389:181–186
53. Nakahara M, Shimozawa M, Nakamura Y et al (2005) A novel phospholipase C, PLC(eta)2, is a neuron-specific isozyme. J Biol Chem 280:29128–29134
54. Zhou Y, Wing MR, Sondek J, Harden TK (2005) Molecular cloning and characterization of PLCη2. Biochem J 391:667–676
55. Kelley GG, Reks SE, Ondrako JM, Smrcka AV (2001) Phospholipase Cε: a novel Ras effector. EMBO J 20:743–754
56. Song C, Hu CD, Masago M et al (2001) Regulation of a novel human phospholipase C, PLCepsilon, through membrane targeting by Ras. J Biol Chem 276:2752–2757
57. Fukami K, Nakao K, Inoue T et al (2001) Requirement of phospholipase Cdelta4 for the zona pellucida-induced acrosome reaction. Science 292:920–923
58. Darszon A, Beltran C, Felix R et al (2001) Ion transport in sperm signaling. Dev Biol 240:1–14
59. Breitbart H (2002) Intracellular calcium regulation in sperm capacitation and acrosomal reaction. Mol Cell Endocrinol 187:139–144
60. Fukami K, Yoshida M, Inoue T et al (2003) Phospholipase Cδ4 is required for Ca^{2+} mobilization essential for acrosome reaction in sperm. J Cell Biol 161:79–88
61. Tomes CN, McMaster CR, Saling PM (1996) Activation of mouse sperm phosphatidylinositol-4,5 bisphosphate-phospholipase C by zona pellucida is modulated by tyrosine phosphorylation. Mol Reprod Dev 43:196–204
62. Feng H, Sandlow JI, Sandra A (1997) Expression and function of the c-kit proto-oncogene protein in mouse sperm. Biol Reprod 57:194–203
63. Roldan ER, Shi QX (2007) Sperm phospholipases and acrosomal exocytosis. Front Biosci 12:89–104
64. Leyton L, LeGuen P, Bunch D, Saling PM (1992) Regulation of mouse gamete interaction by a sperm tyrosine kinase. Proc Natl Acad Sci U S A 89:11692–11695
65. Walensky LD, Snyder SH (1995) Inositol 1,4,5-trisphosphate receptors selectively localized to the acrosomes of mammalian sperm. J Cell Biol 130:857–869
66. Murase T, Roldan ERS (1996) Progesterone and the zona pellucida activate different transducing pathways in the sequence of events leading to diacylglycerol generation during mouse sperm acrosomal exocytosis. Biochem J 320:1017–1023
67. Choi D, Lee E, Hwang S et al (2001) The biological significance of phospholipase C beta1 gene mutation in mouse sperm in the acrosome reaction, fertilization and embryo development. J Assist Reprod Genet 18:305–310
68. Igarashi H, Knott JG, Schultz RM, Williams CJ (2007) Alterations of PLCβ1 in mouse eggs change calcium oscillatory behavior following fertilization. Dev Biol 312:321–330
69. Avazeri N, Courtot AM, Pesty A et al (2000) Cytoplasmic and nuclear phospholipase C-beta 1

relocation: role in resumption of meiosis in the mouse oocyte. Mol Biol Cell 11:4369–4380

70. Lefèvre B, Pesty A, Courtot AM et al (2007) The phosphoinositide-phospholipase C (PI-PLC) pathway in the mouse oocyte. Crit Rev Eukaryot Gene Expr 17:259–269

71. Tokmakov AA, Sato KI, Iwasaki T, Fukami Y (2002) Src kinase induces calcium release in Xenopus egg extracts via PLCγ and IP$_3$-dependent mechanism. Cell Calcium 32:11–20

72. Runft LL, Carroll DJ, Gillett J et al (2004) Identification of a starfish egg PLC-γ that regulates Ca^{2+} release at fertilization. Dev Biol 269:220–236

73. Yin X, Eckberg WR (2009) Characterization of phospholipases C β and γ and their possible roles in Chaetopterus egg activation. Mol Reprod Dev 76:460–470

74. Coward K, Kubota H, Parrington J (2007) In vivo gene transfer in testis and sperm: developments and future applications. Arch Androl 53:187–197

75. Cox LJ, Larman MG, Saunders CM et al (2002) Sperm phospholipase C ζ from humans and cynomolgus monkeys triggers Ca^{2+} oscillations, activation and development of mouse oocytes. Reproduction 124:611–623

76. Yoneda A, Kashima M, Yoshida S et al (2006) Molecular cloning, testicular postnatal expression, and oocyte-activating potential of porcine phospholipase C ζ. Reproduction 132:393–401

77. Grasa P, Coward K, Young C, Parrington J (2008) The pattern of localization of the putative oocyte activation factor, phospholipase C ζ, in uncapacitated, capacitated, and ionophore-treated human spermatozoa. Hum Reprod 23:2513–2522

78. Young C, Grasa P, Coward K et al (2009) Phospholipase C ζ undergoes dynamic changes in its pattern of localization in sperm during capacitation and the acrosome reaction. Fertil Steril 91:2230–2242

79. Cooney MA, Malcuit C, Cheon B et al (2010) Species-specific differences in the activity and nuclear localization of murine and bovine phospholipase C ζ 1. Biol Reprod 83:92–101

80. Bedford-Guaus SJ, McPartlin LA, Xie J et al (2011) Molecular cloning and characterization of phospholipase C zeta in equine sperm and testis reveals species-specific differences in expression of catalytically active protein. Biol Reprod 85:78–88

81. Williams RL (1999) Mammalian phosphoinositide-specific phospholipase C. Biochim Biophys Acta 1441:255–267

82. Rebecchi MJ, Pentyala SN (2000) Structure, function, and control of phosphoinositide-specific phospholipase C. Physiol Rev 80:1291–1335

83. Suh PG, Park JI, Manzoli L et al (2008) Multiple roles of phosphoinositide-specific phospholipase C isozymes. BMB Rep 41:415–434

84. Kouchi Z, Fukami K, Shikano T et al (2004) Recombinant phospholipase Cζ has high Ca^{2+} sensitivity and induces Ca^{2+} oscillations in mouse eggs. J Biol Chem 279:10408–10412

85. Heytens E, Parrington J, Coward K et al (2009) Reduced amounts and abnormal forms of phospholipase C zeta in spermatozoa from infertile men. Hum Reprod 24:2417–2428

86. Nomikos M, Elgmati K, Theodoridou M et al (2011) Phospholipase Cζ binding to PtdIns(4,5) P$_2$ requires the XY-linker region. J Cell Sci 124:2582–2590

87. Nomikos M, Elgmati K, Theodoridou M et al (2011) Male infertility-linked point mutation disrupts the Ca^{2+} oscillation-inducing and PIP$_2$ hydrolysis activity of sperm PLCζ. Biochem J 434:211–217

88. Kashir J, Konstantinidis M, Jones C et al (2012) A maternally inherited autosomal point mutation in human phospholipase C zeta (PLCζ) leads to male infertility. Hum Reprod 27:222–231

89. Kashir J, Konstantinidis M, Jones C et al (2012) Characterization of two heterozygous mutations of the oocyte activation factor phospholipase C zeta (PLCζ) from an infertile man by use of minisequencing of individual sperm and expression in somatic cells. Fertil Steril 98:423–431

90. Kurokawa M, Yoon SY, Alfandari D et al (2007) Proteolytic processing of phospholipase Cζ and [Ca^{2+}]$_i$ oscillations during mammalian fertilization. Dev Biol 312:407–418

91. Nomikos M, Mulgrew-Nesbitt A, Pallavi P et al (2007) Binding of phosphoinositide-specific phospholipase C-zeta (PLC-zeta) to phospholipid membranes: potential role of an unstructured cluster of basic residues. J Biol Chem 282:16644–16653

92. Nomikos M, Elgmati K, Theodoridou M et al (2011) Novel regulation of PLCζ activity via its XY-linker. Biochem J 438:427–432

93. Yu Y, Nomikos M, Theodoridou M et al (2012) PLC(zeta)ζ causes Ca^{2+} oscillations in mouse eggs by targeting intracellular and not plasma membrane PI(4,5)P$_2$. Mol Biol Cell 23:371–380

94. Phillips S, Yu Y, Rossbach A et al (2011) Divergent effect of mammalian PLC-ζ in generating

Ca^{2+} oscillations in somatic cells versus eggs. Biochem J 438:545–553

95. Kouchi Z, Shikano T, Nakamura Y et al (2005) The role of EF-hand domains and C2 domain in regulation of enzymatic activity of phospholipase Cζ. J Biol Chem 280:21015–21021

96. Fujimoto S, Yoshida N, Fukui T et al (2004) Mammalian phospholipase Cζ induces oocyte activation from the sperm perinuclear matrix. Dev Biol 274:370–383

97. Kurokawa M, Sato K-I, Wu H et al (2005) Functional, biochemical, and chromatographic characterization of the complete [Ca^{2+}]$_i$ oscillation-inducing activity of porcine sperm. Dev Biol 285:376–392

98. Knott JG, Kurokawa M, Fissore RA et al (2005) Transgenic RNA interference reveals role for mouse sperm phospholipase Cζ in triggering Ca^{2+} oscillations during fertilization. Biol Reprod 72:992–996

99. Bedford-Guaus SJ, Yoon SY, Fissore RA et al (2008) Microinjection of mouse phospholipase C ζ complementary RNA into mare oocytes induces long-lasting intracellular calcium oscillations and embryonic development. Reprod Fertil Dev 20:875–883

100. Ito M, Shikano T, Oda S et al (2008) Difference in Ca^{2+} oscillation-inducing activity and nuclear translocation ability of PLCZ1, an egg activating sperm factor candidate, between mouse, rat, human, and medaka fish. Biol Reprod 78:1081–1090

101. Mizushima S, Takagi S, Ono T et al (2008) Developmental enhancement of intracytoplasmic sperm injection (ICSI)—generated quail embryos by phospholipase C ζ cRNA. J Poult Sci 45:152–158

102. Yoon SY, Jellerette T, Salicioni AM et al (2008) Human sperm devoid of PLC, ζ 1 fail to induce Ca^{2+} release and are unable to initiate the first step of embryo development. J Clin Invest 118:3671–3681

103. Kashir J, Jones C, Lee HC et al (2011) Loss of activity mutations in phospholipase C zeta (PLCζ) abolishes calcium oscillatory ability of human recombinant protein in mouse oocytes. Hum Reprod 26:3372–3387

104. Zegers-Hochschild F, Adamson GD, de Mouzon J et al (2009) The International Committee for Monitoring Assisted Reproductive Technology (ICMART) and the World Health Organization (WHO) revised glossary on ART terminology, 2009. Hum Reprod 24: 2683–2687

105. Nasr-Esfahani MH, Deemeh MR, Tavalaee M (2010) Artificial oocyte activation and intracytoplasmic sperm injection. Fertil Steril 94:520–526

106. Wilkes S, Chinn DJ, Murdoch A, Rubin G (2009) Epidemiology and management of infertility: a population-based study in UK primary care. Fam Pract 26:269–274

107. Kashir J, Jones C, Coward K (2012) Calcium oscillations, oocyte activation, and phospholipase C zeta. Adv Exp Med Biol 740:1095–1121

108. Sousa M, Tesarik J (1994) Fertilization and early embryology: ultrastructural analysis of fertilization failure after intracytoplasmic sperm injection. Hum Reprod 9:2374–2380

109. Swann K, Larman MG, Saunders CM, Lai FA (2004) The cytosolic sperm factor that triggers Ca^{2+} oscillations and egg activation in mammals is a novel phospholipase C: PLCζ. Reproduction 127:431–439

110. Swain JE, Pool TB (2008) ART failure: oocyte contributions to unsuccessful fertilization. Hum Reprod Update 14:431–446

111. Taylor SL, Yoon SY, Morshedi MS et al (2010) Complete globozoospermia associated with PLCzeta deficiency treated with calcium ionophore and ICSI results in pregnancy. Reprod Biomed Online 20:559–564

112. Eldar-Geva T, Brooks B, Margalioth EJ et al (2003) Successful pregnancy and delivery after calcium ionophore oocyte activation in a normozoospermic patient with previous repeated failed fertilization after intracytoplasmic sperm injection. Fertil Steril 79:1656–1658

113. Heindryckx B, Gheselle SD, Gerris J et al (2008) Efficiency of assisted oocyte activation as a solution for failed intracytoplasmic sperm injection. Reprod Biomed Online 17:662–668

114. Vanden Meerschaut F, Nikiforaki D et al (2012) Assisted oocyte activation is not beneficial for all patients with a suspected oocyte-related activation deficiency. Hum Reprod 27:1977–1984

115. Rogers NT, Hobson E, Pickering S et al (2004) Phospholipase Cζ causes Ca^{2+} oscillations and parthenogenetic activation of human oocytes. Reproduction 128:697–702

116. Ozil JP, Banrezes B, Toth S et al (2006) Ca^{2+} oscillatory pattern in fertilized mouse eggs affects gene expression and development to term. Dev Biol 300:534–544

117. Spadafora C (2004) Endogenous reverse transcriptase: a mediator of cell proliferation and differentiation. Cytogenet Genome Res 105:346–350

118. Yoon SY, Eum JH, Lee JE et al (2012) Recombinant human phospholipase C ζ 1 induces

intracellular calcium oscillations and oocyte activation in mouse and human oocytes. Hum Reprod 27:1768–1780

119. Nomikos M, Yu Y, Elgmati K et al (2013) Phospholipase Cζ rescues failed oocyte activation in a prototype of male factor infertility. Fertil Steril 99:76–85

120. Kashir J, Heynen A, Jones C et al (2011) Effects of cryopreservation and density-gradient washing on phospholipase C ζ concentrations in human spermatozoa. Reprod Biomed Online 23:263–267

121. Kashir J, Jones C, Mounce G et al (2013) Variance in total levels of phospholipase C zeta (PLC-ζ) in human sperm may limit the applicability of quantitative immunofluorescent analysis as a diagnostic indicator of oocyte activation capability. Fertil Steril 99:107–117

122. Kaewmala K, Uddin MJ, Cinar MU et al (2011) Investigation into association and expression of PLCz and COX-2 as candidate genes for boar sperm quality and fertility. Reprod Domest Anim 47:213–223

123. Nakai M, Ito J, Sato K-I et al (2011) Pre-treatment of sperm reduces success of ICSI in the pig. Reproduction 142:285–293

124. Lawrence Y, Whitaker M, Swann K (1997) Sperm-egg fusion is the prelude to the initial Ca^{2+} increase at fertilization in the mouse. Development 124:233–241

125. Manandhar G, Toshimori K (2003) Fate of postacrosomal perinuclear theca recognized by monoclonal antibody MN13 after sperm head microinjection and its role in oocyte activation in mice. Biol Reprod 68:655–663

126. Sutovsky P, Manandhar G, Wu A, Oko R (2003) Interactions of sperm perinuclear theca with the oocyte: implications for oocyte activation, anti-polyspermy defense, and assisted reproduction. Microsc Res Tech 61:362–378

127. Kashir J, Jones C, Child T et al (2012) Viability assessment for artificial gametes: the need for biomarkers of functional competency. Biol Reprod 87:114

128. Kashir J, Sermondade N, Sifer C et al (2012) Motile sperm organelle morphology evaluation-selected globozoospermic human sperm with an acrosomal bud exhibits novel patterns and higher levels of phospholipase C ζ. Hum Reprod 27:3150–3160

129. Zribi N, Feki Chakroun N, El Euch H et al (2010) Effects of cryopreservation on human sperm deoxyribonucleic acid integrity. Fertil Steril 93:159–166

17 心脏病中磷脂酶C的信号传导

Elizabeth A.Woodcock

摘要 在缺血/再灌注、心脏肥大和房室扩张等病理条件下，心肌细胞中磷脂酶C（PLC）的表达和活性升高屡屡被报道。已经确定了所涉及的PLC的亚型，为研究在病理条件下激活PLC的机制以及其如何促进疾病发展铺平了道路。PLC亚型通过亚型和组织特异性与支架蛋白结合而定位，从而为基于抑制心肌细胞中特定PLC亚型定位而开发心脏特异性疗法提供了可能性。

关键词 缺血/再灌注；肥大；扩张；支架蛋白

17.1 引言

磷脂酰肌醇特异性的磷脂酶 C 是裂解质膜及 PIP_2 的酶，可生成 IP_3（一种释放 Ca^{2+} 的细胞内信使）和生成 sn-1,2- 甘油二酯（DAG，一种传统的蛋白激酶 C 亚型的激活剂）。底物脂质和两种产物均在调节细胞反应中起关键作用，因此 PLC 在所有类型细胞的功能中都至关重要。此外，PLC 活动的干扰可能会在一些组织中对疾病表型产生重大影响。正如在信号传导中起核心作用的酶家族一样，PLC 可以以多种不同方式进行调节。PLC 分为六个主要类型（PLC-β，PLC-γ，PLC-δ，PLC-ε，PLC-ν，PLC-ζ），每个类型包括多个亚型和剪接变体（图 17.1）[1]。

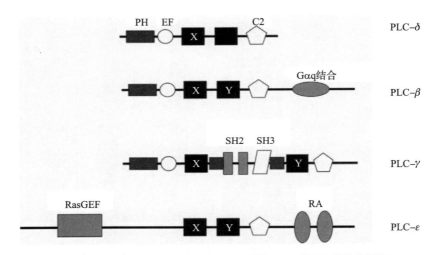

图 17.1　显示了 PLC 家族蛋白不同类别之间的关系，强调了目前的结构基序

PLC-β 家族成员（PLC-β1 ~ 4）对在七个跨膜受体（也称为 G 蛋白偶联受体，GPCR）下游激活的 G 蛋白亚基作出反应[2]。PLC-β1 和 PLC-β3 在心肌细胞中表达，但 PLC-β2 不表达。PLC-β1 有两个剪接变体，它们仅 C 末端序列不同，分别是 PLC-β1a（分子质量 150ku）和 PLC-β1b（分子质量 140ku，图 17.2）。两种剪接变体均在新生大鼠心肌细胞中表达[3]，而在成年人类、大鼠和小鼠心脏中仅表达 PLC-β1b[4]。在用适当的生长因子刺激后，受体酪氨酸激酶激活，然后 PLC-γ 成员（PLC-γ1 和 PLC-γ2）易位至质膜[5]。心脏主要表达 PLC-γ1[6]。PLC-δ 亚型比其他亚型对 Ca^{2+} 的激活更敏感，心脏表达 PLC-δ1，但尚未确定其生理重要性[7, 8]。PLC-ε 调控非常复杂，涉及多种激活剂，包括 Ras 家族的单体 G 蛋白，以及 $G_{12/13}$ 家族的异三聚体 G 蛋白和 $G\beta\gamma$[9]。因此，受体激活可通过多种信号传导机制导致 PLC-ε 激活，PLC-ε 激活通常发生在受体激活的下游。只有一个 PLC-ε 基因产物，但表达为两个 N 末端剪接变体[10]。其他 PLC 子类型不在心脏中表达，因此将不作进一步考虑。

17.2　心脏中 PLC 活性的调节

早期研究表明，α_1-肾上腺素能受体[11]，M2 毒蕈素胆碱能受体[12]或内皮素受体[13]的激活会导致 IP_3 及其代谢产物的产生。随后，通过嘌呤能受体的激活被报道[3]。所有这些因素都与 Gq 偶联的受体结合，因此有望激活 PLC-β 家族成员[14]。也有报道称通过生长因子受体的活化有望激活 PLC-γ 亚型[15]。最近，在心肌细胞中发现了新型的PLC-ε 亚型[16]，并显示可通过凝血酶（蛋白酶激活的受体 1，PAR1）和鞘氨醇 1-磷酸（S1P）受体激活[17]。除了激素和神经递质的激活外，完整心脏和培养的心肌细胞中的 PLC 还对急性牵张有反应[18-21]。

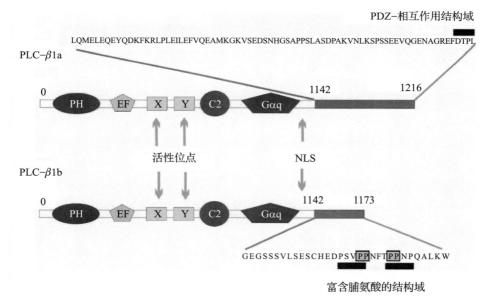

图 17.2　PLCβ1 的剪接变体

该图显示了 PLC-β1a 和 PLC-β1b 的结构，概述了蛋白质 C 末端区域的序列差异。指出了富含脯氨酸的结构域和与 PDZ 相互作用的结构域。NLS 是核定位序列

17.3　心脏中 PLC 亚型的定位

要使 PLC 处于活跃状态，必须将其定位在其底物 PIP_2 附近，主要或仅定位在肌膜处。现在已经众所周知，通过结合支架蛋白，PLC 亚型特异性地定位于特定的膜区域。这些支架对特定的 PLC 亚型具有选择性，在某些情况下，也具有组织特异性。

在 PLC-β 家族中，这种支架相互作用通常涉及 C 末端 PDZ-相互作用域，除 PLC-β1b 外，其存在于所有 PLC-β1 亚型中。这些 PDZ- 相互作用的结构域与特定的 PDZ（突触后密度蛋白，果蝇盘大肿瘤抑制蛋白（Dlg1）和胞质紧密粘连蛋白 1 抗体蛋白域）蛋白相关。例如，PLC-β3 在肾小管上皮细胞中与细胞极性蛋白 Par3 和 Par6 结合，在神经元组织的谷氨酸能突触处与 SH3 结构域和锚定蛋白重复蛋白 2（Shank2）结合，在 Cos7 细胞中与钠氢交换调节蛋白 2（NHERF2）结合[23]。所有这些相互作用都需要通过 C 末端序列 NTQL 进行 PDZ 域相互作用。PLCβ3 至少在新生大鼠心肌细胞中并不局限于肌膜[24]，这表明合适的支架蛋白未表达或与肌膜无关。在 HEK293 细胞中，PLC-β1a（DTPL）的 C 末端 PDZ 相互作用域与支架蛋白的第一个 PDZ 域（最靠近 N 末端）选择性结合，即钠氢交换调节因子 1（NHERF1）结合，而不与 NHERF2 结合[25]。NHERF1 的第一个 PDZ 域也通过序列 ESRL[26, 27]结合 PLC-β2。NHERF1 在心脏中不表达，为当在心肌细胞中表达时 PLC-β1a 的胞质定位提供了解释[24]。如上所述，PLCβ1b 没有 C 末端 PDZ 相互作用域，因此必须通过不同于其他 PLC-β 亚型的机制靶向膜。在 C 末端存在两个富含脯氨酸的结构域，表明它们被包含 SH3 结构域的蛋白质[28]或包含 WW 结构域的蛋白质[29]靶向。在心肌细胞中，PLC-β1b 的支架蛋白被鉴定为 Shank3。Shank3 是具有多个蛋白质相互作用基序的高分子质量蛋白质。重要的是，Shank3 具有 1 型 SH3 结构域，适用于在 PLC-β1b 的 C 末端区域结合 PPNP（人 PLC-β1b 序列中的 1165–1168）这种富含脯氨酸的序列[30]。除了其 SH3 结构域外，Shank3 还具有一个结合抗 α- 胞衬蛋白的 N 末端富含锚定蛋白的重复序列，一个 PDZ 域，一个结合了 Homer 蛋白家族和皮动蛋白的富含脯氨酸的长序列，最后是一个有助于二聚化的 C 末端不育 α 基序（SAM）。与胞衬蛋白的结合可能使 Shank3 定位在肌膜附近。因此，与 Shank3 的结合使 PLC-β1b 成为多蛋白系统的一部分，这可能对下游信号传导和细胞反应至关重要（图 17.3）。重要的是，Shank3 仅在有限的组织中表达，主要是心脏和谷氨酸能神经元[30]，因此 PLC-β1b（同样仅在有限的组织分布）与 Shank3 的结合提供了一个可能的心脏特异性药物靶点。

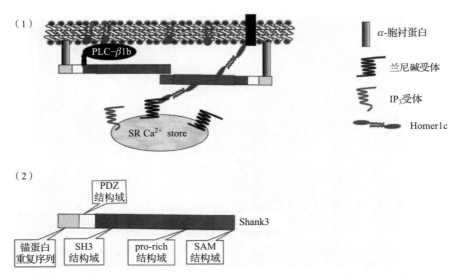

图 17.3　（1）PLCβ1b 与位于肌膜下方的 Shank3 复合物结合，Shank3 通过其 C 末端 SAM 结构域形成同源二聚体，并通过 N 末端序列中的 ank 重复序列与 α-fodrin 结合。二聚 Homer 蛋白将 Shank3 交联到 TrpC 通道和细胞内 Ca²⁺ 通道。（2）Shank3 的结构域示意图。

尽管没有明确的功能归属，但 PLC-δ1 在心脏[4]中表达。PLC-δ 亚型具有高亲和力的 PH 域，对 PIP$_2$ 具有较高的选择性，这足以将其定位于肌膜[31]。

PLC-γ 家族成员在被受体酪氨酸激酶磷酸化后被激活，这有助于与生长因子受体中存在的 SH2 结构域结合，这些生长因子受体将这些 PLC 定位在质膜及其底物 PIP$_2$ 附近[5]。与 PLC-β 亚型一样，PLC-γ 成员的定位和激活也可能涉及与其他信号蛋白的结合。据报道，PLC-γ 亚型可与质膜局部离子交换剂钠氢交换剂 3（NHE3）结合并调节其活性[32]。有趣的是，已显示 PLC-γ1 与经典瞬时受体 3（TrpC3）直接相互作用，以控制其细胞表面表达[33]。TrpC3 与病理性心肌细胞肥大有关[34]。但是，该响应中没有涉及 PLC-γ1。

如前所述，PLC-ε 在结构上比其他 PLC 更复杂，因此，其调控也是多因素的。与其他 PLC 亚型一样，PLC-ε 通过其 C 末端区域［在本例中为其（Ras 关联 1）RA1 结构域］中的序列与支架蛋白结合。PLCε 的 RA1 结构域与肌肉 A 激酶锚定蛋白 β（mAKAPβ）的第一个重复结构域结合，该 PLC 亚型主要定位于心肌细胞的核膜中[35]。与 Shank 和 NHERF 蛋白一样，mAKAPβ 是一个多结构域支架，因此 PLC-ε 可能是大型蛋白复合物的一部分。

17.4　心脏的病理反应

心脏的主要功能是为身体的所有组织提供充足的血液，使它们更好地行使功能。心脏的泵血功能会因肌肉收缩功能的丧失而受损，进而降低心输血量，从而导致无法向身体充分供应血液，这种情况称为心力衰竭。无效的泵血也可能是由于个体肌肉细胞收缩组织的丧失引起的，这种情况被称为心律不齐。心力衰竭和心律不齐常同时发生，彼此恶化，两者均可由心肌的慢性肥大性生长引起。因此，目前研发的兴趣点集中在开发针对减少病理性肥大性心肌细胞生长，改善收缩功能（正性肌力药）或减少心律不齐（抗心律不齐药）的疗法。目前常用的药品靶向细胞表面受体或离子通道、它们的配体或下游信号通路，包括减少血管紧张素 II 生成或受体结合的药物，β- 肾上腺素受体阻滞剂，Ca^{2+} 通道阻滞剂和减少 cAMP 代谢的药物[36]。显然我们需要开发耐受性更好的疗法，特别是新开发的疗法相对心脏具有特异性就更好了。

17.5　PLC 激活如何有助于病理？

PLC 酶水解肌膜磷脂 PIP$_2$ 产生 IP$_3$ 和 sn-1,2- 甘油二酯（DAG），前者可以从细胞内储存物中释放 Ca^{2+}[37]，后者是可用于激活常规的 PKC 亚型[38]、蛋白激酶 D[39] 和一些 TrpC 通道[40]。这些因素中的每一个都可能单独或共同影响细胞反应。

17.5.1　IP$_3$

IP$_3$ 结合并激活位于细胞内 Ca^{2+} 存储区中的 IP$_3$-R[41]。与大多数其他组织相比，以及与高表达兰尼碱受体相比，兰尼碱受体主要负责可以调节心跳的细胞内 Ca^{2+} 循环，心肌细胞中 IP$_3$-R 的表达水平较低[42]。此外，心室肌细胞中的 IP$_3$-R 位于核膜周围[43]，似乎在细胞表面受体激活后远离 IP$_3$ 的生成部位。这些核膜定位的 IP$_3$-R（2）可能提供激活钙调素激活蛋白激酶（CaMKⅡ）所需的局部 Ca^{2+} 信号[44]，参与转录调节。尽管缺乏直接证据，但有研究表明 IP$_3$ 参与心律失常[45-47]和心肌肥大过程[48]。

17.5.2　DAG

由 PLC 产生的另一种产物 DAG 具有复杂的活动范围，所有这些活动都可能导致病变。DAG 最初被发现是 PKC 的激活剂[38]，特别是"常规"PKC 亚型（PKCα，PKCβ，PKCγ，PKCδ，PKCε，PKCη，PKCθ）[49]。除了依赖于 PKC 的作用外，DAG 还直接激活一些 TrpC 通道[50]和蛋白激酶 D[39]。与围绕 IP$_3$ 和 IP$_3$-R 对心脏生理/病理生理的贡献所引起的争议相反，DAG 和 PKC 家族被认为是心脏调节的贡献者。PKC 在心脏调节中所起的作用是复杂的，随 PKC 亚型、发育阶段和激活机制而变化。PKCα 激活可抑制收缩力[51]，但当在缺血和再灌注条件下通过钙蛋白酶裂解去除限制催化活性的调节域时，会产生严重的病理后果[52]。PKCβ 亚型已被证明与糖尿病性心肌病有关[53]。PKCδ 被认为是心脏病理和心脏重塑的重要因素，显然与线粒体凋亡反应的激活有关[54]。PKCε 主要在心脏中起保护作用，是预处理机制的一个组成部分，可减少后续的缺血性损伤，随后将进行更详细的讨论[55]。最近的一篇综述提供了有关 PKC 在生理和病理条件下对心脏信号传导的贡献的详细信息[56]。

17.5.3　PIP$_2$

PLC 激活过程会消耗 PIP$_2$，进而生成 IP$_3$ 和 DAG。PIP$_2$ 的还原通常是局部性的，并且短暂发生，PIP$_2$ 立即被取代，大概是被 PIP 磷酸化了[57, 58]。然而，PLC 诱导的 PIP$_2$ 局部变化可调节离子通道和交换器，这对于维持心律至关重要[40, 59]。PIP$_2$ 通过与肌动蛋白结合蛋白结合维持细胞骨架，这一点至关重要[60]，而 PIP$_2$ 对于将蛋白质定位于质膜也是不可或缺的[61]。

17.6　PLC 参与缺血和缺血后再灌注

心脏缺血是指心脏的血液供应中断，导致氧气和营养物质的丧失，这种情况与心律失常和心肌细胞死亡有关。血液再灌注也与心律不齐、细胞死亡和收缩功能障碍有关。许多研究报道了急性心肌缺血动物模型中 PLC 的活性增加[62-64]。据报道，在短暂缺血后的早期缺血再灌注中 PLC 激活明显增强[65-67]，在这种情况下抑制 PLC 除了改善功能恢复外还成功预防了再灌注心律不齐[45, 46, 68]。但是，由缺血/再灌注激活的 PLC 的亚型及其导致 PLC

响应增强的机制都是未知的。

据报道，人类心肌梗死后边界区和远端心肌中 PLC-β 以及活化的 G 蛋白表达增加，这提示 PLC 活化可能增强[70]，并且可能参与了心脏对慢性缺血的反应。其他研究报道称乙醇对慢性缺血性损伤的保护作用是通过 PLC 活性的升高来介导的，但尚未确定具体作用 PLC 的亚型[71]。

在界定 PLC、其底物和产物对缺血或再灌注反应的贡献时，可能会产生混淆，因为其中之一或两者可能会导致缺血预适应，这种现象可以防止缺血性心律失常和梗死[72]。缺血预适应包括在主要缺血 / 再灌注程序之前对心脏进行短暂的缺血和再灌注。这种预适应程序足以限制缺血后再灌注早期的 PLC 激活[73]。预适应保护可以通过激活在 PLC 下游激活的某些 PKC 亚型来模仿，但使情况更加复杂的是，不同的 PKC 亚型可能会对预适应产生相反的影响[74]。α_1- 肾上腺素受体的任何亚型（α_1A- 或 α_1B-）的过表达都会导致 PLC 对内源性或外源性去甲肾上腺素的反应增强。然而，尽管在常氧状态下这些过表达的转基因菌株中的 PLC 活性增强，但早期再灌注期间的过度反应以及再灌注心律不齐被消除了[75, 76]。据推测，这种明显的矛盾可能由 PKC 激活引发的预适应途径的激活有关。综上所述，这些研究表明，PLC 下游的因子（最可能是 PKC 引发的反应）有效地使心肌进行了预适应，而预适应降低了 PLC 的激活。

17.7   急性和慢性心肌扩张中的 PLC

心肌通过增加心排血量来应对急性牵张，以控制血容量的增加。因此，急性拉伸会导致收缩速率和收缩力的增加。右心房的急性舒张引起心房钠尿肽的大量释放，可能有助于降低血容量[77]。如前所述，除了通过配体受体结合激活外，心脏中的 PLC 还可以通过拉伸而被急性激活[18-21]。在灌注的大鼠心脏制剂中，右心房舒张引起 PLC 激活，这与心房钠尿肽的释放有关[78]。PLC 的拉伸激活需要 Gq，并且可能涉及以不依赖配体的方式起作用的血管紧张素 II 受体（AT1）[21]。Gq 和 AT1 受体的参与表明 PLC-β 亚型对应对急性拉伸起主要作用。

长期增加的壁张力导致室扩张和壁变薄，这最终限制了收缩性能，这些是扩张型心肌病的标志。在患有瓣膜疾病的患者中观察到心房扩张，并且还与心室衰竭相关。有趣的是，在患有瓣膜性心脏病的患者的扩张心房中，以及在具有严重心房扩大和传导阻滞以及房颤敏感的扩张型心肌病小鼠模型的心房中，观察到了 PLC 活性的显著提高[4, 79]。此外，在人类和小鼠中，PLC 活性都与心房容量相关，这表明 PLC 激活是扩张的原因或结果。人和小鼠扩张的心房组织均显示出仅一种 PLC 亚型 PLC-β1b 的表达增加，这表明 PLC-β1b 选择性地参与了心肌慢性扩张的反应。与心房扩张相关的 PLC-β3，PLC-δ1 或 PLC-γ1 的表达没有变化[4]。在这些研究中未测量 PLC-ε，因此尚不能忽略该亚型的作用。尽管 PLC-β1a 在新生大鼠心肌细胞中表达，但在成年人心肌中未以可测量的水平表达。PLC-β1 的两个剪接变体，PLC-β1a 和 PLC-β1b 仅在其极端 C 末端序列上有所不同，如图 17.2 所示。尽管催化结构域和 Gαq 结合区域相同，但我们可以预料到 C 末端序列的差异可能会导致其不同的定位，从而导致不同的活性。

组成活性 Gαq 的过表达足以引起严重的房室扩张和 PLC 活性增强[80]，但在这些过表达 Gαq 的模型中，PLC 在促进心房扩张中的作用存在争议。与野生型不同，过表达的激活 PLC-β 能力降低的 Gαq 突变体不会导致腔室扩张[81]，这为由 Gq 引发的病理反应需要 PLC 活性提供了有力的证据。其他研究表明，过表达 Gαq 的小鼠的心房重构被共表达的 DAG 激酶 ζ 逆转，这是一种消耗 DAG 的酶，DAG 是 PLC 活化的直接产物之一[82]，这显示了 PLC 及其直接产物 DAG 在心房扩张中的关键作用。但是，与这些发现相反，比较两种表达 Gαq 的不同转基因株系的研究报告，发现其扩增程度与 PLC 活化程度无关[83]。如果存在最大水平的 PLC 激活，则可以解释这些明显的差异，高于此水平则进一步增加不会对腔室扩张产生更大的影响。

在细胞水平上，腔室扩张和壁变薄被认为与凋亡和非凋亡机制导致的功能性心肌细胞的丧失有关。Gαq 的活化突变体诱导心肌细胞凋亡的能力已得到充分证明[84]，最近，野生型 PLC-β1b 的过表达也已显示出引起心肌细胞凋亡的作用[85]。因此，升高的 PLC-β1b 活性可能通过促进心肌细胞凋亡而导致表型扩张。

总之，有证据表明 PLC，特别是 PLC-β1b 参与了心肌的急性和慢性扩张的反应，但是所涉及的机制仍有待建立。

17.8　PLC 参与的心肌肥大

早期使用离体心肌细胞或转基因小鼠进行的研究表明，Gq 家族成员在心脏的病理生长和重塑中起着重要作用。Gαq 的过表达，无论是野生型[86]还是组成型活性突变体[80]，都足以引起心肌肥大，当在体内表达时，Gαq 可促进肥大和心力衰竭[84]。更重要的是，在心脏中表达的 Gq 抑制剂可显著降低肥大性生长，以应对压力或容量超负荷的临床相关挑战[87-89]。有研究表明 Gq 在这些病理反应中的明显中心作用是由 PLC-β 亚型介导的，因为它们是 Gq 最为了解的效应蛋白[90]。但是，单体 G 蛋白的 Rho 家族成员在 Gq 的下游被激活[91]，它们也可能促进肥大性反应[92]。

在 PLC-β 家族中，只有 PLCβ1b 在心肌细胞中过表达时会引起肥大，而这种选择性取决于剪接变体特异性 C 末端序列与支架蛋白 Shank3 选择性缔合而促进的肌膜定位[24, 85]。此外，抑制 PLC-β1b 与 Shank3 的结合可防止 Gq 激活后所导致的心肌肥大[85]，这表明，以 PLC-β1b 与肌膜间的靶向作用可能为限制肥大和房室扩张提供了新的靶点。PLC-β1b 和 Shank3 的组织分布均有限，从而开辟了心脏特异性治疗的可能性。除心肌细胞外，Shank3 主要在中央谷氨酸能神经元的突触后密度组分中表达[30]，而 PLC-β1b 则不表达。在神经元中，Shank3 充当支架，促进受体与早期信号蛋白之间的相互作用[93]。在心脏中，Shank3 似乎具有类似的功能，除了与 PLC-β1b 的 C 末端序列相关联外，还与胞衬蛋白[94]和 Homer1c[95]结合。Homer1c 形成可以使 Shank3 交联形成大分子支架的同源二聚体[96]。Homer 促进细胞内 Ca^{2+} 通道，IP$_3$-R 和兰尼碱受体与细胞表面规范瞬时受体电位通道（TrpC）之间的相互作用，因此是局部 Ca^{2+} 响应的调节剂[97]。心肌细胞中 PLC-β1b 的表达导致 Homer1c 表达的增加以及其向 Shank3/PLC-β1b

复合体的转运[95]。这些反应涉及的机制尚不清楚，但对于肥大性反应似乎至关重要。

　　有报道称在人类左心室衰竭时，PLC-ε 表达会升高，由此首次提出 PLC-ε 参与心脏病理的可能性[16]。这个猜想得到了相关研究的支持，研究表明 PLC-$\varepsilon^{-/-}$ 小鼠表现出加剧的肥大性反应，说明 PLC-ε 与 PLC-β1b 相反，它通过抑制肥大性信号传导对心肌具有保护作用。但是，随后在离体心肌细胞中进行的研究对这一结论提出了质疑。这些研究发现，用 siRNA 抑制 PLC-ε 的反应可抑制内皮素或 α1- 肾上腺素能激动剂所引起的肥大[35]，这暗示了和其他研究已表明 PLC-β1b 的作用一样，PLC-ε 也参与了 Gq 引发的肥大[85]。重要的是，PLC 的活性对于 PLC-ε 对心肌肥大的作用是绝对必要的，考虑到这种复杂 PLC 亚型的多种功能，这一点很重要。在心肌细胞中，PLC-ε 通过与肌肉 A 激酶激活蛋白（mAKAPβ，AKAP5）结合而定位在核膜上[35]。这种定位暗示了早期信号响应下游的作用，例如，由 PLC-β1b 启动的响应。与此相符，PLC-ε 的敲低抑制了对多种刺激的反应，包括模拟病理性肥大的 Gq 肥大和由 IGF 治疗引起的肥大，后者被认为是一种与 Gq 无关的生理性肥大模型[35]。这与 PLC-β1b 形成对照，后者的抑制作用选择性地阻止了 Gq 介导的肥大[85]。有明显的证据表明 PLC 参与了心肌肥大，目前的数据支持 PLC-β1b 和 PLC-ε 的作用，二者很可能是在信号响应的不同阶段。

17.9　总结

　　在生理条件下，心脏的功能主要由与 PLC 激活无关的途径调节。然而，已显示 PLC 表达和活性在一系列病理条件下增加，包括缺血 / 再灌注、肥大和扩张，PLC 很可能有助于这些疾病的发展。

参考文献

1. Rhee SG (2001) Regulation of phosphoinositide-specific phospholipase C. Annu Rev Biochem 70:281–312
2. Exton JH (1994) Phosphoinositide phospholipases and G proteins in hormone action. Annu Rev Physiol 56:349–369
3. Arthur JF, Matkovich SJ, Mitchell CJ et al (2001) Evidence for selective coupling of α_1-adrenergic receptors to phospholipase Cβ1 in rat neonatal cardiomyocytes. J Biol Chem 276:37341–37346
4. Woodcock EA, Grubb DR, Filtz TM et al (2009) Selective activation of the "b" splice variant of phospholipase Cβ1 in chronically dilated human and mouse atria. J Mol Cell Cardiol 47:676–683
5. Gresset A, Hicks SN, Harden TK, Sondek J (2010) Mechanism of phosphorylation-induced activation of phospholipase Cγ isozymes. J Biol Chem 285:35836–35847
6. Shen E, Fan J, Chen R et al (2007) Phospholipase Cγ1 signalling regulates lipopolysaccharide-induced cyclooxygenase-2 expression in cardiomyocytes. J Mol Cell Cardiol 43:308–318
7. Allen V, Swigart P, Cheung R et al (1997) Regulation of inositol lipid-specific phospholipase Cδ by changes in Ca^{2+} ion concentrations. Biochem J 327:545–552
8. Woodcock EA, Mitchell CJ, Biden TJ (2003) Phospholipase Cδ1 does not mediate Ca^{2+}

responses in neonatal rat cardiomyocytes. FEBS Lett 546:325–328

9. Kelley GG, Reks SE, Ondrako JM, Smrcka AV (2001) Phospholipase Cε: a novel Ras effector. EMBO J 20:743–754

10. Sorli SC, Bunney TD, Sugden PH et al (2005) Signaling properties and expression in normal and tumor tissues of two phospholipase Cε splice variants. Oncogene 24:90–100

11. Woodcock EA, White LBS, Smith AI, McLeod JK (1987) Stimulation of phosphatidylinositol metabolism in the isolated, perfused rat heart. Circ Res 61:625–631

12. Brown SL, Brown JH (1983) Muscarinic stimulation of phosphatidylinositol metabolism in atria. Mol Pharmacol 24:351–356

13. Kuraja IJ, Tanner JK, Woodcock EA (1990) Endothelin stimulates phosphatidylinositol turnover in rat right and left atria. Eur J Pharmacol 189:299–306

14. Wu D, Lee C, Rhee S, Simon M (1992) Activation of phospholipaseC by the α subunits of the Gq and G11 proteins in transfected cos-7 cells. J Biol Chem 25:1811–1817

15. Ibarra C, Estrada M, Carrasco L et al (2004) Insulin-like growth factor-1 induces an inositol 1,4,5-*tris*phosphate-dependent increase in nuclear and cytosolic calcium in cultured rat cardiac myocytes. J Biol Chem 279:7554–7565

16. Wang H, Oestreich EA, Maekawa N et al (2005) Phospholipase Cε modulates β-adrenergic receptor dependent cardiac contraction and inhibits cardiac hypertrophy. Circ Res 97:1305–1313

17. Kelley GG, Reks SE, Smrcka AV (2004) Hormonal regulation of phospholipase Cε through distinct and overlapping pathways involving G12 and Ras family G-proteins. Biochem J 378:129–139

18. von Harsdorf R, Lang R, Woodcock EA (1989) Dilatation of the right atrium stimulates phosphatidylinositol turnover. Clin Exp Pharmacol Physiol 16:341–344

19. von Harsdorf R, Lang R, Fullerton M, Woodcock EA (1989) Myocardial stretch stimulates phosphatidylinositol turnover. Circ Res 65:494–501

20. Sadoshima J, Izumo S (1993) Mechanical stretch rapidly activates multiple signal transduction pathways in cardiac myocytes—potential involvement of an autocrine/paracrine mechanism. EMBO J 12:1681–1692

21. Storch U, Schnitzler MMY, Gudermann T (2012) G protein-mediated stretch reception. Am J Physiol 302:H1241–H1249

22. Hwang JI, Kim HS, Lee JR et al (2005) The interaction of phospholipase Cβ3 with Shank2 regulates mGluR-mediated calcium signal. J Biol Chem 280:12467–12473

23. Hwang JI, Heo K, Shin KJ et al (2000) Regulation of phospholipase Cβ3 activity by Na+/H+ exchanger regulatory factor 2. J Biol Chem 275:16632–16637

24. Grubb DR, Vasilevski O, Huynh H, Woodcock EA (2008) The extreme C-terminal region of phospholipase Cβ1 determines subcellular localization and function; the "b" splice variant mediates α1-adrenergic receptor responses in cardiomyocytes. FASEB J 22:2768–2774

25. Tang Y, Tang J, Chen Z et al (2000) Association of mammalian Trp4 and phospholipase C isozymes with a PDZ domain-containing protein, NHERF. J Biol Chem 275:37559–37564

26. Mahon MJ, Segre GV (2004) Stimulation by parathyroid hormone of a NHERF-1-assembled complex consisting of the parathyroid hormone I receptor, phospholipase Cβ, and actin increases intracellular calcium in opossum kidney cells. J Biol Chem 279:23550–23558

27. Suh PG, Hwang JI, Ryu SH et al (2001) The roles of PDZ-containing proteins in PLCβ-mediated signaling. Biochem Biophys Res Commun 288:1–7

28. Kaneko T, Li L, Li SS (2008) The SH3 domain—a family of versatile peptide- and protein-recognition module. Front Biosci 13:4938–4952

29. Schlundt A, Sticht J, Piotukh K et al (2009) Proline-rich sequence recognition. Mol Cell Proteomics 8:2474–2486

30. Lim S, Naisbitt S, Yoon J et al (1999) Characterization of the Shank family of synaptic proteins. Multiple genes, alternative splicing, and differential expression in brain and development. J Biol Chem 274:29510–29518

31. Vasilevski O, Grubb DR, Filtz TM et al (2008) Ins(1,4,5)P₃ regulates phospholipase Cβ1 expression in cardiomyocytes. J Mol Cell Cardiol 45:679–684

32. Zachos NC, van Rossum DB, Li XH et al (2009) Phospholipase Cγ binds directly to the Na+/H+ exchanger 3 and is required for calcium regulation of exchange activity. J Biol Chem 284:19437–19444

33. van Rossum DB, Patterson RL, Sharma S et al (2005) Phospholipase Cγ1 controls surface expression of TRPC3 through an intermolecular PH domain. Nature 434:99–104

34. Onohara N, Nishida M, Inoue R et al (2006) TRPC3 and TRPC6 are essential for angiotensin II-induced cardiac hypertrophy. EMBO J 25:5305–5316

35. Zhang L, Malik S, Kelley GG et al (2011) Phospholipase Cε scaffolds to muscle-specific A

kinase anchoring protein (mAKAPβ) and integrates multiple hypertrophic stimuli in cardiac myocytes. J Biol Chem 286:23012–23021

36. Rauch H, Motsch J, Bottiger BW (2006) Newer approaches to the pharmacological management of heart failure. Curr Opin Anaesthesiol 19:75–81

37. Streb H, Bayerdorffer E, Haase W et al (1984) Effect of inositol-1,4,5-*tris*phosphate on isolated subcellular fractions of rat pancreas. J Membr Biol 81:241–253

38. Nishizuka Y (1984) Protein kinases in signal transduction. Trends Biochem Sci 9:163–166

39. Rybin VO, Guo J, Harleton E et al (2012) Regulatory domain determinants that control PKD1 activity. J Biol Chem 287:22609–22615

40. Woodcock EA, Kistler PM, Ju YK (2009) Phosphoinositide signalling and cardiac arrhythmias. Cardiovasc Res 82:286–295

41. Streb H, Irvine R, Berridge M, Schulz I (1983) Release of Ca^{2+} from a nonmitochondrial intracellular store in pancreatic acinar cells by inositol-1,4,5-*tris*phosphate. Nature 306:67–68

42. Marks AR (2000) Cardiac intracellular calcium release channels: role in heart failure. Circ Res 87:8–11

43. Wu X, Bers DM (2006) Sarcoplasmic reticulum and nuclear envelope are one highly interconnected Ca^{2+} store throughout cardiac myocyte. Circ Res 99:283–291

44. Wu X, Zhang T, Bossuyt J et al (2006) Local InsP$_3$-dependent perinuclear Ca^{2+} signaling in cardiac myocyte excitation-transcription coupling. J Clin Invest 116:675–682

45. Jacobsen AN, Du XJ, Dart AM, Woodcock EA (1997) Ins(1,4,5)P$_3$ and arrhythmogenic responses during myocardial reperfusion: evidence for receptor specificity. Am J Physiol 42:H1119–H1125

46. Du X-J, Anderson K, Jacobsen A et al (1995) Suppression of ventricular arrhythmias during ischaemia-reperfusion by agents inhibiting Ins(1,4,5)P$_3$ release. Circulation 91:2712–2716

47. Li X, Zima AV, Sheikh F et al (2005) Endothelin-1-induced arrhythmogenic Ca^{2+} signaling is abolished in atrial myocytes of inositol-1,4,5-trisphosphate (IP$_3$)-receptor type 2-deficient mice. Circ Res 96:1274–1281

48. Nakayama H, Bodi I, Maillet M et al (2010) The IP$_3$ receptor regulates cardiac hypertrophy in response to select stimuli. Circ Res 107:659–666

49. Newton AC (2009) Lipid activation of protein kinases. J Lipid Res 50(suppl):S266–S271

50. Lemonnier L, Trebak M, Putney JW (2008) Complex regulation of the TRPC3, 6 and 7 channel subfamily by diacylglycerol and phosphatidylinositol-4,5-*bis*phosphate. Cell Calcium 43:506–514

51. Braz JC, Gregory K, Pathak A et al (2004) PKCα regulates cardiac contractility and propensity toward heart failure. Nat Med 10:248–254

52. Zhang Y, Matkovich SJ, Duan XJ et al (2011) Receptor-independent protein kinase Cα (PKCα) signaling by calpain-generated free catalytic domains induces HDAC5 nuclear export and regulates cardiac transcription. J Biol Chem 286:26943–26951

53. Inoguchi T, Battan R, Handler E et al (1992) Preferential elevation of protein kinase C isoform βII and diacylglycerol levels in the aorta and heart of diabetic rats: differential reversibility to glycemic control by islet cell transplantation. Proc Natl Acad Sci U S A 89:11059–11063

54. Murriel CL, Churchill E, Inagaki K et al (2004) Protein kinase Cδ activation induces apoptosis in response to cardiac ischemia and reperfusion damage—a mechanism involving BAD and the mitochondria. J Biol Chem 279:47985–47991

55. Ping PP, Zhang J, Qiu YM et al (1997) Ischemic preconditioning induces selective translocation of protein kinase C isoforms epsilon and eta in the heart of conscious rabbits without subcellular redistribution of total protein kinase C activity. Circ Res 81:404–414

56. Steinberg SF (2012) Cardiac actions of protein kinase C isoforms. Physiology 27:130–139

57. Nasuhoglu C, Feng SY, Mao YP et al (2002) Modulation of cardiac PIP$_2$ by cardioactive hormones and other physiologically relevant interventions. Am J Physiol 283:C223–C234

58. Meyer T, WellnerKienitz MC, Biewald A et al (2001) Depletion of phosphatidylinositol 4,5-*bis*phosphate by activation of phospholipase C-coupled receptors causes slow inhibition but not desensitization of G protein-gated inward rectifier K$^+$ current in atrial myocytes. J Biol Chem 276:5650–5658

59. Cho H, Kim YA, Yoon JY et al (2005) Low mobility of phosphatidylinositol 4,5-*bis*phosphate underlies receptor specificity of Gq-mediated ion channel regulation in atrial myocytes. Proc Natl Acad Sci U S A 102:15241–15246

60. Nebl T, Oh SW, Luna EJ (2000) Membrane cytoskeleton: PIP$_2$ pulls the strings. Curr Biol 10:R351–R354

61. Falkenburger BH, Jensen JB, Dickson EJ et al (2010) Phosphoinositides: lipid regulators of

membrane proteins. J Physiol 588:3179–3185

62. Schwertz D, Halverson J, Isaacson T et al (1987) Alterations on phospholipid metabolism in the globally ischemic rat heart: emphasis on phosphoilositide specific phospholipase C activity. J Mol Cell Cardiol 19:685–697

63. Corr PB, Yamada KA, DaTorre SD (1990) Modulation of α-adrenergic receptors and their intracellular coupling in the ischemic heart. Basic Res Cardiol 85(suppl 1):31–45

64. Woodcock E, Lambert K, Phan T, Jacobsen A (1997) Inositol phosphate metabolism during myocardial ischemia. J Mol Cell Cardiol 29:449–460

65. Anderson K, Dart A, Woodcock E (1995) Inositol phosphate release and metabolism during myocardial ischemia and reperfusion in rat heart. Circ Res 76:261–268

66. Lochner A, Tromp E, Mouton R (1996) Signal transduction in myocardial ischaemia and reperfusion. Mol Cell Biochem 161:129–136

67. Huisamen B, Mouton R, Opie LH, Lochner A (1994) Effects of ischaemia, reperfusion and α1-adrenergic receptor stimulation on the inositol *tris*phosphate receptor population in rat heart atria and ventricles. Mol Cell Biochem 140:23–30

68. Jacobsen AN, Du XJ, Lambert KA et al (1996) Arrhythmogenic action of thrombin during myocardial reperfusion via release of inositol 1,4,5-triphosphate. Circulation 93:23–26

69. Asemu G, Dhalla NS, Tappia PS (2004) Inhibition of PLC improves postischemic recovery in isolated rat heart. Am J Physiol 287:H2598–H2605

70. Ju H, Zhao S, Tappia PS et al (1998) Expression of Gqα and PLCβ in scar and border tissue in heart failure due to myocardial infarction. Circulation 97:892–899

71. Miyamae M, Domae N, Zhou HZ et al (2003) Phospholipase C activation is required for cardioprotection by ethanol consumption. Exp Clin Cardiol 8:184–188

72. Downey JM (1992) Ischemic preconditioning—nature's own cardioprotective intervention. Trends Cardiovasc Med 2:170–176

73. Anderson KE, Woodcock EA (1995) Preconditioning of perfused rat heart inhibits reperfusion-induced release of inositol(1,4,5)*tris*phosphate. J Mol Cell Cardiol 27:2421–2431

74. Duquesnes N, Lezoualc'h F, Crozatier B (2011) PKCδ and PKCε: foes of the same family or strangers? J Mol Cell Cardiol 51:665–673

75. Harrison SN, Autelitano DJ, Wang BH et al (1998) Reduced reperfusion-induced Ins(1,4,5)P3 generation and arrhythmias in hearts expressing constitutively active α1B-adrenergic receptors. Circ Res 83:1232–1240

76. Amirahmadi F, Turnbull L, Du XJ et al (2008) Heightened α1A-adrenergic receptor activity suppresses ischaemia/reperfusion-induced Ins(1,4,5)P3 generation in the mouse heart: a comparison with ischaemic preconditioning. Clin Sci (Lond) 114:157–164

77. Lang RE, Tholken H, Ganten D et al (1985) Atrial natriuretic factor—a circulating hormone stimulated by volume loading. Nature 314:264–266

78. von Harsdorf R, Lang R, Fullerton M et al (1988) Right atrial dilatation increases inositol-(1,4,5)*tris*phosphate accumulation: implications for the control of atrial natriuretic peptide secretion. FEBS Lett 233:201–215

79. Pretorius L, Du XJ, Woodcock EA et al (2009) Reduced phosphoinositide 3-kinase (p110α) activation increases the susceptibility to atrial fibrillation. Am J Pathol 175:998–1009

80. Mende U, Kagen A, Cohen A et al (1998) Transient cardiac expression of constitutively active Gαq leads to hypertrophy and dilated cardiomyopathy by calcineurin-dependent and independent pathways. Proc Natl Acad Sci U S A 95:13893–13898

81. Lu Z, Jiang YP, Ballou LM et al (2005) Gαq inhibits cardiac L-type Ca^{2+} channels through phosphatidylinositol 3-kinase. J Biol Chem 280:40347–40354

82. Hirose M, Takeishi Y, Niizeki T et al (2009) Diacylglycerol kinase ζ inhibits Gαq-induced atrial remodeling in transgenic mice. Heart Rhythm 6:78–84

83. Mende U, Semsarian C, Martins DC et al (2001) Dilated cardiomyopathy in two transgenic mouse lines expressing activated G protein αq: lack of correlation between phospholipase C activation and the phenotype. J Mol Cell Cardiol 33:1477–1491

84. Adams JW, Sakata Y, Davis MG et al (1998) Enhanced Gαq signaling: a common pathway mediates cardiac hypertrophy and apoptotic heart failure. Proc Natl Acad Sci U S A 95:10140–10145

85. Filtz TM, Grubb DR, McLeod-Dryden TJ et al (2009) Gq-initiated cardiomyocyte hypertrophy is mediated by phospholipase Cβ1b. FASEB J 23:3564–3570

86. Sakata Y, Hoit BD, Liggett SB et al (1998) Decompensation of pressure-overload hypertrophy in Gαq-overexpressing mice. Circulation 97:1488–1495

87. Akhter SA, Luttrell LM, Rockman HA et al (1998) Targeting the receptor-Gq interface to inhibit in vivo pressure overload myocardial hypertrophy. Science 280:574–577

88. Esposito G, Rapacciuolo A, Naga Prasad SV et al (2002) Genetic alterations that inhibit in vivo pressure-overload hypertrophy prevent cardiac dysfunction despite increased wall stress. Circulation 105:85–92

89. Wettschureck N, Rutten H, Zywietz A et al (2001) Absence of pressure overload induced myocardial hypertrophy after conditional inactivation of Gαq/Gα11 in cardiomyocytes. Nat Med 7:1236–1240

90. Smrcka AV, Hepler JR, Brown KO, Sternweis PC (1991) Regulation of polyphosphoinositide-specific phospholipase C activity by purified Gq. Science 251:804–807

91. Shankaranarayanan A, Thal DM, Tesmer VM et al (2008) Assembly of high order Gαq-effector complexes with RGS proteins. J Biol Chem 283:34923–34934

92. Rojas RJ, Yohe ME, Gershburg S et al (2007) Gαq directly activates p63RhoGEF and Trio via a conserved extension of the Dbl homology-associated pleckstrin homology domain. J Biol Chem 282:29201–29210

93. Kreienkamp HJ (2008) Scaffolding proteins at the postsynaptic density: shank as the architectural framework. Handb Exp Pharmacol 186:365–380

94. Grubb DR, Iliades P, Cooley N et al (2011) Phospholipase C β1b associates with a Shank3 complex at the cardiac sarcolemma. FASEB J 25:1040–1047

95. Grubb DR, Luo JT, Yu YL, Woodcock EA (2012) Scaffolding protein Homer 1c mediates hypertrophic responses downstream of Gq in cardiomyocytes. FASEB J 26:596–603

96. Tu JC, Xiao B, Naisbitt S et al (1999) Coupling of mGluR/Homer and PSD-95 complexes by the Shank family of postsynaptic density proteins. Neuron 23:583–592

97. Yuan JP, Lee KP, Hong JH, Muallem S (2012) The closing and opening of TRPC channels by Homer1 and STIM1. Acta Physiol 204:238–247

18 心肌肥大过程中磷脂酶 C 的活化

ParamjitS.Tappia 和 NaranjanS.Dhalla

摘要 去甲肾上腺素被认为可通过磷脂酶 C（PLC）的 α_1- 肾上腺素受体激活并介导心肌细胞肥大反应。然而，在正常和肥大心肌中具体的 PLC 同工酶基因和蛋白质表达以及活性的调节机制尚不明确。在本章中，我们概述了 PLC 介导的信号转导通路在心肌肥大中的作用。我们还确定了可能参与调节 PLC 同工酶基因表达、蛋白质丰度和活性的一些机制。尽管 PLC 在心肌细胞肥大中起关键作用，但此处提供的证据表明 PLC 活性调节其自身的基因表达，这种基因表达使肥大信号持续长时间存在，从而导致心脏肥大加剧并最终转变为心力衰竭。

关键词 磷脂酶 C；成年心肌细胞；PLC 介导的信号转导；PLC 基因表达的调节；心肌肥大；去甲肾上腺素；α_1- 肾上腺素受体，血管紧张素 II 和内皮素 -1

18.1　引言

心肌肥大是一种对激素和机械刺激的适应性反应，这些刺激会增加心脏做功[1]。在初期，心脏质量的增加会使心室机能亢进，以补偿心肌上增加的压力。然而，长时间的压力最终会导致充血性心力衰竭（CHF）。心肌肥大的特征是在不存在细胞分裂的情况下细胞大小增加，单个细胞的蛋白质含量增加[2]，以及所谓的胚胎基因，即 α-骨骼肌动蛋白，α-平滑肌肌动蛋白，β-肌球蛋白重链和心钠素（ANF）的重新表达。然而，运动引起的心肌肥大和甲状腺激素引起的心肌肥大不会导致胚胎基因程序重新表达。多种不同的刺激物[3-9]，包括去甲肾上腺素（NE）、血管紧张素Ⅱ（AngⅡ）和内皮素-1（ET-1）[10-15]，通过激活磷脂酶 C（PLC）来触发心肌肥大（图 18.1）。此外，这些不同的刺激物中的每一个都会诱导出不同的表型，呈现出不同的基因表达模式和细胞形态特征。本章重点讨论 PLC 在心肌肥大中的作用，并确定一些与 PLC 同工酶基因表达调控有关的机制。

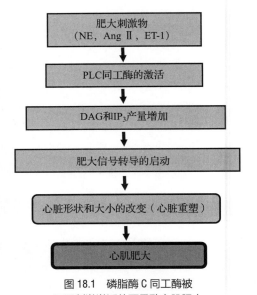

图 18.1　磷脂酶 C 同工酶被不同刺激激活从而导致心肌肥大

NE—去甲肾上腺素　AngⅡ—血管紧张素Ⅱ　ET-1—内皮素-1　PLC—磷脂酶 C　DAG—甘油二酯　IP$_3$—肌醇-1,4,5-三磷酸

18.2　心肌磷脂酶 C 同工酶

PLC 同工酶在激活不同的细胞内信号转导途径中起着关键作用[16-18]，特别是在调节各种细胞功能的早期关键事件中[19]。许多不同的激动剂（包括 NE、AngⅡ和 ET-1）与它们各自的 G 蛋白（Gq 亚家族）偶联受体结合并激活 PLC[19-29]。PLC 同工酶家族由 6 个亚家族组成：PLC-β，PLC-γ，PLC-δ，PLC-ε，PLC-ζ 和 PLC-η[19, 30-34]；PLC-β，PLC-δ，PLC-γ 和 PLC-ε 同工酶似乎是心脏中的主要表达形式[35-37]。尽管这些同工酶在结构和激活机制上存在差异，它们产生活性却都需要 Ca^{2+}。但是它们对 Ca^{2+} 的敏感性不同，因此有人认为 PLC 同工酶的激活既有 Ca^{2+} 依赖型，又有 Ca^{2+} 非依赖型[19, 30, 38]。然而，每种 PLC 同工酶在心肌肥大反应中的独特作用及其功能上相互交叉重叠的程度尚未完全确定。PLC 同工酶总是存在于心肌细胞的胞质区中，并迁移到脂质底物所在的膜上[25]。PLC 的激活导致 PIP$_2$ 水解，生成 DAG 和 IP$_3$。DAG 与磷脂酰丝氨酸协同作用，在某些情况下还与 Ca^{2+} 结合，以激活含有富含半胱氨酸的 C-1 结构域的蛋白激酶 C（PKC）亚型[39]。被 DAG 激活的 PKC 家族成员可调节收缩特性

并促进细胞生长和存活[40-44]。

另一方面，心脏中 IP_3 的功能意义一直存在争议[45, 46]。IP_3 受体（IP_3R）与细胞内 Ca^{2+} 释放通道紧密相关[47]。然而，相对于作为兴奋 – 收缩偶联（ECC）中 Ca^{2+} 的主要来源的兰尼碱受体（RyR），心肌细胞中 IP_3R 的含量较低[48]。有研究认为，IP_3R 可能会导致心房 ECC 的改变和心律失常的发生[49, 50]。2 型 IP_3R 是心肌细胞中 IP_3R 的主要亚型，主要位于心室心肌细胞的核膜中，但其在心脏中的作用尚不清楚。在这方面，据报道，ET-1 通过 2 型 IP_3R 型引起局部核被膜 Ca^{2+} 释放[47]。此外，局部 Ca^{2+} 释放导致转录激活，这表明 PLC 衍生的 IP_3 在肥大基因表达调控中的作用，即所谓的激发 – 转录偶联[47]。由 cAMP 直接激活的交换蛋白（Epac）正在成为心脏病理生理学的新调节剂[51]。Epac 可以以 PLC 和 Ca^{2+}/钙调蛋白激酶Ⅱ（CaMKⅡ）依赖性方式诱导肌质网 Ca^{2+} 释放[52]。此外，Epac 被认为通过激活涉及 PLC 的信号转导途径，在激活激发 – 转录偶联和诱导心肌肥大[51, 52]中起作用。

18.3　磷脂酶 C 在心肌肥大中的作用

以前我们曾报道过在成人离体左心室（LV）心肌细胞中，NE 诱导 ANF 基因表达和蛋白质合成增加，而这种增加可被 PLC 抑制剂 U73122 以及 α_1- 肾上腺素受体（α_1-AR）阻断剂哌唑嗪弱化[20]。有趣的是，心肌特异性 α_{1A}-AR 的过表达会导致 NE 刺激的 PLC 活性略有增加，而不会影响基础 PLC 活性。然而，在这项研究中没有观察到 LV 肥大的形态学、组织学或超声心动图证据[53]。此外，除了 ANF mRNA 增加之外，其他与肥大相关基因的表达也没有变化。另外，小鼠心脏中 α_{1B}-AR 的特异性表达会导致 PLC 的激活，这可通过小鼠心肌 DAG 含量的增加来证明[54]。此外，在成年转基因小鼠中，随着心脏 / 体重比增加，心肌细胞横截面积和心室 ANF mRNA 水平的增加，出现了与心肌肥大一致的表型[54]。因此，α_{1B}-AR 似乎是与心肌肥大有关的首要因素。

据报道，新生大鼠心肌细胞中 NE 诱导的 IP_3 产生主要是由于 α_1-AR 介导的 PLC $\beta1$ 的活化[55]。PLC-$\beta1$ 以两个剪接体形式存在，即 PLC-$\beta1a$ 和 PLC-$\beta1b$，它们仅在 C 末端序列长度上有所不同，分别具有 64 和 31 个氨基酸。PLC-$\beta1a$ 位于细胞质中，而 PLC-$\beta1b$ 靶向 SL，并富集在微囊中，α_1-AR 信号也位于微囊中[56]。此外，在心肌细胞中，由 α_1-AR 激活引发的反应仅涉及 PLC-$\beta1b$。因此，这种剪接体对 SL 膜的选择性靶向提供了减少肥大的潜在靶点[56]。

PLC 在不同类型的心肌肥大发展中的作用已得到充分证明。例如，据报道，易发脑卒中的自发性高血压大鼠心肌肥大的发展与 PLC 有关[57, 58]。据报道，心肌病仓鼠（BIO 14.6）心肌肥大的发展与 PLC 活性的增加有关[59]。我们先前曾报道过肥大大鼠心脏中 PLC 同工酶基因和蛋白质表达以及活性的增加，这是由于动静脉分流引起的容量超负荷[60, 61]。具体而言，在这种容量超负荷模型中，PLC-$\beta1$ 和 PLC-$\gamma1$ 的增加与肥大阶段相关[33]。与之相反，据报道，由于豚鼠胸降主动脉结扎而引起的压力超负荷会使豚鼠肥大期间 PLC-$\beta1$ 和 Gαq 蛋白水平没有变化[62]。然而，PKC 同工酶从细胞质到膜部分的转位增加。这些研究者认为，PKC 转位发生时 Gαq 和 PLC-β 蛋白丰度没有变化的原因可能是 PKC 转位会使 Gαq 和 PLC-$\beta1$ 活性增加，而不是表达上调[62]，但是该研究过程中未测定 PLC-$\beta1$ 的活性。

在 2K1C 高血压大鼠心肌肥大的发展过程中，已经发现了 PLC-β3 蛋白表达和活性的上调[63]。此外，这些研究人员观察到新生大鼠心肌细胞中 PLC-β3 蛋白水平升高，这是由 Ang II 所引起的，这一变化可以被 AT$_1$ 受体阻滞剂氯沙坦抑制[63]。有趣的是，我们先前已经证明，在诱导容量超负荷肥大（由动静脉分流造成）后，立即使用氯沙坦治疗会导致 PLC 同工酶基因表达（可能还有 PLC 活性）的减弱，这被发现与心肌肥大的消退相关[61]。其他研究也表明，对 AngII 1 型受体以及 α_1-AR 和 ET-1 A 型受体的拮抗作用可减缓心肌肥大发展为心力衰竭的进程[64-72]。

据报道，新生儿心肌细胞中细胞拉伸引起的机械应力也会增加 PLC 的活性[73]。然而，这些研究[73, 74]未尝试鉴定引起此类反应的 PLC 同工酶。通过 Gαq 和 rac1 刺激信号传导途径会在培养的心肌细胞和转基因小鼠模型中引起心肌肥大[75-78]。此外，据报道 AngII 1 型受体（Gαq 偶联受体）过表达会诱导心肌肥大[79]。第一个支持肥大 Gαq 机制的转基因小鼠心肌肥大模型是通过使用 α-MHC 启动子在心脏中过表达野生型 Gαq 得到的[75]。Gαq 的四倍过表达会导致心脏质量和心肌细胞大小增加以及 ANF、α- 骨骼肌动蛋白和 β- 肌球蛋白重链表达显著增加。由于 PLC-β 是 Gαq 必不可少的下游效应子[19]，因此，这些观察结果似乎暗示了心肌肥大中 PLC-β 同工酶的激活。体内的 Gαq 表达可显著增强心脏 PLC-β 的活性[80, 81]。在转基因小鼠品系（αq*52）中，在心脏特异性表达血凝素（HA）表位标记的 Gαq 亚基（HAαq*）组成型活性突变体可导致 HAαq* 的直接下游靶点 PLC-β 的激活，从而导致心肌肥大和扩张的发展。然而，在第二个具有相同遗传背景（αq*44h）但 HAαq* 蛋白表达较低的独立品系中，最终造成的扩张型心肌病的表型相同，但未发现这一结果与 PLC 活性相关[82]。

G 蛋白受 RGS（G 蛋白信号调节剂）蛋白调节后，细胞对外部信号的反应时间缩短，这通常会导致激素敏感性降低[83]。尽管 RGS 蛋白的主要作用方式是通过减少与 GTP 结合的活性 Gα 亚基的寿命来加速信号终止，但某些 RGS 蛋白也可以通过拮抗 Gα 介导的效应器激活来抑制信号的产生[84]。在这方面，据报道，在两种不同的心肌肥大模型（转基因 Gαq 表达和压力超负荷）中，内源性心室 RGS2 表达被选择性降低，这与 PLC-β 活性升高有关[85]。推测内源性 RGS2 在功能上对 Gq/11 介导的 PLC-β 活化和肥大具有重要的抑制作用，并得出结论：RGS2 下调引起的 PLC-β 信号的心脏微调丧失可能在 Gq/11 介导的心肌肥大的发展过程中发挥病理生理作用。然而，尽管有证据表明 RGS2 在负调节 Gq/11 信号转导和肥大中起作用，但转基因小鼠体内心肌细胞特异性 RGS2 的过表达在压力超负荷时并未减弱心室 Gq/11 介导的信号转导和肥大[86]。

虽然 PLC 同工酶的激活是成年心肌肥大的重要信号事件[20, 21, 60, 87]，但据报道在 PLC-ε 基因敲除小鼠中，PLC-ε 信号的丢失可使心脏对慢性异丙肾上腺素治疗后引起的心肌肥大发展进程敏感[37]。另外，使用 siRNA 的 PLC-ε 耗竭可减少新生大鼠心肌细胞对 NE、ET-1 和胰岛素样生长因子 1（IGF-1）的肥大反应[88]。这些作者还观察到肥大发展需要 PLC-ε 活性。然而，PLC-ε 的耗竭并没有减少磷脂酰肌醇的产生，这表明需要局部的 PLC 活性发挥。PLC-ε 被支架固定在新生大鼠心肌细胞核膜上的肌肉特异性 A 激酶锚定蛋白（mAKAP β）上，这表明 PLC-ε 可能参与上游信号转导的整合，以产生调节心肌肥大的核信号[88]。在同一小组的后续研究中报道了核周 PLC-ε 在高尔基体中紧邻核膜的位置生成 DAG，以调节核蛋白激酶 D 和肥大信号通路的激活[89]。尽管与 PLC 激活无关的心肌肥大也有被报道[82, 90]，但从前面的讨论中可以明显看出，特定的 PLC 同工酶可能在心肌肥大中被激活的信号转导途径中起一定作用。

18.4　磷脂酶 C 同工酶基因表达的调控

在新生大鼠心肌细胞中，NE 已显示可增加 PLC-β1 的表达[8]。此外，在同一研究中，生长激素和 IGF-1 均诱导了 PLC-β3 mRNA 表达的显著增加。此外，IGF-1 引起的 PLC-β3 上调可通过将心肌细胞与以下试剂预孵育而完全消除：IGF-1 类似物（一种 IGF-1 受体拮抗剂）、染料木黄酮（酪氨酸激酶抑制剂）、PD98059［一种细胞外信号调节激酶（ERK）抑制剂］、渥曼青霉素（一种磷脂酰肌醇激酶抑制剂）和雷帕霉素（一种 p70 S6 激酶抑制剂）[8]。有趣的是，通过与针对 PLC-β3 的反义寡核苷酸预孵育，消除了 IGF-1 对立早基因 c-myc、c-fos 和 c-jun 的诱导。这项研究证明了不同的肥大刺激对 PLC-β 同工酶基因表达的差异调节[8]。此外，发现 IGF-1 对 PLC-β3 的上调是通过酪氨酸激酶，ERK，PI-3 激酶和 p70 S6 激酶介导的。重要的是，PLC-β3 的表达似乎是 IGF-1 诱导立早基因所必需的。

IP$_3$ 5- 磷酸酶的过表达已表明可导致 IP$_3$ 对 α_1-AR 激动剂的反应急剧降低，但随着刺激时间的延长，观察到 PLC 活性总体增加，这与 PLC-β1 表达的选择性增加有关，PLC-β1 表达的选择性增加可以使新生大鼠心肌细胞的 IP$_3$ 含量正常化[46]。这些研究人员认为，IP$_3$ 的水平选择性地调节了 PLC-β1 的表达。此外，还表明来自 2 型 IP$_3$R 敲除小鼠的心脏具有更高的 PLC-β1 表达水平。因此，得出的结论是，IP$_3$ 和 2 型 IP$_3$R 调节 PLC-β1 并因此维持 IP$_3$ 的水平[46]，从而为心脏中的 IP$_3$ 提供了进一步的功能意义。此前我们已经报道过，NE 介导的心肌肥大可能是由于 α_1-AR 的刺激和 PLC 活性而发生的[20]。我们还研究了成年心肌细胞对 NE 的响应中 PLC 同工酶基因表达调控所涉及的信号转导机制[24]。在这项研究里，使用哌唑嗪或 U73122 预处理的心肌细胞中 NE 诱导的 PLC-β1，PLC-β3，PLC-γ1 和 PLC-δ1 同工酶 mRNA 和蛋白质水平的增加被减弱。哌唑嗪和 U73122 的作用与抑制 PLC 活性有关。我们还观察到 PKC 抑制剂双吲哚马来酰亚胺 -1 和 ERK1/2 抑制剂 PD98059 对 NE 刺激的 PLC 蛋白和基因表达的抑制作用，表明 PKC-MAPK 信号传导可能参与了该信号转导途径。相反，在用 PKC 激活剂佛波醇 -12-肉豆蔻酸酯 -13-醋酸酯治疗后，心肌细胞中 PLC 同工酶基因和蛋白质水平增加。综上所述，这表明 PLC 同工酶可能通过 PKC 和 ERK1/2 依赖性途径调节其自身的基因表达（图 18.2）。

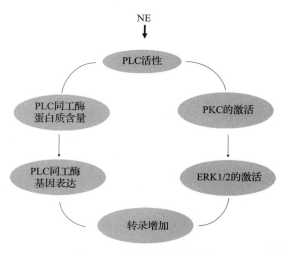

图 18.2　响应去甲肾上腺素的
自身磷脂酶 C 同工酶基因表达的机制
NE—去甲肾上腺素　PLC—磷脂酶 C　PKC—蛋白激
酶 C　ERK1/2—细胞外调节激酶 1 和激酶 2

服用 NE 后，大鼠心脏中 c-fos 水平升高[91, 92]。拉伸分离的新生大鼠心肌细胞或使其暴露于 NE 也会提高 c-fos 的 mRNA 水平并产生细胞肥大[93-95]。尽管已表明其他细胞类型中介导 c-fos 的 NE 诱导的途径涉及 PKC，但尚不清楚可能是该信号传导途径一部分的特异性 PLC 同工酶的身份。此外，由于 ERK1/2 被认为在 c-jun 的 mRNA 和蛋白质水平上调中起主要作用[95]，因此该转录因子可能在成年心肌细胞响应 α_1-AR 刺激而发生的 PLC 同工酶 mRNA 水平的调节中发挥作用。尽管众所周知 c-fos 和 c-jun 都调节心脏中许多基因的表达[2, 96-98]，但我们已经发现了这些转录因子也参与了调节特异性 PLC 同工酶基因的表达[99]。在这项研究中，发现用 PLC 同工酶特异性 siRNA 转染心肌细胞可防止 NE 介导的相应 PLC 同工酶的基因表达、蛋白质含量以及活性的增加。与 PLC-γ1 基因不同，使用 siRNA 沉默 PLC-β1，PLC-β3 和 PLC-δ1 基因可阻止 NE 引起的 c-fos 和 c-jun 基因表达增加。另外，c-jun siRNA 转染可抑制 NE 诱导的 c-jun 以及 PLC-β1，PLC-β3 和 PLC-δ1 基因表达的增加，但对 PLC-γ1 基因表达没有影响。c-fos siRNA 转染心肌细胞可阻止 NE 诱导的 c-fos，PLC-β1 和 PLC-β3 基因表达，然而它不影响 PLC-δ1 和 PLC-γ1 基因表达的增加。沉默 c-fos 或 c-jun 也会以同工酶特异性方式抑制 NE 介导的 PLC-β1，PLC-β3 和 PLC-γ1 蛋白含量和同工酶活性的增加。此外，所有 PLC 同工酶以及 c-fos 和 c-jun 的沉默可防止 NE 介导的 ANF 基因表达增加。这些发现提出了一种潜在可能性，即成年心肌细胞中 PLC 同工酶和 c-fos 以及 c-jun 基因表达的相互调节可能与 PLC 介导的心肌肥大的持续存在有关（图 18.3）。

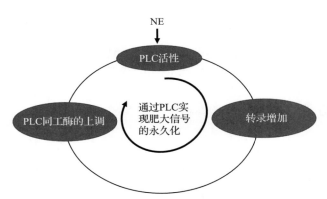

图 18.3　由磷脂酶 C 上调而导致肥大性反应持续存在
NE—去甲肾上腺素　PLC—磷脂酶 C

我们还报道了 NE 和去氧肾上腺素（一种特定的 α_1-AR 激动剂）都会增加 c-fos 和 c-jun mRNA 的水平[100]。哌唑嗪和 U73122 均减弱了由 NE 引起的 c-fos 和 c-jun 基因表达的增加。用佛波醇 -12- 肉豆蔻酸酯 -13- 醋酸酯激活 PKC 会增加 c-fos 和 c-jun mRNA 的表达，而用双吲哚马来酰亚胺抑制 PKC 以及用 PD98059 抑制 ERK1/2 则消除了 NE 诱导的 c-fos 和 c-jun 基因表达的增加。SP600125（JNK 活性的抑制剂）降低 c-jun 磷酸化与 NE 诱导的 PLC 基因表达增加的减弱有关。这些发现表明成年心肌细胞中 c-fos 和 c-jun 基因的表达受 PLC 通过 PKC 和 ERK1/2 依赖性途径的调控，这为 PLC 在导致心肌肥大进展事件周期中发挥作用提供了进一步的证据。

18.5　总结

　　这篇综述提出了 PLC 可能参与心肌肥大（图 18.4），并确定了一些与心脏中 PLC 同工酶基因表达和蛋白质水平调控有关的信号转导机制。尽管已经广泛研究了 PLC–β1 和 PLC–β3 在心肌肥大中的作用，但据报道同样在人、大鼠和小鼠的心脏以及 HL–1 心肌细胞中有表达的 PLC–β4 在 HL–1 心肌细胞中也会响应 AngII 而表达上调[101]，因此 PLC–β4 也可能与心肌肥大的发展有关。需要明确 PLC 对肥大性反应所涉及的其他心肌信号系统的作用。仍需要充分了解负责 PLC 同工酶基因表达调节的分子机制，心脏中 PLC 活动调节的精确机制也有待完全阐明，尤其是现在已知的 mRNA 表达与酶表达和 / 或活性的相关度非常有限。

　　尽管一些研究表明哌唑嗪可减轻心肌肥大至心力衰竭的进展[64, 65, 102–104]，氯沙坦可减轻心肌肥大，但需要在体内进行证明 PLC（同工酶基因表达，蛋白质含量和活性）的直接抑制和心肌肥大的消退。为了验证特异性 PLC 同工酶在心肌肥大中的作用，有必要确定特异性 PLC 同工酶在体外和体内的过表达是否会导致心肌细胞肥大反应。尽管本综述并非刻意忽略其他信号转导途径的激活及其在心肌肥大中的作用，但从证据中可以看出，特异性 PLC 同工酶可能是治疗心肌肥大及心力衰竭的药物开发的额外靶标。

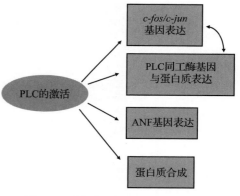

图 18.4　磷脂酶 C 在心肌肥大中的作用
PLC—磷脂酶 C　ANF—心钠素

参考文献

1. Dhalla NS, Heyliger CE, Beamish RE et al (1987) Pathophysiological aspects of myocardial hypertrophy. Can J Cardiol 3:183–196
2. Hefti MA, Harder BA, Eppenberger HM, Schaub MC (1997) Signaling pathways in cardiac myocyte hypertrophy. J Mol Cell Cardiol 29:2873–2892
3. Jaffre F, Callebert J, Sarre A et al (2004) Involvement of the serotonin 5-HT2B receptor in cardiac hypertrophy linked to sympathetic stimulation: control of interleukin-6, interleukin-1β, and tumor necrosis factor-α cytokine production by ventricular fibroblasts. Circulation 110:969–974
4. Nishikawa K, Yoshida M, Kusuhara M et al (2006) Left ventricular hypertrophy in mice with a cardiac-specific overexpression of interleukin-1. Am J Physiol Heart Circ Physiol 291:H176–H183
5. Schmidt BM, Schmieder RE (2005) Cardiotrophin: its importance as a pathogenetic factor and as a measure of left ventricular hypertrophy. J Hypertens 23:2151–2153
6. Ponten A, Li X, Thoren P et al (2003) Transgenic overexpression of platelet-derived growth factor-C in the mouse heart induces cardiac fibrosis, hypertrophy, and dilated cardiomyopa-

thy. Am J Pathol 163:673–682

7. Cheng TH, Shih NL, Chen CH et al (2005) Role of mitogen-activated protein kinase pathway in reactive oxygen species-mediated endothelin-1-induced beta-myosin heavy chain gene expression and cardiomyocyte hypertrophy. J Biomed Sci 12:123–133

8. Schnabel P, Mies F, Nohr T, Geisler M, Bohm M (2000) Differential regulation of phospholipase C-β isozymes in cardiomyocyte hypertrophy. Biochem Biophys Res Commun 275:1–6

9. Ganguly PK, Lee SL, Beamish RE, Dhalla NS (1989) Altered sympathetic and adrenoceptors during the development of cardiac hypertrophy. Am Heart J 118:520–525

10. Ruzicka M, Leenen FH (1995) Relevance of blockade of cardiac and circulatory angiotensin-converting enzyme for the prevention of volume overload-induced cardiac hypertrophy. Circulation 91:16–19

11. Lear W, Ruzicka M, Leenen FH (1997) ACE inhibitors and cardiac ACE mRNA in volume overload-induced cardiac hypertrophy. Am J Physiol Heart Circ Physiol 273:H641–H646

12. Zhao W, Ahokas RA, Weber KT, Sun Y (2006) ANG-II-induced cardiac molecular and cellular events: role of aldosterone. Am J Physiol Heart Circ Physiol 29:H336–H343

13. Jesmin S, Zaedi S, Maeda S et al (2006) Endothelin antagonism suppresses plasma and cardiac endothelin-1 levels in SHRSPs at the typical hypertensive stage. Exp Biol Med 231:919–924

14. Cernacek P, Stewart DJ, Monge JC, Rouleau JL (2003) The endothelin system and its role in acute myocardial infarction. Can J Physiol Pharmacol 81:598–606

15. Chien KR, Knowlton KU, Zhu H, Chien S (1991) Regulation of cardiac gene expression during myocardial growth and hypertrophy: molecular studies of an adaptive physiologic response. FASEB J 5:3037–3046

16. Tappia PS, Singal T, Dent MR et al (2006) Phospholipid-mediated signaling in diseased myocardium. Future Lipidol 1:701–717

17. Tappia PS, Dent MR, Dhalla NS (2006) Oxidative stress and redox regulation of phospholipase D in myocardial disease. Free Radic Biol Med 41:349–361

18. Tappia PS (2007) Phospholipid-mediated signaling systems as novel targets for treatment of heart disease. Can J Physiol Pharmacol 85:25–41

19. Rhee SG (2001) Regulation of phosphoinositide-specific phospholipase C. Annu Rev Biochem 70:281–312

20. Singal T, Dhalla NS, Tappia PS (2004) Phospholipase C may be involved in norepinephrine-induced cardiac hypertrophy. Biochem Biophys Res Commun 320:1015–1019

21. Singal T, Dhalla NS, Tappia PS (2006) Norepinephrine-induced changes in gene expression of phospholipase C in cardiomyocytes. J Mol Cell Cardiol 41:126–137

22. Tappia PS, Padua RR, Panagia V, Kardami E (1999) Fibroblast growth factor-2 stimulates phospholipase C β in adult cardiomyocytes. Biochem Cell Biol 77:569–575

23. Guo Y, Rebecchi M, Scariata S (2005) Phospholipase C β_2 binds to and inhibits phospholipase C δ_1. J Biol Chem 280:1438–1447

24. Fukami K (2002) Structure, regulation, and function of phospholipase C isozymes. J Biochem 131:293–299

25. James SR, Downes CP (1997) Structural and mechanistic features of phospholipases C: effectors of inositol phospholipid-mediated signal transduction. Cell Signal 9:329–336

26. Lopez I, Mak EC, Ding J et al (2001) A novel bifunctional phospholipase C that is regulated by Gα12 and stimulates the Ras/mitogen-activated protein kinase pathway. J Biol Chem 276:2758–2765

27. Heredia Mdel P, Delgado C, Pereira L et al (2005) Neuropeptide Y rapidly enhances $[Ca^{2+}]_i$ transients and Ca^{2+} sparks in adult rat ventricular myocytes through Y1 receptor and PLC activation. J Mol Cell Cardiol 38:205–212

28. Balogh J, Wihlborg AK, Isackson H et al (2005) Phospholipase C and cAMP-dependent positive inotropic effects of ATP in mouse cardiomyocytes via P2Y11-like receptors. J Mol Cell Cardiol 39:223–230

29. Yin G, Yan C, Berk BC (2003) Angiotensin II signaling pathways mediated by tyrosine kinases. Int J Biochem Cell Biol 35:780–783

30. Rebecchi MJ, Pentyala SN (2000) Structure, function, and control of phosphoinositide-specific phospholipase C. Physiol Rev 80:1291–1335

31. Song C, Hu CD, Masago M et al (2001) Regulation of a novel human phospholipase C, PLCε, through membrane targeting by Ras. J Biol Chem 276:2752–2757

32. Saunders CM, Larman MG, Parrington J et al (2002) PLC ζ: a sperm-specific trigger of Ca^{2+} oscillations in eggs and embryo development. Development 129:3533–3544

33. Wing MR, Bourdon DM, Harden TK (2003) PLC-ε: a shared effector protein in Ras-, Rho-, and G αβγ-mediated signaling. Mol Interv 3:273–280

34. Hwang JI, Oh YS, Shin KJ et al (2005) Molecular cloning and characterization of a novel phospholipase C, PLC-η. Biochem J 389:181–186

35. Tappia PS, Liu S-Y, Shatadal S et al (1999) Changes in sarcolemmal PLC isoenzymes in postinfarct congestive heart failure: partial correction by imidapril. Am J Physiol Heart Circ Physiol 277:H40–H49

36. Wolf RA (1992) Association of phospholipase C-δ with a highly enriched preparation of canine sarcolemma. Am J Physiol Cell Physiol 263:C1021–C1028

37. Wang H, Oestreich EA, Maekawa N et al (2005) Phospholipase C ε modulates β-adrenergic receptor-dependent cardiac contraction and inhibits cardiac hypertrophy. Circ Res 97:1305–1313

38. Asemu G, Dhalla NS, Tappia PS (2004) Inhibition of PLC improves postischemic recovery in isolated rat heart. Am J Physiol Heart Circ Physiol 287:H2598–H2605

39. Newton AC, Johnson JE (1998) Protein kinase C: a paradigm for regulation of protein function by two membrane-targeting modules. Biochim Biophys Acta 1376:155–172

40. Malhotra A, Kang BP, Opawumi D et al (2001) Molecular biology of protein kinase C signaling in cardiac myocytes. Mol Cell Biochem 225:97–107

41. Kamp TJ, Hell JW (2000) Regulation of cardiac L-type calcium channels by protein kinase A and protein kinase C. Circ Res 87:1095–1102

42. Churchill E, Budas G, Vallentin A et al (2008) PKC isozymes in chronic cardiac disease: possible therapeutic targets? Annu Rev Pharmacol Toxicol 48:569–599

43. Dorn GW II, Force T (2005) Protein kinase cascades in the regulation of cardiac hypertrophy. J Clin Invest 115:527–537

44. Sabri A, Steinberg SF (2003) Protein kinase C isoform-selective signals that lead to cardiac hypertrophy and the progression of heart failure. Mol Cell Biochem 251:97–101

45. Kockskämper J, Zima AV, Roderick HL et al (2008) Emerging roles of inositol 1,4,5-trisphosphate signaling in cardiac myocytes. J Mol Cell Cardiol 45:128–147

46. Vasilevski O, Grubb DR, Filtz TM et al (2008) Ins(1,4,5)P3 regulates phospholipase C β1 expression in cardiomyocytes. J Mol Cell Cardiol 45:679–684

47. Wu X, Zhang T, Bossuyt J et al (2006) Local InsP3-dependent perinuclear Ca^{2+} signaling in cardiac myocyte excitation-transcription coupling. J Clin Invest 116:675–682

48. Bers DM (2002) Cardiac excitation-contraction coupling. Nature 415:198–205

49. Mackenzie L, Bootman MD, Laine M et al (2004) The role of inositol 1,4,5-trisphosphate receptors in Ca^{2+} signaling and the generation of arrhythmias in rat atrial myocytes. J Physiol 555:395–409

50. Zima AV, Blatter LA (2004) Inositol 1,4,5-trisphosphate-dependent Ca^{2+} signaling in cat atrial excitation-contraction coupling and arrhythmias. J Physiol 555:607–615

51. Ruiz-Hurtado G, Morel E, Dominguez-Rodriguez A et al (2013) Epac in cardiac calcium signaling. J Mol Cell Cardiol 58:162–171

52. Pereira L, Ruiz-Hurtado G, Morel E et al (2012) Epac enhances excitation-transcription coupling in cardiac myocytes. J Mol Cell Cardiol 52:283–291

53. Lin F, Owens WA, Chen S et al (2001) Targeted α_{1B}-adrenergic receptor overexpression induces enhanced cardiac contractility but not hypertrophy. Circ Res 89:343–350

54. Milano CA, Dolber PC, Rockman HA et al (1994) Myocardial expression of a constitutively active 1β-adrenergic receptor in transgenic mice induces cardiac hypertrophy. Proc Natl Acad Sci U S A 91:10109–10113

55. Arthur JF, Matkovich SJ, Mitchell CJ et al (2001) Evidence for selective coupling of α_1-adrenergic receptors to phospholipase C-β1 in rat neonatal cardiomyocytes. J Biol Chem 276:37341–37346

56. Grubb DR, Vasilevski O, Huynh H, Woodcock EA (2008) The extreme C-terminal region of phospholipase C β_1 determines subcellular localization and function; the "b" splice variant mediates α_1-adrenergic receptor responses in cardiomyocytes. FASEB J 22:2768–2774

57. Kawaguchi H, Sano H, Iizuka K et al (1993) Phosphatidylinositol metabolism in hypertrophic rat heart. Circ Res 72:966–972

58. Shoki M, Kawaguchi H, Okamoto H et al (1992) Phosphatidylinositol and inositolphosphatide metabolism in hypertrophied rat heart. Jpn Circ J 56:142–147

59. Sakata Y (1993) Tissue factors contributing to cardiac hypertrophy in cardiomyopathic hamsters (BIO14.6): involvement of transforming growth factor-beta 1 and tissue renin-angiotensin system in the progression of cardiac hypertrophy. Hokkaido Igaku Zasshi 68:18–28

60. Dent MR, Dhalla NS, Tappia PS (2004) Phospholipase C gene expression, protein content and activities in cardiac hypertrophy and heart failure due to volume overload. Am J Physiol

Heart Circ Physiol 282:H719–H727

61. Dent MR, Aroutiounova N, Dhalla NS, Tappia PS (2006) Losartan attenuates phospholipase C isozyme gene expression in hypertrophied hearts due to volume overload. J Cell Mol Med 10:470–479

62. Jalili T, Takeishi Y, Song G et al (1999) PKC translocation without changes in Gαq and PLC-β protein abundance in cardiac hypertrophy and failure. Am J Physiol Heart Circ Physiol 277:H2298–H2304

63. Bai H, Wu LL, Xing DQ, Liu J, Zhao YL (2004) Angiotensin II induced upregulation of Gαq/11, phospholipase C β₃ and extracellular signal-regulated kinase 1/2 via angiotensin II type 1 receptor. Chin Med J 117:88–93

64. Giles TD, Sander GE, Thomas MG, Quiroz AC (1986) α-adrenergic mechanisms in the pathophysiology of left ventricular heart failure—an analysis of their role in systolic and diastolic dysfunction. J Mol Cell Cardiol 18:33–43

65. Prasad K, O'Neil CL, Bharadwaj B (1984) Effect of prolonged prazosin treatment on hemodynamic and biochemical changes in the dog heart due to chronic pressure overload. Jpn Heart J 25:461–476

66. Motz W, Klepzig M, Strauer BE (1987) Regression of cardiac hypertrophy: experimental and clinical results. J Cardiovasc Pharmacol 10:S148–S152

67. Zakynthinos E, Pierrutsakos CH, Daniil Z, Papadogiannis D (2005) Losartan controlled blood pressure and reduced left ventricular hypertrophy but did not alter arrhythmias in hypertensive men with preserved systolic function. Angiology 56:439–449

68. Kanno Y, Kaneko K, Kaneko M et al (2004) Angiotensin receptor antagonist regresses left ventricular hypertrophy associated with diabetic nephropathy in dialysis patients. J Cardiovasc Pharmacol 43:380–386

69. Ruzicka M, Yuan B, Leenen FH (1994) Effects of enalapril versus losartan on regression of volume overload-induced cardiac hypertrophy in rats. Circulation 90:484–491

70. Rothermund L, Vetter R, Dieterich M et al (2002) Endothelin-A receptor blockade prevents left ventricular hypertrophy and dysfunction in salt-sensitive experimental hypertension. Circulation 106:2305–2308

71. Yamamoto K, Masuyama T, Sakata Y et al (2002) Prevention of diastolic heart failure by endothelin type A receptor antagonist through inhibition of ventricular structural remodeling in hypertensive heart. J Hypertens 20:753–761

72. Lund AK, Goens MB, Nunez BA, Walker MK (2006) Characterizing the role of endothelin-1 in the progression of cardiac hypertrophy in aryl hydrocarbon receptor (AhR) null mice. Toxicol Appl Pharmacol 212:127–135

73. Ruwhof C, van Wamel JT, Noordzij LA et al (2001) Mechanical stress stimulates phospholipase C activity and intracellular calcium ion levels in neonatal cardiomyocytes. Cell Calcium 29:73–83

74. Barac YD, Zeevi-Levin N, Yaniv G et al (2005) The 1,4,5-inositol trisphosphate pathway is a key component in Fas-mediated hypertrophy in neonatal rat ventricular myocytes. Cardiovasc Res 68:75–86

75. D'Angelo DD, Sakata Y, Lorenz JN et al (1997) Transgenic Gαq overexpression induces cardiac contractile failure in mice. Proc Natl Acad Sci U S A 94:8121–8126

76. Sakata Y, Hoit BD, Liggett SB et al (1998) Decompensation of pressure-overload hypertrophy in Gαq-overexpressing mice. Circulation 97:1488–1495

77. Adams JW, Sakata Y, Davis MG et al (1998) Enhanced Gαq signaling: a common pathway mediates cardiac hypertrophy and apoptotic heart failure. Proc Natl Acad Sci U S A 95:10140–10145

78. Sussman MA, Welch S, Walker A et al (2000) Altered focal adhesion regulation correlates with cardiomyopathy in mice expressing constitutively active rac1. J Clin Invest 105:875–886

79. Paradis P, Dali-Youcef N, Paradis FW, Thibault G, Nemer M (2000) Overexpression of angiotensin II type I receptor in cardiomyocytes induces cardiac hypertrophy and remodeling. Proc Natl Acad Sci U S A 97:931–936

80. Mende U, Kagen A, Cohen A et al (1998) Transient cardiac expression of constitutively active Gαq leads to hypertrophy and dilated cardiomyopathy by calcineurin-dependent and independent pathways. Proc Natl Acad Sci U S A 95:13893–13898

81. Mende U, Kagen A, Meister M, Neer EJ (1999) Signal transduction in atria and ventricles of mice with transient cardiac expression of activated G protein alpha(q). Circ Res 85:1085–1091

82. Mende U, Semsarian C, Martins DC et al (2001) Dilated cardiomyopathy in two transgenic

mouse lines expressing activated G protein αq: lack of correlation between phospholipase C activation and the phenotype. J Mol Cell Cardiol 33:1477–1491

83. Hollinger S, Hepler JR (2002) Cellular regulation of RGS proteins: modulators and integrators of G protein signaling. Pharmacol Rev 54:527–559

84. Anger T, Zhang W, Mende U (2004) Differential contribution of GTPase activation and effector antagonism to the inhibitory effect of RGS proteins on Gq-mediated signaling *in vivo*. J Biol Chem 279:3906–3915

85. Zhang W, Anger T, Su J et al (2006) Selective loss of fine tuning of Gq/11 signaling by RGS2 protein exacerbates cardiomyocyte hypertrophy. J Biol Chem 281:5811–5820

86. Park-Windhol C, Zhang P, Zhu M et al (2012) Gq/11-mediated signaling and hypertrophy in mice with cardiac-specific transgenic expression of regulator of G-protein signaling 2. PLoS One 7:e40048

87. Dhalla NS, Xu Y-J, Sheu S-S et al (1997) Phosphatidic acid: a potential signal transducer for cardiac hypertrophy. J Mol Cell Cardiol 29:2865–2871

88. Zhang L, Malik S, Kelley GG et al (2011) Phospholipase C epsilon scaffolds to muscle-specific A kinase anchoring protein (mAKAPbeta) and integrates multiple hypertrophic stimuli in cardiac myocytes. J Biol Chem 286:23012–23021

89. Zhang L, Malik S, Pang J et al (2013) Phospholipase Cε hydrolyzes perinuclear phosphatidylinositol 4-phosphate to regulate cardiac hypertrophy. Cell 153:216–227

90. Small K, Feng JF, Lorenz J et al (1999) Cardiac specific overexpression of transglutaminase II (Gh) results in a unique hypertrophy phenotype independent of phospholipase C activation. J Biol Chem 23:21291–21296

91. Morris JB, Huynh H, Vasilevski O, Woodcock EA (2006) α₁-Adrenergic receptor signaling is localized to caveolae in neonatal rat cardiomyocytes. J Mol Cell Cardiol 41:117–125

92. Barka T, van der Noen H, Shaw PA (1987) Proto-oncogene fos (c-fos) expression in the heart. Oncogene 1:439–443

93. Hannan RD, West AK (1991) Adrenergic agents, but not triiodo-L-thyronine induce c-fos and c-myc expression in the rat heart. Basic Res Cardiol 86:154–164

94. Iwaki K, Sukhatme VP, Shubeita HE, Chien KR (1990) α- and β-adrenergic stimulation induces distinct patterns of immediate early gene expression in neonatal rat myocardial cells. fos/jun expression is associated with sarcomere assembly; Egr-1 induction is primarily an α₁-mediated response. J Biol Chem 265:13809–13817

95. Komuro I, Kaida T, Shibazaki Y et al (1990) Stretching cardiac myocytes stimulates protooncogene expression. J Biol Chem 265:3595–3598

96. Gutkind JS (1998) The pathway connecting G protein-coupled receptors to the nucleus through divergent mitogen-activated protein kinase cascades. J Biol Chem 273:1839–1842

97. Chiu R, Boyle WJ, Meek J et al (1988) The c-Fos protein interacts with c-Jun/AP-1 to stimulate transcription of AP-1 responsive genes. Cell 54:541–552

98. Lijnen P, Petrov V (1999) Antagonism of the renin-angiotensin system, hypertrophy and gene expression in cardiac myocytes. Methods Find Exp Clin Pharmacol 21:363–374

99. Singal T, Dhalla NS, Tappia PS (2010) Reciprocal regulation of transcription factors and PLC isozyme gene expression in adult cardiomyocytes. J Cell Mol Med 14:1824–1835

100. Singal T, Dhalla NS, Tappia PS (2009) Regulation of c-Fos and c-Jun gene expression by phospholipase C activity in adult cardiomyocytes. Mol Cell Biochem 327:229–239

101. Otaegui D, Querejeta R, Arrieta A et al (2010) Phospholipase Cβ4 isozyme is expressed in human, rat and murine heart left ventricles and HL-1 cardiomyocytes. Mol Cell Biochem 337:167–173

102. Strauer BE, Bayer F, Brecht HM, Motz W (1985) The influence of sympathetic nervous activity on regression of cardiac hypertrophy. J Hypertens 3:S39–S44

103. Strauer BE (1995) Progression and regression of heart hypertrophy in arterial hypertension: pathophysiology and clinical aspects. Z Kardiol 74:171–178

104. Strauer BE (1988) Regression of myocardial and coronary vascular hypertrophy in hypertensive heart disease. J Cardiovasc Pharmacol 12:S45–S54

19 磷脂酶 C 对心肌缺血再灌注损伤的保护作用

EunhyunChoi，SoyeonLim 和 Ki-ChulHwang

摘要 心肌缺血再灌注与心脏功能障碍有关，且会引起 Ca^{2+} 稳态的改变。缺血再灌注损伤的心肌细胞在细胞质和线粒体中的 Ca^{2+} 浓度增加；这与心脏功能障碍和细胞凋亡有关。线粒体在 ATP 合成和心脏功能中起重要作用。心肌细胞中 I/R 损伤引起的 Ca^{2+} 超负荷会诱导活性氧的产生和线粒体通透性转换孔的开放，继而导致细胞死亡。已知磷脂酶 C 可调节 Ca^{2+} 介导的信号传导途径。PLC 同工酶的激活由 G 蛋白偶联受体和 / 或蛋白酪氨酸激酶受体诱导，并参与许多细胞中细胞 Ca^{2+} 稳态和蛋白激酶 C 活性的调节。在缺血再灌注过程中，每种 PLC 同工酶的表达和活性都会改变，这与心肌病或心脏保护有关。因此，PLC 家族成员被认为是保护心脏免受氧化应激所致心脏损害的可靠靶标。在本章中，我们将讨论 PLC 同工酶在 I/R 损伤的心肌细胞中的潜在作用。

关键词 磷脂酶 C；缺血 – 再灌注损伤；心脏；线粒体；通透性转换孔；钙离子；心脏保护；PLC；mPTP

19.1 引言

缺血再灌注（I/R）损伤已经在许多文章中进行详细的描述，它会严重损害大脑、肾脏、肝脏、肺和心脏[1]。心肌 I/R 与心脏功能障碍和心肌细胞死亡相关。I/R 损伤与心肌细胞的线粒体能量学和细胞 Ca^{2+} 稳态异常有关[2-4]。I/R 损伤导致的线粒体功能障碍改变了包括呼吸链复合酶和膜蛋白在内的蛋白质功能，产生了活性氧（ROS），打开了通透性转换孔（PTP），释放了细胞色素 C 等细胞死亡诱导蛋白，并增加了线粒体和细胞质中的 Ca^{2+} 浓度[5-8]。心肌 Ca^{2+} 稳态在心脏功能中起着重要作用，而 Ca^{2+} 稳态的改变被认为是心力衰竭和细胞死亡的主要原因之一。为了防止 I/R 损伤期间心肌细胞功能障碍和凋亡，线粒体介导的信号分子和蛋白激酶正在成为治疗靶标[9]。在 Ca^{2+} 介导的信号分子中，磷脂酶 C（PLC）是心脏功能中的关键信号酶[10]。在本章中，我们讨论了心肌 I/R 损伤期间 Ca^{2+} 介导的细胞死亡以及 PLC 同工酶在缺血再灌注的心肌细胞中调节 Ca^{2+} 浓度和线粒体介导的细胞凋亡信号的心脏保护作用。

19.2 线粒体和钙离子在心肌缺血再灌注损伤中的作用

心脏线粒体在正常的心脏功能和心脏疾病发生中起着重要的作用[5, 6, 9, 11, 12]。线粒体的新陈代谢产生 ATP 并为心脏提供能量，这是将血液输送到全身的必要条件[13]。线粒体的 ATP 合成取决于能量需求；然而，心肌细胞中 ATP 的水平受 Ca^{2+} 的调节而保持恒定。当心脏负荷增加时，胞质 Ca^{2+} 水平和能量需求增加。胞质中 Ca^{2+} 浓度的增加与 Ca^{2+} 进入线粒体有关，这会诱导 ATP 合酶、脱氢酶和烟酰胺腺嘌呤二核苷酸氢化物（NADH）的活化。这些过程导致为满足能量需求的 ATP 合成增加[2, 6, 9]。

在如心肌缺血再灌注损伤的病理生理条件下，ATP 水平和 Ca^{2+} 稳态发生改变，导致线粒体功能障碍和心肌细胞死亡。在局部缺血时，O_2 含量的降低会抑制氧化磷酸化并减少了 ATP 的合成。厌氧糖酵解导致乳酸的积累并增加细胞酸化作用，从而降低了钠氢交换蛋白（NHE）和 Na^+/K^+–ATP 酶的活性。

这些变化是由细胞质中的 Na^+ 超负荷触发的。随后，胞质中的 Ca^{2+} 浓度也通过钠钙交换蛋白（NCX）和 Ca^{2+}–ATP 酶的异常活性而持续增加[2, 9]。低线粒体膜电位（$\Delta\Psi_m$）导致线粒体对 Ca^{2+} 的吸收降低，而细胞液中的酸性 pH 和线粒体中的 NADH 积累使线粒体通透性转换孔（mPTP）维持关闭状态，这在线粒体介导的细胞死亡中起关键作用[8, 14, 15]。再灌注是缺血性心脏的必要恢复过程，但矛盾的是，它会引起心脏损伤和细胞凋亡。再灌注时，氧化磷酸化和 $\Delta\Psi_m$ 迅速恢复，这与线粒体 Ca^{2+} 摄取的持续增加和 ROS 的产生有关。此外，酸性 pH 恢复到中性。高水平的 Ca^{2+} 和 ROS 以及中性 pH 会使 mPTP 开放，导致 ATP 丢失和细胞死亡（图 19.1）[2, 7, 16-19]。因此，Ca^{2+} 稳态的改变参与了 I/R 损伤和心肌病，以及通过线粒体凋亡途径（包括 mPTP）引起的心肌细胞凋亡。尽管尝试使用药物和非药物疗法在 I/R 损伤期间进行心脏保护，但某些疗法对心脏的保护作用较小，并且未能通过大型动物和人体试验[9]。因此，更具特异性和靶向性的线粒体分子（如 mPTP）对于心脏保护具有重要意义。如上所述，Ca^{2+} 和 mPTP 在心肌损伤和细胞凋亡中起关键作用，而 PLC 同工酶是一种重要的 Ca^{2+} 调节剂。PLC 同工酶通过调节 Ca^{2+} 和线粒体功能而与心脏保护功能之间的关系将在下文中进一步讨论。

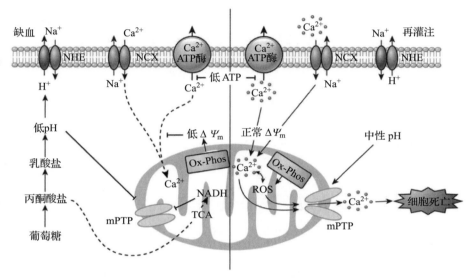

图 19.1　心肌细胞线粒体 Ca^{2+} 和 mPTP 在 I/R 损伤中的核心作用
NHE—钠氢交换蛋白　NCX—钠钙交换蛋白　mPTP—线粒体通透性转换孔

19.3　磷脂酶 C 家族成员的功能、结构和细胞分布

PLC 是一种胞质蛋白，可催化 PIP_2 水解为 IP_3 和 DAG。IP_3 诱导内质网释放 Ca^{2+}，内质网是细胞质中 Ca^{2+} 浓度的主要调节剂，而 DAG 激活 Ca^{2+} 依赖型蛋白激酶 C（PKC），该蛋白质能够使下游信号分子磷酸化，从而调节各种生物学功能[20-23]。哺乳动物的 PLC 同工酶分为六类：PLC-β、PLC-γ、PLC-δ、PLC-ε、PLC-ζ 和 PLC-η。已鉴定出 13 种 PLC 同工酶。PLC 结构由四个不同的结构域组成：X 和 Y 结构域、钙调素结合结构域、C2 结构域和普列克底物蛋白同源（PH）结构域［图 19.2（1）］[21-23]。X 和 Y 结构域具有催化活性，并且是高度保守的氨基酸区域，位于 C2 结构域和钙调素结合结构域之间。其他三个结构域是功能性结构域，可增强酶活性。每个 PLC 同工酶都有不同的组织分布，细胞定位和生物学功能。四种 PLC-β 亚型由 $G\beta\gamma$ 亚基和 Ca^{2+} 激活，并已在细胞核中发现。PLC-β1 在脑和心肌细胞中高度表达。PLC-γ 的两个同工型均由蛋白酪氨酸激酶激活，并在细胞分化、增殖、Ca^{2+} 通量和肿瘤发生中起重要作用。PLC-γ1 在各种组织中均有表达，而 PLC-γ2 在造血谱系细胞中表达有限。

已鉴定出 PLC-δ 具有三种同工型，并被细胞质中的 Ca^{2+} 激活。PLC-δ1 存在于大脑、心脏、肺部和骨骼肌中。在心脏、大脑、肺和肾脏等各种组织中都检测到了 PLC-ε，其有助于增殖和迁移。PLC-ζ 仅在哺乳动物精子头部中表达，而 PLC-η1 和 PLC-η2 的亚型在大脑中被发现，且对 Ca^{2+} 浓度的变化敏感[23-25]。

19.4   磷脂酶 C 同工酶在心脏中的生理作用

PLC 同工酶作为效应分子在多种信号转导途径中调节细胞生理和疾病。PLC 同工酶的激活受不同的受体酪氨酸激酶和 / 或 G 蛋白偶联受体的调节 [图 19.2（2）]；但是，所有 PLC 同工酶都需要 Ca^{2+} 才能激活[10]。PLC 同工酶水解 PIP$_2$ 所产生的 IP$_3$ 和 DAG 诱导了细胞内 Ca^{2+} 释放和 PKC 的活化。在心肌缺血或再灌注时，PLC 酶的活性和表达量都会变化[10, 26, 27]。在缺血状态下，PLC 的总活性降低；另外，由于各 PLC 同工酶活性的变化不同，其酶活性在再灌注条件下增加。

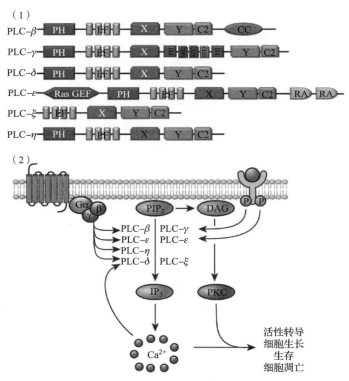

图 19.2   磷脂酶 C 家族成员的结构和信号传导途径

PH—普列克底物蛋白同源结构域   EF—钙调素结合结构域   CC—卷曲螺旋   SH2/SH3—Src 同源序列 2/3
Ra—Ras 家族关联结构域蛋白   Ras GEF—Ras GDP/GTP 交换因子

在正常的心肌细胞中，与 PLC-β1 相比，PLC-δ1 和 PLC-γ1 是主要的同工型。此外，PLC-δ1 被认为是心肌细胞膜上的关键同工型。在心肌缺血时，PLC-β1 的活性由于 mRNA 和蛋白质表达的上调增加，而 PLC-δ1 和 PLC-γ1 的活性被剥夺。PLC-δ1 的 mRNA 水平不变，但是蛋白质含量会因被降解而降低。对 PLC-γ1 来说，由于酪氨酸激酶活性降低，其 mRNA 和蛋白质的表达会减少。相反，在再灌注过程中，PLC-δ1 和 PLC-γ1 被激活，而 PLC-β1 的活性降低[10, 28, 29]。在这六个 PLC 同工酶中，研究了心肌细胞中的 PLC-β，PLC-γ，PLC-δ 和 PLC-ε，将在下文中进行讨论。

19.5   PLC-β

尽管 PLC-β 是 PLC 同工酶的大家族成员，但迄今为止，PLC-β 与 ROS 或线粒体介导的信号传导之间的联系仍知之甚少。Woodcock 和 Grubb 的实验室目前正在研究心肌肥大与 PLC-β1 之间的相关性[30-32]。异三聚体 G 蛋白 Gq 激活 PLC-β1b，而 PLC-β1b 与 Gq 介导的心肌肥大和细胞凋亡相关。PLC-β1 的过表达会导致细胞体积增大，肥大性标记基因上调和心室扩张，并最终诱导细胞凋亡。心力衰竭会引起儿茶酚胺（如去甲肾上腺素和肾上腺素）的释放，从而增加了 α_1- 肾上腺素受体（AR）的敏感性[26, 33]。α_1-AR 的信号转导通过 Gαq 信号激活 PLC-β1 同工酶，这是导致心肌肥大和细胞凋亡的原因（图 19.3）。由于 α_1-AR 拮抗剂（包括哌唑嗪和卡维地洛）可降低 PLC-β1 活性从而减轻心力衰竭，因此 α_1-AR-Gαq-PLC-β1信号通路可能是心肌病的重要靶标[10, 34]。

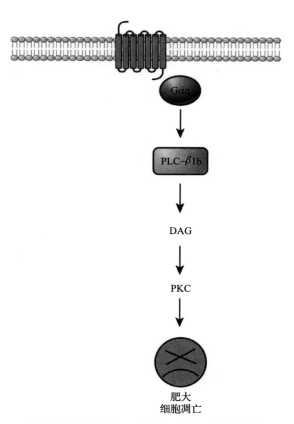

图 19.3   心肌病中的 α_1-AR-Gαq-PLC-β1 信号通路

19.6   PLC-γ

根据目前的研究，PLC-γ1 在心脏中具有相反的作用。在氧化应激（如 H_2O_2）期间，PLC-γ1 mRNA 的水平和膜蛋白含量增加，并通过 PKC-ε 的激活和抗凋亡蛋白 Bcl-2 的磷酸化来抑制心肌细胞凋亡（图 19.4）[35]。PLC 抑制剂 U73122 阻断 PLC-γ1 可使心肌细胞存活。相反，革兰阴性细菌会产生内毒素脂多糖（LPS），导致败血症期间的心肌功能障碍。LPS 会诱导 TNF-α 表达，后者会介导收缩抑制，而环氧合酶 -2（COX-2）可以调节缺血性心脏的心脏功能[36, 37]。LPS 导致 PLC-γ1 的激活和磷酸化，其通过 IP₃/IP₃R 途径介导的 TNF-α 的表达和 ERK1/2MAPK 信号介导的 COX-2 表达而产生联系。因此，PLC-γ1 在心肌细胞的心脏保护或心脏毒性中具有双功能作用，这一作用受某种生理条件调节。

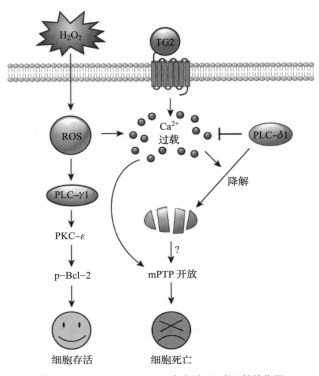

图 19.4　PLC-γ1 和 PLC-δ1 在心脏 I/R 中可能的作用

19.7　PLC-δ

　　与 PLC-β1 和 PLC-γ1 相比，PLC-δ1 是心脏中含量较丰富的一种同工酶，也是对 Ca²⁺ 最敏感的同工酶，PLC-δ1 在心脏疾病的心脏保护方面的作用一直是研究关注的焦点。PLC-δ1 在 TNF 受体介导的对抗阿霉素所致心脏毒性的保护效应中起关键作用。阿霉素，商品名亚德里亚霉素，是一种抗癌化疗药物，但高剂量会引起氧化应激和线粒体损伤而对心脏造成损害。阿霉素所致心脏损伤的保护机制是通过肿瘤坏死因子（TNF）受体介导的[38]。TNF 受体信号通路增加 NF-κB，并激活蛋白 -1 的 DNA 结合活性，从而改变 Ca²⁺ 稳态和线粒体功能调节基因（如 PLC-δ1）的表达。

　　PLC-δ1 和 TNF 受体信号通路的抑制加重了阿霉素导致的心功能不全。我们实验室一直在继续研究 PLC-δ1 在心肌细胞中的功能[29]。PLC-δ1 在心肌梗死边缘区和瘢痕区以及组织转谷氨酰胺酶 2（TG2，又称 Gαₕ）异位过表达区域的表达水平降低。缺氧或 TG2 过表达会引起心肌细胞 Ca²⁺ 过载和 PLC-δ1 降解，导致心肌细胞凋亡[39]。使用钙蛋白酶抑制蛋白

（钙离子依赖型半胱氨酸蛋白酶抑制剂）抑制 PLC-δ1 降解，或沉默 TG2，可保护心肌细胞免受 H_2O_2 诱导的凋亡。在我们尚未发表的研究中，我们证实了 PLC-δ1 通过调节 Ca^{2+} 稳态和线粒体凋亡途径来拯救 I/R 心脏。PLC-δ1 上调可显著抑制 I/R 损伤心肌细胞内 Ca^{2+} 过载、mPTP 开放和线粒体膜电位升高的现象，从而抑制细胞凋亡。这些结果表明，PLC-δ1 可能是一个潜在的防止 I/R 损伤的心肌保护靶点（图 19.4）。

19.8 PLC-ε

在 PLC-ε 基因敲除小鼠中研究了 PLC-ε 的心脏生理功能[10, 40]。Tohru Kataoka 的实验室通过敲除 X 结构域的 N 末端部分来降低酶活性，培育出了 PLC-$\varepsilon^{\Delta x/\Delta x}$ 小鼠。这种小鼠的心脏增大是由于心室扩张而不是肥大[41]。半月瓣反流可导致慢性容量超负荷，主动脉瓣和肺动脉瓣因细胞数增加而增厚。此外，观察到 PLC-$\varepsilon^{\Delta x/\Delta x}$ 小鼠存在先天性半月瓣细胞发育畸形。因此，PLC-ε 在瓣膜形成后期起着调节半月瓣细胞增殖和凋亡的作用，这与 Smad1/5/8 的激活有关。另一课题组，Alan V.Smrcka 的实验室培育出 PLC-$\varepsilon^{-/-}$ 小鼠，其特征是完全丧失 PLC-ε 蛋白[42]。PLC-$\varepsilon^{-/-}$ 通过肾上腺素能应激诱导心肌肥大，并表现出心功能下降、收缩反应和 β- 肾上腺素能受体依赖的 Ca^{2+} 瞬变振幅。综上所述，PLC-ε 在心肌细胞 β 肾上腺素能受体刺激 Ca^{2+} 诱导的 Ca^{2+} 释放中起重要作用。

19.9 PLC-ζ 和 PLC-η

由于组织特异性表达，PLC-ζ 和 PLC-η 与心脏功能无关，但这两种同工酶类型也与 Ca^{2+} 信号和 Ca^{2+} 稳态有关。PLC-ζ 是精子特异性的 PLC 同工酶，在受精和胚胎发育中起着重要作用。卵子激活需要 Ca^{2+} 振荡，而 Ca^{2+} 的生成和信号通路的触发都需要 PLC-ζ 的参与[43]。PLC-η 是一种神经元特异性同工酶，可能在神经元网络的形成和维持中起着重要作用[44]。神经元 Ca^{2+} 稳态的破坏与阿尔茨海默病（AD）有关。PLC-η 可能参与受 AD 影响神经元中 Ca^{2+} 的积累[45]。

19.10 总结

已发现了 PLC 家族成员，PLC 同工酶参与调节影响细胞生长、细胞分化、细胞迁移和细胞病理生理过程的各种细胞信号。细胞内 Ca^{2+} 浓度在正常和病理性心脏功能中起重要作用。此外，Ca^{2+} 水平增加会导致线粒体功能紊乱，包括线粒体膜电位的破坏和 ATP 合成的中断，并最终导致细胞死亡。氧化应激引起的心肌 I/R 损伤引起细胞质和线粒体 Ca^{2+}

浓度上调，使 ROS 生成增加，mPTP 开放，这些过程会导致心功能障碍和心肌细胞凋亡。各 PLC 同工酶激活和表达的平衡调节 Ca^{2+} 稳态的维持，并通过改变心肌 I/R 损伤细胞的线粒体功能来抑制心肌细胞死亡。因此，Ca^{2+} 或线粒体蛋白的调节因子（如 mPTP）被认为是一种有前途的心肌缺血再灌注损伤的治疗药物。

参考文献

1. Kalogeris T, Baines CP, Krenz M, Korthuis RJ (2012) Cell biology of ischemia/reperfusion injury. Int Rev Cell Mol Biol 298:229–317
2. Garcia-Dorado D, Ruiz-Meana M, Inserte J et al (2012) Calcium-mediated cell death during myocardial reperfusion. Cardiovasc Res 94:168–180
3. Ferrari R (1996) The role of mitochondria in ischemic heart disease. J Cardiovasc Pharmacol 28(suppl 1):S1–S10
4. Shintani-Ishida K, Inui M, Yoshida K (2012) Ischemia-reperfusion induces myocardial infarction through mitochondrial Ca^{2+} overload. J Mol Cell Cardiol 53:233–239
5. DiMauro S, Hirano M (1998) Mitochondria and heart disease. Curr Opin Cardiol 13: 190–197
6. Griffiths EJ (2012) Mitochondria and heart disease. Adv Exp Med Biol 942:249–267
7. Webster KA (2012) Mitochondrial membrane permeabilization and cell death during myocardial infarction: roles of calcium and reactive oxygen species. Future Cardiol 8:863–884
8. Wong R, Steenbergen C, Murphy E (2012) Mitochondrial permeability transition pore and calcium handling. Methods Mol Biol 810:235–242
9. Walters AM, Porter GA Jr, Brookes PS (2012) Mitochondria as a drug target in ischemic heart disease and cardiomyopathy. Circ Res 111:1222–1236
10. Tappia PS, Asemu G, Rodriguez-Leyva D (2010) Phospholipase C as a potential target for cardioprotection during oxidative stress. Can J Physiol Pharmacol 88:249–263
11. Zima AV, Pabbidi MR, Lipsius SL, Blatter LA (2013) Effects of mitochondrial uncoupling on Ca^{2+} signaling during excitation-contraction coupling in atrial myocytes. Am J Physiol Heart Circ Physiol 304(7):H983–H993. doi:10.1152/ajpheart.00932.2012
12. Masuzawa A, Black KM, Pacak CA et al (2013) Transplantation of autologously derived mitochondria protects the heart from ischemia-reperfusion injury. Am J Physiol Heart Circ Physiol 304(7):H966–H982. doi:10.1152/ajpheart.00883.2012
13. Lemieux H, Hoppel CL (2009) Mitochondria in the human heart. J Bioenerg Biomembr 41:99–106
14. Dedkova EN, Seidlmayer LK, Blatter LA (2013) Mitochondria-mediated cardioprotection by trimetazidine in rabbit heart failure. J Mol Cell Cardiol 59:41–54. doi:10.1016/j.yjmcc.2013.01.016
15. Dedkova EN, Blatter LA (2013) Calcium signaling in cardiac mitochondria. J Mol Cell Cardiol 58:125–133. doi:10.1016/j.yjmcc.2012.12.021
16. Whittington HJ, Babu GG, Mocanu MM et al (2012) The diabetic heart: too sweet for its own good? Cardiol Res Pract 2012:845698
17. Essop MF (2007) Cardiac metabolic adaptations in response to chronic hypoxia. J Physiol 584:715–726
18. Shahzad T, Kasseckert SA, Iraqi W et al (2013) Mechanisms involved in postconditioning protection of cardiomyocytes against acute reperfusion injury. J Mol Cell Cardiol 58:209–216. doi:10.1016/j.yjmcc.2013.01.003
19. Seidlmayer LK, Gomez-Garcia MR, Blatter LA et al (1999) Inorganic polyphosphate is a potent activator of the mitochondrial permeability transition pore in cardiac myocytes. J Gen Physiol 139:321–331
20. Williams RL (1999) Mammalian phosphoinositide-specific phospholipase C. Biochim Biophys Acta 1441:255–267
21. Kadamur G, Ross EM (2012) Mammalian phospholipase C. Annu Rev Physiol 75:127–154
22. Vines CM (2012) Phospholipase C. Adv Exp Med Biol 740:235–254
23. Suh PG, Park JI, Manzoli L et al (2008) Multiple roles of phosphoinositide-specific phospho-

lipase C isozymes. BMB Rep 41:415–434

24. Rhee SG, Choi KD (1992) Regulation of inositol phospholipid-specific phospholipase C isozymes. J Biol Chem 267:12393–12396

25. Rhee SG, Bae YS (1997) Regulation of phosphoinositide-specific phospholipase C isozymes. J Biol Chem 272:15045–15048

26. Singal T, Dhalla NS, Tappia PS (2006) Norepinephrine-induced changes in gene expression of phospholipase C in cardiomyocytes. J Mol Cell Cardiol 41:126–137

27. Dent MR, Dhalla NS, Tappia PS (2004) Phospholipase C gene expression, protein content, and activities in cardiac hypertrophy and heart failure due to volume overload. Am J Physiol Heart Circ Physiol 287:H719–H727

28. Asemu G, Tappia PS, Dhalla NS (2003) Identification of the changes in phospholipase C isozymes in ischemic-reperfused rat heart. Arch Biochem Biophys 411:174–182

29. Hwang KC, Lim S, Kwon HM et al (2004) Phospholipase C-$\delta 1$ rescues intracellular Ca^{2+} overload in ischemic heart and hypoxic neonatal cardiomyocytes. J Steroid Biochem Mol Biol 91:131–138

30. Woodcock EA, Grubb DR, Iliades P (2010) Potential treatment of cardiac hypertrophy and heart failure by inhibiting the sarcolemmal binding of phospholipase Cβ1b. Curr Drug Targets 11:1032–1040

31. Filtz TM, Grubb DR, McLeod-Dryden TJ et al (2009) Gq-initiated cardiomyocyte hypertrophy is mediated by phospholipase Cβ1b. FASEB J 23:3564–3570

32. Grubb DR, Luo J, Yu YL, Woodcock EA (2012) Scaffolding protein Homer 1c mediates hypertrophic responses downstream of Gq in cardiomyocytes. FASEB J 26:596–603

33. Jensen BC, O'Connell TD, Simpson PC (2011) α-1-Adrenergic receptors: targets for agonist drugs to treat heart failure. J Mol Cell Cardiol 51:518–528

34. Hwang KC, Gray CD, Sweet WE et al (1996) α1-Adrenergic receptor coupling with Gh in the failing human heart. Circulation 94:718–726

35. Mangat R, Singal T, Dhalla NS, Tappia PS (2006) Inhibition of phospholipase C-γ_1 augments the decrease in cardiomyocyte viability by H_2O_2. Am J Physiol Heart Circ Physiol 291:H854–H860

36. Peng T, Shen E, Fan J et al (2008) Disruption of phospholipase Cγ_1 signalling attenuates cardiac tumor necrosis factor-α expression and improves myocardial function during endotoxemia. Cardiovasc Res 78:90–97

37. Shen E, Fan J, Chen R, et al. Phospholipase Cγ_1 signalling regulates lipopolysaccharide-induced cyclooxygenase-2 expression in cardiomyocytes. J Mol Cell Cardiol 43: 308–318

38. Lien YC, Noel T, Liu H et al (2006) Phospholipase C-δ_1 is a critical target for tumor necrosis factor receptor-mediated protection against adriamycin-induced cardiac injury. Cancer Res 66:4329–4338

39. Song H, Kim BK, Chang W et al (2011) Tissue transglutaminase 2 promotes apoptosis of rat neonatal cardiomyocytes under oxidative stress. J Recept Signal Transduct Res 31:66–74

40. Smrcka AV, Brown JH, Holz GG (2012) Role of phospholipase Cϵ in physiological phosphoinositide signaling networks. Cell Signal 24:1333–1343

41. Tadano M, Edamatsu H, Minamisawa S et al (2005) Congenital semilunar valvulogenesis defect in mice deficient in phospholipase C ϵ. Mol Cell Biol 25:2191–2199

42. Wang H, Oestreich EA, Maekawa N et al (2005) Phospholipase C ϵ modulates β-adrenergic receptor-dependent cardiac contraction and inhibits cardiac hypertrophy. Circ Res 97:1305–1313

43. Nomikos M, Elgmati K, Theodoridou M et al (2011) Phospholipase Cζ binding to PtdIns(4,5)P_2 requires the XY-linker region. J Cell Sci 124:2582–2590

44. Popovics P, Stewart AJ (2012) Putative roles for phospholipase Cη enzymes in neuronal Ca^{2+} signal modulation. Biochem Soc Trans 40:282–286

45. Popovics P, Stewart AJ (2012) Phospholipase C-η activity may contribute to Alzheimer's disease-associated calciumopathy. J Alzheimers Dis 30:737–744

20 磷脂酶 C 在氧化应激期间的心脏保护作用

Paramjit S. Tappia 和 Naranjan S. Dhalla

摘要 众所周知，心肌缺血再灌注（I-R）可引起心肌细胞 Ca^{2+} 处理异常而导致收缩功能障碍，这些功能障碍主要是由于氧化应激所致。然而，关于磷脂酶 C（PLC）相关信号事件的肌膜变化的性质和模式知之甚少。此外，缺血后心肌保护心脏功能的机制以及涉及 PLC 同工酶的缺血预处理机制还未完全研究清楚。本章讨论了 PLC 介导的信号转导途径在心肌 I-R 损伤中的作用以及在氧化剂对心肌细胞处理过程中的作用。PLC-γ1 的激活似乎在氧化还原相关的心脏保护信号转导机制中起着关键作用，而 PLC-δ1 的激活可能与氧化应激诱导的细胞内 Ca^{2+} 过载和心功能不全的发展密切相关。文献中的证据表明，在 I-R 损伤发展过程中，特异性 PLC 同工酶可作为抗氧化应激心脏保护的新靶点。

关键词 磷脂酶 C 同工酶；信号转导；缺血再灌注；氧化应激；缺血预处理；钙处理；心肌细胞；心脏保护；心功能不全

20.1 引言

活性氧（ROS）以及过氧化氢（H_2O_2）和次氯酸（HOCl）等氧化剂的过度形成会引发细胞死亡和心功能不全[1-9]。氧化应激被定义为 ROS 和氧化剂的产生与谷胱甘肽氧化还原缓冲体系以及抗氧化剂防御系统之间的不平衡[10-12]。然而，ROS 和氧化剂也可以作为细胞内维持细胞存活的信号分子[13-16]。因此，低浓度的 ROS 和氧化剂或短暂的心肌暴露可能会刺激心肌细胞功能的信号转导机制以及细胞存活相关的基因的表达，而高浓度的 ROS 和氧化剂或长时间的接触则会产生氧化应激并导致不良后果[10-12, 17]。

现在已经确定氧化应激是导致缺血性心脏病发生的主要因素[10-12, 18-26]。ROS 和氧化剂的不良影响部分是由于这些代谢物能够在包括肌膜（SL）、肌浆网（SR）、线粒体和细胞核的亚细胞器中产生变化，这些细胞器与心肌细胞 Ca^{2+} 稳态的调节密切相关[10, 12, 27-30]，并导致细胞内 Ca^{2+} 过载和随后的心脏功能障碍[10, 27-30]。因此，本文讨论了氧化应激如何在正常心脏和缺血再灌注（I-R）条件下影响心脏功能的关键信号酶磷脂酶 C（PLC）。此外，本文还研究了特定的 PLC 同工酶在氧化还原信号转导和细胞存活途径激活中的作用。由于细胞内 Ca^{2+} 过载和氧化应激是缺血性心脏病心脏功能不全病理生理学的主要机制，本章还将阐述 PLC 同工酶在 I-R 诱导的氧化应激期间对心肌细胞 Ca^{2+} 调节的作用。此外，本文还对 PLC 在缺血预处理和心肌 I-R 损伤中的保护作用作了简要讨论。

20.2 心肌 PLC 同工酶

PLC 家族由 7 个亚家族组成：PLC-α、PLC-β、PLC-γ、PLC-δ、PLC-ε、PLC-ζ 和 PIC-η[31-38]；PLC-β1、PLC-δ1、PLC-γ1 和 PLC-γ2 亚型是在心脏中表达的主要形式[34, 39]。PLC-δ1 被认为是主要的心脏 SL PLC 同工酶[37, 39-41]。PLC 同工酶在激活机制上存在差异，但它们的活化都需要 Ca^{2+}[32, 33, 42, 43]。血管紧张素 II、α_1- 肾上腺素激动剂和内皮素 -1 是通过异三聚体 Gq 亚家族的 α 亚基来激活 PLC-β 同工酶的相关刺激物[33, 41]；PLC-β 也被 G$\beta\gamma$二聚体激活[44]。已报道 PLC-γ 同工酶的非酪氨酸激酶激活[33]。此外，还报道了不依赖于酪氨酸激酶的 PLC-γ 同工酶的激活[45]。受体引发的激活 PLC-δ 同工酶的过程被认为是通过转谷氨酰胺酶 II（G_h）介导的，这是一类新的 GTP 结合蛋白[46, 47]。尽管 PLC-δ-G_h 途径可能在调节钙稳态和调节生理过程的信号通路中发挥重要作用[46, 47]，但谷氨酰胺转氨酶作为 PLC-δ的激活剂（或实际上作为一种功能性 G 蛋白）的作用是非常值得怀疑的。然而，这类 PLC 同工酶似乎更受 PIP$_2$ 与其普列克底物蛋白同源结构域（PH）结合或 Ca^{2+} 的调控[32, 48, 49]。PLC-ε 同工酶可被 Ras、Rho、Rap 2B 以及 Gα12 激活[34, 50]。PLC-ζ 和 PLC-η 的激活远不及前几种 PLC 亚型那样具有特征性；然而，值得注意的是，PLC-ζ[36] 仅在精子中表达，因此，可排除该 PLC 同工酶在心脏 PLC 信号传导中的作用。尽管各 PLC 同工酶在心肌细胞中的不同功能及功能的重合程度尚未确定，但已证实 α_1-AR 介导的 IP_3 在大鼠新生心肌细胞中的生成是由 PLC-β1 介导的[51]。

20.3 心肌缺血 – 再灌注

心肌缺血 – 再灌注损伤是与溶栓、血管成形术和冠状动脉旁路手术相关的临床重要问题。心肌缺血再灌注损伤会导致心肌收缩功能障碍。心肌缺血会引起心脏功能、代谢和超微结构的显著变化。然而，导致收缩功能障碍和心脏结构紊乱的细胞和分子活动尚不明确。虽然冠状动脉血流向缺血心脏的再灌注被认为有利于心脏泵功能的恢复，但在缺血一段时间后再灌注已被证明会进一步加重心肌异常[10, 12, 52–58]。有报道指出 I–R 或低氧复氧引起的心泵衰竭和心肌细胞超微结构改变涉及多种复杂的病理生理异常。例如，Ca^{2+} 拮抗剂以及 Na^+-H^+ 和 Na^+-Ca^{2+} 交换抑制剂的有益作用支持了细胞内 Ca^{2+} 过载的作用，而抗氧化剂以及 α- 肾上腺素能阻断剂和 β- 肾上腺素能阻断剂的作用表明主要因 ROS 的产生造成的氧化应激参与了 I–R 损伤的病理生理过程。心肌 I–R 也被证明可以产生不同的氧化剂，如 H_2O_2、过氧亚硝酸盐和 HOCl，这些都会导致与 I–R 损伤相关的细胞内 Ca^{2+} 过载的发生[59–61]。

20.4 由于 I–R 或暴露于氧化剂而导致的 PLC 的变化

有一些关于 PLC 引起 I–R 中磷脂酰肌醇代谢的存在争议的研究结果[62-70]。据报道，30min 的全心缺血会导致 IP_3 降低，而再灌注会导致 IP_3 迅速增加[62, 67]；这一观察结果是通过评估整个心室组织的磷脂酰肌醇含量推断出来的。另一方面，有报道称缺血和再灌注时 IP_3 水平都有升高[68]。这些不同的研究结果可能是由于心肌膜 ^3H- 肌醇标记的差异造成的，因为还存在不同的膜磷脂池和 PLC 同工酶微环境[64]。缺血也被证明会引起 α_1 肾上腺素受体介导的心肌总 DAG 质量增加，并且这一现象被认为是由于心肌 PLC 的激活造成的[69]。

通过观察发现，PLC 阻断剂新霉素可以阻止再灌注和去甲肾上腺素诱导的 IP_3 升高，这表明 IP_3 升高是由于 PLC 的作用[63, 66]。在 I–R 中已经证实了 PLC 活性的激活；然而这一点也可以在从整个心室组织中分离出来的微粒体部分中观察到[68]。其他研究者发现 PLC 活性在心脏缺血时降低，在再灌注时升高[65]；但是这是在整个心室组织的全膜制备中进行研究得出的结果。同样，尽管最近的一项研究报道心肌缺血会导致 PLC 活性增加，但研究中的活性测量是在左心室总匀浆液中进行的[70]。因此，不使用纯 SL 膜制剂的研究有可能因样本结合了许多具有不同或独特 PLC 通路的[71]其他亚细胞器而存在冲突风险，因而呈现出的数据结果比较混乱。在上述的研究中，没有试图确定特定的 PLC 同工酶变化。然而，我们认为 I–R 和氧化应激会引起亚细胞器重构[72]，这与心肌细胞信号转导机制和钙处理的变化相关，并最终导致心脏保护或收缩缺陷，这取决于特定 PLC 同工酶的变化（图 20.1）。

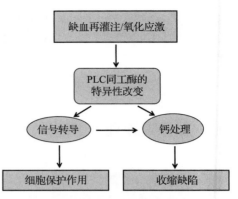

图 20.1　特异性 PLC 同工酶在缺血再灌注和氧化应激中的可能影响

我们首次报道，心脏缺血与 SL PLC–β1 激活、SL PLC–γ1 和 SL PLC–δ1 活性降低有关，缺血心脏再灌注则会导致 SL PLC–γ1 和 SL PLC–δ1 同工酶激活，而 PLC–β1 活性逐渐下降[42, 73]。缺血和缺血再灌注过程中观察到的 PLC 同工酶活性的变化可能与 PKC 同工酶有功能相关性，后者由 PLC 产生的 DAG 特异性激活[74, 75]且与 I–R 损伤相关[76-78]。事实上，有报道称，在再灌注开始时给予 PKC–δ 抑制剂可增强对心脏的保护，而缺血前激活 PKC–ε 可以模拟缺血预处理过程[78]。因此，PLC 同工酶的差异性变化可能导致特异性 PKC 同工酶的激活，而阻止 I–R 诱导的特异性 PLC 同工酶的激活反过来又阻止了 PKC 同工酶的变化。

已证明在缺血心脏中发生了儿茶酚胺的释放[79]。此外，研究发现 α_1–AR 在缺血和再灌注条件下的敏感性也有所增强[80]。在全心缺血前用哌唑嗪（一种 α_1–AR 拮抗剂）预处理可降低缺血再灌注所致心肌损伤的程度[81]，这可能与抑制 α_1–AR 诱导的 PLC 激活有关[68]。由于 α_1–AR 通过 Gαq[33]将信号传递给 PLC–β 同工酶，因此哌唑嗪的保护作用可能是由 PLC–β 同工酶失活产生的。事实上，我们的初步数据表明哌唑嗪的有益作用可能与阻止缺血心脏中 PLC–β1 的激活有关。卡维地洛是一种非选择性 β– 肾上腺素受体和 α_1–AR 阻断剂，也被证明可以防止 H_2O_2 导致的心脏灌注血流动力学功能受损[82]。据推测，卡维地洛的心脏保护作用部分是由于减少了 α_1–AR 介导的 PLC 激活以及 IP_3、DAG 和 Ca^{2+} 的产生，这些现象可能是由于 PLC–β1 激活减弱所致。值得注意的是，尽管在缺血期间内源性释放儿茶酚胺的有害影响已得到充分证实[83]，缺血心脏中 PLC–β1 的特异性激活可能导致心脏纤维化[84]，并可能对 I–R 中的心脏功能不全有显著影响。事实上，我们之前已经提出 α_1–AR–Gαq–PLC–β1 信号通路在心肌纤维化中的作用[85]。

尽管已经发现将 SL 膜和分离出的心肌细胞暴露于氧化剂会诱导 PLC 和磷脂酰肌醇途径的成分发生变化[86-88]，但尚未完全研究氧化剂对特定 PLC 同工酶的影响。我们首次报道用 H_2O_2 处理心肌细胞可导致 PLC–γ1 活化[89]。在该研究中，我们观察到在 H_2O_2 处理下，PLC–γ1 的 mRNA 水平和膜蛋白含量呈 H_2O_2 浓度依赖性（直至 50μmol/L）增加。此外，PLC–γ1 在 H_2O_2 作用下被激活，其酪氨酸残基的磷酸化增加证明了这一点。我们还观察到抗凋亡蛋白 Bcl–2 在 H_2O_2 作用下磷酸化显著增加，而 PLC 抑制剂 U–73122 则减弱了这种作用。尽管心肌细胞膜部分 PKC–δ 和 PKC–ε 蛋白含量在 H_2O_2 的作用下均有所增加，但与 PKC–δ 不同的是，U–73122 减弱了 PKC–ε 的活化。用抑制肽抑制 PKC–ε 可阻止 Bcl–2 磷酸化。此外，不同浓度的抑制肽加剧了 H_2O_2 诱导的心肌细胞活力的下降。此外，使用台盼蓝排斥法评估心肌细胞活力，经过 U–73122 预处理的细胞由于 H_2O_2 的影响活力降低，这是细胞凋亡增加的结果。这些观察结果表明，PLC–γ1 可能通过 PKC–ε 和 Bcl–2 的磷酸化在氧化应激期间（图 20.2）对维持心肌细胞存活中发挥作用。S100A1 是一种钙调素结合蛋白，属于 S100 蛋白家族。据报道，摄取 S100A1 可在体外保护新生心室心肌细胞免受 2- 脱氧葡萄糖和氧化应激诱导的凋亡[90]。这表明 S100A1 介导的抗凋亡作用涉及 ERK1/2 促生存途径，其中包括 PLC 的激活。因此，在体内氧化应激条件下，PLC 可能在维持心肌存活中起作用。

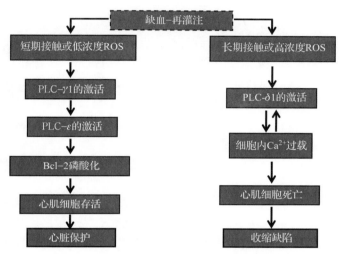

图 20.2　氧化应激条件下 PLC-γ1 和 PLC δ1 的作用

ROS—活性氧　PLC—磷脂酶 C

目前 I-R 中特异性 SL PLC 同工酶活性、蛋白质含量和基因表达变化与 Ca^{2+} 稳态和心功能不全有关的机制和意义的信息非常有限。然而，我们之前的研究已经证明维拉帕米（一种 L 型 Ca^{2+} 通道阻滞剂）部分阻止了 SL PLC-β1 在缺血时活性的增加和再灌注阶段活性的降低。此外，在缺血期，它对 SL PLC-δ1 和 PLC-γ1 活性的抑制起到了部分保护作用，并在再灌注期间减弱了其活性的增加[42]。这些变化与 I-R 后心肌恢复的改善有关。同样地，用 U-73122 心脏预处理不仅显著抑制 I-R 中 DAG 和 IP_3 的产生，而且通过根据左室舒张末压（LVEDP）、左室舒张压（LVDP）、左室压力最大上升速率（$+dP/dt_{max}$）和衰减速率（$-dP/dt_{max}$）的测量结果，还可以证明其能促进心功能的恢复。然而，维拉帕米的疗效不如 U-73122。因此，研究认为抑制 PLC 可促进 I-R 后心肌的恢复。

随着 Ca^{2+} 浓度的增加（1.25～2.55mmol/L），灌注会使心肌收缩力在初始阶段增加；然而，随着灌注时间的延长（15min），会出现严重的心脏功能障碍；这表现为 LVEDP 显著增加，LVDP，$+dP/dt_{max}$ 和 $-dP/dt_{max}$ 显著降低，表明这种浓度的 Ca^{2+} 对心脏有损害。高 Ca^{2+} 下进行心脏灌注后，心肌匀浆中的 PLC 同工酶均有不同程度的激活，PLC-δ1 的活化程度最高，而 PLC-γ1 的活化程度最低。在此条件下，SL 膜中 PLC-γ1 和 PLC-δ1 蛋白含量增加，这表明 PLC-γ1 和 PLC-δ1 特异性激活（发生在 I-R 中）可能是由于 $[Ca^{2+}]_i$ 的增加。事实上，Ca^{2+} 激活 PLC-δ1 的程度可能是由于 PLC-δ 同工酶对 Ca^{2+} 具有较高的敏感性[32, 42]。此外，值得注意的是，在低 Ca^{2+} 情况的心脏灌注下 PLC-δ1 活性特异性地降低。因此，我们认为 PLC-δ1 的激活可能对 I-R 期间细胞内 Ca^{2+} 过载的发生有关。在这方面，已经有研究利用 fura-2 荧光测定了外源性 PLC 对 $[Ca^{2+}]_i$ 的影响[91]。研究观察到杆状细胞占所有细胞的比例呈时间依赖性和浓度依赖性下降，表明 PLC 引起 Ca^{2+} 过载。这说明 PLC 的激活可能在缺血/再灌注时的心律失常和细胞损伤中发挥作用。此外，还表明在 I-R 过程中 $[Ca^{2+}]_i$ 的增加可能会激活磷脂酶，从而使 $[Ca^{2+}]_i$ 进一步增加，形成恶性循环。

尽管这些数据提供了一些关于 Ca^{2+} 在激活 PLC 同工酶中的作用的信息，但应注意的是，Ca^{2+} 在基础条件下的作用可能不同于其在 I-R 条件下的作用，高 Ca^{2+} 灌注后心脏中 PLC-β1 活性的增加与 I-R 期间的活动情况相反。这种差异可以解释为，与其他 PLC 同工酶相比，PLC-β1 更容易受到自由基介导的损伤，这种损伤发生在再灌注早期[10-12]，使得 PLC-β1 对 Ca^{2+} 不敏感，或由于 I-R 中发生的蛋白酶激活而选择性降解[92]。

据报道，在缺血心脏和缺氧新生心肌细胞中，PLC-δ1 可被选择性降解，PLC-β1 和 PLC-γ1 则不会，这种反应可被钙蛋白酶抑素（钙蛋白酶抑制剂）和 zVAD-fmk（半胱天冬酶抑制剂）抑制[37]。此外，缺氧的新生儿心肌细胞中 PLC-δ1 的过表达避免了缺血条件下细胞内 Ca^{2+} 过载的发生。因此，在心肌梗死边缘区和瘢痕区以及缺氧新生心肌细胞中，钙敏感蛋白酶对 PLC-δ1 的选择性降解可能在缺血条件下对细胞内 Ca^{2+} 的调节中起重要作用。此外，PLC 同工酶的改变可能导致心肌缺血时钙稳态的改变。

值得注意的是，在氧化应激条件下，SL 膜中 PLC 底物 PIP_2 的合成情况和水平也已经被研究检测。我们已经证明，将 SL 膜暴露于黄嘌呤氧化酶（一种 ROS 生成系统）会显著降低 PI4K 和 PI5K 活性，这表明其合成 PIP_2 的能力降低[88]。鉴于 ROS 对不同激酶系统，特别是负责合成 SL PIP_2 的限速酶 PI4 激酶的剧烈影响，这种情况可能会导致这种磷脂在 SL 中的含量严重不足。另外，据报道，在缺血再灌注过程中，IP_3 产生的增强与 α_1-AR 激活的 PLC 中 PIP_2 的可利用性增加有关[93]。事实上，这些研究者已经报道了 PIP_2 浓度的增加位置是在 PLC-β1 和 Gqα 存在的微囊部分，因此这可能是缺血心脏早期再灌注时 IP_3 生成增加的关键。我们已经证明，缺血期间，PI4K 和 PI5K 活性升高，而在再灌注时发生双相反应；其中 1min 再灌注会导致 PI4K 和 PI5K 活性降低，再灌注 5min 则会使 PI4K 和 PI5K 活性增加。这些数据似乎表明 SL PIP_2 可能在缺血期增加，在再灌注初期减少，随着再灌注时间的延长又逐渐增加。由于未测定过 I-R 条件下产生的 ROS 的组成成分[93]，因此很难推断出是哪个氧化物对 PIP_2 水平产生影响；然而，这种影响的产生很可能是由于生成的 ROS 浓度不同，并取决于暴露时间。

尽管如此，PIP_2 的功能重要性不可低估，因为 PIP_2 调节了许多不同的生理活动，且受到膜中脂质浓度变化的影响[94, 95]。这些活动能够影响心脏功能。PIP_2 分子数量的减少会直接导致内向整流 K^+ 通道的抑制以及心脏 SL Na^+-Ca^{2+} 交换和 Ca^{2+} 泵活性的抑制，从而损害心脏的收缩性能[94, 97]。这将减少心肌细胞的 Ca^{2+} 流出，并加剧细胞内 Ca^{2+} 过载的发生和心脏异常的发展。因此，SL PIP_2 浓度的降低可能有助于进一步了解 ROS 诱导的心肌细胞内 Ca^{2+} 浓度升高的机制。

PIP_2 底物的可利用性降低可能是减弱依赖 PLC 的 IP_3 和 DAG 生成的另一个因素，其会减弱心脏对激动剂刺激的反应。PIP_2 的减少也会导致 PLD 同工酶 PLD_1 和 PLD_2 的激活减弱，因为它们都需要 PIP_2 作为辅助因子[98]。这些信号同工酶水解磷脂酰胆碱产生磷脂酸，从而增加细胞内 Ca^{2+} 和心脏收缩力[99]。这种 PLD 同工酶的损伤将导致心脏功能的下降。临床和实验结果表明，ROS 介导的氧化过程参与了充血性心力衰竭[100]和糖尿病心肌病[101]的发病机制。在这些心脏病变中，我们检测到了 SL PIP$_2$ 含量显著降低，这是 PI4K 和 PI5K 活性降低的结果[39, 102, 103]，这表明这种磷脂在氧化应激条件下的心脏功能不全中起着促进作用。

20.5　心肌预处理

许多研究表明，由于持续一段时间的 I–R，遭受了短时间缺血的心脏会限制梗死面积并导致心功能障碍[104-109]；然而，SL 膜在这一现象中的作用仍有待确定。PKC 对缺血预调节（IP）具有有益作用[102, 108, 110-112]。PKC 激活的信号转导途径的第一步是刺激 PLC，产生第二信使 DAG，这表明 PLC 在缺血预处理中发挥作用。此外，据报道，腺苷会在心脏缺血期间被释放[104, 113]，并且可以在心肌细胞水平上发挥重要的保护作用[114]，这可能是由 PLC 信号通路[115]介导的。一些研究表明，IP 的心脏保护功能可能是通过 α_1-AR[111, 116-118]介导的，表明这一保护作用与 PLC 有关。虽然已证明对离体再灌注心脏进行预处理可抑制再灌注诱导的 IP$_3$ 释放[67, 119]，且阻断 IP$_3$ 受体可以模拟预处理行为[120]，但 PLC 在缺血预处理中的确切作用仍有待阐明。此外，还应注意到 α_1-AR 刺激的有益作用表明 PLC-β 同工酶在心脏中所发挥的作用。我们的一些初步研究已经解决了 α_1-AR-PLC 介导的信号和 ROS 在 IP 中的作用问题[121]。研究发现，I–R 期间，IP 减弱了 PLCβ1 的激活，并与受 I–R 影响的缺血后心肌收缩恢复的改善有关。哌唑嗪对 IP 的保护作用没有任何影响，巯基丙酰甘氨酸（ROS 清除剂）则消除了 IP 的保护作用。这些数据表明哌唑嗪可以保护心脏免受 I–R 损伤，但不是 IP 机制中的必要组成成分。另外，ROS 可能在介导 IP 的心脏保护作用中起重要作用。腺苷是一种由缺血组织释放的嘌呤核苷，被认为是 IP 的重要诱导因子，可能涉及 PLC 的激活[122]。

20.6　总结

现有证据表明，PLC 可能参与构成了氧化应激条件下心脏功能的重要机制。我们的实验数据表明，特定的 PLC 活性可能影响 [Ca^{2+}]$_i$ 和心肌细胞的收缩力。因此，我们认为，在 I–R 引起的氧化应激条件下，PLC-δ1 的激活可能有助于一个自我维持的循环，这一循环会加剧心肌细胞 Ca^{2+} 过载，并导致心脏收缩功能障碍。此外，我们认为 PLC-γ1 可能在短时间暴露以及低 ROS 和氧化剂浓度的氧化还原信号中发挥作用。更好地了解 PLC 同工酶在心脏中的作用，将为缺血性心脏病中选择性调节 PLC 同工酶的治疗方法的发展提供新的机遇。

参考文献

1. Tappia PS, Asemu G, Rodriguez-Leyva D (2010) Phospholipase C as a potential target for cardioprotection during oxidative stress. Can J Physiol Pharmacol 88:249–263
2. Adameova A, Xu YJ, Duhamel TA et al (2009) Anti-atherosclerotic molecules targeting oxidative stress and inflammation. Curr Pharm Des 15:3094–3107
3. Xu YJ, Tappia PS, Neki NS, Dhalla NS (2014) Prevention of diabetes-induced cardiovascular complications upon treatment with antioxidants. Heart Fail Rev 19:131–121
4. Takano H, Zou Y, Hasegawa H et al (2003) Oxidative stress-induced signal transduction pathways in cardiac myocytes: involvement of ROS in heart disease. Antioxid Redox Signal 5:789–794
5. Yaglom JA, Ekhterae D, Gabai VL, Sherman MY (2003) Regulation of necrosis of H9c2 myogenic cells upon transient energy deprivation. Rapid deenergization of mitochondria precedes necrosis and is controlled by reactive oxygen species, stress kinase JNK, HSP72 and ARC. J Biol Chem 278:50483–50496
6. Fu YC, Chi CS, Yin SC et al (2004) Norepinephrine induces apoptosis in neonatal rat cardiomyocytes through a reactive oxygen species-TNFα-caspase signaling pathway. Cardiovasc Res 62:558–567
7. Fiordaliso F, Bianchi R, Staszewsky L et al (2004) Antioxidant treatment attenuates hyperglycemia-induced cardiomocyte death in rats. J Mol Cell Cardiol 37:959–968
8. Ghosh S, Pulinilkunnil T, Yuen G et al (2005) Cardiomyocyte apoptosis induced by short-term diabetes requires mitochondrial GSH depletion. Am J Physiol Heart Circ Physiol 289:H768–H776
9. Tappia PS, Dent MR, Dhalla NS (2006) Oxidative stress and redox regulation of phospholipase D in myocardial disease. Free Radic Biol Med 41:349–361
10. Dhalla NS, Elmoselhi AB, Hata T, Makino N (2000) Status of myocardial antioxidants in ischemia-reperfusion injury. Cardiovasc Res 47:446–456
11. Dhalla NS, Temsah R, Netticadan T (2000) Role of oxidative stress in cardiovascular diseases. J Hypertens 18:655–673
12. Dhalla NS, Temsah RM, Netticadan T (2000) Role of oxidative stress in cardiovascular diseases. In: Sperelakis N, Kurachi Y et al (eds) Heart physiology and pathophysiology. Academic, San Diego
13. Rosette C, Karin M (1996) Ultraviolet light and osmotic stress: activation of the JNK cascade through multiple growth factor and cytokine receptors. Science 274:1194–1197
14. Herrlich P, Bohmer FD (2000) Redox regulation of signal transduction in mammalian cells. Biochem Pharmacol 59:35–41
15. Das DK, Maulik N (2004) Conversion of death signal into survival signal by redox signaling. Biochemistry (Mosc) 69:10–17
16. Korichneva I (2005) Redox regulation of cardiac protein kinase C. Exp Clin Cardiol 10:256–261
17. Dhalla NS, Saini HK, Tappia PS et al (2007) Potential role and mechanisms of subcellular remodeling in cardiac dysfunction due to ischemic heart disease. J Cardiovasc Med (Hagerstown) 8:238–250
18. Dhalla NS, Afzal N, Beamish RE et al (1993) Pathophysiology of cardiac dysfunction in congestive heart failure. Can J Cardiol 9:873–887
19. Higuchi Y, Otsu K, Nishida K et al (2002) Involvement of reactive oxygen species-mediated NF-κB activation in TNF-α-induced cardiomyocyte hypertrophy. J Mol Cell Cardiol 34:233–240
20. Sabri A, Hughie HH, Lucchesi PA (2003) Regulation of hypertrophic and apoptotic signaling pathways by reactive oxygen species in cardiac myocytes. Antioxid Redox Signal 5:731–740
21. Bandyopadhyay D, Chattopadhyay A, Ghosh G, Datta AG (2004) Oxidative stress-induced ischemic heart disease: protection by antioxidants. Curr Med Chem 11:369–387
22. Hoffman W Jr, Gilbert TB, Poston RS, Silldorff EP (2004) Myocardial reperfusion injury: etiology, mechanisms, and therapies. J Extra Corpor Technol 36:391–411
23. Pacher P, Schulz R, Liaudet L, Szabo C (2005) Nitrosative stress and pharmacological modu-

lation of heart failure. Trends Pharmacol Sci 26:302–310

24. Pacher P, Obrosova IG, Mabley JG, Szabo C (2005) Role of nitrosative stress and peroxynitrite in the pathogenesis of diabetic complications. Emerging new therapeutical strategies. Curr Med Chem 12:267–275

25. Pacher P, Beckman JS, Liaudet L (2007) Nitric oxide and peroxynitrite in health and disease. Physiol Rev 87:315–424

26. Ungvari Z, Gupte SA, Recchia FA et al (2005) Role of oxidative-nitrosative stress and downstream pathways in various forms of cardiomyopathy and heart failure. Curr Vasc Pharmacol 3:221–229

27. Dhalla NS, Ziegelhoffer A, Harrow JA (1977) Regulatory role of membrane systems in heart function. Can J Physiol Pharmacol 55:1211–1234

28. Dhalla NS, Das PK, Sharma GP (1978) Subcellular basis of cardiac contractile failure. J Mol Cell Cardiol 10:363–385

29. Dhalla NS, Pierce GN, Panagia V et al (1982) Calcium movements in relation to heart function. Basic Res Cardiol 77:117–139

30. Dhalla KS, Rupp H, Beamish RE, Dhalla NS (1996) Mechanisms of alterations in cardiac membrane Ca^{2+} transport due to excess catecholamines. Cardiovasc Drugs Ther 10:231–238

31. Kaplitt MG, Kleopoulos SP, Pfaff DW, Mobbs CV (1993) Estrogen increases HIP-70/PLC-α messenger ribonucleic acid in the rat uterus and hypothalamus. Endocrinology 133:99–104

32. Rebecchi MJ, Pentyala SN (2000) Structure, function, and control of phosphoinositide-specific phospholipase C. Physiol Rev 80:1291–1335

33. Rhee SG (2001) Regulation of phosphoinositide-specific phospholipase C. Annu Rev Biochem 70:281–312

34. Song C, Hu CD, Masago M et al (2001) Regulation of a novel human phospholipase C, PLC ε, through membrane targeting by Ras. J Biol Chem 276:2752–2757

35. Wing MR, Bourdon DM, Harden TK (2003) PLC-ε: a shared effector protein in Ras-, Rho-, and Gαβγ-mediated signaling. Mol Interv 3:273–280

36. Saunders CM, Larman MG, Parrington J et al (2004) PLC ζ: a sperm-specific trigger of Ca^{2+} oscillations in eggs and embryo development. Development 129:3533–3544

37. Hwang KC, Lim S, Kwon HM et al (2004) Phospholipase C-δ1 rescues intracellular Ca^{2+} overlaod in ischemic heart and hypoxic neonatal cardiomyocytes. J Steroid Biochem Mol Biol 91:131–138

38. Hwang JI, Oh YS, Shin KJ et al (2005) Molecular cloning and characterization of a novel phospholipase C, PLC-η. Biochem J 389:181–186

39. Tappia PS, Liu SY, Shatadal S et al (1999) Changes in sarcolemmal PLC isoenzymes in postinfarct congestive heart failure: partial correction by imidapril. Am J Physiol 276: H40–H49

40. Wolf RA (1992) Association of phospholipase C-δ with a highly enriched preparation of canine sarcolemma. Am J Physiol Cell Physiol 263:C1021–C1028

41. Henry RA, Boyce SY, Kurz T, Wolf RA (1995) Stimulation and binding of myocardial phospholipase C by phosphatidic acid. Am J Physiol 269:C349–C358

42. Asemu G, Dhalla NS, Tappia PS (2004) Inhibition of PLC improves postischemic recovery in isolated rat heart. Am J Physiol Heart Circ Physiol 287:H2598–H2605

43. Sidhu RS, Clough RR, Bhullar RP (2005) Regulation of phospholipase C-δ1 through direct interactions with the small GTPase Ral and calmodulin. J Biol Chem 280:21933–21941

44. Katan M (1998) Families of phosphoinositide-specific phospholipase C: structure and function. Biochim Biophys Acta 1436:5–17

45. Sekiya F, Bae YS, Rhee SG (1999) Regulation of phospholipase C isoenzymes: activation of phospholipase C-γ in the absence of tyrosine phosphorylation. Chem Phys Lipids 98:3–11

46. Im HJ, Russell MA, Feng JF (1997) Transglutaminase II: a new class of GTP-binding protein with new biological functions. Cell Signal 9:477–482

47. Park H, Park ES, Lee HS et al (2001) Distinct characteristic of Gαh (transglutaminase II) by compartment GTPase and transglutaminase activities. Biochem Biophys Res Commun 284:496–500

48. Yagisawa H, Sakuma K, Paterson HF et al (1998) Replacements of single basic amino acids in the pleckstrin homology domain of phospholipase C-δ1 alter the ligand binding, phospholipase activity, and interaction with the plasma membrane. J Biol Chem 273:417–424

49. Tall E, Dormán G, Garcia P et al (1997) Phosphoinositide binding specificity among phospholipase C isozymes as determined by photo-cross-linking to novel substrate and product analogs. Biochemistry 36:7239–7248

50. Lopez I, Mak EC, Ding J et al (2001) A novel bifunctional phospholipase C that is regulated by $G\alpha_{12}$ and stimulates the Ras/mitogen-activated protein kinase pathway. J Biol Chem 276:2758–2765

51. Arthur JF, Matkovich SJ, Mitchell CJ et al (2001) Evidence for selective coupling of α_1-adrenergic receptors to phospholipase C-β_1 in rat neonatal cardiomyocytes. J Biol Chem 276:37341–37346

52. Dhalla NS, Golfman L, Takeda S et al (1999) Evidence for the role of oxidative stress in acute ischemic heart disease: a brief review. Can J Cardiol 15:587–593

53. Kloner RA, Jennings RB (2001) Consequences of brief ischemia: stunning, preconditioning, and their clinical implications: part 2. Circulation 104:3158–3167

54. Kim SJ, Depre C, Vatner SF (2003) Novel mechanisms mediating stunned myocardium. Heart Fail Rev 8:143–153

55. Marczin N, El-Habashi N, Hoare GS et al (2003) Antioxidants in myocardial ischemia-reperfusion injury: therapeutic potential and basic mechanisms. Arch Biochem Biophys 420:222–236

56. Piper HM, Meuter K, Schafer C (2003) Cellular mechanisms of ischemia-reperfusion injury. Ann Thorac Surg 75:S644–S648

57. Ananthakrishnan R, Hallam K, Li Q, Ramasamy R (2005) JAK-STAT pathway in cardiac ischemic stress. Vascul Pharmacol 43:353–356

58. Turan B, Saini HK, Zhang M et al (2005) Selenium improves cardiac function by attenuating the activation of NF-κB due to ischemia-reperfusion injury. Antioxid Redox Signal 9–10: 1388–1397

59. Gen W, Tani M, Takeshita J et al (2001) Mechanisms of Ca^{2+} overload induced by extracellular H_2O_2 in quiescent isolated rat cardiomyocytes. Basic Res Cardiol 96:623–629

60. Lee WH, Gounarides JS, Roos ES, Wolin MS (2003) Influence of peroxynitrite on energy metabolism and cardiac function in a rat ischemia-reperfusion model. Am J Physiol Heart Circ Physiol 285:H1385–H1395

61. Berges A, Van Nassauw L, Bosmans J et al (2003) Role of nitric oxide and oxidative stress in ischaemic myocardial injury and preconditioning. Acta Cardiol 58:119–132

62. Otani H, Prasad MR, Engelman RM et al (1988) Enhanced phosphodiesteratic breakdown and turnover of phosphoinositides during reperfusion of ischemic rat heart. Circ Res 63:930–936

63. Mouton R, Huisamen B, Lochner A (1991) Increased myocardial inositol trisphosphate levels during α_1-adrenergic stimulation and reperfusion of ischaemic rat heart. J Mol Cell Cardiol 23:841–850

64. Marsh D (1992) Role of lipids in membrane structures. Curr Opin Struct Biol 2:497–502

65. Schwertz DW, Halverson J (1992) Changes in phosphoinositide-specific phospholipase C and phospholipase A_2 activity in ischemic and reperfused rat heart. Basic Res Cardiol 87:113–127

66. Anderson KE, Dart AM, Woodcock EA (1994) Reperfusion following myocardial ischaemia enhances inositol phosphate release in the isolated perfused rat heart. Clin Exp Pharmacol Physiol 21:141–144

67. Anderson KE, Dart AM, Woodcock EA (1995) Inositol phosphate release and metabolism during myocardial ischemia and reperfusion in rat heart. Circ Res 76:261–268

68. Moraru II, Jones RM, Popescu LM et al (1995) Prazosin reduces myocardial ischemia/reperfusion-induced Ca^{2+} overloading in rat heart by inhibiting phosphoinositide signaling. Biochim Biophys Acta 1268:1–8

69. Kurz T, Schneider I, Tolg R, Richardt G (1999) α1-adrenergic receptor-mediated increase in the mass of phosphatidic acid and 1,2-diacylglycerol in ischemic rat heart. Cardiovasc Res 42:48–56

70. Munakata M, Stamm C, Friehs I et al (2002) Protective effects of protein kinase C during myocardial ischemia require activation of phosphatidyl-inositol specific phospholipase C. Ann Thorac Surg 73:1236–1245

71. Cocco L, Martelli AM, Gilmour RS et al (2001) Nuclear phospholipase C and signaling. Biochim Biophys Acta 1530:1–14

72. Dhalla NS, Saini-Chohan HK, Rodriguez-Leyva D et al (2009) Subcellular remodelling may induce cardiac dysfunction in congestive heart failure. Cardiovasc Res 81:429–438

73. Asemu G, Tappia PS, Dhalla NS (2003) Identification of the changes in phospholipase C isozymes in ischemic-reperfused rat heart. Arch Biochem Biophys 411:174–182

74. Hodgkin MN, Pettitt TR, Martin A et al (1998) Diacylglycerols and phosphatidates: which molecular species are intracellular messengers? Trends Biochem Sci 23:200–204

75. Pettitt TR, Martin A, Horton T et al (1997) Diacylglycerol and phosphatidate generated by phospholipases C and D, respectively, have distinct fatty acid compositions and functions. Phospholipase D-derived diacylglycerol does not activate protein kinase C in porcine aortic endothelial cells. J Biol Chem 272:17354–17359

76. Ping P, Zhang J, Qiu Y et al (1997) Ischemic preconditioning induces selective translocation of protein kinase C isoforms ε and η in the heart of conscious rabbits without subcellular redistribution of total protein kinase C activity. Circ Res 81:404–414

77. Takeishi Y, Jalili T, Ball NA, Walsh RA (1999) Responses of cardiac protein kinase C isoforms to distinct pathological stimuli are differentially regulated. Circ Res 85:264–271

78. Inagaki K, Hahn HS, Dorn GW 2nd, Mochly-Rosen D (2003) Additive protection of the ischemic heart ex vivo by combined treatment with δ-protein kinase C inhibitor and ε-protein kinase C activator. Circulation 108:869–875

79. Hara A, Abiko Y (1996) Role of the sympathetic nervous system in the ischemic and reperfused heart. EXS 76:285–297

80. Froldi G, Guerra L, Pandolfo L et al (1994) Phentolamine and hypoxia: modulation of contractility and α_1-adrenoceptors in isolated rat atria. Naunyn Schmiedebergs Arch Pharmacol 350:563–568

81. Sharma A, Singh M (2000) Possible mechanism of cardioprotective effect of ischaemic preconditioning in isolated rat heart. Pharmacol Res 41:635–640

82. Antelava N, Gabunia L, Gambashidze K et al (2009) Effects of carvedilol, lozartan and trimetazidin on functional parameters of isolated heart of rats at oxidative stress. Georgian Med News 167:81–84

83. Schomig A, Dart AM, Dietz R et al (1984) Release of endogenous catecholamines in the ischemic myocardium of the rat. Part A: locally mediated release. Circ Res 55:689–701

84. Okumura H, Nagaya N, Kangawa K (2003) Adrenomedullin infusion during ischemia/reperfusion attenuates left ventricular remodeling and myocardial fibrosis in rats. Hypertens Res 26(Suppl):S99–S104

85. Ju H, Zhao S, Tappia PS et al (1998) Expression of Gqα and PLC-β in scar and border tissue in heart failure due to myocardial infarction. Circulation 97:892–899

86. Meij JT, Suzuki S, Panagia V, Dhalla NS (1994) Oxidative stress modifies the activity of cardiac sarcolemmal phospholipase C. Biochim Biophys Acta 1199:6–12

87. Liu SY, Yu CH, Hays JA et al (1997) Modification of heart sarcolemmal phosphoinositide pathway by lysophosphatidylcholine. Biochim Biophys Acta 1349:264–274

88. Mesaeli N, Tappia PS, Suzuki S et al (2000) Oxidants depress the synthesis of phosphatidylinositol 4,5-bisphosphate in heart sarcolemma. Arch Biochem Biophys 382:48–56

89. Mangat R, Dhalla NS, Tappia PS (2006) Inhibition of phospholipase C-γ_1 augments the decrease in cardiomyocyte viability by H_2O_2. Am J Physiol Heart Circ Physiol 291:H854–H860

90. Most P, Boerries M, Eicher C et al (2003) Extracellular S100A1 protein inhibits apoptosis in ventricular cardiomyocytes via activation of the extracellular signal-regulated protein kinase 1/2 (ERK1/2). J Biol Chem 278:48404–48412

91. Hayashi H, Miyata H, Terada H et al (1993) Effects of phospholipase C on action potentials and intracellular Ca^{2+} concentration in guinea pig heart. Jpn Circ J 57:344–352

92. Gao WD, Liu Y, Mellgren R, Marban E (1996) Intrinsic myofilament alterations underlying the decreased contractility of stunned myocardium. A consequence of Ca^{2+}-dependent proteolysis? Circ Res 78:455–465

93. Lanzafame AA, Turnbull L, Amiramahdi F et al (2006) Inositol phospholipids localized to caveolae in rat heart are regulated by alpha1-adrenergic receptors and by ischemia-reperfusion. Am J Physiol Heart Circ Physiol 290:H2059–H2065

94. Hilgemann DW, Ball R (1996) Regulation of cardiac Na, Ca exchange and KATP potassium channels by the synthesis and hydrolysis of PIP2 in giant membrane patches. Science 273:956–959

95. Toker A (1998) The synthesis and cellular roles of phosphatidylinositol 4,5-bisphosphate. Curr Opin Cell Biol 10:254–261

96. Huang CL, Feng S, Hilgemann DS (1998) Direct activation of inward rectifier potassium channels by PIP_2 and its stabilization by Gβγ. Nature 391:803–806

97. Caroni P, Zurini M, Clark A (1982) Calcium homeostasis in rabbit ventricular myocytes. Disruption by hypochlorous acid and restoration by dithiothreitol. Ann N Y Acad Sci 402:402–421

98. Frohman MA, Morris AJ (1999) Phospholipase D structure and function. Chem Phys Lipids 98:127–140

99. Xu YJ, Panagia V, Shao Q et al (1996) Phosphatidic acid increases intracellular free Ca^{2+} and cardiac contractile force. Am J Physiol Heart Circ Physiol 271:H651–H659
100. Singal PK, Khaper N, Palace V, Kumar D (1998) The role of oxidative stress in the genesis of heart disease. Cardiovasc Res 40:426–432
101. Dhalla NS, Liu X, Panagia V, Takeda N (1998) Subcellular remodeling and heart dysfunction in chronic diabetes. Cardiovasc Res 40:239–247
102. Tappia PS, Liu SY, Tong Y et al (2001) Reduction of phosphatidylinositol-4,5-bisphosphate mass in heart sarcolemma during diabetic cardiomyopathy. Adv Exp Med Biol 498: 183–190
103. Ziegelhoffer A, Tappia PS, Mesaeli N et al (2001) Low level of sarcolemmal phosphatidylinositol 4,5-bisphosphate in cardiomyopathic hamster (UM-X7.1) heart. Cardiovasc Res 49:118–126
104. Murray CE, Jennings RB, Reimer KA (1986) Preconditioning with ischemia: a delay of lethal cell injury in ischemic myocardium. Circulation 74:1124–1136
105. Liu Y, Ytrehus K, Downey JM (1994) Evidence that translocation of protein kinase C is a key event during ischemic preconditioning of rabbit myocardium. J Mol Cell Cardiol 26:661–668
106. Speechly-Dick ME, Mocanu MM, Yellon DM (1994) Protein kinase C. Its role in ischemic preconditioning in the rat. Circ Res 75:586–590
107. Tomai F, Crea F, Gaspardone A et al (1996) Effects of A1 adenosine receptor blockade by bamiphylline on ischaemic preconditioning during coronary angioplasty. Eur Heart J 17:846–853
108. Kawamura S, Yoshida K, Miura T et al (1998) Ischemic preconditioning translocates PKC-δ and –ε, which mediate functional protection in isolated rat heart. Am J Physiol Heart Circ Physiol 275:H2266–H2271
109. Loubani M, Galinanes M (2001) α_1-Adrenoceptors during simulated ischemia and reoxygenation of the human myocardium: effect of the dose and time of administration. J Thorac Cardiovasc Surg 122:103–112
110. Armstrong S, Downey JM, Ganote CE (1994) Preconditioning of isolated rabbit cardiomyocytes: induction by metabolic stress and blockade by the adenosine antagonist SPT and calphostin C, a protein kinase C inhibitor. Cardiovasc Res 28:72–77
111. Ytrehus K, Liu Y, Downey JM (1994) Preconditioning protects ischemic rabbit heart by protein kinase C activation. Am J Physiol Heart Circ Physiol 266:H1145–H1152
112. Ikonomidis JS, Shirai T, Weisel RD et al (1997) Preconditioning cultured human pediatric myocytes requires adenosine and protein kinase C. Am J Physiol Heart Circ Physiol 272:H1220–H1230
113. Ely SW, Berne RM (1992) Protective effects of adenosine in myocardial ischemia. Circulation 85:893–904
114. Stambaugh K, Jacobson KA, Jiang JL, Liang BT (1997) A novel cardioprotective function of adenosine A1 and A3 receptors during prolonged simulated ischemia. Am J Physiol Heart Circ Physiol 273:H501–H505
115. Cohen MV, Downey JM (1996) Myocardial preconditioning promises to be a novel approach to the treatment of ischemic heart disease. Annu Rev Med 47:21–29
116. Corr PB, Creer MH, Yamada KA et al (1989) Prophylaxis of early ventricular fibrillation by inhibition of acylcarnitine accumulation. J Clin Invest 83:927–936
117. Meerson FZ, Kopylov YN, Golubeva LY (1994) The role of ITP-DAG regulatory cascade in the mechanism of cardioprotective effect of adaptation to stress. Can J Cardiol 10:137–147
118. Meng X, Cleveland JC Jr, Rowland RT et al (1996) Norepinephrine-induced sustained myocardial adaptation to ischemia is dependent on α_1-adrenoceptors and protein synthesis. J Mol Cell Cardiol 28:2017–2025
119. Amirahmadi F, Turnbull L, Du XJ et al (2008) Heightened α_{1A}-adrenergic receptor activity suppresses ischaemia/reperfusion-induced Ins(1,4,5)P3 generation in the mouse heart: a comparison with ischaemic preconditioning. Clin Sci (Lond) 114:157–164
120. Gysembergh A, Lemaire S, Piot C et al (1999) Pharmacological manipulation of Ins (1,4,5) P3 signaling mimics preconditioning in rabbit heart. Am J Physiol Heart Circ Physiol 277:H2458–H2469
121. Asemu G, Dhalla NS, Tappia PS (2005) Role of α_1-adrenoceptor blockade, reactive oxygen species and phospholipase C in ischemic preconditioning. Exp Clin Cardiol 10:A146
122. Cohen MV, Downey JM (2008) Adenosine: trigger and mediator of cardioprotection. Basic Res Cardiol 103:203–215

第四部分 磷脂酶 D 的生理功能

21 哺乳动物磷脂酶 D：磷脂酶 D 的结构、调控和生理功能及其与病理学的联系

Tsunaki Hongu 和 Yasunori Kanaho

摘要 在过去的三十年中，人们对哺乳动物磷脂酶 D（PLD）的结构和功能进行了广泛的研究，PLD 水解磷脂酰胆碱以产生信号脂质磷脂酸。现在，人们普遍认为，两种常规 PLD 同工酶 PLD_1 和 PLD_2 在多种细胞功能中发挥重要作用，例如，内吞、胞吐、膜运输、细胞生长和分化、肌动蛋白细胞骨架重组。另外，对缺失 PLD 基因的小鼠的表型分析表明，PLD 介导的细胞信号传导与几种疾病密切相关。在这篇综述中，我们对 PLD 异构体的结构、调控机制和生理功能进行了概述，并讨论了该蛋白质家族在各种疾病中的重要作用，包括肿瘤生长和转移、心血管和脑血管疾病、阿尔茨海默病以及免疫应答。

关键词 磷脂酶 D，磷脂酸，脂质信号传导，癌症，转移，血小板聚集

21.1 引言

哺乳动物磷脂酶 D（PLD）水解磷脂酰胆碱（PC）产生胆碱和信号脂质磷脂酸（PA）[1]（图 21.1）。Saito 和 Kanfer 于 1975 年利用大鼠的大脑材料率先发表了证明哺乳动物 PLD 活性存在的证据[2]。

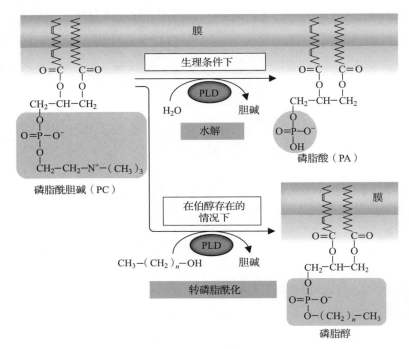

图 21.1 PLD 的催化反应

在生理条件下，磷脂酶 D（PLD）催化主要膜磷脂酰胆碱（PC）的水解，以生成胆碱和信号磷脂——磷脂酸（PA）。在伯醇（例如乙醇和 1- 丁醇）存在下，PLD 优先催化转磷脂酰反应生成非生理性磷脂——磷脂酰醇，并伴随 PA 生成

在 20 世纪 90 年代中期发现了两个独立编码的哺乳动物 PLD$_1$ 和 PLD$_2$ 的基因[3, 4]。后来利用生物化学、分子生物学和细胞生物学技术，阐明了 PLD 同工酶调节多种细胞功能和活动的信号传导机制。PLD 几乎在小鼠的所有组织和细胞中普遍表达，其活性受各种细胞外激动剂的激活，如激素、神经递质、细胞外基质和生长因子等[5]。PLD$_1$ 通常位于细胞内区室，例如，核内体、高尔基体、溶酶体和胞吐小泡，并在某些实验条件下，受到细胞的激动刺激而转移到质膜上[6]。PLD$_2$ 主要位于质膜上[6]，由 PLD 在细胞内室区局部产生的 PA 作为信号传递信使，可调节多种细胞活动和功能，包括内吞、胞吐、膜运输、细胞增殖和肌动蛋白骨架重组[7-10]。

在伯醇（例如乙醇和 1- 丁醇）的存在下，PLD 还催化一种独特的反应，称为转磷脂酰反应。PLD 通过将 PC 的磷脂酸转移到伯醇的羟基上形成非生理性磷脂——磷脂酰醇，并产生 PA [5, 11]（图 21.1）。PLD 的这种特性已被用于评估 PLD 的活性：尽管磷脂酶 C 可以通过甘油二酯（DG）的生成和 DG 激酶介导的磷酸化反应生成 PA，但磷脂酰醇是 PLD 特有的产物。由于伯醇的存在，PLD 水解产生 PA 的活性受到干扰，乙醇和 1– 丁醇被用作 PLD 催化 PA 生成的抑制剂，来研究 PLD 在细胞水平上的功能。然而，最近的研究表明，伯醇具有潜在的非特异性副作用，可调节非 PLD 依赖性细胞信号通路 [12]，因此，不要将伯醇用作 PLD 介导 PA 形成的特异性抑制剂。因此，哺乳动物 PLD 的功能应使用更具体的策略重新评估，如小干扰 RNA（siRNA）介导的 PLD 同工酶的敲除或 *PLD* 基因的遗传消融。

　　哺乳动物 PLD 的生理作用是特异性水解 PC 以产生 PA。由于这种简单的磷脂水解反应涉及多种细胞过程或活动，因此，PLD 介导的信号传导途径的破坏将引起多种疾病。小鼠 PLD 基因的遗传消融为证明 PLDs 在肿瘤生长和血管生成、癌症转移、心脑血管疾病、阿尔茨海默病和小鼠免疫反应中的作用提供了有力证据。这篇综述总结了 PLD 同工酶的结构，其酶活性的调节机制以及它们的细胞功能，然后介绍了对该蛋白质家族的病理学联系的认识。

21.2　PLD 同工酶及其结构

　　迄今为止，已鉴定出两种常规的哺乳动物 PLD 同工酶，PLD$_1$ 和 PLD$_2$ [3, 4]。这两个同工型具有约 50% 的氨基酸序列一致性。对 PLDs 结构域的解析（图 21.2）将有助于阐明 PLD 同工酶的激活机制和生理功能。PLD$_1$ 和 PLD$_2$ 都包含催化核心区域，其中包括保守域 I~IV [13]。在结构域 II 和 IV 中，存在两个带有 HxKxxxxD 指定序列的 HKD 基序的区域，这对 PLD 的酶促活性至关重要 [14]。HKD 基序中的点突变会破坏 PLD 的酶活性 [14]。HKD 基序中赖氨酸被精氨酸替代的 PLD 突变体，例如 K898R PLD$_1$ 和 K758R PLD$_2$，丧失了酶活性，被广泛用作显负性突变体，以研究 PLDs 在信号转导途径和细胞功能中的作用。

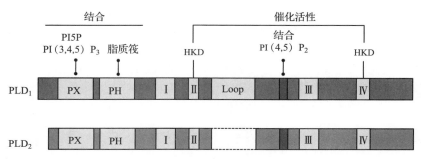

图 21.2　哺乳动物 PLD 的结构

　　PLD$_1$ 和 PLD$_2$ 都包含 N 末端 PX 和 PH 域。这些结构域与多磷酸化磷脂酰肌醇和脂质筏结合并确定其亚细胞定位。PLD 的催化核心区域由 I~IV 四个保守区域组成。域 II 和 IV 特别保守，并包含保守的带电荷基序——HKD 基序。在域 II 和 III 之间，PLD 包含可与 PIP$_2$ 结合的多碱基序列，PLD 激活需要 PIP$_2$ 的结合。在 PLD$_1$ 中发现的环形区域与 PLD$_1$ 活性的自动抑制有关，该环形区域并没有在 PLD$_2$ 中被发现此外，PLD_1 和 PLD_2 在其 N 末端区域均具有脂质 / 蛋白质相互作用结构域，分别为 phox 结构域（PX 结构域）和 pleckstrin 同源结构域（PH 结构域）[13]。这些结构域对于 PLD 的亚细胞定位至关重要。PX 结构域的点突变或缺失会导致蛋白质在细胞中的错误定位[15, 16]。有研究表明，该结构域特异性结合磷酸肌醇，特别是磷脂酰肌醇 –3,4,5– 三磷酸酯和磷脂酰肌醇 –5– 磷酸（PI5P）[17, 18]。PH 结构域可能起到调节 PLD 与脂质筏的结合的作用，以促进 PLD 在激活剂刺激下转移至质膜后从质膜回到内体的过程[17]。另一个重要的结构域是结构域Ⅱ和Ⅲ之间的区域，该区域与磷脂酰肌醇—4,5– 二磷酸（PIP_2）结合[19]。PIP_2 的结合对于 PLD_1 和 PLD_2 的催化活性是必需的，但不能决定蛋白质在细胞内的定位。

一个有趣的域是"环形结构域"，它存在于 PLD_1 中，但不存在于 PLD_2 中。环形结构域似乎参与了 PLD_1 酶活性的自动抑制，因为该区域的缺失增加了 PLD_1 的基础活性[20]，并且将环形结构域插入重组 PLD_2 显著降低了其基础活性[21]。

21.3　PLD 同工酶及其结构

目前已经鉴定出了多种细胞内 PLD 活性调节因子[9, 10, 22]。这些调节因子包括几个小的 GTP 酶，例如 Arf 和 Rho 家族 GTP 酶，常规 PKC（cPKC）和磷脂酰肌醇。在 PLD 同工酶被鉴定之前，最初发现 Arf 家族的小 GTP 酶，由 6 种亚型 Arf1 ~ 6 组成，在体外环境刺激 PLD 活性[23]。克隆 PLD 异构体后，Arf 被鉴定为 PLD_1 的激活剂。他们几乎不会激活 PLD_2[21]。在体外系统中，6 个 Arf 亚型激活 PLD_1 的能力之间没有显著差异。在细胞水平上，已证明 Arf1 和 Arf6 是激活 PLD_1 的主要亚型[10]。PLD_1 的活性也受到小 GTP 酶的 Rho 家族，RhoA，Cdc42 和 Rac1 的调控[22, 24, 25]。与 Arf 一样，RhoA 直接激活 PLD_1，因为重组 RhoA 在体外重构系统中直接与重组 PLD_1 相互作用并激活重组 PLD_1[26-28]。用纯化蛋白进行的表面等离子体共振实验表明，Rho 与 PLD_1 的相互作用独立于 Arf 结合，这与小 GTP 酶 Rho 家族与 Arf 家族协同作用激活 PLD_1 的结果一致[29]。除这些 PLD_1 激活剂外，cPKC，如 $PKC\alpha$ 和 $PKC\beta$，已被证明能刺激 PLD_1 活性[30-32]。$PKC\alpha$ 和 PLD_1 是共免疫沉淀的，它们的相互作用可以被佛波醇 12– 十四酸酯 13– 乙酸酯促进，佛波醇是 PKC 的强激活剂，表明 PLD_1 与 cPKC 的相互作用取决于 cPKC 的激活[20, 33]。然而，有趣的是，cPKC 对 PLD_1 的激活与 cPKC 对 PLD_1 的磷酸化无关。其他 PLD_1 激活剂，如 RalA，Rheb 和 cofilin 也已被鉴定[34-36]。因此，多种分子可以调节 PLD_1 活性。

PLD_1 和 PLD_2 的催化活性都完全取决于 PIP_2 的结合。PIP_2 是依赖于 Arf 激活 PLD_1 的必要辅助因子[23]。PIP_2 在体外对 PLD_2 的激活效果远大于 PLD_1[37]，这表明 PIP_2 是 PLD_2 的潜在激活剂。尽管迄今为止仅有 PIP_2 被鉴定为 PLD_2 激活剂，但已鉴定出几种 PLD_2 抑制剂，包括醛缩酶[38]，α– 肌动蛋白[39] 以及 α– 突触核蛋白和 β– 突触核蛋白[40]。这些发现表明，在细胞的静止状态下，这些分子将 PLD_2 活性抑制为低的基础活性。考虑到 PLD_2 具有极高的基础活性，通过从 PLD_2 中释放抑制剂来模拟激动剂激活 PLD_2 是合理的。

21.4　PLD 的细胞功能

从 PLD 到下游效应子的细胞信号传导是由其产物 PA 介导的，PA 是一种带有小头基的带负电荷磷脂。有学者认为 PA 在细胞中的功能如下：① PA 是两种众所周知的信号脂质 DG 和溶血磷脂酸（LPA）的前体，它们分别由 PA 磷酸酶和磷脂酶 A_2 产生 [图 21.3（1）]：DG 激活 PKC 以将信号耦合到多种细胞功能，LPA 作为细胞外信号分子通过 LPA 受体转导其信号。② PA 本身通过与细胞内下游效应子蛋白结合而充当脂质信号分子：在某些情况下，PA 充当信号分子的募集者，而在其他情况下，则充当下游效应因子活性的调节剂。PA 潜在的下游效应因子的成员一直在扩大，并且在细胞水平上的功能比较普遍[41][图 21.3（2）]。③ PA 在细胞质小叶上物理地形成膜曲率。由于 PA 的头基很小，且有两个脂肪酰基链，因此它具有圆锥形，可引起负的膜曲率，从而促进膜的融合和出芽[42][图 21.3（3）]。

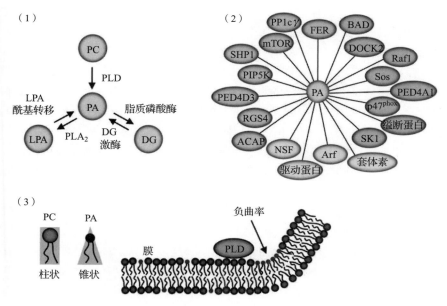

图 21.3　PA 的功能

（1）由 PLD 产生的 PA 可通过脂质磷酸酶转化为甘油二酯（DG），或通过 PLA_2 转化为溶血磷脂酸（LPA）。PA 也可以分别由 LPA 和 DG 通过 LPA 酰基转移酶和 DG 激酶生成。（2）PA 可以与各种伴侣蛋白相互作用。橙色的蛋白质的活性受到 PA 调节，粉红色的蛋白质的位置受到 PA 调节。尚不清楚 PA 如何调节灰色蛋白质的功能。（3）PA 可以帮助形成膜负曲率。PA 是具有小极性头基的圆锥形磷脂，因此使负曲率稳定。PA 诱导的膜曲率被认为促进了膜运输事件中的膜融合或裂变步骤

21.4.1　跨膜运输

PLD 通过上述 PLD 产物 PA 的分子功能广泛参与细胞活动。PLD 在细胞水平上的主要功能之一是调节膜运输，例如，内吞、胞吐、分泌和内体再循环。已经证明 PLD_2 在几种类型的

受体的内化中起关键作用。siRNA 过表达无催化活性的 PLD_2 突变体或内源性 PLD_2 敲低抑制了表皮生长因子受体（EGFR）[43]，μ-阿片受体[44]，血管紧张素 II 受体[45] 和谷氨酸受体的内化[46]，表明 PLD_2 活性对于调节受体内吞作用至关重要。在各种类型受体的内吞作用细胞信号通路中，PLD_2 产物 PA 的下游分子尚未被明确鉴定。最近的研究表明，4 型磷酸二酯酶（PDE4）参与了 PA 下游 EGFR 的配体非依赖性内化[47]。Lee 和同事提供了一种有趣的由 PLD 介导的 EGFR 内吞模型[48]。他们发现 PLD_1 和 PLD_2 都通过其 PX 域与动力蛋白结合，并调节其 GTP 酶活性。此外，他们表明 PX 域的表达增强了 EGFR 的内化，而敲低 PLD_1 和 PLD_2 均抑制了 EGFR 的内吞作用，这可以通过野生型或催化失活的 PLD 的表达来补救，表明 PLD 以不依赖于脂肪酶活性的方式调节 EGFR 内吞作用。与本报告相反，有研究表明 PLD 的酶活性影响 EGFR 内化的速率[43]。有趣的是，Lee 等提供了 PLD 介导的 EGFR 胞吞作用的模型[49]。他们发现，在较低的 EGF 浓度（0.2nmol/L：生理浓度）下，PLD 的脂肪酶活性不是必需的，尽管对于 EGFR 内化，PLD 本身是必需的，而在较高的 EGF 浓度下（20nmol/L：观察到的浓度）在某些特定部位，如肿瘤组织，PLD 激活对于 EGFR 内吞作用具有实质性作用。这些观察结果表明，PLD 通过其 PX 结构域的 GTPase 激活蛋白（GAP）活性调节 EGFR 的内吞作用，并在较高浓度下通过 PLD 产生的 PA 来调节 EGFR 的胞吞作用。

PLD 似乎也起着胞吐 / 分泌的调节剂的作用。PLD_1 而非 PLD_2 最常与胞吐作用和分泌有关，例如内分泌和神经内分泌细胞分泌激素[50, 51]，神经元释放神经递质[52]，肥大细胞脱粒[53] 和上皮细胞释放 IL-8[54]。利用肾上腺嗜铬细胞瘤 PC12 细胞进行的一系列研究提供了支持 PLD_1 参与胞吐作用的关键证据[8]。在该细胞系中，PLD_1 是一种主要表达的异构体，且仅定位于质膜上。PLD_1 失活突变体的过表达或通过 siRNA 敲低内源性 PLD_1 会抑制 PC12 细胞的激素释放，而激酶死亡的 PLD_2 失活突变体则没有影响。在分泌过程中，PLD_1 被质膜上的 Arf6，Rac1 和 RalA 激活。此外，核糖体 S6 激酶 2（RSK2）是钙依赖型胞吐作用的调节剂，与 PLD_1 物理相互作用，在 Thr-147 处磷酸化，从而激活 PLD_1。RSK2 对 PLD_1 进行磷酸化对于 PC12 细胞高钾刺激的生长激素分泌至关重要。在这种情况下，推测由活化的 PLD_1 产生的 PA 在质膜 - 颗粒对接部位形成脂质双层的负膜曲率，以刺激质膜与颗粒融合。

多条证据表明，其他类型的细胞内膜运输也需要 PLD。Arf6 的效应域突变体 N48I 仍被 Arf6 鸟嘌呤核苷酸交换因子（GEF）激活并被 GAP 灭活，缺乏激活 PLD 的能力[55]。但是，这种 Arf6 突变体仍可以激活另一个 Arf6 效应物，磷脂酰肌醇 4- 磷酸 5- 激酶（PI5K）。这些观察结果表明，该 Arf6 突变体可用于特异性干扰 PLD 介导的细胞信号通路。使用该 Arf6 突变体证明，在 HeLa 细胞中，N48I Arf6 突变体的表达抑制了主要的组织相容性蛋白 I 类（MHCI）从内体向质膜的循环，表明 Arf6 激活 PLD_1 对这种蛋白质的内体循环至关重要[56]。也有报道称 PLD_2 及其产物 PA 在高尔基体的 COPI 囊泡的产生中起着重要作用[57]。电子显微镜观察显示，siRNA 介导的 PLD_2 耗竭抑制了 COPI 囊泡裂变的后期，并破坏了高尔基体形态，表明 PLD_2 通过 COPI 囊泡的形成在高尔基体维持中起作用。

21.4.2　肌动蛋白细胞骨架重组和质膜动力学

PLD 还参与肌动蛋白的细胞骨架重组和膜动力学。PLD 产物 PA 支持 PI5K 的 Arf 依赖性激活，PI5K 是负责产生通用信号磷脂 PIP_2 的脂质激酶[58]。在生理环境下，由 PLD_2 而非由 PLD_1 产生的 PA 参与 Arf6 依赖的 PIP5K 激活：在 HeLa 细胞中，响应 EGF 刺激，PLD_2 易位至周围的波纹膜并与 PIP5K 共定位，而 PLD$_1$ 不会改变其核周定位[59]。由于 PIP5K 产物 PIP$_2$ 可以通过其对肌动蛋白结合蛋白的调节来重组肌动蛋白细胞骨架，因此 PLD 可能通过 PI5K 激活在肌动蛋白细胞骨架重组中起着重要作用。研究表明，PDGF 依赖性背褶皱形成需要 PLD$_1$ 和 PLD$_2$[60]。从 PLD$_1$/PLD$_2$ 双敲除小鼠中分离出的胚胎成纤维细胞在背褶皱形成中存在缺陷。在这种情况下，PLD 的两个同工酶似乎协同工作，因为 PLD$_1$ 或 PLD$_2$ 单独敲除不会干扰背褶皱的形成。DOCK1 是一种非典型的 Rac1-GEF，已被证明是这种现象中假定的 PA 下游分子。

肌动蛋白细胞骨架的重组是改变膜形状的必要条件。如上所述，由于 PLD 调节肌动蛋白细胞骨架的重组，表明 PLD 参与多种细胞事件，这些事件需要通过肌动蛋白细胞骨架重构的质膜动力学。据报道，PLD 通过调节肌动蛋白的细胞骨架和膜动力学，在吞噬作用[61]、神经元生长[62]、细胞扩散和迁移[10]中起重要作用。

21.5　PLD 的病理作用

如上所述，PLD 介导的信号通路非常复杂，因此其生理功能是多种多样的。也有报道说，PLD 信号的破坏与多种疾病密切相关[63]。包括癌症、心血管和脑血管疾病、神经退行性疾病和免疫反应（图 21.4）。

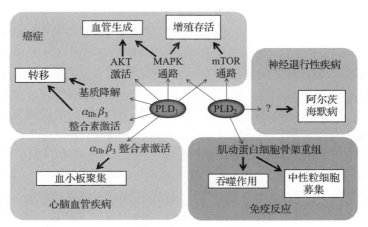

图 21.4　PLD 在多种人类疾病中的意义
PLD 涉及多种疾病，例如癌症、心脑血管疾病、神经退行性疾病和免疫反应

21.5.1　癌症

PLD 越来越被认为是癌症发展的关键调节剂。在各种类型的人类癌症（例如，结肠癌、胃癌、肾癌和甲状腺癌）中，PLD 的表达及其活性上调[64]。在大肠癌中，肿瘤大小和患者生存率与 PLD$_2$ 表达水平高度相关[65]：PLD$_2$ 表达较高的肿瘤的体积大于 PLD$_2$ 表达较低的肿瘤的体积，PLD$_2$ 高表达的癌症患者的生存率明显较低。据报道，在 PLD 活性在由癌基因转化的细胞（如 v-Src，v-Ras，v-Fps 和 v-Raf，PLD）中升高了[66]，PLD 表达的上调刺激了成纤维

细胞的非贴壁依赖性生长和细胞周期进程[67]。因此，PLD 经常与致癌信号通路相关。

PLD 参与癌症的分子机制之一是通过 PLD 产物 PA 将 Sos（一种癌基因产物 Ras 的 GEF）募集到质膜，导致 Ras 活化，进而诱导细胞转化[68]。另外，由 PLD 产生的 PA 与丝裂原活化的蛋白激酶激酶激酶（MAPKKK）Raf1 相互作用并将其募集到质膜，从而可以激活 MAPK 级联反应[69]。Ras 和 Raf1 是参与有丝分裂信号通路的关键分子。因此，PLD 产物 PA 对 Ras GEF，Sos 和 Raf1 的募集与癌细胞的增殖和抗凋亡有关。癌细胞中 PLD 的另一个关键下游靶标是哺乳动物雷帕霉素靶标（mTOR），它是一种丝氨酸 / 苏氨酸激酶，被称为细胞生长和生存信号通路中的关键调节剂[66]。由于 PA 与 mTOR 结合并激活[70]，PLD$_1$ 或 PLD$_2$ 的过表达会刺激 mTOR 活性，这可通过产生 PA 的乳腺癌腺癌或大鼠成纤维细胞中 mTOR 酶促底物 S6 激酶的磷酸化来监测[71, 72]。PLD 激活还可以诱导 c-Myc 表达，该基因受 mTOR 调控，在乳腺癌中表达，这表明 PLD-mTOR 信号通路对癌细胞的生长和存活信号有影响[73]。mTOR 抑制剂雷帕霉素已用作抗癌药。但是在某些癌症患者中，基于雷帕霉素的治疗策略并不成功。有趣的是，已证明 PA 在 mTOR 调节中与雷帕霉素竞争，而 PLD 的激活抑制了雷帕霉素在人乳腺癌细胞系中的作用[66]。因此，抑制 PLD 可能为抑制雷帕霉素抗性癌细胞的存活信号提供策略。

还已经证明了 PLD 调节癌细胞转移。PLD 活性与人类癌细胞系的迁移和侵袭活性密切相关[74]。此外，据报道，PLD 在胶质瘤细胞的侵袭中起着重要作用，因为 PLD$_1$ 或 PLD$_2$ 的过表达促进了胶质瘤细胞的侵袭[75]。与上述 PLD 在胞吐作用中的功能相关，PLD$_1$ 分别用于大肠癌细胞和神经胶质瘤细胞中的基质金属蛋白酶 MMP9 和 MMP2 的分泌有关[75, 76]。此外，PLD 已被证明与黑色素瘤细胞释放微囊泡有关，它含有 MMP1 的膜类型，从而促进了细胞外基质的降解[77]。

对可存活且总体正常的 PLD$_1$ 基因敲除小鼠的表型分析表明，在肿瘤微环境中表达的 PLD$_1$ 在肿瘤的生长和转移中起着重要的作用[78]。肿瘤微环境由各种类型的细胞组成，例如，血管和淋巴管内皮细胞、间充质细胞和免疫细胞[79]。肿瘤微环境细胞提供的可溶性因子、信号提示、细胞外基质和机械提示可通过支持肿瘤生长和侵袭，以及保护肿瘤免受宿主免疫攻击来促进肿瘤发展。需要氧气和营养物质供给的肿瘤新血管形成是导致肿瘤发展的肿瘤微环境的主要方面之一。抑制肿瘤中的血管生成可防止肿瘤生长。有趣的是，在 PLD$_1$ 基因敲除小鼠中，由于减少了肿瘤诱导的血管生成，皮下移植的 B16 黑色素瘤和 Lewis 肺癌细胞形成的肿瘤生长受到了损害[78]。PLD$_1$ 在血管内皮细胞中表达，其缺乏会降低血管内皮细胞生长因子（VEGF）诱导的 Akt 和 p38 MAP 激酶信号传导的激活，从而抑制内皮细胞的粘附。siRNA 介导的 PLD$_1$ 耗竭抑制了 VEGF 刺激的内皮细胞迁移和增殖[80]，这表明 PLD$_1$ 介导的信号通路对于 VEGF 诱导的肿瘤新血管生成至关重要。

除了上述 PLD$_1$ 在肿瘤血管生成中的作用外，还已经证明 PLD$_1$ 通过调节血小板功能来调节肿瘤转移[78]。小鼠中 PLD$_1$ 的消融会导致静脉注射黑色素瘤细胞的肺转移受损。血小板可以与肿瘤细胞聚集，这是由多种受体介导的，因此被血小板覆盖的肿瘤细胞对于肿瘤细胞在肺中的沉积至关重要[81]。血小板中的 $\alpha_{IIb}\beta3$ 整合素有助于与肿瘤细胞的相互作用，因为特异性抗体阻断 $\alpha_{IIb}\beta3$ 整合素可抑制血小板与肿瘤细胞之间的相互作用并抑制肿瘤细胞的肺转移[78]。有趣的是，从 PLD$_1$ 基因敲除小鼠制备的血小板，在 $\alpha_{IIb}\beta3$ 活化及其与肿瘤细胞的聚集中受损，导致肿瘤细胞向肺实质的播种减少[78]。因此，原发肿瘤生长和转移都需要肿瘤微环境细胞中的 PLD$_1$。

21.5.2　心血管和脑血管疾病

血小板聚集也是血栓形成中的关键事件，血栓形成会导致心血管和脑血管疾病，例如缺血性心肌和脑梗塞和中风。值得注意的是，PLD_1 基因敲除小鼠对由血管损伤引起的肺栓塞和动脉闭塞以及局灶性脑缺血引起的神经元损伤表现出抵抗力，而对正常止血没有显著影响[82]。从 PLD_1 基因敲除小鼠的血小板在高剪切流量条件下显示 $\alpha_{IIb}\beta3$ 整联蛋白活化的受损和胶原蛋白聚集体形成的缺陷，但在低或中等剪切条件下则没有。血小板的黏附和聚集严格取决于血小板表面糖蛋白 Ib–V–IX（GPIb）和血管性血友病因子（vWF）之间的相互作用[83]，该因子与内皮下胶原结合，表明血小板中的 PLD_1 在 vWV–GPIb 相互作用下游的信号通路中发挥作用，以调节 $\alpha_{IIb}\beta3$ 整合素的激活。

有趣的是，通过大规模基因筛查，PLD_2 中的突变已被确定为高血压危险因素[84]。此外，据报道，PLD_2 参与动脉壁增厚，导致高血压疾病[85]。已经表明 PLD_2 还可以催化溶血磷脂酰胆碱的水解，以产生另一种类型的脂质第二信使，环状 PA（cPA）[85]。此外，cPA 直接抑制核激素受体 $PPAR\gamma$ 的功能，而 $PPAR\gamma$ 通过其转录活性在调节脂质和葡萄糖体内稳态中发挥重要作用。$PPAR\gamma$ 的激活通过促进巨噬细胞中低密度脂蛋白（LDL）的摄取，导致动脉壁形成泡沫细胞，引起动脉壁增厚，从而直接造成动脉粥样硬化。PLD_2 活性抑制了 $PPAR\gamma$ 的活化，其非常规产物 cPA 减弱了大鼠体内模型中 $PPAR\gamma$ 激动剂诱导的动脉壁增厚[85]。综上所述，这些发现表明 PLD_2 在血压调节中的功能重要性。

21.5.3　PLD 的其他病理功能

已经证明 PLD 与阿尔茨海默病（AD）有关。在低聚淀粉样 β（Aβ）处理的培养神经元细胞和来源于过表达淀粉样前体蛋白的小鼠的大脑中检测到 PLD 活性升高，这构成了 AD 的遗传模型[86]。有趣的是，AD 模型小鼠中 PLD_2 的遗传切除（其生存力和繁殖力正常）可以挽救受损的学习和记忆[86]。此外，PLD_2 消融改善了 Aβ 诱导的海马片长期增强的抑制作用，表明 PLD_2 在 Aβ 的突触毒性作用中起关键作用。

PLD 也在免疫细胞功能中发挥作用。PLD_1 或 PLD_2 的基因切除会抑制巨噬细胞对调理性珠子或细菌的吸收，伴随肌动蛋白细胞骨架组织的缺陷，从而导致异常的吞噬杯形成[61]。中性粒细胞在细菌感染和炎症中也具有重要作用。已经证明缺乏 PLD_1 的中性粒细胞在趋化因子依赖性迁移中表现出缺陷。PLD_1 基因敲除小鼠在患急性胰腺炎后中性粒细胞向胰腺的募集过程受损[61]。总而言之，这些发现表明免疫细胞中 PLD 驱动的过程对于宿主抵抗细菌感染和炎症的防御至关重要。

21.6　结论

许多工作扩大了我们对哺乳动物 PLD 分子细节的理解，包括其结构，调控机制及其在细胞中的功能。此外，PLD 基因敲除小鼠的产生使我们能够深入了解 PLD 功能在多种疾病中的意义，例如癌症、心血管和脑血管疾病、神经退行性疾病和炎症。值得注意的是，最近开发的 PLD 特异性抑制剂 5– 氟 –2– 吲哚基去氯卤丙啶（FIPI）可有效预防小鼠模型中的肿瘤生长和转移[78]。因此，越来越多的证据表明 PLD 参与人类健康和疾病，有力证明了 PLD 或涉及 PLD 信号传导途径的分子是治疗干预的重要靶标。

参考文献

1. McDermott M, Wakelam MJ, Morris AJ (2004) Phospholipase D. Biochem Cell Biol 82:225–253
2. Saito M, Kanfer J (1975) Phosphatidohydrolase activity in a solubilized preparation from rat brain particulate fraction. Arch Biochem Biophys 169:318–323
3. Hammond SM, Altshuller YM, Sung TC et al (1995) Human ADP-ribosylation factor-activated phosphatidylcholine-specific phospholipase D defines a new and highly conserved gene family. J Biol Chem 270:29640–29643
4. Colley WC, Sung TC, Roll R et al (1997) Phospholipase D2, a distinct phospholipase D isoform with novel regulatory properties that provokes cytoskeletal reorganization. Curr Biol 7:191–201
5. Liscovitch M, Czarny M, Fiucci G, Tang X (2000) Phospholipase D: molecular and cell biology of a novel gene family. Biochem J 345:401–415
6. Jenkins GM, Frohman MA (2005) Phospholipase D: a lipid centric review. Cell Mol Life Sci 62:2305–2316
7. Donaldson JG (2009) Phospholipase D in endocytosis and endosomal recycling pathways. Biochim Biophys Acta 1791:845–849
8. Bader MF, Vitale N (2009) Phospholipase D in calcium-regulated exocytosis: lessons from chromaffin cells. Biochim Biophys Acta 1791:936–941
9. Foster DA, Xu L (2003) Phospholipase D in cell proliferation and cancer. Mol Cancer Res 1:789–800
10. Rudge SA, Wakelam MJ (2009) Inter-regulatory dynamics of phospholipase D and the actin cytoskeleton. Biochim Biophys Acta 1791:856–861
11. Gomez-Cambronero J, Keire P (1998) Phospholipase D: a novel major player in signal transduction. Cell Signal 10:387–397
12. Sato T, Hongu T, Sakamoto M et al (2012) Molecular mechanisms of N-formyl-methionyl-leucyl-phenylalanine-induced superoxide generation and degranulation in mouse neutrophils: phospholipase D is dispensable. Mol Cell Biol 33:136–145
13. Frohman MA, Sung TC, Morris AJ (1999) Mammalian phospholipase D structure and regulation. Biochim Biophys Acta 1439:175–186
14. Sung TC, Roper RL, Zhang Y et al (1997) Mutagenesis of phospholipase D defines a superfamily including a trans-Golgi viral protein required for poxvirus pathogenicity. EMBO J 16:4519–4530
15. Sciorra VA, Rudge SA, Wang J et al (2002) Dual role for phosphoinositides in regulation of yeast and mammalian phospholipase D enzymes. J Cell Biol 159:1039–1049
16. Sugars JM, Cellek S, Manifava M et al (2002) Hierarchy of membrane-targeting signals of phospholipase D1 involving lipid modification of a pleckstrin homology domain. J Biol Chem 277:29152–29161
17. Du G, Altshuller YM, Vitale N et al (2003) Regulation of phospholipase D1 subcellular cycling through coordination of multiple membrane association motifs. J Cell Biol 162:305–315
18. Stahelin RV, Ananthanarayanan B, Blatner NR et al (2004) Mechanism of membrane binding of the phospholipase D1 PX domain. J Biol Chem 279:54918–54926
19. Sciorra VA, Rudge SA, Prestwich GD et al (1999) Identification of a phosphoinositide binding motif that mediates activation of mammalian and yeast phospholipase D isoenzymes. EMBO J 18:5911–5921
20. Sung TC, Zhang Y, Morris AJ, Frohman MA (1999) Structural analysis of human phospholi-

pase D1. J Biol Chem 274:3659–3666

21. Sung TC, Altshuller YM, Morris AJ, Frohman MA (1999) Molecular analysis of mammalian phospholipase D2. J Biol Chem 274:494–502

22. Exton JH (1999) Regulation of phospholipase D. Biochim Biophys Acta 1439:121–133

23. Brown HA, Gutowski S, Moomaw CR et al (1993) ADP-ribosylation factor, a small GTP-dependent regulatory protein, stimulates phospholipase D activity. Cell 75:1137–1144

24. Bowman EP, Uhlinger DJ, Lambeth JD (1993) Neutrophil phospholipase D is activated by a membrane-associated Rho family small molecular weight GTP-binding protein. J Biol Chem 268:21509–21512

25. Malcolm KC, Ross AH, Qiu RG et al (1994) Activation of rat liver phospholipase D by the small GTP-binding protein RhoA. J Biol Chem 269:25951–25954

26. Hammond SM, Jenco JM, Nakashima S et al (1997) Characterization of two alternately spliced forms of phospholipase D1. Activation of the purified enzymes by phosphatidylinositol 4,5-bisphosphate, ADP-ribosylation factor, and Rho family monomeric GTP-binding proteins and protein kinase C-α. J Biol Chem 272:3860–3868

27. Yamazaki M, Zhang Y, Watanabe H et al (1999) Interaction of the small G protein RhoA with the C terminus of human phospholipase D1. J Biol Chem 274:6035–6038

28. Bae CD, Min DS, Fleming IN, Exton JH (1998) Determination of interaction sites on the small G protein RhoA for phospholipase D. J Biol Chem 273:11596–11604

29. Powner DJ, Hodgkin MN, Wakelam MJ (2002) Antigen-stimulated activation of phospholipase D1b by Rac1, ARF6, and PKC α in RBL-2H3 cells. Mol Biol Cell 13:1252–1262

30. Chen JS, Exton JH (2004) Regulation of phospholipase D2 activity by protein kinase C α. J Biol Chem 279:22076–22083

31. Singer WD, Brown HA, Jiang X, Sternweis PC (1996) Regulation of phospholipase D by protein kinase C is synergistic with ADP-ribosylation factor and independent of protein kinase activity. J Biol Chem 271:4504–4510

32. Hu T, Exton JH (2003) Mechanisms of regulation of phospholipase D1 by protein kinase Calpha. J Biol Chem 278:2348–2355

33. Lee TG, Park JB, Lee SD et al (1997) Phorbolmyristate acetate-dependent association of protein kinase C α with phospholipase D1 in intact cells. Biochim Biophys Acta 1347:199–204

34. Kim JH, Lee SD, Han JM et al (1998) Activation of phospholipase D1 by direct interaction with ADP-ribosylation factor 1 and RalA. FEBS Lett 430:231–235

35. Sun Y, Fang Y, Yoon MS et al (2008) Phospholipase D1 is an effector of Rheb in the mTOR pathway. Proc Natl Acad Sci U S A 105:8286–8291

36. Han L, Stope MB, de Jesus ML et al (2007) Direct stimulation of receptor-controlled phospholipase D1 by phospho-cofilin. EMBO J 26:4189–4202

37. Kodaki T, Yamashita S (1997) Cloning, expression, and characterization of a novel phospholipase D complementary DNA from rat brain. J Biol Chem 272:11408–11413

38. Kim JH, Lee S, Lee TG et al (2002) Phospholipase D2 directly interacts with aldolase via its PH domain. Biochemistry 41:3414–3421

39. Park JB, Kim JH, Kim Y et al (2000) Cardiac phospholipase D2 localizes to sarcolemmal membranes and is inhibited by α-actinin in an ADP-ribosylation factor-reversible manner. J Biol Chem 275:21295–21301

40. Jenco JM, Rawlingson A, Daniels B, Morris AJ (1998) Regulation of phospholipase D2: selective inhibition of mammalian phospholipase D isoenzymes byα- and β-synucleins. Biochemistry 37:4901–4909

41. Jang JH, Lee CS, Hwang D, Ryu SH (2012) Understanding of the roles of phospholipase D and phosphatidic acid through their binding partners. Prog Lipid Res 51:71–81

42. Roth MG (2008) Molecular mechanisms of PLD function in membrane traffic. Traffic 9:1233–1239

43. Shen Y, Xu L, Foster DA (2001) Role for phospholipase D in receptor-mediated endocytosis. Mol Cell Biol 21:595–602

44. Koch T, Brandenburg LO, Liang Y et al (2004) Phospholipase D2 modulates agonist-induced mu-opioid receptor desensitization and resensitization. J Neurochem 88:680–688

45. Du G, Huang P, Liang BT, Frohman MA (2004) Phospholipase D2 localizes to the plasma membrane and regulates angiotensin II receptor endocytosis. Mol Biol Cell 15:1024–1030

46. Bhattacharya M, Babwah AV, Godin C et al (2004) Ral and phospholipase D2-dependent pathway for constitutive metabotropic glutamate receptor endocytosis. J Neurosci 24:8752–8761

47. Norambuena A, Metz C, Jung JE et al (2010) Phosphatidic acid induces ligand-independent epidermal growth factor receptor endocytic traffic through PDE4 activation. Mol Biol Cell 21:2916–2929

48. Lee CS, Kim IS, Park JB et al (2006) The phox homology domain of phospholipase D activates dynamin GTPase activity and accelerates EGFR endocytosis. Nat Cell Biol 8:477–484

49. Lee CS, Kim KL, Jang JH et al (2009) The roles of phospholipase D in EGFR signaling. Biochim Biophys Acta 1791:862–868

50. Hughes WE, Elgundi Z, Huang P, Frohman MA et al (2004) Phospholipase D1 regulates secretagogue-stimulated insulin release in pancreatic β-cells. J Biol Chem 279:27534–27541

51. Vitale N, Caumont AS, Chasserot-Golaz S et al (2001) Phospholipase D1: a key factor for the exocytotic machinery in neuroendocrine cells. EMBO J 20:2424–2434

52. Humeau Y, Vitale N, Chasserot-Golaz S et al (2001) A role for phospholipase D1 in neurotransmitter release. Proc Natl Acad Sci U S A 98:15300–15305

53. Choi WS, Kim YM, Combs C, Frohman MA et al (2002) Phospholipases D1 and D2 regulate different phases of exocytosis in mast cells. J Immunol 168:5682–5689

54. Wang L, Cummings R, Usatyuk P et al (2002) Involvement of phospholipases D1 and D2 in sphingosine 1-phosphate-induced ERK (extracellular-signal-regulated kinase) activation and interleukin-8 secretion in human bronchial epithelial cells. Biochem J 367:751–760

55. Vitale N, Chasserot-Golaz S, Bailly Y et al (2002) Calcium-regulated exocytosis of dense-core vesicles requires the activation of ADP-ribosylation factor (ARF) 6 by ARF nucleotide binding site opener at the plasma membrane. J Cell Biol 159:79–89

56. Jovanovic OA, Brow FD, Donaldson JG (2006) An effector domain mutant of Arf6 implicates phospholipase D in endosomal membrane recycling. Mol Biol Cell 17:327–335

57. Yang JS, Valente C, Polishchuk RS et al (2011) COPI acts in both vesicular and tubular transport. Nat Cell Biol 13:996–1003

58. Perez-Mansilla B, Ha VL, Justin N et al (2006) The differential regulation of phosphatidylinositol 4-phosphate 5-kinases and phospholipase D1 by ADP-ribosylation factors 1 and 6. Biochim Biophys Acta 1761:1429–1442

59. Honda A, Nogami M, Yokozeki T et al (1999) Phosphatidylinositol 4-phosphate 5-kinase α is a downstream effector of the small G protein ARF6 in membrane ruffle formation. Cell 99: 521–532

60. Sanematsu F, Nishikimi A, Watanabe M et al (2013) Phosphatidic acid-dependent recruitment and function of the Rac activator DOCK1 during dorsal ruffle formation. J Biol Chem 288:8092–8100

61. Ali WH, Chen Q, Delgiorno KE et al (2013) Deficiencies of the lipid-signaling enzymes phospholipase D1 and D2 alter cytoskeletal organization, macrophage phagocytosis, and cytokine-stimulated neutrophil recruitment. PLoS One 8:e55325

62. Kanaho Y, Funakoshi Y, Hasegawa H (2009) Phospholipase D signalling and its involvement in neurite outgrowth. Biochim Biophys Acta 1791:898–904

63. Peng X, Frohman MA (2012) Mammalian phospholipase D physiological and pathological roles. Acta Physiol (Oxf) 204:219–226

64. Su W, Chen Q, Frohman MA (2009) Targeting phospholipase D with small-molecule inhibitors as a potential therapeutic approach for cancer metastasis. Future Oncol 5:1477–1486

65. Saito M, Iwadate M, Higashimoto M et al (2007) Expression of phospholipase D2 in human colorectal carcinoma. Oncol Rep 18:1329–1334

66. Foster DA (2009) Phosphatidic acid signaling to mTOR: signals for the survival of human cancer cells. Biochim Biophys Acta 1791:949–955

67. Min DS, Kwon TK, Park WS et al (2001) Neoplastic transformation and tumorigenesis associated with overexpression of phospholipase D isozymes in cultured murine fibroblasts. Carcinogenesis 22:1641–1647

68. Zhao C, Du G, Skowronek K et al (2007) Phospholipase D2-generated phosphatidic acid couples EGFR stimulation to Ras activation by Sos. Nat Cell Biol 9:706–712

69. Rizzo MA, Shome K, Watkins SC, Romero G (2000) The recruitment of Raf-1 to membranes is mediated by direct interaction with phosphatidic acid and is independent of association with Ras. J Biol Chem 275:23911–23918

70. Fang Y, Vilella-Bach M, Bachmann R et al (2001) Phosphatidic acid-mediated mitogenic activation of mTOR signaling. Science 294:1942–1945

71. Chen Y, Rodrik V, Foster DA (2005) Alternative phospholipase D/mTOR survival signal in human breast cancer cells. Oncogene 24:672–679

72. Hui L, Abbas T, Pielak RM et al (2004) Phospholipase D elevates the level of MDM2 and suppresses DNA damage-induced increases in p53. Mol Cell Biol 24:5677–5686

73. Rodrik V, Zheng Y, Harrow F et al (2005) Survival signals generated by estrogen and phospholipase D in MCF-7 breast cancer cells are dependent on Myc. Mol Cell Biol 25:7917–7925

74. Zheng Y, Rodrik V, Toschi A et al (2006) Phospholipase D couples survival and migration

signals in stress response of human cancer cells. J Biol Chem 281:15862–15868

75. Park MH, Ahn BH, Hong YK, Min do S (2009) Overexpression of phospholipase D enhances matrix metalloproteinase-2 expression and glioma cell invasion via protein kinase C and protein kinase A/NF-kappa B/Sp1-mediated signaling pathways. Carcinogenesis 30:356–365

76. Kang DW, Park MH, Lee YJ et al (2008) Phorbol ester up-regulates phospholipase D1 but not phospholipase D2 expression through a PKC/Ras/ERK/NFκB-dependent pathway and enhances matrix metalloproteinase-9 secretion in colon cancer cells. J Biol Chem 283: 4094–4104

77. Muralidharan-Chari V, Clancy J, Plou C et al (2009) ARF6-regulated shedding of tumor cell-derived plasma membrane microvesicles. Curr Biol 19:1875–1885

78. Chen Q, Hongu T, Sato T et al (2012) Key roles for the lipid signaling enzyme phospholipase d1 in the tumor microenvironment during tumor angiogenesis and metastasis. Sci Signal 5:ra79

79. Bissell MJ, Hines WC (2011) Why don't we get more cancer? A proposed role of the micro-environment in restraining cancer progression. Nat Med 17:320–329

80. Zhang Q, Wang D, Kundumani-Sridharan V et al (2010) PLD1-dependent PKCγ activation downstream to Src is essential for the development of pathologic retinal neovascularization. Blood 116:1377–1385

81. Im JH, Fu W, Wang H et al (2004) Coagulation facilitates tumor cell spreading in the pulmonary vasculature during early metastatic colony formation. Cancer Res 64:8613–8619

82. Elvers M, Stegner D, Hagedorm I et al (2010) Impaired $\alpha_{IIb}\beta_3$ integrin activation and shear-dependent thrombus formation in mice lacking phospholipase D1. Sci Signal 3:ra1

83. Ozaki Y, Asazuma N, Suzuki-Inoue K, Berndt MC (2005) Platelet GPIb-IX-V-dependent signaling. J Thromb Haemost 3:1745–1751

84. Hong KW, Jin HS, Lim JE et al (2010) Non-synonymous single-nucleotide polymorphisms associated with blood pressure and hypertension. J Hum Hypertens 24:763–774

85. Tsukahara T, Tsukahara R, Fujiwara Y et al (2010) Phospholipase D2-dependent inhibition of the nuclear hormone receptor PPARγ by cyclic phosphatidic acid. Mol Cell 39:421–432

86. Oliveira TG, Chen RB, Tian H et al (2010) Phospholipase d2 ablation ameliorates Alzheimer's disease-linked synaptic dysfunction and cognitive deficits. J Neurosci 30:16419–16428

22 磷脂酶 D 在病理生理信号传导中的新作用

Chang Sup Lee，Jaewang Ghim，Jin-Hyeok Jang，Hyeona Jeon，
Pann-Ghill Suh 和 Sung Ho Ryu

摘要 磷脂酶 D（PLD）是一种磷脂水解酶，它通过水解磷脂酰胆碱（PC）生成磷脂酸（PA）作为脂质第二信使。据报道，各种细胞外信号可激活 PLD，PLD 通过 PA 的产生以及 PLD 和 PA 与其结合伴侣的相互作用而充当许多细胞功能的关键介体。目前，已知约 60 种 PLD 结合伴侣，包括蛋白质和磷脂，PA 被发现与约 50 种蛋白质相互作用。尽管结合分子与 PLD 和 PA 的相互作用是复杂的和多层的，但是它们之间的独特相互作用对于其独特的细胞内功能是至关重要的。在这里，我们讨论了 PLD 和 PA 及其结合伴侣在几个关键信号通路中的相互关系，例如，EGFR–ERK 信号轴、营养 / 生长信号轴和细胞骨架重组机械轴。这些相互关系展示了介导特殊细胞内功能的动态相互作用和协同调节。此外，我们描述了 PLD 在介导正常和病理信号转导中的调控和功能。此外，我们总结了在动物研究（果蝇、斑马鱼和小鼠）中 PLD 确定的作用以及疾病状态下 PLD 表达水平的变化。这些发现为认识病理生理条件下 PLD 的功能提供了新的见解。

关键词 磷脂酶 D，信号传导途径，病理生理学，EGFR 信号传导，生长信号传导，细胞骨架重组

22.1　引言

磷脂酶 D（PLD）水解磷脂酰胆碱（PC）生成胆碱和磷脂酸（PA），后者充当第二信使[1]。在哺乳动物中，已知两种 PLD 同工酶（PLD$_1$ 和 PLD$_2$）可水解 PC（图 22.1）[2-4]。它们显示出约 50% 的序列一致性，并具有几个保守域，包括 phox 同源（PX）域，pleckstrin 同源（PH）域和两个 HKD（之所如此称呼是因为它们包含 H×K××××D 基序）域 [图 22.1（2）][5, 6]。据报道 PLD 的 PX 域与磷脂酰肌醇 -5- 磷酸（PI5P）和磷脂酰肌醇 -3,4,5- 三磷酸等磷脂以及动力蛋白和 RhoA 等蛋白质相互作用[7-11]。PLD-PH 结构域还与磷脂酰肌醇 -4,5- 二磷酸（PIP$_2$）相互作用，调节其细胞内定位，并与 Rac2 相互作用，成为鸟嘌呤核苷酸交换因子（GEF）[12, 13]。PLD-HKD 结构域具有一个保守的催化基序（前面提到的 H×K××××D），可直接介导 PC 水解[1]。PLD 同工酶一级结构的主要区别是环形区的存在与否：PLD$_1$ 具有一个环形区，显示出较低的基础活性，而 PLD$_2$ 缺少该区，并显示出较高的基础活性[3, 14-16]。因此，PLD$_1$ 的环形区域可能具有自抑制功能。此外，据报道 PLD$_1$ 主要定位于核周区域，例如，内质网，高尔基体，内体和溶酶体，而 PLD$_2$ 主要定位于质膜[17-19]。然而，最近，在质膜中发现了 PLD$_1$，在高尔基体中发现了 PLD$_2$[20-22]。

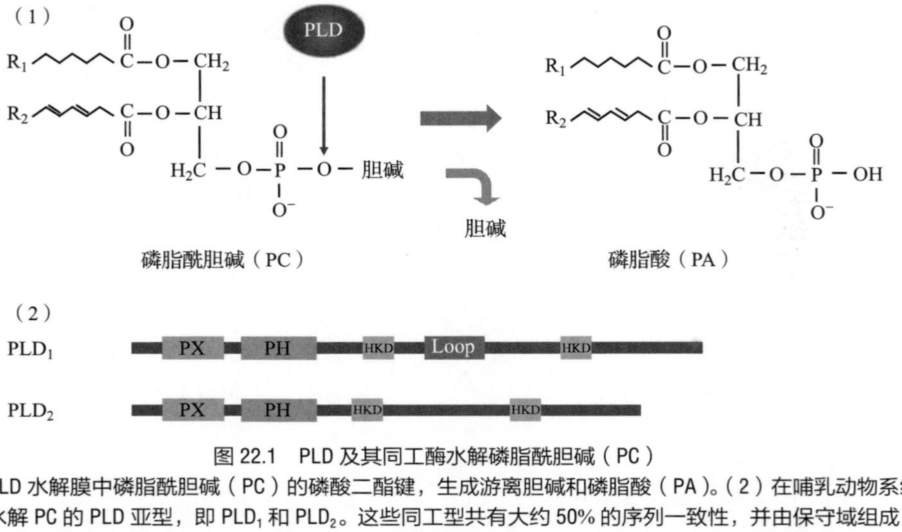

图 22.1　PLD 及其同工酶水解磷脂酰胆碱（PC）

（1）PLD 水解膜中磷脂酰胆碱（PC）的磷酸二酯键，生成游离胆碱和磷脂酸（PA）。（2）在哺乳动物系统中发现了两种水解 PC 的 PLD 亚型，即 PLD$_1$ 和 PLD$_2$。这些同工型共有大约 50% 的序列一致性，并由保守域组成，包含 H×K××××D 序列的两个 HKD 结构域，包含介导 PC 水解的催化基序。位于 N 末端的 phox 同源（PX）和 pleckstrin 同源（PH）域介导 PLD 与脂质或蛋白质的相互作用。只有 PLD$_1$ 具有一个环路区域，该环形路区域用作负调节元件；因此，PLD$_2$ 的基础活性高于 PLD$_1$

各种细胞外信号激活 PLD 生成 PA[23]。PLD 活性可通过与多种结合蛋白（GTP 结合蛋白、蛋白激酶和结构蛋白）和磷脂（PA，PI5P，PIP$_2$ 和 PIP$_3$）之间的动态相互作用来调节[24, 25]。此外，已知作为第二信使的 PA 具有多种结合伙伴 [PI5K、雷帕霉素（mTOR）、Raf、Rac 和 SOS 的哺乳动物靶标]，可以介导诸如细胞生长、增殖、分化、迁移、胞吐、内吞和细胞骨架重组等细胞功能[24]。PLD 和 PA 介导的多种细胞功能主要通过基于细胞的分析揭示。然而，最近，PLD 的病理生理作用已经通过动物模型得到证实，例如，果蝇（*Drosophila*）、斑马鱼（*Danio rerio*）和 *Pld* 敲除（KO）小鼠[26-28]。在本章中，我们总结了 PLD 和 PA 及其结合伴侣（蛋白质和磷脂）在几个主要 PLD-PA 途径 / 网络中的动态相互作用和协同调节，并探讨了它们在病理和生理过程中的功能。

22.2　EGFR-ERK 信号轴上的 PLD

EGF 信号通路是受体酪氨酸激酶通路的代表[29]，是决定细胞命运的最重要途径之一[30, 31]。通过自身酪氨酸磷酸化激活 EGF 受体（EGFR）可以募集多个下游分子（PI3K，PLC-γ，Src，Grb2，Shc，PTP-1B 和 SHP-1）到对接位点（磷酸酪氨酸残基）中。分子募集到 EGFR 将信号传递到独特的途径和 / 或复杂的网络。最终，EGFR 通过胞吞作用而被内化，通过磷酸酶的激活和负反馈过程关闭 EGF 信号来终止 EGFR 及其结合伴侣之间的相互作用[32]。

PLD 被认为是 EGF 信号传导的关键介质之一[25]，并且 PLD 可以在多种细胞类型中被 EGF 信号激活，包括 HEK 293 细胞[33]、HeLa 细胞[34]、成骨细胞[35]、C2C12[36]、肝脏[37]、永生上皮细胞[38] 和胰腺细胞[39]。EGF 诱导的 PLD 激活可由各种上游结合伴侣介导，例如，小 GTP 结合蛋白（Rac1、Arf4 和 Ras）、蛋白激酶 C（PKC）和细胞周期蛋白依赖性激酶 5（Cdk5）。但是，EGF 激活 PLD 的机制取决于细胞类型和细胞环境。例如，在 Swiss3T3、HEK 293 和 3Y1 细胞中，发现 EGF 对 PLD 的激活是由 PKC 介导的[40-42]。然而，据报道，PKC 并不参与 A431 细胞中 EGF 诱导的 PLD 活化[43]。此外，在 Rat1 成纤维细胞中，Rac1 而非 PKC 被证明可通过 EGF 介导 PLD 激活[44]。

已知约有 15 个结合伴侣与 PLD 和 PA 具有相互关系，以介导 EGF 信号传导（图 22.2）[25]。它们可以分为几类，例如，GTP 结合蛋白、蛋白激酶、抑制蛋白和磷脂。许多报告表明，包括 Rho，Arf 和 Ras 家族在内的小型 GTPases 直接与 PLD 结合并在体外将其激活[4, 6, 14, 45]。此外，显性阴性突变体研究报道了 Rac1、Arf4、RalA 和 Ras 在体内介导 EGF 诱导的 PLD 活化[41, 44, 46]。PLD 被发现以 EGF 依赖的方式与作为大 GTP 酶的动力蛋白相互作用，并且它们的相互作用对于 EGF 激活 PLD 非常重要[47]。据报道，PKC 在体外和体内都是主要的 PLD 激活剂[40, 48, 49]。在体外，PKC 可以以不依赖磷酸化的方式直接激活 PLD[6]。然而，据报道，在体内环境中，PKCα 可磷酸化 PLD_1 的多个残基（S2、T147 和 S561），并介导 EGF 诱导的 PLD_1 磷酸化和激活[50, 51]。Cdk5 也被发现可介导 EGF 诱导的 PLD_2 磷酸化（S134）激活，而非 PLD_1[52]。尽管 Src 和 EGFR 都可以使 PLD 磷酸化，但是这些酪氨酸的磷酸化并不参与 EGF 激活 PLD[53]。此外，由 EGF 募集到 EGFR 中的 Grb2 和 PLC-γ1 也与 PLD 相互作用，这些相互作用导致 EGF 诱导的 PLD 活化[54, 55]。由于 munc-18 是 PLD 的抑制剂，因此它基本与 PLD 结合以抑制 PLD 活性。EGF 触发了 munc-18 与 PLD 的解离，从而激活 PLD[56]。除蛋白质外，磷脂还影响 PLD 的活化。PIP_2 是激活 PLD 的必要辅助因子[57]。发现 PIP_3 与 PLD_1 的 PX 域（R179）相互作用，而这种相互作用是 PDGF 诱导的 PLD$_1$ 激活所必需的[9]。PLD 产生的 PA 可以激活许多下游分子。PI5K 可以富集从而被 PA 激活[58]。EGF 诱导的 PIP$_2$ 生成是由 PA 激活 PI5K 介导的。最近，据报道，通过 EGF 信号产生 PA 可以募集 SOS 同系物（SOS）进入细胞膜，这种募集对于介导 EGF 信号传导中的 Ras–Raf–ERK 级联至关重要[59]。

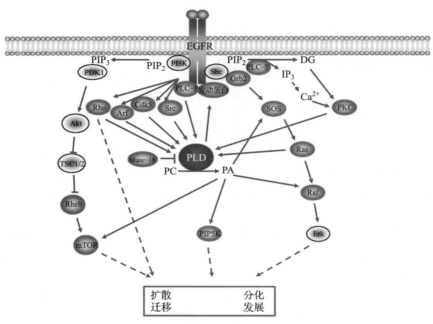

图 22.2　EGFR–ERK 信号轴上的 PLD

　　PLD 通过生成 PA 并与几种分子直接相互作用而参与 EGF 信号通路。在其基础状态下，munc–18 与 PLD$_1$ 的 PX 域结合。EGFR 激活后，munc–18 与 PLD 迅速分离。PLC–γ1 被募集到 EGFR 的磷酸酪氨酸残基并与 PLD 相互作用。这种相互作用对于 EGF 诱导的 PLC–γ1 和 PLD 的激活很重要。PLC–γ1 从 PIP$_2$ 生成 DAG 和 IP$_3$。DAG 和 IP$_3$ 诱导的钙分泌激活 PKC。活化的 PKC 使 PLD$_1$ 磷酸化并有助于 PLD$_1$ 活化。另一种蛋白激酶 Cdk5 和 Src 可以磷酸化 PLD。但是，PLD 激活不需要 Src 诱导的 PLD 磷酸化。诸如 Rho、Arf 和 Ras 之类的小 GTP 酶是众所周知的上游结合伴侣，可介导 EGF 诱导的 PLD 激活。衔接蛋白 Grb2 与 PLD$_2$ 相互作用，这种相互作用对于 EGF 诱导的活性和 PLD$_2$ 的细胞内定位至关重要。PLD 产生的 PA 通过与几种蛋白质结合而促进 EGF 信号传导。SOS 与 PA 相互作用，并易位至膜，介导 EGF 诱导的 Ras 信号传导。PA 募集 PI5K 来生成 PIP$_2$，该 PIP$_2$ 与动力蛋白结合，后者是参与 EGFR 内吞作用的大 GTP 酶。PLD 具有动力蛋白的 GAP 属性。因此，PLD 和 PA 生成是 EGFR 诱导的内吞作用的重要调节剂。EGF 将 PI3K 募集到质膜上，通过 PI3K 生成 PIP$_3$ 以及依次激活 Akt 和 mTOR 来激活 PI3K/Akt 信号通路。在该信号传导途径中，PLD 和 PA 与 mTOR 的结合增加了 mTOR 的活性。最后，PLD 通过与 EGFR 信号传导途径中各种成分的几种相互关系，促进了 EGF 介导的细胞功能（例如，存活、迁移、分化和发育）。PLD 和 PA 的这些角色取决于细胞的类型和细胞的境况。橙色圆圈表示 PLD 和 / 或 PA 的结合伴侣。此图显示了 PLD 和 PA 作用的简化途径，但未提供完整的信号传导途径

　　如上所述，PLD 具有多种结合伙伴。其中，许多结合伙伴（munc18，PLC–γ1，munc–18，dynamin，PKCα，Grb2 和 PIP$_3$）与 PLD 的 PX 域相互作用，以介导 EGF 信号传导。在其基础状态下，munc–18 与 PLD 相互作用，导致其激活受阻，EGF 刺激触发 munc–18 从 PLD 上解离[56]。EGFR 可以募集 PLC–γ1，而 PLD 可以结合并激活 PLC–γ1，PLC–γ1 被作为动力蛋白的 GEF，同时可生成 IP$_3$ 和 DAG 以激活 PKCα[55]。然后，可以通过与负载 GTP 的动力蛋白相互作用并通过 PKCα 磷酸化来激活 PLD[47, 51]。同时，PLD 用作动力蛋白的 GTPase

激活蛋白（GAP），介导 EGFR 的内吞作用从细胞表面去除 EGFR[10]。通过 PLD 激活产生 PA 可以募集 SOS，SOS 充当 Ras 的 GEF[59]。最终，GTP–Ras 依次激活 MAP 激酶级联反应，这是 EGF 信号传导的关键途径。PLD–PX 结构域及其结合分子之间的这些动态相互作用可能介导 EGF 信号的时空激活并调节信号强度和持续时间。

　　EGF 作为生存 / 增殖信号的代表，可以介导各种细胞生理功能，例如，增殖、生存、迁移、分化和发育[30]。据报道，PLD 参与了 EGF 诱导的细胞增殖过程并起到了关键作用[53, 60]。在囊泡运输的情况下，PLD 参与了 EGFR 的胞吞作用[10]和 EGF 诱导的胰岛和胰腺 β 细胞系的胰岛素分泌（胞吐作用）[61]。在另一项研究中，发现 PA 是 PLD 激活的产物，可在 Madin–Darby 犬肾细胞中介导 EGF 依赖性细胞运动[62]。此外，由 EGF 介导的通过 PIP_2 的生成所形成的细胞扩散需要 PA 募集和激活 PIP5K[58]。除了这些细胞生理功能之外，EGF 信号传导还涉及诸如肿瘤发生的病理功能。许多不同类型的癌症通过表达水平的变化和 EGF 信号通路中关键介体的突变而表现出 EGF 信号失调[63, 64]。此外，一些癌细胞，例如，胃癌、乳腺癌和结肠癌显示出 PLD 活性和表达增加[65-67]。同样，PLD 和 EGFR 的表达水平升高也有助于 3Y1 成纤维细胞的细胞转化[68]。通过 PLD 激活产生的 PA 可以将 SOS 募集到 NIH3T3 细胞的膜中来增强 Ras 的转化活性[59]。除了 PLD 的转化活性外，结肠癌细胞和神经胶质瘤细胞中基质金属蛋白酶（MMP）–9 和 MMP–2 分泌也需要 PLD[69, 70]。这些发现表明 PLD 是调节 EGF 信号传导的病理生理功能的关键因素。

22.3　生长 / 营养信号轴中的 PLD

　　细胞会感知环境条件的变化（例如营养水平和生长信号），并通过准确而有效的信号传导来调节细胞生长和能量稳态。关键参与者调节细胞内信号传导中的细胞生长和能量稳态：mTOR 是一种 Ser/ 蛋白激酶，它通过整合多种输入信号（包括生长因子、氨基酸和葡萄糖水平）在信号传导中起关键作用[71-74]。mTOR 与几种蛋白质形成 mTOR 复合物 1（mTORC1），例如，mTOR 的调控相关蛋白（Raptor），调节蛋白 mLST8（mLST8，也称为 GβL），富含脯氨酸的 40ku 的 Akt 底物和含有 DEP– 结构域的 mTOR 相互作用蛋白（Deptor）[71]。Raptor 募集底物用于 mTOR 的磷酸化[75]。mTORC1 的两个最典型的靶标是 S6 激酶 1 和真核起始因子 4E 结合蛋白 1（4EBP1），它们调节蛋白质的合成（图 22.3）[76]。雷帕霉素与 mTOR 的 FKBP12– 雷帕霉素结合（FRB）域结合，与 FKBP12 形成复合物，并抑制 mTORC1 活性（图 22.3）[77]。脑中富含的 Ras 同系物（Rheb）是一种小 GTP 酶，是公认的 mTORC1 直接激活剂（图 22.3）[78]。Rag GTP 酶[79, 80]和Ⅲ类磷脂酰肌醇 3– 激酶（hVPS34）[81, 82]也是氨基酸调节 mTORC1 所必需的（图 22.3）。另外，已知葡萄糖转运蛋白（GLUT）和 AMP 活化蛋白激酶（AMPK）在调节葡萄糖稳态和能量平衡中也起着关键作用[83]。在这一部分中，我们将描述 PLD 在营养 / 生长信号传导中的分子机制和作用。

　　在生长信号中，PLD 和 PA 均可影响 mTORC1 的调节[72, 84]。PA 可以直接与 mTOR 的 FRB 结构域结合，并与雷帕霉素竞争与 mTOR 的结合（图 22.3）[85, 86]。此外，PA 对于 mTOR 复合物的形成和稳定也是必需的[87]。PLD 也参与 mTORC1 信号传导。PLD_2 PH 结构域与 mTORC1 的 Raptor 结合[88]。这种 PLD₂-Raptor 绑定是激活 mTORC1 所必需的[88]。注意，Rheb 与 PLD 相互作用并激活 PLD，从而以 GTP 依赖的方式激活 mTORC1（图 22.3）[29]。换句话说，PLD 在 mTORC1 信号中表现为 Rheb 的效应因子。这些发现表明 PLD 和 PA 可能与 Rheb 和 mTORC1 形成功能复合物，以转导有丝分裂信号。mTORC1 还可以感应营养（氨基酸和葡萄糖）信号[71, 73]。此外，PLD 和 PA 介导了营养物诱导的 mTORC1 激活以及 mTORC1 的促有丝分裂激活（图 22.3）[72, 84]。但是，氨基酸对调节 Rheb 的信号没有影响[78, 89]。营养素诱导的 PLD 和 mTORC1 激活取决于 GTP 酶 RalA 和 ARF6（图 22.3）[90]，已知它们是 PLD 的结合伴侣[91]。hVPS34 是氨基酸依赖型 PLD 激活所必需的，hVPS34 产生的 PI3P 与 PLD 的 PX 域相互作用并激活 PLD（图 22.3）[90]。

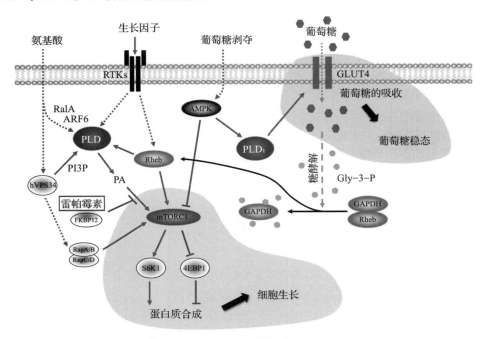

图 22.3　在生长 / 营养素信号轴上的 PLD

　　PLD 在生长和营养信号传导中起关键作用，并被生长因子、氨基酸和葡萄糖激活。生长因子和营养素对 PLD 的激活增强了哺乳动物雷帕霉素靶蛋白（mTOR）复合物 1（mTORC1）的活性，这是细胞生长的关键调节剂。mTORC1 磷酸化 S6 激酶 1（S6K1）和真核起始因子（4EBP1），它们调节蛋白质的合成。雷帕霉素与 mTORC1 结合并抑制 mTORC1 活性。PA 可以结合并激活 mTORC1，并与雷帕霉素竞争。脑中富含的 Ras 同系物（Rheb）是生长因子激活 mTORC1 并激活 PLD1 所必需的。RalA 和 ARF6 通过营养物质介导 PLD 活化。Ⅲ类磷脂酰肌醇 3- 激酶（hVPS34）可以通过其产物（PI3P）激活 PLD。AMP 激活的蛋白激酶（AMPK）在葡萄糖缺乏期间刺激 PLD₁ 活性，并通过 GLUT4 调节葡萄糖的摄取。此外，AMPK 还可以降低 mTORC1 活性。甘油醛 3- 磷酸脱氢酶（GAPDH）基本结合并抑制 Rheb。GAPDH-Rheb 相互作用以底物依赖性方式被破坏（3- 磷酸甘油醛；Gly-3-P）

　　葡萄糖是所有真核细胞最基本的能量来源[92]。被称为 GLUT 的转运蛋白充当穿梭机，将葡萄糖转运至整个细胞表面（图 22.3）[93]。这种葡萄糖稳态是生理上平衡的机制，是细胞存活和生长的重要过程[92]。众所周知，AMPK 在调节能量平衡中起着至关重要的作用[92]。据报道，它可通过葡萄糖缺乏诱导的丝氨酸 505 的磷酸化来刺激 PLD₁ 的活性，并通过 GLUT4 在肌肉细胞中的转运而在葡萄糖摄取的调节中起关键作用[94]。这些发现表明，AMPK-PLD₁ 途径可能有助于维持葡萄糖稳态（图 22.3）。已有报道称缺乏葡萄糖可通过

AMPK 减轻 mTORC1 的信号传导[95]，提示葡萄糖剥夺可激活 PLD 信号传导[90]。如上所述，PLD 信号传导可通过有丝分裂原和营养素激活 mTOR 信号传导[72, 84]。PLD 和 mTORC1 之间的关系似乎取决于条件，包括细胞类型和信号。因此，需要进一步表征以确定葡萄糖可用性、PLD 和 mTOR 信号传导之间的关系。

如前所述，葡萄糖缺乏可以诱导肌细胞中 PLD 的活化，但可以抑制人癌细胞中的 PLD 的活性[90]。当培养基缺乏葡萄糖时，PLD 活性降低[90]。葡萄糖信号可以增加 PLD 和 mTORC1 的活性[90]，并且糖酵解通量还可以通过 3- 磷酸甘油醛脱氢酶（GAPDH）调节 mTORC1 信号[96]。GAPDH（一种 PLD 结合蛋白）可以基本与 Rheb 结合并抑制其活性（图 22.3）[96]，而 GAPDH-Rheb 的相互作用被底物依赖的葡萄糖流入破坏[96]。GAPDH-Rheb 途径的功能独立于 AMPK[96]。此外，据报道过氧化氢诱导了 GAPDH 和 PLD_2 之间的缔合，以促进 PC12 细胞中 PLD_2 的活化[97]。然而，$GAPDH-PLD_2$ 相互作用如何促进 mTORC1 信号尚不清楚。

已经在大量人类癌症中鉴定出升高的 PLD 活性和 / 或水平，据报道这种活性的升高可提高生存率[65, 67, 98, 99]。如上所述，PA 与雷帕霉素竞争性地促进了 mTOR 的活化，而升高的 PLD 活性赋予了人类癌细胞对雷帕霉素的抗药性[86]。因为在许多人类癌症中 PLD 活性升高，所以癌细胞中 PA 的升高水平可能会阻碍雷帕霉素的成功治疗[84, 100]。因此，抑制 PLD 活性并降低 PA 水平可能会增加对雷帕霉素的敏感性[84]。此外，当肌肉细胞中的葡萄糖水平低时，AMPK 介导的 PLD_1 激活对于葡萄糖的摄取是必不可少的[94]，这意味着 PLD 信号对于葡萄糖稳态是重要的，并且与代谢综合征（例如糖尿病）有关。AMPK 和 PLD_1 之间的相互作用可能有助于解决代谢性疾病中的难题。

22.4　细胞骨架重组机械轴中的 PLD

为了响应多种信号和刺激，细胞必须改变其形状或位置。这些任务是通过重组其细胞骨架来实现的。细胞骨架的重组伴随着肌动蛋白和 / 或微管蛋白聚合 / 解聚的动态变化，并且多种蛋白质和磷脂参与该过程[101, 102]。特别是整合素，它可以介导由内而外的信号传导，是有助于细胞黏附、扩散和迁移的代表性信号[103]。同样，Rho 家族的 GTP 酶，例如 RhoA，Rac 和 Cdc42，是肌动蛋白细胞骨架重排的主要调节因子[104]。Rho 诱导了应力纤维的形成，而 Rac 是形成纤毛脂蛋白所必需的，Cdc42 则可以调节丝状伪足的产生。在迁移细胞中，Rho 在细胞后部被激活，Rac 和 Cdc42 在前缘受到刺激。此外，WASP 和 WAVE 是肌动蛋白聚合必不可少的重要蛋白质。GTP-Rac 可以直接和间接激活 WAVE 复合物，而 GTP-Cdc42 与 WASP 直接形成复合物[105]。同样，PIP_3 和 PIP_2 分别与 WAVE 和 WASP 复合物相互作用，从而诱导肌动蛋白聚合[105]。

PLD 与调节细胞骨架动力学的信号传导有关（图 22.4）[106]。如关于 EGFR-ERK 信号转导轴的部分所述，PLD 被小的 GTP 酶（Rho、Rac、cdc42、Arf 和 Ras）激活，可以诱导细胞骨架重组。据报道，通过整合素介导的 PLD 活化产生 PA 可以将 GTP 负载的 Rac1 募集到质膜上，并从 Rac1 中分离 Rho- 鸟嘌呤核苷酸解离抑制剂（GDI），而 PA 的产生最终需要细胞扩散和迁移[107]。另外，整合素介导的 PA 生成可募集并激活 PtdIns（4）P5-

激酶以生成 PIP$_2$，后者可与 WASP 形成复合物以诱导肌动蛋白聚合[58]。据报道，PLD$_2$ 通过充当 GEF 直接激活某些 Rho GTP 酶。Jeon 等报道 PLD$_2$ 可以作为 RhoA 的 GEF，并且其对 RhoA 的 GEF 活性是溶血磷脂酸（LPA）诱导的应力纤维形成所必需的[11]。此外，PLD$_2$ 已被确定对 Rac2 具有 GEF 活性，并且发现其 Rac2-GEF 活性可增强趋化性和吞噬作用[108, 109]。此外，PLD 也可以由肌动蛋白，微管蛋白和肌动蛋白结合蛋白调节。单体 β-肌动蛋白被发现可以直接在体外抑制 PLD 活性，但丝状肌动蛋白（F-actin）则在体外激活 PLD[110, 111]。此外，单体微管蛋白可以与 PLD 相互作用抑制其活性，而其相互作用是卡巴胆碱短暂激活 PLD 所必需的[112]。同样，α- 肌动蛋白作为肌动蛋白结合蛋白可以抑制 PLD[113]，而另一种肌动蛋白 cofilin 在磷酸化后可与 PLD 相互作用从而增加 PLD 的活性，以介导卡巴胆碱诱导的应激纤维的形成[114]。尽管细胞骨架蛋白（β- 肌动蛋白、微管蛋白、α- 肌动蛋白等可以直接调节 PLD 活性，但仍需进一步研究 PLD 与细胞骨架蛋白之间的相互关系，以揭示细胞骨架动力学的详细机制。

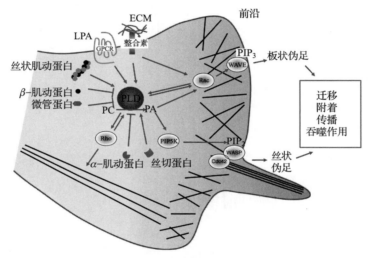

图 22.4　在细胞骨架重组轴上的 PLD

PLD 通过调节细胞骨架而参与细胞迁移、黏附、扩散和吞噬作用。PLD 在细胞骨架重组中的功能主要是通过与几种小的 GTP 酶（如 Rho、Rac 和 Cdc42）以及细胞骨架蛋白的相互作用而形成的。响应几种细胞外刺激，PLD 可以激活小的 GTP 酶和细胞骨架相关蛋白，并被它们激活。通过 PLD 激活产生的 PA 可介导 Rho- 鸟嘌呤核苷酸解离抑制剂（GDI）的解离，并将 Rac 募集至质膜。Rac 激活 WAVE 复合物，该复合物介导片状脂蛋白形成。Cdc42 诱导 WASP 复合物的形成和丝状伪足的产生。PA 诱导 PIP5K 募集和 PIP$_2$ 生成，该生成物与 WASP 复合物结合。此外，PLD 通过其 GEF 活性激活 Rho，活化的 Rho 诱导应力纤维形成。细胞骨架蛋白和细胞骨架相关蛋白也有助于 PLD 活性的调节。丝状肌动蛋白（F-actin）和丝切蛋白增加 PLD 活性，而单体 β- 肌动蛋白、微管蛋白和 α- 肌动蛋白则抑制 PLD 活性。尽管 PLD 和 PA 显然是细胞骨架重组的重要调节剂，但它们的确切作用取决于细胞类型、细胞环境和刺激

细胞中的细胞骨架重组需要介导细胞的基本功能，例如细胞极化、黏附、扩散、迁移、细胞内小泡运输和细胞分裂（胞质分裂），这些过程涉及病理生理现象，包括形态发生、发育、神经突触生长、炎症和转移[115, 116]。据报道，PLD 也参与细胞骨架介导的细胞功能，如吞噬作用、神经突增生和胞质分裂[26, 117, 118]。如上所述，PLD 可以被几种细胞骨架蛋白及其调节剂激活，并通过细胞骨架重排激活它们以介导许多细胞功能。LPA 介导的应激纤维形成是由 PLD 对 RhoA 的 GEF 活性诱导的[11]。此外，据报道，通过 PLD 激活产生 PA 对许多细

胞类型（例如，成纤维细胞、癌细胞和上皮细胞）的迁移很重要[107, 119, 120]。同时，PLD 对 Rac2 的 GEF 活性与 RAW264.7 巨噬细胞中 MCSF 诱导的细胞迁移（趋化性）有关[109]。这些发现表明，PLD 介导的 PA 或 PLD 本身可以以依赖于细胞外刺激和 / 或细胞环境的方式，传输应力纤维形成和迁移的信号。另外，关于 PLD 介导的细胞扩散的报道是矛盾的。Du 等报道说 PLD$_2$ 对中国仓鼠卵巢细胞中纤连蛋白诱导的细胞扩散有负面作用[121]，但是 Chae 等认为 PLD$_2$ 促进了人卵巢癌（OVCAR–3）细胞中纤连蛋白诱导的细胞扩散[107]。因此，要了解 PLD 在细胞骨架动力学中的确切作用，需要整合并考虑许多不同条件（细胞类型、细胞环境和细胞外信号）的全局方法。除了在细胞骨架重排中的生理作用外，PLD 还与诸如转移 / 侵染、血栓形成和缺血性脑梗死等病理状态有关。据报道，PLD 的过表达或 PLD 活性的增加会增强几种细胞类型的细胞侵染和转移能力，包括神经胶质瘤细胞，MDA–MB–231 乳腺癌细胞和 EL4 小鼠淋巴瘤细胞[70, 122, 123]。同样，有报道称 PLD$_1$ 的缺陷会损害整合素介导的黏附和血小板聚集，并最终显示出对抗血栓形成和缺血性脑梗死的保护作用[28]。下一部分将详细讨论此问题。

22.5　PLD 在体内的病理生理功能

尽管已经对 PLD 的几种细胞功能进行了研究，但是在其生物水平上对其体内功能的研究仍然很少。PLD 在病理生理条件下的表达模式和活性的变化可以为其在体内功能提供预期线索。在啮齿动物中，PLD 在发育阶段的表达水平在某些组织中被报道，例如，脑、眼、肺、睾丸和心脏。PLD$_2$ mRNA 在所有研究的大脑区域中检测到，并且在大鼠出生后的大脑发育过程中逐渐增加[124]。PLD$_1$ 在视网膜发育过程中，几种细胞类型中的动态表达模式被报道[125]。据报道，在胚胎发育第 17 天，PLD$_1$ 在心脏中被表达[126]。在产后发育中，肺和睾丸中均检测到 PLD$_1$ 和 PLD$_2$ 的表达[127, 128]。这些表达模式可能表明 PLD 在发育阶段中的作用。在病理条件下，尤其是癌症，在几种人类癌症中观察到 PLD 的表达增加。在乳腺癌、肾癌和结肠直肠癌中，PLD$_1$ 表达水平升高[65-67]。在大肠癌中，PLD$_2$ 的表达水平与肿瘤的大小和患者的生存率显著相关。PLD 与阿尔茨海默病（AD）的发病机制有关[129]。淀粉样前体蛋白（APP）刺激 AD 患者大脑中的 PLD 活性，并且 PLD$_1$ 表达增加。在局灶性脑缺氧缺血性损伤引起的小脑和脑干的凋亡过程中，PLD$_2$ 转录水平短暂降低[130]。在四血管阻塞法引起的缺氧海马中，PLD$_2$ 表达增加，并且发现 PLD$_2$ 过表达可抑制缺氧引起的培养神经元细胞死亡[131]。这些报告表明，PLD 在脑部疾病中具有重要功能。响应 IL–1β（参与 β 细胞生理和病理功能的细胞因子）作用的大鼠 β 细胞中 PLD$_1$ mRNA 表达增加，但 PLD$_2$ mRNA 表达不增加，表明 PLD 在代谢中发挥了作用[132]。

有研究报道了在几种生物中 PLD 的体内病理生理作用，如果蝇、斑马鱼和小鼠等（表 22.1）。PLD 在体内发挥功能的第一个证据来自黑腹果蝇。缺乏 PLD 的果蝇在胚胎发育过程中显示出细胞化延迟[26]。细胞化是在发育过程中将合胞果蝇胚胎转化为成千上万个不同细胞的专门过程。*Pld* 表达在细胞化之前达到峰值，并在此过程中定位于小的细胞质囊泡。*Pld* 的遗传消融降低了早期胚胎发生的活力，并导致细胞化延迟、高尔基体形态改变和囊泡运输缺陷。*Pld* 的过表达也降低了胚胎的生存能力，表明维持适当数量的 PLD 对于正常发育是必要的。*Pld*

在成年果蝇眼中的作用也有报道[133]。响应光刺激，光感受器横纹体微绒毛中的视紫红质转化为间视紫红质，然后依次激活 G 蛋白和 PLC。PIP_2 经 PLC 转化而成的 DAG 介导了几种阳离子通道的打开并诱导去极化。通过使用几种突变果蝇的遗传方法证明了 PLD 在光转导循环中的作用，PLD 定位于细胞体和腹下腔池，并通过维持 PIP_2 底物池来调节感光细胞的光转导响应性。此外，在没有正在进行的光转导过程的情况下，PLD 还起到维持感光体活力的作用。

表 22.1　PLD 的体内病理生理功能

同种型	遗传操作	物种	表型	参考文献
PLD	敲除	果蝇	胚胎发生过程中的细胞化延迟	[26]
			感光细胞的光敏感性降低，并且对视网膜降解的敏感性增强	[133]
PLD_1	反义吗啉代寡核苷酸	斑马鱼	节间血管发育受损	[27]
PLD_1	敲除	鼠	$\alpha_{IIb}\beta3$ 整联蛋白激活受损和对缺血性脑梗死的保护	[28]
			饥饿引起的肝脏自噬减少	[134]
PLD_2	敲除	鼠	改善阿尔茨海默病的学习和记忆能力	[135]

有学者已经在斑马鱼中研究了 PLD 在脊椎动物发育中的功能。在早期发育期间，PLD_1 在脊索、体节和肝脏中动态表达。通过注射反义吗啉代寡核苷酸抑制胚胎中 PLD_1 表达[49]，导致血管缺损，特别是在节间血管中，出现水肿和心律减慢。移植实验证明，PLD_1 在发育中的脊索中的功能对于节间血管的形成很重要[27]。在果蝇和斑马鱼中，PLD 缺乏揭示了其发育功能，尽管尚未在 PLD 缺陷小鼠中报道发育缺陷。$Pld1$ 和 $Pld2$ KO 小鼠均能存活并且能够繁殖，并且在正常条件下看起来很健康，这表明一种同工型的缺乏可以通过另一种同工型或另一种 PA 调节酶（例如，DAG 激酶、PA 磷酸酶或 LysoPA 乙酰转移酶）补偿。在病理条件下，Pld KO 小鼠显示出与野生型小鼠的主要差异在于血小板聚集受损和 AD 认知功能改善等。因此，应仔细评估 PLD 的发育功能。

有学者研究了 PLD_1 在整合素激活和血小板聚集中的作用[28]。整合素的激活是稳定血小板黏附和聚集的重要过程。特别地，$\alpha_{IIb}\beta3$ 是体内血小板黏附至 ECM 的主要受体。PLD_1 缺陷型血小板中整合素激活和激动剂诱导的纤维蛋白原结合减少，而无脱颗粒缺陷。在体外实验中，PLD_1 缺陷小鼠的血小板在高剪切条件下不稳定地聚集。在氯化铁损伤模型和主动脉闭塞模型中，缺乏 PLD_1 的小鼠体内血栓形成也减少，并且在短暂性中脑动脉闭塞模型中，缺乏 PLD_1 的小鼠对局灶性脑缺血后的神经元损伤具有抵抗力。PLD_1 也参与体内的巨噬细胞自噬。巨自噬是必需的分解代谢机制，其通过自噬小体介导有缺陷的胞质区室的溶酶体降解。这个过程与几种人类疾病和生理相关，例如神经变性、传染病和癌症。在 HeLa 细胞和人宫颈癌细胞中，营养物质被剥夺时，PLD_1（而非 PLD_2）与自噬标记物蛋白 LC3 共定位。PLD_1 通过内体途径而不是溶酶体途径或通过自噬小体形成转移至两亲性外膜。$Pld1$ KO 小鼠饥饿 24h 后的肝脏中，LC3 阳性区室的大小和表面积未能增加。尽管缺乏有关病理表型的直接数据，但在用 PLD 抑制剂 5- 氟 -2- 吲哚基去氯卤丙啶（FIPI）处理后，来自人类 Tau 转基因小鼠的脑切片中 Tau 和 p62 的聚集增加，表明 PLD₁ 在自噬相关发病机制中的作用[134]。PLD₂ 缺乏症对 AD 表现出的记忆缺陷具有保护作用[135]。淀粉样 β（Aβ）积累是 AD 的原因之一。寡聚 Aβ42（oAβ42）处理以 Ca²⁺ - 依赖的方式诱导 PLD₂ 在质膜上的定位。通过 oAβ42 处理，PLD 活性在培养的神经元中增加，但是在 *Pld₂* KO 小鼠的神经元中则没有增加。此外，在 *Pld₂* KO 脑切片中，oAβ42 诱导的突触功能障碍和 CA 海马区的长期增强受损被抑制。PLD₂ 的切除改善了转基因 AD 模型中的学习和记忆缺陷。该保护作用通过恢复突触蛋白水平而不改变 APP 或 Aβ 水平来介导。

　　嗜中性粒细胞中 PLD 的功能存在争议。已经提出了 PLD 在嗜中性粒细胞通过活性氧（ROS）的产生所发挥的几种功能。大多数功能是使用伯醇作为 PLD 抑制剂进行研究的。但是，伯醇（例如 1- 丁醇）无法区分 PLD 的同种型，最近的一些研究报道了脱靶效应。具体而言，两份报告使用 KO 模型和新开发的 PLD 同种型特异性抑制剂，描述了先前报道的 PLD 在中性粒细胞生理学中的功能的相互矛盾的结果其中之一表明，由几种刺激物（如佛波 12- 肉豆蔻酸 13- 乙酸盐，纤维蛋白原，多价整合素配体表面（pRGD），IgG 调理的绵羊红细胞和固定为免疫复合物的 IgG）在嗜中性粒细胞中产生 ROS 是 PLD₁ 依赖型而非 PLD₂ 依赖型[136]。然而，PLD₁ 和 PLD₂ 都不是嗜中性粒细胞迁移和黏附能力所必需的，而嗜中性粒细胞的迁移和黏附能力先前已报道是依赖于 PLD 的。他们使用了来自野生型和 *Pld2* KO 小鼠的新鲜分离的嗜中性粒细胞，以及 PLD 双重抑制剂和 PLD₁ 特异性抑制剂。然而，另一篇报道表明，在从 *Pld1* 和 *Pld2* KO 小鼠中分离出的嗜中性粒细胞中，*N*- 甲酰基 – 甲硫酰基亮氨酰 – 苯丙氨酸诱导的 ROS 生成和脱粒均不需要 PLD₁ 和 PLD₂[137]，但是乙醇可以抑制 ROS 的产生和脱粒。这些结果表明伯醇的脱靶作用。尽管先前的报告和最新的工作之间存在一些系统性差异，但这两个报告显示了可靠的模型和同种型特异性抑制剂对研究 PLD 的生理功能的重要性。此外，使用遗传模型和新抑制剂可能需要在体内验证先前报道的 PLD 功能。

22.6　结论

　　已知 PLD 是细胞内信号转导的关键介体，可被多种细胞外信号激活，包括生长因子（EGF 和 PDGF，以及 VEGF）、激素（胰岛素）和生物活性脂质（LPA 和 1- 磷酸鞘氨醇），并介导多种病理生理功能，例如生长 / 增殖、存活、迁移、囊泡运输、肿瘤发生、转移、炎症、血栓形成和缺血性脑梗死。这些功能主要由作为 PLD 激活产物的 PA 或不具有 PA 的 PLD 本身介导。如图 22.2、图 22.3 和图 22.4 所示，PLD 和 PA 与复杂的路径 / 网络相关联，并具有许多结合伴侣，并且 PLD 和 PA 与相互作用分子之间存在高度复杂和动态的相互关系，以于介导下游信号传导。也就是说，PLD 可以充当调节器，以调节细胞内信号的微调和多个信令网络之间的串扰。但是，为了验证这个复杂的 PLD 信令网络，需要进行研究以确定 PLD 信令 / 网络的进一步详细机制和全局分析。此外，如表 22.1 所示，*Pld* KO 动物研究（果蝇、斑马鱼和小鼠）最近揭示了 PLD 在体内的病理生理作用。这一领域还需要进一步的动物研究，以获得对 PLD 功能的新颖见解。最近，除了遗传模型外，pan-PLD 抑制剂（FIPI）和 PLD 同工酶选择性抑制剂还证实了 PLD 在乳腺癌细胞的多种功能（例如扩散、趋化性和侵袭）中的作用。因此，这些研究将提供进一步的机会，以便在机制水平上更好地了解 PLD 的病理生理功能，并将其用作病理过程（例如肿瘤发生和自身免疫）的治疗剂。

致谢   这项工作得到了由韩国教育科学技术部资助的国家研究基金会的资助（编号 2012R1A2A1A03010110 和 NRF–M1AXA002–2010–0029764）的支持。

参考文献

1. Jenkins GM, Frohman MA (2005) Phospholipase D: a lipid centric review. Cell Mol Life Sci 62:2305–2316

2. Park SK, Provost JJ, Bae CD et al (1997) Cloning and characterization of phospholipase D from rat brain. J Biol Chem 272:29263–29271

3. Colley WC, Sung TC, Roll R et al (1997) Phospholipase D2, a distinct phospholipase D isoform with novel regulatory properties that provokes cytoskeletal reorganization. Curr Biol 7:191–201

4. Lopez I, Arnold RS, Lambeth JD (1998) Cloning and initial characterization of a human phospholipase D2 (hPLD2). ADP-ribosylation factor regulates hPLD2. J Biol Chem 273: 12846–12852

5. Frohman MA, Sung TC, Morris AJ (1999) Mammalian phospholipase D structure and regulation. Biochim Biophys Acta 1439:175–186

6. Exton JH (2002) Regulation of phospholipase D. FEBS Lett 531:58–61

7. Du G, Altshuller YM, Vitale N et al (2003) Regulation of phospholipase D1 subcellular cycling through coordination of multiple membrane association motifs. J Cell Biol 162: 305–315

8. Stahelin RV, Ananthanarayanan B, Blatner NR et al (2004) Mechanism of membrane binding of the phospholipase D1 PX domain. J Biol Chem 279:54918–54926

9. Lee JS, Kim JH, Jang IH et al (2005) Phosphatidylinositol (3,4,5)-trisphosphate specifically interacts with the phox homology domain of phospholipase D1 and stimulates its activity. J Cell Sci 118:4405–4413

10. Lee CS, Kim IS, Park JB et al (2006) The phox homology domain of phospholipase D activates dynamin GTPase activity and accelerates EGFR endocytosis. Nat Cell Biol 8:477–484

11. Jeon H, Kwak D, Noh J et al (2011) Phospholipase D2 induces stress fiber formation through mediating nucleotide exchange for RhoA. Cell Signal 23:1320–1326

12. Hodgkin MN, Masson MR, Powner D et al (2000) Phospholipase D regulation and localisation is dependent upon a phosphatidylinositol 4,5-biphosphate-specific PH domain. Curr Biol 10:43–46

13. Gomez-Cambronero J (2011) The exquisite regulation of PLD2 by a wealth of interacting proteins: S6K, Grb2, Sos, WASp and Rac2 (and a surprise discovery: PLD2 is a GEF). Cell Signal 23:1885–1895

14. Hammond SM, Jenco JM, Nakashima S et al (1997) Characterization of two alternately spliced forms of phospholipase D1. Activation of the purified enzymes by phosphatidylinositol 4,5-bisphosphate, ADP-ribosylation factor, and Rho family monomeric GTP-binding proteins and protein kinase C-alpha. J Biol Chem 272:3860–3868

15. Du G, Altshuller YM, Kim Y et al (2000) Dual requirement for rho and protein kinase C in direct activation of phospholipase D1 through G protein-coupled receptor signaling. Mol Biol Cell 11:4359–4368

16. Peng X, Frohman MA (2012) Mammalian phospholipase D physiological and pathological roles. Acta Physiol (Oxf) 204:219–226

17. Brown FD, Thompson N, Saqib KM et al (1998) Phospholipase D1 localises to secretory granules and lysosomes and is plasma-membrane translocated on cellular stimulation. Curr Biol 8:835–838

18. Freyberg Z, Sweeney D, Siddhanta A et al (2001) Intracellular localization of phospholipase D1 in mammalian cells. Mol Biol Cell 12:943–955

19. Du G, Huang P, Liang BT, Frohman MA (2004) Phospholipase D2 localizes to the plasma membrane and regulates angiotensin II receptor endocytosis. Mol Biol Cell 15:1024–1030

20. Vitale N, Caumont AS, Chasserot-Golaz S et al (2001) Phospholipase D1: a key factor for the exocytotic machinery in neuroendocrine cells. EMBO J 20:2424–2434

21. Freyberg Z, Bourgoin S, Shields D (2002) Phospholipase D2 is localized to the rims of the Golgi apparatus in mammalian cells. Mol Biol Cell 13:3930–3942

22. Yang JS, Gad H, Lee SY et al (2008) A role for phosphatidic acid in COPI vesicle fission yields insights into Golgi maintenance. Nat Cell Biol 10:1146–1153

23. Park JB, Lee CS, Jang JH et al (2012) Phospholipase signalling networks in cancer. Nat Rev Cancer 12:782–792

24. Jang JH, Lee CS, Hwang D, Ryu SH (2012) Understanding of the roles of phospholipase D and phosphatidic acid through their binding partners. Prog Lipid Res 51:71–81

25. Lee CS, Kim KL, Jang JH et al (2009) The roles of phospholipase D in EGFR signaling. Biochim Biophys Acta 1791:862–868

26. LaLonde M, Janssens H, Yun S et al (2006) A role for phospholipase D in Drosophila embryonic cellularization. BMC Dev Biol 6:60

27. Zeng XX, Zheng X, Xiang Y et al (2009) Phospholipase D1 is required for angiogenesis of intersegmental blood vessels in zebrafish. Dev Biol 328:363–376

28. Elvers M, Stegner D, Hagedorn I et al (2010) Impaired $\alpha_{IIb}\beta_3$ integrin activation and shear-dependent thrombus formation in mice lacking phospholipase D1. Sci Signal 3:ra1

29. Sun Y, Fang Y, Yoon MS et al (2008) Phospholipase D1 is an effector of Rheb in the mTOR pathway. Proc Natl Acad Sci U S A 105:8286–8291

30. Wiley HS (2003) Trafficking of the ErbB receptors and its influence on signaling. Exp Cell Res 284:78–88

31. Yarden Y (2001) The EGFR family and its ligands in human cancer. Signalling mechanisms and therapeutic opportunities. Eur J Cancer 37(suppl 4):S3–S8

32. Yarden Y, Shilo BZ (2007) SnapShot: EGFR signaling pathway. Cell 131:1018

33. Slaaby R, Jensen T, Hansen HS et al (1998) PLD2 complexes with the EGF receptor and undergoes tyrosine phosphorylation at a single site upon agonist stimulation. J Biol Chem 273:33722–33727

34. Kaszkin M, Seidler L, Kast R, Kinzel V (1992) Epidermal-growth-factor-induced production of phosphatidylalcohols by HeLa cells and A431 cells through activation of phospholipase D. Biochem J 287:51–57

35. Carpio LC, Dziak R (1998) Activation of phospholipase D signaling pathway by epidermal growth factor in osteoblastic cells. J Bone Miner Res 13:1707–1713

36. Morrison KS, Mackie SC, Palmer RM, Thompson MG (1995) Stimulation of protein and DNA synthesis in mouse C2C12 satellite cells: evidence for phospholipase D-dependent and -independent pathways. J Cell Physiol 165:273–283

37. Dean NM, Boynton AL (1995) EGF-induced increase in diacylglycerol, choline release, and DNA synthesis is extracellular calcium dependent. J Cell Physiol 164:449–458

38. Zhang Y, Akhtar RA (1998) Epidermal growth factor stimulates phospholipase D independent of phospholipase C, protein kinase C or phosphatidylinositol-3 kinase activation in immortalized rabbit corneal epithelial cells. Curr Eye Res 17:294–300

39. Rydzewska G, Morisset J (1995) Activation of pancreatic acinar cell phospholipase D by epidermal, insulin-like, and basic fibroblast growth factors involves tyrosine kinase. Pancreas 10:59–65

40. Yeo EJ, Exton JH (1995) Stimulation of phospholipase D by epidermal growth factor requires protein kinase C activation in Swiss 3T3 cells. J Biol Chem 270:3980–3988

41. Voss M, Weernink PA, Haupenthal S et al (1999) Phospholipase D stimulation by receptor tyrosine kinases mediated by protein kinase C and a Ras/Ral signaling cascade. J Biol Chem 274:34691–34698

42. Hornia A, Lu Z, Sukezane T et al (1999) Antagonistic effects of protein kinase C alpha and delta on both transformation and phospholipase D activity mediated by the epidermal growth factor receptor. Mol Cell Biol 19:7672–7680

43. Chen JS, Song JG (2001) Bradykinin induces protein kinase C-dependent activation of phospholipase D in A-431 cells. IUBMB Life 51:49–56

44. Hess JA, Ross AH, Qiu RG et al (1997) Role of Rho family proteins in phospholipase D activation by growth factors. J Biol Chem 272:1615–1620

45. Herrman H, McGorry P, Mills J, Singh B (1991) Hidden severe psychiatric morbidity in

sentenced prisoners: an Australian study. Am J Psychiatry 148:236–239

46. Kim SW, Hayashi M, Lo JF et al (2003) ADP-ribosylation factor 4 small GTPase mediates epidermal growth factor receptor-dependent phospholipase D2 activation. J Biol Chem 278:2661–2668

47. Park JB, Lee CS, Lee HY et al (2004) Regulation of phospholipase D2 by GTP-dependent interaction with dynamin. Adv Enzyme Regul 44:249–264

48. Cho CH, Lee CS, Chang M et al (2004) Localization of VEGFR-2 and PLD2 in endothelial caveolae is involved in VEGF-induced phosphorylation of MEK and ERK. Am J Physiol Heart Circ Physiol 286:H1881–H1888

49. Meacci E, Nuti F, Catarzi S et al (2003) Activation of phospholipase D by bradykinin and sphingosine 1-phosphate in A549 human lung adenocarcinoma cells via different GTP-binding proteins and protein kinase C δ signaling pathways. Biochemistry 42:284–292

50. Kim Y, Han JM, Park JB et al (1999) Phosphorylation and activation of phospholipase D1 by protein kinase C in vivo: determination of multiple phosphorylation sites. Biochemistry 38:10344–10351

51. Han JM, Kim Y, Lee JS et al (2002) Localization of phospholipase D1 to caveolin-enriched membrane via palmitoylation: implications for epidermal growth factor signaling. Mol Biol Cell 13:3976–3988

52. Lee HY, Jung H, Jang IH et al (2008) Cdk5 phosphorylates PLD2 to mediate EGF-dependent insulin secretion. Cell Signal 20:1787–1794

53. Ahn BH, Kim SY, Kim EH et al (2003) Transmodulation between phospholipase D and c-Src enhances cell proliferation. Mol Cell Biol 23:3103–3115

54. Di Fulvio M, Frondorf K, Henkels KM et al (2007) The Grb2/PLD2 interaction is essential for lipase activity, intracellular localization and signaling in response to EGF. J Mol Biol 367:814–824

55. Jang IH, Lee S, Park JB et al (2003) The direct interaction of phospholipase C-γ1 with phospholipase D2 is important for epidermal growth factor signaling. J Biol Chem 278:18184–18190

56. Lee HY, Park JB, Jang IH et al (2004) Munc-18-1 inhibits phospholipase D activity by direct interaction in an epidermal growth factor-reversible manner. J Biol Chem 279:16339–16348

57. Brown HA, Gutowski S, Moomaw CR et al (1993) ADP-ribosylation factor, a small GTP-dependent regulatory protein, stimulates phospholipase D activity. Cell 75:1137–1144

58. Honda A, Nogami M, Yokozeki T et al (1999) Phosphatidylinositol 4-phosphate 5-kinase α is a downstream effector of the small G protein ARF6 in membrane ruffle formation. Cell 99:521–532

59. Zhao C, Du G, Skowronek K et al (2007) Phospholipase D2-generated phosphatidic acid couples EGFR stimulation to Ras activation by Sos. Nat Cell Biol 9:706–712

60. Carpio LC, Dziak R (1998) Phosphatidic acid effects on cytosolic calcium and proliferation in osteoblastic cells. Prostaglandins Leukot Essent Fatty Acids 59:101–109

61. Lee HY, Yea K, Kim J et al (2008) Epidermal growth factor increases insulin secretion and lowers blood glucose in diabetic mice. J Cell Mol Med 12:1593–1604

62. Mazie AR, Spix JK, Block ER et al (2006) Epithelial cell motility is triggered by activation of the EGF receptor through phosphatidic acid signaling. J Cell Sci 119:1645–1654

63. Sugawa N, Ekstrand AJ, James CD, Collins VP (1990) Identical splicing of aberrant epidermal growth factor receptor transcripts from amplified rearranged genes in human glioblastomas. Proc Natl Acad Sci U S A 87:8602–8606

64. Ekstrand AJ, Sugawa N, James CD, Collins VP (1992) Amplified and rearranged epidermal growth factor receptor genes in human glioblastomas reveal deletions of sequences encoding portions of the N- and/or C-terminal tails. Proc Natl Acad Sci U S A 89:4309–4313

65. Noh DY, Ahn SJ, Lee RA et al (2000) Overexpression of phospholipase D1 in human breast cancer tissues. Cancer Lett 161:207–214

66. Saito M, Iwadate M, Higashimoto M et al (2007) Expression of phospholipase D2 in human colorectal carcinoma. Oncol Rep 18:1329–1334

67. Zhao Y, Ehara H, Akao Y et al (2000) Increased activity and intranuclear expression of phospholipase D2 in human renal cancer. Biochem Biophys Res Commun 278:140–143

68. Joseph T, Wooden R, Bryant A et al (2001) Transformation of cells overexpressing a tyrosine kinase by phospholipase D1 and D2. Biochem Biophys Res Commun 289:1019–1024

69. Kang DW, Park MH, Lee YJ et al (2008) Phorbol ester up-regulates phospholipase D1 but not phospholipase D2 expression through a PKC/Ras/ERK/NFκB-dependent pathway and enhances matrix metalloproteinase-9 secretion in colon cancer cells. J Biol Chem 283:4094–4104

70. Park MH, Ahn BH, Hong YK, Min do S (2009) Overexpression of phospholipase D enhances matrix metalloproteinase-2 expression and glioma cell invasion via protein kinase C and protein kinase A/NF-κB/Sp1-mediated signaling pathways. Carcinogenesis 30:356–365

71. Laplante M, Sabatini DM (2008) mTOR signaling at a glance. J Cell Sci 122:3589–3594

72. Sun Y, Chen J (2008) mTOR signaling: PLD takes center stage. Cell Cycle 7:3118–3123

73. Wang X, Proud CG (2011) mTORC1 signaling: what we still don't know. J Mol Cell Biol 3:206–220

74. Wullschleger S, Loewith R, Hall MN (2006) TOR signaling in growth and metabolism. Cell 124:471–484

75. Kim DH, Sarbassov DD, Ali SM et al (2002) mTOR interacts with raptor to form a nutrient-sensitive complex that signals to the cell growth machinery. Cell 110:163–175

76. Fingar DC, Salama S, Tsou C et al (2002) Mammalian cell size is controlled by mTOR and its downstream targets S6K1 and 4EBP1/eIF4E. Genes Dev 16:1472–1487

77. Guertin DA, Sabatini DM (2007) Defining the role of mTOR in cancer. Cancer Cell 12:9–22

78. Long X, Lin Y, Ortiz-Vega S et al (2005) Rheb binds and regulates the mTOR kinase. Curr Biol 15:702–713

79. Kim E, Goraksha-Hicks P, Li L et al (2008) Regulation of TORC1 by Rag GTPases in nutrient response. Nat Cell Biol 10:935–945

80. Sancak Y, Peterson TR, Shaul YD et al (2008) The Rag GTPases bind raptor and mediate amino acid signaling to mTORC1. Science 320:1496–1501

81. Juhasz G, Hill JH, Yan Y et al (2008) The class III PI(3)K Vps34 promotes autophagy and endocytosis but not TOR signaling in Drosophila. J Cell Biol 181:655–666

82. Nobukuni T, Joaquin M, Roccio M et al (2005) Amino acids mediate mTOR/raptor signaling through activation of class 3 phosphatidylinositol 3OH-kinase. Proc Natl Acad Sci U S A 102:14238–14243

83. Long YC, Zierath JR (2006) AMP-activated protein kinase signaling in metabolic regulation. J Clin Invest 116:1776–1783

84. Foster DA (2009) Phosphatidic acid signaling to mTOR: signals for the survival of human cancer cells. Biochim Biophys Acta 1791:949–955

85. Fang Y, Vilella-Bach M, Bachmann R et al (2001) Phosphatidic acid-mediated mitogenic activation of mTOR signaling. Science 294:1942–1945

86. Chen Y, Zheng Y, Foster DA (2003) Phospholipase D confers rapamycin resistance in human breast cancer cells. Oncogene 22:3937–3942

87. Toschi A, Lee E, Xu L et al (2009) Regulation of mTORC1 and mTORC2 complex assembly by phosphatidic acid: competition with rapamycin. Mol Cell Biol 29:1411–1420

88. Ha SH, Kim DH, Kim IS et al (2006) PLD2 forms a functional complex with mTOR/raptor to transduce mitogenic signals. Cell Signal 18:2283–2291

89. Roccio M, Bos JL, Zwartkruis FJ (2006) Regulation of the small GTPase Rheb by amino acids. Oncogene 25:657–664

90. Xu L, Salloum D, Medlin PS et al (2011) Phospholipase D mediates nutrient input to mammalian target of rapamycin complex 1 (mTORC1). J Biol Chem 286:25477–25486

91. Luo JQ, Liu X, Frankel P et al (1998) Functional association between Arf and RalA in active phospholipase D complex. Proc Natl Acad Sci U S A 95:3632–3637

92. Barnes BR, Zierath JR (2005) Role of AMP-activated protein kinase in the control of glucose homeostasis. Curr Mol Med 5:341–348

93. Joost HG, Thorens B (2001) The extended GLUT-family of sugar/polyol transport facilitators: nomenclature, sequence characteristics, and potential function of its novel members (review). Mol Membr Biol 18:247–256

94. Kim JH, Park JM, Yea K et al (2010) Phospholipase D1 mediates AMP-activated protein kinase signaling for glucose uptake. PLoS One 5:e9600

95. Inoki K, Zhu T, Guan KL (2003) TSC2 mediates cellular energy response to control cell growth and survival. Cell 115:577–590

96. Lee MN, Ha SH, Kim J et al (2009) Glycolytic flux signals to mTOR through glyceraldehyde-3-phosphate dehydrogenase-mediated regulation of Rheb. Mol Cell Biol 29:3991–4001

97. Kim JH, Lee S, Park JB et al (2003) Hydrogen peroxide induces association between glyceraldehyde 3-phosphate dehydrogenase and phospholipase D2 to facilitate phospholipase D2 activation in PC12 cells. J Neurochem 85:1228–1236

98. Yamada Y, Hamajima N, Kato T et al (2003) Association of a polymorphism of the phospholipase D2 gene with the prevalence of colorectal cancer. J Mol Med (Berl) 81:126–131

99. Uchida N, Okamura S, Kuwano H (1999) Phospholipase D activity in human gastric carci-

noma. Anticancer Res 19:671–675

100. Foster DA (2004) Targeting mTOR-mediated survival signals in anticancer therapeutic strategies. Expert Rev Anticancer Ther 4:691–701

101. de Forges H, Bouissou A, Perez F (2012) Interplay between microtubule dynamics and intracellular organization. Int J Biochem Cell Biol 44:266–274

102. Berepiki A, Lichius A, Read ND (2011) Actin organization and dynamics in filamentous fungi. Nat Rev Microbiol 9:876–887

103. Hynes RO (2002) Integrins: bidirectional, allosteric signaling machines. Cell 110:673–687

104. Hall A (1998) Rho GTPases and the actin cytoskeleton. Science 279:509–514

105. Kurisu S, Takenawa T (2009) The WASP and WAVE family proteins. Genome Biol 10:226

106. Rudge SA, Wakelam MJ (2009) Inter-regulatory dynamics of phospholipase D and the actin cytoskeleton. Biochim Biophys Acta 1791:856–861

107. Chae YC, Kim JH, Kim KL et al (2008) Phospholipase D activity regulates integrin-mediated cell spreading and migration by inducing GTP-Rac translocation to the plasma membrane. Mol Biol Cell 19:3111–3123

108. Mahankali M, Henkels KM, Alter G, Gomez-Cambronero J (2012) Identification of the catalytic site of phospholipase D2 (PLD2) newly described guanine nucleotide exchange factor activity. J Biol Chem 287:41417–41431

109. Mahankali M, Peng HJ, Henkels KM et al (2011) Phospholipase D2 (PLD2) is a guanine nucleotide exchange factor (GEF) for the GTPase Rac2. Proc Natl Acad Sci U S A 108:19617–19622

110. Lee S, Park JB, Kim JH et al (2001) Actin directly interacts with phospholipase D, inhibiting its activity. J Biol Chem 276:28252–28260

111. Kusner DJ, Barton JA, Wen KK et al (2002) Regulation of phospholipase D activity by actin. Actin exerts bidirectional modulation of Mammalian phospholipase D activity in a polymerization-dependent, isoform-specific manner. J Biol Chem 277:50683–50692

112. Chae YC, Lee S, Lee HY et al (2005) Inhibition of muscarinic receptor-linked phospholipase D activation by association with tubulin. J Biol Chem 280:3723–3730

113. Park JB, Kim JH, Kim Y et al (2000) Cardiac phospholipase D2 localizes to sarcolemmal membranes and is inhibited by α-actinin in an ADP-ribosylation factor-reversible manner. J Biol Chem 275:21295–21301

114. Han L, Stope MB, de Jesus ML et al (2007) Direct stimulation of receptor-controlled phospholipase D1 by phospho-cofilin. EMBO J 26:4189–4202

115. Fletcher DA, Mullins RD (2010) Cell mechanics and the cytoskeleton. Nature 463:485–492

116. Insall R, Muller-Taubenberger A, Machesky L et al (2001) Dynamics of the Dictyostelium Arp2/3 complex in endocytosis, cytokinesis, and chemotaxis. Cell Motil Cytoskeleton 50:115–128

117. Kantonen S, Hatton N, Mahankali M et al (2011) A novel phospholipase D2-Grb2-WASp heterotrimer regulates leukocyte phagocytosis in a two-step mechanism. Mol Cell Biol 31:4524–4537

118. Kanaho Y, Funakoshi Y, Hasegawa H (2009) Phospholipase D signalling and its involvement in neurite outgrowth. Biochim Biophys Acta 1791:898–904

119. Pilquil C, Dewald J, Cherney A et al (2006) Lipid phosphate phosphatase-1 regulates lysophosphatidate-induced fibroblast migration by controlling phospholipase D2-dependent phosphatidate generation. J Biol Chem 281:38418–38429

120. Santy LC, Casanova JE (2001) Activation of ARF6 by ARNO stimulates epithelial cell migration through downstream activation of both Rac1 and phospholipase D. J Cell Biol 154:599–610

121. Du G, Frohman MA (2009) A lipid-signaled myosin phosphatase surge disperses cortical contractile force early in cell spreading. Mol Biol Cell 20:200–208

122. Zheng Y, Rodrik V, Toschi A et al (2006) Phospholipase D couples survival and migration signals in stress response of human cancer cells. J Biol Chem 281:15862–15868

123. Knoepp SM, Chahal MS, Xie Y et al (2008) Effects of active and inactive phospholipase D2 on signal transduction, adhesion, migration, invasion, and metastasis in EL4 lymphoma cells. Mol Pharmacol 74:574–584

124. Peng JF, Rhodes PG (2000) Developmental expression of phospholipase D2 mRNA in rat brain. Int J Dev Neurosci 18:585–589

125. Lee EJ, Min DS, Lee MY et al (2002) Differential expression of phospholipase D1 in the developing retina. Eur J Neurosci 15:1006–1012

126. Moon C, Kim H, Kim S et al (2008) Transient expression of phospholipase D1 during heart development in rats. J Vet Med Sci 70:411–413

127. Moon C, Jeong J, Shin MK et al (2009) Expression of phospholipase D isozymes in mouse lungs during postnatal development. J Vet Med Sci 71:965–968

128. Kim S, Kim H, Lee Y et al (2007) The expression and cellular localization of phospholipase D isozymes in the developing mouse testis. J Vet Sci 8:209–212

129. Jin JK, Kim NH, Lee YJ et al (2006) Phospholipase D1 is up-regulated in the mitochondrial fraction from the brains of Alzheimer's disease patients. Neurosci Lett 407:263–267

130. Peng JH, Feng Y, Rhodes PG (2006) Down-regulation of phospholipase D2 mRNA in neonatal rat brainstem and cerebellum after hypoxia-ischemia. Neurochem Res 31:1191–1196

131. Min do S, Choi JS, Kim HY et al (2007) Ischemic preconditioning upregulates expression of phospholipase D2 in the rat hippocampus. Acta Neuropathol 114:157–162

132. Chen MC, Paez-Espinosa V, Welsh N, Eizirik DL (2000) Interleukin-1β regulates phospholipase D-1 expression in rat pancreatic beta-cells. Endocrinology 141:2822–2828

133. LaLonde MM, Janssens H, Rosenbaum E et al (2005) Regulation of phototransduction responsiveness and retinal degeneration by a phospholipase D-generated signaling lipid. J Cell Biol 169:471–479

134. Dall'Armi C, Hurtado-Lorenzo A, Tian H et al (2010) The phospholipase D1 pathway modulates macroautophagy. Nat Commun 1:142

135. Oliveira TG, Chan RB, Tian H et al (2010) Phospholipase d2 ablation ameliorates Alzheimer's disease-linked synaptic dysfunction and cognitive deficits. J Neurosci 30:16419–16428

136. Norton LJ, Zhang Q, Saqib KM et al (2011) PLD1 rather than PLD2 regulates phorbol-ester-, adhesion-dependent and Fc γ-receptor-stimulated ROS production in neutrophils. J Cell Sci 124:1973–1983

137. Sato T, Hongu T, Sakamoto M et al (2013) Molecular mechanisms of N-formyl-methionyl-leucyl-phenylalanine-induced superoxide generation and degranulation in mouse neutrophils: phospholipase D is dispensable. Mol Cell Biol 33(1):136–145

23 磷脂酶 D 在心肌病发展过程中的变化

Paramjit S.Tappia 和 Naranjan S.Dhalla

摘要 磷脂酶 D（PLD）可以产生磷脂酸，并通过磷脂酸磷酸水解酶（PAP）转化为甘油二酯（DAG）。这两个脂质信号分子均调节 Ca^{2+} 运动，因此它们也会影响心脏的收缩功能。在本文中，我们讨论了在各种病理生理条件下（如缺血性心脏病、糖尿病性心肌病和充血性心力衰竭），PLD 在脂质信号分子产生和心脏功能调节方面的重要性。据报道，PLD 的活性在缺血性心脏、糖尿病性心脏和衰竭性心脏中发生明显改变。虽然心脏病中 PLD 活性变化的机制可能比较复杂，但氧化应激似乎在 PLD 的激活中起关键作用。已有的证据表明，在不同的心肌病的发展过程中，磷脂信号转导途径的损伤会导致心脏功能障碍。

关键词 磷脂酶 D，信号转导，糖尿病性心肌病，充血性心力衰竭，缺血再灌注损伤，PLD 介导的信号转导

23.1　引言

磷脂酶 D（PLD）水解磷脂酰胆碱（PC）产生磷脂酸（PA），然后磷脂酸磷酸水解酶（PAP）则将其转化为 1,2-DAG[1, 2]。因此，PLD 和 PAP 均被认为可调节心肌的 PA 和 DAG 水平。不同的激素，例如，去甲肾上腺素、内皮素 –1 和血管紧张素Ⅱ（Ang Ⅱ）都已被证明可增加心肌细胞中 PA 的形成[3, 4]，并刺激肌膜（SL）和肌质网状（SR）Ca^{2+} 转运系统[5, 6]。此外，据报道，PA 可增加成人心肌细胞中游离 Ca^{2+} 浓度，并增强正常心脏的心脏收缩活动[5, 7]。DAG 还可以通过激活蛋白激酶 C（PKC）同工酶，使心肌蛋白（包括离子通道）磷酸化来影响心脏功能[8]。图 23.1 总结了这些 PLD 介导的信号转导事件。

已经克隆了两个哺乳动物的 PLD 同工酶 PLD_1 和 PLD_2[9]。PLD_1 定位于高尔基体和核[10]，而 PLD_2 是主要的心肌 PLD 同工酶，具体定位于肌膜[11]。PLD_2 的其他亚细胞定位也已有报道[12, 13]。有趣的是，已有学者证明在大鼠心脏发育过程中 PLD_1 实现了瞬时表达[14]。在这方面，PLD_1 蛋白的水平产后 0 ~ 3d 短暂增加，并在出生后 7d 开始逐渐下降。这表明心脏中的 PLD_1 蛋白与大鼠心脏的早期产后发育密切相关[14]。

PLD_1 需要磷脂酰肌醇 –4,5– 二磷酸（PIP_2）才能发挥其活性，该活性由 PKC 和 Rho 小 G 蛋白家族成员激活[9, 15-24]。PLD_2 也需要 PIP_2 才能发挥其活性[11]，但与 PLD_1 不同，PLD_2 被不饱和脂肪酸激活[2, 16, 17, 25, 26]，并且对 PLD_1 激活因子不敏感[27]。应该注意的是，PLD 同工酶包含 N 末端 PH（pleckstrin）和 PX（phox）同源域。这两个域也与不同的磷脂酰肌醇配体特异性相互作用[28]。通过控制酶与质膜的动态缔合，PH 和 PX 域对于 PLD 功能都很重要。因此，磷脂酰肌醇有两种 PLD 调节模式：多碱基结构域介导的活性刺激和由 PH 和 PX 结构域介导的膜靶向动态调节[28]。

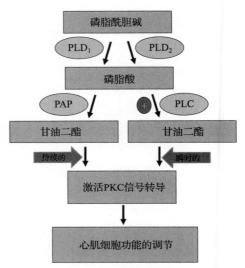

图 23.1　心肌持续瞬时磷脂酶 D 信号转导
PLD_1—磷脂酶 D_1　PLD_2—磷脂酶 D_2　PAP—磷脂酸磷酸水解酶　PLC—磷脂酶 C　PKC—蛋白激酶 C　+—刺激

一些研究表明，除了丝氨酸 / 苏氨酸激酶、Ca^{2+}– 钙调蛋白依赖型蛋白激酶和 cAMP 激酶外，受体和非受体偶联的酪氨酸激酶均参与 PLD 活性的调节[29-31]。据报道，G 蛋白 $G\alpha 12$ 和 $G\alpha 13$ 可以激活 PLD[32]。PLD 的另一个重要调节器是 ARF。ARF 直接激活 PLD_1，并且已经表明它也可以激活 PLD_2[25, 33-36]。据报道 PLD_2 被 ARF6 选择性激活[12]。值得注意的是，已知的磷脂酶 C 抑制剂 U73122 是一种通过 PIP_2 依赖机制抑制心肌 PLD 的有效抑制剂，因此 PLD 可能参与了 PLC 的一些效应[37]。虽然有一些关于调节心肌 PLD 同工酶的翻译后机制的信息，但尚未完全了解。

活性氧（ROS）形成的增加通常与氧化应激，以及随后的心血管损伤以及心脏功能障碍有关[38-40]。由于 ROS 和 H_2O_2 等氧化剂分子与心脏功能障碍的发病机制有关，因此本文旨在描述氧化应激与糖尿病性心肌病、充血性心力衰竭、缺血性心脏病和其他心肌病相关的心肌 PLD 和心脏功能障碍的作用。

23.2　糖尿病期间 PLD 活性的损伤

氧化应激与糖尿病性心肌病的发病机制有关[41-47]。由于氧化应激对心肌细胞的影响，可以预期氧化剂和 ROS 可能会对糖尿病期间的 PLD 活性产生影响。实际上，在糖尿病动物中，SL PLD 活性已显示出显著降低[48, 49]，导致 PLD 衍生的 PA 明显减少。有人认为这可能导致慢性糖尿病患者的心功能受损[48, 49]。

需要指出的是，糖尿病患者组织 Ang Ⅱ 水平升高，可能通过氧化应激导致心脏功能障碍[50]。有研究表明，Ang Ⅱ 诱导的 NADPH 氧化酶已被证明参与高血糖诱导的心肌细胞功能障碍，这可能在糖尿病性心肌病中起作用[51]，并且可能与超氧化物生成引起的 PLD 活性降低有关。PLD 激活受损已被证明与氧化应激对其他细胞的破坏作用有关。胰岛素依赖型糖尿病患者中性粒细胞超氧化物生成的减少，部分由于 PLD 的激活受损[52]，并且完全是由于高葡萄糖浓度。葡萄糖对糖尿病中性粒细胞的抑制作用与 PLD 活化的降低有关，当将糖尿病中性粒细胞置于正常葡萄糖环境中时，PLD 激活的降低会得到改善。葡萄糖导致 PLD 激活减少，导致第二信使的减少和呼吸猝发激活不完全[52]。有趣的是，我们报道了由于糖尿病心脏中磷脂酰肌醇（PI）激酶的活性降低，导致 SL PIP_2 的量减少[53]，这可能是由于氧化介导的 PI 激酶活性的降低[54]。在这方面，糖尿病期间 SL PLD 活性降低也可能是由于 SL PIP_2 水平降低[45, 46]。尽管针对 PLD 同工酶活性的氧化还原调节以及 PLD 活性改变在糖尿病性心肌病中发挥功能的直接信息仍有待确认，但是可以合理地假设糖尿病期间心脏中 PLD 活性降低可能是由于氧化应激引起的。

23.3　心脏肥大和心力衰竭期间 PLD 活动异常

众所周知，心力衰竭是发病率和死亡率较高的主要原因。然而，其病理生理事件尚未完全阐明。越来越多的证据表明，氧化应激与导致 CHF 的心脏功能障碍有关[55-58]。氧自由基可影响心脏肌膜[59-62]、肌质网[63] 和线粒体功能[64]，从而影响可能与心脏重构和随后的 CHF 相关的信号转导机制。由于在 CHF 期间氧化应激会对肌膜产生重大影响，因此可以假定氧化应激也会对 PLD 活性产生不利影响。

据报道，在主动脉束带术后心室压力过载肥厚的大鼠心脏中，PLD_1 和 PLD_2 的 mRNA 表达水平均显著提高[65]。在因非心脏原因死亡的个体的肥大的心脏中，也有类似的诱导 PLD mRNA 和蛋白质表达的报道[65]。这些作者认为，由于压力超负荷，α- 肾上腺素能受体和 PKC 激活 PLD 在肥大细胞信号中起重要作用[65]。多种激活 PLD 并诱发心脏功能障碍和心力衰竭的因素可促进心室纤维化。在使用 Dahl-Iwai 盐敏感性大鼠的高血压心力衰竭模型中，随着进行性心室纤维化，PLD 活性增加，导致心肌僵硬和心力衰竭[66]。施用 N- 甲基乙醇胺可抑制 PLD 活性，从而降低胶原蛋白含量，防止心肌僵硬，减轻心室肥大以及血液动力学恶化[66]。

先前我们已经证明，冠状动脉闭塞引起的心肌梗死后 CHF 中 PLD 活性发生了不同的改变[67]。虽然 SL PLD$_1$ 活性降低，但在功能正常的左心室组织中观察到 PLD$_2$ 活性增加。尽管尚未完全确定心脏 PLD 同工酶的特异性作用，但已显示 Jurkat T 细胞凋亡期间油酸盐依赖型 PLD 活性急剧增加[68]，而增加的 PLD$_2$ 活性已被证明可以减少缺氧诱导的 PC12 细胞死亡[69]；这些研究表明 PLD$_2$ 可能在细胞凋亡中起作用。有趣的是，Ang II 会激活 NADPH 氧化酶[70, 71]，这可以通过已知的血管紧张素转化酶抑制剂咪达普利来预防。肾素 – 血管紧张素系统的激活是 CHF 的标志[72]。另外，已经报道了 CHF 中心肌 NADPH 氧化酶活性的增加[73, 74]。较早的研究已表明，咪达普利可以使 CHF 中的 PLD$_2$ 活性增强[75]。这可能是由于 NADPH 氧化酶的阻滞和 ROS 介导的 PLD$_2$ 活化引起的。然而，尽管需要进行广泛的研究以充分确定 CHF 中功能意义以及 PLD$_1$ 和 PLD$_2$ 活性受损的机制，但 PLD 同工酶可能由于氧化应激而改变，并可能通过受损的 Ca^{2+} 处理影响衰竭心脏的心肌细胞功能。

23.4 心脏缺血再灌注过程中 PLD 活性的改变

已知由于动脉粥样硬化，血栓形成或冠状动脉痉挛而导致的心脏血液供应减少会诱发心肌缺血。尽管早期的研究表明，对缺血性心肌进行再灌注对于防止心脏损害至关重要，但在一定的临界期后，对缺血性心脏的再灌注会产生有害作用，具体表现为收缩功能障碍，梗塞面积增加，超微结构损伤和心肌代谢改变，并进一步导致细胞坏死[76]。在缺血期间，由于腺嘌呤核苷酸库的降解，线粒体载体处于还原状态。因此，线粒体内膜中捕获的分子氧与从呼吸链泄漏的电子相互作用导致了 ROS 的形成[77]。氧化应激对心肌 IR 的有害作用已得到充分记录，并与心脏功能障碍[78]、抗氧化防御机制的降低[79, 80]以及脂质过氧化的增加[80, 81]密切相关，并且导致膜通透性增加。在许多情况下，PLD 由于 I-R 损伤中的氧化应激而导致有害作用。例如，脂质氧化产物——氧化的 LDL，被认为是诱导细胞坏死的主要候选物。氧化的 LDL 可以刺激 PLD[82]，提示 PLD 在细胞坏死中起作用。心脏肌膜钠氢（Na$^+$–H$^+$）交换剂对于调节细胞内 pH 至关重要，其活性与 I-R 损伤有关。猪心脏肌膜囊泡与外源 PLD 一起孵育会抑制 Na$^+$–H$^+$ 交换子[83]。由此可见，PLD 诱导的心脏肌膜磷脂环境的变化会改变 Na$^+$–H$^+$ 交换剂的活性。

尽管一些研究者报告说 PLD 的激活与缺血后功能恢复的改善和细胞损伤的减轻有关[84]，但其他研究者的工作发现 PLD 在缺血性心脏中未被激活[85-88]。此外，有研究还揭示了在 30min 缺血性心脏的早期再灌注中肌膜 PLD$_2$ 活性的增加与 V_{max} 的增加有关，这表明 PLD$_2$ 激活可能是由于氧化应激导致的翻译后修饰。另一方面，我们已经报道了独立于 Ca^{2+} 的磷脂酶 A$_2$（胞质 PLA$_2$）和随后形成的不饱和脂肪酸已被证明可调节心脏肌膜中 PLD 的活性[89]。有趣的是，胞质 PLA$_2$ 也被 H$_2$O$_2$ 激活[90]，这可能提供了一种通过 H$_2$O$_2$ 间接调节肌膜 PLD 活性的机制。应当指出，我们还观察到再灌注 5min 后肌质网 PLD$_2$ 活性降低。尽管肌质网 PLD$_2$ 的 K_m 降低（底物亲和力增加），但降低的 V_{max} 似乎暗示了该酶催化域的缺陷。有人提出，由于 30min 再灌注后 PLD$_2$ 活性得以恢复，因此可能发生可逆的氧化。事实上，据报道，通过可逆修饰相关硫醇基团，非自由基氧化剂 H_2O_2 和 HOCl 抑制了肌质网 PLD 的体外活性[18]。因此，该酶可以通过心脏细胞的 GSH 氧化还原状态来控制。在这方面，在离体的灌注兔心脏中，缺血期导致组织中谷胱甘肽含量和 GSH/GSSG 比值的逐渐降低[91]，而缺血后再灌注已被证明会导致 GSH/GSSG 比值进一步降低[91]。然而，对于肌膜酶[92]也显示出类似的反应，这与其活性的增加不一致。这种不一致可以解释为，在分离的灌注心脏中肌膜 PLD_2 的功能性硫醇基团不像在分离的肌膜制剂中那样容易被氧化剂接近。肌质网和肌膜 PLD 对不同浓度的氧化剂分子以及 ROS 的敏感性之间可能存在这种差异。

缺血预适应（IP）包括短暂的缺血，在长时间缺血之前，已被证明可以改善心肌功能和缩小梗死面积。有文献记载，由于 I–R 损伤以及预处理心脏中 PLD 的激活[93-95]。PLD 激动剂模拟 IP 的作用，而 PLD 的抑制则阻断 IP 的有益作用，这可由室性心律不齐的发生率增加证明[85]。可以看出，PLD 的抑制可减少 DAG 和 PA 的量，并显著抑制 PKC 的刺激。因此，PLD 可能在 IP 提供的心肌保护中发挥作用。事实上，这种保护作用可能是由于 IP 期间产生 ROS 引起的[96, 97]，也可能与 PLD 的激活有关，从而提供了 IP 的作用机制和针对 I–R 损伤的保护作用。此外，心肌对缺血（IP）的适应被认为是通过激活几种酪氨酸激酶而发生的[98]。酪氨酸激酶的磷酸化已被证明与 PLD 的激活有关，导致包括 PKC 同工酶在内的多种激酶的激活[93, 94]，因此表明 PLD 可能是氧化还原信号中的一个组成部分，旨在保护 IP 期间的心脏。虽然心脏中 PLD_1 和 PLD_2 活性变化的确切结果尚待确定，但 PLD 同工酶可能会成为保护心脏 I–R 期间免受伤害的重要靶标。

23.5 结论

从前面的讨论中可以明显看出，在不同的心肌疾病下，心肌 PLD 活性受损与心脏功能障碍有关，而 PLD 同工酶特异性激活可能提供心脏保护作用（图 23.2）。尽管已经取得了重大进展，但还需要更多的研究来确定 PLD 在不同心脏病理中的作用。虽然氧化应激似乎是导致 PLD 异常的主要因素，但 PLD 的靶向（更具体地讲，调节膜 PA 的水平）可能为药物开发提供了潜力。其他磷脂介导的信号通路（PLC 和 PLA_2）中的缺陷也与不同的心肌疾病有关，并且鉴于这些通路之间的相互影响和复杂性（图 23.3），通过其活动产生的脂质产物可能不仅会改变信号转导过程，还可以调节膜相关蛋白的脂质微环境。因此，PLD 活动的改变可以影响心脏功能，并可能成为药物开发的额外治疗靶点[100-102]，用于治疗不同病因的心脏病。

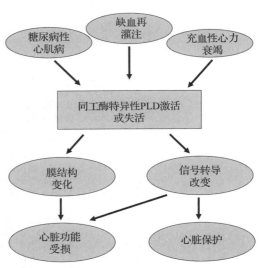

图 23.2　在不同心脏病理过程中磷脂酶 D 的
差异变化和影响
PLD—磷脂酶 D

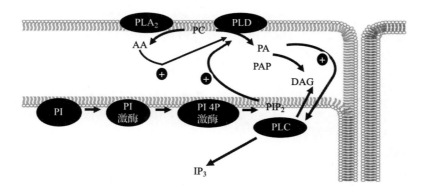

图 23.3　磷脂介导的信号转导途径的复杂性

PLA₂—磷脂酶 A$_2$　PLD—磷脂酶 D　PAP—磷脂酰磷酸水解酶　PLC—磷脂酶 C　PC—磷脂酰胆碱　DAG—甘油二酯　PA—磷脂酸　AA—花生四烯酸　PI—磷脂酰肌醇　PI4P—磷脂酰肌醇 -4- 磷酸酯　PIP$_2$—磷脂酰肌醇 -4,5-二磷酸　IP$_3$—肌醇 -1,4,5- 三磷酸　+—刺激

致谢　基础设施支持由 St. Boniface 医院研究基金会提供。

参考文献

1. Exton JH (1994) Phosphatidylcholine breakdown and signal transduction. Biochim Biophys Acta 1212:26–42
2. Panagia V, Ou C, Taira Y et al (1991) Phospholipase D activity in subcellular membranes of rat ventricular myocardium. Biochim Biophys Acta 1064:242–250
3. Sadoshima J, Izumo S (1993) Signal transduction pathways of angiotensin II-induced c-fos gene expression in cardiac myocytes in vitro. Roles of phospholipid-derived second messengers. Circ Res 73:424–438
4. Ye H, Wolf RA, Kurz T, Corr PB (1994) Phosphatidic acid increases in response to noradrenaline and endothelin-1 in adult rabbit ventricular myocytes. Cardiovasc Res 28:1828–1834
5. Dhalla NS, Xu YJ, Sheu SS et al (1997) Phosphatidic acid: a potential signal transducer for cardiac hypertrophy. J Mol Cell Cardiol 29:2865–2871
6. Xu YJ, Botsford MW, Panagia V, Dhalla NS (1996) Responses of heart function and intracellular free Ca^{2+} to phosphatidic acid in diabetic rats. Can J Cardiol 12:1092–1098
7. Xu YJ, Panagia V, Shao Q et al (1996) Phosphatidic acid increases intracellular free Ca^{2+} and cardiac contractile force. Am J Physiol Heart Circ Physiol 271:H651–H659
8. Lamers JM, Eskildsen-Helmond YE, Resink AM et al (1995) Endothelin-1-induced phospholipase C β and D and protein kinase C isoenzyme signaling leading to hypertrophy in rat cardiomyocytes. J Cardiovasc Pharmacol 26:S100–S103
9. Frohman MA, Morris AJ (1999) Phospholipase D structure and function. Chem Phys Lipids 98:127–140
10. Freyberg Z, Sweeney D, Siddhanta A et al (2001) Intracellular localization of phospholipase D1 in mammalian cells. Mol Biol Cell 12:943–955
11. Park JB, Kim JH, Kim KY et al (2000) Cardiac phospholipase D2 localizes to sarcolemmal membranes and is inhibited by α-actinin in an ADP-ribosylation factor-reversible manner. J Biol Chem 275:21295–21301
12. Hiroyama M, Exton JH (2005) Localization and regulation of phospholipase D2 by ARF6. J Cell Biochem 95:149–164
13. Freyberg Z, Bourgoin S, Shields D (2002) Phospholipase D2 is localized to the rims of the

Golgi apparatus in mammalian cells. Mol Biol Cell 13:3930–3942

14. Moon C, Kim H, Kim S et al (2008) Transient expression of Phospholipase D1 during heart development in rats. J Vet Med Sci 70:411–413

15. Hammond SM, Jenco JM, Nakashima S et al (1997) Characterization of two alternately spliced forms of phospholipase D1. Activation of the purified enzymes by phosphatidylinositol 4,5-bisphosphate, ADP-ribosylation factor, and Rho family monomeric GTP-binding proteins and protein kinase C-α. J Biol Chem 272:3860–3868

16. Kim JH, Lee SD, Han JM et al (1998) Activation of phospholipase D1 by direct interaction with ADP-ribosylation factor 1 and RalA. FEBS Lett 430:231–235

17. Lee TG, Park JB, Lee SD et al (1997) Phorbol myristate acetate-dependent association of protein kinase C α with phospholipase D1 in intact cells. Biochim Biophys Acta 1347: 199–204

18. Liscovitch M, Chalifa V, Pertile P et al (1994) Novel function of phosphatidylinositol 4,5-bisphosphate as a cofactor for brain membrane phospholipase D. J Biol Chem 269: 21403–21406

19. Malcolm KC, Elliott CM, Exton JH (1996) Evidence for Rho-mediated agonist stimulation of phospholipase D in rat fibroblasts. Effects of Clostridium botulinum C3 exoenzyme. J Biol Chem 271:13135–13139

20. Yamazaki M, Zhang Y, Watanabe H et al (1999) Interaction of the small G protein RhoA with the C terminus of human phospholipase D1. J Biol Chem 274:6035–6038

21. Natarajan V, Scribner WM, Vepa S (1996) Regulation of phospholipase D by tyrosine kinases. Chem Phys Lipids 24:103–116

22. Exton JH (1998) Phospholipase D. Biochim Biophys Acta 1436:105–115

23. Singer WD, Brown HA, Jiang X, Sternweis PC (1996) Regulation of phospholipase D by protein kinase C is synergistic with ADP-ribosylation factor and independent of protein kinase activity. J Biol Chem 271:4504–4510

24. Sciorra VA, Hammond SM, Morris AJ (2001) Potent direct inhibition of mammalian phospholipase D isoenzymes by calphostin-c. Biochemistry 40:2640–2646

25. Hammond SM, Altshuller YM, Sung TC et al (1995) Human ADP-ribosylation factor-activated phosphatidylcholine-specific phospholipase D defines a new and highly conserved gene family. J Biol Chem 270:29640–29643

26. Dai J, Williams SA, Ziegelhoffer A, Panagia V (1995) Structure-activity relationship of the effect of cis-unsaturated fatty acids on heart sarcolemmal phospholipase D activity. Prostagland Leuk Essent Fatty Acids 52:167–171

27. Colley WC, Sung TC, Roll R et al (1997) Phospholipase D2, a distinct phospholipase D isoform with novel regulatory properties that provokes cytoskeletal reorganization. Curr Biol 7:191–201

28. Morris AJ (2007) Regulation of phospholipase D activity, membrane targeting and intracellular trafficking by phosphoinositides. Biochem Soc Symp 74:247–257

29. Gustavsson L, Moehren G, Torres-Marquez ME et al (1994) The role of cytosolic Ca^{2+}, protein kinase C, and protein kinase A in hormonal stimulation of phospholipase D in rat hepatocytes. J Biol Chem 269:849–859

30. Kanaho Y, Nishida A, Nozawa Y (1992) Calcium rather than protein kinase C is the major factor to activate phospholipase D in FMLP-stimulated rabbit peritoneal neutrophils. Possible involvement of calmodulin/myosin L chain kinase pathway. J Immunol 149:622–628

31. Kiss Z (1992) Differential effects of platelet-derived growth factor, serum and bombesin on phospholipase D-mediated hydrolysis of phosphatidylethanolamine in NIH 3T3 fibroblasts. Biochem J 285:229–233

32. Kurose H (2003) Gα12 and Gα13 as key regulatory mediator in signal transduction. Life Sci 74:155–161

33. Lopez I, Arnold RS, Lambeth JD (1998) Cloning and initial characterization of a human phospholipase D2 (hPLD2). ADP-ribosylation factor regulates hPLD2. J Biol Chem 273:12846–12852

34. Dascher C, Balch WE (1994) Dominant inhibitory mutants of ARF1 block endoplasmic reticulum to Golgi transport and trigger disassembly of the Golgi apparatus. J Biol Chem 269:1437–1448

35. Rumenapp U, Geiszt M, Wahn F et al (1995) Evidence for ADP-ribosylation-factor-mediated activation of phospholipase D by m3 muscarinic acetylcholine receptor. Eur J Biochem 234:240–244

36. Shome K, Nie Y, Romero G (1998) ADP-ribosylation factor proteins mediate agonist-induced activation of phospholipase D. J Biol Chem 273:30836–30841

37. Burgdorf C, Schafer U, Richardt G, Kurz T (2010) U73122, an aminosteroid Phospholipase C inhibitor, is a potent inhibitor of cardiac Phospholipase D by PIP2-dependent mechanism. J Cardiovasc Pharmacol 55:555–559

38. Kukreja RC, Hess ML (1992) The oxygen free radical system: from equations through membrane-protein interactions to cardiovascular injury and protection. Cardiovasc Res 26: 641–655

39. Singal PK, Khaper N, Palace V, Kumar D (1998) The role of oxidative stress in the genesis of heart disease. Cardiovasc Res 40:426–432

40. Müller BA, Dhalla NS (2010) Mechanisms of the beneficial actions of ischemic preconditioning on subcellular remodeling in ischemic-reperfused heart. Curr Cardiol Rev 6: 255–264

41. Dhalla NS, Liu X, Panagia V, Takeda N (1998) Subcellular remodeling and heart dysfunction in chronic diabetes. Cardiovasc Res 40:239–247

42. Mullarkey CJ, Edelstein D, Brownlee M (1990) Free radical generation by early glycation products: a mechanism for accelerated atherogenesis in diabetes. Biochem Biophys Res Commun 173:932–939

43. Giugliano D, Marfella R, Acampora R et al (1998) Effects of perindopril and carvedilol on endothelium-dependent vascular functions in patients with diabetes and hypertension. Diabetes Care 21:631–636

44. Jain SK, McVie R, Jaramillo JJ et al (1996) The effect of modest vitamin E supplementation on lipid peroxidation products and other cardiovascular risk factors in diabetic patients. Lipids 31(suppl):S87–S90

45. Dhalla NS, Pierce GN, Innes IR, Beamish RE (1985) Pathogenesis of cardiac dysfunction in diabetes mellitus. Can J Cardiol 1:263–281

46. Afzal N, Ganguly PK, Dhalla KS et al (1988) Beneficial effects of verapamil in diabetic cardiomyopathy. Diabetes 37:936–942

47. Golfman L, Dixon IMC, Takeda N et al (1998) Cardiac sarcolemmal Na^+-Ca^{2+} exchange and Na^+-K^+ ATPase activities and gene expression in alloxan-induced diabetes in rats. Mol Cell Biochem 188:91–101

48. Williams SA, Tappia PS, Yu CH et al (1997) Subcellular alterations in cardiac phospholipase D activity in chronic diabetes. Prostagland Leuk Essent Fatty Acids 57:95–99

49. Williams SA, Tappia PS, Yu CH et al (1998) Impairment of the sarcolemmal phospholipase D-phosphatidate phosphohydrolase pathway in diabetic cardiomyopathy. J Mol Cell Cardiol 30:109–118

50. Dzau VJ (2001) Tissue angiotensin and pathobiology of vascular disease. Hypertension 37:1047–1052

51. Privratsky JR, Wold LE, Sowers JR et al (2003) AT_1 blockade prevents glucose-induced cardiac dysfunction in ventricular myocytes: role of the AT_1 receptor and NADPH oxidase. Hypertension 42:206–212

52. Ortmeyer J, Mohsenin V (1996) Inhibition of phospholipase D and superoxide generation by glucose in diabetic neutrophils. Life Sci 59:255–262

53. Tappia PS, Liu SY, Tong Y et al (2001) Reduction of phosphatidylinositol-4,5-bisphosphate mass in heart sarcolemma during diabetic cardiomyopathy. Adv Exp Med Biol 498: 183–190

54. Mesaeli N, Tappia PS, Suzuki S et al (2000) Oxidants depress the synthesis of phosphatidylinositol 4,5-bisphosphate in heart sarcolemma. Arch Biochem Biophys 382:48–56

55. Dhalla NS, Temsah RM, Netticadan T (2000) Role of oxidative stress in cardiovascular diseases. J Hypertens 18:655–673

56. Dhalla NS, Golfman L, Takeda S et al (1999) Evidence for the role of oxidative stress in acute ischemic heart disease: a brief review. Can J Cardiol 15:587–593

57. Dhalla NS, Temsah R (2001) Sarcoplasmic reticulum and cardiac oxidative stress: an emerging target for heart disease. Expert Opin Ther Targets 5:205–217

58. Giordano FJ (2005) Oxygen, oxidative stress, hypoxia and heart failure. J Clin Invest 115: 500–508

59. Kaneko M, Elimban V, Dhalla NS (1989) Mechanism for depression of heart sarcolemmal Ca^{2+} pump by oxygen free radicals. Am J Physiol Heart Circ Physiol 257:H804–H811

60. Kaneko M, Beamish RE, Dhalla NS (1989) Depression of heart sarcolemmal Ca^{2+}-pump activity by oxygen free radicals. Am J Physiol Heart Circ Physiol 256:H368–H374

61. Kaneko M, Lee SL, Wolf CM, Dhalla NS (1989) Reduction of calcium channel antagonist binding sites by oxygen free radicals in rat heart. J Mol Cell Cardiol 21:935–943

62. Kaneko M, Chapman DC, Ganguly PK et al (1991) Modification of cardiac adrenergic recep-

tors by oxygen free radicals. Am J Physiol Heart Circ Physiol 260:H821–H826

63. Okabe E, Hess ML, Oyama M, Ito H (1983) Characterization of free radical-mediated damage of canine cardiac sarcoplasmic reticulum. Arch Biochem Biophys 225:164–177

64. Otani H, Tanaka H, Inoue T et al (1984) In vitro study on contribution of oxidative metabolism of isolated rabbit heart mitochondria to myocardial reperfusion injury. Circ Res 55: 168–175

65. Peivandi AA, Huhn A, Lehr HA et al (2005) Upregulation of phospholipase D expression and activation in ventricular pressure-overload hypertrophy. J Pharmacol Sci 98:244–254

66. Yamamoto K, Takahashi Y, Mano T et al (2004) N-methylethanolamine attenuates cardiac fibrosis and improves diastolic function: inhibition of Phospholipase D as a possible mechanism. Eur Heart J 25:1221–1229

67. Dent MR, Singal T, Dhalla NS, Tappia PS (2005) Expression of phospholipase D isozymes in scar and viable tissue in congestive heart failure due to myocardial infarction. J Cell Mol Med 8:526–536

68. Kasai T, Ohguchi K, Nakashima S et al (1998) Increased activity of oleate-dependent type phospholipase D during actinomycin D-induced apoptosis in Jurkat T cells. J Immunol 161:6469–6474

69. Yamakawa H, Banno Y, Nakashima S et al (2000) Increased phospholipase D2 activity during hypoxia-induced death of PC12 cells: its possible anti-apoptotic role. Neuroreport 11: 3647–3650

70. Tojo A, Onozato ML, Kobayashi N et al (2002) Angiotensin II and oxidative stress in Dahl Salt-sensitive rat with heart failure. Hypertension 40:834–839

71. Harrison DG, Cai H, Landmesser U, Griendling KK (2003) Interactions of angiotensin II with NAD(P)H oxidase, oxidant stress and cardiovascular disease. J Renin Angiotensin Aldosterone Syst 4:51–61

72. Dhalla NS, Shao Q, Panagia V (1998) Remodeling of cardiac membranes during the development of congestive heart failure. Heart Fail Rev 2:261–272

73. Heymes C, Bendall JK, Ratajczak P et al (2003) Increased myocardial NADPH oxidase activity in human heart failure. J Am Coll Cardiol 41:2164–2171

74. Li JM, Gall NP, Grieve DJ et al (2002) Activation of NADPH oxidase during progression of cardiac hypertrophy to failure. Hypertension 40:477–484

75. Yu CH, Panagia V, Tappia PS et al (2002) Alterations of sarcolemmal phospholipase D and phosphatidate phosphohydrolase in congestive heart failure. Biochim Biophys Acta 1584: 65–72

76. Kloner RA, Ellis SG, Lange R, Braunwald E (1983) Studies of experimental coronary artery reperfusion. Effects on infarct size, myocardial function, biochemistry, ultrastructure and microvascular damage. Circulation 68:I8–I15

77. Freeman BA, Crapo JD (1982) Biology of disease: free radicals and tissue injury. Lab Invest 47:412–426

78. Ferrari R, Alfieri O, Curello S et al (1990) Occurrence of oxidative stress during reperfusion of the human heart. Circulation 81:201–211

79. Hasenfuss G, Meyer M, Schillinger W (1997) Calcium handling proteins in the failing human heart. Basic Res Cardiol 92:87–93

80. Palace V, Kumar D, Hill MF, Khaper N, Singal PK (1999) Regional differences in non-enzymatic antioxidants in the heart under control and oxidative stress conditions. J Mol Cell Cardiol 31:193–202

81. Meerson FZ, Kagan VE, Kozlov Yu P et al (1982) The role of lipid peroxidation in pathogenesis of ischemic damage and the antioxidant protection of the heart. Basic Res Cardiol 77: 465–485

82. Natarajan V, Scribner VM, Hart CM, Parthasarathy S (1995) Oxidized low density lipoprotein-mediated activation of phospholipase D in smooth muscle cells: a possible role in cell proliferation and atherogenesis. J Lipid Res 36:2005–2016

83. Goel DP, Vecchini A, Panagia V, Pierce GN (2000) Altered cardiac Na^+/H^+ exchange in Phospholipase D-treated sarcolemmal vesicles. Am J Physiol Heart Circ Physiol 279: H1179–H1184

84. Tosaki A, Maulik N, Cordis G et al (1997) Ischemic preconditioning triggers phospholipase D signaling in rat heart. Am J Physiol Heart Circ Physiol 273:H1860–H1866

85. Bruhl A, Faldum A, Loffelholz K (2003) Degradation of phosphatidylethanol counteracts the apparent phospholipase D-mediated formation in heart and other organs. Biochim Biophys Acta 1633:84–89

86. Bruhl A, Hafner G, Loffelholz K (2004) Release of choline in the isolated heart, an indicator

of ischemic phospholipid degradation and its protection by ischemic preconditioning: no evidence for a role of phospholipase D. Life Sci 75:1609–1620

87. Kurz T, Kemken D, Mier K et al (2004) Human cardiac phospholipase D activity is tightly controlled by phosphatidylinositol 4,5-bisphosphate. J Mol Cell Cardiol 36:225–232

88. Asemu G, Dent MR, Singal T et al (2005) Differential changes in phospholipase D and phosphatidate phosphohydrolase activities in ischemia-reperfusion of rat heart. Arch Biochem Biophys 436:136–144

89. Liu SY, Tappia PS, Dai J et al (1998) Phospholipase A2-mediated activation of phospholipase D in rat heart sarcolemma. J Mol Cell Cardiol 30:1203–1214

90. Sapirstein A, Spech RA, Witzgall R, Bonventre JV (1996) Cytosolic phospholipase A_2 (PLA_2), but not secretory PLA_2, potentiates hydrogen peroxide cytotoxicity in kidney epithelial cells. J Biol Chem 271:21505–21513

91. Ferrari R, Ceconni C, Curello S et al (1991) Oxygen free radicals and myocardial damage: protective role of thiol-containing agents. Am J Med 91:95S–105S

92. Gilbert HF (1984) Redox control of enzyme activities by thiol/disulfide exchange. Methods Enzymol 107:330–351

93. Moraru II, Popescu LM, Maulik N et al (1992) Phospholipase D signaling in ischemic heart. Biochim Biophys Acta 1139:148–154

94. Cohen MV, Liu Y, Liu GS et al (1996) Phospholipase D plays a role in ischemic preconditioning in rabbit heart. Circulation 94:1713–1718

95. Trifan OC, Popescu LM, Tosaki A et al (1996) Ischemic preconditioning involves phospholipase D. Ann NY Acad Sci 793:485–488

96. Lecour S, Rochette L, Opie L (2005) TNFα-induced cardioprotection. Cardiovasc Res 65:239–243

97. Tritto I, Ambrosio G (2001) Role of oxidants in the signaling pathway of preconditioning. Antioxid Redox Signal 3:3–10

98. Armstrong SC (2004) Protein kinase activation and myocardial ischemia/reperfusion injury. Cardiovasc Res 61:427–436

99. Eskildsen-Helmond YE, Gho BC, Bezstarosti K et al (1998) Exploration of the possible roles of phospholipase D and protein kinase C in the mechanism of ischemic preconditioning in the myocardium. Ann NY Acad Sci 793:210–225

100. Tappia PS (2007) Phospholipid-mediated signaling systems as novel targets for treatment of heart disease. Can J Physiol Pharmacol 85:25–41

101. Tappia PS, Singal T (2008) Phospholipid-mediated signaling and heart disease. Subcell Biochem 49:299–324

102. Tappia PS, Dent MR, Dhalla NS (2008) Oxidative stress and redox regulation of phospholipase D in myocardial disease. Free Radic Biol Med 41:349–361